Alternative Antriebe für Automobile

Cornel Stan

Alternative Antriebe für Automobile

5. Auflage

Cornel Stan
Forschungs- und Transferzentrum e.V.
Westsächsische Hochschule Zwickau
Zwickau, Deutschland

ISBN 978-3-662-61757-1 ISBN 978-3-662-61758-8 (eBook)
https://doi.org/10.1007/978-3-662-61758-8

Die Deutsche Nationalbibliothek verzeichnet diese Publikation in der Deutschen Nationalbibliografie; detaillierte bibliografische Daten sind im Internet über http://dnb.d-nb.de abrufbar.

Springer Vieweg ist ein Imprint der eingetragenen Gesellschaft Springer-Verlag GmbH, DE und ist ein Teil von Springer Nature.
Die Anschrift der Gesellschaft ist: Heidelberger Platz 3, 14197 Berlin, Germany

Vorwort zur 5. Auflage

Das Automobil der Zukunft wird von Bevölkerung, Politik und Medien zunehmend als das autonom fahrende, überall, immer und von jedermann per App abrufbare Mobilitätsmittel wahrgenommen, welches zwei Hauptattribute hat: elektrischer Antrieb und vielfältige Konnektivität. Fahreigenschaften, Systeme zur aktiven und passiven Sicherheit, Heizung, Klima, Komfort oder Beleuchtung, als Module mit technischer Komplexität, Masse, Volumen und Preis, werden in diesem Zusammenhang eher nicht betrachtet. Für den individuellen Transport in den Mega-Metropolen der Erde, in welchen zwei Drittel der Erdbewohner in den nächsten 20 bis 30 Jahren leben werden, erscheinen solche emissions- und geräuschfreie, einheitliche Vehikel mit Tablet-Eigenschaften als pragmatische und notwendige Lösung.

Straßenmobilität ist aber keineswegs auf ein solches Szenario begrenzt: Die zukünftigen Automobilarten und -antriebe werden von einer großen Vielfalt geprägt sein, die von geographischen, wirtschaftlichen, klimatischen und ökologischen Bedingungen, aber auch von dem Kundenwunsch bestimmt werden. Der Einsatz von Elektromotoren und Wärmekraftmaschinen in verschiedenen Antriebsszenarien wird hauptsächlich von ihrem minimalen Klimaimpakt abhängig sein.

Die weltweite Produktion von Elektroenergie und von Wasserstoff wird gegenwärtig und auf einer langen Perspektive von Kohle, Erdöl und Erdgas dominiert. Das elektrisch angetriebene Auto mit Batterie oder Brennstoffzelle ist aus dieser Sicht genauso problematisch wie das Auto mit Kolbenmotor, getrieben von Benzin, Diesel oder Erdgas.

Aus dieser Erwägung wurden die Kapitel der fünften Auflage dieses Buches zeitgenau aktualisiert und merklich erweitert.

Der Vergleich der Antriebsszenarien mit Elektro- und Verbrennungsmotoren werden auf Energieverbrauch, Kohlendioxidemission und Schadstofflimitierungen fokussiert. Das Werk wurde mit neuen Abschnitten erweitert, in denen die Umweltbeeinflussung durch Kohlendioxid-, Stickoxid- und Partikelausstoß von Automobilen analysiert wird.

Eine besondere Betrachtung erfährt darüber hinaus der zukünftig zwingende Ersatz fossiler durch regenerative Energieträger wie Biogas, Methanol und

Ethanol. Der Gewinnung von Methanol und von Polyoxymethylendimethylether-Formen vom Kohlendioxidausstoß aus Industrie und Kraftwerke sowie ihre Nutzung als Kraftstoffe für Otto- und Dieselmotoren, teils in neuen Brennverfahren, wird in dem Buch, als neue Entwicklungsrichtung, besondere Aufmerksamkeit gewidmet.

Das Kapitel elektrische Antriebe wurde mit den neusten Ausführungen und mit einer Liste aller auf dem internationalen Markt befindlichen Elektroautos, mit Angaben über Leistung, Drehmoment, Batteriekapazität. Elektroenergieverbrauch und Reichweite ergänzt. Es werden darüber hinaus Ausführungen über die Formen des Ladens der Elektroauto-Batterien mit Angaben über Ladeleistungen und -profile gemacht.

Das Kapitel Automobile mit Hybrid- und Plug-In Antrieben enthält eine Liste mit allen in der Welt derzeit hergestellten Varianten, mit Angaben über Leistung und Drehmoment des Elektro- und des Verbrennungsmotors, Kapazität des Energiespeichers und Streckenverbrauch.

Die Recherchen und Analysen für die Aktualisierung und Ergänzung dieses Buches haben nochmal deutlich gezeigt, dass die Zukunft der Automobile nicht von einem universellen, einheitlichen elektrischen Vehikel, sondern viel mehr von einem vielfältigen, intelligenten Aufbau von Automobilmodulen und Antriebseinheiten bestehend aus Elektro- und Verbrennungsmotoren geprägt sein wird.

April 2020 Cornel Stan

Vorwort zur 4. Auflage

Vom ersten Vorwort zu diesem Buch sind zehn Jahre vergangen. „Ein universell einsetzbarer Antrieb der Zukunft ist genauso unwahrscheinlich wie ein universell einsetzbares Automobil…“ so stand es drin. Eine modulare Funktionsverteilung im Antriebssystem war dagegen als tragfähiges Konzept erachtet. In der zweiten Auflage des Buches wurden klare Tendenzen abgeleitet – Vollhybride für Städte, Dieselantriebe für Land und Autobahn, Mikro- und Mildhybride waren in vielen Serienausführungen und Konzeptfahrzeugen zu finden.

Die 3. Auflage entstand in einer Zeit, in der die Zukunft eines solchen Buches über alternative Antriebe für Automobile gar nicht mehr sicher war: das Elektroauto war zum Retter der allgemeinen Straßenmobilität gehievt. Im Mai 2010 wurde in Deutschland die Nationale Plattform Elektromobilität gegründet. Das deklarierte Ziel:“ Bis zum Jahr 2020 sollen mindestens eine Million Elektrofahrzeuge auf Deutschlands Straßen fahren.“ In der 3. Auflage des Buches wurden umso mehr Entwicklungsszenarien für vielfältige, modular aufgebaute Antriebssysteme deutlich abgeleitet und ausführlich dokumentiert.

Im Vorwort zur 4. Auflage muss festgestellt werden, dass im Januar 2015, zur Halbzeit der vorgenommenen Herausforderung, auf Deutschlands Straßen nur 19.000 Elektrofahrzeuge, dafür aber 44,4 Millionen Autos mit Otto- und Dieselmotoren mit Hybridantrieben fahren.

Bei allem Respekt und Verständnis für das Ziel Elektromobilität und für die komplexen, intensiven und extensiven Aktivitäten dafür, ist die Notwendigkeit einer Vielfalt der Automobile und ihrer Antriebe- nach geographischen, wirtschaftlichen und ökologischen Bedingungen – von den derzeitigen Entwicklungstendenzen bestätigt.

In der vierten Auflage des Buches wurden repräsentative Neuentwicklungen hinzugefügt: zahlreiche und vielfältige Elektroautos – von leichten Autos, mit kompakter Batterie, bis zu über zwei Tonnen schweren Personenwagen, wovon die Hälfte die Batterie ausmacht; Plug In Fahrzeuge als 2 in 1 Lösungen – sowohl Elektroauto für die Stadt, als auch Auto mit Verbrennungsmotor, unterstützt von einem leichten Elektromotor für Land- und Autobahn.

Die Analyse der Entwicklungsbedingungen und –anforderungen wird in dieser Auflage vertieft. Es werden zahlreiche Beispiele aktueller Entwicklungen von Elektroautos, Hybridantrieben und Plug In Systeme aufgeführt.

August 2015 Cornel Stan

Vorwort zur 3. Auflage

Die Diversifizierung der Automobiltypen und -klassen entsprechend der natürlichen, wirtschaftlichen, technischen und sozialen Umgebungsbedingungen wurde in den vergangenen Jahrzehnten immer ausgeprägter. Diese Entwicklung verlangt nach Antriebssystemen, die dem jeweiligen Einsatz gerecht sind und nicht nach einer universellen Antriebsart. Der Autor hat in den letzten 20 Jahren, durch intensive und extensive Erfahrungen in Lehre und Forschung diesen zunehmenden Trend begleitet.

Während der Zeit, als die erste Auflage des Buches Alternative Antriebe für Automobile in Vorbereitung war, stand das Drei-Liter-Auto und demzufolge der Antriebsverbrennungsmotor mit geringem Verbrauch im Mittelpunkt – eine Diversifizierung der zukünftigen Antriebe war noch kein populäres Thema.

Während der Zeit, als die zweite Auflage in Vorbereitung war, avancierte der Hybridantrieb für viele wirtschaftliche, politische und zum Teil auch technische Kreise zur Universallösung für die Kraftfahrzeugtechnik.

Während der Vorbereitung dieser dritten Auflage wurde das Elektroauto von den gleichen Kreisen zum Retter der allgemeinen Straßenmobilität deklariert. Erfahrungen werden eben stufenweise gewonnen. Gegenwärtig wird die Vielzahl der automobilen Antriebe als solche erkannt, allerdings noch zu oft verkannt und als Konzeptlosigkeit verstanden.

Umso mehr wurden bei der Gestaltung der 3. Auflage dieses Buches die Gründe, die Vorteile und die Effizienz der technischen Ausführungen einsatzgerechter Kategorien von Antriebssystemen durch neue Betrachtungen und Beispiele betont.

Die Entwicklungsszenarien alternativer Antriebe wurden gegenüber den ersten zwei Auflagen deutlicher abgeleitet und ausführlicher dokumentiert. Die Weiterentwicklung der Verbrennungsmotoren als Träger und Mitträger der Antriebsszenarien zukünftiger Automobile wurde mit zahlreichen aktuellen Beispielen dokumentiert. Die Betrachtung zukünftiger Kraftstoffe folgt der Argumentation, die in den ersten zwei Auflagen aufgebaut wurde – entgegen zwischenzeitlichen Trenderscheinungen in Richtung alleiniger, universell einsetzbarer Energieträger. Deswegen wurde die Argumentation in dieser 3. Auflage mit wirtschaftlichen und ökologischen Aspekten ergänzt.

Die elektrischen Antriebe werden aufgrund der Aktualität dieser Thematik noch ausführlicher betrachtet und mit zahlreichen aktuellen Ausführungsbeispielen belegt.

Die Kombination von Antriebssystemen und Energieträgern, die gegenwärtige Spekulationen über eine Konzeptlosigkeit in der Kraftfahrzeugtechnik ernähren, wurden deutlicher begründet und mit zahlreichen aktuellen Beispielen belegt, um daraus eindeutige Kategorien, entsprechend dem Fahrzeugtyp und -einsatzbereich abzuleiten.

Diese dritte, stark überarbeitete und erweiterte Auflage bekräftigt die ursprüngliche These, wonach die Vielfalt der zukünftigen Automobile die Diversifizierung ihrer Antriebe, deren modulare Auslegung, aber auch deren verknüpfte Funktion bedingt.

Dem Springer Verlag gebührt ein herzlicher Dank für die eröffnete Möglichkeit, aussagekräftige, aber auch komplexe Bilder in Farbe darstellen zu dürfen.

Oktober 2011 Cornel Stan

Vorwort zur 2. Auflage

Die Dynamik der Entwicklung auf dem Gebiet der Alternativen Antriebe für Automobile hat in den drei Jahren zwischen der 1. und der 2. Auflage dieses Buches erheblich zugenommen, zahlreiche neue Konzepte und technische Lösungen belegen diesen Trend. Im Zusammenhang mit den geplanten Gesetzen zur deutlichen Senkung der Kohlendioxidemission, mit der drastischen Limitierung der Schadstoffemissionen, aber auch mit dem rapiden Anstieg der Kraftstoffpreise steht diese Thematik auch im Mittelpunkt des öffentlichen Interesses.

Sowohl die neusten Entwicklungskonzepte als auch die politischen, wirtschaftlichen und sozialen Analysen und Trends bestätigen die Prognose im Vorwort zur 1. Auflage dieses Buches: ein universeller Antrieb wird genauso unwahrscheinlich sein wie ein universell einsetzbares Automobil – die Vielfalt zwischen Kompakt- und Oberklasse wird eher zunehmen, was eine entsprechende Diversifizierung der Antriebsformen impliziert. Internationale Fachveranstaltungen in den letzten drei Jahren zeigen über die Antriebsanpassung an Fahrzeugklassen hinaus eine klare Tendenz zu regionspezifischen Lösungen.

Einige Aussagen von Automobilherstellern auf der 1. Internationalen Konferenz „Alternative Antriebe für Automobile", die im Jahr 2007 in Berlin, vom Verfasser dieses Buches, zusammen mit Prof. G. Cipolla / General Motors, veranstaltet wurde bekräftigen diese Tendenz:

- Voll-Hybrid ist vorteilhaft für Stadtfahrten, Diesel ist besser auf Landstraße und Autobahn (Toyota).
- Wir bauen Hybridantriebe nur für den US-Markt, Diesel ist in den USA nicht realistisch, in Europa jedoch vorteilhaft (Ford).
- Two Mode Hybrid, entwickelt in Kooperation von General Motors, Daimler und BMW wird nur in den USA angeboten; in Europa ist Diesel eben vorteilhafter; Diesel ist empfehlenswert für Indien, aber nicht für China und USA (General Motors).
- Mikro- und Mild-Hybride werden den Markt erobern, wobei es eine klare Preisdifferenzierung geben wird: Mirco-Hybride mit 5-6kW für 300-800€, Mild-Hybirde mit 10-20kW für 1000-2000€. Voll-Hybride werden wegen

ihres hohen Preises – 4000-8000€ - nur für Nischenanwendungen in Frage kommen. (AUDI, BMW, Daimler, Ford, General Motors).

Ausgehend von den erwähnten Tendenzen wurden in der 2. Auflage dieses Buches zahlreiche repräsentative Entwicklungen neusten Datums in den Bereichen Antriebssysteme und ihre Kombinationen, neue Energieträger, Energiewandler und Energiespeicher hinzugefügt.

Darüber hinaus wurden zeitabhängige Daten und Trends in allen Kapiteln des Buches aktualisiert.

Juni 2008 Cornel Stan

Vorwort zur 1. Auflage

„Proportion ist in jeder Kraft, welche immer es sei“

Leonardo da Vinci (1452 – 1519)

... welche immer es sei, die Proportion oder die Kraft?

Das seit einigen Jahren meist debattierte Thema in der Kraftfahrzeugtechnik ist der Zukunftsantrieb.

Meinungen, Interessenlager, sogar nationale Trends zeigen eine Divergenz, die kaum zu übertreffen ist: Eine oft vertretene Richtung ist, dass der klassische, bewährte Kolbenmotor in der jetzigen Form noch mindestens 30-40 Jahre als Antrieb für Automobile bestehen wird. Diese Richtung zeigt zumindest eine Konvergenz mit einigen Prognosen, nach denen das Erdöl so gut wie unerschöpflich sei, obwohl andere Trends von einer Ressourcenbegrenzung auf 30-36 Jahre ausgehen. Ungeachtet dessen, setzen die Einen voll auf Wasserstoff als absolute Lösung für die Zukunft – obwohl derzeit Wasserstoff fast ausschließlich aus einem fossilen Energieträger hergestellt wird – aber auch dort sind die Richtungen geteilt: Wasserstoff im Verbrennungsmotor oder in der Brennstoffzelle? Die Anderen sehen Alkohole und Pflanzenöle als die bessere Alternative. In den USA und in Japan gewinnen Hybridantriebe, gebildet von Elektro- und Ottomotor, eindeutig an Popularität, was die wachsende Modellpalette und die Verkaufszahlen belegen; in Europa wird der Hybrid dagegen so gut wie abgelehnt, es wird als Alternative auf die Weiterentwicklung des Dieselmotors gesetzt, der wiederum in den USA und in Japan keine Akzeptanz findet.

Die Meinungen sind in einer Richtung – der Kenngrößen des zukünftigen Antriebs – einig: Große Leistung, hohes Drehmoment, geringer Verbrauch, extrem stark verringerte Schadstoffe, geringe Masse und Abmessungen, geringe Kosten.

Ein universell einsetzbarer Antrieb der Zukunft ist genauso unwahrscheinlich wie ein universell einsetzbares Automobil, anstatt der Vielfalt von der Kompakt- bis zur Oberklasse. Erkennbar ist jedoch eindeutig die Tendenz zu einem effizienten Energiemanagement zwischen Antrieb und Energieversorgung an Bord des Automobils. Die modulare Funktionsverteilung innerhalb des Energiemanagements führt oft zu einem Rollenaustausch, der neue Potentiale aufdeckt: Die Rolle der Brennstoffzelle als moderner Stromerzeuger für einen Elektroantrieb kann sehr effizient auch von einem Wankel- oder Zweitaktmotor im Stationärbetrieb erfüllt werden; Wasserstoff kann durch Umwandlung aus einem Alkohol an Bord möglicherweise effektiver als die kryogene Speicherung sein.

Ziel des Buches ist es, auf Basis fundierter Kriterien zur Qualität eines Antriebs - wie Leistungsdichte, Drehmomentverlauf, Beschleunigungscharakteristik, spezifischer Energieverbrauch sowie Emission chemischer Stoffe und Geräusche – als auch umrahmender Kriterien – wie Verfügbarkeit, Umweltverträglichkeit und Speicherfähigkeit vorgesehener Energieträger sowie technische Komplexität, Kosten, Sicherheit, Infrastruktur und Service, die Bewertung, Gestaltung und Optimierung alternativer Antriebe für Automobile zu ermöglichen.

Die Struktur des Buches weist horizontale Ebenen und vertikale Säulen auf:

- Die horizontalen Ebenen entstehen durch zum Teil alternative Kombinationen von Antriebsmodulen, Energieträgern sowie Energiewandlern und -speichern, nach Szenarien, welche die aufgestellten Bewertungskriterien – von der Umweltverträglichkeit bis zur technischen Umsetzbarkeit – konsequent verfolgen.
- Die vertikalen Säulen gehen von der Prozessanalyse innerhalb einer gegebenen Konfiguration über ihre funktionellen und technischen Besonderheiten bis hin zu Einsatz- und Ergebnisbeispielen.

Diese Struktur wurde im Sinne einer ausreichenden Übersichtlichkeit komplexer Energiemanagement-Systeme im Automobil entwickelt: Die Elemente in der horizontalen Ebene, ihre Definition, Betonung und einige besonderen Verknüpfungen entstanden insbesondere durch interaktive Arbeit mit Studenten, im Rahmen der Vorlesungsreihe „Alternative Antriebe für Automobile“, die der Autor seit 1992 an mehreren Universitäten in Europa und in den USA hält, weiterentwickelt und ständig aktualisiert. Die vertikalen Säulen wurden in vielen Fällen auf Forschungskooperationsvorhaben mit Industriepartnern aufgebaut – einige Beispiele sind im Literaturverzeichnis aufgeführt – die daraus abgeleiteten Erfahrungen sind für eine solches Vorhaben so gut wie unerlässlich gewesen.

Durch die Verknüpfung theoretischer Grundlagen, der Analyse von Potentialen und Grenzen sowie zahlreicher Ausführungsbeispiele wird den Forschungs- und Entwicklungsingenieuren der Automobilindustrie, den Studenten der Kraftfahrzeugtechnik, aber auch den vom Automobil begeisterten Nicht-Technikern eine Basis zur Bewertung der Entwicklungstrends der automobilen Antriebe geboten. Darüber hinaus wurden einige an sich bekannten Funktionsmodule in etwas unerwarteter Form verbunden, woraus interessante Ansätze entstanden: Der Autor hat sie jeweils bis zu einer gewissen Konfiguration geführt, allerdings – fest überzeugt von ihrem praktischen Nutzen – ihre weitere, konkrete Gestaltung in manchen Fällen der Kreativität des Lesers, als Investition in die Zukunft überlassen.

Januar 2005 Cornel Stan

Inhaltsverzeichnis

Liste der Formelzeichen

A	$[m^2]$	Fläche
b_e	$\left[\frac{g}{kWh}\right]$	spezifischer Kraftstoffverbrauch
c	$\left[\frac{m}{s}\right]$	Geschwindigkeit
c	$\left[\frac{kg\,C}{kg\,Kst}\right]$	Kohlenstoffanteil im Kraftstoff bei Verbrennung
c_p	$\left[\frac{kJ}{kgK}\right]$	spezifische Wärmekapazität bei konstantem Druck
c_V	$\left[\frac{kJ}{kgK}\right]$	spezifische Wärmekapazität bei konstantem Volumen
d	$[m]$	Durchmesser
E	$[J, kJ]$	Energie
F	$[N]$	Kraft
f	$[Hz]$	Frequenz
G	$[J, kJ]$	freie Enthalpie bei Verbrennung
H	$[J, kJ]$	Enthalpie
H^*	$[J, kJ]$	Ruheenthalpie
H_U	$\left[\frac{kJ}{kg}\right]$	unterer Heizwert von Kraftstoffen bei Verbrennung
H_G	$\left[\frac{kJ}{kg}\right]$	Gemischheizwert (massebezogen) bei Verbrennung
H_g	$\left[\frac{kJ}{m^3}\right]$	Gemischheizwert (volumenbezogen) bei Verbrennung

h	$\left[\frac{J}{kg},\frac{kJ}{kg}\right]$	spezifische Enthalpie
h^*	$\left[\frac{J}{kg},\frac{kJ}{kg}\right]$	spezifische Ruheenthalpie
I_λ	$\left[\frac{W}{m^3}\right]$	Strahlungsintensität bei Wärmestrahlung
k	$[-]$	Isentropenexponent
L_{st}	$\left[\frac{kg\,Luft}{kg\,Kst}\right]$	stöchiometrischer Luftbedarf bei Verbrennung
l	$[m]$	Länge
$\overline{M}$	$\left[\frac{kg}{kmol}\right]$	molare Masse
n	$\left[s^{-1}, min^{-1}\right]$	Drehzahl
P	$[W, kW]$	Leistung
p	$\left[\frac{N}{m^2}\right]$	Druck
Q	$[J, kJ]$	Wärme
$\dot{Q}$	$[W, kW]$	Wärmestrom
q	$\left[\frac{J}{kg},\frac{kJ}{kg}\right]$	spezifische Wärme
$\overline{R}$	$\left[\frac{J}{kmolK}\right]$	universelle (molare, allgemeine) Gaskonstante
R	$\left[\frac{J}{kgK}\right]$	spezifische Gaskonstante
r	$[m]$	Radius
r	$\left[\frac{J}{kg},\frac{kJ}{kg}\right]$	spezifische Verdampfungsenthalpie
S	$\left[\frac{J}{K},\frac{kJ}{K}\right]$	Entropie
s	$\left[\frac{J}{kgK},\frac{kJ}{kgK}\right]$	spezifische Entropie

T	$[K]$	Temperatur
t	$[°C]$	Temperatur
t	$[s]$	Zeit
U	$[J, kJ]$	innere Energie
u	$\left[\frac{J}{kg}, \frac{kJ}{kg}\right]$	spezifische innere Energie
V	$[m^3]$	Volumen
V_H	$[m^3]$	Hubvolumen
v	$\left[\frac{m^3}{kg}\right]$	spezifisches Volumen
W	$[J, kJ]$	Arbeit
w	$\left[\frac{J}{kg}, \frac{kJ}{kg}\right]$	spezifische Arbeit
α	$[rad]$	Drehwinkel, Winkel
α	$[-]$	Stirling-Motor-Ausführung
β	$[-]$	Stirling-Motor-Ausführung
γ	$[-]$	Stirling-Motor-Ausführung
ε	$[-]$	Verdichtungsverhältnis
η	$[-]$	Wirkungsgrad
η_{th}	$[-]$	thermischer Wirkungsgrad
λ	$\left[\frac{kg\,Luft}{kg\,Kst}\right]$	Luftverhältnis bei Verbrennung
λ	$[m, \mu m]$	Wellenlänge bei Strahlung
λ	$\left[\frac{W}{mK}\right]$	Wärmeleitfähigkeit bei Wärmeleitung
π	$[-]$	Druckverhältnis
ρ	$\left[\frac{kg}{m^3}\right]$	Dichte
ω	$[s^{-1}]$	Winkelgeschwindigkeit

1 Mobilität – Bedingungen, Anforderungen, Szenarien

1.1 Entwicklungsbedingungen

Die Erde beherbergt derzeit 7,73 Milliarden Menschen und 1,3 Milliarden Automobile (März 2020). Der überwiegende Teil der Weltbevölkerung lebt in Städten, dabei nimmt die Anzahl der Mega-Metropolen mit mehr als 10 Millionen Einwohnern rasant zu. Bild 1 stellt Beispiele zum aktuellen Stand dar.

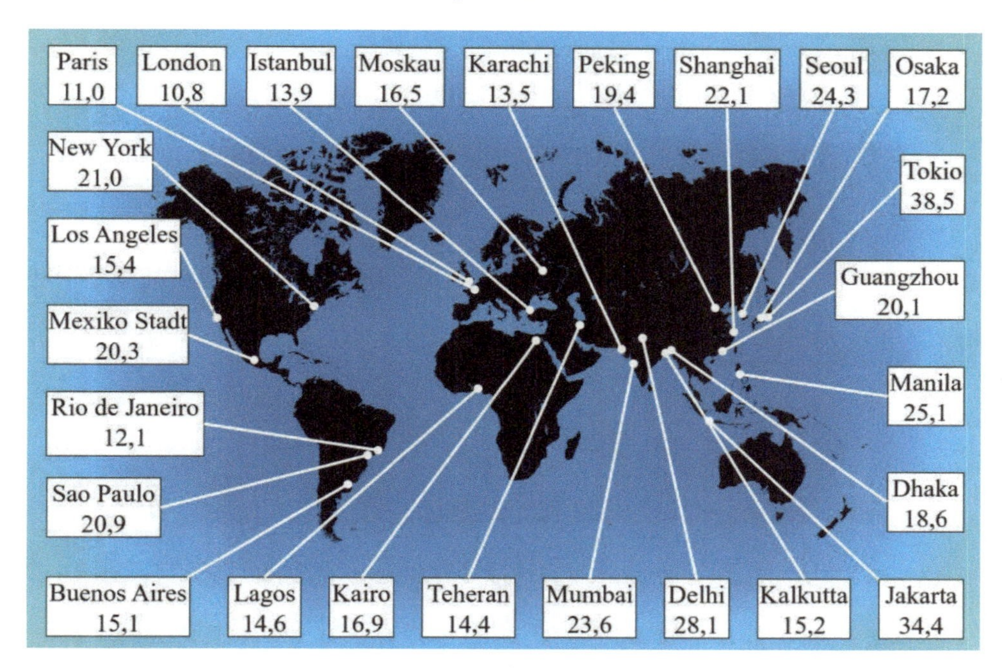

Bild 1 Mega-Metropolen der Welt: Anzahl der Einwohner in Millionen (Quelle: Demographic World Urban Areas /Built-Up Urban Areas or World Agglomerations/, 15th Annual Edition April 2019).

Laut einer aktuellen UN Studie wird es in zehn Jahren (2030) 43 derart gigantische Städte weltweit geben. In den weiteren 20 Jahren (2050) werden zwei Drittel der

C. Stan, *Alternative Antriebe für Automobile*,
https://doi.org/10.1007/978-3-662-61758-8_1

Weltbevölkerung (2050: 9,7 Milliarden Menschen) in solchen Ansiedlungen leben.
Die damit verbundene Polarisierung der Mobilität führt zu einer kaum noch kontrollierbaren Zunahme der Verkehrsdichte, aber auch der lokalen Konzentrationswerte der Abgasprodukte aus Verbrennungsmotoren – Kohlendioxid, Schadstoffe, Partikel – und nicht zuletzt der Geräuschemission.

1.1.1 Grenzen idealer Mobilitätsszenarien

Die Elektromobilität mittels kompakter, geräuschloser Wagen ohne lokale Emissionen stellt aus dieser Perspektive ein ideales Szenario dar. Und noch mehr: die Integration der Antriebs-Elektromotoren in die Räder, wie im Bild 2 dargestellt – die gegenwärtig in Prototypfahrzeugen Einzug findet – nach dem sie bereits 1899 von Ferdinand Porsche realisiert wurde – könnte die Fahrkinematik und -dynamik und daraus folgend den Verkehrsfluss in Städten revolutionieren:

Bild 2 Elektrofahrzeuge mit Radnabenmotoren

Jedes Rad als intelligenter Roboter mit unbegrenzter Richtungsfreiheit trägt zu neuen Bewegungsformen des Automobils bei – im Bild 3 werden einige Beispiele gezeigt – seitliches Parken, Drehen um die Achse, Kurvenfahrt mit anpassungsfähiger Vierradlenkung.

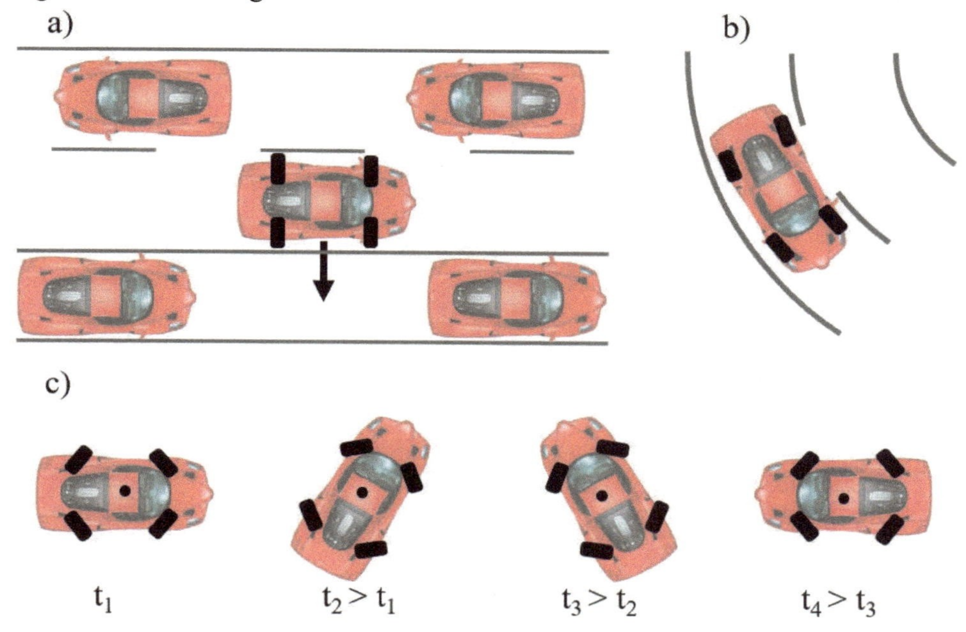

Bild 3 Freiheitsgrade mit intelligenten Antriebsrädern: a) seitliches Einparken, b) Kurvenfahrt mit anpassungsfähiger Vierradlenkung, c) Drehen um die Achse

Die grundsätzlichen Probleme dieses Szenarios sind die Verfügbarkeit ausreichender elektrischer Energie an Bord, die Herkunft dieser Energie und die Ladedauer bei vertretbarer Ladeleistung (derzeit 270kW bei 800V/Porsche Taycan).

Der elektrische Antrieb mittels gespeicherter Elektroenergie (Batterien und Supercaps) oder der an Bord, aus Wasserstoff umgewandelten Energie (Brennstoffzellen) werden weltweit in nationalen Entwicklungsprogrammen intensiv verfolgt. Die um Größenordnungen geringere Energiedichte [*Wh/kg*] in Batterien und in Wasserstofftanks im Vergleich zu jener von Benzin, Dieselkraftstoff, Methanol, Ethanol, Dimethylether oder Oxymethylenether begrenzt erheblich die Reichweite und führen andererseits zu unannehmbaren Kosten, Gewicht und Volumen des Energiespeichers. Um *10* [*kWh*] elektrische Energie an Bord eines elektrisch angetriebenen Automobils bereitzustellen, muss eine hochentwickelte Li-Ionen-Batterie etwa *100* [*kg*] schwer sein. Die gleiche Energie von *10* [*kWh*] ist in *1,005* [*l*] Dieselkraftstoff beinhaltet. – *0,84* [*kg*]). Ein Verhältnis von mehr als eins zu hundert ist allein durch technischen Fortschritt kaum wett zu machen. Das Problem der Kohlendioxidemission wird andererseits bei der Speicherung von Elektroenergie oder von Wasserstoff an Bord eines Automobils nicht gelöst, sondern nur verschoben – Elektroenergie entsteht weltweit überwiegend in Kohlekraftwerken, Wasserstoff wird – bis auf Pilotprojekte – aus Erdgas produziert, in beiden Fällen entsteht Kohlendioxid am Produktionsort.

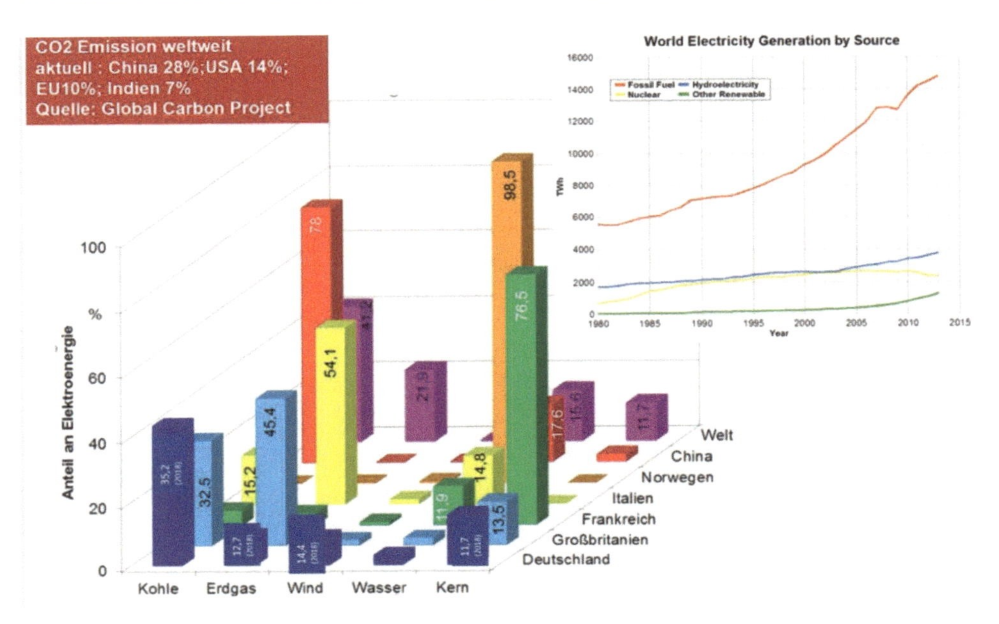

Bild 4 Anteile der Hauptenergieträger an Elektroenergie weltweit

Im Bild 4 sind die Anteile der wesentlichen Energieträger, die auf der Erde derzeit genutzt werden, an die Produktion der elektrischen Energie (2016/2018) in repräsentativen Industrieländern und weltweit dargestellt. Das Beispiel von Norwegen, Strom mit natürlicher Wasserkraft zu 98,5 % herzustellen, ist gewiss ein ideales Szenario – welches jedoch nur durch die geographischen Bedingungen ermöglicht wird. China erzeugt Strom zu 65 % aus Kohle (2016), Deutschland derzeit zu 35,2 % (2018), USA und Russland liegen dazwischen, Italien und Großbritannien verwenden dafür hauptsächlich Erdgas, was durch entsprechend günstiger Imports ermöglicht wird. Frankreich – an der Grenze Deutschlands – ist mit einem Anteil von 76,5 % der Weltmeister der Stromerzeugung mittels Kernenergie. Weltweit sind die Anteile von Erdgas, Wasser und Kernkraft etwa gleichmäßig (16-23 %) verteilt (2017), während die Kohle mit etwa 40 % der Hauptenergieträger zur Herstellung elektrischer Energie bleibt.

Ein Vergleich der jährlichen CO_2-Emissionen durch Energiebereitstellung (EU-Strommix) und dem Fahrzeugbetrieb zwischen fünf aktuellen Serienelektrofahrzeugen (Mitsubishi i-MiEV, Mercedes A-Klasse E-CELL, Smart ForTwo Electric

Drive, Nissan Leaf, Citroen Berlingo) und einem Fahrzeug mit Dieselmotor (VW Polo Blue Motion) zeigt folgende Ergebnisse [35]:

Tabelle 1 CO_2-Emissionen

Stadtbetrieb (7500km/Jahr)		**E-Bereitstellung**	**Fahrzeugbetrieb**
	E-PKW	820kg CO_2	-
	Diesel-PKW	194kg CO_2	794kg CO_2
Landstraßenbetrieb (15000km/Jahr)		**E-Bereitstellung**	**Fahrzeugbetrieb**
	E-PKW	1739kg CO_2	-
	Diesel-PKW	381kg CO_2	1561kg CO_2

Im Stadtbetrieb verursachen demzufolge die Elektrofahrzeuge eine 17% geringere CO_2-Emission, auf Landstraßenbetrieb sinkt dieser Vorteil auf 11%. Dabei ist der EU-Strommix mit einer wesentlich geringeren CO_2-Emission als die Stromerzeugung durch Braun- oder Steinkohle verbunden.

In einer aktuellen Studie /Agora Verkehrswende(2019): Klimabilanz von Elektroautos/ wird die Kohlendioxidemission eines Standard-Elektroautos mit einer 35[kWh] Li-Ion Batterie, bei einem durchschnittlichen Elektroenergieverbrauch von 16[kWh/100km] mit jener eines Automobils mit Ottomotor mit einem durchschnittlichen Benzinverbrauch von 5,9 [l/100km] und mit jener eines Automobils mit Dieselmotor, mit einem durchschnittlichen Dieselverbrauch von 4,7 [l/100km] verglichen. In dem Vergleich wurde allerdings auch die Kohlendioxidemission bei der Batterie- und Fahrzeug Produktion und Entsorgung sowie bei der Generierung der Elektroenergie / Herstellung des Kraftstoffes einbezogen. Das Automobil mit Ottomotor erreicht erst nach einer Gesamtfahrstrecke von 60.000 [km] das Niveau des Kohlendioxid Ausstoßes bei der Produktion der Batterie und des Fahrzeugs und des Elektromix-Stroms des Elektroautos. Ein Fahrzeug mit Dieselmotor kann bis zum Erreichen der gleichen Kohlendioxidemission wie ein Elektroauto 80.000 [km] fahren. Die wesentliche Kohlendioxidemission im Falle des Elektroautos entsteht bei der Herstellung der Li-Ion Batterie: 3.500-7.000 [kg CO_2] für eine 35 [kWh] Batterie von Nissan, Renault oder BMW und über 15.000 [kg CO_2] für eine Tesla S Batterie.
Zu einem besseren Verständnis: das vorhin erwähnte Dieselauto mit einem Verbrauch von 4,7 [l/100km] mit einem Ausstoß von 3,1 [kg CO_2/ kg Dieselkraftstoff] infolge üblicher, vollständiger Verbrennungsreaktionen (hier ohne Betrachtung der Fahrzeug- und Kraftstoffherstellung) könnte 127.000 [km] fahren, bis zum Ausgleich der Emission bei der Produktion einer Tesla Batterie!

Die Polarisierung idealer Szenarien um den (Elektro)Antrieb selbst, führt andererseits sehr oft zur Betrachtung des eigentlichen Automobils als eine Struktur um den Antrieb herum, die in Bezug auf diesen optimiert werden soll – also klein, leicht, kompakt, wegen der geringen Elektroenergie, die an Bord gespeichert oder umgewandelt werden kann. Im Bild 5 wird dieser Zusammenhang verdeutlicht.

Masse × Beschleunigung = **Kraft**

Kraft × Strecke = Arbeit (**Energieverbrauch**)

Energie (in der Batterie) = Leistung × Dauer

	Energie in der Batterie [kWh]	Fahrzeug-masse [kg]	Leistung E-Motor [kW]	Energie- verbrauch [kW/100km]	Strecke (Reichweite) [km]
Toyota COMS	3,7	400	5	7,4	50
BMW i3 (09/2018)	37,7	1345	125	13,1	285

Bild 5 Automobile mit elektrischem Antrieb – Zusammenhang zwischen Fahrzeugmasse und gespeicherter Energie *(Quellen: BMW, Nissan)*

Wenig Energie E $[kWh]$ in einer Batterie mit großer Masse m_{BATT} $[kg]$ bei einer als Ziel gesetzten Strecke s $[km]$ zwingt zur Senkung der Fahrzeugmasse m $[kg]$, wodurch Sicherheit und Komfort gemindert werden, sowie zur Senkung der Motorleistung und somit der Beschleunigung a $[m/s^2]$, wodurch der Verkehrsfluss negativ beeinflusst wird.

Selbst unter solchen Bedingungen bleibt die Reichweite aufgrund der Batteriemasse und -abmessungen geringer als jene von Automobilen mit Verbrennungsmotoren – das wird auch für das nächste Jahrzehnt prognostiziert – was die Kundenakzeptanz, trotz statistischer Argumente über geringe Tagesfahrleistungen erheblich beeinträchtigt. Heizung oder Klimatisierung bleiben offene Probleme: Selbst in einem sehr kompakten Elektroauto erfordert die Heizung bei einer

Temperaturdifferenz zwischen Umgebung und Fahrgastraum von 30°C (-10C/+20°C) einen Elektroenergieverbrauch von 10 [kWh/100km] (Mitsubishi i-MiEV) bis zu 20 [kWh/100km] (Mercedes A-Klasse E-CELL). Dadurch sinkt die Reichweite für beide als Beispiel aufgeführten Fahrzeuge um rund 37% im Eco-Test und um 44% bis 51% unter realen Fahrbedingungen. Um das Problem zu umgehen werden sogar Fahrzeuge mit elektrischem Antrieb mit Energie aus Batterien, aber mit benzinbetriebener Heizung, bei einem angegebenen Verbrauch von *0,7* [*l*] Benzin je Stunde zum Verkauf angeboten! Eine solche Art von Elektromobilität ist nicht erstrebenswert.

1.1.2 Vielfalt der Automobilfunktionen und –ausführungen

Ein modernes Automobil soll – wie im Bild 6 dargestellt - neben Antriebseigenschaften eindeutige Anforderungen in Bezug auf aktive und passive Sicherheit, Emissionen von Stoffen und Geräuschen, assistiertes bis autonomes Fahren, Konnektivität, Komfort und Fahreigenschaften erfüllen.

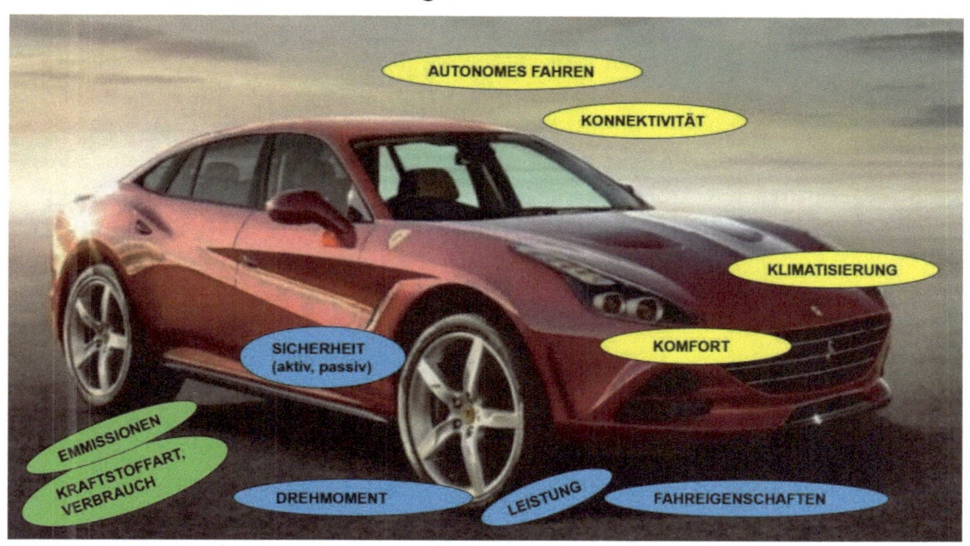

Bild 6 Das Automobil ist mehr als eine Struktur um einen (Elektro-)Antrieb herum ***(Quellen: Ferrari, Stan)***

Ein Einheitswagen mit Einheitsantrieb würde den natürlichen, wirtschaftlichen, technischen und sozialen Umgebungsbedingungen widersprechen. Die automobile Zukunft ist Vielfalt auf modularer Basis – von der Kompaktklasse zur Oberklasse, vom preiswerten Pick-Up in Indien zum Luxus-Elektromobil für Null-Emission-Zonen in Berlin und London, von Sport Utility Vehicle (SUV), Limousine, Coupé und Kombi zum Cabriolet.

Bild 7 Vielfalt der gegenwärtigen und zukünftigen Automobilarten

Wie im Bild 7 dargestellt, erfordern unterschiedliche geographische, wirtschaftliche oder ökologische Bedingungen – Einsatz im schweren Gelände, Verkehr in dicht besiedelten Städten, Familienmobilität – unterschiedliche Fahrzeugarten, von Pick-up über Stadtwagen bis hin zum Familienkombi. Dass bestehende soziale Strukturen bei der Mobilität aufhören werden, in dem es nur Einheitswagen geben soll, erscheint als unrealistisch: Oberklasse, Mittelklasse und preiswerte Alleskönner werden nach wie vor die Mobilität zwischen Villen, Reihenhäusern und Wohnsilos prägen. Aus einer anderen Perspektive, der Kundenwunsch ist ein entscheidendes Kaufargument – ob objektiv, aufgrund seiner physischen oder psychischen Eigenschaften - oder rein subjektiv: SUV, Coupé, Limousine, Cabriolet, jedem sein Traumauto. Der weltweite Marktanteil der Sport Utility Vehicles, deren Geländetauglichkeit mit ihrem Aussehen wenig zu tun hat, stieg von 9,55 % (2000) auf 36,4 % (2018). Für 2020 wird ein Absatz von etwa 16 Millionen SUV's prognostiziert, das sind etwa 15 % der vorausgesagten gesamten Pkw-Produktion im Jahr 2020. Im Oberklassen- und Luxusklassensegment liegt der prozentuale Anteil in dem erwähnten Zeitraum bei etwa 10 %.
Die Topologien moderner Automobile sind trotz ihrer Variantenvielfalt in genauen Kategorien, wie folgt strukturiert:

- Fahrzeugklassen: Minicar, Kleinwagen, Kompaktklasse, Mittelklasse, obere Mittelklasse, Oberklasse, Van, Sport Utility Vehicle (SUV)
- Fahrzeugtypen: Geländewagen, Pick-up, Limousine, Cabrio, Coupé, Roadster
- Anordnung des Antriebsmotors: Front-, Mittel-, Heckmotor, längs oder quer zur Fahrzeuglängsachse
- Antriebsachse: vorn, hinten, vorn und hinten

Leistung und Drehmoment werden in allen Fahrzeugklassen verlangt, die Einführung eines Kriteriums Leistung pro Fahrzeugklasse bzw. Leistung pro Fahrzeugvolumen erscheint nicht als unberechtigt.

Leistung und Drehmoment sollen jedoch mit der deutlichen Senkung des Kraftstoffverbrauchs und der Schadstoffemission einhergehen, die erhöhten Anforderungen an aktive und passive Sicherheit, der zunehmende Anspruch nach Komfort und Kommunikation verlangen andererseits auch nach einer entsprechenden Anpassung des Antriebs. Ein Beispiel ist in diesem Zusammenhang aufschlussreich: Ein VW Golf II, Baujahr 1983 hatte bei einer Fahrzeugmasse von *790* [*kg*] einen Antrieb mit *51,5* [*kW*] mit einem Dieselkraftstoffverbrauch von *5,5* [*l/100km*]. Ein VW Golf der neusten Generation mit ABS, ESP, Airbags und Klimaanlage hat eine Masse von *1314* [*kg*] – also *524* [*kg*] mehr, allerdings bei mehr als doppelter Leistung – 110,3 [kW] – mit praktisch unverändertem Kraftstoffverbrauch. Eine deutliche Entwicklungstendenz ist andererseits das komplexe Management zwischen den Funktionsmodulen im Fahrzeug mittels Elektronikplattformen, welche zahlreiche Funktionen bündeln, wobei der Antrieb eine zentrale Rolle spielt. In einem Porsche Panamera werden beispielsweise mittels 55 ECU (Electronic Control Units) 6000 Funktionen realisiert. Dieser Umstand erlaubt eine wesentlich erhöhte Effizienz bei der Umsetzung der Entwicklungspotentiale die gleichermaßen in Verbrennungs- und in Elektromotoren noch vorhanden sind, in zukunftsträchtigen Antriebsszenarien.

1.1.3 Grenzen der Stoffemissionen von Automobil-Verbrennungsmotoren

Die zunehmende Nachfrage nach Mobilität und nach Antriebsleistung ist, wie im Bild 8 in den Tabellen 2 und 3 verdeutlicht – mit stark sinkenden Grenzen der Schadstoffemissionen in den meisten Ländern – beispielsweise LEV (Low Emission Vehicles), ULEV (Ultra Low Emission Vehicles), SULEV (Super Ultra Low Emission Vehicles) in den USA oder EU1 bis 6 in Europa. Obwohl in den letzten drei Jahrzehnten die Schadstoffemissionen durch eine besonders erfolgreiche Entwicklung der Verbrennungsmotoren drastisch reduziert werden konnten – HC und NO_X um 86 %, CO um 84 % und Rußpartikel von Dieselmotoren um 97 % - hat die Verschärfung der Grenzen an Dynamik noch deutlich gewonnen, wie das Bild 8 eindrucksvoll zeigt.

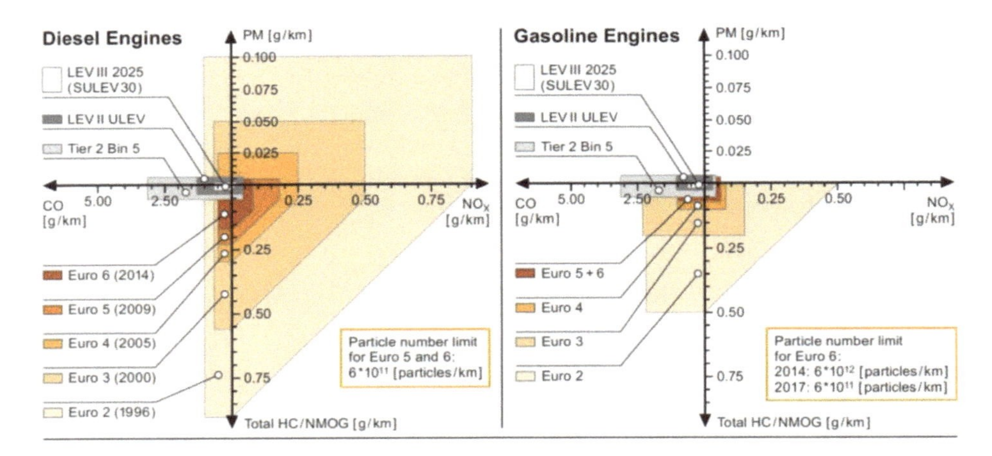

Bild 8 Grenzen der Schadstoffemissionen von Automobil-Verbrennungsmotoren in Europa und in den USA
(Quelle: Maus, W.: Zukünftige Kraftstoffe, Kap.1, Springer Vieweg 2019 ISBN 978-3-662-58006-6)

Tabelle 2 Dynamik der Limitierung des Schadstoffausstoßes von Verbrennungsmotoren für Automobile nach Euro-Normen

Abgasnorm gültig ab	**CO [g/km]**		**HC + NO_x [g/km]**		**Partikel [g/km]**	
	Benzin	Diesel	Benzin	Diesel	Benzin	Diesel
Euro 1 01.07.1992	3,16	3,16	1,13	1,13	-	0,18
Euro 2 01.07.1997	2,2	1	0,5	0,7 (0,9*)	-	0,08 (0,1*)
Euro 3 01.04.2000	2,3	0,64	0,2+0,15	0,56 (x+0,5)	-	0,05
Euro 4 01.04.2005	1	0,5	0,1+0,08	0,3 (x+0,25)	-	0,025
Euro 5 01.09.2009	1	0,5	0,1+0,06	0,23 (x+0,18)	0,005*	0,005
Euro 6 01.09.2014	1	0,5	0,1+0,06	0,17 (x+0,08)	0,0045*	0,0045

*gilt für Motoren mit Direkteinspritzung

Quellen: EU Richtlinien 91/441/EWG, 94/12/EC, 98/69/EC, 2002/80/EC, 2007/715/EC

Tabelle 3 Limitierung des Schadstoffausstoßes von Antriebssystemen für Automobile in den USA (Kalifornien) nach geringer (LEV II), sehr-geringer (ULEV II) und extrem-geringer (SULEV II) Emissionseinstufung sowie nach Laufleistung

Abgasnorm USA*	**Laufleistung [km] / [a]**	**CO [g/km]**	**HCHO [g/km]**	**NO_x [g/km]**	**Partikel [g/km]**	**NMOG [g/km]**
LEV II	**80467 / 5**	2,113	0,009	0,031	-	0,047
	160934 / 10	2,610	0,011	0,043	0,006	0,056
ULEV II	**80467 / 5**	1,056	0,005	0,031	-	0,025
	160934 / 10	1,305	0,007	0,043	0,006	0,034
SULEV II	**80467 / 5**	-	-	-	-	-
	160934 / 10	0,621	0,002	0,012	0,006	0,006

* Werte unabhängig vom Arbeitsverfahren (Otto/Diesel)
HCHO – Formaldehyd
NMOG - Organische Gase ohne Methan

Quellen: Environmental Pollution Agency, Air Resources Board of California

Andererseits haben die nachweisbaren Klimaveränderungen infolge des zunehmenden industriellen Kohlendioxidausstoßes zu Senkungsmaßnahmen geführt, welche die Automobilindustrie im besonderen Maße betreffen: So haben sich die europäischen Automobilhersteller, unter ihrem Dachverband ACEA (Association des Constructeurs Européens d'Automobiles) ursprünglich selbst verpflichtet, bis zum Jahre 2008 den durchschnittlichen Kohlendioxidausstoß für die gesamte Fahrzeugpalette im jeweiligen Unternehmen auf *140* [*g* CO_2*/km*] zu verringern. Dann wurde eine Senkung auf *130* [*g* CO_2*/km*] für 2012 bis 2015 gesetzlich festgelegt. Die Europäische Komission legte gesetzlich eine weitere Reduzierung des Kohlendioxidausstoßes auf *95* [*g* CO_2*/km*] bis 2020 fest. Im Zusammenhang mit der Begrenzung der Erdklimaerwärmung um maximal *2* [*°C*] im Jahre 2050 verständigten sich die G8 Staaten auf eine Limitierung des CO_2 Pkw-Flottenausstoßes auf *20* [*g* CO_2*/km*].
Der Kohlendioxidausstoß ist jedoch proportional dem Streckenkraftstoffverbrauch. Bei einer idealen Verbrennung in einem Kolbenmotor, wobei Kohlenwasserstoff (beispielsweise Benzin) bei der vollständigen Reaktion mit Sauerstoff aus der Luft in Kohlendioxid und Wasser – also ohne Kohlenmonoxid oder unverbrannten Kohlenwasserstoffen – umgewandelt wird, entsprechen *20* [*g* CO_2*/km*] einem Streckenkraftstoffverbrauch von *0,88* [*l/100km*].

Bei einer üblichen Benzinstruktur mit folgenden Anteilen

- Kohlenstoff: $c = 0{,}847\ [kg\ C / kg\ Benzin]$
- Wasserstoff: $h = 0{,}153\ [kg\ H_2 / kg\ Benzin]$

resultiert aus der Bilanz einer stöchiometrischen, vollständigen Verbrennungsreaktion [1]:

$$\frac{c}{12} \cdot C + \frac{c}{12} \cdot O_2 \rightarrow \frac{c}{12} CO_2$$

$$\frac{h}{2} \cdot H_2 + \frac{h}{4} \cdot O_2 \rightarrow \frac{h}{2} H_2O$$

Dabei wurde der Kohlenstoff- bzw. der Wasserstoffanteil (c,h) durch Dividieren mit ihren jeweiligen Molmassen
($12\ [kg\ C / kmol\ C]$ bzw. $2\ [kmol\ H_2 / kg\ H_2]$) in Kilomol umgesetzt
($\frac{c}{12}\ [kmol\ C / kg\ Benzin]$ bzw. $\frac{h}{2}\ [kmol\ H_2 / kg\ Benzin]$) um die Bilanz der chemischen Reaktion im mikroskopischen Maßstab erstellen zu können.
Bei einer reinen Mengenbilanz, der aus der Verbrennung resultierenden Abgaskomponenten, sind die Mengen der Schadstoffe (CO, C_mH_n, NO_x) – üblicherweise insgesamt unter 2 % der Abgasmenge – praktisch vernachlässigbar. Lediglich für die Analyse ihrer schädlichen Wirkung ist die genaue Erfassung der CO, C_mH_n, NO_x Anteile besonders wichtig. Bei der vorgenommenen Betrachtung des

Zusammenhanges zwischen Kraftstoffverbrauch und Kohlendioxidemission werden aus der chemischen Reaktion folgende Abgasanteile abgeleitet:

$$CO_2: \quad \frac{0{,}847}{12} \cdot (1\cdot 12 + 2\cdot 16) = 3{,}1$$

$$\left[\frac{kmol\,CO_2}{kg\,Benzin}\right] \quad \left[\frac{kg\,CO_2}{kmol\,CO_2}\right] \quad \left[\frac{kg\,CO_2}{kg\,Benzin}\right]$$

$$(Molmasse\,CO_2)$$

$$H_2O: \quad \frac{0{,}153}{2} \cdot (2\cdot 1 + 1\cdot 16) = 1{,}38$$

$$\left[\frac{kmol\,H_2O}{kg\,Benzin}\right] \quad \left[\frac{kg\,H_2O}{kmol\,H_2O}\right] \quad \left[\frac{kg\,H_2O}{kg\,Benzin}\right]$$

$$(Molmasse\,H_2O)$$

Mit einem stöchiometrischen Luftbedarf für die Verbrennung [1] von

$$\left(\frac{L}{K}\right)_{st} = 4{,}31(2{,}664c + 7{,}937h)$$

in Anbetracht der Sauerstoffbeteiligung in der atmosphärischen Luft und der erforderlichen Sauerstoffmenge entsprechend der aufgestellten chemischen Gleichung resultiert:

$$\left(\frac{L}{K}\right)_{st} = 14{,}96\left[\frac{kg\,Luft}{kg\,Benzin}\right]$$

Aus dieser Luft wird für die Verbrennungsreaktion nur der Sauerstoff benötigt, der Stickstoffanteil beträgt bei Vernachlässigung der NO_x Bildung die im Bereich von Millionstel Anteilen liegt:

$$N_2 = 0{,}768\left(\frac{L}{K}\right)_{st} = 11{,}48\left[\frac{kg\,N_2}{kg\,Benzin}\right]$$

Damit ist die Bilanz der Komponenten vor und nach der Verbrennung:

Benzin:	1	$[kg]$	CO_2:	3,1	$[kg]$
Luft:	14,96	$[kg]$	H_2O:	1,38	$[kg]$
			N_2:	11,48	$[kg]$
	15,96	$[kg]$		15,96	$[kg]$

Mit einer üblichen Benzindichte von $0{,}736\ [kg/Liter]$ resultiert eine CO_2-Emission je verbrauchten Liter Benzin von:

$$3{,}1 \cdot 0{,}736 = 2{,}28$$

$$\left[\frac{kg\,CO_2}{kg\ Benzin}\right]\left[\frac{kg\ Benzin}{Liter\ Benzin}\right]\quad\left[\frac{kg\,CO_2}{Liter\,Benzin}\right]$$

Aus einem Streckenverbrauch von $5{,}7\,[l/100km]$ bzw. $0{,}057\,[l/km]$ resultiert:

$$2{,}28 \cdot 0{,}057 = 0{,}13 \rightarrow 130$$

$$\left[\frac{kg\,CO_2}{Liter\ Benzin}\right]\left[\frac{Liter\ Benzin}{km}\right]\quad\left[\frac{kg\,CO_2}{km}\right]\quad\left[\frac{g\ CO_2}{km}\right]$$

Eine Marke, die erfolgreich ein Modell mit über 3 Litern Hubraum bei einem Benzinverbrauch von *12* [*l/100km*] bzw. *274* [*g* CO_2*/km*] absetzt, wird demzufolge in der nahen Zukunft (2020), als Kompensationsmaßnahme, die doppelte Anzahl von Automobilen möglichst ohne Energieumwandlung aus Kohlenwasserstoffen während der Fahrt produzieren müssen – das sind derzeit offensichtlich nur die Automobile mit elektrischem Antrieb und Batterien / Brennstoffzellen mit Wassersoff. Für die Zukunft ist dies keineswegs die einzige Lösung: Die Wärmekraftmaschinen werden wieder ihren Einsatz finden, sobald die fossilen durch regenerative Kraftstoffe ersetzt werden, und zwar von solchen, die einen sehr niedrigen Kohlenstoff/Wasserstoffverhältnis in ihren Molekülen haben, soweit reiner Wasserstoff nicht einsetzbar sein wird. Flüssige Kraftstoffe dieser Art, die leicht an Bord speicherbar sind, enthalten in der Regel Sauerstoff in ihren Molekülen (Methanol, Ethanol, Oxymethylenethere OME 1 bis 6, Dimethylether), wodurch der stöchiometrische Sauerstoffbedarf bei ihrer Verbrennung sinkt. Bei vergleichbarer Luftmasse in den Zylindern eines Ottomotors steigt dadurch der Kraftstoffverbrauch im Vergleich zum Benzin, was prinzipiell kein Nachteil ist, soweit der Herstellungspreis niedrig ist. Durch die exotherme Reaktion des höheren Wasserstoffanteils in den Molekülen solcher Kraftstoffe im Vergleich zum

Kohlenstoffanteil ist trotz des Mehrverbrauchs die Kohlendioxidemission allgemein geringer. Das wesentliche Argument für ihren Einsatz in den Wärmekraftmaschinen der Zukunft ist jedoch ihre Herstellung auf Basis von Kohlendioxid - aus Photosynthese in Pflanzen, woraus Methanol, Ethanol und Dimethylether herstellbar sind, sowie aus Emissionen von der Industrie, durch Synthese mit Wasserstoff, woraus Oxymethylethere produzierbar sind. In dieser Art und Weise werden Verbrennungsmotoren weitgehend klimaneutral.

Der bislang geltende Europäische Fahrzyklus (NEFZ) geht von einem bestimmten Fahrprofil aus, wie im Bild 9 dargestellt.

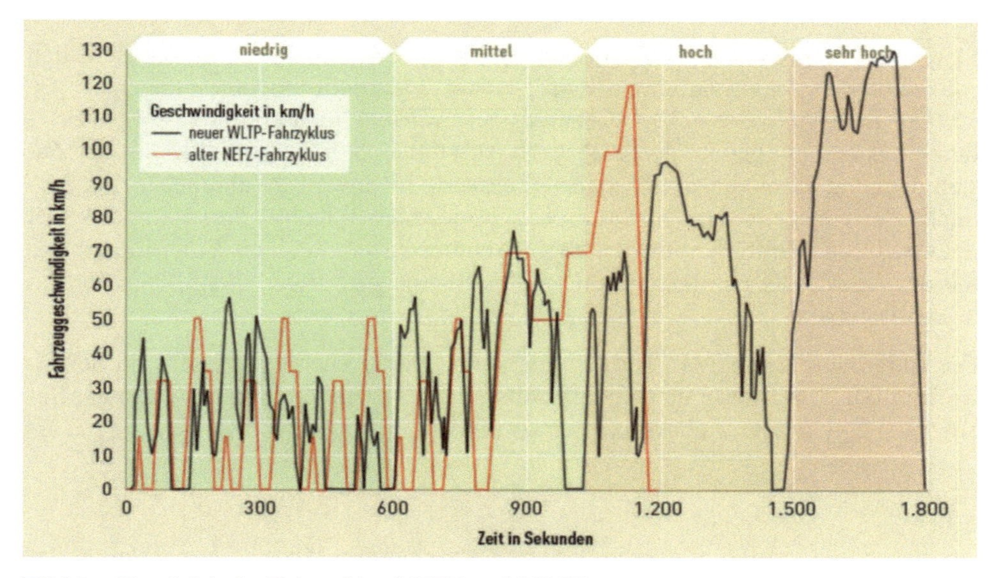

Bild 9 Vergleich der Fahrzyklen NEFZ und WLTP
(Quelle: UNECE - United Nations Economic Commission for Europe)

Dieser Fahrzyklus, welcher auf Basis von statistischen Werten entstand, entspricht aber einem Bereich mit niedrigem Drehmoment bzw. mit niedriger Drehzahl im Kennfeld eines Ottomotors bzw. im Kennfeld eines Dieselmotors, weit entfernt vom Gebiet des minimalen spezifischen Kraftstoffverbrauchs oder des maximalen Drehmomentes. Eine werkseitige Anpassung des Verbrauchs und somit der Kohlendioxidemission auf die Testbedingungen ist wenig problematisch, sie führt allerdings zu einer Beeinträchtigung der Kenngrößen im übrigen Kennfeldbereich. Aus diesen Gründen wurde im Jahr 2017 durch UNECE (Wirtschaftskommission der Vereinigten Nationen für Europa) ein neues Testverfahren, bezeichnet als

WLTP (Worldwide harmonized Light vehicle Test Procedure / weltweit einheitliches Testverfahren für leichte Fahrzeuge) für Personenkraftwagen und für leichte Nutzfahrzeuge auch in Europa eingeführt.

Im Gegensatz zum NEFZ ist WLTP wesentlich dynamischer, mit mehr Beschleunigungs- und Bremsvorgängen, wie im Bild 9 ersichtlich. Neben dem Fahrprofil wurde dabei auch die Messprozedur an die aktuelle Fahrzeugtechnik angepasst. Die Zykluslänge wurde von 11[km] auf 23,23[km] gestreckt, die mittlere Geschwindigkeit von 34[km/h] auf 46,6[km/h] gehoben, die maximale Geschwindigkeit von 120[km/h] auf 131[km/h]. Die grenzen der Antriebsleistung wurden von 4-34[kW] auf 7-47[kW] erhöht. Dieses neue Messverfahren soll die Werte für Verbrauch und Emissionen näher an die realen Fahrzustände bringen.

Nichtdestotrotz sollen die realen Fahrzustände auch aus einer anderen Perspektive als jene eines täglichen Fahrzyklus bewertet werden:

Statistische Analysen zeigen, dass ein Fahrzeug der Luxusklasse durchschnittlich ca. *8000* [*km/Jahr*] gefahren wird, eine Familienlimousine dagegen ca. *30.000* [*km/Jahr*]. Die höhere Leistung des Antriebs im Falle des Luxusklassefahrzeugs bedingt gewiss einen höheren Ausstoß an Kohlendioxid, wobei der Zusammenhang durch die spezifischen Kennwerte im jeweils gefahrenen Teillastbereich relativiert wird. Der absolute Wert des jährlichen Kohlendioxidausstoßes ist jedoch durch Multiplikation der momentanen, lastabhängigen Emission [*g/km*] mit der Anzahl der gefahrenen Kilometer allgemein geringer als im Falle der Familienlimousine.

Die Herausforderung zwischen Leistung und Drehmoment einerseits und Schadstoffemission und Verbrauch andererseits wird entsprechende Impulse auf der Suche nach neueren Antriebskonzepten setzen.

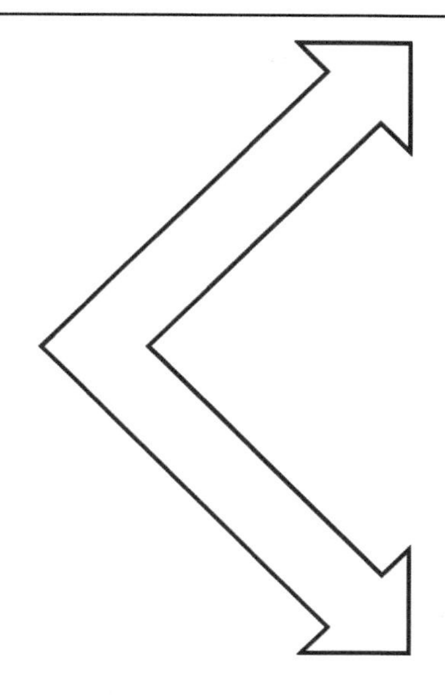

- stark zunehmende Nachfrage nach Mobilität weltweit
- zunehmende Leistung / Drehmoment als Kriterien der Akzeptanz
- stark entwickeltes Management zwischen den Funktionsmodulen im Fahrzeug mittels Elektronik
- drastische Limitierung der Schadstoffemissionen (ULEV, SULEV, EU 6)
- drastische Limitierung des Energieverbrauchs

1.2 Entwicklungsanforderungen

Zahlreiche Entwicklungsszenarien der Automobilhersteller weltweit sind zum Teil kontrovers: Hybridantriebe auf Basis von Benzinmotoren (wegen Marktakzeptanz in USA oder Japan) zeigen keine Vorteile gegenüber modernen Dieselmotoren, insbesondere im europäischem Fahrzyklus, auf der Autobahn sind sie eindeutig im Nachteil. Ein Diesel-Hybrid ist keine Verbesserung per se – aufgrund der ähnlichen Drehmomentcharakteristika des Diesels und des Elektromotors. Die doppelte Aufladung des Dieselmotors (Kompressor mit Elektromotorantrieb und Turboaufladung) erscheint technisch und wirtschaftlich als vorteilhafter. Für Fahrten in Stadtzentren ist dennoch ein zusätzlicher Antriebs-Elektromotor interessant, aufgrund des emissionsfreien Betriebs.

Die Brennstoffzelle mit Wasserstoff erlebt derzeit eine wahre Renaissance, genau wie die Batterie; Wasserstoff im Kolben- oder Wankelmotor wiederum bleibt ein sehr aktuelles Thema, genau wie Biogas, pflanzliche Öle, Alkohole, Dimethylether und Oxymethylenethere mit verschiedenen Kettenlängen.

Das zeigt keineswegs Konzeptlosigkeit oder Unsicherheit, vielmehr ist die Tendenz erkennbar, den Antrieb sowie das Energiemanagement an Bord an die Vielfalt zukünftiger Automobile technisch und wirtschaftlich anzupassen.

Es zählen dabei folgende Hauptanforderungen:

- die Verfügbarkeit der vorgesehenen, nachhaltigen Energieträger
- die ökologischen Einflüsse bei der jeweiligen Energieumsetzung
- die technische Umsetzbarkeit – ausgedrückt in technischer Komplexität, Abmessungen, Masse, Kosten und Sicherheit des jeweiligen Systems an Bord des Automobils
- die aktive und die passive Sicherheit
- die verkehrstechnischen Anforderungen und das Recycling von Altfahrzeugen welche mit den jeweiligen Energieträgern und -speichern gerüstet sind.

1.2.1 Energieverfügbarkeit

Die Mobilität ist im letzten Jahrhundert zu einem wesentlichen Entwicklungskriterium der menschlichen Zivilisation geworden. Die Schaffung und Ausbreitung der Mobilitätsmittel haben eine Dynamik der Technik hervorgerufen, welche als positive Druckwelle technologische Verfahren, Wirtschaftsstrukturen und die Politik insgesamt beaufschlagt hat. Der weltweite Anstieg der Automobilproduktion von rund 38 Millionen Wagen im Jahr 1998 auf 70,5 Millionen im Jahr 2018, also innerhalb von nur 20 Jahren /Statista 2018/ hat einen entsprechenden Zuwachs der Wertschöpfung hervorgerufen, wobei, laut VDA, der Anteil der eigentlichen Automobilhersteller (OEM – Original Equipment Manufacturer) von 35 % auf 23 % zugunsten der Zulieferer, Modul- und Systemlieferanten sowie der Dienstleister gesunken ist.

Im Jahr 2002 war dabei das nordamerikanische Wirtschaftsgebiet auf Basis der NAFTA (North American Free Trade Agreement) gegenüber Europa noch gering in Führung in Bezug auf diese Wertschöpfung (227,1 Milliarden Euro gegenüber 204 Milliarden Euro – es folgte dann Japan mit 115,4 Milliarden Euro). Die Zahlen für das Jahr 2015 zeigten eine Situation, die als Beweis dafür steht, dass die Dynamik der Mobilität wirtschaftliche und politische Strukturen ändert: Der Zuwachs in Europa kam auf 56 %, in USA auf 17 %, das bedeutet 318,1 Milliarden Euro Wertschöpfung in Europa gegenüber 266,6 Millionen Euro in USA. Japan hatte einen Zuwachs von 11 %. Die Strukturänderungen durch automobile Wertschöpfung in dem betachteten Zeitraum ist dennoch aus weitaus spektakulären Prozentzunahmen ableitbar: China (+260 %), Südamerika (+109 %), Indien (+328 %) – nach VDA Angaben.

Durch die Zunahme der Anteile der Zulieferer, Modul- und Systemlieferanten sowie Dienstleister an dieser Wertschöpfung ist der Einfluss der Technik- und Technologieentwicklung in der Automobilindustrie auf ein breites Spektrum anderer Produkte eindeutig; andersrum schafft jeder Arbeitsplatz in der Automobilindustrie mindestens 3 Arbeitsplätze an seiner unmittelbaren Funktionsgrenze.

Die Dynamik dieser Weiterentwicklung wird von der überproportionalen Forschung und Entwicklung im Automobilbereich verstärkt. Aus den gesamten Aufwendungen für Forschung und Entwicklung in Deutschland (61,5 Milliarden Euro, d. h. 2,46 % BIP im Jahre 2010) waren weit über 30% in der Automobilindustrie zu finden, mehr als das Dreifache des gesamten Staatsetats für alle Richtungen in Forschung und Entwicklung.

Wirtschaftszweige wie Maschinenbau, Chemische Industrie, Elektrotechnik, Datenverarbeitung und Optik geben erst gemeinsam für Forschung so viel wie die Automobilindustrie aus.

Es ist kein Zufall, dass die wichtigsten Automobilhersteller-Länder der Welt auch die meisten Patente anmelden: laut EPA (Europäisches Patentamt) meldeten im Jahr 2018 die USA 43.612 Patente an, Deutschland 26.734, Japan 22.615, Frankreich 10.317, alle anderen Länder jeweils unter 10.000 Patente.

Unter den Bedingungen der zunehmenden Globalisierung – mit unvermeidbarer Produktionsverlagerungen in Zonen mit niedrigen Lohnkosten – ist ein solches Kreativitäts- und Innovationspotential ein Exportschlager, der eine dauerhafte Beschäftigungsbasis absichern kann.

Eine solche explosionsartige Entwicklung der globalisierten Industrie, deren leistungsstärken Zugpferde eindeutig die Fahrzeuge sind, führte zu einer deutlichen Erhöhung des Energiebedarfs der Menschen auf der Erde. Die hauptsächlich genützten Energieträger sind dabei keineswegs klimaneutral.

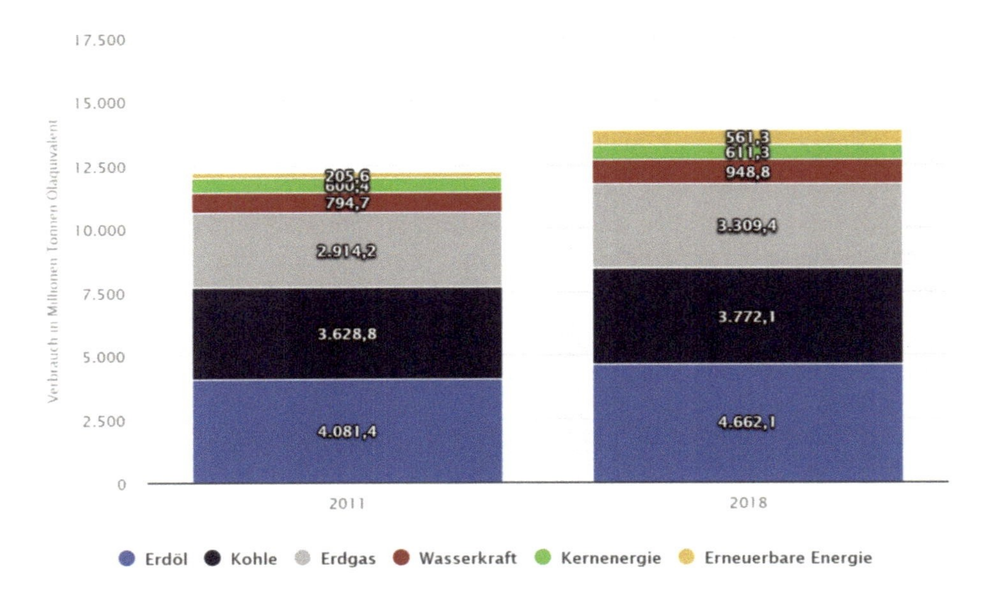

Bild 10 Weltweiter Primärenergieverbrauch nach Energieträgern – Vergleich 2011-2018 - in Millionen Tonnen Erdöläquivalent *(Quelle: Statista)*

Bild 10 zeigt den weltweiten Primärenergieverbrauch im Vergleich der Jahre 2011 und 2018, wobei die absolut dominierenden Energieträger das Erdöl, die Kohle und das Erdgas, also gerade die größten Verursacher der anthropogenen, kumulativen Kohlendioxidemission in der Atmosphäre, sind.

Dabei verbrauchten im Jahre 2018, laut Statista, China (3.347 Millionen Tonnen Erdöläquivalent TOE), USA (2.300 Millionen TOE), Indien (809,2 Millionen TOE) und Russland (720,7 Millionen TOE) mehr Primärenergie als alle anderen Länder der Welt zusammen! Deutschland genügte sich mit einem Zehntel der Energie, die China konsumierte! Die im Jahr 2018 weltweit verbrauchte Primärenergie von 13.865 Millionen Tonnen TOE, mit 1TOE = 41.868 [MJ] entspricht $580{,}5 \cdot 10^{12}$ [MJ].

Wenn jedem Erdbewohner der gleiche Anteil davon zukommen würde, ergäben sich, bei 7,7 Milliarden Personen (01/2020)

$$\frac{580{,}5 \cdot 10^{18}\ [\mathrm{J}]}{7{,}7 \cdot 10^{9}\ [\mathrm{Menschen}]} = 75{,}38 \cdot 10^{9} \left[\frac{\mathrm{J}}{\mathrm{Person}}\right]$$

Über das Jahr gleichmäßig verteilt (1 Jahr hat $31{,}536 \cdot 10^6$ [Sekunden]) ergibt diese Energie eine dauernd verfügbare Leistung von

$$\frac{75{,}38 \cdot 10^9\ [\mathrm{J/Person}]}{31{,}536 \cdot 10^6\ [\mathrm{Sekunden}]} = 2{,}39\ \left[\frac{\mathrm{kW}}{\mathrm{Person}}\right]$$

Diese Leistung wird für Mobilität, Hausbau, Heizung, elektrische Geräte, Produktion von Konsumgütern, Nahrung, Waffen, Straßen-, Schulen- und Krankenhäuserbau verbraucht. Allerdings nicht von allen Menschen in gleichen Anteilen! Nach dem Bericht der Weltbank vom 10/2018 leben 3,4 Milliarden Menschen, also fast die Hälfte der Weltbevölkerung, unter der Armutsgrenze, sehr viele davon haben nicht einmal genügend Nahrung. In den nächsten 20 Jahren wird die Weltbevölkerung um weitere 2 Milliarden Menschen zunehmen.

Die errechnete Dauerleistung von $2{,}39\left[\frac{kW}{Person}\right]$, die jedem zukommen sollte, ergibt für einen Tag (24 Stunden) eine Energie von $57{,}36\left[\frac{kWh}{Tag \cdot Person}\right]$. Ein Vergleich mit der Energiezufuhr als Nahrung in einem Land wie Deutschland, den USA oder Italien erscheint als erwähnenswert. Für einen Mann im Alter zwischen 18 und 60 Jahren wird ein Konsum von $2400\left[\frac{kcal}{Tag}\right]$, es sind also $10.000\left[\frac{kJ}{Tag \cdot Person}\right]$, oder, anders ausgedrückt, $2{,}78\left[\frac{kWh}{Tag \cdot Person}\right]$ empfohlen. In Dauerleistung umgerechnet sind es $0{,}1157\left[\frac{kW}{Person}\right]$, aus den gesamt statistisch verbrauchten $2{,}39\left[\frac{kW}{Person}\right]$. Weder die Verteilung der Energie noch jene der Nahrung ist aber gleich auf der Welt. In Deutschland liegt die tatsächlich verbrauchte Dauerleistung eindeutig über den weltweiten statistischen Mittelwert von $2{,}39\left[\frac{kW}{Person}\right]$. Aufschlussreich ist dafür der Bezug des Primärenergieverbrauchs der Bundesrepublik Deutschland für ein Referenzjahr auf ihre Einwohnerzahl. Für das Jahr 2018 kann aus den amtlich veröffentlichen Daten ein Verbrauch von $3813\left[\frac{TOE}{Person}\right]$ abgeleitet werden, das sind $159{,}64\ \left[\frac{GJ}{Jahr \cdot Person}\right]$. Daraus resultiert eine Dauerleistung von $5{,}06\ \left[\frac{kW}{Person}\right]$.

In einem deutschen Einfamilienhaus (2019) wird von einer vierköpfigen Familie eine Gesamtenergie zwischen 23.000-32.000$\left[\frac{kWh}{Jahr}\right]$verbraucht, das sind zwischen 15,75-21,9$\left[\frac{kWh}{Tag \cdot Person}\right]$, wobei über 80% dieser Energie für Heizung und Warmwasser eingesetzt wird. Die Elektroenergie macht im Durchschnitt rund $4000\left[\frac{kWh}{Jahr}\right]$, oder $2{,}74\left[\frac{kWh}{Tag \cdot Person}\right]$ aus. Das Interessante an diesem Wert ist, dass in einem Land wie Deutschland jede Person genauso viel Strom wie Nahrung

($2400\left[\frac{kcal}{Tag \cdot Person}\right]$ sind $2{,}78\left[\frac{kWh}{Tag \cdot Person}\right]$) benötigt! Mehr als ein Viertel dieses Stroms geht auf Fernseher, Tablets, Computer und Mobiltelefone im Haus!

Außerhalb des Hauses beginnt die Mobilität: die Energieaufwendung für die individuelle, tägliche Mobilität mit dem Automobil ist im Vergleich mit der „Hausenergie" beachtlich! Laut der Studie „Mobilität in Deutschland 2017" des Bundesverkehrsministeriums fährt eine Person in einer Stadt statistisch 14 $\left[\frac{km}{Tag}\right]$, im ländlichen Raum sind es $26\left[\frac{km}{Tag}\right]$. Bei der fahrt mit einem Auto mit Benzinmotor, mit einem durchschnittlichen Kraftstoffverbrauch von $5{,}9\left[\frac{l}{100\ km}\right]$ ergibt sich folgende Energiebilanz:

– in der Stadt:

$$0{,}14\left[\frac{100\ km}{Tag}\right]\cdot 5{,}9\left[\frac{l}{100\ km}\right]\cdot 0{,}74\left[\frac{kg\ Benzin}{l\ Benzin}\right]\cdot 44000\left[\frac{kJ}{kg\ Benzin}\right]\cdot\frac{1}{3600}\left[\frac{h}{s}\right] = 7{,}47\left[\frac{kWh}{Tag}\right]$$

– im ländlichen Raum:

$$0{,}26\left[\frac{100\ km}{Tag}\right]\cdot 5{,}9\left[\frac{l}{100\ km}\right]\cdot 0{,}74\left[\frac{kg\ Benzin}{l\ Benzin}\right]\cdot 44000\left[\frac{kJ}{kg\ Benzin}\right]\cdot\frac{1}{3600}\left[\frac{h}{s}\right] = 13{,}87\left[\frac{kWh}{Tag}\right]$$

Der rein statistische Wert der aus der Teilung des weltweiten Primärenergieverbrauchs an die Anzahl der Menschen auf der Welt war $57{,}36\left[\frac{kWh}{Tag \cdot Person}\right]$. Bezogen darauf, würde die urbane und die ländliche Mobilität der Menschen die Autos, wie in Deutschland, hätten 13% bis 24% dieses Energiebetrages ausmachen. Der gesamte Energieverbrauch würde dann entsprechend zunehmen. Und wenn eine solche Mobilitätsform für alle Menschen auf der Erde geben würde, dann gäbe es auch die entsprechende industrielle Struktur und den gleichen Wohnkomfort-Anspruch. Mobilität, Industrie und Haushalt verbrauchen jeweils ein Drittel der Energie die ein Mensch in einem entwickelten Land in Anspruch nimmt, wie im Bild 11 verdeutlicht.

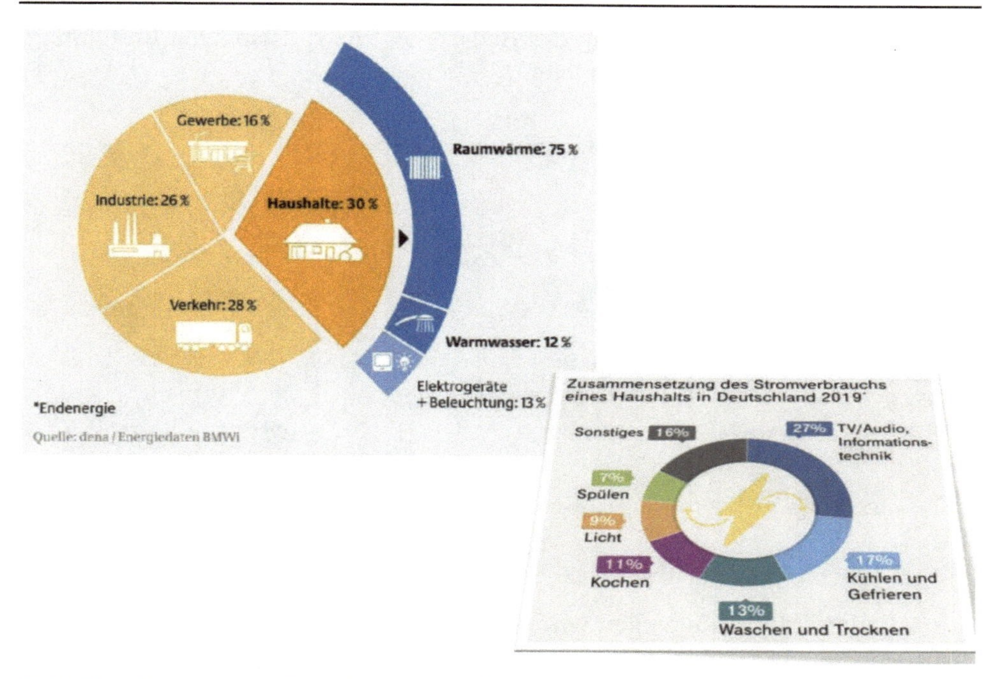

Bild 11 Verwendung der Primärenergie in Deutschland im Jahr 2019 *(Quelle: BMWi)*

Der heutige weltweite Bestand von 1,18 Milliarden Fahrzeugen, der in den vergangenen hundert Jahren erreicht wurde, kann sich nach den neusten Prognosen von Ward's Automotive Group, R.L. Polk Marketing Systems in den nächsten dreißig Jahren verdoppeln. Im Jahre 2008 wurden etwa 57 Millionen Personenwagen weltweit verkauft, davon 10 % im Premiumsegment. Während in den USA derzeit ca. 700 Fahrzeuge je 1000 Einwohner registriert sind (US Department Of Transportation), beträgt das Verhältnis in China 27/1000 bzw. in Indien 10/1000. Nicht umsonst sind die Entwicklungsstrategien der meisten Automobilhersteller insbesondere auf die Bedürfnisse der von ihnen als BRIC bezeichneten Länder Brasilien, Russland, Indien oder China fokussiert. Die Entwicklung der jährlichen Automobilproduktion nach Ländern in den letzten 15 Jahren, die im Bild 12 dokumentiert ist, zeigt eindeutig, wie rasant die Stückzahlen weltweit steigen, aber auch, wie sich die Verhältnisse zwischen den Haupt-Herstellungsländern ändern. Die Verfügbarkeit der Energieressourcen wird in diesem Zusammenhang zu einem beachtlichen Thema.

Dabei hat jedoch die drastische Senkung der Kohlendioxidemission der Automobilantriebe, von der Herstellung des Fahrzeugs und Bereitstellung des Energieträgers bis hin zur mechanischen Arbeit am Rad die erste Priorität. Demzufolge werden in diesem Buch die fossilen Energieträger - Erdöl, Erdgas und Kohle – nur noch als Mittel zur Überbrückung des Bedarfs bis zur vollständigen Einführung regenerativen Energieträger betrachtet.

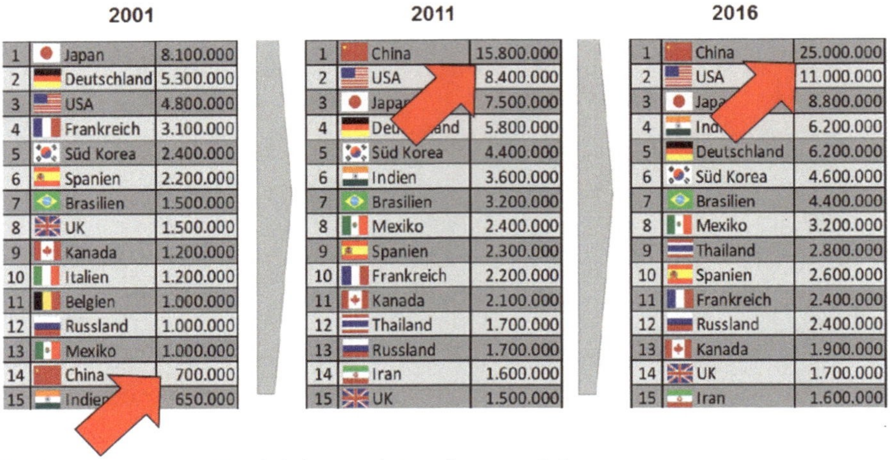

	2001		2011		2016	
1	Japan	8.100.000	China	15.800.000	China	25.000.000
2	Deutschland	5.300.000	USA	8.400.000	USA	11.000.000
3	USA	4.800.000	Japa	7.500.000	Japa	8.800.000
4	Frankreich	3.100.000	Deu and	5.800.000	Ind	6.200.000
5	Süd Korea	2.400.000	Süd Korea	4.400.000	Deutschland	6.200.000
6	Spanien	2.200.000	Indien	3.600.000	Süd Korea	4.600.000
7	Brasilien	1.500.000	Brasilien	3.200.000	Brasilien	4.400.000
8	UK	1.500.000	Mexiko	2.400.000	Mexiko	3.200.000
9	Kanada	1.200.000	Spanien	2.300.000	Thailand	2.800.000
10	Italien	1.200.000	Frankreich	2.200.000	Spanien	2.600.000
11	Belgien	1.000.000	Kanada	2.100.000	Frankreich	2.400.000
12	Russland	1.000.000	Thailand	1.700.000	Russland	2.400.000
13	Mexiko	1.000.000	Russland	1.700.000	Kanada	1.900.000
14	China	700.000	Iran	1.600.000	UK	1.700.000
15	Indien	650.000	UK	1.500.000	Iran	1.600.000

Bild 12 Automobile Produktion nach Ländern pro Jahr

Erdöl: die Erdölverfügbarkeit wird, je nach Interessegebiet des jeweiligen Berichterstatters – Ölkonzern, Elektroautohersteller, Politiker oder Journalist – zwischen 30 und 150 Jahren geschätzt, wie im Bild 13 skizziert.

An dieser Stelle wird stattdessen eine strikt pragmatische Darstellung vorgenommen:

- die Deutsche Bundesanstalt für Geowissenschaften und Rohstoffe (BGR) stellt in ihrer Energiestudie vom 30.04.2019 die Situation wie folgt dar: 243 Milliarden Tonnen Erdölreserven, die technisch und wirtschaftlich gewinnbar sind; 443 Milliarden Tonnen die geologisch nachgewiesen wurden.
- Der Erdölverbrauch betrug 2018, laut Statista, 99,8 Barrel pro Tag, das sind 6,7919 Milliarden Tonnen pro Jahr

In Anbetracht der technisch und wirtschaftlich gewinnbaren 243 Milliarden Tonnen (ohne weitere Umsetzungen), und des jetzigen Verbrauchs von 6,7919 Milliarden Tonnen pro Jahr (ohne Berücksichtigung der explosiven Steigerung – in den vergangenen 50 Jahren verdreifacht, derzeit stark zunehmend in Asien) wäre das Verfügbarkeitshorizont 35,78 Jahre.

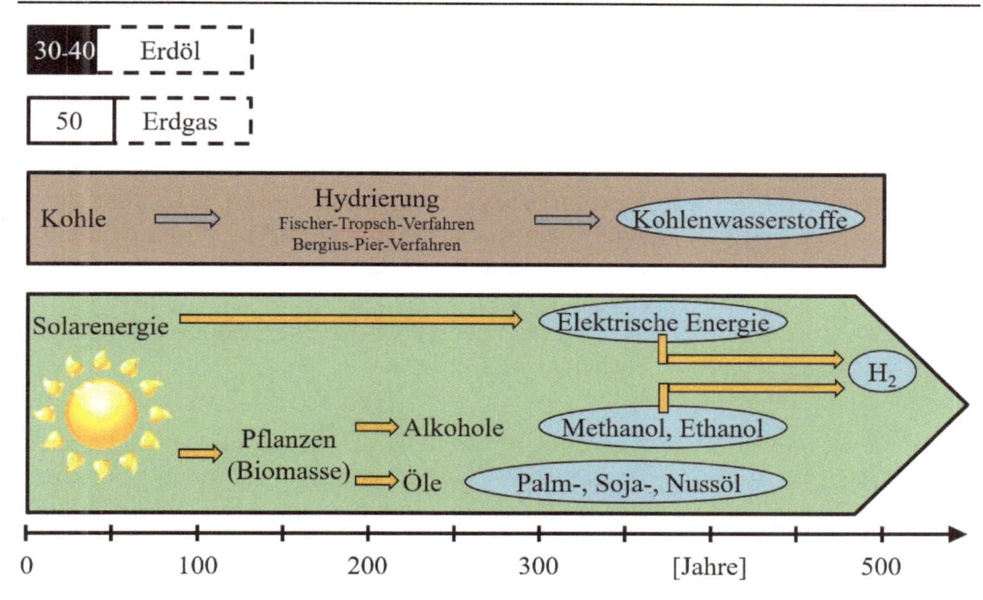

Bild 13 Verfügbare Energieressourcen für Kraftfahrzeugantriebe

Erdgas (Methan): ist als fossiler Energieträger auch nur begrenzt verfügbar und für die Zukunft, wegen der kumulativen Kohlendioxidemission in der Atmosphäre durch seine Verbrennung auch nicht mehr zulässig. Dafür gibt es jedoch, erfreulicherweise, einen regenerativen Ersatz mit Kohlendioxid-Recyclingpotential – das Biogas.

Die Reserven von fossilem Erdgas liegen weltweit laut BGR 2018 bei 200 Billionen (tausende Milliarden) Kubikmeter. Andererseits, die Erdgasförderung betrug 2017 laut Erdgas.info 3,74 Billionen Kubikmeter. Bei den derzeit geschätzten Erdgasreserven und bei der gegenwärtigen Förderung ergäbe sich eine Erdgasverfügbarkeit von rund 53 Jahren.

Kohle: Die Kohlereserven werden bei dem derzeitigen Verbrauch auf ca. 500 Jahre geschätzt. Trotz aller Anstrengungen zur Reduzierung des Kohleeinsatzes zugunsten erneuerbarer Quellen für die Deckung des Weltenergiebedarfs hat die globale Kohleforderung im Jahr 2017 um 3,5% zugenommen und wird in den folgenden Jahren auch eher steigen. Die Förderung betrug 2018 über 8 Milliarden Tonnen. In Bezug auf den Fahrzeugeinsatz sind folgende Aspekte relevant: Die Kohleverflüssigung mit der anschließenden Umwandlung zum Wassergas – woraus Wasserstoff gewonnen werden kann – oder die weitere katalytische Umsetzung in Kohlenwasserstoffe wie Benzin und Dieselkraftstoff – mit günstigen Nebenprodukten wie Flüssiggas und Paraffin – gehört zum Stand der Technik. Abgesehen von den Preisnachteilen des Verfahrens bleiben dabei die Nachteile der Kohlendioxidemission sowie zahlreiche infrastrukturelle, geopolitische und soziale Probleme, bei einer stark zunehmenden Kohleförderung.

Pflanzen, Biomasse: die Verfügbarkeit von Pflanzen und Biomasse ist, durch ihre Funktion als Speicher und Wandler der aufgenommenen Sonnenenergie praktisch unbegrenzt. Ihre Nutzung kann ohne nennenswerte technische Umrüstungen in Ottomotoren – Alkohole wie Ethanol oder Methanol und in Dieselmotoren – Dimethylether, Öle, Ölestere und Biokraftstoffe mit Dieselkraftstoffstruktur aus Raps, Kokos, Soja, Palmen und anderen Pflanzen sowie aus Pflanzenresten erfolgen. Das weltweit jährliche Biomassenpotential ist als Energieäquivalent 22mal höher als die gegenwärtige jährliche Erdölförderung.

Erdwärme: die Konzentration der Erdwärme ist für eine mögliche Nutzung als Energieträger für die Mobilität mit *0,05* [W/m^2] zu gering. Ihre Nutzung auf einer weltweiten Fläche von *20 Millionen* [km^2] - was die gesamte Anbaufläche in etwa 90 Ländern bedeuten würde – ergäbe etwa *11,4* [*MWh/Jahr*], was im Vergleich mit dem Energiepotential des Erdöls von mehr als *38 Millionen* [*MWh/Jahr*] vernachlässigbar ist.

Solarenergie: Die Sonnenstrahlung auf die Erde entspricht zirka *175.000 Milliarden* [*kW*]; der Leistungsvergleich mit der gesamten Erdöl- und Erdgasförderung übersteigt mehrere Größenordnungen – das Verhältnis übertrifft 24.000! Selbst in Mitteleuropa ist eine durchschnittliche Intensität der Sonnenenergie von *114* [W/m^2] vorhanden. In einem idealen Szenario, indem in den Wüsten der Welt Elektroenergie beziehungsweise Wasserstoff mittels Elektrolyse über Solaranlagen gewonnen würde, genügten etwa 12 % der Wüstenflächen (Gesamt *1,9 Millionen* [km^2]) mit 3 % Wirkungsgrad bei der Energiegewinnung um den gesamten gegenwärtigen Energiebedarf zu decken.

Wasser-, Wind- und Kernenergie: Zur Gewinnung von Elektroenergie bzw. von Wasserstoff haben Wasser- und Windenergie eine verhältnismäßig geringe Beteiligung, die Nutzung von Kernenergie bleibt andererseits nach wie vor umstritten genug, um ihre Erweiterung auf dem Mobilitätssektor in die Diskussion zu bringen.

Das bereits vorhandene Energiepotential aus Pflanzen und Biomasse und die erwartete Zunahme von Solaranlagen zur Herstellung von Elektroenergie bzw. von Wasserstoff bieten eine tragfähige Alternative zum Ersatz der bisher für die Mobilität benutzten Energieträger auf fossiler Basis.

1.2.2 Umweltbeeinflussung durch Automobile

1.2.2.1 Das Kohlendioxid

Die Umweltbeeinflussung ist gegenwärtig das Hauptkriterium bei der Bewertung eines Energieträgers für jedes Einsatzgebiet, so auch für die Mobilität geworden. Seit Beginn der Industrialisierung hat sich die Erdatmosphäre um nahezu 1[°*C*] erwärmt. Gleichzeitig stieg die Konzentration des Kohlendioxids in der Erdatmosphäre von *280* [*ppm*] (parts per Million - Anteile CO_2 je eine Million Anteile Luft) auf nunmehr *415* [*ppm*] (01/2020 Mauna Lou Observatory, Hawaii) . Der Beitrag des Kohlendioxids an der Erwärmung der Erdatmosphäre wird allerdings sehr kontrovers bewertet. Die Klimaforscher des IPCC (Intergovernmental Panel for Climate Change) betrachten den anthropogenen Konzentrationsanstieg als verantwortlich für den Temperaturanstieg mindestens während der letzten 5-6 Jahrzehnte. Andere Wissenschaftler halten jedoch die geänderte Intensität der Sonnenstrahlung als Ursache des Temperaturanstiegs und bezweifeln den anthropogenen Treibhauseffekt. Und wieder andere Spezialisten machen dafür die veränderte Laufbahn der Erde oder/und die geänderte Position der Erdachse verantwortlich, wodurch die Sonnenstrahlung auf der Nord Hemisphäre verstärkt wird und wiederum, durch die Meeresströme, auch die südlichen Regionen beeinflusst werden.

Die vorausgesagte Erwärmung der Erdatmosphäre um *5,8* [°*C*] bis zum Ende dieses Jahrhunderts – bei dem jetzigen Emissionstempo – zwingt jedoch zu einer konsequenten Betrachtung des Einflusses der anthropogenen Kohlendioxidemission auf diese Klimaveränderung. In diesem Kontext ist das Vorhaben der Staatengemeinschaft, bis zum Jahr 2050 eine maximale Erwärmung der Erdatmosphäre unter *2* [°*C*] durch die drastische Senkung der Kohlendioxidemission zu erzwingen, von existenzieller Bedeutung.

Das Erdklima wird durch komplexe Regelmechanismen bestimmt, die untereinander stark gekoppelt sind. Daran sind hauptsächlich die Biosphäre, die Ozeane sowie die Kryosphäre (die Eismassen) beteiligt. Die Haupteinflüsse auf die Temperatur der Atmosphäre können unabhängig von der Komplexität der gesamten Vorgänge aus einer grundsätzlichen Bilanz abgeleitet werden. Die durchschnittliche Temperatur der Erdatmosphäre von ca. *15* [°*C*] wird maßgeblich von Spurengasen – Moleküle mit 2 unsymmetrischen Atomen und mit mehr als 3 Atomen – bestimmt.

Berechnungen ergeben, dass ohne den natürlichen Treibhauseffekt, den diese Gase hervorrufen, die durchschnittliche Temperatur der Erdatmosphäre um *33* [°*C*] (bzw. *33* [*K*]), also auf *-18* [°*C*] sinken würde. Der natürliche Treibhauseffekt kann in einer vereinfachten Form, für die Übersichtlichkeit über mögliche Einflüsse auf Basis der Darstellungen im Bild 14 erklärt werden [1].

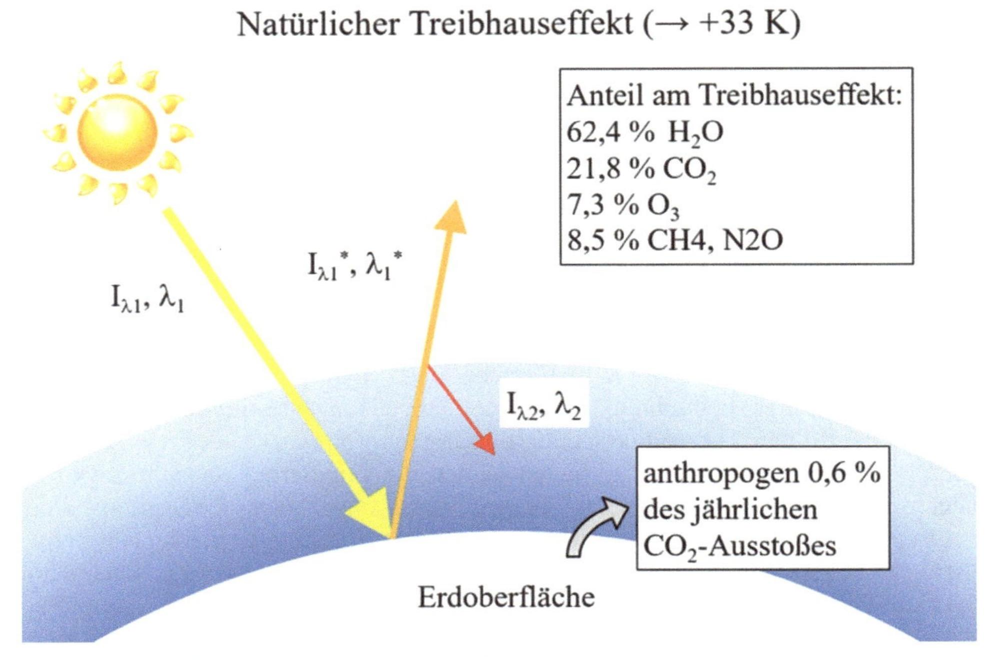

Bild 14 Treibhauseffekt – natürliches Gleichgewicht

Die Sonnenstrahlung wird zum größten Teil in den Wellenlängenbereich einer Wärmestrahlung $\lambda = 0{,}35...10\ [\mu m]$ emittiert. Innerhalb dieses Bereiches liegt die Lichtstrahlung mit $\lambda = 0{,}35...0{,}75\ [\mu m]$. Die atmosphärischen Gase mit Molekülen aus einem oder zwei symmetrischen Atomen zeichnen sich durch eine weitgehende Durchlässigkeit für alle Wellenlängenbereiche einer elektromagnetischen Strahlung aus, Gase mit Molekülen aus zwei unsymmetrisch gelegenen Atomen bzw. mit mehr als 3 Atomen reagieren dagegen selektiv auf elektromagnetische Strahlungen. Die hohe Intensität der Sonnenstrahlung zur Erde erfolgt grundsätzlich auf kurzen Wellenlängen, im sichtbaren Bereich entsprechend der Darstellung in Bild 15, mit geringen Anteilen im Ultraviolett- und Röntgenbereich. Die Strahlungsintensität $I_\lambda\ [W/m^3]$ auf einer jeweiligen Wellenlänge $\lambda\ [m]$ führt zu einer Wärmestromdichte $\dot{q}\ [W/m^3]$, die als Wärmestrom $\dot{Q}\ [W]$ die Atmosphäre und weiterhin die Körper auf der Erde über ihre Flächen $A\ [m^2]$ durchdringt.

Es gilt:

$$\dot{q} = \int_0^\infty I_\lambda \cdot d\lambda \quad bzw. \quad \dot{Q} = \dot{q}A \tag{1.1}$$

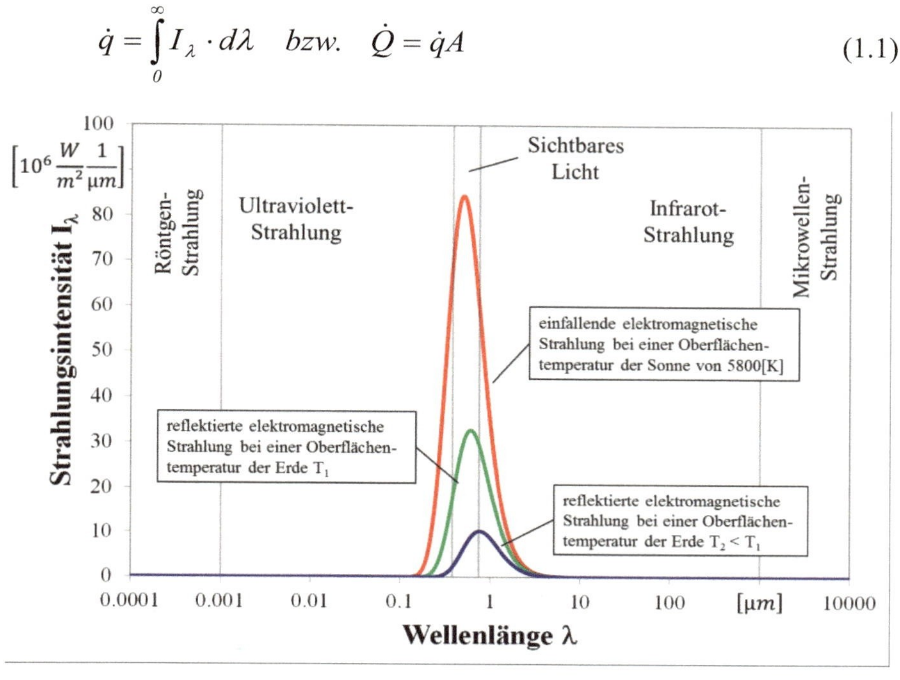

Bild 15 Strahlungsspektrum einfallender und reflektierender elektromagnetischer Strahlung

Die anteilmäßige Übertragung der Strahlungsenergie auf die Körper in der Erdatmosphäre in Form von innerer Energie bewirkt eine Senkung ihrer Strahlungsintensität, die von der Zunahme ihrer Wellenlänge begleitet wird. Nach Übergabe eines Wärmestromes auf Körper ändert sich demzufolge die Wellenlänge der durchdrungenen Sonnenstrahlung vom sichtbaren Bereich zum Infrarotbereich hin. Nach einer Wärmestromübergabe reflektiert die Sonnenstrahlung von der Erde, allgemein als spiegelnde Reflexion, wobei Einfall- und Ausfallwinkel gleich sind, zum Teil als diffuse Reflexion auf Oberflächen. Die spiegelnde Reflexion mit durch Wärmeabgabe veränderter Wellenlänge wird durch ein- und zweiatomige Gase ungehindert durch die Atmosphäre in die Höhe durchgelassen, jedoch nicht durch mehratomige Gase, die einen erheblichen Teil der Strahlung zurück in die Erdatmosphäre drängen. Dadurch entsteht erneut ein Wärmestrom, die Intensität und Wellenlänge der zurückgeschickten Strahlung werden erneut verändert. Die innere Energie und somit die Temperatur der Erdatmosphäre bzw. der von ihr umgebenen Körper nimmt dadurch bis zu einem energetischen Gleichgewicht zwischen reflektierter und absorbierter Strahlung zu. Dieser natürliche Treibhauseffekt in der Erdatmosphäre wird hauptsächlich von Wasserdampf, Kohlendioxid, Ozon und Methan hervorgerufen – die jeweilige Beteiligung ist im

Bild 14 dargestellt. Das Kohlendioxid stellt dabei den zweitwichtigsten Anteil dar. Bei jeder Energieumsetzung durch vollständige Verbrennung eines kohlenstoffhaltigen Energieträgers entsteht jedoch Kohlendioxid: Durch Verbrennung fossiler Energieträger übersteigt die Kohlendioxidemission 36,6 Milliarden Tonnen pro Jahr (2018), was über 0,6 % der natürlichen Emission in einem natürlichen Kreislauf ausmacht, welche allerdings infolge der Photosynthese in einem natürlichen Kreisprozess abläuft. Die meisten Klimaforscher prognostizieren auf Basis dieser kumulativen Beteiligung des Kohlendioxids am Treibhauseffekt die erwähnte Zunahme der mittleren Temperatur der Atmosphäre um *5,8* [*°C*] bis zum Jahr 2100. Die Prognosen auf kürzere Dauer bestätigen diese Tendenz mit einer Steigerung von *2* bis *3* [*°C*]. In den vergangenen 50 Jahren hat sich übrigens die Wintertemperatur in Europa um *2,7* [*°C*] erhöht, eine Tatsache, die solche Voraussagen unterstützt. Die Kritiker dieses Szenarios betrachten andere natürliche Faktoren, wie die variable Intensität der Sonnenstrahlung oder die Aktivität der Vulkane als maßgebend für die globale Erderwärmung der letzten 150 Jahre. Darüber hinaus wird das aufgebaute Modell des Kohlendioxidkreislaufes in Atmosphäre, Biosphäre und Hydrosphäre, der Eigenschaften der CO_2-Strahlungsabsorption und die zu Grunde gelegte CO_2-Lebensdauer als nicht überzeugend betrachtet. Trotz dieser Bedenken wird weltweit eine drastische Reduzierung der offensichtlich zu stark wachsenden anthropogenen Kohlendioxidemission angestrebt.

Einen wesentlichen Anteil an der Kohlendioxidemission durch Verbrennung fossiler Energieträger hat der Verkehr und innerhalb dieses der Straßenverkehr mittels Fahrzeuge mit Otto- und Dieselmotoren. Europäische Gesetzgeber sehen deswegen, wie bereits erwähnt eine weitere Senkung des CO_2-Grenzwertes für die Fahrzeugflotten der jeweiligen Hersteller auf *95* [*g/km*] bis 2020 vor. In den USA wird eine Begrenzung des Streckenkraftstoffverbrauches – aus dem die CO_2-Emission proportional resultiert – auf *7* [*l/100km*] (*160* [gCO_2/km]) bis 2020 angestrebt. Dieser Wert beträgt derzeit in den USA *9,7* [*l/100km*] (*221* [gCO_2/km]). In Japan wurden *5,9* [*l/100km*] (*135* [gCO_2/km]) bis 2015 als Grenzwert bereits bestätigt.

In der Energie- wie in der Emissionsbilanz muss allerdings die gesamte Kette von der Bereitstellung eines Energieträgers bis zu seiner Nutzung zur Umwandlung in Arbeit in Betracht gezogen werden. Ein Fahrzeug mit Antrieb durch Elektromotor und Energie aus einer Lithium-Ionen-Batterie, geladen mit Energie aus dem EU Strommix (2017 – 20,6% Kohle, 19,7% Erdgas, 25,6 Atomenergie, 9,1% Wasserkraft, 3,7% Photovoltaik, 6% Biomasse, 11,2% Windenergie, 4,1% andere Energieträger) – emittiert nur unerheblich weniger Kohlendioxid als ein Auto mit Dieselmotor.

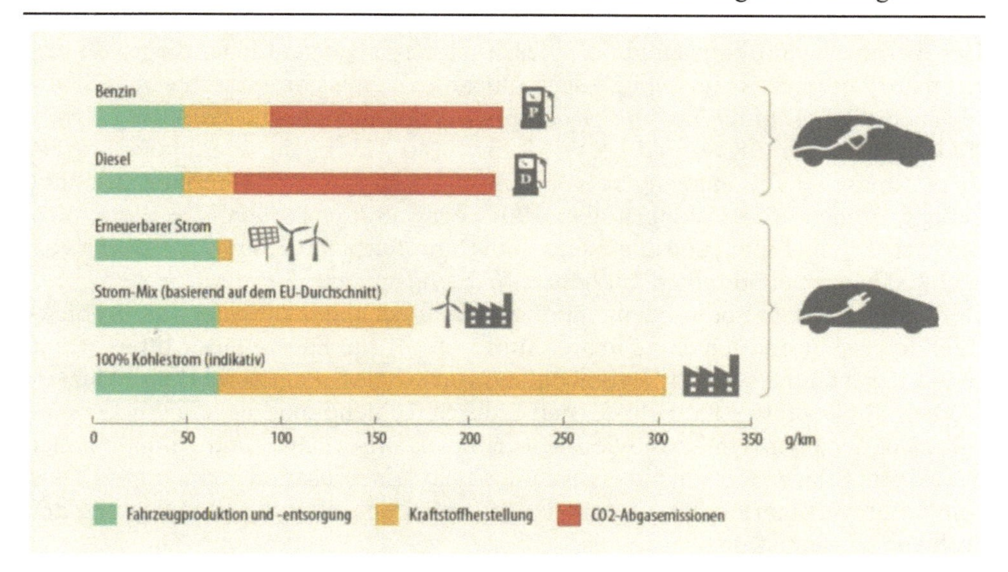

Bild 16 Vergleich der CO2 Emissionen von Automobilen mit Otto-, Diesel- und Elektromotoren in der Europäischen Union, mit Einbeziehung der Emissionen bei der Batterieherstellung und bei der Stromproduktion *(Quelle: EU, 2014)*

In einem Basis-Vergleich des Heidelberger Institutes für Energie und Umweltforschung, unterstützt von 23 anderweitige Studien (2019) wurde ein Standard-Elektroauto mit 35-kWh-Li-Ion-Batterie, mit einem Energieverbrauch von 16 kW[h/100 km] mit einem Auto mit Benzinmotor, mit einem Verbrauch von [5,9 Liter/100 km] und einem Auto mit Dieselmotor mit einem Verbrauch von 4,7 [Liter/100 km] in Bezug auf die gesamte Kohlendioxidemission, von der Produktion des Fahrzeugs, der Batterie oder des jeweiligen Kraftstoffs bis zur mechanischen Arbeit am Rad, verglichen. Erst bei 60.000 Kilometern sind die Kohlendioxidemissionen des Elektroautos und des Benzinautos gleich, der Vergleich mit dem Dieselauto ergibt die gleiche Emission bei 80.000 gefahrenen Kilometern! Das Elektroauto verursacht gewiss während der Fahrt gar keine Emission, aber der Strom kommt doch von dem erwähnten Strommix, in dem mehr als 40% der Energie von Kohle und Kohlenwasserstoff kommt. Die schwerwiegende Kohlendioxidemission entsteht aber bei der Herstellung der Lithium-Ionen-Batterie: Das sind, je nach Herstellungsverfahren 100-200 [Kg Kohlendioxid/ kWh Batterie]. Bei den vorhin betrachteten 35 [kWh] einer Batterie werden also 3500-7000 [kg CO_2] emittiert (bei einer Tesla Batterie über 15.000 [kg CO_2]). Im Vergleich dazu emittiert ein Dieselauto mit einem Kraftstoffverbrauch von 4,7 [l/100km] bei einer Kohlendioxidemission des verbrannten Kraftstoffs von 3,1 [kg CO_2/kg Kraftstoff], auf 80.000 [Km] insgesamt nur 9418 [kg CO_2]!

Der thermische Wirkungsgrad der Dieselmotoren, als eigentlicher Kehrwert des Kraftstoffverbrauchs und implizit der Kohlendioxidemission, erreichte in 125 Jahren nach seiner Einführung durch Rudolph Diesel den doppelten Wert. Gegenwärtig übertrifft er in PKW- und LKW-Motoren (40-47%), jene aller anderen Wärmekraftmaschinen, angefangen von Ottomotoren (30-37%). Nur Gas- und Dampfturbinen mit Leistungen über 100 Megawatt können ähnliche Werte (40-45%) erreichen. Einzig und allein Gas- und Dampfturbinen-Kombikraftwerke von 100-500 Megawatt kommen auf höhere Wirkungsgrade (55-60%).
Der Dieselmotor bleibt in Bezug auf den Verbrauch und dadurch auf die Kohlendioxidemission eine unverzichtbare Antriebsform für Fahrzeuge. Mittels neuer Einspritzverfahren werden Verbrauch und Emissionen noch beachtlich reduziert werden. Regenerative Kraftstoffe (und dadurch Kohlendioxidrecycling in der Natur, dank der Photosynthese) wie Bio-Methanol, Bio-Ethanol und Dimethylether aus Algen, Pflanzenresten und Hausmüll, sowie seine Zusammenarbeit mit Elektromotoren verschaffen ihm weitere Valenzen auf dem Weg der Reduzierung der Kohlendioxidemission.
Der kohlendioxid-emissionsfreie elektrische Antrieb ist und bleibt erforderlich in Ballungsgebieten, eine Verlagerung der Kohlendioxidemission zum Kohlekraftwerk, in einer bevölkerungsarmen Gegend, löst aber keineswegs das Problem der globalen Erwärmung der Erdatmosphäre. Dezentrale, modulare Systeme zur emissionsfreien Stromerzeugung für die Transportmittel in Ballungsgebieten, wie am Ende dieses Kapitels anhand einer photovoltaischen Anlage dargestellt, stellen eine aussichtsreiche Alternative dar. In Anbetracht der Tatsache, dass für den gesamten Straßenverkehr der Welt nur ein Zehntel der gesamten produzierten Energie erforderlich ist, erscheinen solche Insellösungen als durchaus praktikabel.

1.2.2.2 Die Stickoxide

Die Luft besteht hauptsächlich aus Stickstoffmolekülen (78%), gebildet aus zwei Stickstoffatomen und aus Sauerstoffmolekülen (20%), gebildet aus zwei Sauerstoffatomen. Die Moleküle von Stickstoff und jene von Sauerstoff existieren grundsätzlich nebeneinander in der Luft, das heißt unter üblichen, normalen atmosphärischen Werten für Druck und Temperatur, ohne chemische Interaktion. Chemische Reaktionen beider Molekülarten entstehen allerdings als Folgen von Verbrennungsprozessen: Für die Verbrennung eines Kraftstoffes wird Sauerstoff aus der atmosphärischen Luft benötigt. Der Stickstoffanteil bleibt zunächst inert, bis die Flammentemperaturen über etwa 2000°C steigen: solche Temperaturen sind ein Zeichen dessen, dass die innere Energie der Substanzen im Brennraum infolge der exothermen Verbrennung deutlich zugenommen hat. Einige Moleküle „platzen“ infolgedessen, entstandene Splitter von Kohlenstoff (C), Sauerstoff (O)

, Stickstoff (N) oder zufälligen Bindungen (CO, HC, OH) laufen und kreuzen sich auf Laufbahnen.
Diese Dissoziation hat Folgen: Ein freischwebendes Stickstoffatom verbindet sich, beispielsweise, ausgesprochen mit einem freischwebenden Sauerstoffatom, in einem neuartigen Molekül: Stickoxid. Manchmal verbinden sich zwei Sauerstoffatome zu einem Stickstoffatom, sie bilden dann ein Stick-Dioxid. Oder zwei zu drei und zwei zu vier. Und so entstehen die Stickoxide!
Welche Differenz besteht aber zwischen einer Flamme in einem Motorbrennraum und einem Blitz in der Atmosphäre? Ein Blitz wirkt wie ein Laserstrahl, der sich zunächst durch die Luft bohrt und auf seiner Spur aufgrund seiner Temperatur von 20.000-30.000°C die Moleküle von Sauerstoff und Stickstoff in Atome zersetzt. So entsteht, ähnlich dem Modell der Flamme in einem Brennraum, eine Dissoziation, welche, neben atomaren Wasserstoff oder Sauerstoff, zur Bildung von Stickoxiden führen kann.
In der Erdatmosphäre entstehen in jeder Minute 60 bis 120 Blitze, allgemein über die Erdoberfläche. Sie verursachen durch die Spaltung der Moleküle von Sauerstoff und Stickstoff in der Luft, jährlich zwanzig Millionen Tonnen Stickoxide in der Atmosphäre. In der Troposphäre, also in Höhen unter 5 Kilometern, beträgt die Stickoxidemission in den Sommermonaten mehr als 20% der gesamten Menge, die von der Industrie, vom Verkehr und von den Heizungssystemen in der Welt verursacht wird.
Die Stickoxide (NO, NO2 und weitere N, O Bindungen) können die Bronchien von Lebewesen durchdringen und dadurch gelegentlich ihre Reizung verursachen. Sie erreichen dann in dem weiteren Verlauf der Luftleitung, über die Luftröhre, das Gewebe der Lungen und können die Sauerstoffführung ins Blut dämpfen.
In einem weiteren Zusammenhang führt die Mischung von Stickoxiden mit Wasserdampf in der Atmosphäre zur Bildung von Säuren, insbesondere der salpetrigen Säure, welche in Regentropfen kondensieren (Saurer Regen) und am Boden insbesondere den Bäumen schaden.
Und nun zu den Automobilen: Deren Verbrennungsmotoren emittieren, so wird allgemein berichtet, mehr als die Hälfte der von den Menschen verursachten Stickoxidemissionen in der Erdatmosphäre. Die andere Hälfte stammt insbesondere aus dem Energiesektor der Industrie und der Heizungsanlagen in Wohnhäusern.
Ein Dieselmotor emittiert mehr Stickoxide als ein Benzinmotor. Grund dafür ist der spezifische Ablauf der Verbrennung.

- im Ottoverfahren wird ein Gemisch aus Benzin und Luft von dem Funken einer Zündkerze mit über 4000°C entflammt. Dieser Blitz spaltet die Moleküle von Luft und Benzin um sich herum. Splitter davon, ob gebrochene Kohlenwasserstoffketten oder einzelne Kohlenstoffatome treffen dann zunehmend Sauerstoffsplitter (Atome) aus der Luft und verbinden sich mit diesen. Diese Verbindungen verursachen Wärme, die dann auch den Nachbarmolekülen übertragen wird, die ihrerseits auch in unzähligen Splittern zerplatzen. Dieser Vorgang pflanzt sich wie eine Lawine fort, aber eben eine heiße Lawine, in den ganzen Brennraum oberhalb des Kolbens.

- im Dieselverfahren wird die Luft durch die vom Kolben geleistete Kompression heißer (im Durchschnitt 600°C) als beim Benziner (im Durchschnitt 400°C). Erst gegen Ende dieser Kompression werden die Dieselkraftstofftropfen auf die Luft eingespritzt und von der Wärme dieser in Milliarden von kleinen, brennenden Inseln umgewandelt. Zugegeben, die Temperatur der komprimierten Luft im Dieselmotor (600°C) ist viel geringer als jene des Blitzes (Plasma) von der Zündkerze im Benzinmotor (4000°C), wodurch auch die Verbrennung langsamer erfolgt. Die Diesel-Inseln brennen aber alle gleichzeitig, während die Benzin Tropfen erst nach und nach, durch Wärmeübertragung von Nachbar zum Nachbar, in einer fortlaufenden Front brennen. Die Diesel-Inseln Verbrennung, langsamer aber gleichzeitig, führt zu zwei Effekten: Der gesamte Verbrennungsvorgang ist länger und hat eine höhere Temperatur als im Benzinmotor. Die höhere Temperatur führt zu einem höheren Wirkungsgrad und damit zu einem geringeren Kraftstoffverbrauch bei gleicher gewonnener Energie. Der Nachteil ist, dass bei einer höheren Verbrennungstemperatur und mit mehr Zeit, einige Stickstoff- und die Sauerstoffmoleküle in jener Luft im Brennraum, die nicht an die eigentliche Verbrennung beteiligt war, platzen. Und so finden Sauerstoff- und Stickstoffatome zueinander und bilden infolgedessen Stickoxide. Um diesen Effekt zu vermeiden kann insgesamt die Temperatur im Brennraum gesenkt werden, indem das Verdichtungsverhältnis gesenkt wird – eine übliche Methode der Automobilkonstrukteure in den letzten Jahren. Geringere Verdichtung führt allerdings nicht nur zur Senkung der Stickoxidemission, sondern auch zur Senkung des thermischen Wirkungsgrades, damit zur Zunahme des spezifischen Kraftstoffverbrauches und implizit zur Zunahme der Kohlendioxidemission. Ein anderer Weg ist die selektive katalytische Reduktion (SCR) in Katalysatoren, nach der Verbrennung, unter Verwendung von AUS 32 (*aqueous urea solution*) - einer 32-prozentigen, nach ISO 22241 genormten, wässrigen Harnstofflösung

Der grundsätzliche Weg zur Senkung oder gar zur Vermeidung von Stickoxidemissionen bleibt allerdings die entsprechende Gestaltung des Verbrennungsprozesses selbst: Die Herde mit heißen Temperaturen im Brennraum eines Dieselmotors, in denen die Stickoxide entstehen sind nicht gleichmäßig verteilt, sondern ziemlich klar lokalisiert, was durch Simulationen und Experimente feststellbar ist. Manche Entwickler wollen diese Herde während der Verbrennung kühlen, indem sie Wasser oder abgekühltes, nicht mehr reagierfähiges Abgas dahinführen. Die Verbrennung hemmen heißt aber die Effizienz des Prozesses mindern. Es geht auch anders: Der Kraftstoff wird neuerdings in fünf, sechs oder sieben kleinen Portionen pro Zyklus eingespritzt, mit gut kontrollierten Abständen dazwischen, wodurch die lokalen Temperaturen nicht übermäßig steigen können. Das kann zusätzlich mit einer Druckmodulation der eingespritzten Raten kombiniert werden. Ist die Luft am Ende der Kompression nicht heiß genug, um die Kraftstofftropfen schneller brennen zu lassen, als die Stickoxide entstehen können, so kann sie jedoch heißer gemacht werden, aber nicht durch Kompression: Dazu hilft die Voreinspritzung einiger Tropfen eines zusätzlichen, schnell entzündbaren Kraftstoffs um die ersten brennenden Inseln im Brennraum zu generieren, bevor die vielen Tropfen des Hauptkraftstoffes eingespritzt werden. Diese Art des Vorheizens des Brennraums schafft Wunder: Der Hauptkraftstoff – in der Zukunft Biogas oder Alkohol – brennt dann mit höherer Geschwindigkeit, der Druck wird merklich höher, die Brenndauer deutlich geringer, für die Bildung von Stickoxiden ist keine Zeit mehr vorhanden, was sich in einer recht schwindenden Konzentration wiederfindet. Der schnell entzündbare Initialkraftstoff braucht einen eigenen, wenn auch kleinen Tank – aber das ist derzeit mit AdBlue für den Katalysator, worauf man dann verzichten könnte, ähnlich.

1.2.2.3 Die Partikel und der Staub

Die Partikel werden stets von Umweltorganisationen und Klimaschützern als Argumente gegen die Fahrzeuge mit Verbrennungsmotoren gebracht. Aus einer Verbrennung können gewiss, je nach Kraftstoff und Brennverfahren, Partikel resultieren. Es gibt allerdings auch den übrigen Staub, aus Milliarden von Partikeln, der aus vielen anderen Quellen stammt. Zu sehen ist dieser nicht immer: Das menschliche Auge kann Partikel mit einem Durchmesser unter 50 Mikrometer nicht wahrnehmen, die passieren die Hornhaut unserer Augen zusammen mit den vier Milliarden Photonen, die uns in jeder Millionstel Sekunde das Licht bringen. Diese Teilchen durchqueren allerdings auch die menschliche Nase, dann den Rachen, den Kehlkopf, die Luftröhren, die Bronchien und Bronchiolen, bis zu den Lungenbläschen (Alveolen), um in das Blut zu gelangen.

Es gibt unterschiedliche Arten von Partikeln:

- Der Staub der auf Feldern und Feldwegen aufgewirbelt wird enthält sowohl organische als auch anorganische Teilchen. Auf den asphaltierten Straßen springen von den Bitumen-Anteilen Splitter von Kohlenwasserstoffen als polyzyklische Aromaten, die krebserregend sind, dazu noch kleine Steinchen aus verschiedenen Mineralien.

- Die Partikel die aus der Verbrennung eines Kraftstoffs, in dem Heizungsofen oder im Kamin zu Hause, in den Industrie- und Kraftwerk-Verbrennungsanlagen sowie in Verbrennungsmotoren von Fahrzeugen resultieren enthalten unverbrannte oder unvollständig verbrannte Kerne von Kohlenstoff oder Kohlenwasserstoffen.
- Die Partikel, die durch den Abrieb von den Reifen aller Fahrzeuge, auch der Elektroautos, bei dem Kontakt mit dem Straßenbelag abgerissen und geschleudert werden. Das ist in Deutschland etwa die gleiche Menge wie von den Abgasen aller Verbrennungsmotoren. Dazu kommt der Abrieb von Kupplungen und insbesondere von den Bremsen. Auch wieder die gleiche Menge an feinen Partikeln wie von den Reifen oder wie von den Abgasen der Verbrennungsmotoren.
- Die Partikel, die bei Straßenbahnen in einer Stadt durch Bremssand und Abrieb der Räder auf den Metallschienen entstehen: In Wien beispielsweise werden von den Straßenbahnen jährlich etwa 417 Tonnen Partikel mit Durchmessern um 10 Mikrometer aus zermahlenem Bremssand und 65 Tonnen aus dem Räderabrieb emittiert. Zermahlener Quarzsand gilt als hochgradig krebserregend.

Aerosolpartikel dieser Art, die als feste Teilchen in der Luft schweben, werden als PM (Particulate Matter) definiert und in Größenklassen eingeteilt – PM 10 sind beispielsweise die Partikel mit einem mittleren Durchmesser von 10 Mikrometern.

Der Staub mit Partikelgrößen von mehr als 10 Mikrometern, den der Mensch sehr oft entgegennimmt, wird größtenteils in der Nase gestoppt und in einem körpereigenen Sekret höher Viskosität eingehüllt, um dann, meistens in ein Taschentuch ausgeschieden zu werden.

Partikelgrößen zwischen 10 und 2,5 Mikrometern können jedoch die Nasenschleime passieren und in die Bronchien gelangen, bei Unterschreiten dieser Partikelgrenze kommen sie bis in die Lungenbläschen (Alveolen). Das größere Problem verursachen die eingeatmeten Partikel mit Größen unter 0,1 Mikrometern, die in die Blutgefäße gelangen können. Die etwa 300 Millionen kugelförmigen Alveolen in den Lungen eines Menschen haben eine gesamte Fläche von 80 bis 120 Quadratmetern, was 50-mal mehr als die durchschnittliche Hautfläche eines Menschen bedeutet! Durch die Flächen der Lungenbläschen wird jedoch grundsätzlich der Gastransfer realisiert, der die Funktion des Organismus gewährt: Die eingeatmete frische Luft enthält 20 bis 21% Vol. Sauerstoff welcher ins Blut geleitet wird. Andererseits wird das Kohlendioxid, welches aus der Energieumwandlung in den Zellen resultiert, aus dem Blut in die Lungen transferiert und von dort ausgeatmet.

Wenn feine Partikel zusammen mit der eingeatmeten Luft in die Luftbläschen gelangen, verursachen diese Entzündungen der Oberflächen oder auch Wassereinlagerungen. Es ist erwähnenswert, dass auch eingeatmete Wassertropfen mit Größen um 0,1 bis 2,5 Mikrometern als Partikel wirken!

Die Verteilung von Staub und Partikeln in Europa, am Beispiel der Partikel mit einer durchschnittlichen Größe von 10 Mikrometern, zeigt sehr starke Unterschiede, insbesondere zwischen Skandinavien (weniger als 20 Mikrogramm je Kubikmeter) und Mitteleuropa oder Norditalien (mehr als das Dreifache!).

In Deutschland, ein Land mit 64,8 Millionen Fahrzeugen (01.01.2019), was 692 Fahrzeuge je Tausend Einwohner bedeutet, ist die Feinstpartikelemission zum großen Teil den Straßenfahrzeugen geschuldet, obgleich die Anteile der Industrie, des Energiesektors und der Hauswärmeerzeugung eine ähnliche Größenordnung erreichen. Der Anteil der Fahrzeuge an die Partikelemission ist umso größer als die betrachteten Partikel kleiner sind. Die Hauptschuld daran tragen die Motoren, insbesondere der modernen Art: Dieselmotoren mit Direkteinspritzung bei hohem Druck und Ottomotoren mit Benzindirekteinspritzung.

Das kann wie folgt erklärt werden: Für eine möglichst vollständige und effiziente Verbrennung der Kohlenwasserstoffe die ein Kraftstoff enthält, muss der Einspritzstrahl in sehr kleinen Tropfen zerstäubt werden. Die Zeit die der Zerstäubung und weiter der Vermischung der Tropfen mit Luft zur Verfügung steht ist aber sehr kurz, etwa ein halbes Tausendstel einer Sekunde. Dieser Umstand führt dazu, dass einige noch flüssige Kerne der winzigen Tropfen nicht, oder nicht vollständig brennen. Sie haben Durchmesser in der Größenordnung von 0,1 Mikrometern und werden mit den Abgasen ausgestoßen. Wäre eine Verbrennung dieser Tropfen auch möglich? Wenn der Einspritzdruck steigt, um die Zerstäubung des Einspritzstrahls noch besser zu machen, und andererseits der Kraftstoff in kleinen Portionen eingespritzt wird, um immer Luft um die Tropfen zu haben, wird die Verbrennung sehr effizient. Das äußert sich in der Zunahme der Flammentemperatur. Aber dadurch können wiederum Dissoziationsreaktionen entstehen, was zu Stickoxiden führt. Daraus entsteht ein klassischer Widerspruch bei der Entwicklung effizienter Verbrennungsmotoren: Stickoxidemission senken bewirkt allgemein die Zunahme der Partikelemission und umgekehrt - Flammentemperatur erhöhen, um den thermischen Wirkungsgrad zu verbessern bewirkt allgemein eine Abnahme der Partikelemission aber eine Zunahme der Stickoxidemission.

Eine Lösung für die Diesel- und Benzinmotoren mit Direkteinspritzung besteht in der kontrollierten Verbrennung gleichzeitig in mehreren Zündherden im Brennraum. Die Widerspruchs-Hyperbel, Partikel gegen Stickoxid bleibt grundsätzlich erhalten, aber die erwähnte Art der Verbrennung zieht diese Hyperbel weit nach unten. Die bisherigen Ergebnisse sind ermutigend.

Das Partikel-Problem der zukünftigen Automobile, obgleich diese elektrisch mit Batterie, Brennstoffzellen, oder von Wärmekraftmaschinen angetrieben sein werden, bleibt dennoch zum großen Teil erhalten, verursacht durch die Reifen! Aus den 205 Tausend Tonnen von feinen Partikeln die derzeit in Deutschland pro Jahr insgesamt emittiert werden, sind 42 Tausend Tonnen den Straßenfahrzeugen geschuldet. Und wiederum von diesen entstehen 6 Tausend Tonnen durch Reibung der Reifen auf der Fahrbahn und 7 Tausend Tonnen durch Reibung in den Bremsen. Die von den Reifen abgeworfenen Partikel enthalten Zink und Kadmium, jene von den Bremsen Nickel, Chrom und Kupfer. Die Räder der Zug- und Straßenbahnwagen führen im Kontakt mit den Metallschienen mit Abrieb und Abwurf von feinen Eisenpartikeln. Kalzium und Magnesium haben die Menschen, sowie die Lebewesen allgemein, in den Knochen und im Gehirn, Phosphor wiederum in den Knochen, Eisen in den Enzymen, aber zu viel davon ist nicht gesund.

Ein Mittelklasse-Automobil emittiert durch die Reibung seiner vier Reifen auf der Fahrbahn, im Durchschnitt, 39,9 Gramm Gummipartikel je Hundert Kilometer, wovon 0,15 Gramm Durchmesser unter 10 Mikrometer haben. Diese Werte wurden wissenschaftlich erstellt und mit statistischen Methoden verarbeitet, wobei die Vielfalt der Reifenarten und der Fahrbahnbelage berücksichtigt wurden. Ein einfaches diesbezügliches Experiment kann man in der eigenen Garage durchführen, indem ein Reifen im neuen Zustand und dann nach zehntausend Kilometern Fahrstrecke gewogen wird, das Ergebnis ist tatsächlich erstaunlich. Die so entstandenen Gummipartikel können in die Lungen von Lebewesen eindringen. Die Partikel, die noch auf der Fahrbahn bleiben, werden von Millionen Würmchen und anderen Tierchen gefressen, und gelangen in Obst- und Gemüse auf Feldern und Ackern, und damit infolge, in dem Verdauungsapparat von Menschen.

Deswegen muss man nicht unbedingt in Panik geraten, die Menschen sind an Partikel in dieser Größenordnung doch gewöhnt: Ein Cholera-Partikel ist zwei Mikrometer lang und ein halbes Mikrometer dick, Raps- und Fichtepollen Partikel haben etwa zehn Mikrometer Durchmesser. Neuerdings gibt es in unzähligen Büros Laserdrucker. Eine gedruckte Seite führt zur Emission eines Staubs aus zwei Millionen sehr feinen Partikeln, die über Nase und Atemwege in die Lungenbläschen geraten.

In London gibt es seit 2003 eine Gebühr für die Fahrt von Vehikeln durch das Zentrum der Stadt, was zur Minderung des Verkehrs um ein Drittel geführt hat. Die Partikelemission ist aber, erstaunlicherweise, absolut unverändert geblieben.

Im Zusammenhang mit Partikeln sind auch die Vulkane der Erde zu betrachten, in denen die Verbrennung absolut unkontrolliert verläuft. Aus Eruptionen der aktiven Vulkane weltweit entstehen Fünfundachtzig Millionen Tonnen Asche pro Jahr, mit Partikeln, die kleiner als fünf Mikrometer sind, solche, die in die Lungen eindringen.

Und noch ein Vergleich erscheint als zwingend: Die Partikel in dem Zigarettenrauch haben Größen zwischen 0,1 und 1 Mikrometer, sie gelangen in die Blutbahn und „bereichern" die Blutkörperchen mit Kohlenmonoxid, Benzol, Formaldehyd und mit anderen schädlichen Substanzen.

In den Wüsten der Erde, bestehen die Partikel aus Quarz und sind allgemein über 60 Mikrometer groß, sie bleiben allgemein in der Nase stecken, Nase die als natürliches Filter der Atemwege wirkt.

1.2.3 Technische Umsetzbarkeit

Die Energieverfügbarkeit einerseits und die Umweltbeeinflussung einer jeweiligen Energieform für einen Fahrzeugantrieb andererseits sind als Hauptkriterien kaum wirksam, wenn die Speicherung oder Umwandlung eines vorteilhaften Energieträgers an Bord des Fahrzeugs technisch schwer realisierbar ist. Darunter zählen die Sicherheitsaspekte, der Einsatz spezifischer Werkstoffe zur Speicherung oder Umwandlung, die länderspezifischen Kosten für den Energieträger selbst sowie für die Speicher- oder Umwandlungsanlagen oder die Infrastruktur in Bezug auf die Versorgung mit dem jeweiligen Energieträger.

Ein weitaus einfacheres, aber pragmatischeres Bewertungskriterium ist die Speichermasse und -volumen des vorgesehenen Energieträgers, wobei die Speicheranlage (Tank, Behälter) selbst inbegriffen sein soll.

Im Bild 17 ist ein Vergleich der Speichermassen und -volumen für einige Energieträger und ihrer Speicher ausgehend von dem Energieäquivalent eines Fahrzeugtanks mit *37* [*l*] Dieselkraftstoff – als Richtwert für eine Reichweite von etwa *500* [*km*] mit einem Mittelklassewagen – ersichtlich. Aufgrund der Tankabmessungen steigt das Volumen in diesem Beispiel auf *46* [*l*], durch die Dichte des Dieselkraftstoffs beträgt die Kraftstoffmasse *30* [*kg*] und die Gesamtmasse *43* [*kg*]. Bei Benzin sind die Werte etwa vergleichbar, der allgemein höhere Verbrauch wird zum Teil durch die niedrigere Dichte in Bezug auf Masse kompensiert. LPG (Liquefied Petroleum Gas, als Gemisch von Propan und Butan, entstehend im Raffinerieprozess – auch als Autogas bezeichnet) hat eine erheblich geringere Dichte als Benzin (*0,00235* [kg/m^3] im Vergleich zu *0,72-0,78* [kg/m^3]) die durch Verflüssigung – bei *0* [*°C*] und *1* [*MPa*] auf *0,5* [kg/m^3] zwar steigt, aber auch die Masse des entsprechenden Druckbehälters erhöht: während der Kraftstoff selbst *37* [*kg*] wiegt, erreicht der gefüllte Tank, hauptsächlich wegen der eigenen Masse *72* [*kg*].

Fazit: sowohl die Masse als auch das Volumen des vollen Tanks verdoppeln sich bei Nutzung von LPG anstatt Dieselkraftstoff bei gleichem Energieinhalt.

Methanol hat eine vergleichbare Dichte mit dem Dieselkraftstoff und kann ebenfalls in flüssiger Form bei Umgebungsbedingungen gespeichert werden – was technisch von erheblichem Vorteil ist. Der Heizwert *[kJ/kg]* des Methanols bleibt aber etwa unter der Hälfte dessen von Dieselkraftstoff, was für den gleichen Energieäquivalenten – der die Reichweite bestimmt – mehr als die doppelte Menge an Bord bedeutet. Dadurch steigen gleichermaßen das Volumen und die Masse, wie im Bild 17 ersichtlich.

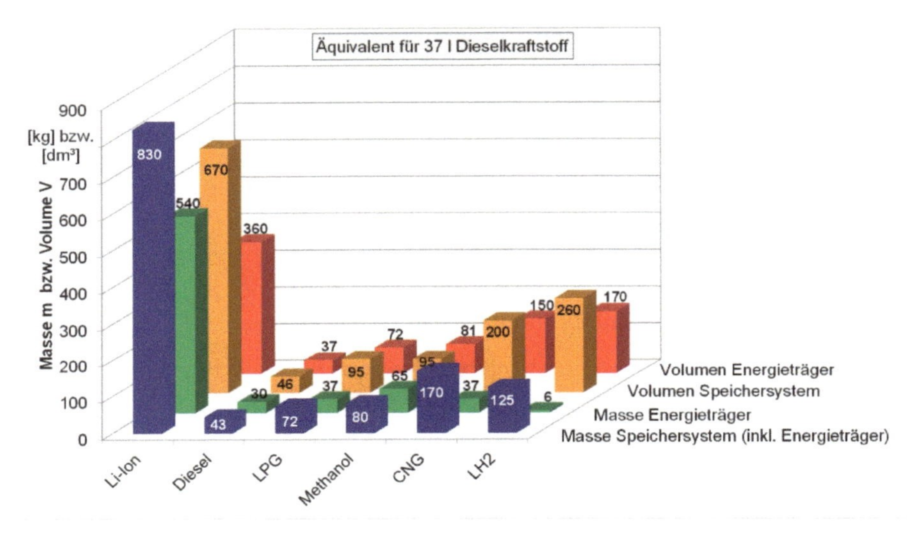

Bild 17 Vergleich der gespeicherten Massen und Volumina für unterschiedliche Energieträger an Bord bei gleichem Energieäquivalent

Im Falle des CNG (Compressed Natural Gas – Erdgas, im Wesentlichen aus Methan bestehend) wird der Nachteil der geringen Dichte allgemein durch hohen Speicherdruck kompensiert – bei *20 [MPa]* und *0 [°C]* erreicht die Dichte dennoch erst *0,141 [kg/dm³]*. Das macht die erforderlichen Druckbehälter nicht nur groß, sondern auch schwer, wie im Bild 17 ersichtlich. Durch kryogene Verfahren (*-150 [°C]* bei *0,1 [MPa]*) kann die Erdgasdichte auf *0,409[kg/dm³]* erhöht werden, die Technik ist jedoch an einen entsprechenden Mehraufwand gebunden. Der Wasserstoff erscheint in dieser Darstellung mit einem relativ vertretbarem Gewicht, was aber eher durch seine sehr geringe Dichte erklärbar ist: Als Gas (bei *-200 [°C]* und *0,1 [MPa]* beträgt seine Dichte gerade *0,009 [kg/dm³]*, flüssig werden es *0,071 [kg/dm³]* - also erst ein Zehntel der Benzindichte – aber mit erheblichem technischen Aufwand, hervorgerufen durch die erforderliche Speichertemperatur von *-253 [°C]*. Das Volumen des gespeicherten Wasserstoffs ist deswegen wesentlich größer als das des Dieselkraftstoffs für die gleiche Reichweite, wie das

Bild 17 eindeutig belegt. Nach dem Kriterium der Energiespeicherung an Bord für eine vorgesehene Reichweite haben die Batterien praktisch keine Perspektive: Selbst eine moderne und sehr preisintensive Li-Ion-Batterie würde im Vergleich mit *37* [*l*] Dieselkraftstoff gleiche Maße und Masse wie ein ganzer Kompaktwagen einnehmen.

Die Speicherung an Bord wird einen wesentlichen Einfluss auf den Einsatz zukünftiger alternativer Kraftstoffe haben.

Die Fahrzeugstruktur, die Karosseriegestaltung als selbsttragend, beziehungsweise Space-Frame, aus mehreren Materialien, wie im Bild 18 gezeigt,

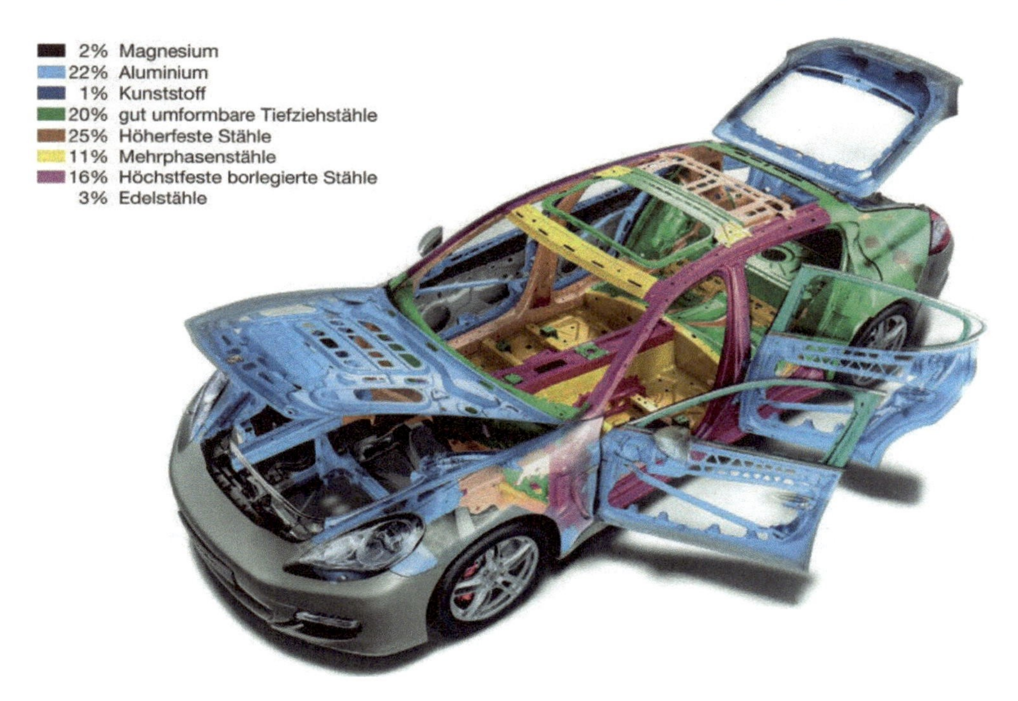

Bild 18 Space Frame Karosserie aus mehreren Materialien *(Quelle: Porsche)*

und die damit verbundene Fahrdynamik müssen in Zusammenhang mit elektrischen Energiespeichern (Bild 19) oder Wasserstoffbehältern (Bild 20) neu definiert werden.

Die Integration derartiger Energiespeicher in die Systeme zur aktiven und passiven Sicherheit stellt angesichts ihrer Besonderheiten im Vergleich mit konventionellen Kraftstofftanks komplexere technische Anforderungen.

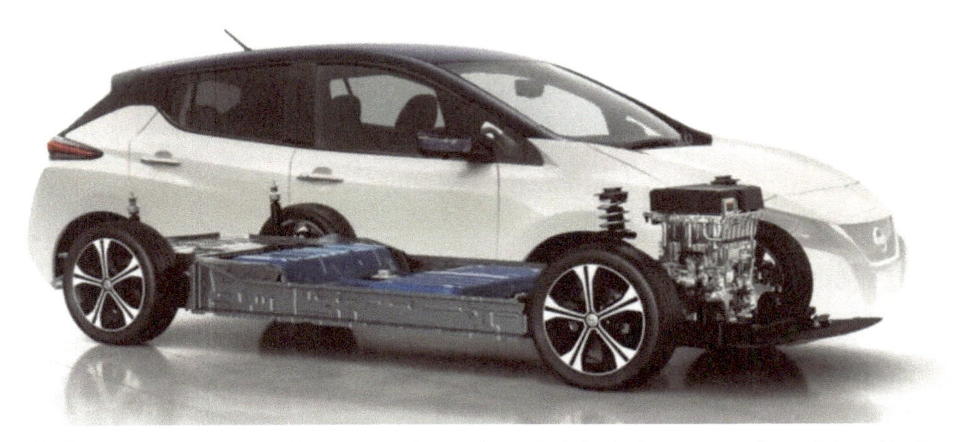

Bild 19 Fahrzeug mit Elektromotor-Antrieb und elektrischem Energiespeicher (Batterie) *(Quelle: Nissan)*

Bild 20 Fahrzeug mit Elektromotor-Antrieb und Elektroenergie-Erzeugung an Bord mittels Brennstoffzelle, mit den dafür erforderlichen Wasserstoffbehältern *(Quelle: Hyundai)*

1.3 Entwicklungsszenarien innerhalb eines Energiemanagements

Zwischen Bedarf, verfügbaren Energieträgern, Auswirkungen auf die Umwelt, technischer Komplexität, spezifischen Nutzungsformen eines Fahrzeugs, Limitierungen und – nicht zuletzt – Akzeptanz wurden und werden stets neue Konfigurationen von Antriebssystemen gestaltet, untersucht und erprobt. Im Einklang mit den erwähnten Anforderungen erscheinen insbesondere folgende Kriterien als maßgebend für den Erfolg eines zukünftigen Antriebsystems – zu dem neben dem Antrieb selbst die Energiespeicher bzw. -wandlermodule zählen:

- Masse-Leistungsverhältnis bzw. Leistung-Volumen-Verhältnis
- Drehmomentverlauf bzw. Beschleunigungscharakteristik
- spezifischer Energie (Kraftstoff)-Verbrauch, spezifische Emissionen chemischer Stoffe, Geräuschintensität und -frequenz
- Verfügbarkeit und Speicherfähigkeit der vorgesehenen Energieträger
- technische Komplexität, Kosten, Sicherheit
- Infrastruktur und Servicemöglichkeiten

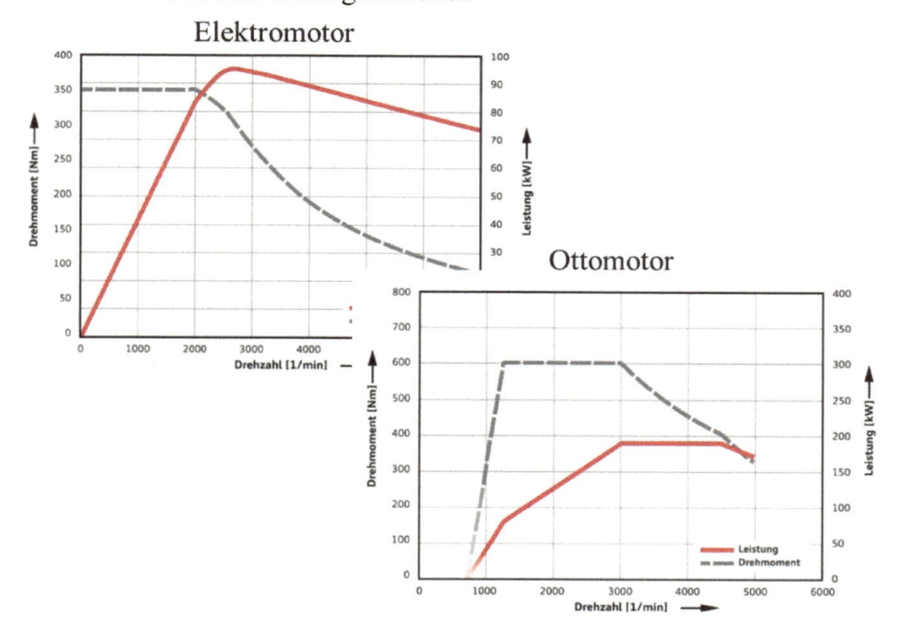

Bild 21 Typischer Drehmomentenverlauf (als Vergleich auch der Leistungsverlauf) einer Wärmekraftmaschine und eines Elektromotors

Ein Antrieb von Rädern eines Automobils kann entweder durch eine Wärmekraftmaschine oder durch einen Elektromotor gewährleistet werden.

Bild 21 zeigt als Beispiel die typischen Drehmomentenverläufe für eine Wärmekraftmaschine (in diesem Fall ein Ottomotor) und einem Elektromotor.

Für die jeweils daraus resultierende Leistung gilt:

$$P_e = M_d \cdot \omega \qquad \text{mit } \omega = 2\pi n$$
$$P_e = M_d \cdot 2\pi n \tag{2.9a}$$

Dementsprechend können die Leistungskurven über die Drehzahl erhoben werden, wie im Bild 21 dargestellt. Eine andere Darstellungsform besteht in der Eintragung von Hyperbeln mit gleicher Leistung im (M_d, n) -Diagramm, wie in Bild 40 ersichtlich. Der wesentliche Unterschied zwischen dem Antrieb mittels Wärmekraftmaschine, beziehungsweise Elektromotor besteht in dem Drehmomentenverlauf:

- bei Wärmekraftmaschinen entfaltet sich das Drehmoment erst mit zunehmender Drehzahl.
- im Bild 21 liegt das maximale Drehmoment bei *1200* [min^{-1}] an – was durch die notwendige Zufuhr eines ausreichenden Luftmassenstroms bedingt ist.
- bei Elektromotoren liegt das maximale Drehmoment bereits im Stand an, was von den bei der Stromzuschaltung unverzüglich entstehenden Magnetkreislinien verursacht wird. Mit zunehmender Drehzahl des Rotors nimmt die Streuung der Magnetkreislinien zwischen Rotor und Stator zu, wodurch das Drehmoment spürbar sinkt, wie im Bild 21 ersichtlich ist.

Wenn das gleiche maximale Drehmoment bei niedrigerer Drehzahl verfügbar ist, wie im Falle der Elektromotoren, so entspricht das einer geringeren Leistung, wie aus Gl. (2.9a) ableitbar.

Beim Beschleunigen des Fahrzeugs vom Stand ist die sofortige Verfügbarkeit des maximalen Drehmomentes ein wesentlicher Vorteil. Der Zusammenhang ist im Bild 22 dargestellt:

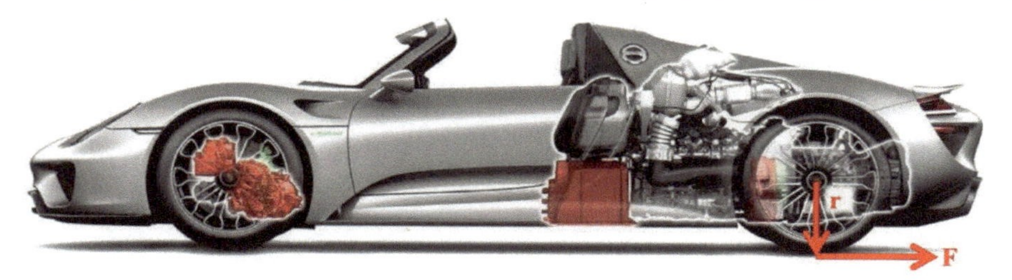

Bild 22 Drehmoment am Rad eines Automobils *(Quelle: Stan, Porsche)*

Zum Beschleunigen ist eine Antriebskraft erforderlich, die über dem Rad-Radius als Moment abverlangt wird. Es gilt:

$$F = m_F \cdot a \tag{1.1}$$

$$a = \frac{2s}{t^2} \tag{1.2}$$

und daraus:

$$F = m_F \cdot \frac{2s}{t^2} \tag{1.3}$$

Somit:

$$M_r = F \cdot r = m_F \cdot r \cdot 2s \cdot \frac{1}{t^2} \tag{1.4}$$

mit:

F	$[N]$	Antriebskraft
r	$[m]$	Rad-Radius
m_F	$[kg]$	Fahrzeugmasse
a	$\left[\frac{m}{s}\right]$	Fahrzeugbeschleunigung
s	$[m]$	Strecke
t	$[s]$	Beschleunigungsdauer

Allgemein wird allerdings zwischen dem Motor und dem Rad eine Drehzahlübersetzung vorgenommen, die bei Wärmekraftmaschinen, auf Grund ihrer Drehmomentencharakteristik, mehr Stufen als bei Elektromotoren hat.

Im Bild 23 ist der Zusammenhang zwischen dem Motordrehmoment, der Getriebeübersetzung und der Kraft am Rad des Automobils dargestellt.

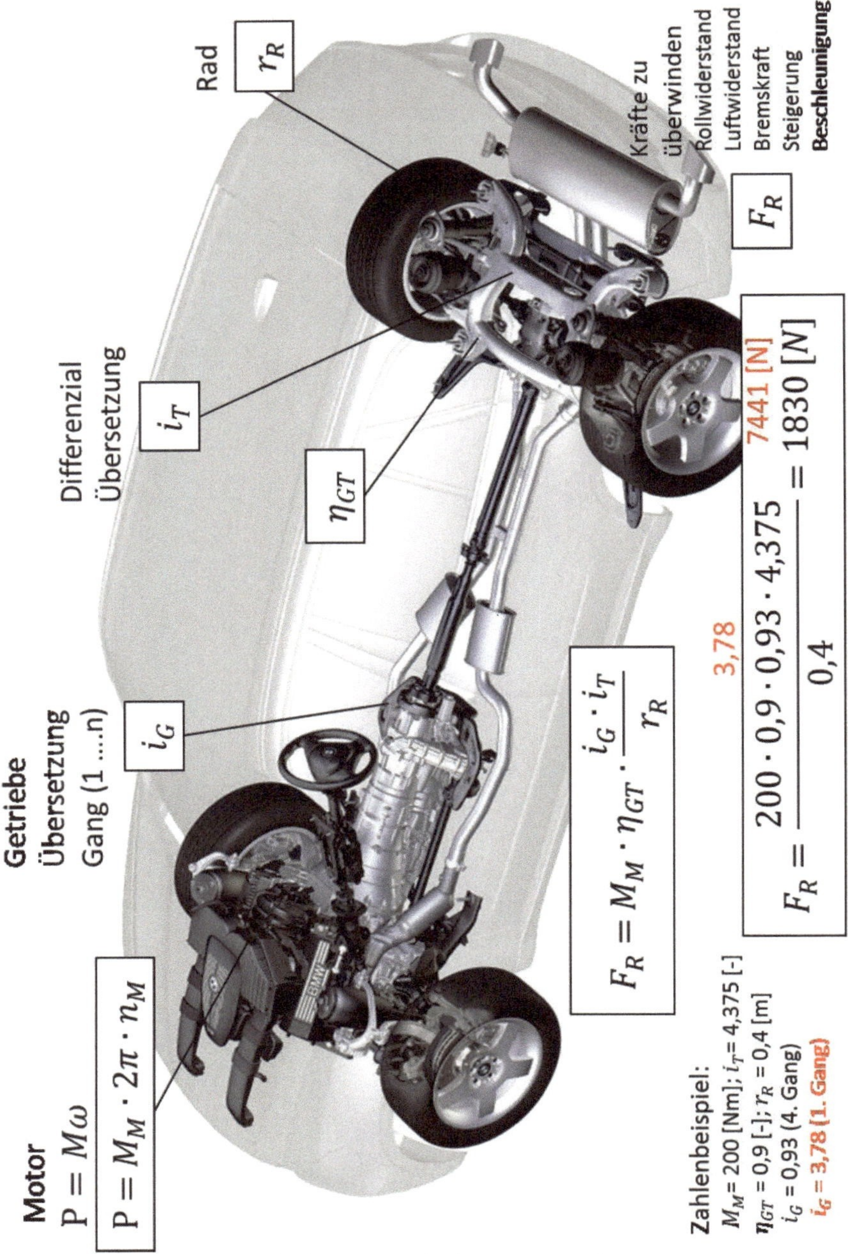

Bild 23 Zusammenhang zwischen Motordrehmoment und Kraft am Rad des Automobils *(Quelle: Stan, BMW)*

Während des Antriebs bleibt zwischen Motor und Rad der Energiefluss – also die Leistung – erhalten, wodurch das Drehmomentenverhältnis zwischen Motor und Rad über die jeweilige Übersetzungskette (i_G,i_T) und dem dazu gehörenden Wirkungsgrad (η_{GT})ableitbar ist. Daraus resultiert die Kraft am Rad:

$$F_R = M_M \cdot \eta_{GT} \cdot \frac{i_G \cdot i_T}{r_R} \tag{1.5}$$

Am Beispiel eines realen Fahrzeugs wurden zwei Übersetzungen verglichen, wie im Bild 23 ersichtlich:

- ein Motordrehmoment von *200* [*Nm*] erwirkt dabei im 1.Gang ($i_G = 3{,}78$) eine Kraft am Rad von 7441 [*N*] und im 4.Gang ($i_G = 0{,}93$) nur *1830* [*N*] wobei aber die Raddrehzahl um das Vierfache (3,78 : 0,93) zunimmt.

Der Zusammenhang zwischen der Kraft am Rad und der Fahrzeuggeschwindigkeit – die aus der Raddrehzahl und dem Rad-Radius resultiert – ist in Form eines Zugkraftdiagramms im Bild 24 anhand eines ausgeführten Fahrzeugs mit zwei Getriebevarianten, beide mit jeweils sechs Gängen dargestellt.

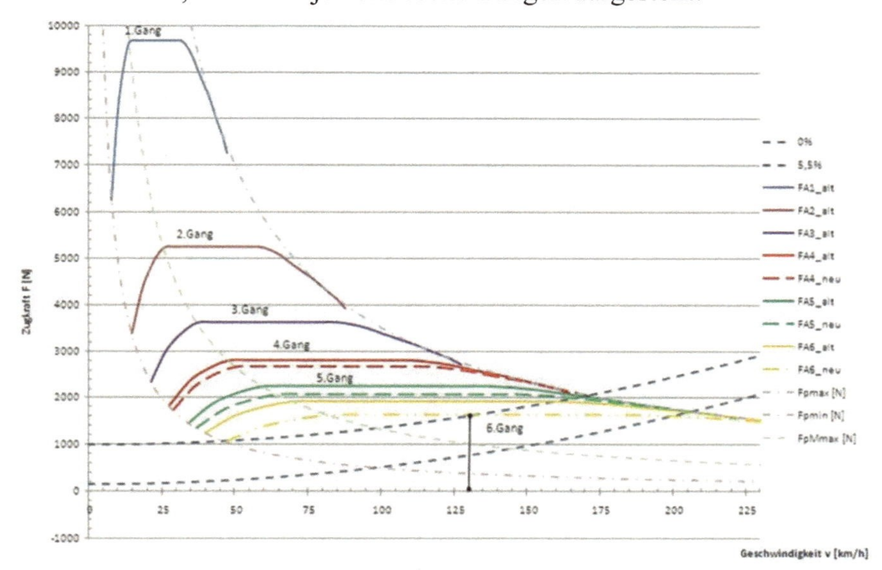

Bild 24 Zusammenhang Zugkraft am Rad – Fahrgeschwindigkeit des Automobils *(Quelle: Stan, Tesla)*

Die eingetragenen Hyperbeln zeigen die Erhaltung des Energieflusses (Leistung) zwischen Antrieb und Rad, unabhängig von dem jeweiligen Gang.

Ein interessanter Vergleich zwischen einem Antrieb mit Kolbenmotor und Sechsgang-Getriebe und einem Elektroantrieb mit fester Übersetzung ist in Bild 25 ersichtlich. Dabei ist nicht die Zugkraft über die Geschwindigkeit, wie im Bild 24 sondern die Beschleunigung über die Geschwindigkeit dargestellt – was die unterschiedlichen Massen der Fahrzeuge ausschließt.

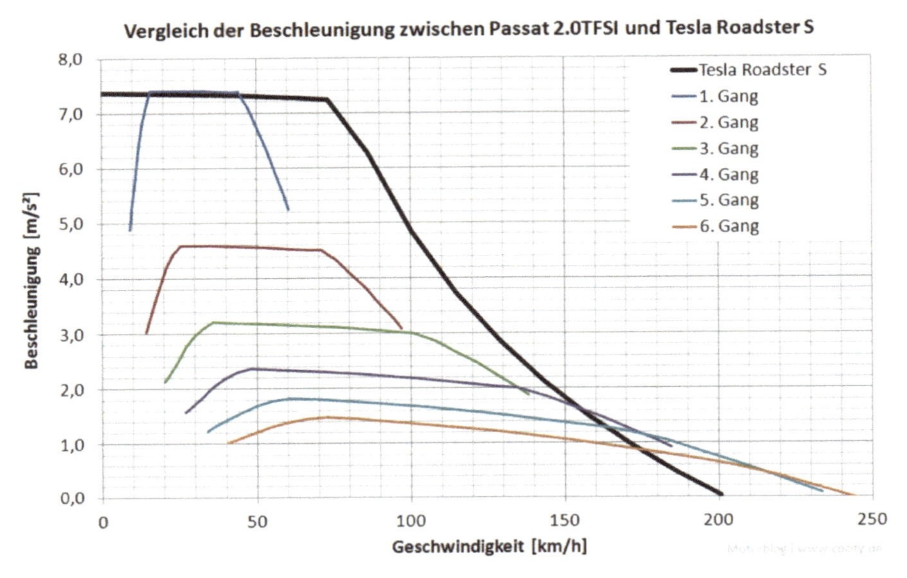

Bild 25 Vergleich zwischen Elektromotor und Kolbenmotor mit Sechsgang-Getriebe *(Quelle: VW)*

Es ist ersichtlich, dass ein Elektromotor mit hohem Drehmoment (Tesla: *600* [*Nm*]) stets eine höhere Beschleunigung in gesamten Geschwindigkeitsspektrum des Fahrzeugs gewährleisten kann. Bei einer überwiegenden Mehrzahl der gegenwärtigen Automobil-Elektromotoren liegt das Drehmoment allerdings in einem Bereich von *200 - 250* [*Nm*] was durch den Elektroenergieverbrauch und Batteriekapazität begründet ist. Daraus resultiert eine proportionale Senkung der Zugkraft, die in Anbetracht einer akzeptablen Beschleunigung mit der Senkung der Gesamtfahrzeugmasse kompensiert werden muss. Andererseits bleibt der Knickpunkt der Zugkraft der Elektromotoren, wie im Bild 21 – etwa bei gleicher Fahrzeuggeschwindigkeit erhalten. Wie aus dem Bild 25 ersichtlich ist, sind dabei höhere Geschwindigkeiten ohne zusätzliche Übersetzungsstufen nicht mehr erreichbar.

Bild 26 stellt eine Übersicht der möglichen Antriebssysteme, Energiespeicherformen und Energieumwandlungskonzepte für automobile Antriebe dar, die entsprechend der dargestellten Kriterien kombinierbar sind.

Dabei können sowohl einige aktuelle Entwicklungstrends als auch manche historisch gewordene Sonderlösungen wiedererkannt werden.

Antriebe sind, wie bereits erwähnt, grundsätzlich thermischer Art (Wärmekraftmaschinen) oder elektrischer Art (Elektromotoren).
In der bisherigen Verkettung von Antrieben und Energiespeichern an Bord hat sich auf jeder Seite jeweils ein klassisches Szenario etabliert:

- Kolbenmotor – im Otto- oder Dieselarbeitsverfahren – mit flüssigem Kraftstoff (Benzin- bzw. Dieselkraftstoff), neuerdings auch Erd- oder Autogas für Ottomotoren und Öl-Methylesther für Dieselmotoren
- Gleichstrom- oder Drehstromelektromotor mit Batterie (meistens Li-Ionen oder Nickel-Metall-Hydrid)

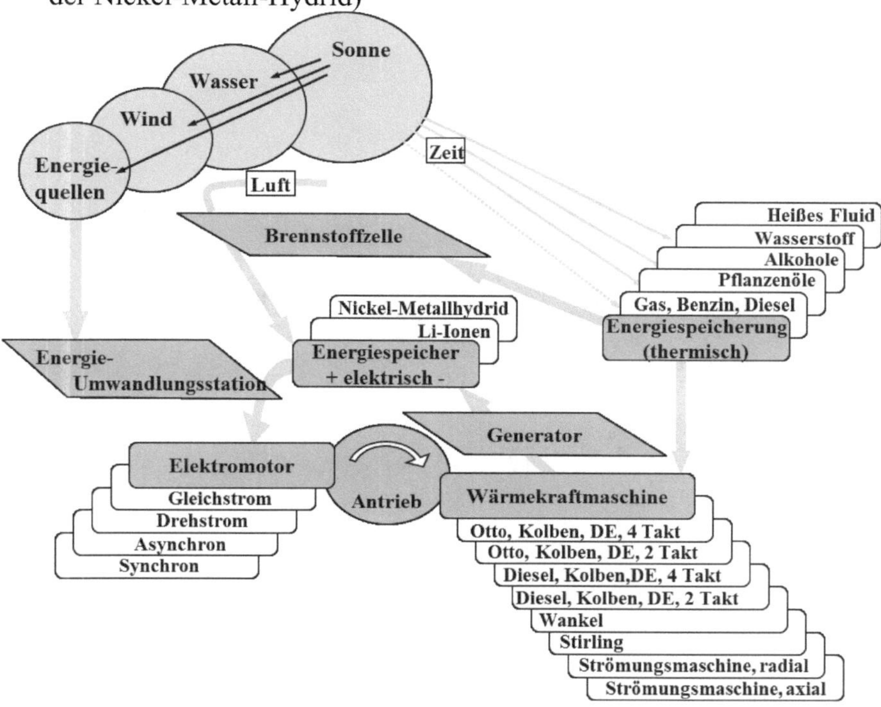

Bild 26 Übersicht der Antriebssysteme, Energieträger, Energiespeicher und Energieumwandlungsanlagen für Fahrzeugantriebe

Das erste Szenario spielt derzeit noch die eindeutig dominierende Rolle im Automobilbau, das zweite bleibt – trotz massiver Forderungen und einer bereits beachtlichen Modellveilfalt prozentual unbedeutend. Ein effizientes Energiemanagement von der Energie bis zum Antrieb zwingt teilweise zu einer Neuordnung und Neuverbindung der Module Energieträger, Energiespeicher, Energieumwandlungsanlagen und Antriebe.

Die Betrachtung einiger Pfade ist in diesem Zusammenhang aufschlussreich:

- Der Elektromotor als Antrieb mit Elektroenergiespeicherung in Batterien hat allgemein den Nachteil einer stark begrenzten Reichweite. Der Ersatz der Energiespeicherung durch eine Energieumwandlung aus günstiger zuführbaren bzw. speicherbaren Energieträgern ist beispielsweise in Brennstoffzellen möglich, wie im Bild 26a gezeigt: dabei wird einerseits Luft aus der Umgebung andererseits gespeicherter Wasserstoff zugeführt.

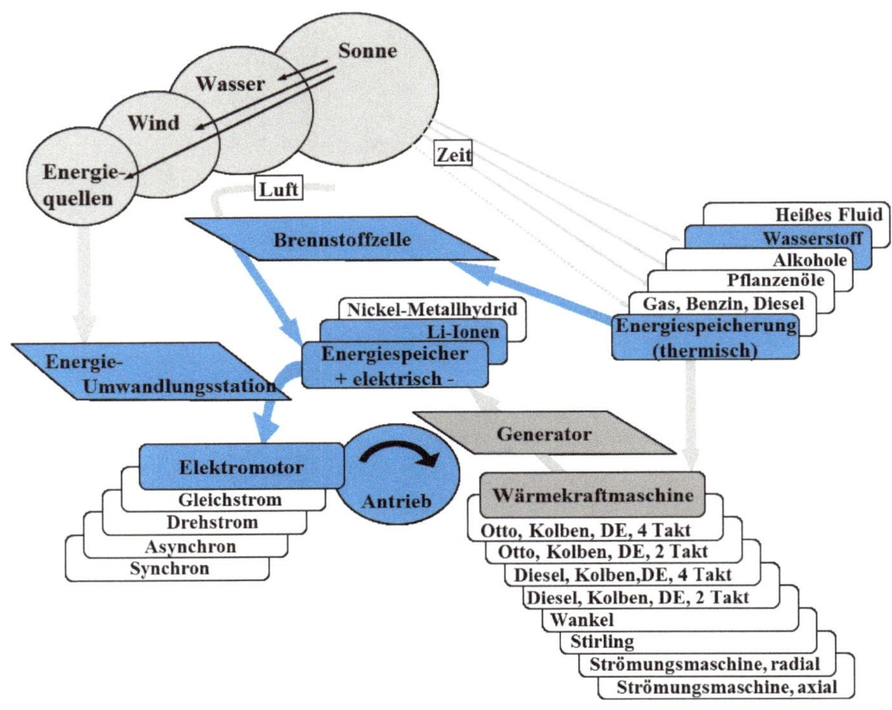

Bild 26a Übersicht der Antriebssysteme, Energieträger, Energiespeicher und Energieumwandlungsanlagen für Fahrzeugantriebe – Brennstoffzelle

Der Antrieb mittels Elektromotor gewinnt dadurch an Interesse. Andererseits ist die Speicherfähigkeit des Wasserstoffs an Bord eines Automobils mit extrem niedrigen Temperaturen oder mit hohem Druck bei einer relativ geringen Dichte verbunden. Die Vorteile von Dieselkraftstoff, Benzin oder Methanol sind in diesem Zusammenhang eindeutig. Das führt zu der Variante, die Kette Wasserstoff-Brennstoffzelle-Elektroantrieb mit einem Speicher für einen der genannten flüssigen Kraftstoffe und mit einem Reaktor zu ergänzen, in dem der Wasserstoff an Bord aus dem jeweiligen Kohlenwasserstoff direkt oder unter Beteiligung von Wasserdampf gewonnen wird. Zusätzlich kann in diese Kette eine kompakte Batterie als Energiepuffer aufgenommen werden.

- Zwischen dem Elektromotor als Antrieb und dem Wasserstoff bzw. einem Kohlenwasserstoff als gespeicherter Energieträger kann jedoch auch ein alternativer Energiepfad als vorteilhaft erscheinen – wie im Bild 26b dargestellt; der Kraftstoff kann dabei anstatt über die Brennstoffzelle über eine Wärmekraftmaschine geleitet werden, welche deren Funktion übernimmt: Strom erzeugen.

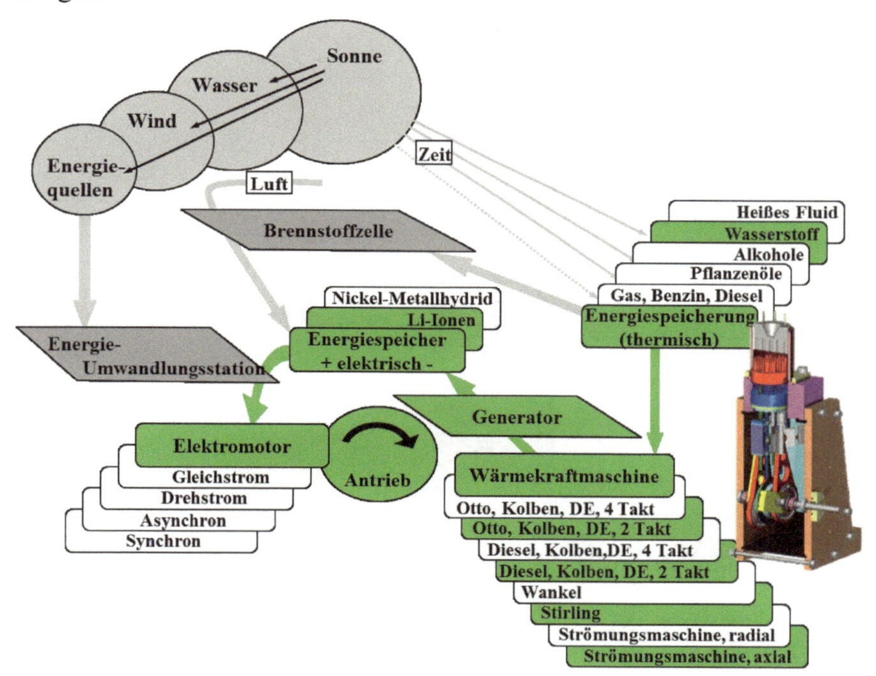

Bild 26b Übersicht der Antriebssysteme, Energieträger, Energiespeicher und Energieumwandlungsanlagen für Fahrzeugantriebe – Wasserstoff-Range Extender

Als Stromgenerator hat dann eine Wärmekraftmaschine nicht mehr das Drehmoment- und Drehzahlspektrum zu decken, die in ihrer Rolle als Fahrzeugantrieb erforderlich wäre – sie soll dann eher in einem begrenzten Funktionsfenster arbeiten. Unter solchen Bedingungen können alle Prozessabschnitte – vom Ladungswechsel über Gemischbildung von Kraftstoff und Luft bis hin zur Verbrennung – viel effizienter als für breite Last- und Drehzahlbereiche gestaltet werden – was sich in einem weit höheren Wirkungsgrad widerspiegelt. Bei weitgehend konstanter Drehzahl, deren Wert auch nicht direkt an die Fahrzeuggeschwindigkeit gebunden ist, gewinnen aber auch andere als nur die Viertaktkolbenmotoren wieder an Interesse: Zweitaktmotoren (im Otto- oder Dieselverfahren), Wankel- und Stirling-Motoren aber auch Gasturbinen können als kompakte Stromgeneratoren im Leistungsbereich eines Automobils durchaus sehr effizient arbeiten. Der Vergleich mit der Brennstoffzelle für den gleichen Einsatz wird nach den aufgestellten Kriterien ausschlaggebend für zukünftige Konfigurationen sein. Auch im Falle der Wärmekraftmaschine als Stromgenerator erscheint die Ergänzung des Systems mit einer kompakten Batterie als Energiepuffer als sinnvoll.

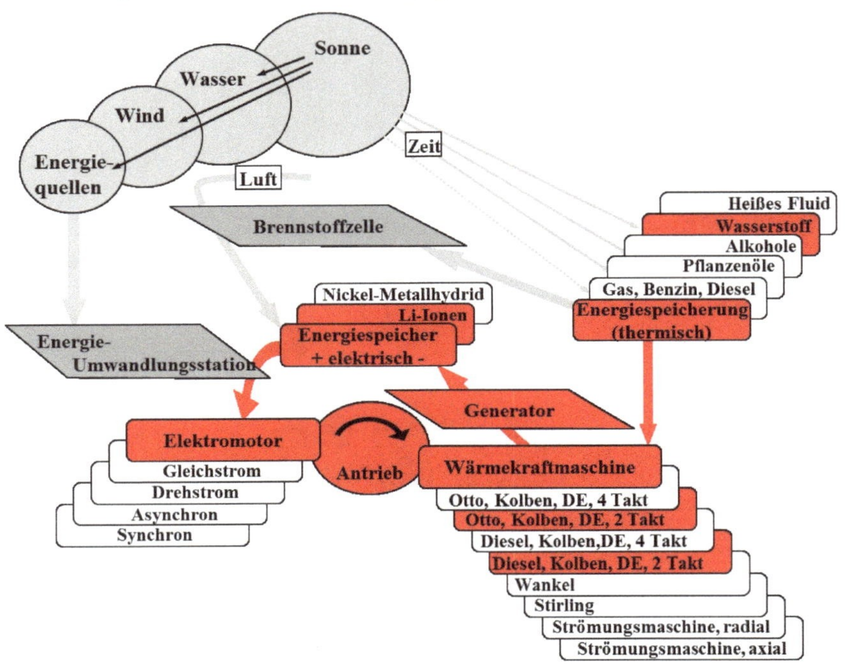

Bild 26c Übersicht der Antriebssysteme, Energieträger, Energiespeicher und Energieumwandlungsanlagen für Fahrzeugantriebe – Wasserstoff-Hybrid

- Bei erhöhtem Leistungsbedarf entsprechend der Fahrzeugklasse kann der Antrieb über eine Kombination von Wärmekraftmaschine und Elektromotor – in festen oder variablen Verhältnissen – erfolgen, wie im Bild 26c gezeigt, wobei der Strom für den Elektromotor über einen der bereits dargelegten Pfade erzeugt werden kann.
- In modernen Automobilen führen zunehmende Komfort- und Sicherheitsfunktionen zu einem stets steigenden Bedarf an elektrischer Leistung (*4-*

7 [*kW*]), der mittels klassischer Lichtmaschinen nicht mehr gedeckt werden kann. Unabhängig von der Art des Antriebs - elektrisch oder mittels Wärmekraftmaschine – kann dann der für den Antrieb gespeicherte Energieträger auch zur Stromerzeugung an Bord genützt werden – sei es mittels einer stationär arbeitenden Brennstoffzelle, sei es mittels einer stationär arbeitenden Wärmekraftmaschine mit der Funktion einer Brennstoffzelle, wie im Bild 26d dargestellt.

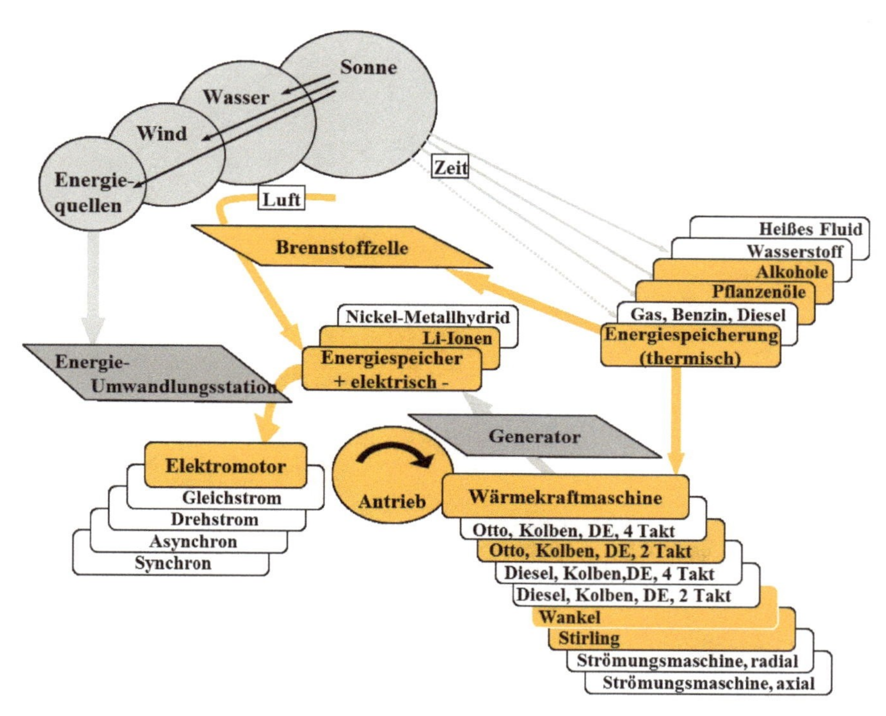

Bild 26d Übersicht der Antriebssysteme, Energieträger, Energiespeicher und Energieumwandlungsanlagen für Fahrzeugantriebe – gleicher Kraftstoff für Antriebsverbrennungsmotor und Brennstoffzelle für Stromversorgung

- Eine rationelle Anwendung für den Antrieb in Ballungsgebieten bei moderater Reichweite ist im Bild 26e aufgeführt. Anhand einer kleinen, dezentralen Station für Sonnen-, Wind- oder Wasserenergie kann in begrenztem Maße Elektroenergie erzeugt und in Fahrzeugbatterien als Energieträger für einen Elektroantrieb gespeichert werden.

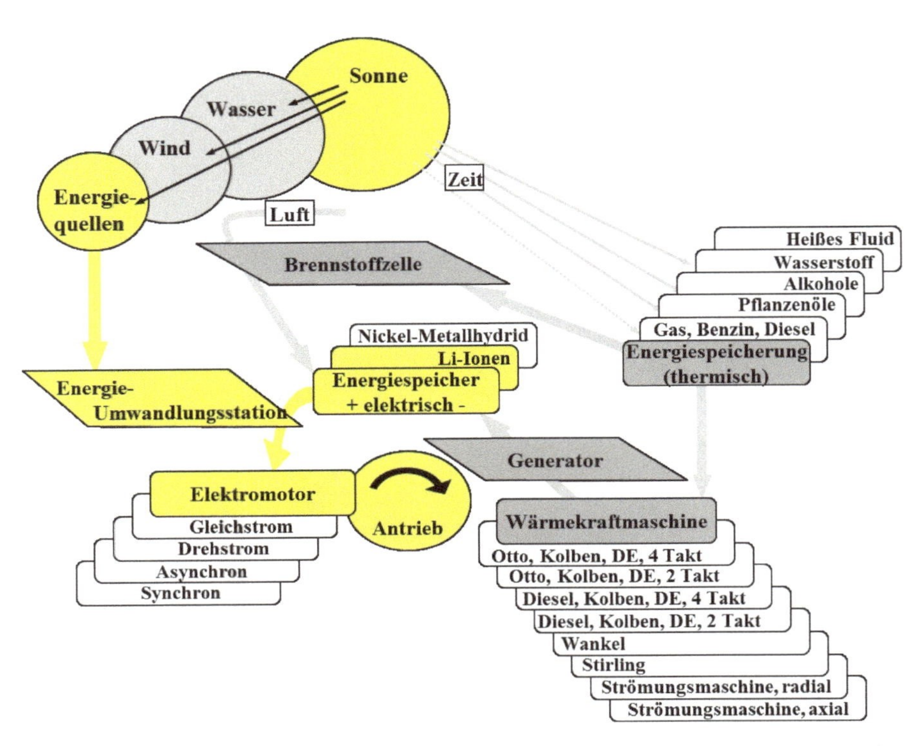

Bild 26e Übersicht der Antriebssysteme, Energieträger, Energiespeicher und Energieumwandlungsanlagen für Fahrzeugantriebe – Antrieb durch Elektromotor, Elektroenergie von Sonne, Wind, Wasser, gespeichert in Batterie

Bild 27 zeigt als solches Beispiel eine Elektroenergiestation der Westsächsischen Hochschule Zwickau, die eine momentane Leistung von *1,5* [*kW*] erreichen kann. Die erzeugte Elektroenergie genügt für den täglichen Bedarf eines kompakten Elektrofahrzeuges, das als Servicefahrzeug zwischen den Rechenzentren der Hochschule eingesetzt wird. Für städtische Behörden, die im Einschichtbetrieb arbeiten, erscheinen solche Lösungen mit dem Vorteil einer tatsächlichen Null-Emission als durchaus praktikabel.

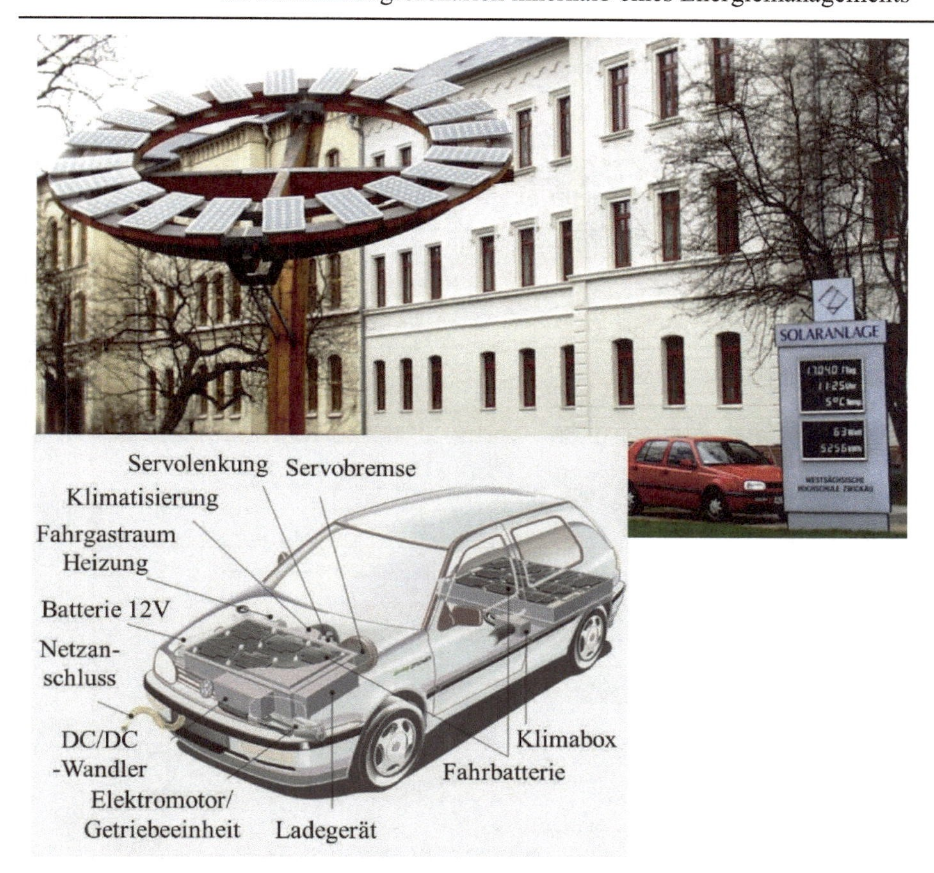

Bild 27 Elektroenergiestation für Elektromobile an der Westsächsischen Hochschule Zwickau

Regionale Besonderheiten können durchaus die breitere Anwendung eines solchen Modells begünstigen. In einem Land wie Israel ist einerseits eine dauerhaft hohe Strahlungsintensität der Sonne vorhanden, andererseits erlauben die verhältnismäßig großen Wüstengebiete die Nutzung großflächiger photovoltaischer Anlagen. Die Fahrstrecken sind jedoch im Vergleich zu jenen in den USA oder Europa sehr begrenzt, wodurch die Nutzung von Elektrofahrzeugen mit Batterien trotz ihrer geringen Reichweite nicht als nachteilig erscheint. Auf Basis dieser Besonderheiten wurde in Israel unlängst ein Projekt zur breiten Anwendung von Elektrofahrzeugen mit modernen Batterien initiiert, für welche die Elektroenergie nur aus solchen photovoltaischen Anlagen gewonnen wird.

Im Bild 28 sind die in Bild 26a bis Bild 26e dargestellten Pfade explizit dargestellt – nach den Stationen Energieform, Energieumformer, Energiespeicher und Antrieb.

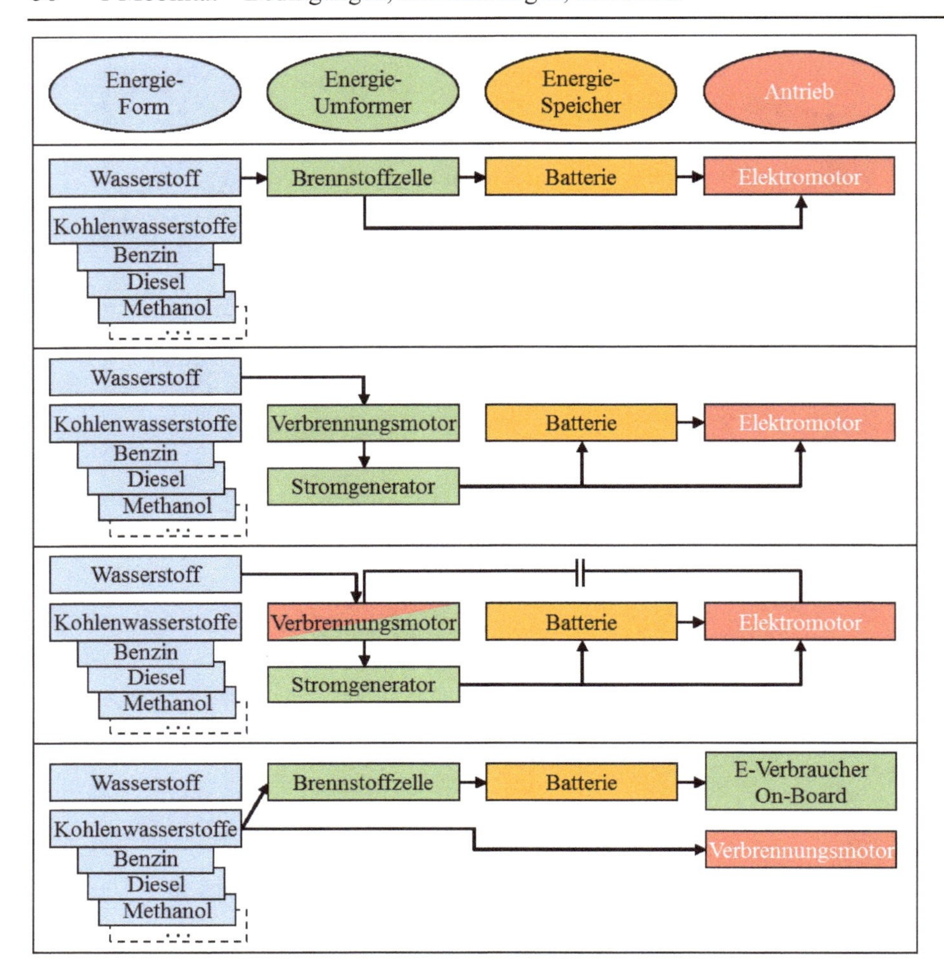

Bild 28 Alternative Antriebssysteme von der Energieform zu den Antriebsmodulen - Beispiele

Lösungen mit dem Anspruch einer lokalen Null-Emission erscheinen in der gesamten Energiekette vom Energieträger bis zum Antrieb oft als fragwürdig. Das betrifft beispielsweise Wärmekraftmaschinen, die auf Basis gespeicherter komprimierter Luft oder eines gespeicherten heißen Fluides arbeiten. Dieser Pfad ist ebenfalls im Bild 26 verfolgbar. In Meldungen neueren Datums, die solche Lösungen als revolutionär bezeichnen, wird nicht erwähnt, aus welchem Energieträger und mit welchem Gesamtwirkungsgrad (von der Herstellung über den Transport und Isolation bis zum Speicher an Bord eines Fahrzeugs) die komprimierte Luft bzw. das heiße Fluid bereitgestellt wird. Wiederum in Nischen-Anwendungen – aufgrund sehr intensiver und dauerhafter Sonnenstrahlung und von extrem großen Flächen an Bord, so in Road Trains in Australien – kann warmes Wasser oder warme Luft, die dadurch eine Druckerhöhung erfährt, mit relativ geringem Aufwand auf den großen Flächen auf dem Dach eines Road-Trains gewonnen werden. Die in dieser Form gewinnbare Energie reicht gewiss für den erforderlichen Antrieb nicht aus, kann jedoch innerhalb rechtslaufender Kreisprozesse zur Stromerzeugung an Bord in einfacher und effizienter Form genützt werden. Der gleiche Zweck ist mittels Photovoltaikmodulen auch erfüllbar – die Wahl einer Lösung kann nach Kriterien wie technischer Aufwand, Gewicht, Preis und prozentualer Leistungsgewinn erfolgen. Die zunehmende Nachfrage nach Vielfalt, aber auch unterschiedliche regionale Bedingungen in Bezug auf Infrastruktur, Stand der Technik, verfügbare, spezifische Energieressourcen und Verkehrsspezifika und Kaufkraft empfehlen für zukünftige Antriebssysteme eine modulare, anpassungsfähige Konfiguration geeigneter Energieträger, Antriebsmaschinen sowie Energiespeicher und -wandler an Bord eines Fahrzeugs.

2 Thermische Antriebe

2.1 Thermodynamische Prozesse – Umsetzbarkeit und Grenzen

Die Umsetzbarkeit und die Grenzen thermodynamischer Prozesse zur Umwandlung von Wärme in Arbeit werden zunächst im Einklang mit den Entwicklungsszenarien innerhalb eines Energiemanagements gemäß Kap. 1.3 betrachtet – wonach Wärmekraftmaschinen als Direktantriebe, als Antriebsmodule oder als Energiewandler zur Elektroenergie einsetzbar sind. In dieser Weise wird die Effizienz einer Wärmekraftmaschine als Baustein in einem Antriebssystem bewertet, unabhängig von Leistungs- oder Drehzahlbereich, der nur für Direktantriebe gelten.

Die Umsetzung der Wärme in Arbeit in einer Wärmekraftmaschine ist in Bezug auf Quantität (gewonnene Arbeit) und Qualität (Wirkungsgrad) grundsätzlich von den Extremwerten der Temperaturen bei der Wärmezufuhr und -abfuhr innerhalb des jeweiligen Prozesses abhängig [1]. Bei einem betrachteten Arbeitsmedium mit bekannten Eigenschaften bezüglich der Wärmekapazität $c_p(T)$, $c_v(T)$ $[kJ/kgK]$ kommen praktisch die Extremtemperaturen T_{max}, T_{min} $[K]$ der dafür vorhandenen Wärmequellen in Betracht. Für automobile Anwendungen einer Wärmekraftmaschine wird allgemein die atmosphärische Umgebung als untere Wärmequelle (kalte Quelle) einbezogen. Die obere Quelle eines thermodynamischen Prozesses (warme Quelle) hängt allgemein von der maximalen Verbrennungstemperatur des eingesetzten Kraftstoffes ab. Bei vergleichbaren Volumina der einsetzbaren Maschinen ist dafür nicht der Heizwert des Kraftstoffes $H_U \left[kJ/kg\right]$ selbst, sondern der Heizwert des Kraftstoff-Luft-Gemisches $H_G \left[kJ/kg\right]$ maßgebend. Die genauen Größenordnungen für diese Heizwerte für alle in Frage kommenden Brennstoffe werden in Kap. 3 – Alternative Kraftstoffe (Tabelle 3) angegeben. Bemerkenswert ist jedoch die Tatsache, dass durch den stark unterschiedlichen Luftbedarf für stöchimetrische Verbrennung erhebliche Differenzen zwischen den Heizwerten H_U einiger Kraftstoffe im Gemischheizwert H_G allgemein wettgemacht werden. Bei Schaffung der warmen Quelle durch Verbrennung eines Kraftstoffs mit Luft – was effizienter als die Wärmeübertragungsformen mittels

C. Stan, *Alternative Antriebe für Automobile*,
https://doi.org/10.1007/978-3-662-61758-8_2

Wärmetauscher ist – bleibt infolge der sehr ähnlichen Gemischheizwerte - beim Einsatz von Benzin, Alkohol, Öl oder Wasserstoff – die maximale im Prozess erreichbare Temperatur praktisch auf einem vergleichbaren Niveau. Die Energieumwandlung von Wärme in Arbeit ist demzufolge innerhalb annähernd gleicher Temperaturgrenzen T_{max}, T_{min} von der Durchführung des thermodynamischen Kreisprozesses bedingt – woraus die spezifische Arbeit $w_k \left[kJ/kg\right]$, der thermische Wirkungsgrad bei der Energieumwandlung $\eta_{th} \left[-\right]$ als Ausdruck des effektiven spezifischen Kraftstoffverbrauches $b_e = \left[\frac{g}{kWh}\right]$ sowie die spezifischen Emissionen an Verbrennungsprodukte wie CO_2, CO, C_mH_n, H_2O, NO, NO_2, SO_2 $\left[\frac{g}{kWh}\right]$ resultieren. Ein Vergleich der durchführbaren thermodynamischen Kreisprozesse innerhalb der gleichen Temperaturgrenzen erscheint in diesem Zusammenhang als unerlässlich, zunächst unabhängig von der Art der Maschine in der sie umsetzbar sind.

Beim Vergleich der Kreisprozesse erscheint oft ein Zielkonflikt zwischen der maximal gewinnbaren spezifischen Arbeit und dem höchst erreichbaren thermischen Wirkungsgrad. Dieser Zusammenhang gewinnt an Komplexität bei Änderungen zwischen Volllast und Teillast. Die Umsetzbarkeit und Grenzen thermodynamischer Kreisprozesse zur Umwandlung von Wärme in Arbeit wird anhand folgender repräsentativer Prozessführungen bewertet: Carnot, Stirling, Otto, Diesel, Seiliger, Joule, Ackeret-Keller. Für die Übersichtlichkeit werden alle verglichenen Kreisprozesse als ideal betrachtet: Die Zustandsänderungen sind dabei reversibel, das Arbeitsmedium ist ein ideales Gas und seine Masse und chemische Struktur bleiben zunächst im gesamten Kreisprozess unverändert.

Jeder Kreisprozess wird weiterhin als Verkettung elementarer Zustandsänderungen betrachtet, wobei – unabhängig von ihrer spezifischen Form – vier Grundarten von Vorgängen vorkommen: Verdichtung (Kompression), Wärmezufuhr, Entlastung (Expansion), Wärmeabfuhr. Für den Vergleich wird als Arbeitsmedium ideale Luft und als Anfangszustand ein repräsentativer atmosphärischer Zustand angenommen ($p_{atm} = 0{,}1[MPa]$; $T_{atm} = 273{,}15[K] + 10[K]$). Entsprechend der möglichen Temperatur bei der Verbrennung eines der betrachteten Kraftstoffe und dem erwähnten Vergleich bei unterschiedlicher Last werden folgende Maximaltemperaturen zu Grunde gelegt:

für den Volllastbereich $T_{\max_V} = (273{,}15 + 1900)\,[K]$

für den Teillastbereich $T_{\max_T} = (273{,}15 + 1100)\,[K]$

Um den Vergleich auf den üblichen Otto- und Dieselmotoren zu beziehen, wird die Masse des Arbeitsmediums auf Basis eines gleichen Hubvolumens von

$V_H = 1{,}8\ [dm^3]$ abgeleitet. Infolge unterschiedlicher Verdichtungsverhältnisse der Prozesse

$$\varepsilon = \frac{V_{max}}{V_{min}} \tag{2.1}$$

und des Zusammenhangs

$$V_H = V_{max} - V_{min} \tag{2.2}$$

werden dabei die Anfangs- und Endvolumina zu:

$$V_{max} = \frac{\varepsilon}{\varepsilon - 1} \cdot V_H \quad ; \quad V_{min} = \frac{1}{\varepsilon - 1} \cdot V_H \tag{2.3}$$

Die Masse des Arbeitsmediums beträgt dann, ausgehend von Prozessbeginn beim atmosphärischen Zustand und bei maximalem Volumen:

$$p_{atm} \cdot V_{max} = m \cdot R_{Luft} \cdot T_{atm} \longrightarrow m = \frac{p_{atm} \cdot V_{max}}{R_{Luft} \cdot T_{atm}} \tag{2.4}$$

CARNOT–Kreisprozess

Der Carnot-Kreisprozess hat den Vorteil des höchsten thermischen Wirkungsgrades aller Kreisprozesse innerhalb der gleichen Temperaturgrenzen, was idealerweise, bei einer möglichen Umsetzung zum niedrigsten Kraftstoffverbrauch führen würde. Der Carnot-Kreisprozess, bestehend aus jeweils isothermer Wärmezufuhr und Wärmeabfuhr bzw. aus isentroper Verdichtung und Entlastung, ist in den dafür üblichen p,V- und T,s-Diagrammen im Bild 29 dargestellt.

AB	**ISOTHERME →**	**Wärmezufuhr / Entlastung**	q_{zu} / w_{Entl}
BC	**ISENTROPE →**	**- / Entlastung**	- / w_{Entl}
CD	**ISOTHERME →**	**Wärmeabfuhr / Verdichtung**	q_{ab} / w_{Verd}
DA	**ISENTROPE →**	**- / Verdichtung**	- / w_{Verd}

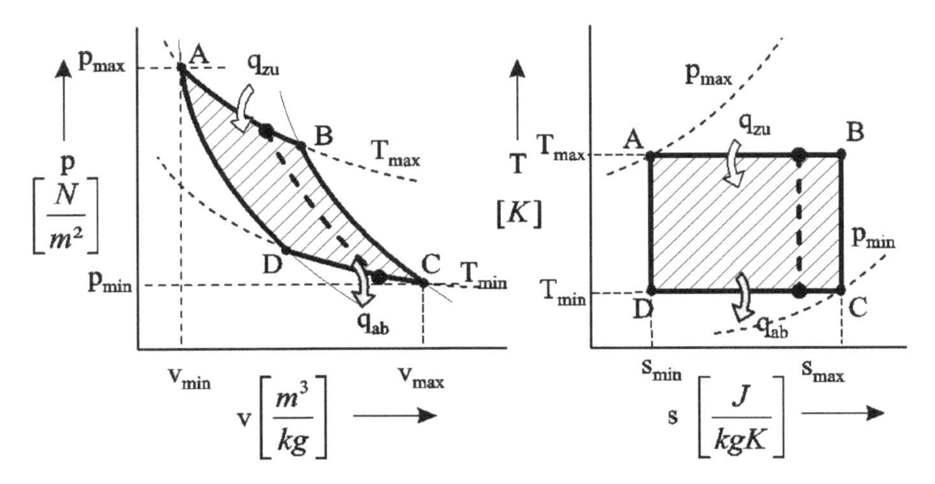

Bild 29 Carnot-Kreisprozess

Bei näherer Betrachtung erscheint der Prozess als eine Folge von Verdichtungen CDA und Entlastungen ABC. Der Verlauf der Verdichtung CDA besteht gewiss aus zwei unterschiedlichen elementaren Zustandsänderungen – eine Isotherme CD (worauf die Wärmeabfuhr auch erfolgt) und eine Isentrope DA; jedoch ist der Kurvenverlauf nur geringfügig unterschiedlich.

Es gilt:

- für die Isotherme CD $pv^1 = \text{konst}$
- für die Isentrope DA $pv^k = \text{konst}$
  mit k(T) für das Arbeitsmedium ideale Luft
  im Bereich k = 1,33...1,4

Der Verlauf der Entlastung ABC ist ähnlich:

- für die Isotherme AB $pv^1 = \text{konst}$
  (worauf die Wärmezufuhr erfolgt)
- für die Isentrope BC $pv^{1,33...1,4} = \text{konst}$

Der Prozess wird für die gleiche spezifische Arbeit in Voll- und Teillastbereich wie für den nachfolgenden Dieselprozess berechnet:

$$w_{kV} = 783{,}3\left[\frac{kJ}{kg}\right] \quad ; \quad w_{kT} = 275{,}5\left[\frac{kJ}{kg}\right]$$

Das ergibt folgende Zustandsgrößen in den Eckpunkten des Prozesses, wobei für alle Vergleichsprozesse der Zustand A den Beginn der Wärmezufuhr darstellt:

	A	**B**	**C**	**D**	
$p\left[10^5 \frac{N}{m^2}\right]$	5322,7	1255,8	1	4,24	Volllastbe-reich $\eta_{th} = 0{,}87$
$V\left[10^{-3} m^3\right]$	0,00272	0,01153	1,886	0,44	
$T\left[K\right]$	2173,15	2173,15	283,15	283,15	

		A	**B**	**C**	**D**
Teillastbe-reich $\eta_{th} = 0{,}79$	$p\left[10^5 \frac{N}{m^2}\right]$	607,1	251,7	1	2,41
	$V\left[10^{-3} m^3\right]$	0,01506	0,03634	1,886	0,78
	$T\left[K\right]$	1373,15	1373,15	283,15	283,15

Prinzipiell, als Folge von Verdichtungen und Entlastungen, wäre der Carnot-Kreisprozess in folgenden Formen realisierbar:

- in einer Kolbenmaschine – als geschlossenes System
  - Die Verdichtung im Abschnitt CD sollte dabei mit starker Kühlung erfolgen, was durch Wahl des Kühlmittels und seiner Strömungsintensität nicht unmöglich wäre.
  - Die weitere Verdichtung DA sollte ohne Wärmeaustausch erfolgen.
  - Die Entlastung AB sollte bei Wärmezufuhr über den Zylinder erfolgen; auf der etwa gleichen Hubstrecke DA-AB ist das durch Zuschalten eines Wärmestromes um den Kolbenmantel prinzipiell erreichbar.

- Die Entlastung BC erfolgt wiederum ohne Wärmeaustausch, auf der etwa gleichen Hubstrecke wie CD, dabei sollte nur der Kältestrom aus dem Prozessabschnitt CD abgeschaltet werden.

- in einer Strömungsmaschine – mit Massenstrom durch eine Verkettung von zwei Verdichtern und zwei Turbinen (bzw. Verdichter- und Turbinenstufen)
  - CD – Verdichter oder Verdichterstufe mit starker Kühlung
  - DA – wärmeisolierter Verdichter (oder Verdichterstufe)
  - AB – Turbine oder Turbinestufe mit starker Wärmezufuhr, beispielsweise durch Brennerrampen
  - BC – wärmeisolierte Turbine oder Turbinenstufe

Nicht die prinzipielle technische Umsetzbarkeit eines Carnot-Kreisprozesses sondern die extremen Drücke und Volumina unter der Bedingung der gleichen geleisteten spezifischen Arbeit wie in einem Dieselprozess bei einem gewöhnlichen Hubraum von *1,8* [*dm³*] lässt den Carnot-Prozess als unrealistisch erscheinen:

- der maximale Druck: $5322{,}7\left[10^5\,\frac{N}{m^2}\right]$
- das Verdichtungsverhältnis: bei Volllast $\varepsilon = 693{,}38$

  bei Teillast $\varepsilon = 125{,}23$

  (nicht nur die Höhe, sondern auch diese Änderung des Verdichtungsverhältnisses ist undurchführbar)

Wiederum, führt die Begrenzung des maximalen Druckes auf den Wert des Diesel-Prozesses, der als Vergleich dient $p = 75{,}7\left[10^5\,\frac{N}{m^2}\right]$, zu einer starken Beeinträchtigung der gewonnenen spezifischen Arbeit.

$$w_{kV} = 150{,}02\left[\frac{kJ}{kg}\right] \quad bzw. \quad w_{kT} = 120{,}27\left[\frac{kJ}{kg}\right]$$

Bei Volllast würde es gerade ein Fünftel der Arbeit im Dieselkreisprozess bedeuten. Dadurch, dass die Begrenzung des maximalen Druckes auch die maximale Temperatur stark absenkt, wird in diesem Fall auch der thermische Wirkungsgrad des Carnot-Prozesses niedriger als jener des Diesel-Prozesses; sowohl in der Volllast als auch in der Teillast.

Es gilt:

$$\eta_{th_V} = 0{,}638 \quad bzw. \quad \eta_{th_T} = 0{,}561 \tag{2.5}$$

STIRLING–Kreisprozess

Der Stirling-Kreisprozess, bestehend aus zwei Isochoren und zwei Isothermen, wobei auf jeder Zustandsänderung Wärme ausgetauscht wird und auf den Isothermen zusätzlich die Entlastung und die Verdichtung realisiert werden, ist im Bild 30 dargestellt.

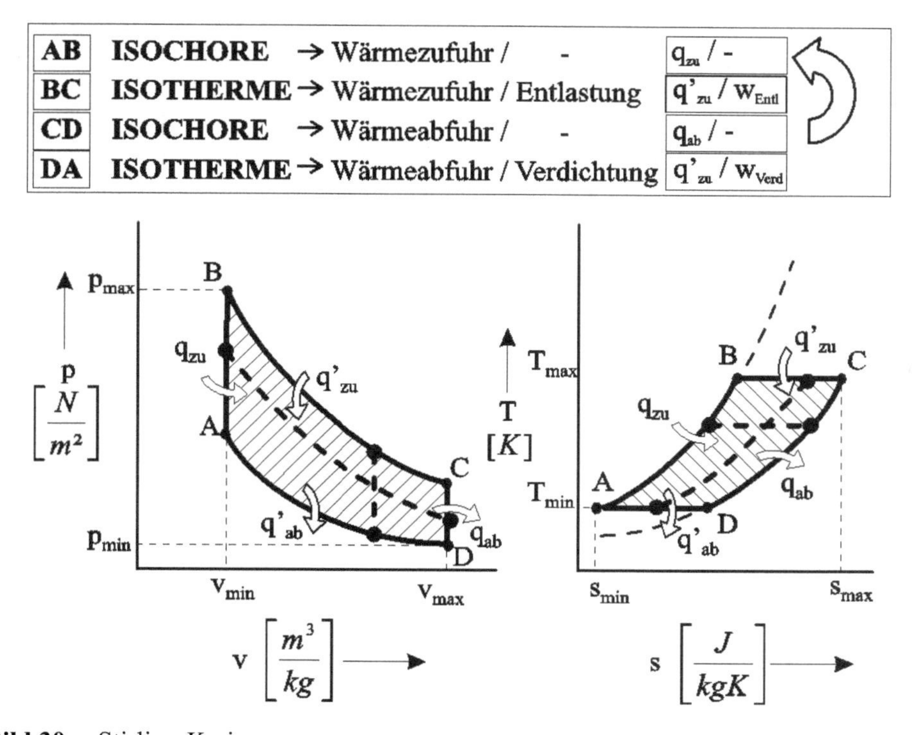

AB	**ISOCHORE**	→ **Wärmezufuhr / -**	q_{zu} / -
BC	**ISOTHERME**	→ **Wärmezufuhr / Entlastung**	q'_{zu} / w_{Entl}
CD	**ISOCHORE**	→ **Wärmeabfuhr / -**	q_{ab} / -
DA	**ISOTHERME**	→ **Wärmeabfuhr / Verdichtung**	q'_{zu} / w_{Verd}

Bild 30 Stirling-Kreisprozess

Stirling Motoren werden in verschiedenen Ausführungen – die im Kap. 2.3 näher erläutert werden – nach wie vor entwickelt und hergestellt. Zwischen 1960 und 1970 wurden Stirling Motoren für Direktantrieb sowohl in Bussen (General Motors, MAN, DAF) als auch in Automobilen (Ford Torino, *125* [*kW*]) gebaut.

Bei dem Vergleich des Stirling-Kreisprozesses mit den anderen erwähnten Prozessformen auf Basis des Vergleichshubvolumens von *1,8* [dm^3] bei einem Verdichtungsverhältnis $\varepsilon = 11$ beträgt die Masse des Arbeitsmediums $m = 2{,}436\,[g]$.

Für die Maximaltemperaturen entsprechend

dem Volllastbereich $T_{\max_V} = (273{,}15 + 1900)\,[K]$

dem Teillastbereich $T_{\max_T} = (273{,}15 + 1100)\,[K]$

resultieren folgende Zustandsgrößen, Wirkungsgrade und spezifische Arbeit:

	A	**B**	**C**	**D**	
$p\left[10^5\,\frac{N}{m^2}\right]$	11	84,42	7,67	1	Volllastbereich $\eta_{th} = 0{,}87$
$V\left[10^{-3}\,m^3\right]$	0,18	0,18	1,98	1,98	
$T\,[K]$	283,15	2173,15	2173,15	283,15	

		A	**B**	**C**	**D**
Teillastbereich $\eta_{th} = 0{,}79$	$p\left[10^5\,\frac{N}{m^2}\right]$	11	53,35	4,85	1
	$V\left[10^{-3}\,m^3\right]$	0,18	0,18	1,98	1,98
	$T\,[K]$	283,15	1373,15	1373,15	283,15

Der thermische Wirkungsgrad des Stirling-Kreisprozesses hat jeweils in Voll- und Teillast die gleichen Werte wie im Falle des Carnot-Kreisprozesses – ein bemerkenswerter Vorteil – was aus dem Vergleich der Prozessführung in beiden Fällen in den T,s-Diagrammen in Bild 29 und Bild 30 ersichtlich ist. Im Falle des Stirling-Kreisprozesses ist dies allerdings an die Bedingung geknüpft, dass die auf die Isochore CD abgeführte Wärme vollständig dem Prozess zurückgeführt werden muss, als Wärmerekuperation während der Isochore AB, was innerhalb natürlicher, irreversibler Wärmeübertragungen eine ideale Voraussetzung bleibt. Der thermische Wirkungsgrad könnte sogar zwischen Voll- und Teillast unverändert bleiben, wenn für den Teillastbetrieb nicht die Wärmezufuhr während der Isochore BC reduziert werden würde (die Bedingung der Wärmerekuperation C'D'→ AB würde auch in diesem Fall bestehen). Diese Art der Prozessführung mit Variation der Isothermen anstatt der Isochoren zwecks Laständerung erscheint als technisch umständlicher, sollte jedoch angesichts der Wirkungsgradvorteile in Betracht gezogen werden.

Der entscheidende Vorteil des Stirling-Kreisprozesses im Vergleich zum Carnot-Kreisprozess bei gleichem thermischem Wirkungsgrad ist die weitaus größere spezifische Arbeit.

Unter den gewählten Funktionsbedingungen gilt:

im Volllastbereich $w_{kV} = 1300{,}9 \left[\frac{kJ}{kg}\right]$

im Teillastbereich $w_{kT} = 750{,}2 \left[\frac{kJ}{kg}\right]$

bei einem Verdichtungsverhältnis und einem Maximaldruck im Prozess die gewöhnlichen Ottomotoren entsprechen. Noch mehr, diese spezifische Arbeit ist etwa doppelt so groß als bei dem Otto- und Dieselkreisprozess unter gleichen Hubraum- und Temperaturbedingungen, wie die nächsten Werte zeigen werden. Andererseits soll in diesem Zusammenhang nicht unerwähnt bleiben, dass durch die unterschiedliche Art der Wärmezufuhr – bei Stirlingmotoren durch Wärmeübertragung, bei Otto- und Dieselmotoren durch direkte Verbrennung im Zylinder, die Drehzahl der Stirlingmotoren niedriger als jene der anderen zwei Gattungen sein muss. Als die spezifische Arbeit und die Drehzahl gleichrangige Produktterme in der Leistungsgleichung sind, kompensieren sich die jeweiligen Vorteile.

Eine gleichmäßige, effektive Wärmeübertragung bei relativ niedriger Drehzahl aber mit beachtlicher Arbeitsausbeute bei Hubvolumina, Druck- und Temperaturverhältnissen, die in Otto- und Dieselmotoren üblich sind, empfehlen den Stirlingmotor nach einer der Ausführungen die im Kap. 2.3 gezeigt werden als aussichtsreiches Stromgeneratormodul (Range Extender), innerhalb eines Hybridantriebssystems.

OTTO–Kreisprozess

Der Otto-Kreisprozess, bestehend aus isochorer Wärmezufuhr und Wärmeabfuhr bzw. aus isentroper Verdichtung und Entlastung ist im Bild 31 dargestellt.

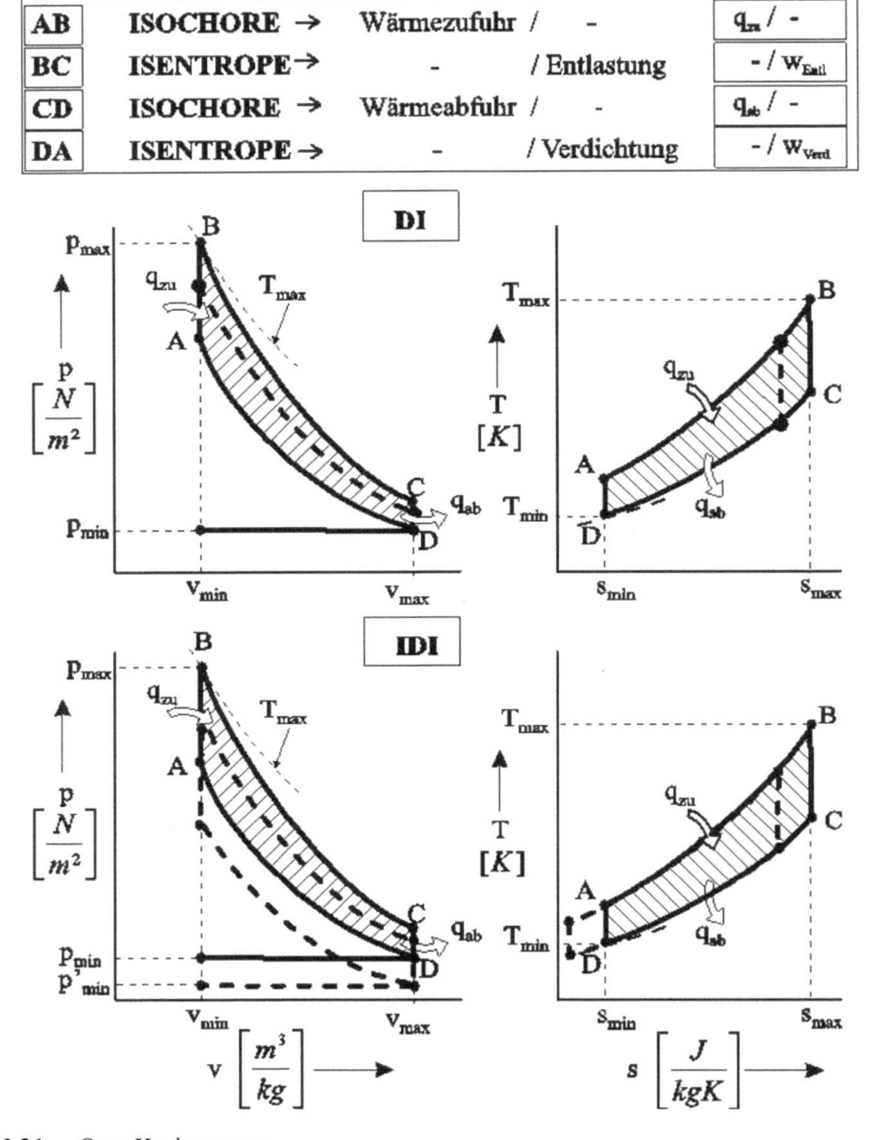

Bild 31 Otto-Kreisprozess

Der Vergleich des idealen Otto-Kreisprozesses mit den anderen Prozessformen auf Basis des Vergleichshubvolumens von *1,8* [dm^3] wird in Anbetracht der gegenwärtigen Möglichkeiten der Erhöhung der Verdichtungsverhältnisse infolge der Kraftstoffdirekteinspritzung bei einem Wert $\varepsilon = 12$ vorgenommen. Die Masse des Arbeitsmediums pro Arbeitsspiel beträgt in diesem Fall $m = 2{,}416\ [g]$ und ist dadurch weitgehend vergleichbar mit allen anderen Kreiprozessvarianten. Für den Vergleich im Voll- und Teillastbereich werden die gleichen Extremtemperaturen $T_{\max_V}$, $T_{\max_T}$ wie im Falle des Carnot- bzw. des Stirling-Kreisprozesses zu Grunde gelegt.

Daraus resultieren folgende Vergleichswerte:

	A	**B**	**C**	**D**	
$p\left[10^5\,\frac{N}{m^2}\right]$	32,41	92,1	2,84	1	Volllastbereich $\eta_{th} = 0{,}63$
$V\left[10^{-3}\,m^3\right]$	0,164	0,164	1,964	1,964	
$T\,[K]$	764,67	2173,15	804,7	283,15	

		A	**B**	**C**	**D**
Teillastbereich $\eta_{th} = 0{,}63$	$p\left[10^5\,\frac{N}{m^2}\right]$	32,41	58,19	1,8	1
	$V\left[10^{-3}\,m^3\right]$	0,164	0,164	1,964	1,964
	$T\,[K]$	764,67	1373,15	508,47	283,15

Der thermische Wirkungsgrad bleibt bei dieser Berechnung im Voll- und Teillastbereich gleich

- Auf der einen Seite wurde hierbei die negative Kreisprozessarbeit infolge der Drosselung der zugeführten Frischladung bei Teillast nicht berücksichtigt. Diese Annahme ist im Einklang mit der allgemeinen Tendenz zu drosselfreiem Betrieb – unabhängig von der Last – die aus der weiteren Optimierung der inneren Gemischbildung durch Kraftstoffdirekteinspritzung resultiert. Im Bild 31 ist als Vergleich auch ein Prozess mit Drosselung der angesaugten Frischladung bei Saugrohreinspritzung als dargestellt.
- Auf der anderen Seite wurde bei der Berechnung des thermischen Wirkungsgrades bei Voll- und Teillast die spezifische Wärmekapazität bei konstantem

Volumen $c_{vm}\left[\frac{kJ}{kg}\right]$ als Mittelwert im Temperaturbereich T_{min}-T_{max} angenommen. Im realen Fall steigt die spezifische Wärmekapazität mit der Temperatur. Daraus resultiert:

$$k = \frac{c_p(T)}{c_v(T)} = \frac{c_v(T) + R}{c_v(T)} \tag{2.6}$$

Eine Zunahme der spezifischen Wärmekapazität mit der Temperatur bewirkt die Senkung des Isentropenexponenten. Das heißt, die Entlastung bei Volllast müsste bei entsprechend geringeren Werten des Isentropenexponenten (der während der Entlastung ohnehin auch noch zunimmt) berechnet werden. Diese Korrektur würde zu einer gewissen Wirkungsgradsenkung in Richtung Teillast – selbst beim idealen Kreisprozess – führen. Beim realen Prozess ergeben sich ohnehin auch Änderungen in der Wärmezufuhr – die nur beim idealen Prozess rein isochor verläuft, wodurch der thermische Wirkungsrad noch mehr beeinflusst wird. Dieser Zusammenhang wird im Kap. 2.2 näher betrachtet.

Bezüglich der spezifischen Kreisprozessarbeit bleibt der Otto-Kreisprozess weit unter dem Seiliger-Prozess:

im Volllastbereich $w_{kV} = 638{,}8\left[\frac{kJ}{kg}\right]$

im Teillastbereich $w_{kT} = 275{,}1\left[\frac{kJ}{kg}\right]$

Wie bereits erwähnt ist jedoch das Drehzahlniveau moderner Ottomotoren weitaus höher als bei Stirlingmotoren, wodurch die erreichbare effektive Leistung bei vergleichbarem Hubvolumen eher höher liegt. Dabei spielt gewiss eine Rolle, ob das Arbeitsspiel innerhalb zwei Umdrehungen (Viertaktmotoren) oder einer Umdrehung (Zweitaktmotoren) erfolgt. Wiederum weisen diese zwei Gattungen aber auch unterschiedliche Frischladungsmassen bei gleichem Hubvolumen infolge der Spülungsart auf, wodurch die spezifische Arbeit im Falle der Zweitaktmotoren allgemein spürbar beeinträchtigt wird.

Vor der Betrachtung des idealen Diesel-Kreisprozesses, welche im nächsten Punkt erfolgt, wurde versucht, durch eine weitere Anhebung des Verdichtungsverhältnisses im Otto-Kreisprozess – was mittels Benzindirekteinspritzung unterhalb der Klopfgrenze auch praktisch realisiert wurde – den thermischen Wirkungsgrad des Diesel-Kreisprozesses zu erreichen.

Folgende Verdichtungsverhältnisse wurden dabei angesetzt:

Otto-Kreisprozess $\varepsilon = 13{,}8$

Diesel-Kreisprozess $\varepsilon = 22$

Der angenommene Wert des Verdichtungsverhältnisses ist für einen Automobildieselmotor sehr hoch, liegt aber für die Bewertung des Potentials des Ottoverfahrens auf der sicheren Seite. Gleiche thermische Wirkungsgrade bedeuten grundsätzlich vergleichbaren spezifischen Kraftstoffverbrauch.

Der technische Aufwand – insbesondere bei der Direkteinspritztechnik, angesichts der Einspritzdruckunterschiede – die Reibungsverluste bei unterschiedlicher Verdichtung, aber auch die Unterschiede in den Abgasbestandteilen können sich dabei als Vorteile für das Ottoverfahren erweisen.

Bei dem Otto-Kreisprozess mit erhöhtem Verdichtungsverhältnis wurden folgende Werte erreicht:

	A	**B**	**C**	**D**	
$p\left[10^5\,\frac{N}{m^2}\right]$	39,41	105,91	2,69	1	Volllastbereich $\eta_{th} = 0{,}65$
$V\left[10^{-3}\,m^3\right]$	0,141	0,141	1,941	1,941	
$T\,[K]$	808,61	2173,15	760,97	283,15	

		A	**B**	**C**	**D**
Teillastbereich $\eta_{th} = 0{,}65$	$p\left[10^5\,\frac{N}{m^2}\right]$	39,41	66,92	2,69	1
	$V\left[10^{-3}\,m^3\right]$	0,141	0,141	1,941	1,941
	$T\,[K]$	808,61	1373,15	760,97	283,15

Die spezifische Arbeit ist gegenüber dem ursprünglichen Ottoprozess nahezu unverändert im Voll- und Teillastbereich, was durch Begrenzung der maximalen Temperatur erklärbar ist.

Es gilt:

im Volllastbereich $w_{kV} = 636{,}6 \left[\frac{kJ}{kg}\right]$

im Teillastbereich $w_{kT} = 263{,}4 \left[\frac{kJ}{kg}\right]$

DIESEL–Kreisprozess

Der einzige Unterschied zwischen dem Otto- und dem Diesel-Kreisprozess – ungeachtet der Verdichtungsverhältnisse – besteht in der Art der Wärmezufuhr: Im Ottoverfahren isochor, im Dieselverfahren isobar. Ansonsten werden wie bei allen Kolbenmotoren im idealen Prozess die Verdichtung und Entlastung als isentrop bzw. die Wärmeabfuhr als isochor angenommen. Der ideale Diesel-Kreisprozess ist im Bild 32 dargestellt.

AB	**ISOBARE →**	Wärmezufuhr / Entlastung	q_{zu} / w_{Entl}
BC	**ISENTROPE →**	- / Entlastung	- / w_{Entl}
CD	**ISOCHORE →**	Wärmeabfuhr / -	q_{ab} / -
DA	**ISENTROPE →**	- / Verdichtung	- / w_{Verd}

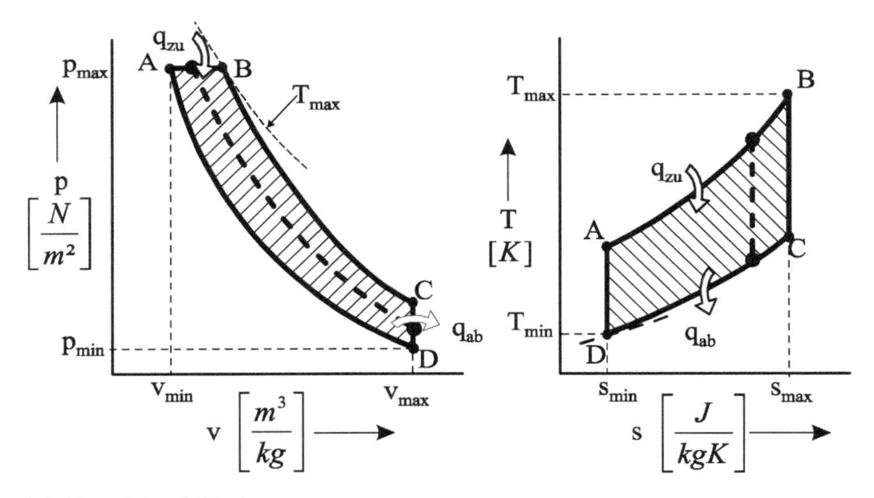

Bild 32 Diesel-Kreisprozess

Bei gleichen Anfangsbedingungen (atmosphärischer Zustand), gleichem Hubvolumen und gleichem Verdichtungsverhältnis ist die isochore Wärmezufuhr (wie im Ottoprozess) eindeutig vorteilhaft aus der Sicht des thermischen

Wirkungsgrades gegenüber der isobaren Wärmezufuhr (wie im Dieselprozess). Das heißt, im realen Dieselprozess sollte der Verbrennungsablauf – soweit die erreichte Maximaltemperatur und die NO_X Emission es zulassen – möglichst beschleunigt werden, was durch den Einspritzverlauf und durch neue Verbrennungskonzepte durchaus realisierbar ist.

Bei dem Dieselvergleichsprozess innerhalb vergleichbarer Temperaturgrenzen wurden bei einem angenommen Verdichtungsverhältnis $\varepsilon = 22$ mit einer Masse des Arbeitsstoffes $m = 2{,}33\,[g]$ folgende Werte erreicht:

	A	B	C	D	
$p\left[10^5\,\frac{N}{m^2}\right]$	75,7	75,7	3,07	1	Volllastbereich $\eta_{th} = 0{,}65$
$V\left[10^{-3}\,m^3\right]$	0,086	0,191	1,886	1,886	
$T\,[K]$	974,32	2173,15	870,31	283,15	

		A	B	C	D
Teillastbereich $\eta_{th} = 0{,}69$	$p\left[10^5\,\frac{N}{m^2}\right]$	75,4	75,7	1,62	1
	$V\left[10^{-3}\,m^3\right]$	0,191	0,121	1,886	1,886
	$T\,[K]$	2173,15	1373,15	457,72	283,15

Verfahrensbedingt – was aus dem T, s-Diagramm auch qualitativ, aus der Bilanz der ausgetauschten Wärme abgeleitet werden kann – steigt der Wirkungsgrad des Diesel-Kreisprozesses von Volllast zur Teillast. Die spezifische Arbeit ist gegenüber dem Otto-Kreisprozess etwas höher.

Es gilt:

im Volllastbereich $w_{kV} = 783{,}3\left[\frac{kJ}{kg}\right]$

im Teillastbereich $w_{kT} = 275{,}5\left[\frac{kJ}{kg}\right]$

Es ist dabei auch anzumerken, dass innerhalb realer Prozesse die maximale Temperatur im Dieselverfahren jene vom Ottoverfahren allgemein übertrifft, was sowohl den Wirkungsgrad als auch die spezifische Arbeit beeinflusst. Dennoch wird für den Vergleich unterschiedlicher Prozessführungen eine warme Quelle mit gleicher konstanter, maximaler Temperatur als insgesamt aufschlussreicher betrachtet.

SEILIGER–Kreisprozess

Wie bereits erwähnt, wird bei allen Kolbenmotoren innerhalb des idealen Kreisprozesses von einer isentropen Verdichtung und Entlastung bzw. von einer isochoren Wärmeabfuhr ausgegangen. Der prinzipielle Unterschied zwischen Otto- und Dieselprozessen besteht in der Art der Wärmezufuhr – isochor und isobar. Innerhalb des Seiliger-Kreisprozesses wird eine kombinierte Wärmezufuhr isochor und isobar betrachtet, wie im Bild 33 dargestellt.

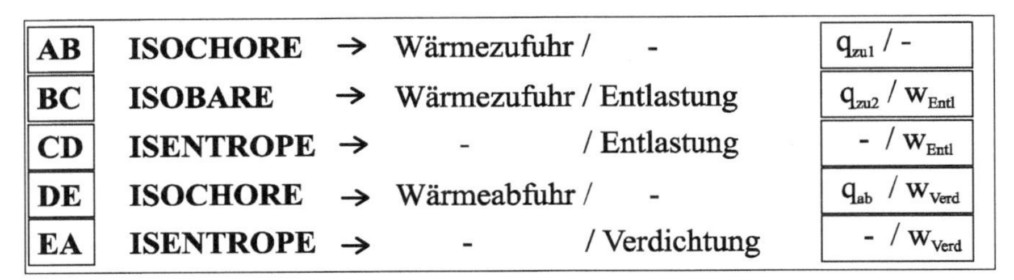

AB	**ISOCHORE**	→	**Wärmezufuhr / -**	q_{zu1} / -
BC	**ISOBARE**	→	**Wärmezufuhr / Entlastung**	q_{zu2} / w_{Entl}
CD	**ISENTROPE**	→	**- / Entlastung**	- / w_{Entl}
DE	**ISOCHORE**	→	**Wärmeabfuhr / -**	q_{ab} / w_{Verd}
EA	**ISENTROPE**	→	**- / Verdichtung**	- / w_{Verd}

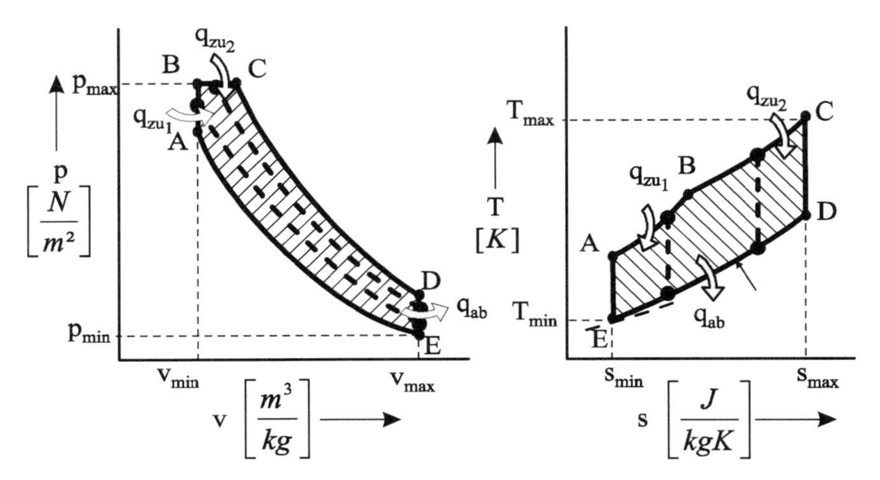

Bild 33 Seiliger-Kreisprozess

Wie im Bild ersichtlich, kann dabei im Teillastbereich je nach Lastbedarf auch nur noch eine isochore Wärmezufuhr erfolgen, wie im idealen Otto-Kreisprozess.

Bei entsprechend gewählten Verhältnissen zwischen dem isochoren und dem isobaren Anteil der Wärmezufuhr stellt der Seiliger-Prozess eine gute Annäherung an die Wärmezufuhr innerhalb realer Prozesse in Otto- und Dieselmotoren dar.

Das Verhältnis zwischen dem isochoren und dem isobaren Anteil der Wärmezufuhr kann in Bezug auf den thermischen Wirkungsgrad und spezifische Arbeit optimiert werden. Für den Vergleich wurde ein Prozess mit 30 % isochorer und 70 % isobarer Wärmezufuhr in Betracht gezogen. DasVerdichtungsverhältnis wurde wie bei dem ursprünglichen Otto-Kreisprozess, $\varepsilon = 12$, gewählt, Hubvolumen und maximale Temperaturwerte für Voll- und Teillastbereich entsprechen der übrigen Prozessführungen. Die Masse des Arbeitsmediums beträgt, wie im Ottoverfahren, $m = 2{,}416\,[g]$.

Es wurden folgende Werte erreicht:

	A	**B**	**C**	**D**	**E**	
$p\left[10^5 \frac{N}{m^2}\right]$	32,41	54,79	54,79	3,5	1	Volllastbereich $\eta_{th} = 0{,}61$
$V\left[10^{-3} m^3\right]$	0,164	0,164	0,275	1,964	1,964	
$T\,[K]$	764,64	1292,78	2173,15	990,41	283,15	

		A	**B**	**C**	**D**	**E**
Teillastbereich $\eta_{th} = 0{,}61$	$p\left[10^5 \frac{N}{m^2}\right]$	32,41	42,08	42,08	2,04	1
	$V\left[10^{-3} m^3\right]$	0,164	0,164	0,226	1,964	1,964
	$T\,[K]$	764,64	992,81	1373,15	578,86	283,15

Es ist bemerkenswert, dass innerhalb der betrachteten Temperaturgrenzen der Seiliger-Kreisprozess einen niedrigen thermischen Wirkungsgrad sowohl als der Ottoprozess als auch als der Dieselprozess hat.

Diese Tatsache ist durchaus erklärbar:

- Im Vergleich zu dem Ottoprozess gibt es bei dem gleichen Verdichtungsverhältnis einen isobaren Anteil der Wärmezufuhr, wodurch der thermische Wirkungsgrad beeinträchtigt wird.
- Im Vergleich zu dem Dieselprozess ist das Verdichtungsverhältnis eindeutig niedriger, was den thermischen Wirkungsgrad wiederum negativ beeinflusst.

Die spezifische Arbeit liegt wiederum im Bereich zwischen dem Otto- und dem Diesel-Kreisprozess.

Es gilt:

im Volllastbereich $$w_{kV} = 756{,}2\left[\frac{kJ}{kg}\right]$$

im Teillastbereich $$w_{kT} = 333{,}7\left[\frac{kJ}{kg}\right]$$

JOULE–Kreisprozess

Der Joule-Kreisprozess wird in Gasturbinen (Strömungsmaschinen) realisiert. Solche Maschinen wurden bereits vor etwa fünfundfünfzig Jahren als Direktantriebe für Automobile getestet. Die Firebird-Gasturbinen-Antriebe von General Motors wurden beispielweise in zwei Varianten gebaut, mit Leistungen von jeweils *147* [*kW*] und *271* [*kW*]. Weitaus interessanter für zukünftige Antriebssysteme ist die Nutzung von Strömungsmaschinen als Stromgeneratoren an Bord des Automobils, das heißt, als Energiequelle für den Antrieb mittels Elektromotor. Solche Hybridantriebe wurden bereits mit Erfolg getestet. Der Joule-Kreisprozess besteht aus zwei Isobaren entlang welcher Wärmezufuhr und Entlastung bzw. Wärmeabfuhr und Verdichtung erfolgen bzw. aus zwei Isentropen für Entlastung und Verdichtung. Der Kreisprozess ist im Bild 34 dargestellt.

Als Vergleichsbasis wird der Umgebungszustand wie bei den vorherigen Kreisprozessen betrachtet sowie ein Massenstrom des Arbeitsmediums, welcher der Masse in dem Dieselmotor, $m = 2{,}33\,[g]$, bei einer Drehzahl von $n = 3000\,\left[\min^{-1}\right]$ entspricht. Das ergibt einen Massenstrom $\dot{m} = 58{,}25\left[\frac{g}{s}\right]$.

AB	**ISOBARE**	→	**Wärmezufuhr / Entlastung**	q_{zu} / w_{Entl}
BC	**ISENTROPE**	→	**- / Entlastung**	- / w_{Entl}
CD	**ISOBARE**	→	**Wärmeabfuhr / Verdichtung**	q_{ab} / w_{Verd}
DA	**ISENTROPE**	→	**- / Verdichtung**	- / w_{Verd}

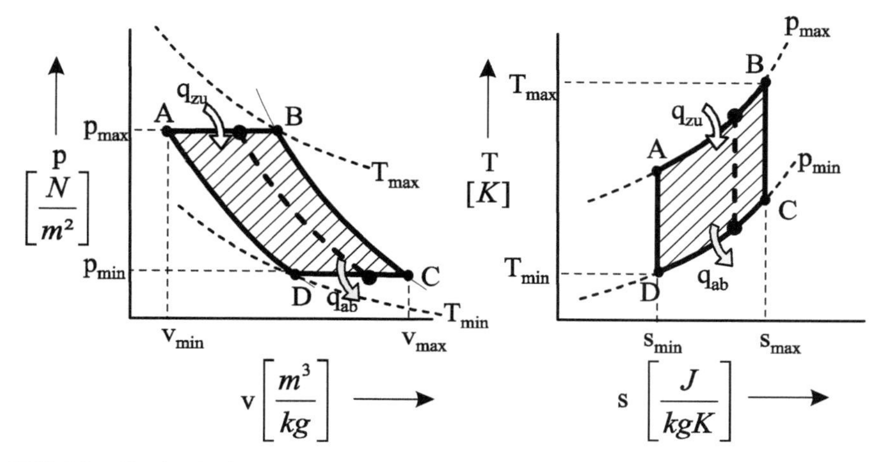

Bild 34 Joule-Kreisprozess

Wie im Dieselverfahren wird im Joule-Kreisprozess die Teillast durch die Senkung der Wärmezufuhr auf der Isobaren AB realisiert, wie im Bild 34 ersichtlich.

Ein wesentlicher Unterschied zu dem Diesel-Kreisprozess – abgesehen davon, dass Verdichtung, Entlastung und Wärmezufuhr nach ähnlichen elementaren Zustandsänderungen ablaufen – erfolgt die Wärmeabfuhr bei gleichem, in der Regel atmosphärischem Druck. Das führt zu dem wesentlichen Vorteil einer Entlastung des Arbeitsmediums bis zum Umgebungsdruck. Bei Diesel- wie bei Ottomotoren ist durch die isochore Wärmeabfuhr, bedingt durch die Konstruktion jeder Kolbenmaschine, mit gleichem Hub während Verdichtung und Entlastung, keine vollständige Entlastung möglich; das kann allerdings in einer der Kolbenmaschine nachgeschalteten Turbine erfolgen, die üblicherweise für den Antrieb eines Verdichters genutzt wird.

Der Joule-Kreisprozess hat demzufolge gegenüber dem Dieselverfahren den grundsätzlichen Vorteil einer vollständigen Entlastung – und dadurch einer erhöhten spezifischen Arbeit – soweit die Verdichtungsverhältnisse vergleichbar wären. In üblichen Gasturbinen ist dies allerdings nicht der Fall. Für den Vergleich wurde ein Druckverhältnis bei der Verdichtung $p_A/p_D = 7$ gewählt, das einem eher geringen geometrischen Verdichtungsverhältnis entsprechen dürfte; dieser wird infolge des Massenstromes in der Gasturbine nicht explizit dargestellt, als

Ähnlichkeitskriterium für die isentrope Verdichtung kann allerdings das Druckverhältnis im Falle des Dieselprozesses $\frac{p_A}{p_D} = 75{,}7$ bei $\varepsilon = \frac{V_A}{V_D} = 22$ herangezogen werden.

Es wurden folgende Zustandsgrößen in den Eckpunkten des Joule – Kreisprozesses erreicht:

	A	**B**	**C**	**D**	
$p\left[10^5 \frac{N}{m^2}\right]$	7	7	1	1	Volllastbereich $\eta_{th} = 0{,}427$
$v\left[10^{-3} \frac{m^3}{kg}\right]$	0,2025	0,891	3,564	0,8127	
$T\,[K]$	493,69	2173,15	1246,35	283,15	

		A	**B**	**C**	**D**
Teillastbereich $\eta_{th} = 0{,}427$	$p\left[10^5 \frac{N}{m^2}\right]$	7	7	1	1
	$v\left[10^{-3} \frac{m^3}{kg}\right]$	0,2025	0,563	2,252	0,8127
	$T\,[K]$	493,69	1373,15	787,5	283,15

Die spezifische Arbeit beträgt:

im Volllastbereich $w_{kV} = 719{,}9\left[\frac{kJ}{kg}\right]$

im Teillastbereich $w_{kT} = 275{,}5\left[\frac{kJ}{kg}\right]$

Trotz der erheblich niedrigeren Verdichtung – die in dem Druckverhältnis von $7\left[10^5\frac{N}{m^2}\right]$ anstatt $75{,}5\left[10^5\frac{N}{m^2}\right]$ bereits dargestellt wurde – ist die Kreisprozessarbeit in der Strömungsmaschine vollkommen vergleichbar mit jener in einem Dieselmotor – bei Volllast $719{,}9\left[\frac{kJ}{kg}\right]$ anstatt $783{,}3\left[\frac{kJ}{kg}\right]$ – was durch die Entlastung des Arbeitsmediums bis zum Umgebungsdruck erklärbar ist.

Allgemein ist jedoch bei einer Gasturbine der Massenstrom höher als bei dem Vergleichswert – der aus der Arbeitsmasse im Dieselmotor mit einem Hubvolumen von *1,8* $[dm^3]$ abgeleitet wurde. Das wird meistens auf Grund der allgemein höher realisierbaren Drehzahlen in der Gasturbine möglich.

Ein Beispiel ist in diesem Zusammenhang aufschlussreich. Für den zitierten Firebird- Gasturbinen- Antrieb von General Motors mit der beachtlichen Leistung von *271* $[kW]$ würde der angenommene ideale Joule- Kreisprozess im dargestellten Beispiel mit einem Massenstrom des Arbeitsmediums von $376\left[\frac{g}{s}\right]$ durchführbar sein. Das resultiert aus dem Zusammenhang

$$P\,[kW] = m\left[\frac{kg}{s}\right]\cdot w_{KV}\left[\frac{kJ}{kg}\right] \qquad (2.7)$$

$$271\,[kW] = 0{,}376\left[\frac{kg}{s}\right]\cdot 719{,}9\left[\frac{kJ}{kg}\right]$$

Das bedeutet beispielsweise eine Luftzufuhr in die Gasturbine von $5{,}27\left[\frac{l}{\min}\right]$ bei dem Umgebungsdruck von $1\left[10^5\frac{N}{m^2}\right]$ bzw. der Umgebungstemperatur von *293,15* $[K]$, was bei den üblichen Gasturbinendrehzahlen zu entsprechend kleinen Abmessungen der Maschine führt.

Der thermische Wirkungsgrad des Joule- Kreisprozesses erscheint als ungünstiger im Vergleich zu dem Diesel- bzw. zu den übrigen Kreisprozessen, die an dieser Stelle verglichen wurden, was durch die niedrige Verdichtung erklärbar ist. Eine Erhöhung der Verdichtung die technisch als realisierbar erscheint hat jedoch ein beachtliches Potential in Bezug auf den thermischen Wirkungsgrad.

ACKERET–KELLER–Kreisprozess

Der Ackeret-Keller- oder Ericsson-Kreisprozess wird allgemein als idealer Vergleichsprozess für Kraftanlagen verwendet. Seine Erwähnung im Zusammenhang mit Antriebssystemen für Automobile ist nicht auf eine mögliche Umsetzung für diese Anwendung gerichtet, vielmehr ist sein Potential interessant – im Sinne einer stufenweisen Annäherung, ausgehend vom Joule-Kreisprozess in Gasturbinen.

Der wesentliche Unterschied zwischen einem Joule- und einem Ackeret-Keller (Ericsson)-Kreisprozess besteht lediglich in der Verdichtung und Entlastung, die nicht mehr ohne Wärmeaustausch (isentrop) sondern mit einem besonders intensiven Wärmeaustausch (idealisiert als Extremfall, als isotherm) erfolgt. Die übrige Wärmezufuhr und Wärmeabfuhr bleibt – wie bei dem Joule-Kreisprozess – isobar. Bild 35 zeigt einen Ackeret- Keller (Ericsson)-Kreisprozess im Vergleich zum Joule-Kreisprozess (gestrichelte Kurven bei Entlastung BC' und Verdichtung DA').

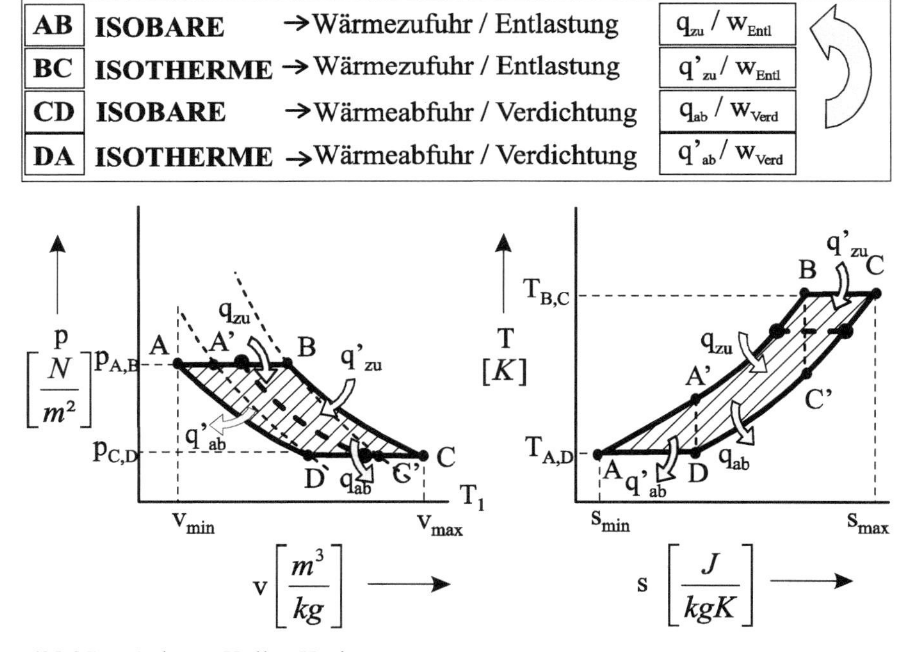

Bild 35 Ackeret-Keller-Kreisprozess

Aus dem p, v- Diagramm ist es ableitbar, dass zwischen den gleichen Extremtemperaturen – in diesem Fall $T_{max} = T_B$ und $T_{min} = T_A$ – die isotherme Verdichtung bzw. Entlastung zur Erhöhung der Kreisprozessarbeit führt. Andererseits ist aus dem T, s- Diagramm ersichtlich, dass der Unterschied zum Stirling-Kreisprozess in der Änderung der Isochoren AB bzw. CD in Isobaren besteht.

Damit bleiben die Kurvenverläufe auch ähnlich, der Unterschied ist eine Steigungsdifferenz mit dem Faktor $k = c_P/c_v$. Das bedeutet, dass im Falle einer ähnlichen Wärmerekuperation CD → AB (was innerhalb natürlicher, irreversibler Wärmeübertragungen eine ideale Voraussetzung bleibt) der thermische Wirkungsgrad innerhalb vergleichbaren Extremtemperaturen gleich bleibt.

Das ergäbe bei Volllast:

$$\eta_{thCarnot} = \eta_{thStirling} = \eta_{thAckeret-Keller} \tag{2.8}$$

Für die berechneten Vergleiche gilt also $\eta_{th} = 0{,}87$ bei

$T_{max} = 2173{,}15\ [K]$ und $T_{min} = 283{,}15\ [K]$.

Die Werte für Drücke und Temperaturen sind aus dem p, v- bzw. T, s- Diagramm leicht ableitbar, die spezifischen Volumina werden mittels Zustandsgleichung abgeleitet.

Es gilt:

	A	**B**	**C**	**D**	
$p\left[10^5 \frac{N}{m^2}\right]$	7	7	1	1	Volllastbereich $\eta_{th} = 0{,}87$
$v\left[10^{-3} \frac{m^3}{kg}\right]$	0,1161	0,891	6,237	0,8127	
$T\,[K]$	283,15	2173,15	2173,15	283,15	

		A	B	C	D
Teillastbereich $\eta_{th} = 0{,}79$	$p\left[10^5 \frac{N}{m^2}\right]$	7	7	1	1
	$v\left[10^{-3} \frac{m^3}{kg}\right]$	0,1161	0,563	3,941	0,8127
	$T\left[K\right]$	283,15	1373,15	1373,15	283,15

Die spezifische Arbeit beträgt:

im Volllastbereich $w_{kV} = 1055{,}7\left[\frac{kJ}{kg}\right]$

im Teillastbereich $w_{kT} = 608{,}8\left[\frac{kJ}{kg}\right]$

Wie erwartet erscheinen auch bei der spezifischen Arbeit auf Grund einer etwa ähnlichen Wärmebilanz mit dem Stirling- Prozess auch vergleichbare Werte. Sie übertreffen damit die spezifische Arbeit im Joule- Kreisprozess.

Dadurch erweist der Ackeret-Keller (Ericsson)-Kreisprozess eindeutige Vorteile gegenüber dem Joule-Kreisprozess in einer Strömungsmaschine – sowohl in Bezug auf die erreichbare spezifische Arbeit, als auch in Zusammenhang mit dem thermischen Wirkungsgrad. Das entspricht dem Vergleich des Stirling-Kreisprozesses mit den übrigen Prozessführungen im Falle von Kolbenmaschinen.

Ein Ackeret-Keller (Ericsson)-Kreisprozess bleibt für eine kraftfahrzeugtechnische Anwendung – sei es für direkten Antrieb, sei es als Stromgenerator – praktisch nicht umsetzbar, aufgrund des zu intensiven erforderlichen Wärmeaustausches, aber auch aufgrund der daraus resultierenden thermischen Belastung für eine relativ kompakte Maschine. Selbst in großen Kraftanlagen ist eine Umsetzung kaum realisierbar, es wird lediglich eine stufenweise Annäherung durch gestufte Kühlung während der angestrebten isothermen Verdichtung bzw. durch gestufte Wärmezufuhr während der angestrebten isothermen Entlastung umgesetzt.

Bei Strömungsmaschinen in der Luftfahrttechnik werden gelegentlich auch solche Techniken – auch wenn nur in jeweils einer Stufe – umgesetzt: Sie bestehen aus einer isobaren Zwischenkühlung während der Verdichtung DA – durch Wassereinspritzung – wodurch die Verdichtung von isentrop in Richtung isotherm verschoben wird - bzw. aus einer isobaren Nachverbrennung während der Entlastung BC, wodurch die Zustandsänderung ebenfalls von isentrop in Richtung isotherm verschoben wird. Auch wenn in der Kraftfahrzeugtechnik die Wassereinspritzung in den Verdichter und ein Nachbrenner zwischen zwei Turbinenstufen als verhältnismäßig aufwendig erscheinen, bleibt das Prinzip von Interesse: Seine partielle Umsetzung durch geeignete Wärmetauscher, unter Nutzung vorhandener Wärmerekuperatoren kann die Effizienz der Maschine merklich erhöhen.

Der Vergleich der durchführbaren Kreisprozesse in thermischen Maschinen für kraftfahrzeugtechnische Anwendungen innerhalb idealer Grenzen zeigt erhebliche Unterschiede in Bezug auf die spezifische Arbeit (was die Leistungsdichte bestimmt) und auf den thermischen Wirkungsgrad (was den spezifischen Kraftstoffverbrauch prägt). Ihre Umsetzung wird in erster Linie vom technischen Aufwand abhängen.

Das Potential solcher Prozessführungen gegenüber den heutigen Otto- und Dieselmotoren wird in der Perspektive partielle Umsetzungen bewirken. Ein eindeutiger Beweis dafür sind die bereits realisierten Kombinationen zwischen Prozessführungen in Kolbenmaschinen und Gasturbinen in Form von Turboaufladung.

2.2 Viertakt-Kolbenmotoren – Potentiale und Trends

2.2.1 Optimierung und Anpassung der Motorprozesse – Zukünftige Verbrennungsmotoren als Funktionsdienstleister um die Verbrennung

Die drastische Senkung des Kraftstoffverbrauchs – dadurch der Kohlendioxidemission – und des Schadstoffausstoßes, werden über die Zukunft der Kolbenmotoren entscheiden. Dieses Ziel erfordert eine systematische Analyse, Verbesserung und Kontrolle der Energieumwandlung von der chemischen Energie des Kraftstoffs in Wärme und weiterhin in Arbeit. Der Verbrennungsprozess spielt dabei die zentrale Rolle: die Verteilung der Kraftstofftropfen auf die Luft im Brennraum, ihre schnelle Verdampfung und die Turbulenz bei der Vermischung mit Luft entscheiden in jedem Volumenelement im Brennraum – wie im Bild 36 illustriert – über die Effizienz der Energieumwandlung über zeitliche und örtliche Temperatur- und Druckwerte und in diesem Zusammenhang über die Verbrennungsprodukte, von CO_2, H_2O, N_2 (vollständige Verbrennung) oder CO, C_mH_n (unvollständige Verbrennung) bis hin zu NO, NO_2, OH, H, O (Dissoziation bei hohen Verbrennungstemperaturen).

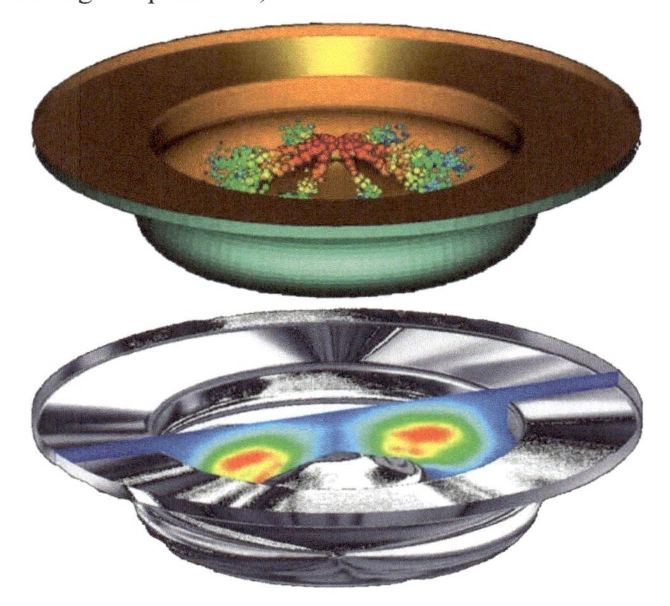

Bild 36 Simulation der Kraftstofftropfenverteilung und -größe im Brennraum eines Verbrennungsmotors mit Direkteinspritzung

Ein wesentliches Problem besteht dabei – nach dem der Prozess in einer bestimmten Konfiguration der Eingangsbedingungen kontrolliert und optimiert werden kann – in der Beibehaltung der erreichten Werte bei jeder Last-/Drehlzahlkombination, bei geänderten Umgebungsbedingungen – in Bezug auf Druck, Temperatur und Feuchte – sowie im transienten Betrieb. Der grundsätzliche Lösungsansatz ist dafür die Anpassung der Luft- und Kraftstoffzufuhr in den Brennraum, in Bezug auf Beginn, Verlauf und Dauer, an jede Kombination der erwähnten Bedingungen. Die Versorgungsmodule für Luft (Aufladesystem, Ventilsteuerung, Ein- / Auslasskanäle) und Kraftstoff (Direkteinspritzsystem) werden somit zu Dienstleistern um die Verbrennung – wie im Bild 37 dargestellt.

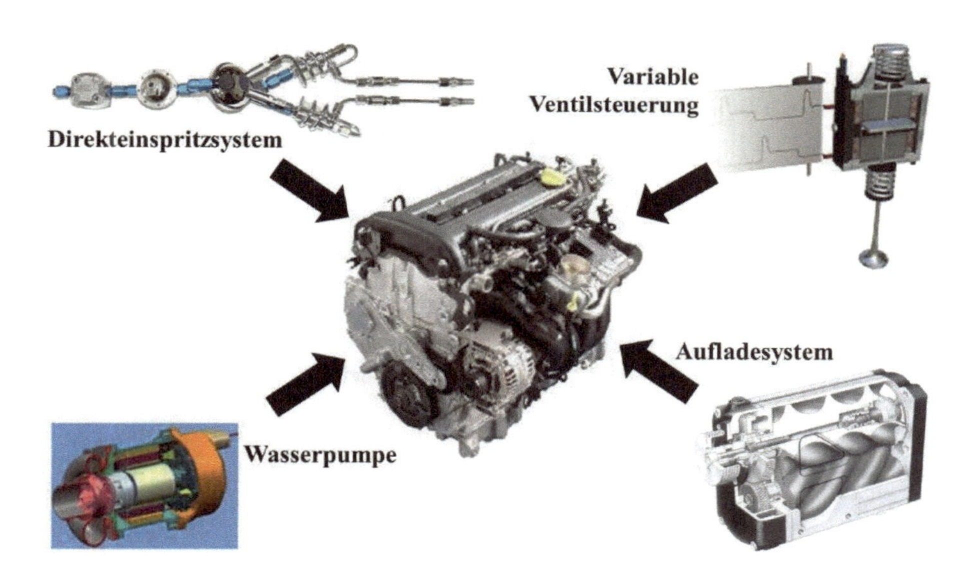

Bild 37 Funktionsmodule eines Verbrennungsmotors

Ein serienmäßiger Kolbenmotor in dem solche Funktionen realisiert wurden ist im Bild 38 dargestellt.

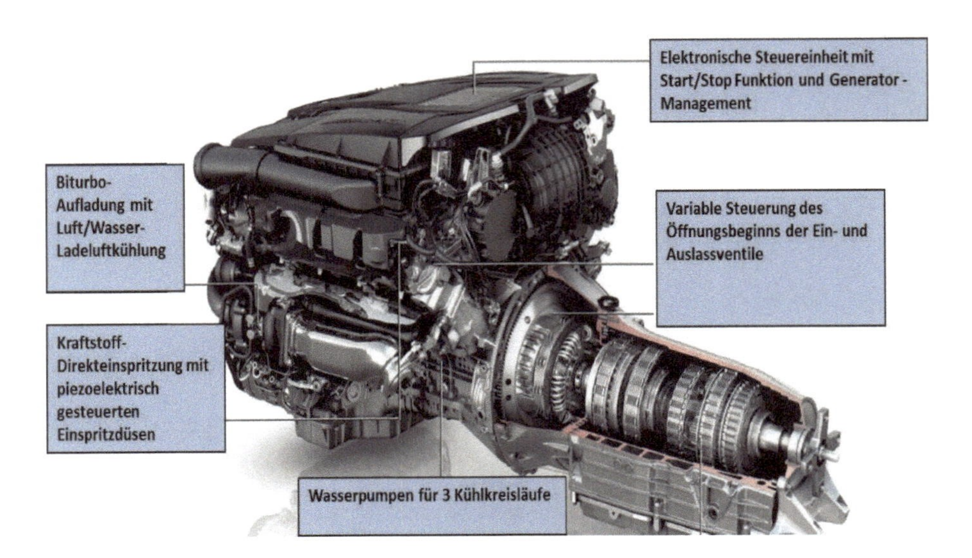

Bild 38 Moderner Kolbenmotor mit moderner Konfiguration der Funktionen um den Verbrennungsprozess *(Quelle: Daimler)*

Die Kontrolle und Optimierung des Verbrennungsprozesses erfordert die Steuerung und Regelung ihrer Funktion in Abhängigkeit der bestehenden Kombination der Bedingungen – ihr Antrieb in Abhängigkeit der Motordrehzahl ist dafür nicht mehr geeignet. Die thermodynamischen Prozessabschnitte um die Verbrennung herum – Ladungswechsel, Gemischbildung, Wärmeübertragung – bekommen dadurch einen modularen Charakter.

Die wesentlichen Module des Gesamtprozesses in einem zukunftsträchtigen Kolbenmotor sind im Bild 39 dargestellt: einfache oder mehrfache Aufladung, Anpassung der Druckwellen in Ein- und Auslasskanälen, vollvariable Ventilsteuerung, innere Gemischbildung durch Kraftstoffdirekteinspritzung, kontrollierte Selbstzündung, Abgasrückführung, Management der Wärmeübertragung, Erhöhung des effektiven Verdichtungsverhältnisses des Luft-/Kraftstoffgemisches.

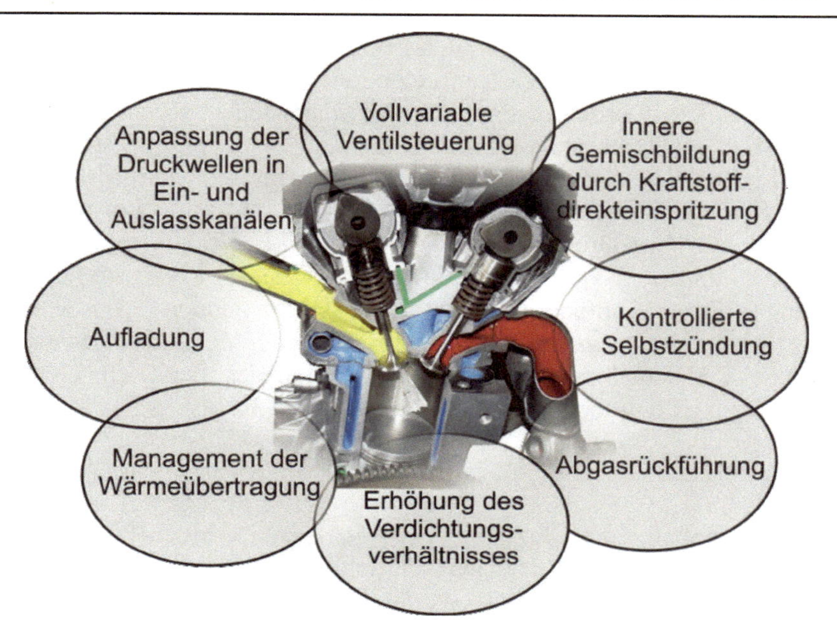

Bild 39 Modulare Optimierung der Prozesse in Fahrzeug-Verbrennungsmotoren

Die weitere Reduzierung der Reibungsverluste und des Motorgewichtes als auch die Weiterentwicklung der Katalysatorentechnik sind nach wie vor wesentliche Träger der Prozessverbesserung.

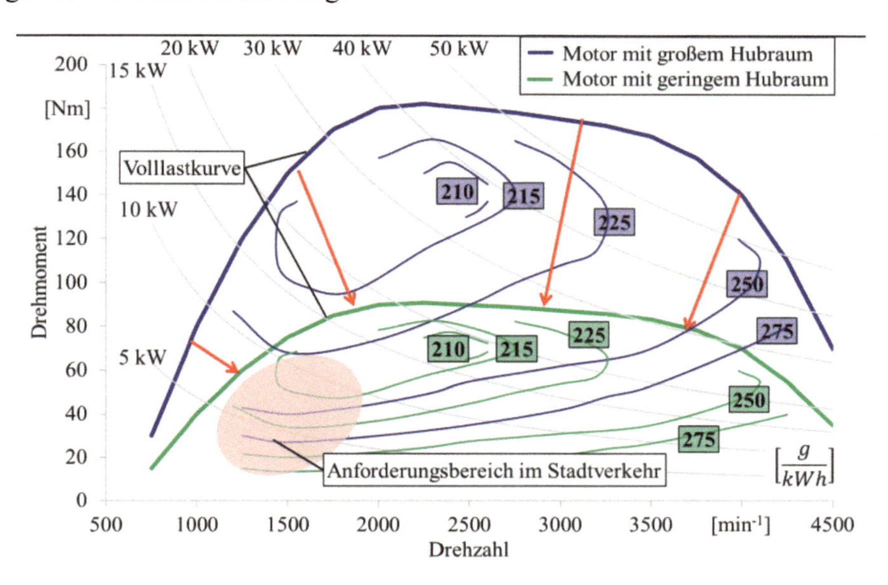

Bild 40 Kennfeldverlagerung mittels down sizing

Die Anpassung aller Prozessabschnitte an eine möglichst effiziente Verbrennung ermöglicht die Ausdehnung der Kennfeldbereiche mit minimalen spezifischen Werten für Kraftstoffverbrauch und Schadstoffemissionen. Konstante, minimale Werte für alle Last-/Drehzahlkombinationen sind jedoch kaum möglich. Im Bild 40 ist das Verbrauchskennfeld eines modernen Kolbenmotors dargestellt. Ein spezifischer Kraftstoffverbrauch von *210...215* [*g/kWh*] im Leistungsbereich *20...40* [*kW*] bzw. im Drehzahlbereich *1500...2700* [min^{-1}] – typisch für eine Fahrt auf der Landstraße – zeugt von einer sehr effizienten Prozessgestaltung und -anpassung. Im dichten Stadtverkehr sind jedoch Bereiche um *5...7* [*kW*]/*1200...2000*[min^{-1}] gefragt. Die Verlagerung des Motorarbeitspunktes in ein solches Teillastgebiet verursacht eine Erhöhung des spezifischen Kraftstoffverbrauchs – im Bild 40 beträgt diese Erhöhung rund 30 %.

Die Gründe sind prozessbedingt:

– die lastabhängige Reduzierung der zugeführten Kraftstoffmenge führt allgemein zur Senkung der Gemischdichte, wodurch Brennverlauf langsamer und die maximale Prozesstemperatur niedriger wird. Das verursacht die Senkung des thermischen Wirkungsgrades und umgekehrt proportional die Zunahme des spezifischen Kraftstoffverbrauchs.

– die Drehzahlsenkung führt zu Abnahme der kinetischen Energie der zugeführten Luft, wodurch die Turbulenz bei der Mischung von Luft und Kraftstoff sinkt und demzufolge der Verbrennungsablauf beeinträchtigt wird.

Ein erfolgsversprechender Ansatz ist die gesamte Kennfeldverlagerung zum Bereich der niedrigen Leistung und Drehzahl hin, wie im Bild 40 dargestellt. Das Verfahren ist als „Down Sizing“ bekannt.

Es gilt:

$$P_e = w_e \cdot V_H \cdot n \cdot \frac{T_U}{T_A} \tag{2.9}$$

P_e	$[kW]$	Effective Leistung
V_H	$[m^3]$	Hubvolumen
w_e	$\left[\frac{kJ}{m^3}\right]$	Effective Energiedichte
n	$[min^{-1}; s^{-1}]$	Drehzahl des Kolbenmotors
T_U	$[-]$	Takte je Umdrehung in einem Kolbenmotor
T_A	$[-]$	Takte je Arbeitsspiel in einem Kolbenmotor

Eine niedrigere Leistung bei hoher effektiver Energiedichte, die mit dem maximalen thermischen Wirkungsgrad verbunden ist, kann durch die Reduzierung des Hubvolumens erreicht werden. Dafür kann bei Mehrzylinder- Kolbenmotoren, in einer Anzahl von Zylindern die Wärmezufuhr abgeschaltet werden – indem die Ein- und Auslassventile geschlossen bleiben und die Kraftstoffzufuhr unterbrochen wird.

Die alternative Methode besteht darin, dass das Hubvolumen des Motors grundsätzlich jenem vom Down Sizing Betrieb entspricht, dafür aber die effektive Energiedichte in Stufen variabel wird.

Die Erhöhung der Energiedichte – ist durch *intensive* und durch *extensive* Maßnahmen möglich. Die Energiedichte ist ein Ausdruck der spezifischen Kreisprozessarbeit im Motor.

Es gilt:

$$w_e = \frac{w_k}{v_H} \tag{2.10}$$

w_k	$\left[\frac{kJ}{kg}\right]$	spezifische Kreisprozessarbeit
v_H	$\left[\frac{m^3}{kg}\right]$	spezifisches Hubvolumen eines Kolbenmotors

$$v_H = \frac{V_H}{m_{Gemisch}}$$

Die Energiedichte entspricht dem Begriff „effektiver Mitteldruck“

$$P_{me}\left[\frac{N}{m^2}\right]:$$

$$P_{me} = w_e \tag{2.11}$$

$$\left[\frac{kN}{m^2}\right] = \left[\frac{kJ}{m^3}\right] \rightarrow \left[\frac{kN \cdot m}{m^3}\right]$$

andererseits gilt

$$P_e = M_d \cdot \omega \qquad mit\ \omega = 2\pi n$$

$$P_e = M_d \cdot 2\pi n \tag{2.9a}$$

aus (2.9) und (2.9a) resultiert

$$w_e \cdot n \cdot \frac{T_U}{T_A} \cdot V_H = M_d \cdot 2\pi n \tag{2.11a}$$

Daraus wird das Drehmoment abgeleitet:

$$M_d = w_e \cdot V_H \cdot \frac{T_U}{T_A} \cdot \frac{1}{2\pi} \tag{2.12}$$

M_d	$\left[\frac{N}{m}\right]$	Drehmoment
ω	$[rad]$	Winkelgeschwindigkeit

Intensive Formen zur Erhöhung der Energiedichte eines Motors ergeben sich aus der Durchführung des jeweiligen thermodynamischen Kreisprozesses – entsprechend der Vergleiche im Kapitel 2.1. Das trifft in diesem Fall nicht zu, weil der Motor bei zwar geringer Leistung bereits im Volllastbetrieb, d.h. bei maximaler spezifischer Arbeit mit einem kleinen Hubvolumen, betrieben wird. Die Senkung der effektiven Energiedichte bei Verringerung der spezifischen Kreisprozessarbeit entspricht der klassischen Teillasteinstellung.

Es bleibt dann nur die *extensive* Erhöhung der Energiedichte; diese geht von mehr zugeführter Wärme aus, was an mehr Kraftstoffzufuhr geknüpft ist, wofür wiederum die Luftmenge im Brennraum erhöht werden muss. Bei dem gegebenen Hubvolumen ist das nur durch Aufladung realisierbar. Bei der gegenwärtigen

Kolbenmotoren- Entwicklung erscheint die Aufladung tatsächlich als Basis jedes Down- Sizing- Konzeptes.

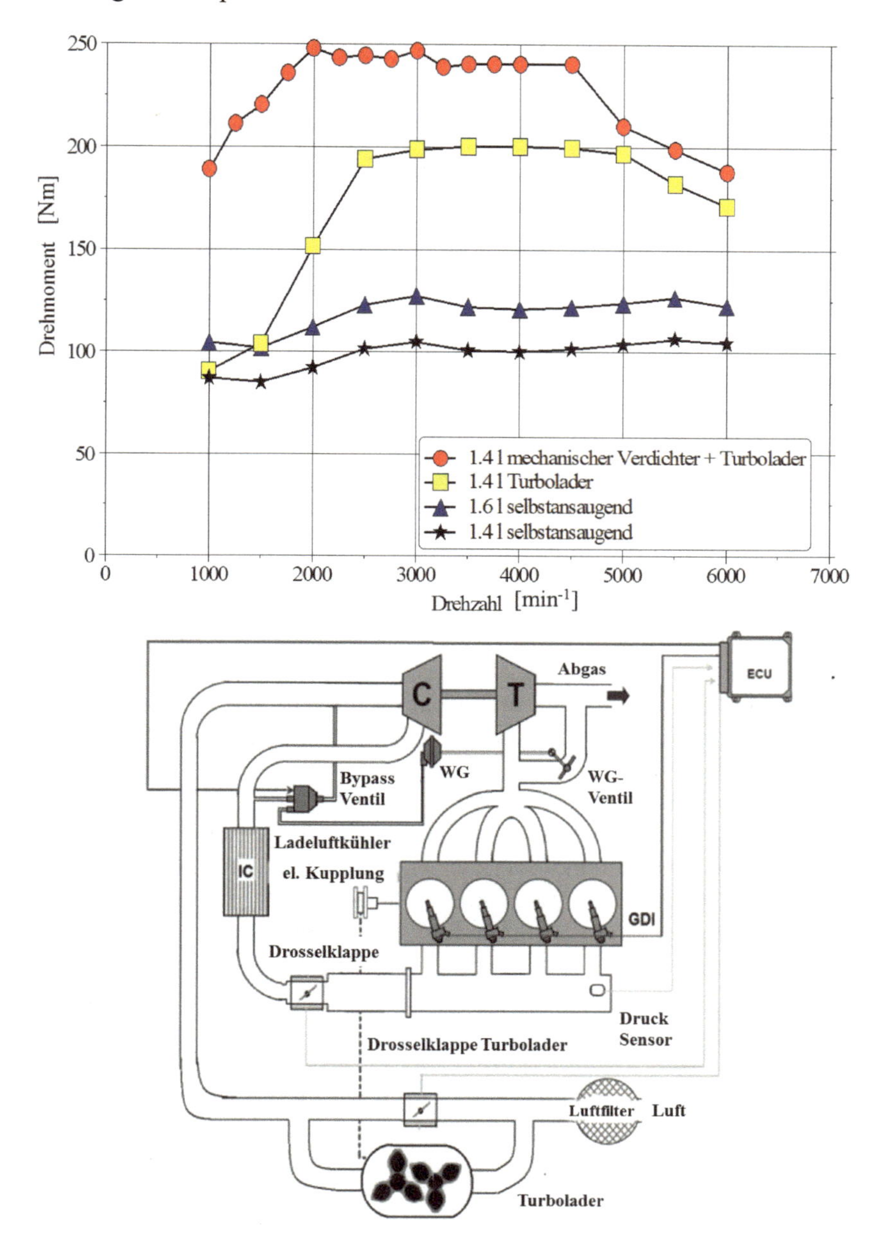

Bild 41 Down Sizing kompakter Verbrennungsmotoren mit verschiedenen Auflade-konzepten

Im Bild 41 ist die Erhöhung des Drehmomentes eines kompakten Ottomotors mit doppelter Aufladung – mechanischem Verdichter und Turbolader – dargestellt. Das Drehmoment wird in dieser Anwendung bis auf das 2,5fache angehoben.

Die Aufladung in einem breiten Last- und Drehzahlbereich des Motors ist allerdings an die variablen Ladungswechselkenngrößen Luftaufwand bzw. Liefergrad gebunden, anders ausgedrückt an variable Verhältnisse zwischen der Frischladung, die nach dem Ladungswechsel im Zylinder tatsächlich vorhanden ist, und den Spülverlusten.

Die höhere Strömungsintensität durch Aufladung bedingt ein flexibles Management des Ladungswechsels im gesamten Last- und Drehzahlbereich, wofür die vollvariable Steuerung der Ein- und Auslassventile – Öffnungsbeginn, -dauer und Hub – zunehmend zur Bedingung wird. Im Sinne der extremen Limitierung der Schadstoffemission reicht angesichts noch möglicher Spülverluste der Frischladung diese Maßnahme allein auch nicht mehr aus: Der Kraftstoff ist dafür ganz aus dem Ladungswechsel auszuschließen - durch Übergang von äußerer zu innerer Gemischbildung – in Form von Kraftstoff-Direkteinspritzung.

Die Möglichkeit einer Ladungsschichtung im Brennraum durch Kraftstoff- Direkteinspritzung eröffnet wiederum das Potential einer kontrollierbaren Selbstzündung in der Teillast, insbesondere durch Restgaszonen – wodurch der thermische Wirkungsgrad und die Schadstoffemission beeinflussbar sind. In gleicher Richtung wirkt eine Erhöhung des Verdichtungsverhältnisses, die insbesondere im Zusammenspiel mit der Kraftstoff- Direkteinspritzung an Wirkung gewinnen kann.

Eine insgesamt erhöhte Energiedichte im Rahmen eines Down-Sizing-Konzeptes verschärft wiederum das Problem der Wärmeverluste, durch das Kühlwasser bzw. durch das Abgas. Das Management der Wärmeübertragung an die Brennraumwände durch entsprechende Anpassungsmaßnahmen im hydraulischen Kühlsystem wird zu einem wichtigen Entwicklungsschwerpunkt zukünftiger Kolbenmotoren. Darüber hinaus wird die Nutzung der Abgasenthalpie – beispielsweise über eine nachgeschaltete Turbine, die wiederum der Aufladung dienen kann – zur weiteren allgemeinen Notwendigkeit. Das Down- Sizing-Konzept wird in diesem Kontext zu einer kausalen Verkettung modularer Entwicklungskonzepte – von Aufladung über variable Ventilsteuerung, innere Gemischbildung, kontrollierte Selbstzündung und erhöhtes Verdichtungsverhältnis bis hin zum Management der aus der Verbrennung entstandenen Wärme.

Die Aufladung – wird je nach angestrebter Drehmomentcharakteristik durch mechanisch angetriebene Verdichter, mittels Turboaufladung oder mit Nutzung von Druckwellen realisiert. Bild 42 stellt die derzeit üblichen Verfahren dar.

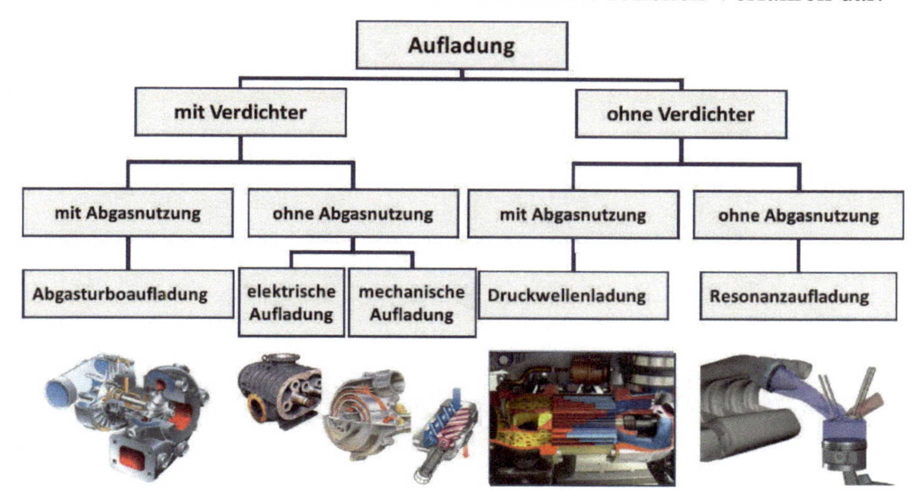

Bild 42 Aufladeverfahren für Kolbenmotoren

Mechanisch angetriebene Verdichter (derzeit meist Schraubenlader) werden bei modernen Ottomotoren – trotz ihres Nachteils bezüglich des Antriebs durch den Motor selbst, was Wirkungsgradverluste verursacht – zur Erhöhung des Drehmomentes insbesondere im niedrigen Drehzahlbereich eingesetzt. Die dadurch erreichbare Drehmomentcharakteristik führt zur Senkung der Dauer bis zum Erreichen der angeforderten Leistung, was die Effizienz dieser Lösung zum Teil wieder kompensiert. Dieselmotoren haben ohnehin eine günstigere Drehmomentcharakteristik im niedrigen Drehzahlbereich und benötigen daher keinen mechanischen Lader für eben diesen Zweck.

Die Turboaufladung wirkt – insbesondere bei Ottomotoren mit Laständerung durch Drosselung der angesaugten Frischladungsmasse – etwas träger als mechanisch angetriebene Verdichter, hat jedoch den wesentlichen Vorteil eines eindeutig besseren thermischen Wirkungsgrades des Gesamtsystems, durch Nutzung der Abgasenergie nach dem Ladungswechsel im Kolbenmotor für den Antrieb des Verdichters über die Turbine. Die angestrebte und zum Teil bereits umgesetzte Vermeidung der Drosselung der angesaugten Frischladungsmasse bei Ottomotoren infolge der Kraftstoffdirekteinspritzung mit Ladungsschichtung macht die Turboaufladung für diese Gattung wieder interessant – auf diesen Aspekt wird im Kapitel 2.2.2 näher eingegangen. In Anbetracht des Ansprechverhaltens und der Wirkungsgrade werden zunehmend verschiedene, zuschaltbare Auflademodule in einem Aufladesystem kombiniert. Bild 43 zeigt ein derartiges Beispiel.

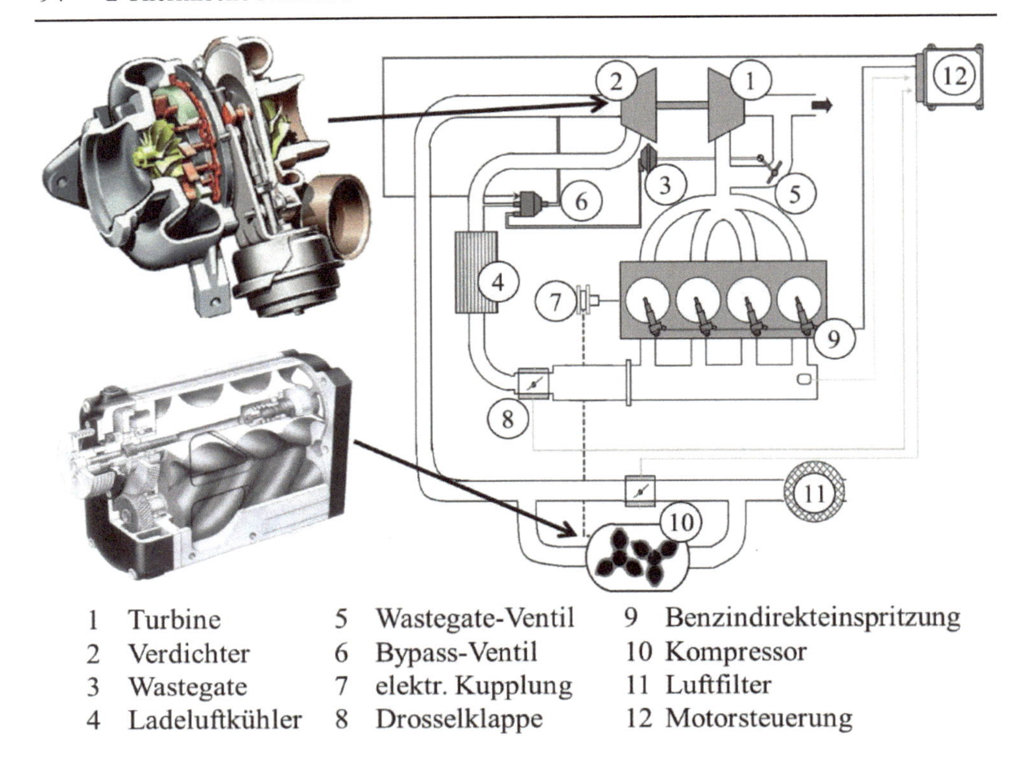

Bild 43 Ottomotor mit Kompressor- und Turboaufladung

Die Aufladung in verschiedenen Modulen kann grundsätzlich mit aber auch ohne Verdichter erfolgen:

- mit Verdichter, bei Nutzung der Abgasenergie mittels Turbine oder bei Antrieb mittels Verbrennungsmotors bzw. eines separaten Elektromotors

- ohne Verdichter, mit Abgasnutzung (Druckwellenlader) oder ohne Abgasnutzung, bei Nutzung von Resonanzwellen (Schwingrohraufladung, Impulsaufladung, Resonanzaufladung)

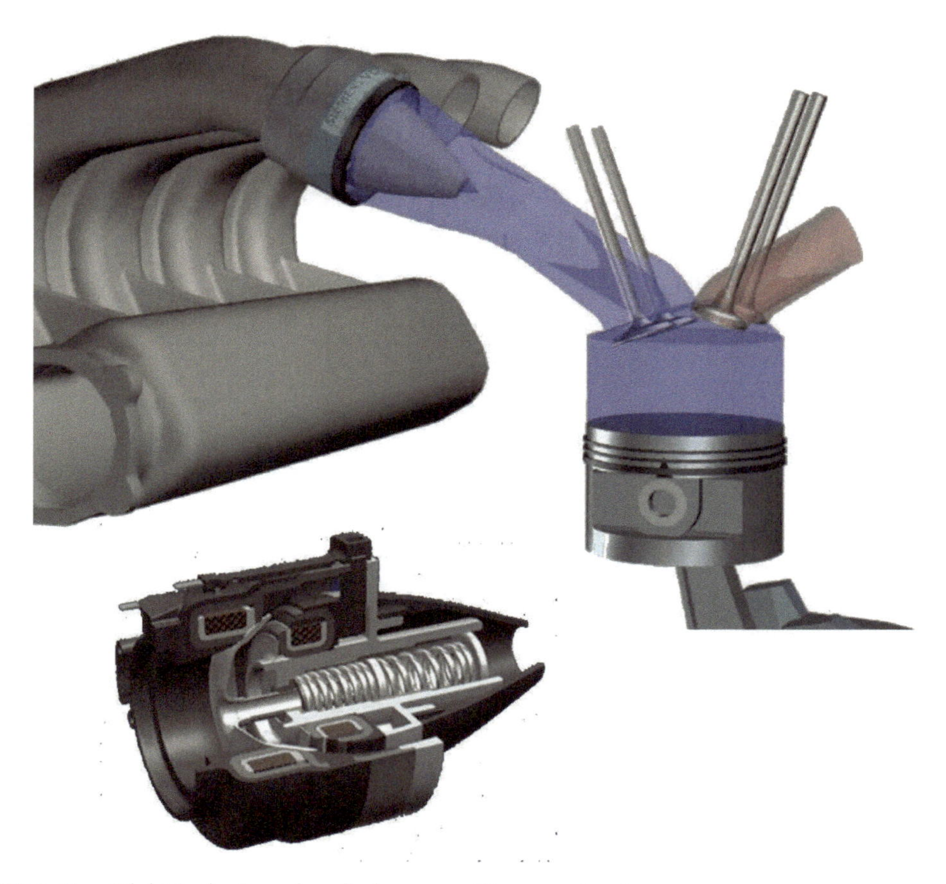

Bild 44 Elektrische Impulsaufladung von Siemens *(Quelle: Siemens)*

Im Bild 44 ist ein System zur Impulsaufladung prinzipiell dargestellt. Beim Öffnen der Einlassventile wird dabei in jedem Ansaugrohr jeweils ein elektromagnetisches Ventil geschlossen gehalten. Erst wenn durch die Kolbenbewegung das Zylindervolumen nahezu maximal ist, wird das elektromagnetische Ventil geöffnet.

Durch den Impuls der Luftsäule, der aufgrund der Druckdifferenz entsteht, wird die Füllung des Zylinders effektiver als bei dem normalen Ansaugvorgang durch offene Einlassventile, bei dem der Druckabfall während der Kolbenbewegung in jedem Zeitabschnitt sehr gering ist.

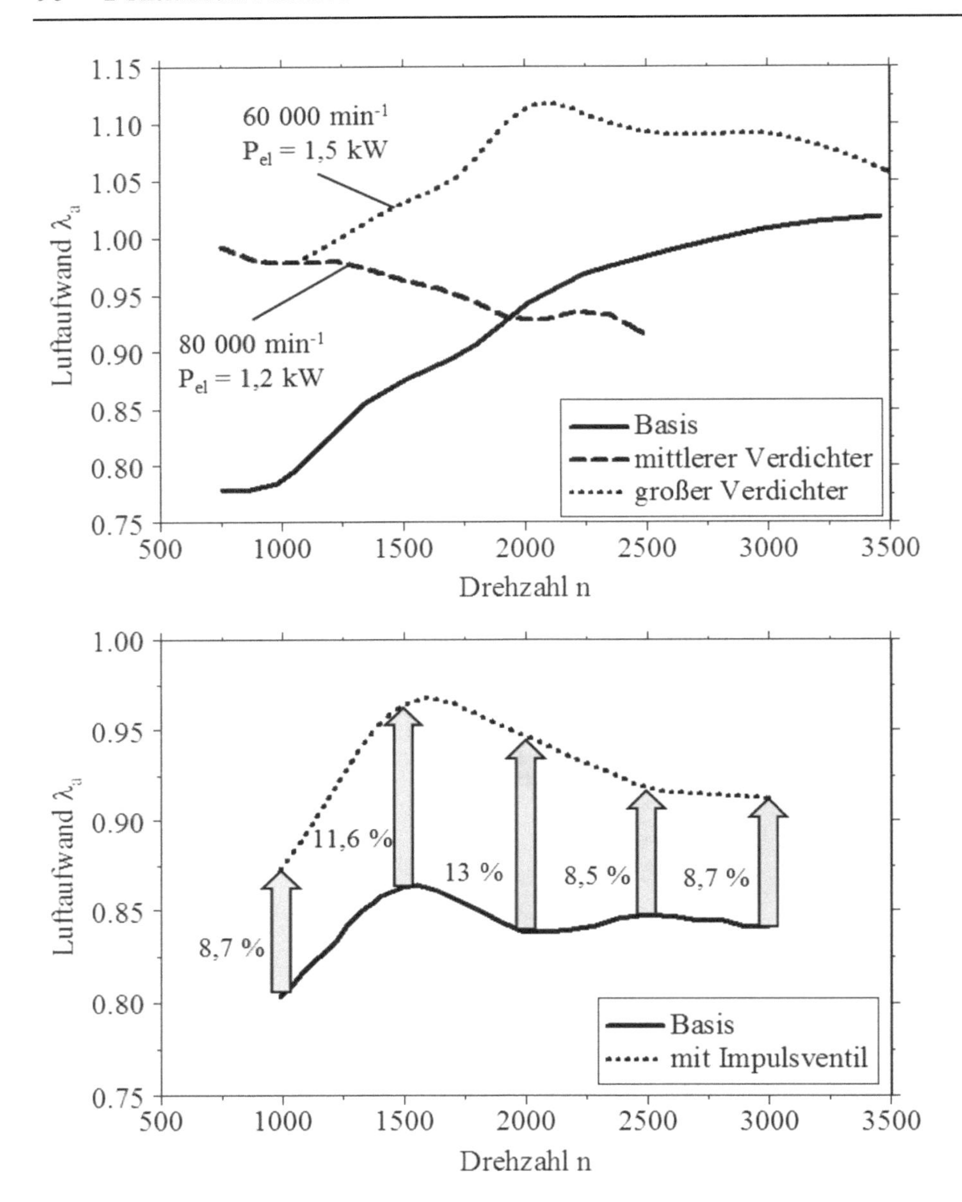

Bild 45 Auswirkung der Impulsaufladung

Im Bild 45 ist die Wirkung der Impulsaufladung bezüglich Luftaufwandgewinn in einem Kolbenmotor dargestellt. Der Anstieg des Luftaufwands mittels Impulsaufladung entspricht jenem, der beim Einsatz eines Verdichters erreicht wird.

Für automobile Antriebe werden zunehmend Systeme eingesetzt, die aus einem Lader mit kennfeldgesteuertem Elektromotorantrieb und eine bis zwei Turboaufladeeinheiten – zur Anpassung der jeweiligen Betriebswirkungsgrade – bestehen.

Unabhängig von der Art der Aufladung verlangt eine last- und drehzahlabhängige Anpassung der Frischladungsmasse im Zylinder im Rahmen eines Down- Sizing-Programms ein effizientes Management des Aufladesystems, hauptsächlich nach folgenden Kriterien: Maximale gefangene Frischladungsmasse im Zylinder (bei Volllast) bzw. optimales Verhältnis Frischladungsmasse im Zylinder/Restgas im Zylinder (bei Teillast), minimale Spülverluste (bei Voll- und Teillast, im gesamten Drehzahlbereich), minimale Leistung für das Aufladesystem (insbesondere bei Teillast, wo nur ein Teil der aufladbaren Frischladungsmasse benötigt wird).

Im Bild 46 ist ein Beispiel zum Management eines zweistufigen Aufladesystems ersichtlich.

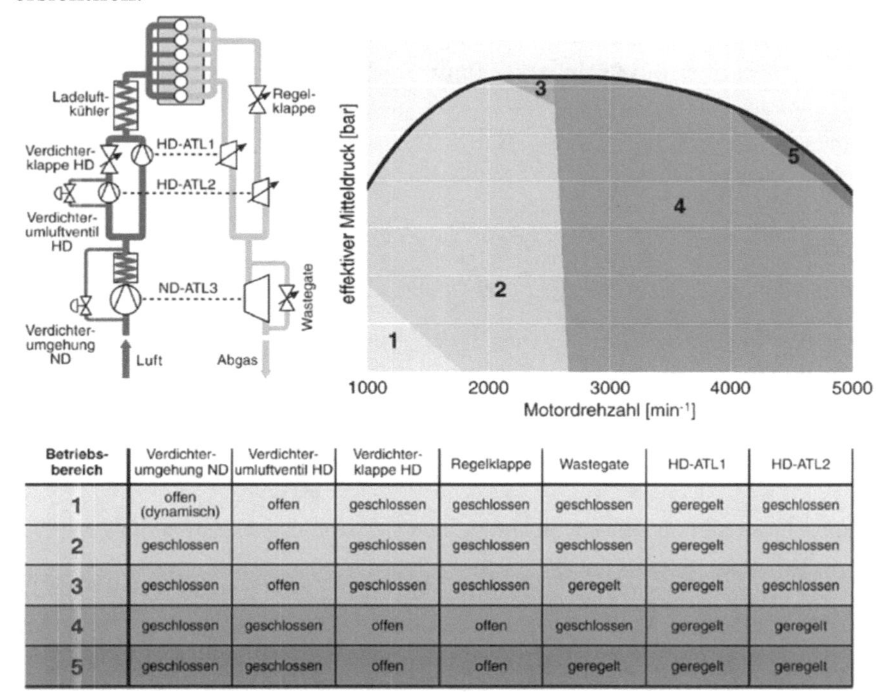

Betriebs-bereich	Verdichter-umgehung ND	Verdichter-umluftventil HD	Verdichter-klappe HD	Regelklappe	Wastegate	HD-ATL1	HD-ATL2
1	offen (dynamisch)	offen	geschlossen	geschlossen	geschlossen	geregelt	geschlossen
2	geschlossen	offen	geschlossen	geschlossen	geschlossen	geregelt	geschlossen
3	geschlossen	offen	geschlossen	geschlossen	geregelt	geregelt	geschlossen
4	geschlossen	geschlossen	offen	offen	geschlossen	geregelt	geregelt
5	geschlossen	geschlossen	offen	offen	geregelt	geregelt	geregelt

Bild 46 Beispiel zum Management eines Aufladesystems *(Quelle: BMW)*

Das Bild 47 und das Bild 48 stellen als Beispiel die Anpassung und das mögliche Management eines modernen Schraubenverdichters dar: Wie im Bild 47 ersichtlich, besteht die erste Optimierungsstufe in der Anpassung des Ladedruckes und des Übersetzungsverhältnisses des gewählten Laders an den Motor.

Allgemein werden dafür durch numerische Simulation oder Versuche die p, $\dot{m}$ - Kurven für den Motor (Schlucklinien) bei jeder Drehzahl ermittelt und andererseits – bei einem bereits ausgeführten Lader – die entsprechenden Kurven durch experimentelle Untersuchung aufgenommen. Jeder Funktionspunkt ergibt sich beim Zusammentreffen der Motor- mit der Laderkurve bei der jeweiligen Drehzahl. Aus den Funktionspunkten resultiert die Betriebskennlinie des Systems. Sie kann durch die Wahl eines anderen Übersetzungsverhältnisses zwischen Motor und Lader nach oben oder nach unten korrigiert – oder durch Schaffung eines Laderantriebs mit variablem Übersetzungsverhältnis zum Motor in ihrem Verlauf geändert werden.

Weitaus problematischer – in Bezug auf Frischladungsmenge und auf Lader- Leistung – erscheint das Management des Aufladesystems bei Teillast.

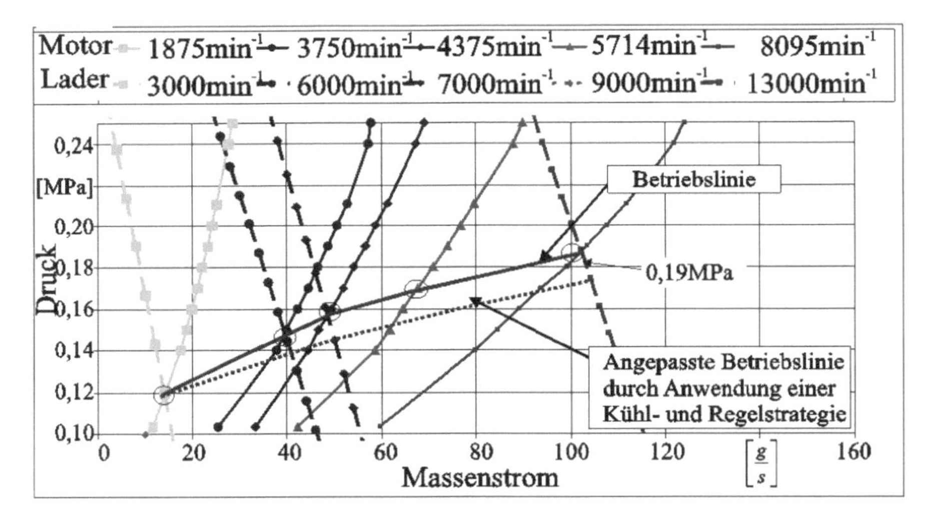

Bild 47 Funktionskennlinie eines Kolbenmotors mit mechanischer Aufladung

Im Bild 47 ist eine angepasste Betriebskennlinie prinzipiell dargestellt; im Bild 48 sind die dafür möglichen Maßnahmen zusammengefasst. Eine Ankopplung des Laders am Motor mit variablem Übersetzungsverhältnis und der Möglichkeit einer schnellen An- und Abkopplung erscheint als funktionell effektiv, ist jedoch sehr aufwendig. Die Drosselung der angesaugten Luft vor dem Lader bzw. der bereits aufgeladenen Luft vor dem Motor – mit einer zusätzlichen Rücklaufströmung – erfüllen zwar den funktionellen Zweck, beeinträchtigen allerdings in hohem Maße den Wirkungsgrad des Systems. Ein Bypass über den Lader bzw. über den Ladeluftkühler (LLK) wirken teilweise in einer ähnlichen Richtung.

Eine pragmatische Lösung des Problems besteht in der Optimierung eines Systems mit Kombinationen von Drosselklappen und Ankopplungsmöglichkeit, mit Hilfe einer numerischen Simulation, die beispielsweise zahlreiche Einstellungen von Drosselklappen in Abhängigkeit von Last und Drehzahl bzw. die Eingrenzung der günstigen Ankopplungsbereiche erlauben. Die weitaus günstigere Variante ist, wie bereits erwähnt, die Kombination eines Laders, welcher von einem kennfeldgesteuerten Elektromotor angetrieben wird mit einer bis zwei Turboaufladeeinheiten, wobei ihre Zu- und Abschaltung in entsprechenden Funktionsbereichen möglich ist. Als Optimierungskriterien dienen dabei die Frischladungsmasse, der Ladedruck und der Wirkungsgrad des Aufladesystems bei jeder Last- und Drehzahl- Kombination.

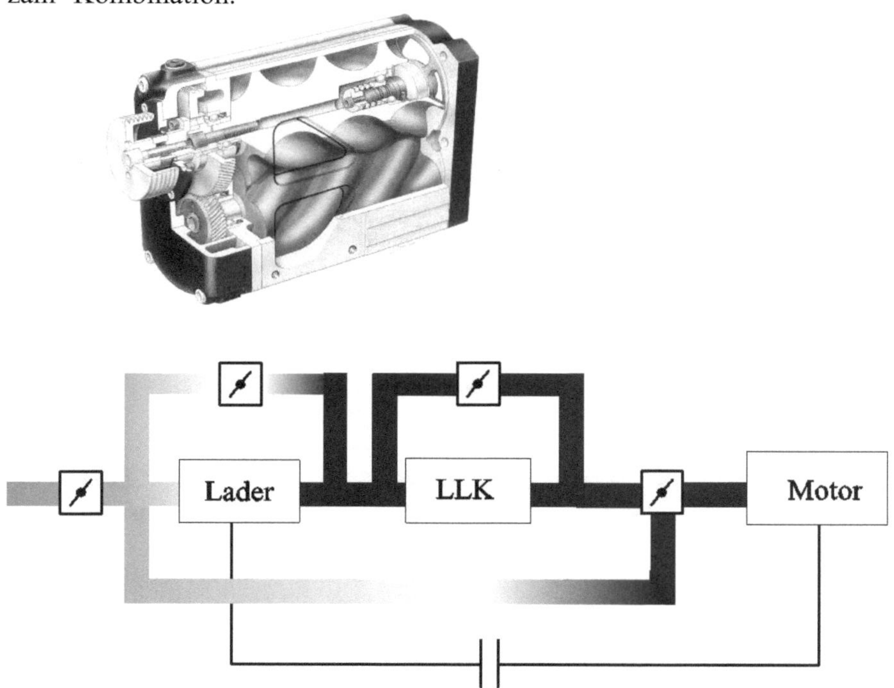

Bild 48 Steuerstrategien zur mechanischen Aufladung eines Kolbenmotors

Der drehzahlabhängige Druckwellenverlauf – als anpassungsfähige Druckwellengestaltung im Ansaug- und Auspuffsystem zielt auf ein optimales Management der Frischladungsmasse im Zylinder infolge des Ladungswechsels, als Ergänzung der Ventilsteuerung und, wenn vorhanden, der Aufladung – in einem möglichst breiten Last-/Drehzahlbereich. Bei Volllast wird beispielsweise eine maximale Frischladungsmasse im Zylinder bei minimalen Spülverlusten angestrebt; bei Teillast kann wiederum ein Restanteil vom Abgas im Zylinder sowohl in Bezug auf die Verringerung der Ladungswechselarbeit, als auch für eine partielle, kontrollierte Selbstzündung des frischen Gemisches von Vorteil sein.

Eine Druckwelle – beispielsweise im Ansaugsystem - entsteht grundsätzlich durch Verzögerung der Gasströmung infolge des Schließens des Einlassventils bei der vorgegebenen Steuerzeit. Die in Richtung des geschlossenen Ventils nachkommende Gasströmung führt zur Gasverdichtung – diese Zustandsänderung pflanzt sich gegen ihre Ursache – also zum Eingang in die Ansaugleitung hin, wo das Gas nach wie vor nachströmt, wie im Bild 49 dargestellt ist, fort.

Diese Zustandsänderung wird in Anbetracht der sehr kurzen Fortpflanzungsdauer der Druckwellen im Rohr als Isentrop (ohne Wärmeaustausch durch die Rohrwand) betrachtet. Es gilt:

$$pv^k = konst = C \tag{2.13}$$

mit $v = \dfrac{1}{\rho}$ resultiert $\dfrac{p}{\rho^k} = C \rightarrow p = C \cdot \rho^k$ (2.13a)

Logarithmiert: $\ln p = \ln(C \cdot \rho^k)$ (2.13b)

$$\ln p = \ln C + k \ln \rho \tag{2.13c}$$

Differenziert: $\dfrac{dp}{p} = k \dfrac{d\rho}{\rho}$ (2.13d)

Die lokale Druckänderung im Rohr (dp) infolge der Dichteänderung ($d\rho$) welche von der nachkommenden Gasströmung hervorgerufen wird resultiert als:

$$\frac{dp}{d\rho} = k \frac{p}{\rho} \tag{2.13e}$$

mit $\dfrac{p}{\rho} = pv$ und $pv = RT$ (Zustandsgleichung für ideale Gase)

wird: $\dfrac{dp}{d\rho} = kRT$ (2.13f)

Dabei hat der Term $\sqrt{\frac{dp}{d\rho}}$ die Dimension einer Geschwindigkeit $\left[\frac{m}{s}\right]$ und beschreibt somit in anschaulicher Form die Fortpflanzung einer derartigen Druckwelle. Die Form $\sqrt{\frac{dp}{d\rho}}$ wird allgemein als Schallgeschwindigkeit c_S bezeichnet.

Es gilt demzufolge: $c_S = \sqrt{kRT}$ (2.14)

mit $k = \frac{c_p(T)}{c_V(T)}$

Die Ankunft der Druckwelle am Leitungseingang erfolgt nach der Dauer t_R mit:

$$t_R = \frac{l}{c_S}$$

mit:	l	$[m]$	Länge der Ansaugleitung
	c_S	$\left[\frac{m}{s}\right]$	Schallgeschwindigkeit
	k	$[-]$	Isentropenexponent
	$c_p; c_V$	$\left[\frac{kJ}{kgK}\right]$	Spezifische Wärmekapazität bei konstantem Druck bzw. Volumen
	ρ	$\left[\frac{kg}{m^3}\right]$	Luftdichte

Infolge der Druckverhältnisse am Eingang der Ansaugleitung entsteht eine Unterdruckwelle zum Einlassventil hin, die eine gleiche Dauer beansprucht. Der Unterdruck in der Leitung bewirkt wiederum im Kontakt mit dem atmosphärischen Druck am Leitungseingang eine erneute Gasströmung in Richtung des noch geschlossenen Einlassventils, der durch den Aufprall eine erneute positive Druckwelle erzeugt, die sich wiederum in Richtung des Leitungseingangs fortpflanzt.

Es erscheint als günstig, das Einlassventil zwecks des Ladungswechsels in einem erneuten Arbeitsspiel gerade in einem solchen Moment wieder zu öffnen. Das würde die Zylinderfüllung durch eine dynamische Aufladung begünstigen. Dieser periodische Vorgang ist – wie im Bild 49 gezeigt – von der Leitungslänge l und von der Schallgeschwindigkeit c_S abhängig. Ein typischer Druckverlauf in einer Ansaugleitung ist im Bild 50 im Falle eines Ottomotors mit und ohne Drosselung bei zwei Drehzahlen dargestellt.

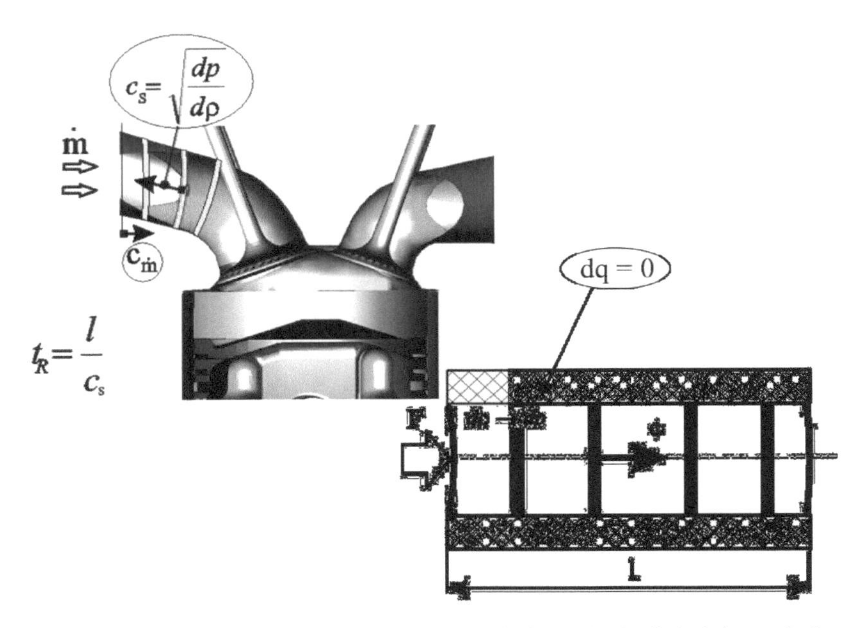

Bild 49 Fortpflanzung einer Druckwelle mit Schallgeschwindigkeit im Arbeitsmedium in der Ansaug- bzw. Auslassleitung eines Kolbenmotors

Es ist dabei ersichtlich, dass die Drehzahl des Motors die Periode der Druckwellen nicht direkt beeinflusst. Die Ventilöffnung ist wiederum bei fester Nockenform winkelabhängig. Dadurch werden sowohl der Öffnungsbeginn, als auch die Öffnungsdauer stark drehzahlabhängig. Es gilt:

$$\alpha = 2\pi nt \tag{2.15}$$

In einem Drehzahlbereich von beispielsweise $n = 800 - 8000\,\left[\min^{-1}\right]$ ist diese Änderung erheblich. Eine Anpassung des günstigen Druckwellenverlaufs an eine geänderte Ventilöffnungszeit kann durch Änderung der Leitungslänge vorgenommen werden. Beispielsweise wird bei niedrigen Drehzahlen eine längere Periode der Druckwellen erforderlich. Das wird üblicherweise durch Verlängerung der

Ansaugleitung realisiert – was verständlicherweise nur stufenweise, in einer oder zwei Stufen, umgesetzt werden kann.

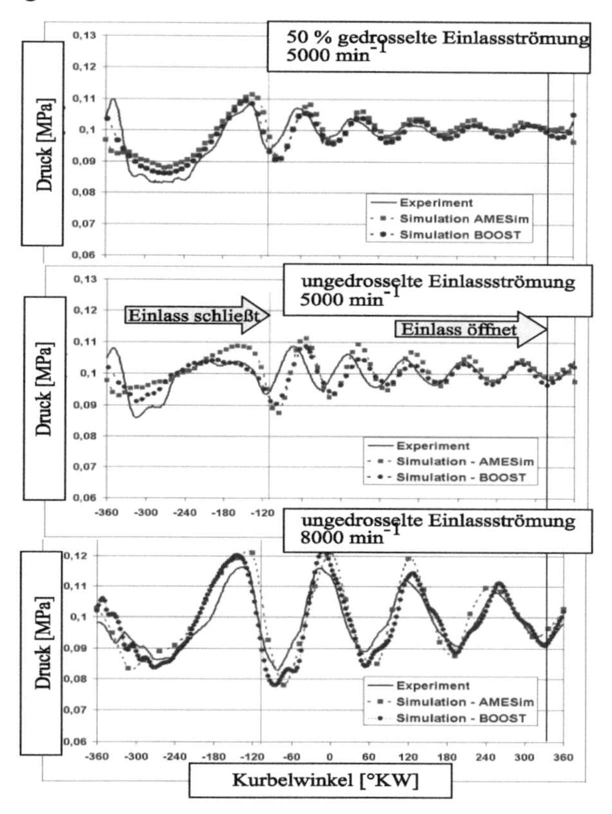

Bild 50 Druckwellenverlauf in der Luftströmung in der Ansaugleitung eines Kolbenmotors bei unterschiedlichen Lasten und Drehzahlen

Außer der variablen Ansaugrohrlänge kann jedoch auch eine Änderung der Schallgeschwindigkeit vorgenommen werden.

Eine Möglichkeit ist die Einspritzung eines kalten, flüssigen Mediums (unter Umständen auch Wasser), dessen Verdampfung zur Senkung der Lufttemperatur und somit, gemäß der Gl. (2.14) der Schallgeschwindigkeit führt, was in gleicher Richtung wie eine verlängerte Ansaugleitung wirkt.

Auspuffseitig ist die Nutzung von Reflexionswellen zur Steuerung des Ladungswechsels von Zweitaktmotoren wohl bekannt – durch Reflexionsflächen nach einer bestimmten Auspuffrohrlänge, kombiniert mit zuschaltbaren Rohrabschnitten, aber auch mit Wassereinspritzung in das heiße Abgas zur Änderung der Schallgeschwindigkeit.

Die Übertragung solcher Konzepte auf Viertakt- Kolbenmotoren kann die Steuerung der Auslassströmung durch mehr oder weniger variable Ventilsteuerungen gewiss unterstützen.

Die vollvariable Ventilsteuerung – ist auf ein flexibles Management des Ladungswechsels im gesamten Last- und Drehzahlbereich – besonders bei der durch Aufladung zunehmenden Strömungsintensität – gerichtet.

Die Ziele dieses Managements bestehen in einer maximalen Frischladung bei Volllast im gesamten Drehzahlbereich, in einem von der Gemischbildung und Verbrennung bestimmten optimalen Verhältnis zwischen Frischladung und Abgas im Zylinder bei Teillast und verschiedenen Drehzahlen, kombiniert allgemein mit der Minimierung der Frischladungsverluste infolge des Ladungswechsels bei jeder Last und Drehzahl.

Bei den an dieser Stelle betrachteten Viertakt- Kolbenmotoren erfolgt dieses Management des Ladungswechsels über die Steuerung der Einlass- und Auslassventile in Bezug auf ihren Öffnungsbeginn, Öffnungsdauer und Hub.

Im Bild 51 sind diese Steuerparameter als Beispiele für gewünschte Veränderungen in Korrelation mit einem Kolbenhubverlauf grafisch dargestellt. Die Steuerung der Ein- und Auslassventilverläufe kann mittels mechanischer, elektromagnetischer, hydraulischer Kräfte oder durch ihre partielle Kombination erfolgen. Einige Beispiele sind durch die erreichten Ergebnisse besonders aufschlussreich.

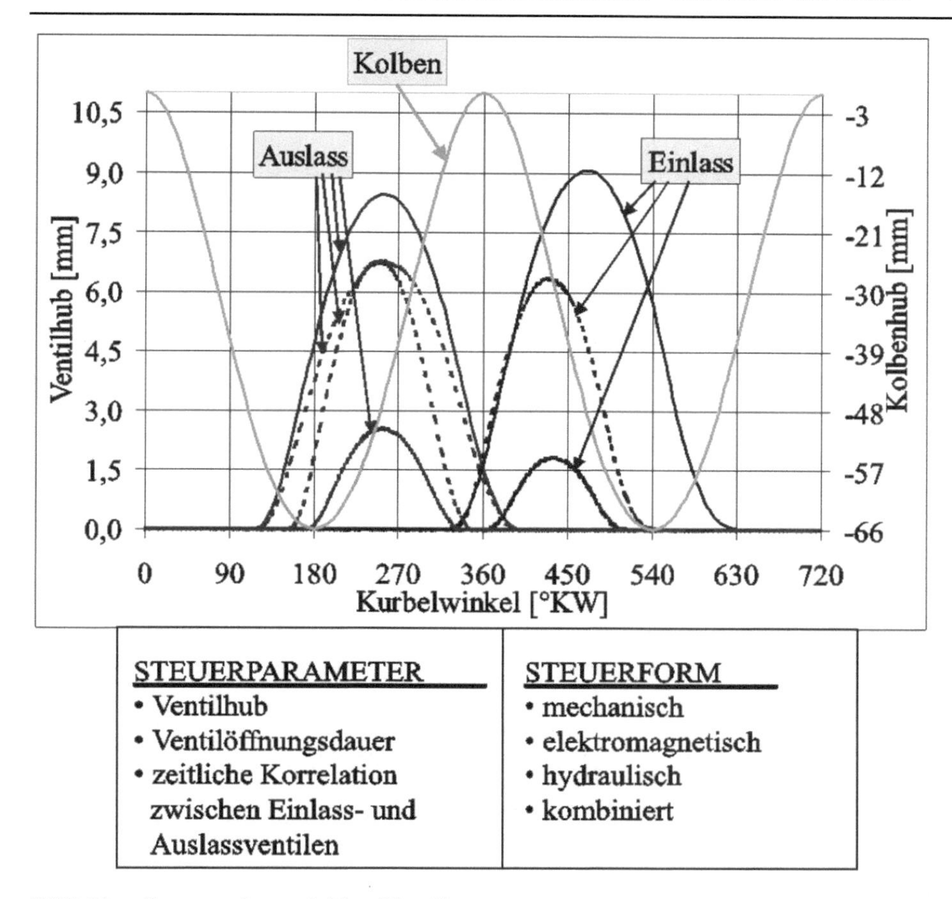

Bild 51 Formen der variablen Ventilsteuerung

Bei dem VARIOCAM- System (Porsche) im Bild 52 wird ein mechanisches Konzept zur Änderung des Öffnungsbeginns und –dauer sowie des Hubes des Einlassventils in definierten Stufen angewendet. Prinzipiell werden dafür zwei unterschiedliche Nockenprofile genutzt, die ihren Kontakt mit den Tassenstößeln ändern können: Dafür wird ein Querbolzen aktiviert, der entweder den Kraftfluss der größeren seitlichen Nocken mit dem Ventilschaft über den Tassenstößel gewährt, oder diesen unterbrechen kann, wie in Bild 53 schematisch dargestellt.

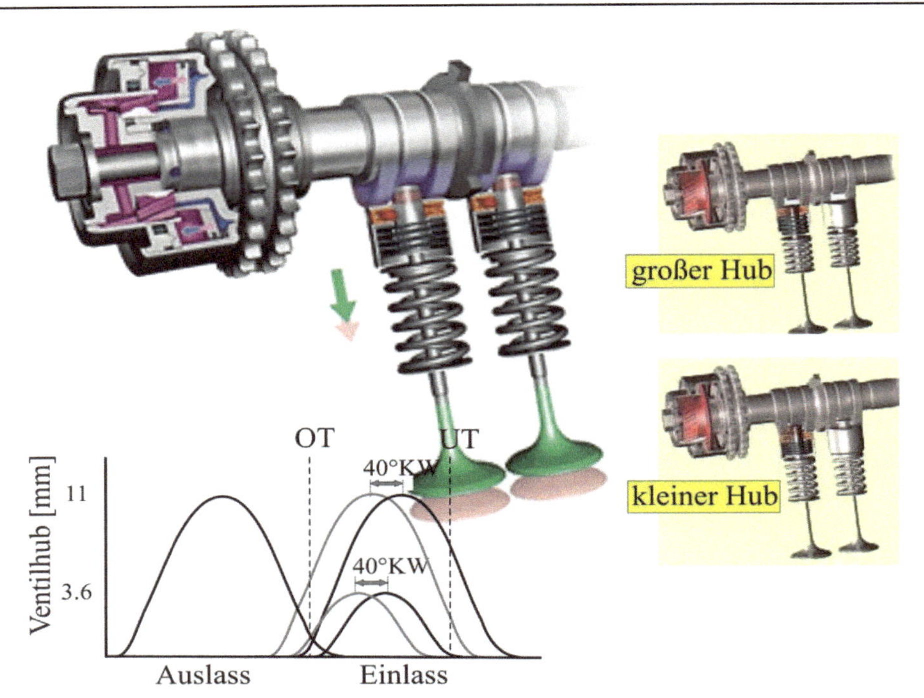

Bild 52 Variocam-Plus (Porsche) – mechanische Kontrolle der Ventilhübe und –winkel *(Quelle: Porsche)*

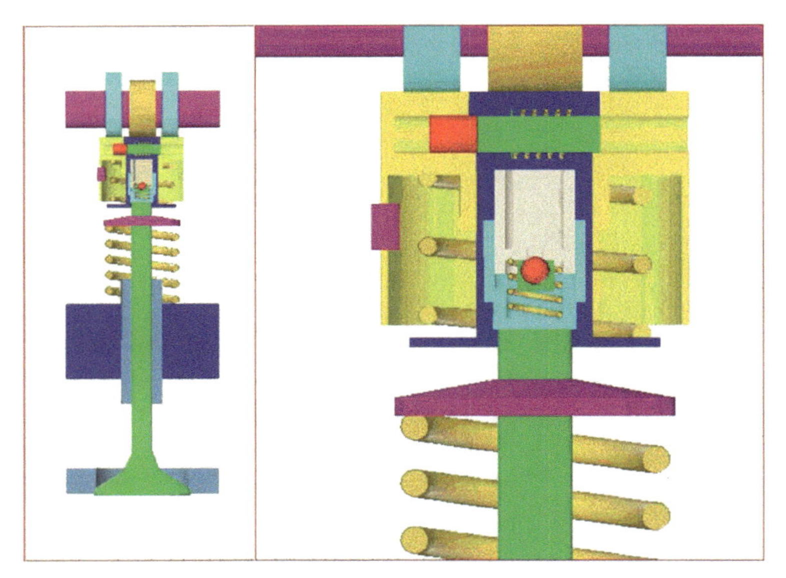

Bild 53 Variocam-Plus (Porsche) – Änderung des Nockenkontaktes mit dem Ventil *(Quelle: Porsche)*

Im zweiten Fall entsteht ein direkter Kontakt des Ventilschaftes mit dem mittleren, kleineren Nocken, abgesichert über die Ventilfeder. Während dessen bewegt sich der Tassenstößel zwar auf seiner bezogenen Bahn, aber ohne Kontakt mit dem Ventilschaft. Die Ergebnisse bezüglich Kraftstoffeinsparung und Drehmomentenverlauf sind recht überzeugend.

Eine ähnliche mechanische Lösung-VVTLi (Toyota) wird zur besseren Anpassung des Ventilöffnungswinkels an variable Drehzahlen angewendet. Dieses Funktionsprinzip ist im Bild 54 dargestellt.

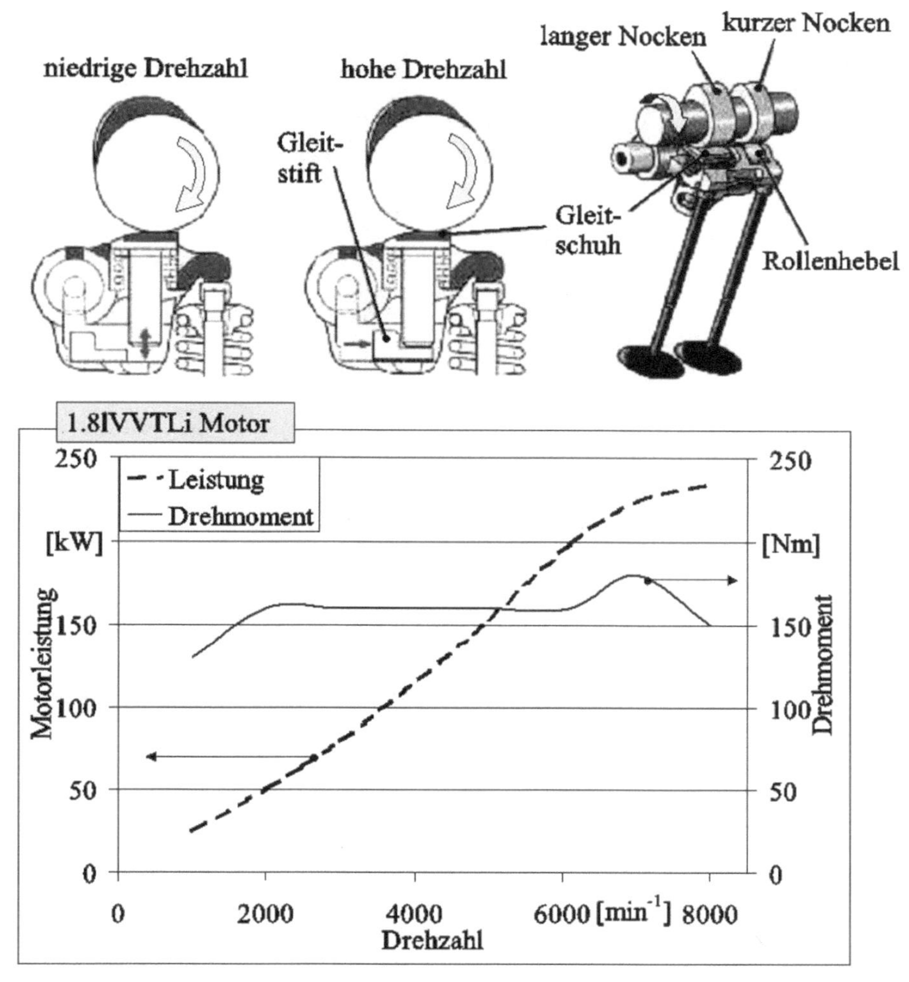

Bild 54 Mechanische Kontrolle der Ventilhübe und -winkel und ihre Auswirkung bezüglich der Motorcharakteristik *(Quelle: Toyota)*

Eine vergleichbare Lösung wird von Volkswagen für die Zylinderabschaltung angewendet. Sie eignet sich aber grundsätzlich für die Umschaltung zwischen zwei unterschiedlichen Nockenprofilen. Das erfolgt durch eine Längsverschiebung entlang der Nockenwellenachse, wie in Bild 55 dargestellt.

Bild 55 System zur Änderung der Ventilführung durch Umschaltung der Nockenprofile *(Quelle: Volkswagen)*

Das VALVETRONIC- System (BMW) kombiniert für die Steuerung der Einlassventile mechanische und elektrische Kräfte.
Dieses Konzept ist im Bild 56 dargestellt.

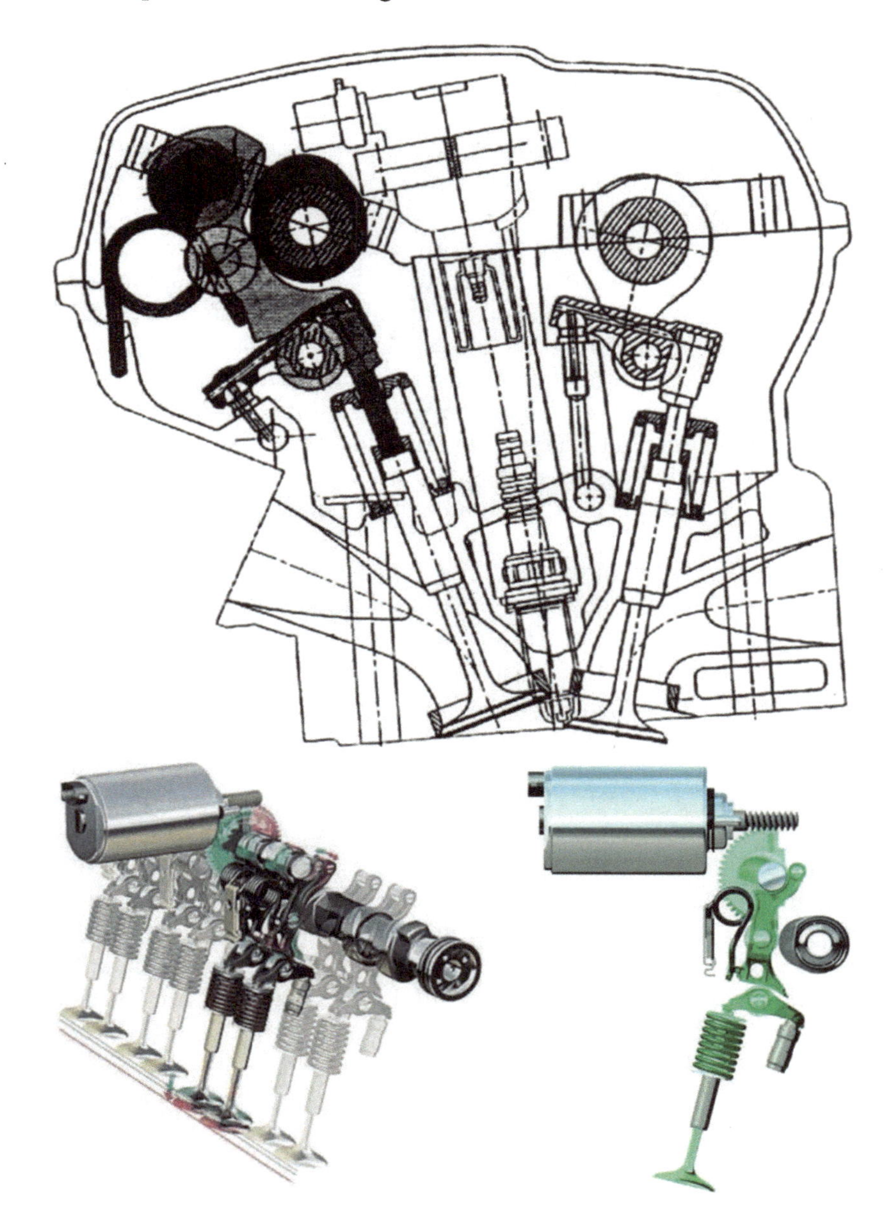

Bild 56 BMW Valvetronic – mechanische Kontrolle der Ventilhübe und -winkel mit elektrischer Steuerung *(Quelle: BMW)*

Zwischen dem Einlassventil und dem entsprechenden Nocken ist ein Kipphebel – als Kraftübertragungselement – mit einer besonderen Form vorgesehen; durch seine Rotation mittels eines Elektromotors wird der geometrische Verlauf bei dem Kontakt zwischen Nocken und Kipphebel sowie zwischen Kipphebel und Ventilschaft geändert, wodurch das Hebelverhältnis variabel wird. Dadurch wird sowohl der Hub, als auch die Öffnungsdauer variabel.

Durch die Einstellungsmöglichkeiten des Elektromotors kann diese Änderung nicht nur in wenigen Schritten, sondern kontinuierlich wirken. Das Ergebnis ist – wie bei VARIOCAM – sehr überzeugend: Senkung des spezifischen Kraftstoffverbrauchs um bis zu 15 % bei gleichzeitiger Zunahme des Drehmomentes bei Volllast. Die Senkung des spezifischen Kraftstoffverbrauchs ist durch den verringerten Hub des Einlassventils bei Teillast durchaus erklärbar. Gelegentlich wird als Ursache eine Entdrosselung der angesaugten Frischladungsmasse genannt, was dem realen Prozess jedoch nicht entspricht: Eine Änderung von Volllast in Richtung Teillast erfolgt durch reduzierte Wärmezufuhr, wofür bei Ottomotoren ob mit Saugrohreinspritzung oder mit Direkteinspritzung bislang noch sowohl die Kraftstoff-, als auch die Luftmasse reduziert werden müssen, um das notwendige Luft- Kraftstoff- Verhältnis in einem homogenen Gemisch zu erhalten.

Die Luftmasse wird zwar mittels des VALVETRONIC- Systems nicht mehr mit einer Drosselklappe im Ansaugrohr, sondern mittels des Ventilhubes gesenkt, indem der wirksame Strömungsquerschnitt geändert, aber der Druckabfall zwischen Ansaugrohr und Zylinder beibehalten wird und somit die Strömungsgeschwindigkeit und die Luftdichte nur geringfügig sinken. Die Masse der angesaugten Luft unterscheidet sich daher nicht von jener in einem Motor mit Drosselklappe – dadurch wird der linkslaufende Kreisprozess während des Ladungswechsels auch nicht grundsätzlich geändert. Die Drosselung des Gemisches unmittelbar am Brennraumeingang mittels des strömungsgünstigen Ventils schafft allerdings eine höhere Dichte des Gemisches innerhalb einer gewissen Ladungsschichtung, die sich auch in der Nähe der Zündkerze befindet. Sowohl die höhere Flammengeschwindigkeit, als auch die kürzeren Brennwege in einem solchen Gemisch erhöhen den Wirkungsgrad der Verbrennung und dadurch insgesamt – durch die Neigung in Richtung einer isochoren Wärmezufuhr – den thermischen Wirkungsgrad des Kreisprozesses.

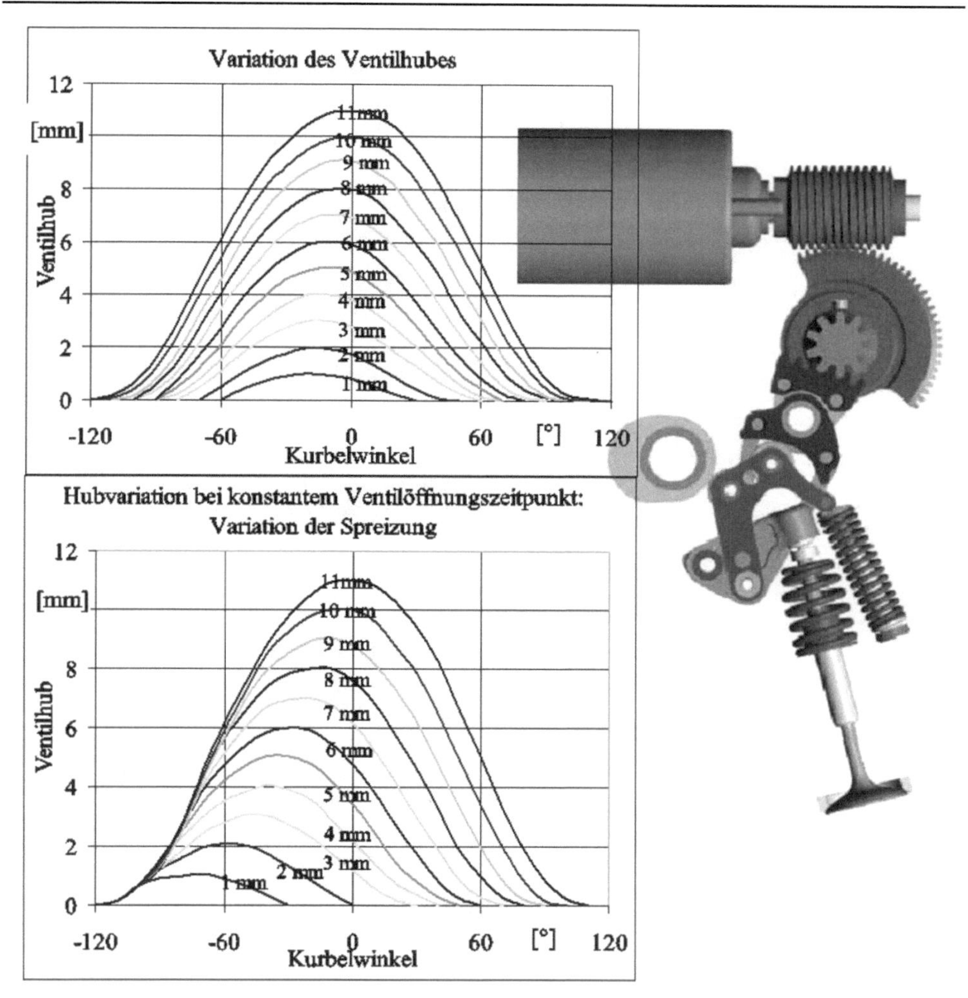

Bild 57 MV²T (Mahle) – mechanische Kontrolle der Ventilhübe und -winkel mit elektrischer Steuerung *(Quelle: Mahle)*

Eine ähnliche Lösung – MV²T (Mahle) – ist im Bild 57 dargestellt: Die Nockenbewegung wird über drei zwischengeschaltete Elemente einem Schwinghebel übertragen. Ihre Position wird mittels eines Elektromotors bestimmt und beeinflusst hauptsächlich die Kippbewegung des Schwinghebels, der in direktem Kontakt mit dem Nocken steht. Dadurch wird sowohl der Hub, als auch die Dauer der Ventilöffnung veränderbar, wie im oberen Diagramm im Bild 57 ersichtlich. Durch eine zusätzliche Nockenwellenverstellung kann auch der Öffnungsbeginn des Ventils verändert werden, wie das untere Diagramm im Bild 57 zeigt.

Das CONCENTRIC CAM System (ThyssenKrupp Presta) hat anstelle einer Nockenwelle für die Einlassventile, zwei Nockenwellen, die ineinander, konzentrisch angeordnet sind, sich jedoch einzeln mittels eines Phasenstellers drehen lassen. Jede der beiden Nockenwellen führt eigene Nocken, mit eigenen Profilen.

Ein CONCENTRIC CAM TYP II System ist im Bild 58 dargestellt.

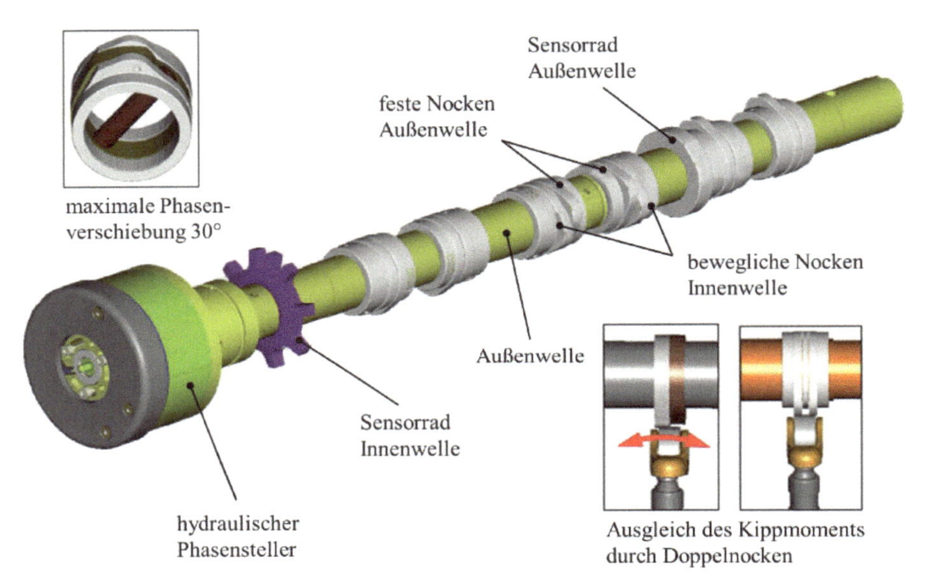

Bild 58 Concentric Cam Typ II (ThyssenKrupp Presta) – mechanische Kontrolle der Ventilwinkel *(Quelle: ThyssenKrupp Presta)*

Für jedes Einlassventil sind prinzipiell 2 Nocken – jeweils eins von jeder der beiden Nockenwellen – vorgesehen, wie im Bild 58 dargestellt. Zur Vermeidung unvorteilhafter Kippmomente werden in manchen Ausführungen zwei Nocken mit einem Profil und zwischen diesen ein weiteres, mit dem zweiten Profil vorgesehen. Eine relative Rotationsbewegung zwischen den beiden Nockenwellen führt zu einer Variation des Ventilhubverlaufs - entsprechend einem veränderbaren Nockenprofil. Drei solche Einstellungen für 0°, 15°, 30° Nockenwinkel (0°, 30°, 60° Kurbelwinkel) sind im Bild 59 dargestellt.

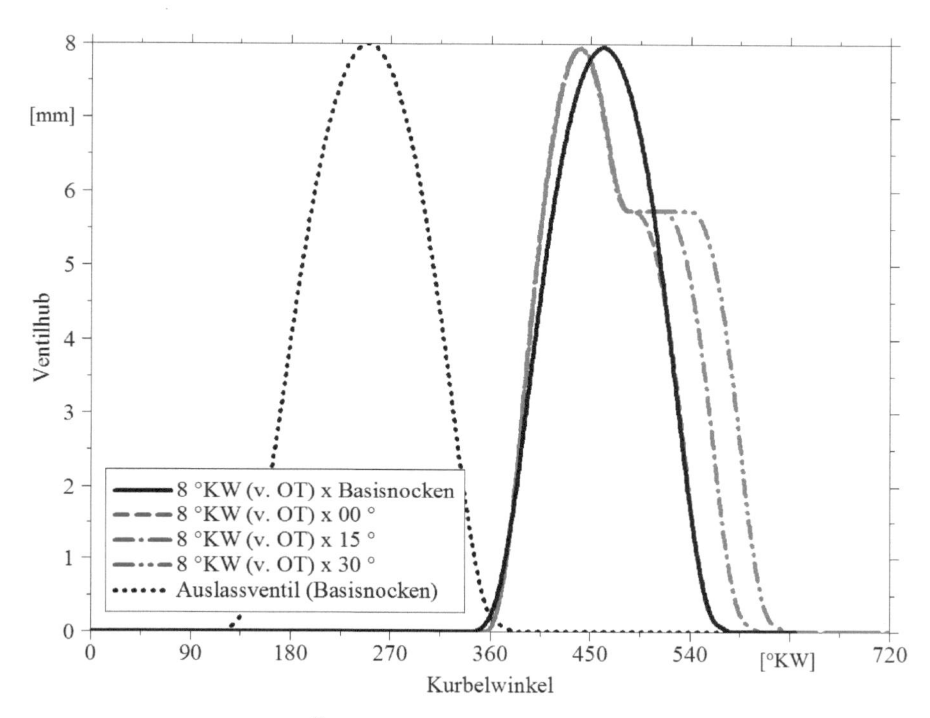

Bild 59 Variabilität der Öffnungsdauer für Concentric Cam Typ II

Die Änderung des Hubverlaufs der Einlassventile beeinflusst neben der einströmenden Luftmenge die Luftströmung in den Zylinder, dadurch den Luftdrall in den Brennraum – und in Folge, im Falle einer Kraftstoffdirekteinspritzung, die Tropfenverteilung und die Verdampfungsdauer.

Die entsprechende Auswirkung auf den Brennverlauf führt zur Änderung der spezifischen Kreisprozessarbeit und der Konzentration der Abgasprodukte.

Die Wirkung eines Concentric Cam Systems beim Einsatz in einem Automobildieselmotor mit Turboaufladung, Common Rail Direkteinspritzung mit Siebenloch-Einspritzdüsen, sowie mit jeweils zwei Ein- und Auslassventilen je Zylinder wurde weitgehend durch dreidimensionale Prozesssimulation mit experimenteller Kalibrierung und Validierung untersucht [27].

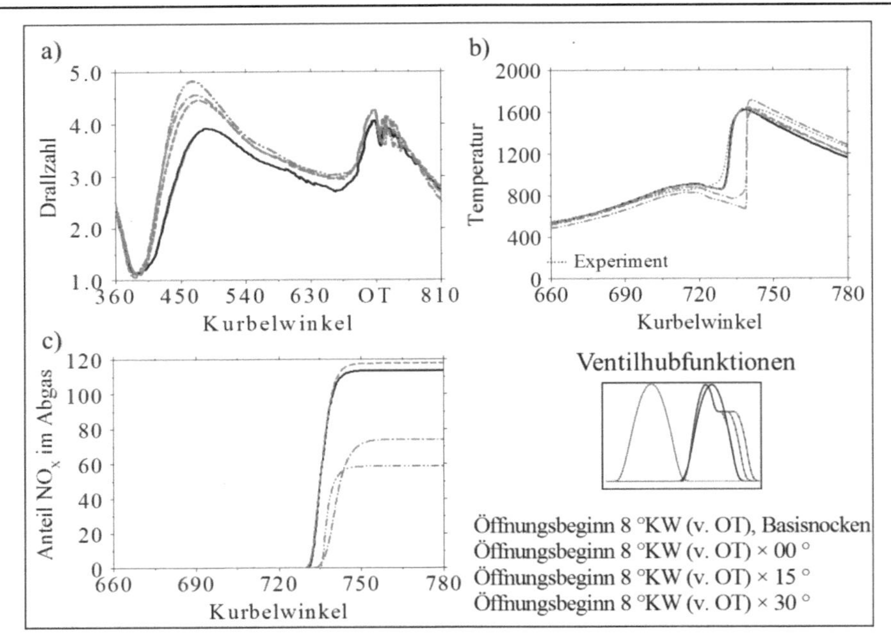

Bild 60 Zusammenhang zwischen Drallzahl, mittlerer Verbrennungstemperatur und NO_X-Bildung bei Variation der Ventilhubfunktionen

Im Bild 60 sind einige, ausgewählte Ergebnisse dargestellt. Der Luftdrall im Zylinder (Bild 60a) wird bei einer Erweiterung des Hubverlaufs zu *15* bzw. *30* [°*NW*] intensiver, andererseits ist die längere Ventilöffnungsdauer mit einem gewissen Luftmassenverlust durch Rückströmung verbunden. Der intensivere Luftdrall führt zu einer besseren Verteilung der Kraftstofftropfen im Brennraum sowie zu einer kürzeren Verdampfungsdauer. Beim Einsatz der Standardnocken sind die Kraftstofftropfen eher in der Kolbenmulde konzentriert – das hat eine schnellere Selbstzündung als bei den längeren Nockenprofilen zur Folge, was aus dem Bild 48b, anhand der Temperaturverläufe ableitbar ist. Trotz des längeren Selbstzündverzugs bei den eher homogen verteilten Tropfen, bewirkt ihre schnellere Verdampfung einen steileren Temperaturanstieg während der Verbrennung, als Zeichen eines intensiveren Brennverlaufs. Der Hauptvorteil ist dabei die Erhöhung des thermischen Wirkungsgrades und dadurch die Senkung des Kraftstoffverbrauchs bzw. der CO_2-Emission. Obwohl die Verbrennungstemperatur, die bei breiteren Nockenprofilen insgesamt höher liegt (Bild 60b), eine erhöhte NO_X-Emission erwarten lässt, wirkt die geringere Luftmasse im Brennraum (durch die erwähnte Rückströmung beim Einlass) in gegensätzlicher Richtung. Die deutliche Senkung der NO_X-Emission bei Zunahme des Nockenprofils ist im Bild 60c dargestellt. Andererseits lässt die bessere Tropfenzerstäubung bei einem intensiveren Luftdrall eine geringere Rußemission erwarten. Dagegen wirkt teilweise die geringere Luftmasse im Brennraum. In dem dargestellten Untersuchungsbeispiel stellt die Variante *15* [°*NW*] ein Optimum dar.

Prinzipiell ist eine kontinuierliche, vollkommen drehzahlunabhängige Änderung des Öffnungsbeginns und der Öffnungsdauer eines Ventils nur ohne Nocken möglich. Die erste mögliche Lösung ist die Nutzung elektromagnetischer Kräfte, wobei der Stromverlauf –unabhängig von Winkel bzw. Nockenwellendrehzahl – frei gestaltbar ist, wie im Bild 61 als Beispiel dargestellt.

Bild 61 Elektromagnetische Ventilsteuerung

In dem Elektromagneten wird ein Anker in beiden Bewegungsrichtungen an Magnetkreislinien – über die jeweiligen Spulen bzw. Magnetkreisläufe angeschlossen; die Rücklaufkraft wird jeweils über vorgespannten Federn abgesichert. Die Bewegung kann in beiden Richtungen – beim Öffnen und beim Schließen – durch Peak- and- Hold- Stromverläufe günstig gestaltet werden. Die Magnetsteuerungen können bei dem vorhandenen Stand der Technik derart kompakt realisiert werden, dass sowohl die Einlass-, als auch die Auslassventile bei PKW- Motoren mit vier Ventilen je Zylinder in dieser Weise steuerbar sind, wie bereits realisierte Fahrzeugprototypen bezeugen. Eine solche Lösung ist im Bild 62 dargestellt.

Obgleich die zeitlichen Verläufe frei gestaltbar und unabhängig von der Motordrehzahl sind, weisen Magnetsteuerungen allgemein einen konstanten Ankerhub auf. Durch eine Zwischenarretierung ist die Schaffung von Hubstufen möglich.

Bild 62 Elektromagnetische Ventilsteuerung

Die Vorteile der Frischladungsdrosselung mittels Ventilhub wurden bereits erwähnt; ähnliche Vorteile ergeben sich bei der Steuerung der Restgasmenge im Zylinder infolge der Hubänderung der Auslassventile. Wiederum – wenn nur eines von zwei elektromagnetischen Ein- oder Auslassventilen geöffnet werden kann, was mit mechanischen Lösungen kaum möglich ist – sind durchaus ähnliche Drossel- Effekte erreichbar. Ein weiteres Problem der Ein- und Auslassventilsteuerung mittels elektromagnetischer Kräfte ist die Bereitstellung der verhältnismäßig hohen erforderlichen elektrischen Energie. Gerade in einem solchen Zusammenhang ist ein Energiemanagement „on board“ – zwischen Antrieb und Elektroenergie für derartige Verbraucher – auf Basis des gleichen gespeicherten Kraftstoffs, wie im Kapitel 1.3/ Bild 26d dargestellt, von besonderem Interesse.

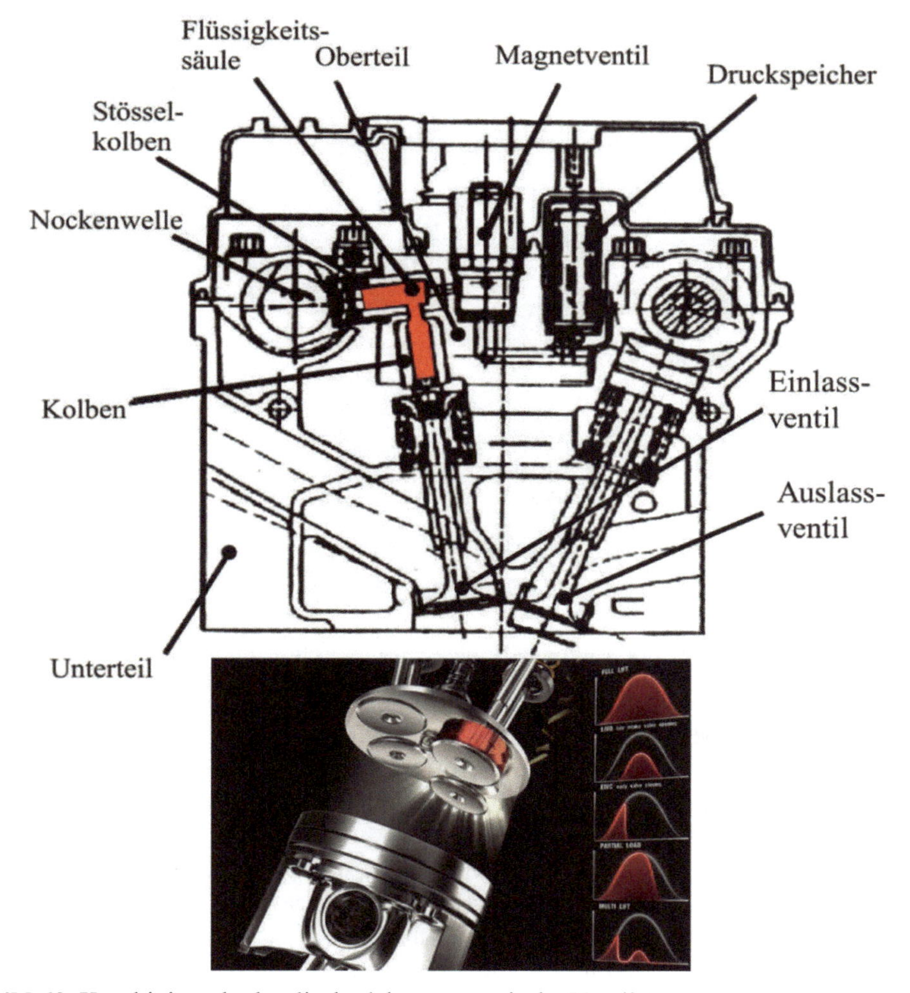

Bild 63 Kombinierte hydraulisch-elektromagnetische Ventilsteuerung

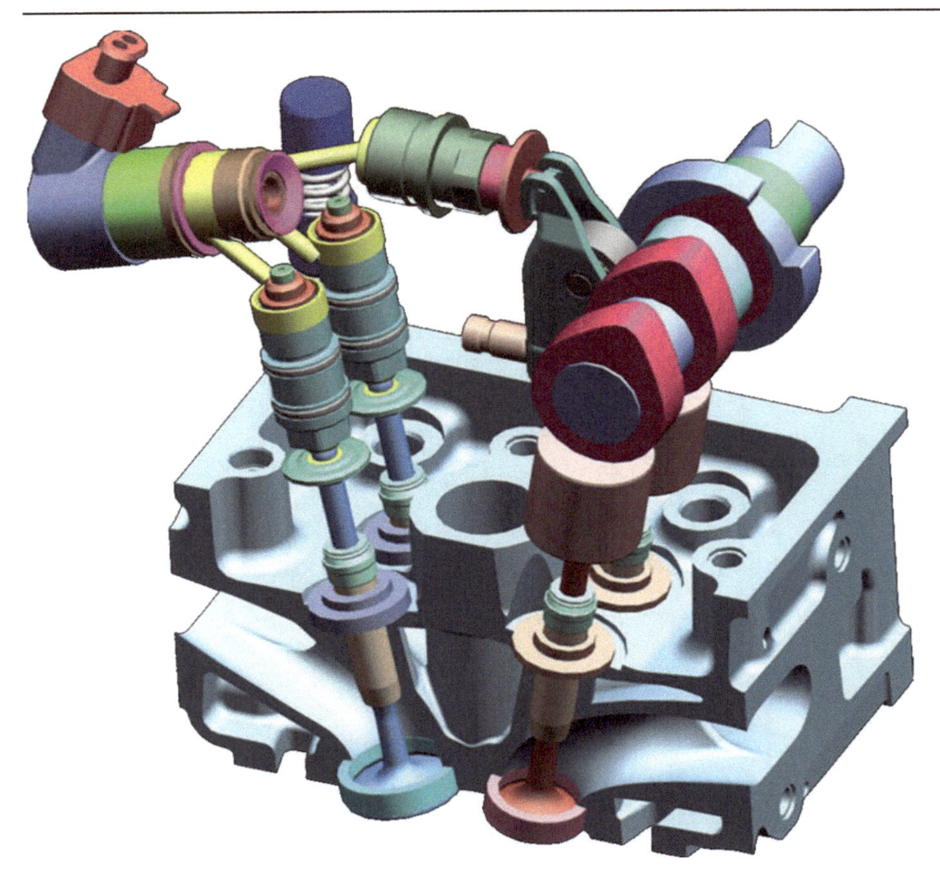

Bild 64 Kombinierte hydraulisch-elektromagnetische Ventilsteuerung
(Quelle: MTZ)

Die Senkung der erforderlichen elektromagnetischen Kräfte einerseits und die Schaffung einer Hubvariabilität andererseits ist durch eine kombinierte elektromagnetisch- hydraulische Lösung – wie in Bild 63 und Bild 64 dargestellt – möglich. Die ursprüngliche Kraft für die Ventilbewegung wird wie beim MULTIAIR-System (INA Schaeffler) über Nocken gewährleistet, was wiederum eine Drehzahlabhängigkeit des Systems schafft. In diesem Fall erfolgt die Kraftübertragung vom Nocken zum Tassenstößel des Ventils über eine Flüssigkeitssäule – ein Hydrauliköl. Die Flüssigkeitsleitung ist mit einem Magnetventil versehen, dass eine Rücklaufleitung für die Flüssigkeit frei schalten kann. Das Nockenprofil ist für die maximale Kombination von Hub und Öffnungsdauer gestaltet – für kürzere Hübe und Dauern, aber auch für Änderungen des Öffnungsbeginns können bestimmte Segmente des Nockens in den Kraftfluss zum Ventil ein- und abgeschaltet werden – indem die Rücklaufleitung der Flüssigkeit durch den

Elektromagneten gesperrt bzw. geöffnet wird. Diese Lösung erlaubt eine kompakte Bauweise und, durch den Elektromagneten, gute Variationsmöglichkeiten der Ventilkurve.

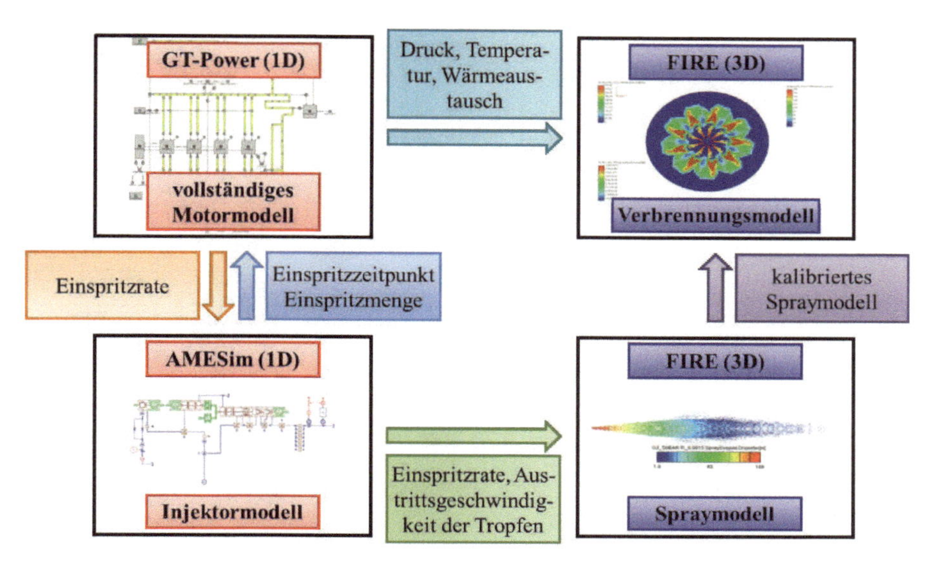

Bild 65 Verkettung von ein- und dreidimensionalen CFD (Computational Fluid Dynamics) Codes zur Simulation der Ladungswechsel, Einspritzungs-, Gemischbildungs- und Verbrennungsvorgänge in einem Verbrennungsmotor [27]

Unabhängig von der gewählten Lösung ist der Zusammenhang Öffnungsbeginn und –dauer sowie Hub von Ein- und Auslassventilen mit der Frischladungs- und Restgasmasse und ihrer Bewegung im Zylinder bei jeder Last- und Drehzahlkombination, bei zusätzlicher Berücksichtigung der Druckwellenverläufe von Einlass- und Auslassleitungen ohne eine akurate numerische Simulation der Vorgänge bei allen Kenngrößen- bzw. Parameterkombinationen praktisch nicht mehr möglich.

In einer ersten Annäherung genügen dafür eindimensionale Modelle, wie im Bild 65 (links oben) als Beispiel gezeigt. In einer weiteren Stufe der numerischen Simulation ist es zu berücksichtigen, dass die Geometrie der Ladungswechselkanäle und der Ventile, das Drosselverhältnis durch Ventilhub oder Drossel im Kanal, aber auch die Brennraumgeometrie, die Zustandsgrößen des ausgetauschten Gases und die Temperaturverteilung an den Brennraumwänden den Strömungsverlauf stark beeinflussen. Andererseits ist der Einspritzverlauf des Kraftstoffs mitverantwortlich für den Ablauf der Luft-/Kraftstoff-Gemischbildung. Die Vorgänge in einem Einspritzsystem können für solche Anwendungen mit ausreichender Genauigkeit mittels eindimensionaler Codes – wie im Beispiel im Bild 65 (links unten) dargestellt – simuliert werden. Die Entwicklung des Einspritzstrahls im Brennraum, der zeitliche und räumliche Ablauf der Gemischbildung und der

Verbrennungsvorgang können jedoch nur durch dreidimensionale Simulation ausreichend analysiert werden.

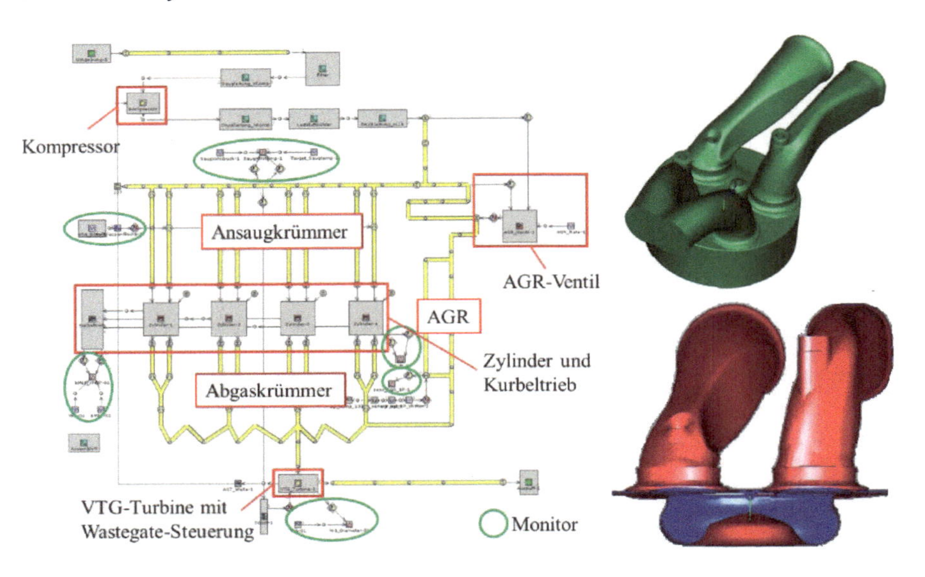

Bild 66 Eindimensionales (links) und dreidimensionales Modell (rechts) für gekoppelte CFD (Computational Fluid Dynamics) Analyse

Im Bild 65 ist das Zusammenspiel der ein- und dreidimensionalen Simulation der Vorgänge in einem Kolbenmotor an einem Beispiel dargestellt. Die eindimensionale Simulation erlaubt eine extensive Analyse - bestehend aus zahlreichen Parameterkombinationen – in relativ kurzer Zeit. Die dreidimensionale Simulation gewährt wiederum die Möglichkeit einer intensiven Analyse der interessantesten Ergebnisse der eindimensionalen Simulation. Dabei werden die räumlichen Strömungen von Luft und Kraftstoff und in Folge die räumlichen und zeitlichen Verläufe der Gemischbildungs- und Verbrennungsvorgänge betrachtet. Ein solches Modell ist zum Beispiel für einen Dieselmotor auf Teilmodellen für Ein- und Auslasskanäle, Ventile, Filter, Verdichter, Turbine, Ladeluftkühler, AGR Ventile und Zylinder aufgebaut. Das Modell berücksichtigt die unterschiedliche Gestaltung der jeweils zwei Einlasskanäle pro Zylinder und die Brennraumgeometrie, bestimmt insbesondere durch die Form der Kolbenmulde, wie im Bild 66 ersichtlich. Die Lage der Einspritzdüse und der Strahlwinkel sind dabei von besonderer Bedeutung. Die dreidimensionale Simulation der Gemischbildung und Verbrennung basiert auf einzelnen phänomenologischen Modellen für die Bildung und Verdampfung der Kraftstofftropfen, für ihre Interaktion mit der turbulenten Luftströmung und mit den Brennraumwänden, für die Kraftstofffilmbildung an

Brennraumwänden, die von der Luftbewegung beeinflusst wird und darauf folgend für den Verbrennungsablauf und für die Bildung von Verbrennungsprodukten.
Diese Beispiele (auf Basis der Zusammenhänge in Bild 65 und Bild 66) zeigen, dass die Änderung des Ladungswechsels mittels variabler Ventilsteuerung in einem komplexen Szenario mit der Kraftstoffeinspritzung, Gemischbildung und Verbrennung zusammenspielen.

Die innere Gemischbildung durch Kraftstoffdirekteinspritzung in Otto- und Dieselmotoren

Die innere Gemischbildung durch Kraftstoffdirekteinspritzung wird derzeit in Ottomotoren zunehmend umgesetzt und gilt im Bezug auf Senkung des Kraftstoffverbrauchs und der Schadstoffemission, aber auch auf Erhöhung der hubraumbezogenen Leistung – im Zusammenspiel mit der Aufladung – als besonders zukunftsträchtig. Eine erste starke Anlaufphase der Benzindirekteinspritzung in den neunziger Jahren – verursacht durch die Entwicklung vielfältiger Direkteinspritzsysteme – wurde durch erhebliche Probleme bei der Gestaltung der inneren Gemischbildung gedämpft. In einer zweiten Phase wurden mehrere Ansätze dafür erfolgreich erprobt und das Konzept wird – nach den Vergaser- und Saugrohreinspritzäras – zum neuen Zeitalter in der Gemischbildung bei Ottomotoren [2].

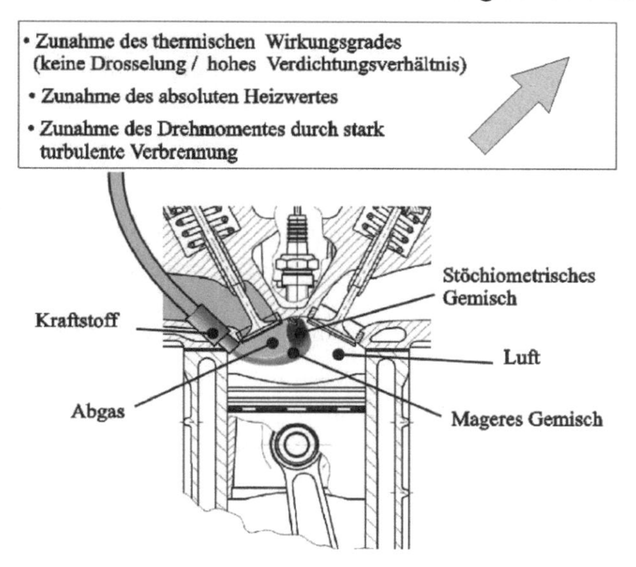

Bild 67 Innere Gemischbildung durch Direkteinspritzung im Ottomotor

Die Potentiale sind beachtlich: Durch eine gezielte innere Gemischbildung – wie im Bild 67 für eine Teillast schematisch dargestellt – kann jegliche Drosselung der angesaugten Luftmasse vermieden werden, andererseits kann die Klopfgrenze und dadurch das Verdichtungsverhältnis erheblich erhöht werden.

Beide Maßnahmen führen zu einer deutlichen Zunahme des thermischen Wirkungsgrades – als Maximalwert bzw. in großen Kennfeldbereichen – was einer Senkung des spezifischen Kraftstoffverbrauchs gleichkommt. Des Weiteren kommt es, durch die Kraftstoffeinspritzung mit relativ hoher Geschwindigkeit in die Kompressionsluft kurz vor der Verbrennung zur Bildung lokaler Turbulenzzentren, wodurch die Verbrennung beschleunigt wird. Bei gleicher Luftmasse im Zylinder schafft das allgemein einen Drehmomentvorteil von 8-10 % gegenüber vergleichbaren Motoren mit Saugrohreinspritzung, abgesehen von der zusätzlichen Erhöhung des thermischen Wirkungsgrades durch die Wärmezufuhr, die stark zum isochoren Verlauf neigt. Die Aufladung erhöht in Folge die hubraumbezogene Leistung durch mehr Luft für mehr Kraftstoff, als extensive Maßnahme. Die ideale Konfiguration einer inneren Gemischbildung in der Teillast – wie im Bild 67 dargestellt – geht grundsätzlich von einer in sich homogenen und weitgehend stöchiometrischen Gemischschicht von Luft und Kraftstoff aus, die keine Unstetigkeiten (Luftblasen, Kraftstofftropfen, Abgasreste) aufweist und bei jeder Last und Drehzahl einen direkten Kontakt mit der Zündquelle behält. Diese Gemischschicht wird einerseits von dem Luftüberschuss partiell umhüllt – der beim drosselfreien Betrieb lastabhängig ist – und hat andererseits einen Flächenkontakt mit einem Anteil von Restgas im Zylinder, der – wie im nächsten Punkt des Kap. 2.2 erklärt – eine vorteilhafte Selbstzündung verursachen kann. Die umhüllenden Frischluft- bzw. Abgasmengen hemmen teilweise den Wärmeübergang der in der Gemischschicht entstehenden Verbrennung an die Brennraumwände bzw. an das Kühlwasser, wodurch eine effektivere Umsetzung von Temperatur in Druck entstehen kann. Bei Volllast muss offensichtlich ein brennraumfüllendes, homogenes und nahezu stöchiometrisches (geringfügig fettes) Gemisch realisiert werden, was auch bei der ungedrosselten Saugrohreinspritzung erfolgt. Der Unterschied besteht jedoch, wie erwähnt, in der Turbulenz vor und während der Verbrennung, die durch das Eindringen der Kraftstoffstrahlen verursacht wird.

Der beschriebene Mechanismus der inneren Gemischbildung stellt eine ideale Form dar, die durch verschiedene Maßnahmen mehr oder weniger umsetzbar ist. Diese Maßnahmen sind im Bild 68 zusammengefasst.

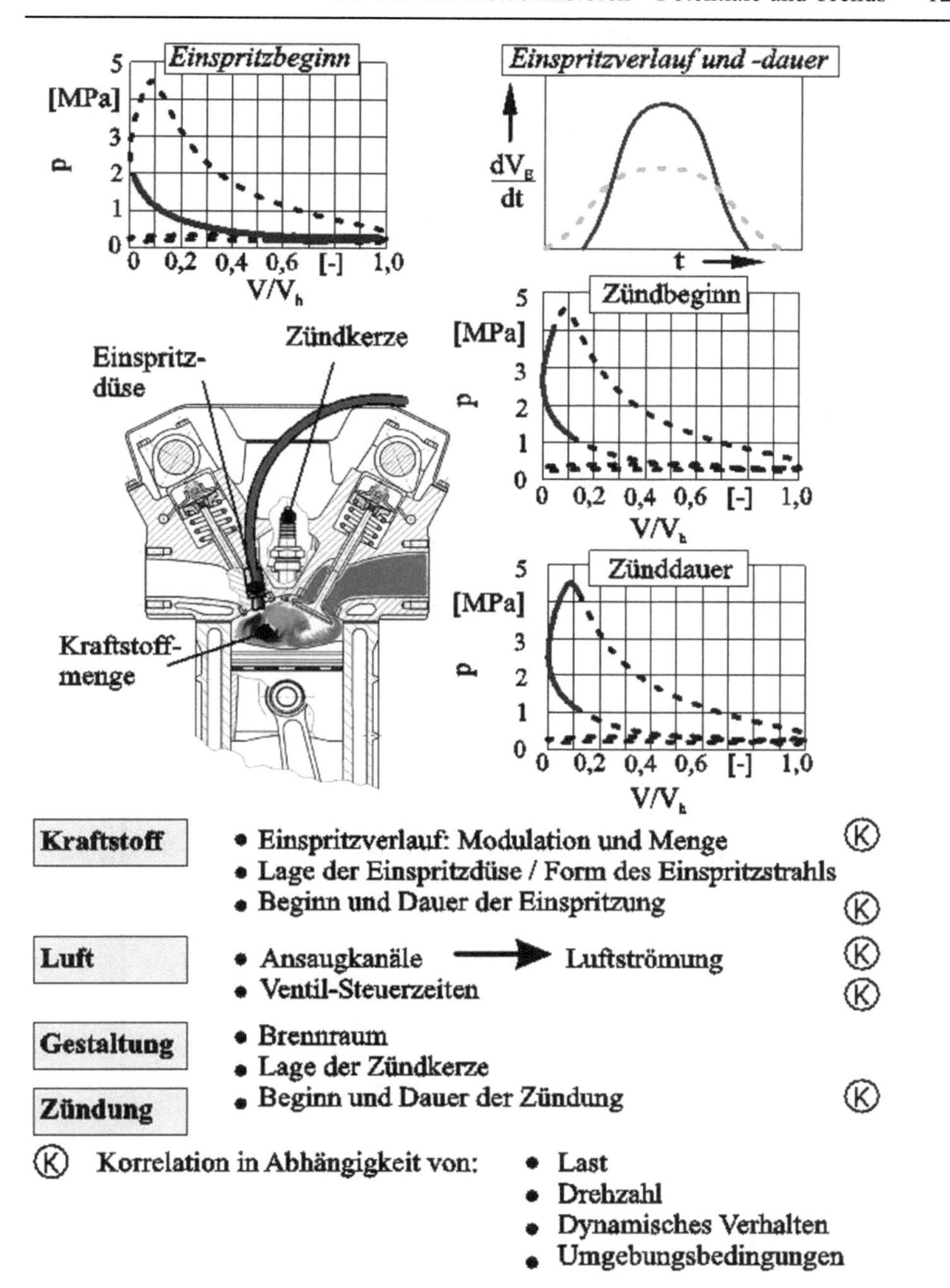

Bild 68 Anpassbare Korrelation der Parameter zur Optimierung der inneren Gemischbildung in einem Ottomotor

Ihre gegenseitige Abstimmung in einem Betriebspunkt bzw. in einem schmalen Betriebsbereich des Motors ist weitgehend durchführbar - weitaus problematischer erscheint die Ausdehnung dieser Abstimmung auf einem breiten Last/Drehzahlbereich oder eine schnelle Veränderung im dynamischen Betrieb. Die gegenseitige Abstimmung ist ohnehin nicht zwischen allen Parametern möglich – die Korrelationsgrößen sind im Bild 68 mit K gekennzeichnet.

Das Anstreben der idealen inneren Gemischbildung führte zu verschiedenen Konzepten, die generell als wandgeführte-, luftgeführte- und strahlgeführte innere Gemischbildung bekannt wurden.

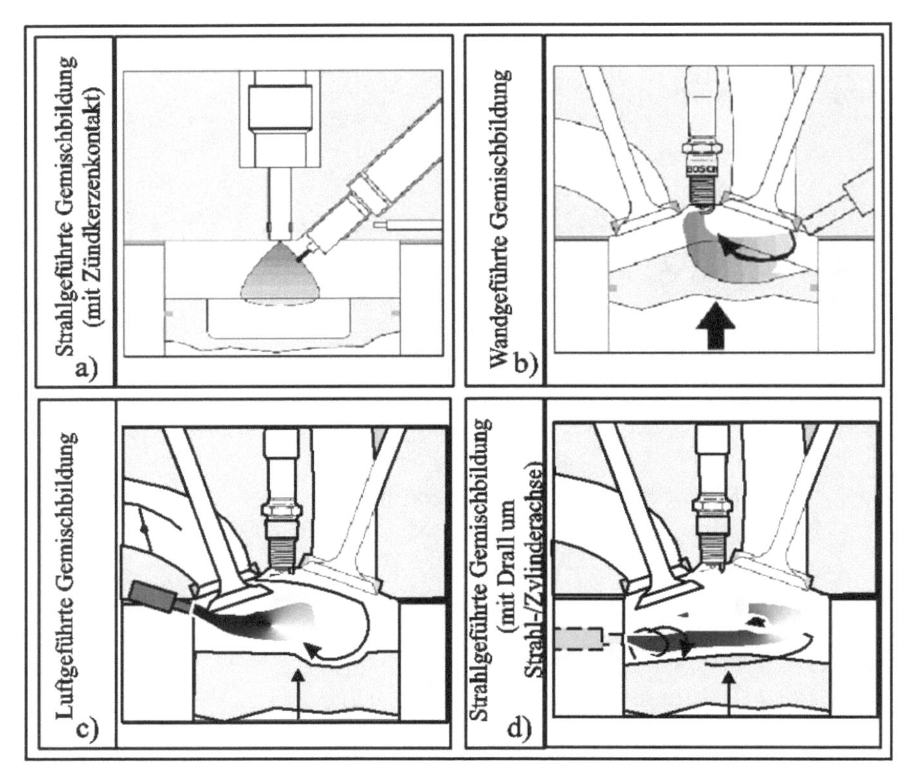

Bild 69 Strahl-, wand- und luftgeführte Gemischbildung mittels Direkteinspritzung in Ottomotoren

Diese Konzepte sind schematisch im Bild 69 dargestellt. Es ist dabei auffällig, dass in jedem Fall – bis auf Variante d – die Brennraumgeometrie, insbesondere die Form des Kolbenbodens eine wesentliche Rolle spielt.

- Das strahlgeführte Verfahren hat erwartungsgemäß das höchste Umsetzungspotential und wurde vor seinem derzeitigen Einsatz in Serien-Motoren bereits in den ersten Ausführungen der Benzindirekteinspritzung in den fünfziger Jahren angewendet: Die erhebliche Enthalpiedifferenz zwischen Kraftstoff und Luft – begründet sowohl in Dichte als auch in Geschwindigkeit – lässt dem Kraftstoff die größere Verantwortung für die Gemischbildung. Bei einer Ausführung wie im Bild 69a – die derzeit verbreitet angewandt wird – entstehen jedoch beachtliche Zielkonflikte: Eine ausreichende Kraftstoffzerstäubung erfordert einen möglichst hohen Kraftstoffdruck während der Einspritzung, der wiederum in Tropfengeschwindigkeit umgesetzt wird. Die Folge ist eine Strahleindringtiefe, die je nach lastabhängiger eingespritzter Menge zwischen *20-80* [*mm*] beträgt. Das übertrifft offensichtlich in weiten Bereichen die Distanz zwischen Düsenfront und Kolbenboden, trotz vorgesehener Kolbenmulde. Der Aufprall von noch nicht verdampften Kraftstofftropfen auf den Kolbenboden – und dadurch eine unvollständige Verbrennung die HC-Emission verursacht – ist dabei unvermeidbar. Die Ähnlichkeit dieser Lösung mit der strahlgeführten Direkteinspritzung bei Dieselmotoren ist unübersehbar. Die thermodynamischen Unterschiede haben aber auch andere Folgen; so liegt der Druckunterschied zwischen Diesel- und Benzindirekteinspritzung derzeit bei etwa 2000:100, was eine wesentlich schnellere Verdampfung der Tropfen beim Dieselkraftstoff, der durch erheblich kleinere Düsenlöcher eingespritzt wird, vor einem Aufprall auf den Kolben verursacht. Dabei ist die Luft während der Verdichtung um etwa *200* [*°C*] bzw. der Kolbenboden um mindestens *100* [*°C*] wärmer. Empfindlicher ist das Problem des Kontaktes zwischen dem Mantel des Einspritzstrahls und der Zündkerze – Kontakt der an sich bei jeder Last und Drehzahl gewünscht wird: Durch Abweichungen des Strahlkegels bzw. der Strahlfäden bei Lochdüsen infolge geänderter Einspritzmengen, durch die Luftbewegung in unterschiedlichen Last und Drehzahlsituationen und nicht zuletzt durch Toleranzen aller zusammenspielenden Parameter entsteht der Zündfunke in einer Gemischzone in der – auf wenigen Zehntel Millimeter – das Luftverhältnis stark variabel sein und weiter werden kann. Die Fortpflanzung der Flammenfront von einem Punkt mit sehr fettem oder sehr magerem Gemisch ist für den Verbrennungsverlauf und insbesondere für die Schadstoffemission sehr nachteilig.

- Das wandgeführte Verfahren – dargestellt im Bild 69b – schafft eine sichere Bahn der Gemischschicht und auch einen Kontakt mit der Zündkerze in einer Zone mit vertretbarem Luftverhältnis auf geometrischem Wege, durch die entsprechende Form des Kolbens. Die dadurch verursachte Tumble-Bewegung des Gemisches begünstigt weiterhin sowohl die Gemischbildung als auch die nachfolgende Verbrennung. Diese Lösung erinnert wiederum stark an Dieselmotoren – in diesem Fall an das Meurer-Verfahren, abgesehen von der Zündkerze. Die thermodynamischen Unterschiede bleiben jedoch – wie bei dem strahlgeführten Verfahren erwähnt – bestehen. Durch die Unterschiede im Kraftstoffdruck ist deren Verdampfung, aber auch deren

Relativgeschwindigkeit in der Kolbenmulde – die die Verdampfung vervollständigt erheblich geringer. Dazu ist die Oberfläche der Kolbenmulde, wie erwähnt, um mindestens *100* [*°C*] kälter. Das führt zur Bildung eines flüssigen Kraftstofffilms auf dem Kolbenboden und dadurch zu einer unvollständigen Verbrennung auf einer relativ großen Fläche – mit Nachwirkungen in der HC-Emission, aber auch im Verbrauch.

- Das luftgeführte Verfahren – dargestellt im Bild 69c – geht von einer gezielten Luftbewegung vom Einlasskanal zu einer Kolbenmulde im Brennraum aus. Das erinnert auch teilweise an das Meurer-Verfahren von der Dieseltechnik. Im vorgestellten Fall wird eine Tumble-Bewegung der Luft nur bei Teillast, durch Drosselung eines Teils des Einlasskanals realisiert. Diese Luftschicht trägt den Kraftstoff in Richtung der Zündkerze mit. Dass diese Umlenkung mittels Luft besser als eine Umlenkung mittels Kolbenmulde ist, belegen die besseren Ergebnisse bezüglich spezifischen Kraftstoffverbrauchs und Schadstoffemission. Infolge der bereits erwähnten Enthalpieunterschiede zwischen Kraftstoff und Luft ist jedoch eine solche Abstimmung nur in einem erheblich begrenzten Last- und Drehzahlbereich möglich.
- Eine Entschärfung des Zielkonfliktes zwischen Größe der Kraftstofftropfen und Länge des Einspritzstrahls, kombiniert mit einer relativ stabilen Position der Gemischschicht im Brennraum rund um die Zündkerze, ist im Bild 69d als alternative Form eines strahlgeführten Verfahrens dargestellt. Dabei wird grundsätzlich die Energie des eindringenden Kraftstoffstrahls von der Translation in Rotation umgesetzt: Der Strahl wird dabei, durch eine geeignete Konstruktion der Einspritzdüse zu einer Rotation um die eigene Achse gezwungen, wodurch die Eindringtiefe in einer ersten Stufe gekürzt wird. Durch die tangentiale Lage der Einspritzdüse im Zylinder, kombiniert mit einer geeigneten Kolbenmulde, dreht sich der Kraftstoffstrahl um die vertikale Zylinderachse. Die Gemischschicht bewegt sich somit in einem Kreis mit bestimmter Schichtdicke, ohne Wand- oder Kolbenkontakt, der Mittelpunkt ist dabei die Zündkerze. Eine Änderung der Einspritzmenge ändert lediglich die Intensität der Kraftstoffstrahlrotation um die eigene Achse bzw. der Gemischwolke um die Zylinderachse. Diese Lösung erweist sich als besonders vorteilhaft bei besonders kompakten Motoren mit breitem Drehzahlbereich.

Die Zunahme der Leistung führt allerdings, wie erwähnt, nicht nur über die Energiedichte, sondern auch über die Drehzahl:

$$P_e = w_e \cdot n \cdot \frac{T_U}{T_A} \cdot V_H \tag{2.9}$$

Die Drehzahlerhöhung erscheint dafür als unvermeidbar und wird tendenziell auch deutlich. In Anbetracht der möglichen Reibpaarungen zwischen Kolben/Kolbenringe und Zylinderbuchsen bzw. der gewünschten Lebensdauer des Motors ist dabei allerdings die mittlere Kolbengeschwindigkeit in Grenzen zu halten.

Es gilt:

$$c_m = 2Hn \tag{2.16}$$

$c_m \left[\frac{m}{s}\right]$	mittlere Kolbengeschwindigkeit
$H\,[m]$	Kolbenhub
$n\,[s^{-1}]$	Motordrehzahl

Eine höhere Drehzahl ist demzufolge mit einer Hubsenkung verbunden. Für ein gleiches Hubvolumen resultiert daraus ein größerer Kolbendurchmesser.

$$V_h = \frac{\pi \cdot D^2}{4} \cdot H \tag{2.17}$$

$V_h\,[m^3]$	Hubvolumen je Zylinder
$D\,[m]$	Kolbendurchmesser

Die Tendenz zu unterquadratischen Hub/Bohrungsverhältnissen bei Automobilmotoren ist unverkennbar, zumal sie durch folglich größere Ventildurchmesser auch den Ladungswechsel begünstigt.

Andererseits sind hohe Verdichtungsverhältnisse günstig im Bezug auf den thermischen Wirkungsgrad und mittels Direkteinspritzung auch in beachtlichem Maße umsetzbar.

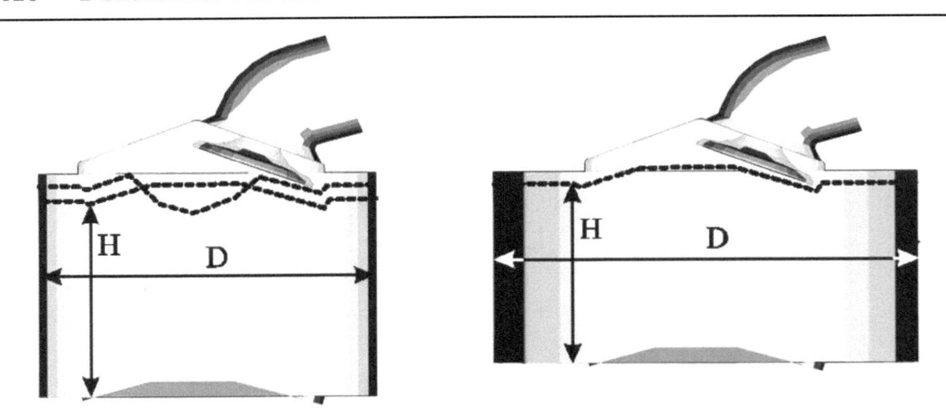

Bild 70 Auswirkung des Hub-/Bohrungsverhältnisses auf die Brennraumgestaltung

Es gilt:

$$\varepsilon = \frac{V_{\max}}{V_{\min}} = \frac{V_h + V_b}{V_b} \tag{2.1}$$

ε	$[-]$	Verdichtungsverhältnis
$V_{\max}$	$[m^3]$	max. Zylindervolumen
$V_{\min}$	$[m^3]$	min. Zylindervolumen
V_b	$[m^3]$	Brennraumvolumen eines Zylinders

Die allgemeine Zunahme des Zylinderdurchmessers zieht eine Änderung der Brennraumform mit sich – mehr Breite, weniger Höhe. Der Abstand zwischen Kolbenboden und Zylinderkopf erreicht derzeit an der engsten Stelle Werte um *1* $[mm]$. Wegen des toleranzbedingten Sicherheitsabstandes sind dabei generell auch Ventiltaschen im Kolbenboden vorgesehen, wodurch das Brennraumvolumen V_b zunimmt, was das Verdichtungsverhältnis ε offensichtlich reduziert.

Die dargestellten Formen der inneren Gemischbildung – strahlgeführt, luftgeführt, oder wandgeführt im Bild 69a, b, c, teilweise auch d – nützen aber mehr oder weniger ausgeprägte Kolbenmulden. Das führt zwangsläufig zur Erhöhung des Brennraumvolumens V_b, wie im Bild 70 dargestellt, und dadurch zur Senkung des Verdichtungsverhältnisses auf Werte die weit unter dem durch die Direkteinspritzung angebotenen Potential liegen.

Die ausreichende Kraftstoffverteilung auf die Luft in einem kontrollierbaren Bereich des Brennraumes, möglichst ohne Kraftstoffkontakt mit einer Brennraumwand bei jeder Last-/Drehzahlkombination, sollte demzufolge ohne

Brennraumanpassung realisiert werden. Dabei ist die Bildung von flüssigen Kraftstoffkernen zu vermeiden.

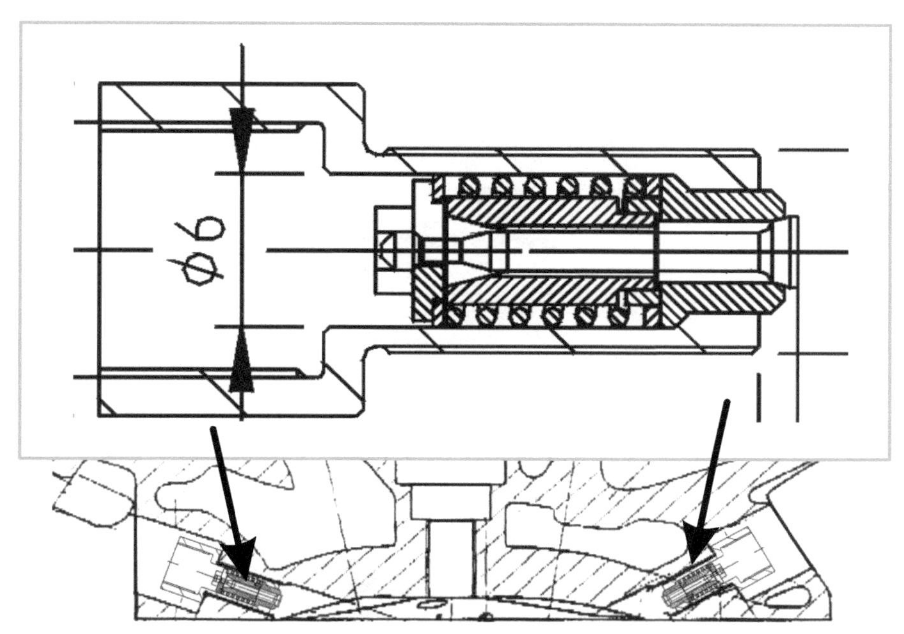

Bild 71 Anordnung von zwei Einspritzdüsen eines Direkteinspritzsystems mit Hochdruckmodulation im Kopf eines Ottomotors – schematisch

Ein Ansatz dafür ist, die Maße der Durchflussquerschnitte beizubehalten, jedoch die Anzahl solcher Querschnitte zu erhöhen, indem zwei oder mehrere Einspritzdüsen je Brennraum vorgesehen werden [3]. Die Zunahme der Anzahl der Düsen je Brennraum bewirkt eine Zunahme des gesamten Durchflussquerschnittes. Für eine vorgegebene Einspritzmenge kann dabei sowohl die Austrittsgeschwindigkeit und damit die Strahllänge je Düse reduziert, als auch die Einspritzdauer verkürzt werden. Weiterhin wird dabei die Kontaktfläche zwischen Luft und Kraftstoff durch zwei oder mehrere Mantelstrahlen entsprechend vervielfacht. Die Düsen können prinzipiell als Mehrlochdüsen oder Zapfendüsen ausgeführt werden. Die Zapfendüsen haben dabei durch die Öffnung nach außen den Vorteil viel geringerer Abmessungen, wie weiter ausgeführt wird. Die Anbringung von mindestens zwei Düsen in dem kompakten Kopf eines modernen Ottomotors ist weitaus günstiger bei Steuerung der Düse durch den Kraftstoff selbst – wie bei Systemen mit Hochdruckmodulation – also ohne piezoelektrische oder elektromagnetische Steuermodule. Bild 71 stellt eine solche Anordnung als Beispiel dar.

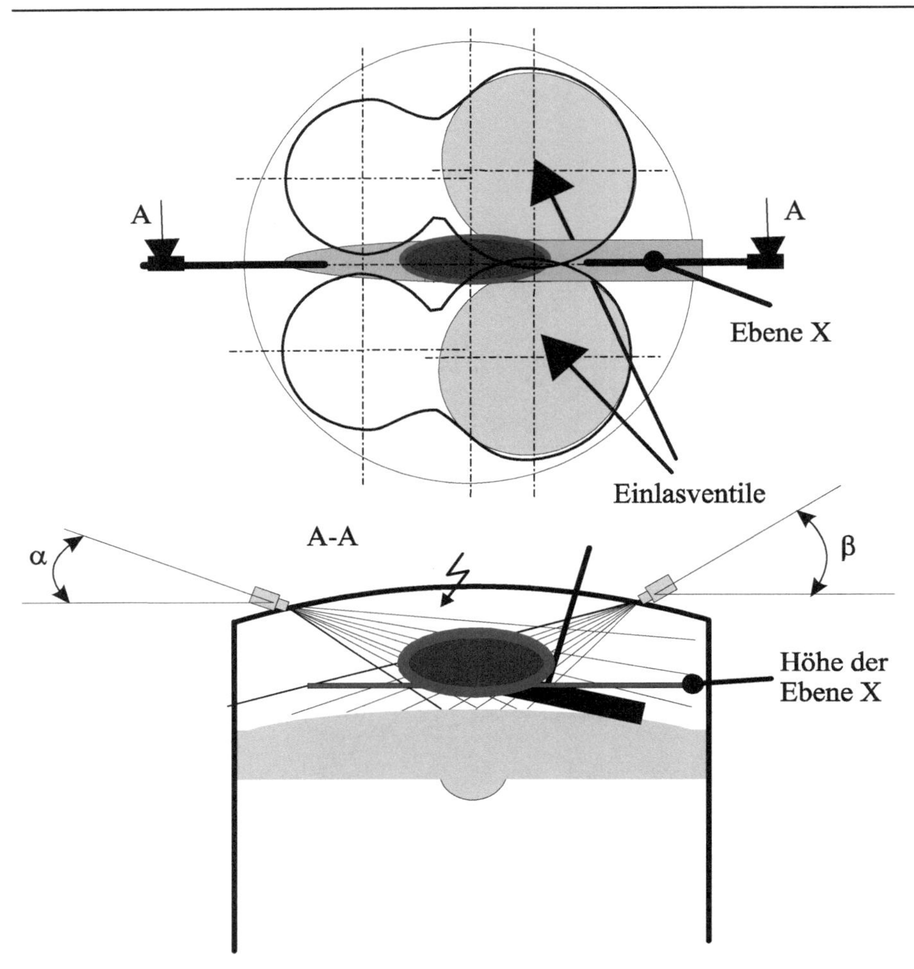

Bild 72 Anordnung von zwei kegelförmigen Kraftstoffstrahlen zur Bildung einer geschlossenen Kraftstoffmantelfläche mit Luftkern

Die Gemischbildung im kompakten Brennraum eines Ottomotors wird bei der Benzindirekteinspritzung über zwei Düsen begünstigt, indem die von jeder Düse teilweise oder vollständig gebildete Kraftstoffmantelfläche die Mantelflächen der anderen Düse in einem bestimmten Winkel und mit einer bestimmten Zuordnung der Symmetrieachse durchdringt. Bei unverändertem Durchflussquerschnitt einer Düse bleibt die Zerstäubungsqualität unverändert.

Die Kraftstoffmantelflächen, die bei Mehrlochdüsen durch einzelne Fadenströmungen und bei Zapfendüsen als kontinuierliche Mantelfläche vorkommen, sind allgemein diffusorartig – als Hohlkegel – ausgebildet, wobei in der Mitte ein Luftkern besteht. Die in Bild 71 dargestellte Anordnung der Einspritzdüsen bewirkt ein Aufeinandertreffen der Hohlkegel im Brennraum – wie im Bild 72 ersichtlich – wobei die Kraftstofftropfen der Fäden oder der Flächen unterschiedlicher Hohlkegel auf ellipsenförmigen Linien zusammentreffen. In dieser Weise entsteht eine in sich geschlossene Kraftstoffoberfläche, gebildet aus Schalen mit unterschiedlichen Formen, die in ihrer Mitte einen Luftkern einschließen. Das Aufeinandertreffen der Kraftstoffstrahlen aus unterschiedlichen Düsen bewirkt eine deutliche Verzögerung der Tropfengeschwindigkeit, wodurch das Auftreffen eines Strahls auf eine Brennraumwand im Wesentlichen verhindert wird.

Durch die Bildung von Hohlkegeln mittels Kraftstoffstrahlen, die Linienberührung der Hohlkegel und die Verzögerung der Tropfengeschwindigkeit auf den Trefflinien wird die Bildung eines stabilen Luftkerns – wie im Bild 72 dargestellt – sowie die Vermeidung der Bildung flüssiger Kraftstoffkerne realisiert.

Die in sich geschlossene Kraftstoffoberfläche mit Luftkern wird durch die Auftreffwinkel der Symmetrieachsen der zwei Düsen in einer bestimmten Zone des Brennraumes, vorzugsweise in der Nähe der Zündkerze, gebildet. Infolge der realisierten Ladungsschichtung kann dabei auf Luftdrosselvorrichtungen verzichtet werden, was insbesondere für die Beschleunigungsvorgänge, aber auch in Bezug auf den spezifischen Kraftstoffverbrauch sehr vorteilhaft ist.

Der Grund dafür ist, dass der Luftüberschuss außerhalb des Kraftstoffmantels bleibt und dadurch die Verbrennung des Kraftstoffs nicht direkt beeinflusst. Die in sich geschlossene Kraftstoffoberfläche mit Luftkern bleibt in der gleichen Position im Brennraum, auch bei einer Änderung der Strahllänge, die durch eine Variation der Einspritzmenge vorkommen kann. Andererseits ist diese Position – angesichts der Kraftstoffenergie – von der Luftströmung kaum beeinflussbar. Damit ist die Position der entstandenen Kraftstoffoberfläche weitgehend last- und drehzahlunabhängig. Durch den vorzugsweisen geringfügigen Achsenversatz der zwei Kraftstoffstrahlen wird die Wahrscheinlichkeit des Zusammenpralls von Tropfen unterschiedlicher Strömungen weiter vermindert. Es entsteht dabei eine Bewegung des Kraftstoffs auf der gebildeten Oberfläche, die die Gemischbildung weiterhin begünstigt.

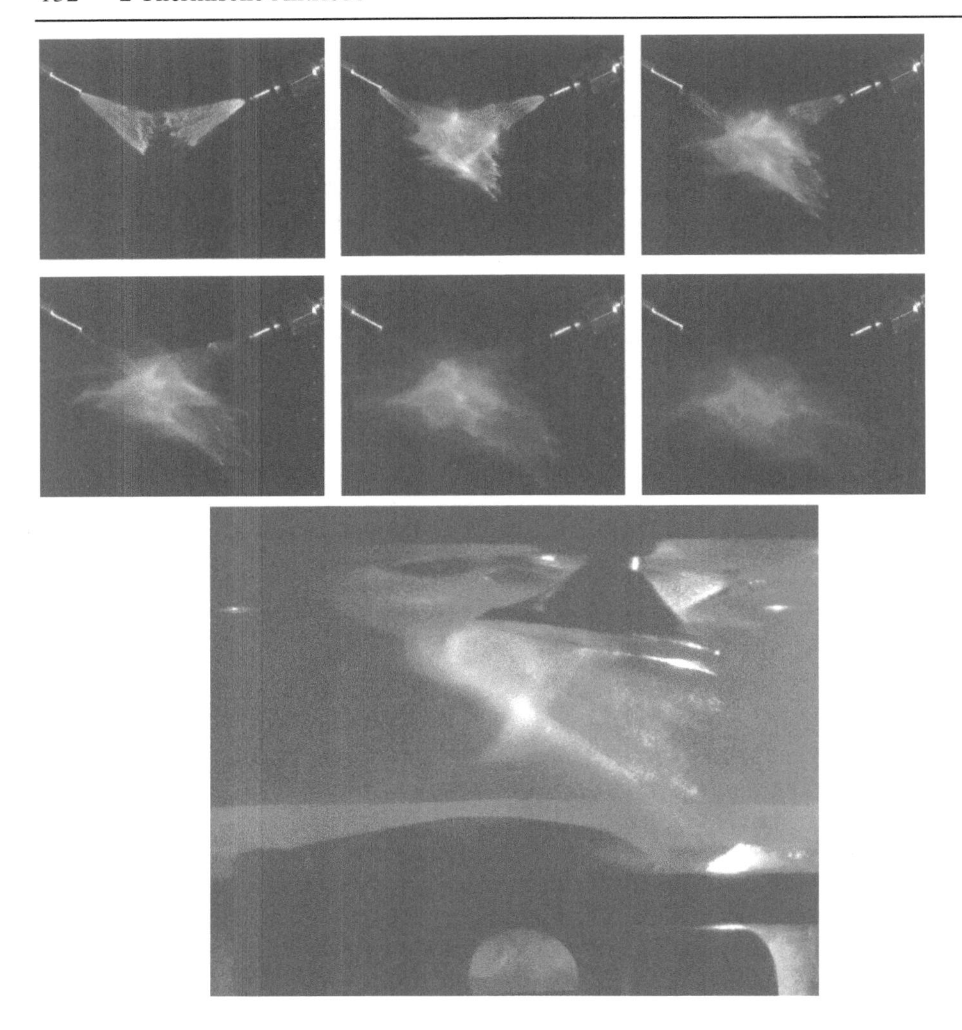

Bild 73 Zeitlicher Verlauf von zwei kegelförmigen Kraftstoffstrahlen vor und nach ihrem Zusammentreffen sowie Anwendung des Verfahrens in einem Hochleistungsmotor - Aufnahmen

Im Bild 73 ist die experimentell ermittelte zeitliche Entwicklung von zwei kegelförmigen Kraftstoffstrahlen im Brennraum – vor und nach ihrem Zusammentreffen – dargestellt. Die Zerstäubungsqualität ist vom Aufeinandertreffen der Strahlen unbeeinträchtigt, Ansammlungen von flüssigem Kraftstoff können nicht festgestellt werden. Diese Konfiguration bleibt in einem großen Bereich der Einspritzmengen erhalten. Bei den Aufnahmen mit Hochgeschwindigkeitskamera wird die abrupte Verzögerung der Kraftstoffgeschwindigkeit nach dem Auftreffen der Strahlen besonders auffallend. Dadurch kann der Strahlaufprall auf Kolben oder Zylinderbuchse nahezu vollständig vermieden werden.

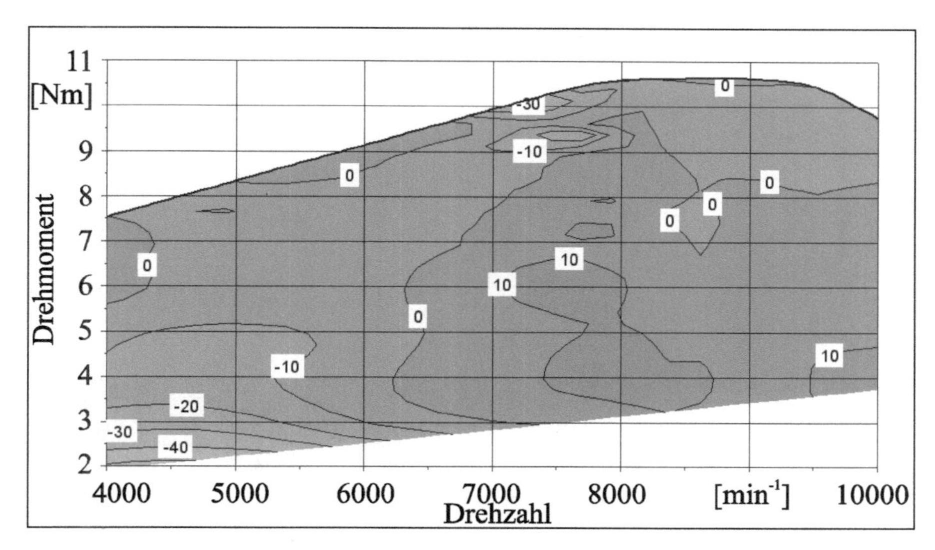

Bild 74 Differenzkennfeld des spezifischen Kraftstoffverbrauchs bei strahlgeführter Benzindirekteinspritzung über eine Düse (Motor mit Luftdrosselung) bzw. über zwei Düsen (Motor ohne Luftdrosselung)

Bild 74 zeigt die Vorteile dieses Verfahrens gegenüber der Direkteinspritzung mittels einer Düse mit klassischer strahlgeführten Gemischbildung in Bezug auf den spezifischen Kraftstoffverbrauch bei Anwendung in einem Einzylinderversuchsmotor mit sehr kompaktem Brennraum bei Drehzahlen bis *10.000* [min^{-1}]. Bei Anwendung einer Düse wird die Ansaugluft entsprechend dem stöchiometrischen Luft-/Kraftstoffverhältnis gedrosselt; bei der Anwendung der Doppeleinspritzung bleibt die Luftströmung im gesamten Drehmoment / Drehzahlbereich vollständig ungedrosselt. Für das im Bild 74 dargestellte Ergebnisbeispiel erfolgt derzeit eine Optimierung durch komplexe Parameterkombinationen.

Der Drehmomentverlauf entspricht für beide Direkteinspritzvarianten jenem des Basismotors mit äußerer Gemischbildung. Die verkürzte Einspritzdauer, die gedämpfte Strahleindringtiefe und die Bildung einer geschlossenen Einspritzstrahloberfläche mit Luftkern in Brennraummitte, ohne Unterstützung von Brennraummulden oder Drallkanälen im Einlass, empfiehlt eine solche Lösung insbesondere für schnelllaufende Hochleistungsmotoren.

Die für die innere Gemischbildung erforderlichen Eigenschaften des Einspritzstrahles werden zum großen Teil von der Art der Einspritzdüse bestimmt. Im Bild 75 sind die gegenwärtigen Konzepte dargestellt.

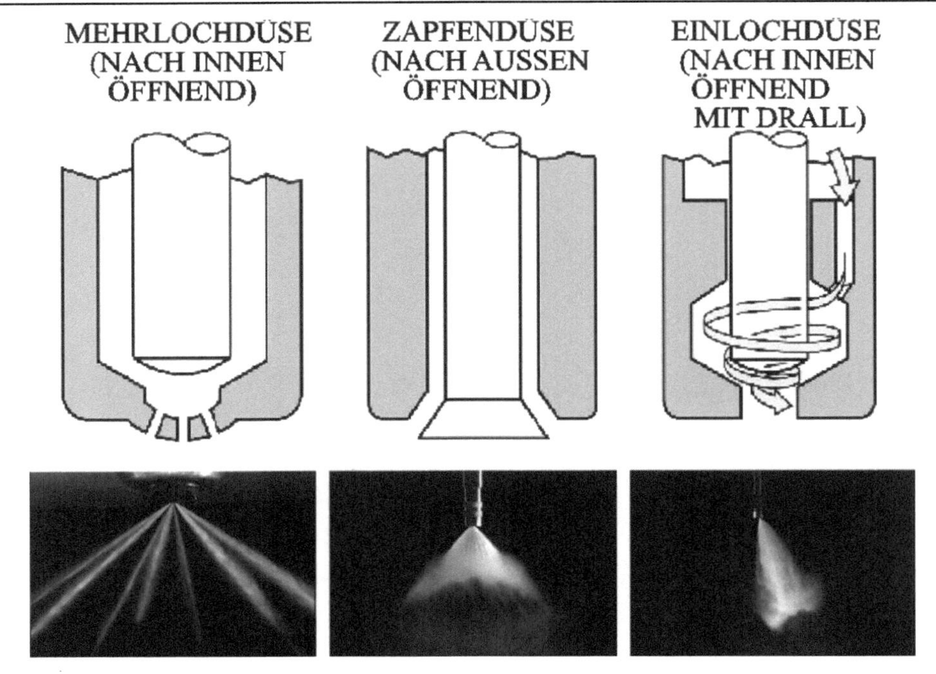

Bild 75 Einspritzdüsen für Benzindirekteinspritzung

- *Mehrlochdüsen*, deren Entwicklung in der Dieseldirekteinspritztechnik bevorzugt wurde, bieten auch für die Benzindirekteinspritzung Vorteile wie gute Kraftstoffzerstäubung und ausreichende Kraftstoffverteilung. Die Öffnung von Düsenlöchern bedingt allerdings in der Regel eine Öffnung der Düsennadel nach innen: Zur Schaffung der notwendigen Kräftebilanz bei Düsenöffnung muss dabei ein Differenzdruck an den Frontseiten der Nadel bestehen – hinter der Nadel darf also kein Kraftstoffdruck aufgebaut werden. Das erfordert eine Mindestabdichtfläche um die Nadel herum – was Nadeldurchmesser und -länge bestimmt. Die dadurch zunehmende Masse der Nadel beeinträchtigt bei vergleichbaren Steuerkräften die Öffnungs- und Schließbewegung.

- *Zapfendüsen:* Das Problem kann durch die Öffnung der Düse nach außen gelöst werden. In diesem Fall ist die Öffnung ein ringförmiger Spalt – was als maximale Anzahl von Löchern in einer Mehrlochdüse betrachtet werden kann. Strahlwinkel und Spaltöffnung können wie bei der Mehrlochdüse gestaltet werden. Durch die größere Anzahl der virtuellen Strahlfäden in dem konusartigen Kraftstoffmantel wird der Durchflussquerschnitt dennoch größer. Bei gleicher Einspritzmenge kann in diesem Fall zum einen Teil die Einspritzdauer und zum anderen die Austrittsgeschwindigkeit und dadurch die Eindringtiefe des Strahls reduziert werden. Angesichts der hohen Drehzahl und des kompakten Brennraums bei modernen Ottomotoren sind diese Effekte von wesentlichem Vorteil.

- *Dralldüsen*: Zur weiteren Reduzierung der Eindringtiefe und zur besseren Gemischbildung können für beide Düsenarten Drallkanäle um die Nadelachse gestaltet werden.

Aus unterschiedlichen Varianten von Direkteinspritzsystemen, die für die Anwendung in Ottomotoren konzipiert wurden, entstanden einige klare Entwicklungsrichtungen. Diese Varianten sind in zwei Gruppen polarisiert [2]:

- Direkteinspritzung eines im Einspritzsystem partiell gebildeten Gemisches von Kraftstoff und Luft.
- Direkteinspritzung flüssigen Kraftstoffs.

Beide Konzepte haben spezifische Vorteile, die ihre Anwendung in verschiedenen Serienanwendungen begründen.

Die Direkteinspritzung eines partiell gebildeten Gemisches basiert auf der Verlagerung eines Teils des Gemischbildungsprozesses vom Brennraum zum Einspritzsystem, wodurch die Dauer der vollständigen Gemischbildung im Brennraum reduzierbar wird. Der Kraftstoffdruck bzw. der Druck des Luftanteils im partiell gebildeten Gemisch wird dabei in separaten Modulen des Einspritzsystems realisiert. Im Bild 76 ist ein solches System schematisch dargestellt.

Der Luftanteil wird dabei in einem dafür vorgesehenen Kompressor, der Kraftstoffanteil in einer üblichen Niederdruckpumpe für Saugrohreinspritzsysteme auf den jeweiligen Druckwert gebracht und in eine Kammer vor der fremdgesteuerten Einspritzdüse geleitet.

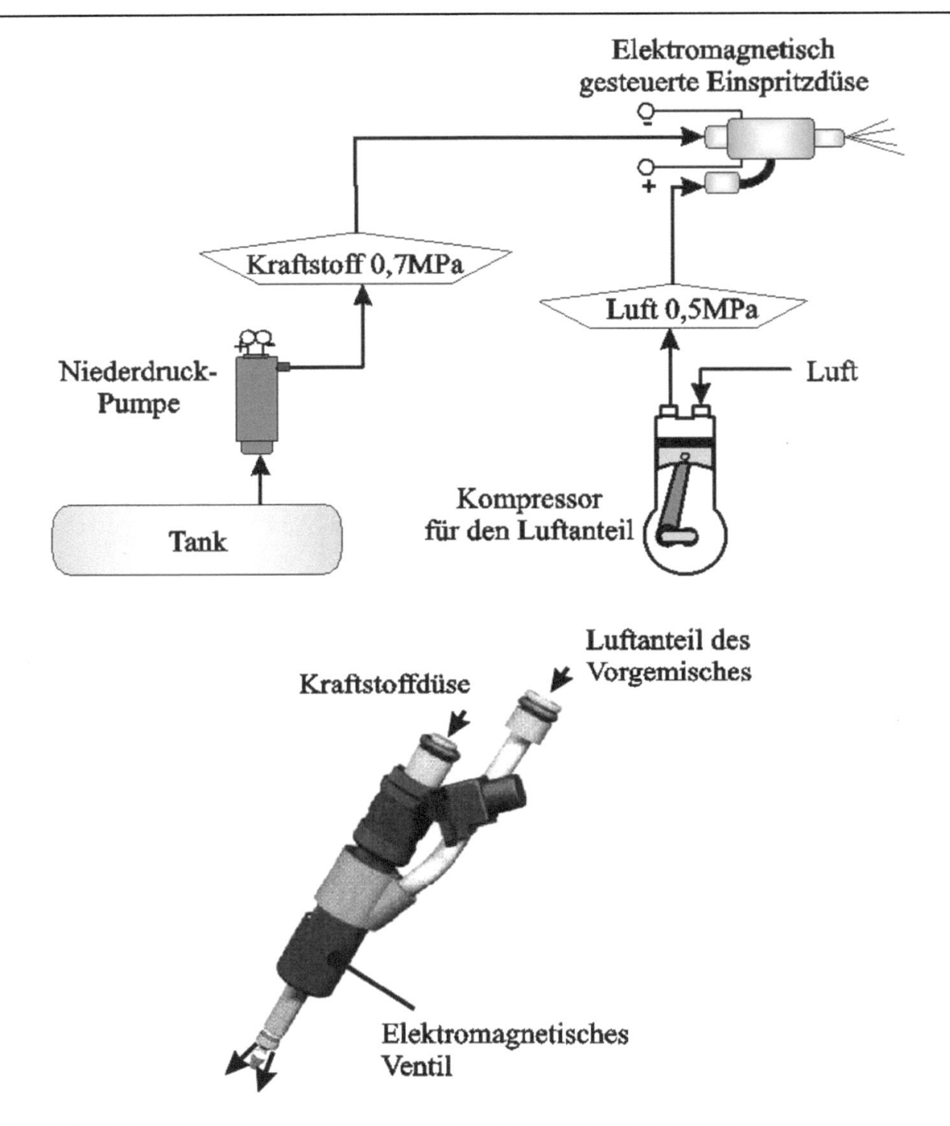

Bild 76 Direkteinspritzung eines partiell gebildeten Gemisches (ORBITAL System)

Die so entstandene Kraftstoff-Luft-Emulsion wird unter dem annähernd konstanten Gemischdruck bei der elektromagnetisch oder piezoelektrisch gesteuerten Öffnung der Einspritzdüse in den Brennraum eingespritzt. Die Änderung der Einspritzmenge mit der Last erfolgt über die Variation der Öffnungsdauer der Einspritzdüse.

Die Einspritzung der Emulsion hat den Vorteil einer schnelleren Verdampfung und Verteilung des Kraftstoffes im Brennraum; darüber hinaus führt der relativ geringe Einspritzdruck zur wesentlichen Verringerung der Strahleindringtiefe. Sowohl durch die daraus resultierende vollständige Gemischbildung, als auch durch die Vermeidung eines Strahlaufpralls auf einer Brennraumwand, werden gute Voraussetzungen für den Verbrennungsvorgang geschaffen. Für Hochleistungsmotoren sind allerdings relativ große Einspritzmengen in extrem kurzer Einspritzdauer erforderlich, was bei dem sehr niedrigen Einspritzdruck der Emulsion physikalisch kaum möglich ist. Eine Anhebung des Kraftstoffdrucks müsste von einem entsprechend höheren Druck des Luftanteils im Gemisch begleitet werden, was technisch sehr aufwendig wird.

Die Direkteinspritzung flüssigen Kraftstoffs in Ottomotoren erfolgt generell bei einer Druckamplitude, die um eine Größenordnung höher als bei der Emulsionseinspritzung ist. Der Kraftstoffhochdruck kann dabei konstant auf dem maximalen Wert gehalten oder als Welle mit definierter Amplitude und Dauer gestaltet werden. Nach beiden Konzepten – die in verschiedenen Varianten entwickelt wurden – bleibt der Druck bzw. der Druckverlauf unabhängig von der Motordrehzahl.

Die Direkteinspritzung flüssigen Kraftstoffs bei konstantem Hochdruck (Common Rail) in Ottomotoren basiert auf der Kraftstoffförderung mit einem Druck im Bereich von *10-60* [*MPa*] mittels einer mechanischen Pumpe mit einem oder mehreren Plungern. Die Systemkonfiguration ist in Bild 77 dargestellt. Die Konstanthaltung des Druckes wird durch die Speicherung des geförderten Kraftstoffes realisiert, wobei der Speicher als gemeinsame Hochdruckleitung für alle Einspritzdüsen realisiert wird. Die Kraftstoffeinspritzung erfolgt durch die elektromagnetisch oder piezoelektrisch gesteuerte Öffnung der Einspritzdüse. Wie im Falle der Emulsionseinspritzung erfolgt die Änderung der Einspritzmenge mit der Last anhand der Variation der Öffnungsdauer der Einspritzdüse.

Die dargestellte Systemkonfiguration entspricht allgemein jener der Saugrohreinspritzsysteme – bei einem erheblich höheren Druckniveau. Durch die piezoelektrische Steuerung der Einspritzdüse werden die Verzögerungen der Düsennadelbewegung derart gering, dass bei Serienanwendungen mehrere Einspritzungen pro Arbeitsspiel möglich werden. Dieses Split-Injection-Verfahren ist günstig für die Gestaltung des Einspritzverlaufs in Einklang mit dem Gemischbildungsvorgang bei einer gegebenen Kombination von Last und Drehzahl.

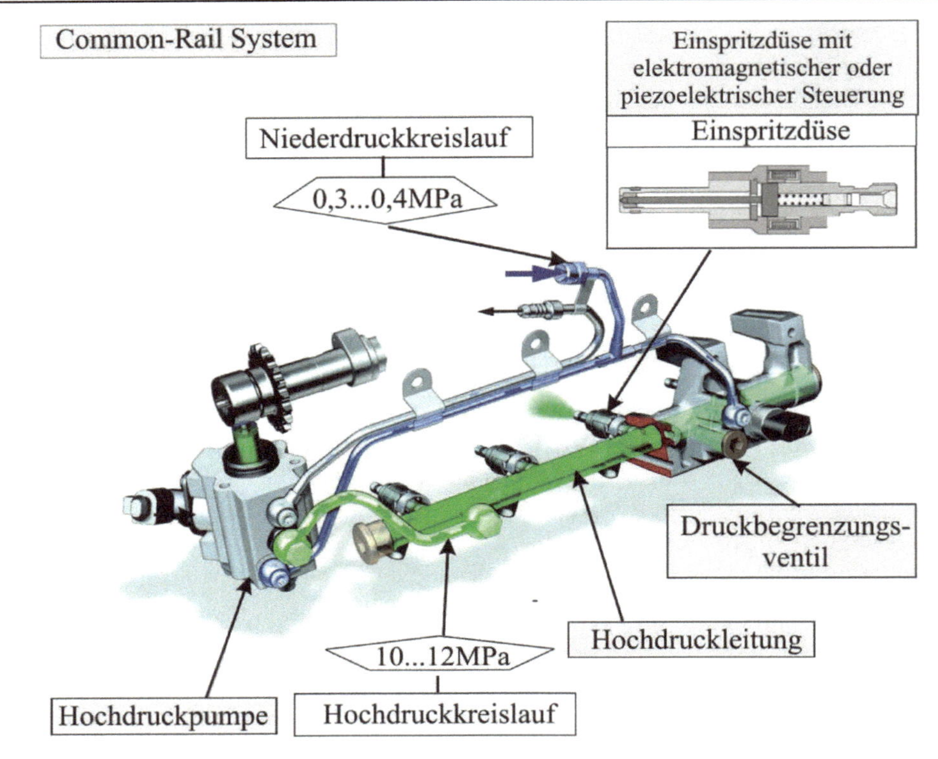

Bild 77 Direkteinspritzung flüssigen Kraftstoffs bei konstantem Hochdruck (BOSCH Common-Rail System)

Die piezoelektrische oder elektromagnetische Steuerung der Einspritzdüse – die bei Common Rail Systemen wie bei der Emulsionseinspritzung auf Grund des konstanten Druckniveaus erforderlich ist – stellt bei den bisher ausgeführten Motoren keine gravierenden Probleme konstruktiver Art dar. Dagegen ist die Anordnung einer Düse mit Steuermodul im Zylinderkopf eines kompakten Motors nicht unproblematisch. Die Verlegung des Steuerteils außerhalb des kritischen Bereiches – wie an der Düse in Bild 75 ersichtlich – verursacht eine Verlängerung der Düsennadel und somit eine Zunahme ihrer Trägheitskraft, die durch die magnetische oder piezoelektrische Steuerkraft zu kompensieren ist.

Die Direkteinspritzung flüssigen Kraftstoffs mit Hochdruckmodulation (Pressure Pulse) basiert auf der hydrodynamischen Entstehung einer Hochdruckwelle im Kraftstoff, deren Amplitude und Dauer exakt kontrollierbar und steuerbar sind. Die lastabhängige Kraftstoffdosierung kann in diesem Fall bei minimal gewählter Dauer der Druckwelle über die Amplitude geändert werden. Ein wesentliches Merkmal dieses Konzeptes ist die mögliche Steuerung der Düsennadel für die Einspritzung durch die Kraftstoffdruckwelle selbst, wodurch eine

Fremdsteuerung (piezoelektrisch oder elektromagnetisch) nicht mehr erforderlich ist. Eine solche Hochdruckwelle kann beispielsweise auf Basis des Druckstoßeffektes realisiert werden. Die Funktion und die Steuerungsmöglichkeiten eines solchen Systems sind in Bild 78 dargestellt.

Die Systemeinheit besteht aus einer konventionellen Kraftstoffpumpe, die den Kraftstoff vom Tank zum Schwingungsdämpfer bei einem konstantem Vordruck p_o fördert, weiterhin aus einer Beschleunigungsleitung, einem elektromagnetischen Absperrventil und einer Einspritzdüse. Beim Öffnen des Absperrventils strömt der Kraftstoff, der unter dem Vordruck p_o in der Beschleunigungsleitung stand, zurück zum Tank. Während der Ventilöffnung beschleunigt die Flüssigkeit bis zu einer Geschwindigkeit v_1, die der Druckdifferenz zwischen Vordruck und Tankdruck entspricht. Das schlagartige Schließen des elektromagnetischen Ventils führt zum Aufprall der in der Leitung beschleunigten Flüssigkeit auf das Schließelement, wodurch eine schwache Flüssigkeitskompression entsteht. Die Kompressionswelle wird von einer Druckerhöhung begleitet, die den Vordruckwert 10...15mal übersteigt. Sie pflanzt sich mit Schallgeschwindigkeit durch die Beschleunigungsleitung entgegen dem noch strömenden Fluid bis zum Schwingungsdämpfer fort. Entsprechend der eingestellten Reflektionsbedingungen wird die entstehende rücklaufende Welle idealerweise bis auf den Wert des Vordruckes gedämpft. Auf diese Weise wird an der Stelle des Absperrventils eine Hochdruckwelle erzeugt, deren Dauer der Fortpflanzungs- und Reflektionszeit durch die Leitung entspricht. Die Druckwelle wird in der Nähe des Absperrventils zu einer Einspritzdüse geleitet, die von einer Federkraft gesteuert wird. Die Amplitude der Druckwelle – und damit der Einspritzverlauf – kann sowohl durch die Dauer der Kraftstoffbeschleunigung t_i, als auch durch den Vordruckwert p_o bestimmt werden. Wie im Bild 78 ersichtlich, bewirkt sowohl eine Verkürzung der Öffnungsdauer von t_1 auf t_2 bei gleichem Vordruck p_o, als auch eine Senkung des Vordrucks von p_{o1} auf p_{o2} bei gleicher Öffnungsdauer t_1 die Senkung der Geschwindigkeit vor dem Aufprall von v_1 auf v_2. In dieser Weise wird die Amplitude der Druckwelle von p_{max1} auf p_{max2} verringert. Damit sinkt das Einspritzvolumen, als Integral der entsprechenden Einspritzraten, von Ve_1 auf Ve_2. In dieser Systemkonfiguration ist die Dauer der Druckwelle – und damit die Einspritzdauer – für die unterschiedlichen Einspritzvolumina nahezu unverändert. Der Druckverlauf und dadurch der Einspritzverlauf ist unabhängig von der Einspritzfrequenz und dadurch von der Motordrehzahl. Damit bleiben Strahlcharakteristika wie Eindringtiefe, Tropfendurchmesser und -geschwindigkeit in einem breiten Funktionsbereich des Motors konstant.

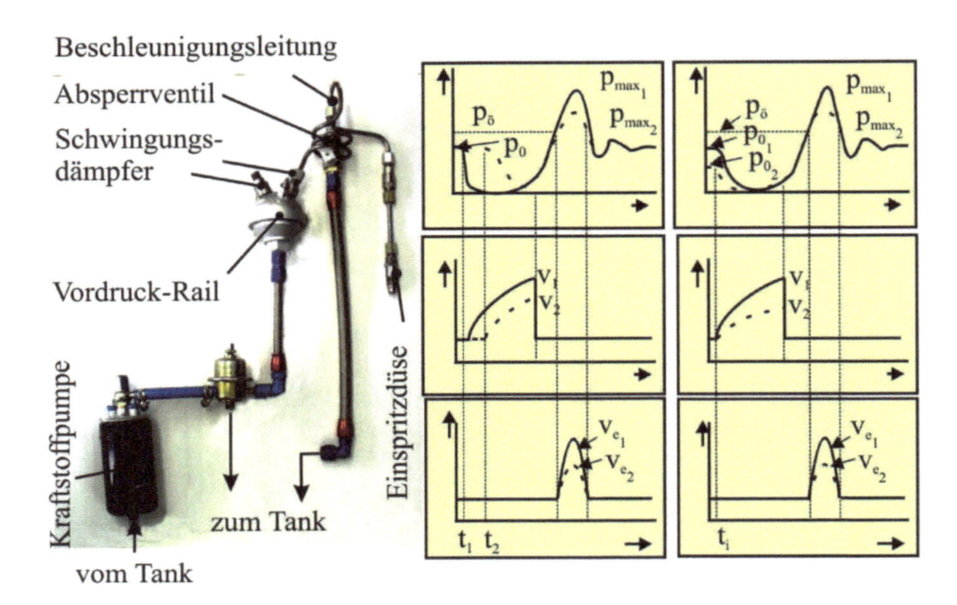

Bild 78 Hauptmodule und Prozessabläufe in einem Direkteinspritzsystem für flüssigen Kraftstoff mit Hochdruckmodulation (Zwickau Pressure Pulse)

Für Anwendungen bei kompakten Motoren empfiehlt sich die Zusammenfassung aller Funktionsmodule, außer der Vordruckeinheit in einem Kompaktsystem. Der Vordruck wird durch serienmäßige Kraftstoffpumpen mit Elektroantrieb realisiert. Für Hochleistungsmotoren wird wegen der extremen Kompaktheit der Einspritzdüse ein modularer Systemaufbau vorteilhaft. Angesichts der hohen Druckamplituden bei sehr kurzer Druckwellendauer ist darüber hinaus ein Vordruckniveau erforderlich, das durch den mechanischen Antrieb der Vordruckpumpe mit weniger Aufwand erreicht werden kann. Beide Systemvarianten sind im Bild 79 dargestellt.

Der Druckverlauf in einem solchen System bei *6.000* [min^{-1}] bzw. bei 18.*000* [min^{-1}] ist im Bild 80 dargestellt. Mit einem derartigen Benzindirekteinspritzsystem konnte eine maximale Amplitude des Kraftstoffdrucks von *46* [*MPa*] bei einer Druckwellendauer um *1* [*ms*] erreicht werden.

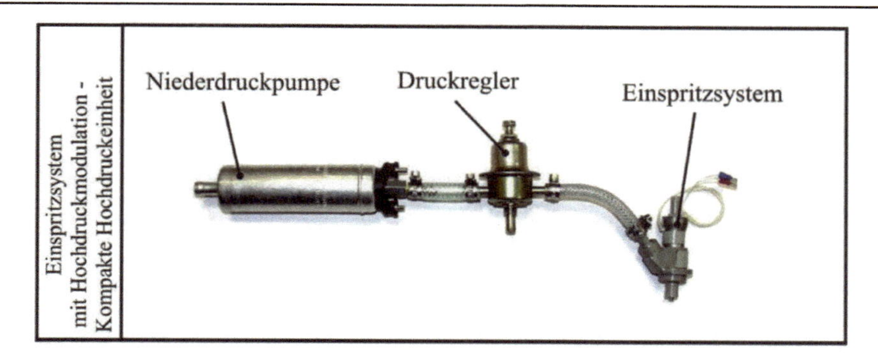

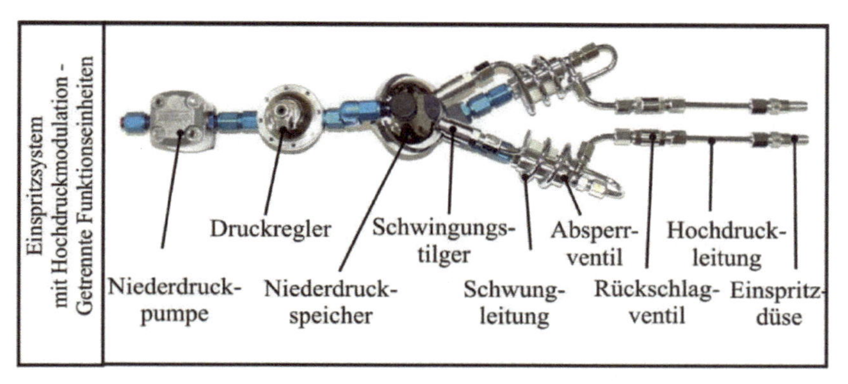

Bild 79 Direkteinspritzsystem für flüssigen Kraftstoff mit Hochdruckmodulation (Zwickau Pressure Pulse) – Systemvarianten für kompakte Serienmotoren und für Hochleistungsmotoren

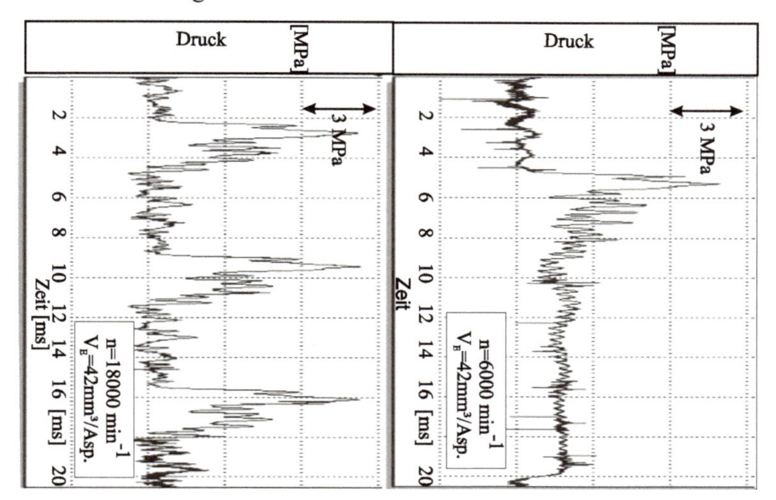

Bild 80 Druckverlauf in einem Benzindirekteinspritzsystem mit Hochdruckmodulation bei 2 Motordrehzahlen – Experiment

Die Gestaltung und die Steuerung des Einspritzverlaufs können dabei in effektiver Form durch numerische Simulation der Vorgänge in den einzelnen Modulen des jeweiligen Einspritzsystems optimiert werden. Bild 81 stellt ein derartiges Beispiel auf Basis eines Einspritzsystems mit Hochdruckmodulation dar. Die Simulation wurde in diesem Fall auf Elementen des 1D Codes AMESim aufgebaut [4].

Unabhängig von der Art des Direkteinspritzsystems, des Einspritzdüsentyps oder des Gemischbildungsverfahrens (strahlgeführt, luftgeführt oder wandgeführt) stellen der Beginn und die Dauer der Direkteinspritzung in Viertaktottomotoren mit erhöhter Drehzahl ein wesentliches Problem dar.
Bild 82 dient der Erläuterung dieser Zusammenhänge. Dabei sind die Verläufe für den Kolbenhub sowie für die Einlass- und Auslassventilhübe bei einem kompakten Motor bei *8.750* [min^{-1}] dargestellt. Zwischen einem Einspritzstrahl mit möglichst breitem Winkel zwecks weitreichender Vermischung mit Luft sowie mit unvermeidbarer Eindringtiefe wegen der erforderlichen Tropfengröße und der Ventil- bzw. Kolbenbewegung entsteht ein Zielkonflikt. Die Einspritzung eines Kraftstoffstrahls mit breitem Winkel bei noch offenen Ventilen – wie im Bild 73 (unten) als Beispiel dargestellt – würde teilweise zu Kollisionen des Strahls auf Ventiltellern führen und somit die gesamte Gemischbildung beeinträchtigen.

Andererseits würde eine Einspritzung während der Kolbenbewegung in der Nähe des oberen Totpunktes zu einem Strahlaufprall auf den Kolbenboden führen. Idealerweise sollte demzufolge der Beginn der Einspritzung bei geschlossenen Einlassventilen und gleichzeitig bei einer Kolbenposition in der Nähe des unteren Totpunktes erfolgen. Im Bild 82 ist das im Bereich von *600* [*°KW*], also *120* [*°KW*] vor dem oberen Totpunkt im Arbeitstakt der Fall. Bei *8.750* [min^{-1}] entsprechen *120* [*°KW*] gerade *2,28* [*ms*]. Bei einem Zündbeginn von *20* [*°KW*] vor dem oberen Totpunkt verbleiben für die ganze Einspritzung, Verdampfung und Verteilung des Kraftstoffes auf die Luft nur noch *1,9* [*ms*].
Im Bild 83 ist als Beispiel nur der Unterschied zwischen der Einspritz- und der Verdampfungsdauer bei einem Direkteinspritzsystem mit Hochdruckmodulation bei einem Maximaldruck von *12* [*MPa*] dargestellt. Die vollständige Verdampfung dauert etwa 5mal länger als die mit diesem System sehr schnelle Einspritzung. Demzufolge ist der Einspritzbeginn zwangsweise vorzulegen, wobei aber die Einlassventile zum Teil noch geöffnet sind und der Kolben zwischen dem maximalen und der minimalen Distanz zur Düsenfront sich befindet.

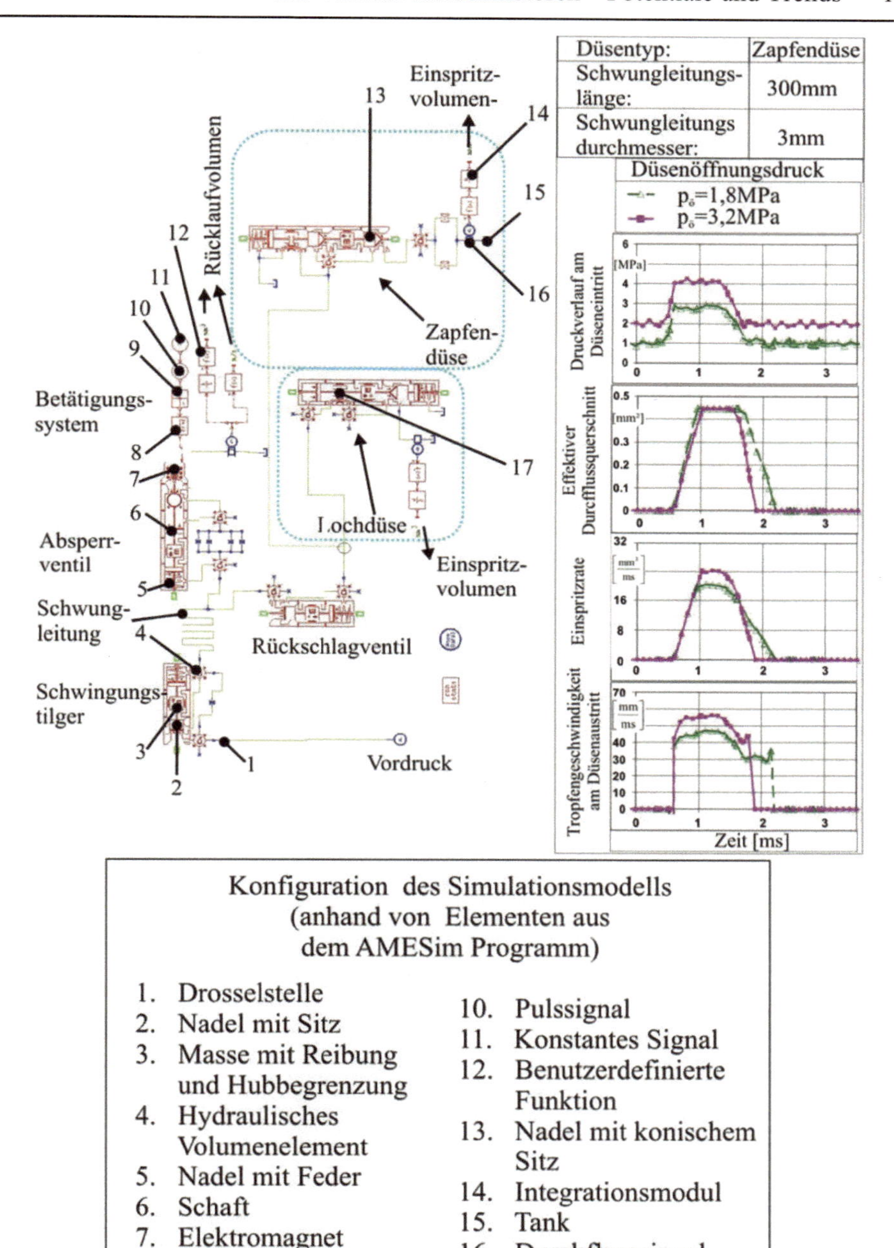

Bild 81 Gestaltung der Funktionsmodule eines Einspritzsystems und die resultierenden Einspritzcharakteristika

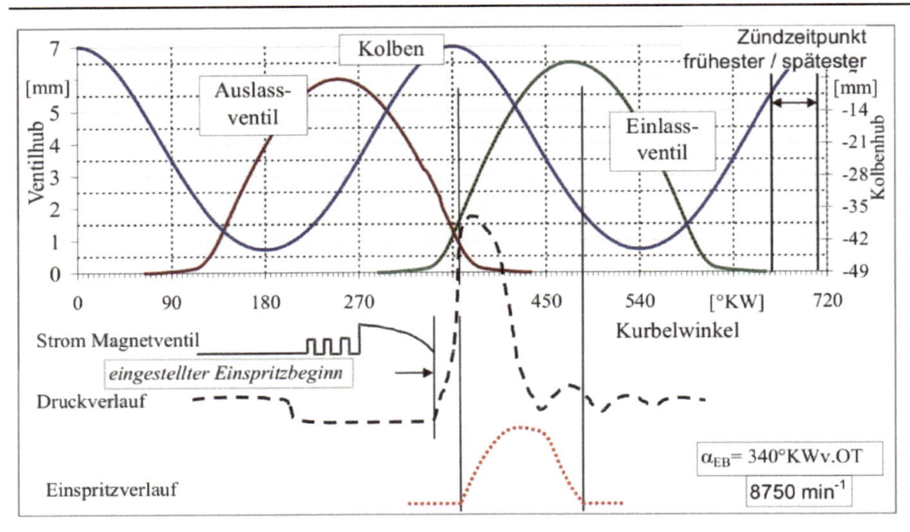

Bild 82 Relative Bewegung der Ein- und Auslassventile, des Kolbens und des Einspritzstrahls in einem Ottomotor bei 8750 [min^{-1}] (Direkteinspritzung mit Hochdruckmodulation)

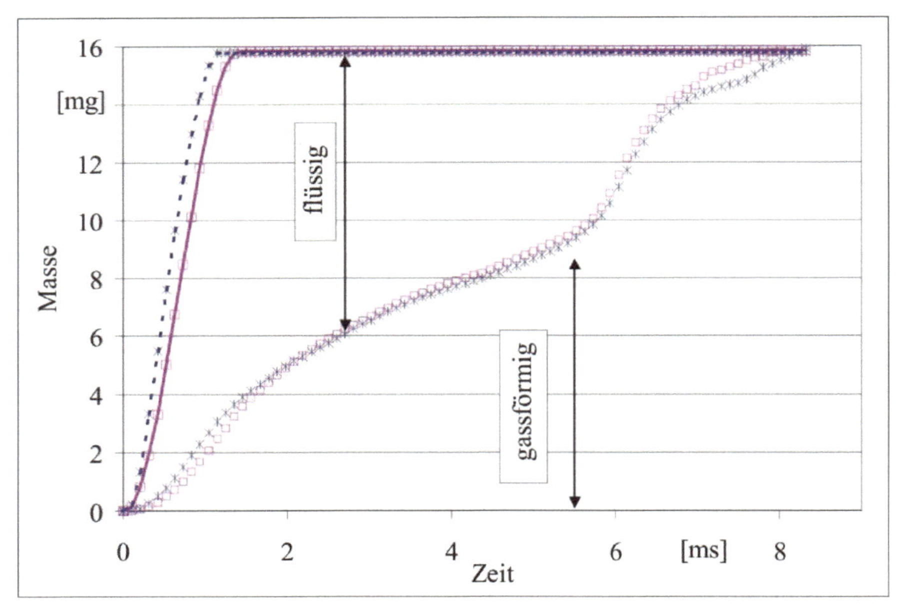

Bild 83 Verdampfungsanteil des Kraftstoffes während der Benzin-Direkteinspritzung für zwei unterschiedliche Formen des Einspritzverlaufs (Direkteinspritzung mit Hochdruckmodulation)

Eine Strahlwinkelreduzierung kombiniert mit der Dämpfung der Eindringtiefe – innerhalb des beschriebenen Doppeleinspritzverfahrens (Bild 71, Bild 72, Bild 73) – stellt in diesem Fall einen vertretbaren Kompromiss dar. Die Komplexität der inneren Gemischbildung durch Kraftstoffdirekteinspritzung in Ottomotoren erfordert neben zahlreichen experimentellen Untersuchungen eine umfangreiche und komplexe numerische Simulation, im Rahmen welcher in vielen Fällen problemspezifische ein- und dreidimensionale CFD (Computational Fluid Dynamics) Programme – wie im Abschnitt vollvariable Ventilsteuerung dargestellt - kombiniert werden [5].

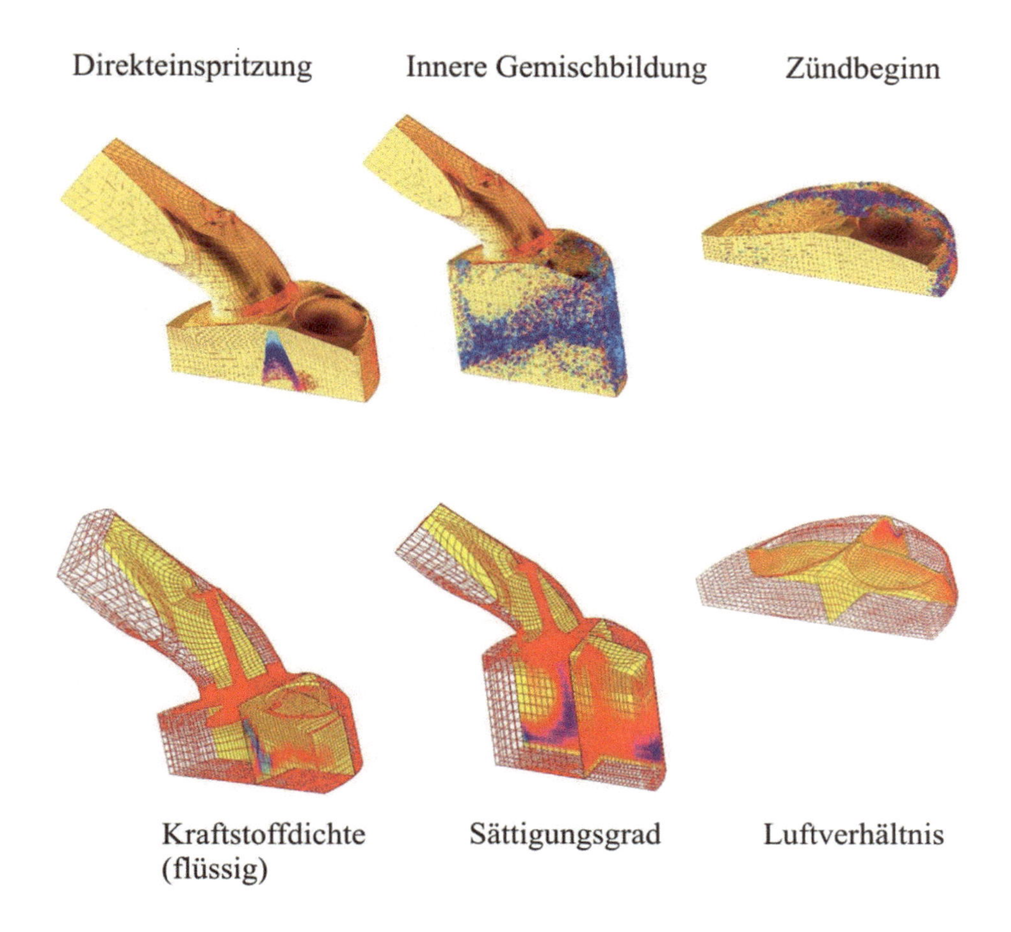

Bild 84 Hauptkenngrößen zur Analyse der inneren Gemischbildung und Verbrennung

Bild 84 zeigt als Beispiel eine Sequenz während eines inneren Gemischbildungsvorgangs und einige der Hauptkenngrößen, die ihn beschreiben. Die

Eigenschaften des Einspritzstrahls, die Lage der Einspritzdüse, in begrenzter Weise die Brennraumgeometrie sowie Beginn und Dauer der Einspritzung und der Zündung können in dieser Weise für zahlreiche Last- und Drehzahlkombinationen optimiert werden. Bei der Gestaltung des Modells für eine derartige numerische Simulation sind bisherige vereinfachende theoretische Annahmen über die Gemischbildung und Verbrennung – wie zum Beispiel das Zwei-Zonen-Verbrennungsmodell – zum großen Teil überholt [6].
Wie im Bild 85 schematisch dargestellt sind die Sequenzen einer inneren Gemischbildung durch Direkteinspritzung mit anschließender Verbrennung größtenteils überlagert: Dadurch findet unter anderem ein Wärmeaustausch zwischen mehreren Komponenten und Phasen statt; so zwischen Abgasresten und Kraftstoff, zwischen Luft und Kraftstoff, zwischen der Flammenfront und Gemischschicht oder zwischen der Flammenfront und Brennraumwand. Es sei nur als ein Beispiel erwähnt, dass die Kraftstoffverdampfung ein Enthalpieentzug von den Abgasresten und von der umgebenden Luft bewirkt.

Der erreichte Stand bei der Optimierung der inneren Gemischbildung in Ottomotoren hat eine zügige, weitreichende Einführung der Direkteinspritzung zur Folge.

Bei Dieselmotoren gehört die Direkteinspritzung bereits zum Stand der Technik [38], deswegen hat dieses Verfahren eher wenig mit alternativen Antrieben für Automobile zu tun. Die an dieser Stelle vorgenommene kurze Übersicht dient einerseits einem Vergleich mit der Direkteinspritzung bei Ottomotoren als zukunftsweisende Technik, andererseits als Basis zur Analyse der modernen Selbstzündverfahren, als alternative Verbrennungsformen in Otto- und Dieselmotoren. Sie bringt darüber hinaus wichtige Argumente zu der prognostizierten Konvergenz der Otto- und Dieselverfahren.

Bild 86 zeigt in Anlehnung an die Direkteinspritzung in Ottomotoren (Bild 68) die wesentlichen Kenngrößen, die den inneren Gemischbildungsvorgang durch Kraftstoffdirekteinspritzung in Dieselmotoren unterstützen. Bis auf die Zündung gelten dabei die gleichen Parameter – durch die zu realisierende Selbstzündung kommt dabei dem Einspritzverlauf eine noch höhere Bedeutung zu. Die innere Gemischbildung wird bei Dieselmotoren für Automobile praktisch nur noch durch Direkteinspritzung, also nahezu vollkommen strahlgeführt, umgesetzt.

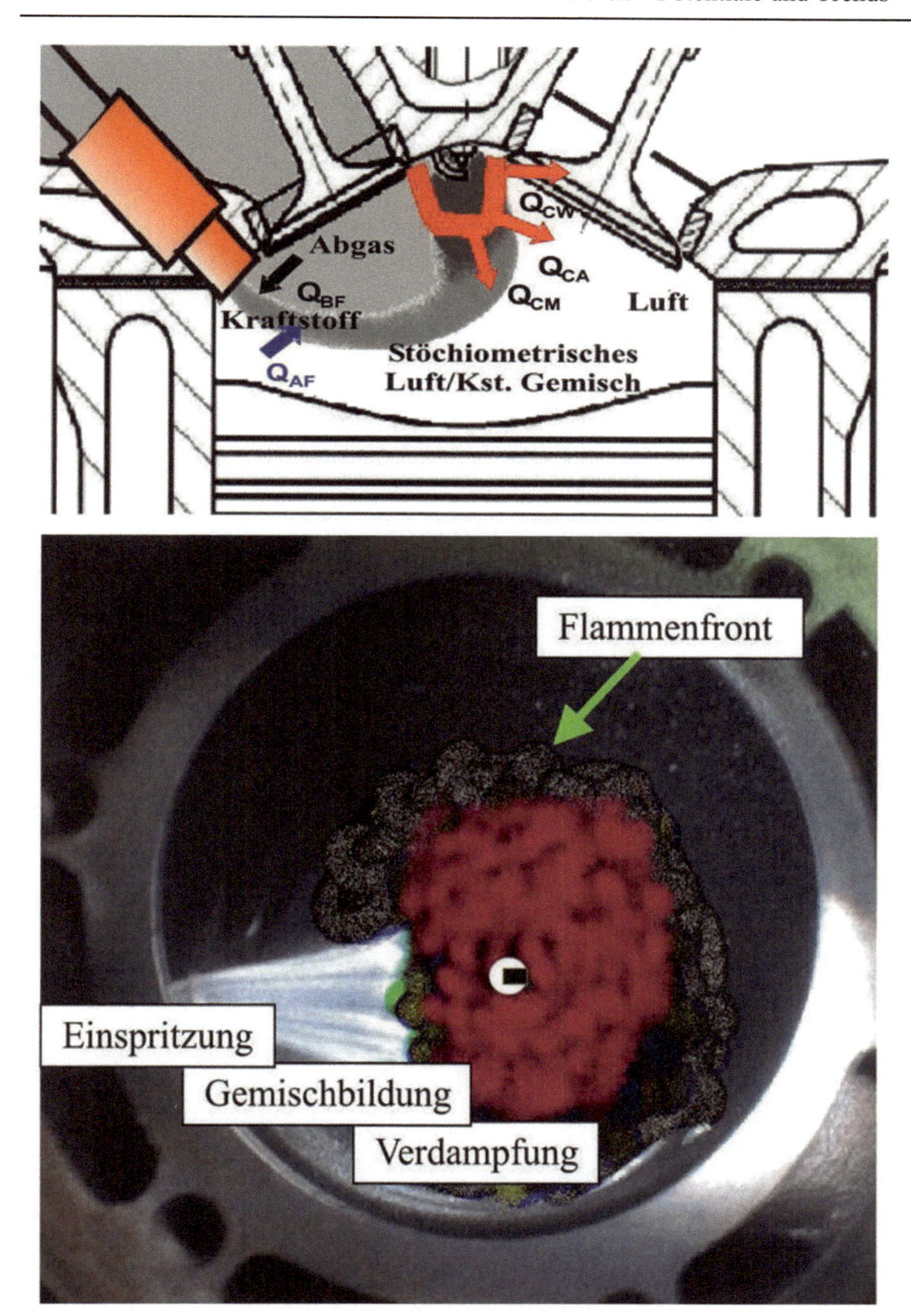

Bild 85 Prozessüberlagerung der Gemischbildung und Verbrennung

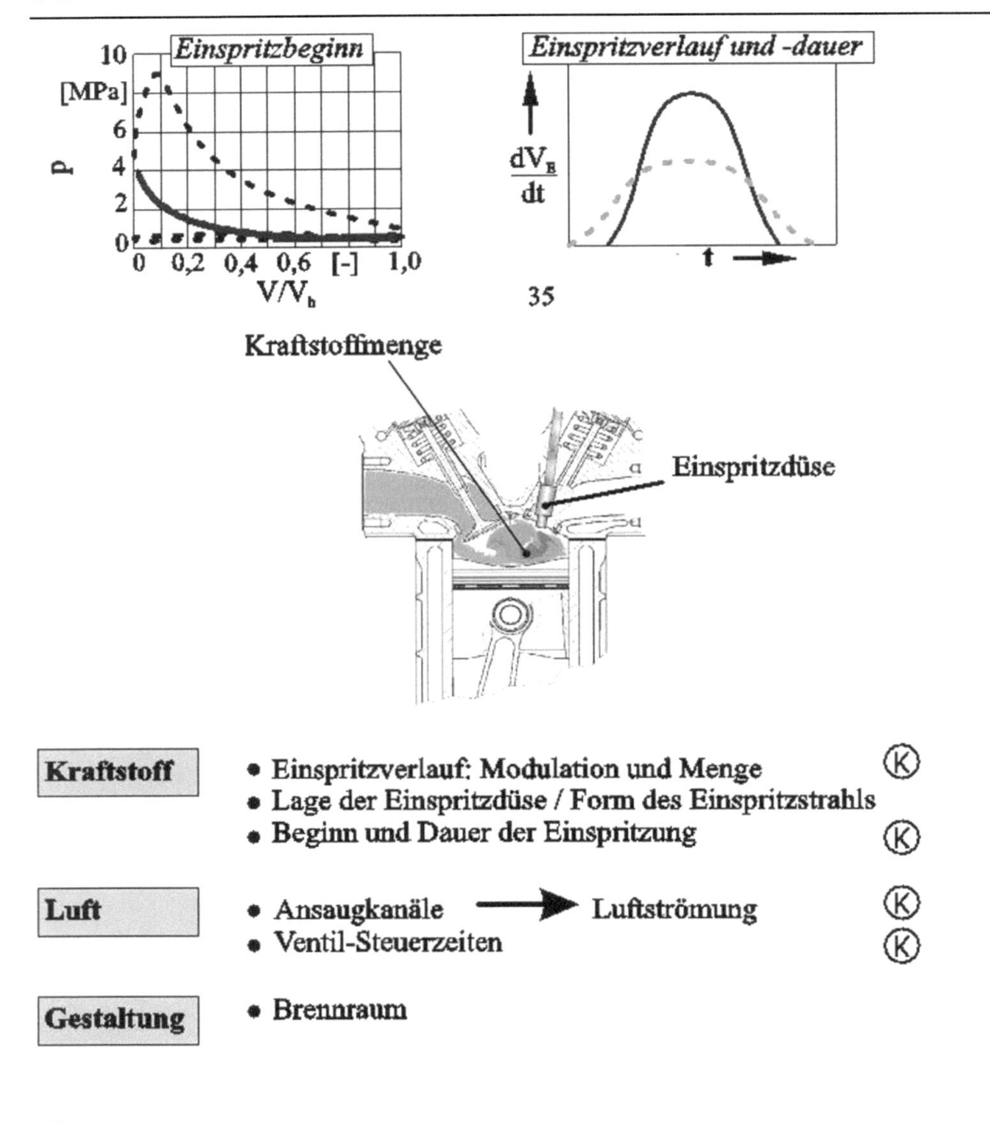

Bild 86 Anpassbare Korrelation der Parameter zur Optimierung der Gemischbildung in einem Dieselmotor mit Direkteinspritzung des Kraftstoffs

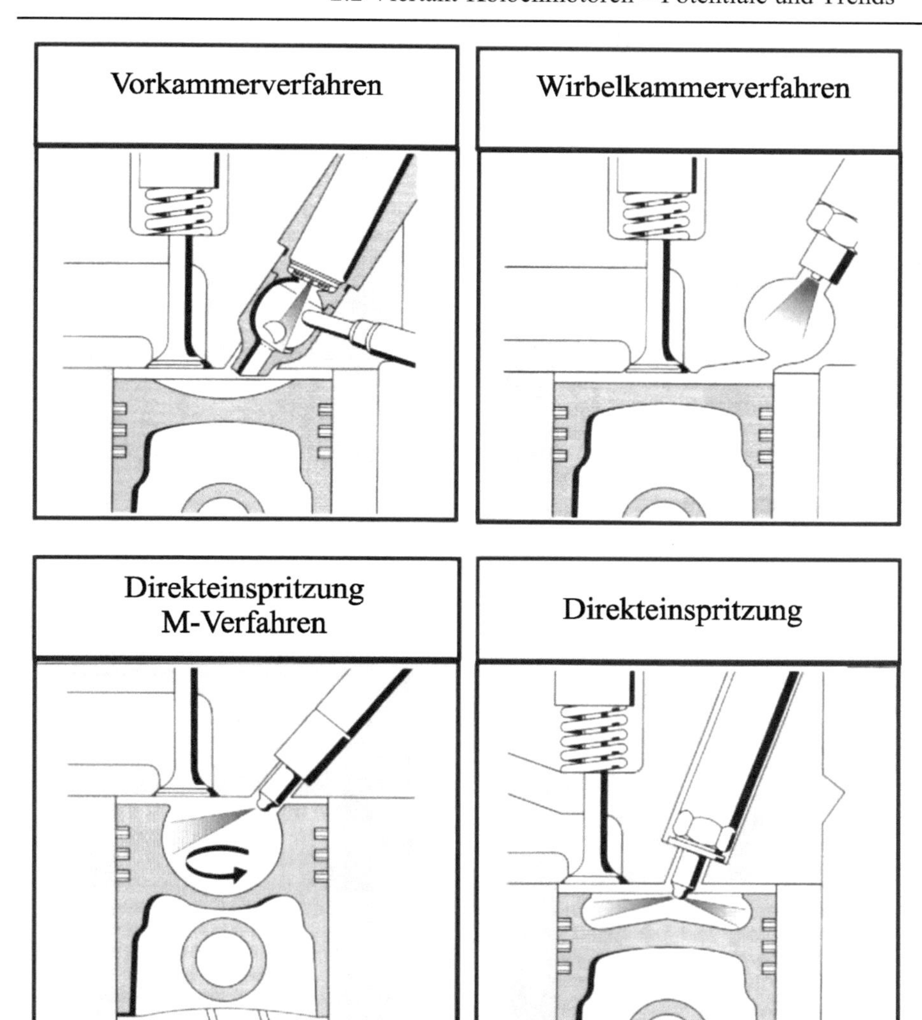

Bild 87 Gemischbildungsverfahren in Dieselmotoren

Die früheren Verfahren sind im Vergleich zur Direkteinspritzung in Bild 87 dargestellt – sie demonstrieren auch die erwähnten Ähnlichkeiten mit manchen modernen Ansätzen bei der Benzindirekteinspritzung. Die dafür verwendeten Einspritzdüsen sind fast ausschließlich Mehrlochdüsen mit 7 bis 12 Bohrungen mit Durchmessern, die mittlerweile Werte von *0,08* [*mm*] unterschreiten. Die Aktuatoren der Einspritzdüsen sind, wie im Bild 88 dargestellt, elektromagnetisch oder piezoelektrisch.

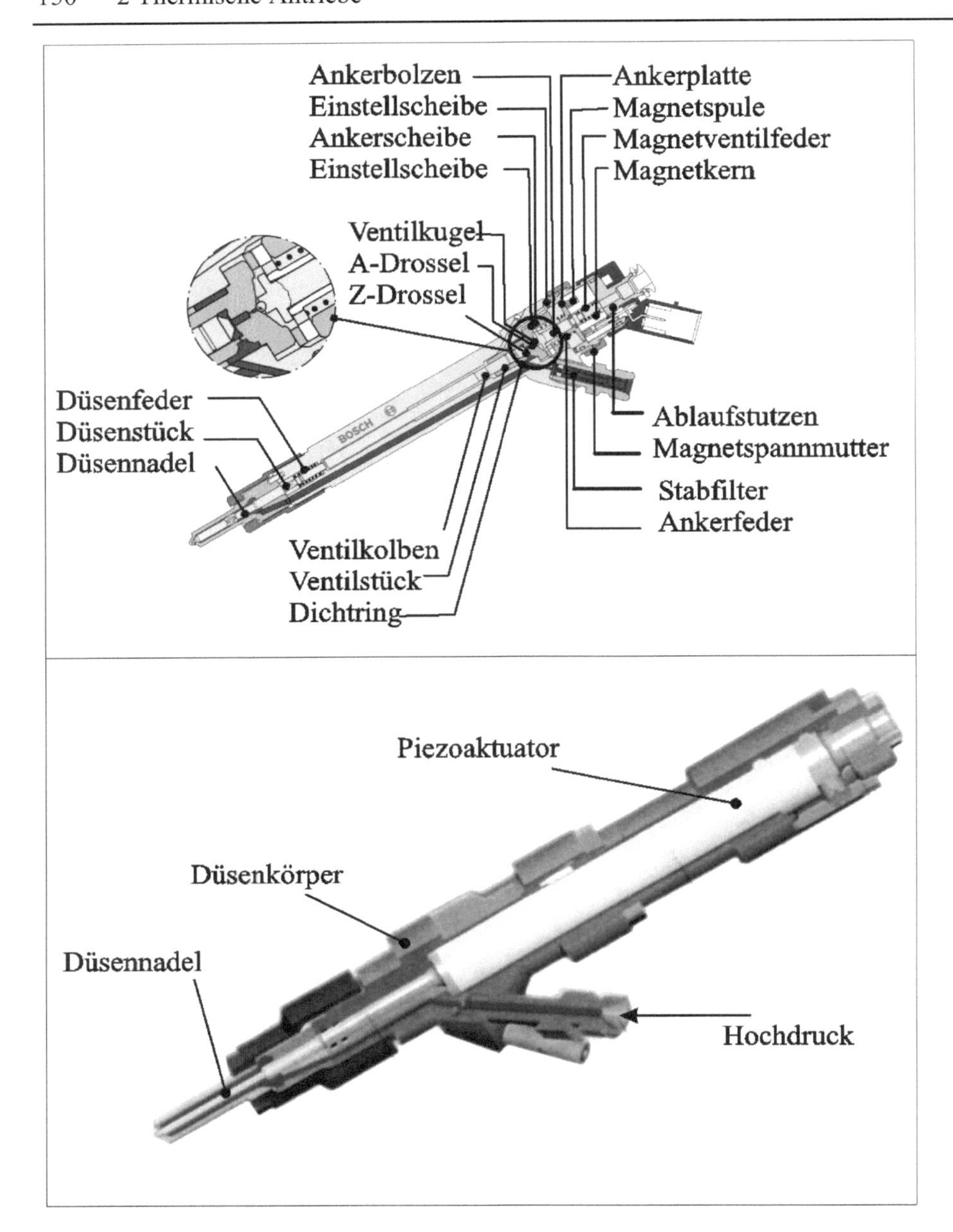

Bild 88 Einspritzdüsen mit elektromagnetischer bzw. piezoelektrischer Steuerung mit hydraulischer Kraftübertragung für Direkteinspritzung in Dieselmotoren mittels Common Rail

Die piezoelektrische Steuerung ist bis zu fünfmal schneller als die elektromagnetische, was mehrfache Einspritzungen – zur optimalen Modulation des

Einspritzverlaufs nach Last und Drehzahl – begünstigt. Üblich sind beispielsweise bei Volllast zwei Vor-, eine Haupt- und zwei Nacheinspritzungen, aus Gründen die bereits bei der Direkteinspritzung in Ottomotoren erwähnt wurden. Die Kraftübertragung vom piezoelektrischen Steuermodul zur Nadel der Einspritzdüse erfolgt dabei über hydraulische Wege. In Entwicklungen neueren Datums wird die Düsennadel über einen Hebelmechanismus direkt mit dem Quarzmodul verbunden, wie im Bild 89 dargestellt ist. Die Quarzausdehnung ist proportional der Steuerspannung, die für solche Anwendungen zwischen *0...160* [*V*] liegt. Dadurch kann der Hub der Düsennadel mittels elektrischer Spannung gesteuert werden. Infolge dessen kann der Einspritzverlauf über den variablen Düsennadelhub – also ohne mehrfache Öffnung der Düsennadel – gestaltet werden.

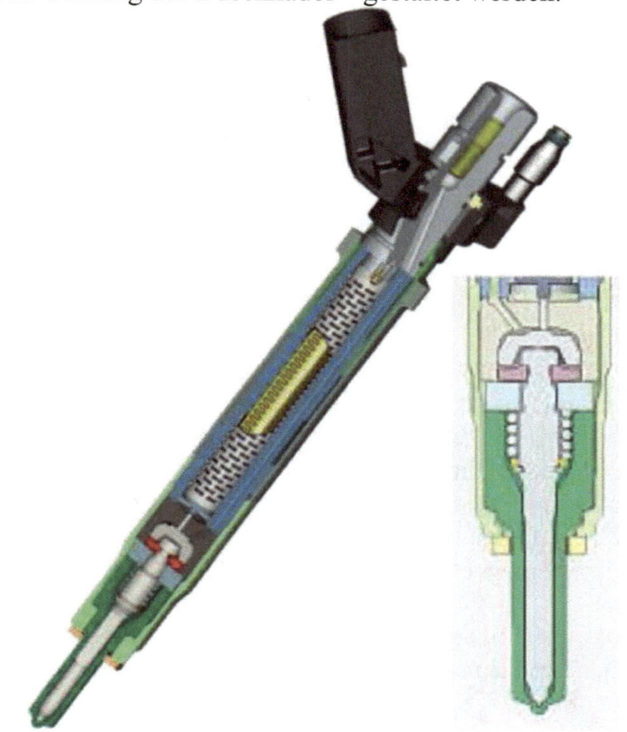

Bild 89 Einspritzdüse mit direktem mechanischem Kontakt zwischen Piezokristall-Paket und Düsennadel (CONTINENTAL) *(Quelle: VDI Nachrichten)*

Als Einspritzsysteme wurden bis zum Jahr 2008 zwei Konzepte angewendet: Common Rail und Pumpe-Düse. Danach wurde das Pumpe-Düse Verfahren für Automobil-Dieselmotoren nicht mehr angewendet.

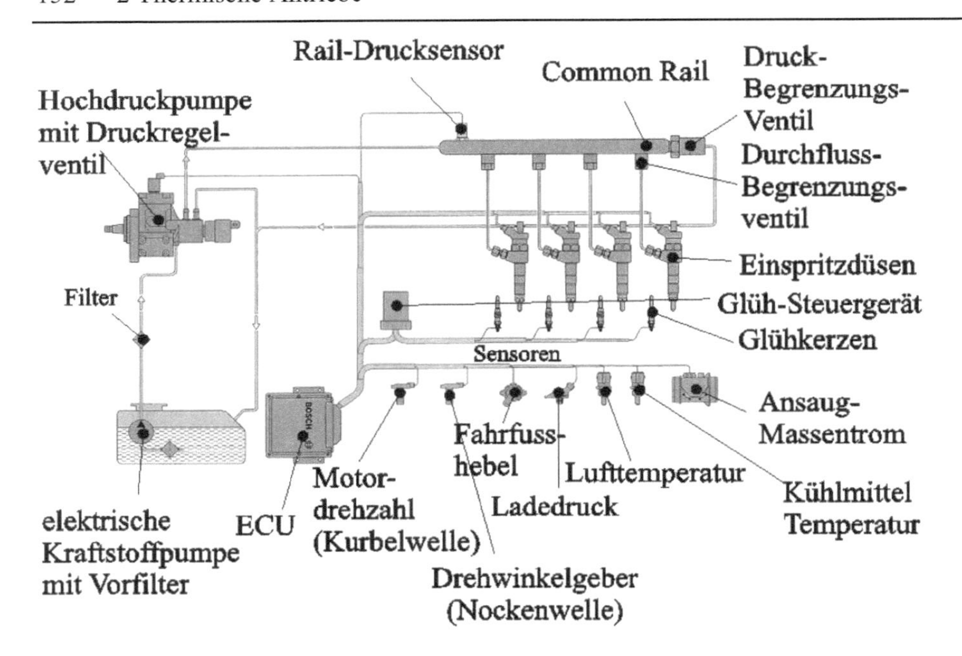

Bild 90 Direkteinspritzsystem für Dieselmotoren mit konstantem Hochdruck (Common Rail) - schematisch

In Common Rail Systemen für Direkteinspritzung in Dieselmotoren werden Drücke von *160-250* [*MPa*] realisiert. Ein solches System ist im Bild 90 dargestellt; die Wirkungsweise entspricht jener, die bei den Common Rail Systemen für Ottomotoren erklärt wurde. Die Pumpe-Düse Systeme, die entsprechend der Darstellung im Bild 91 aufgebaut sind – vereinigen die Pumpelemente und eine Einspritzdüse mit elektromagnetischer oder piezoelektrischer Steuerung in einem einzigen Körper.

Demzufolge wird eine Einheit je Motorzylinder erforderlich. Dadurch, dass zwischen Pumpelement und Einspritzdüse ein weitaus geringeres Kraftstoffvolumen als in einem Common Rail System eingeschlossen ist, werden allgemein höhere Drücke, um *220* [*MPa*] realisiert. Das ist einerseits durch die Kompressionsarbeit in einem geringerem Kraftstoffvolumen, andererseits in der geringeren Elastizität der angrenzenden Leitungen mit viel weniger Fläche begründet.

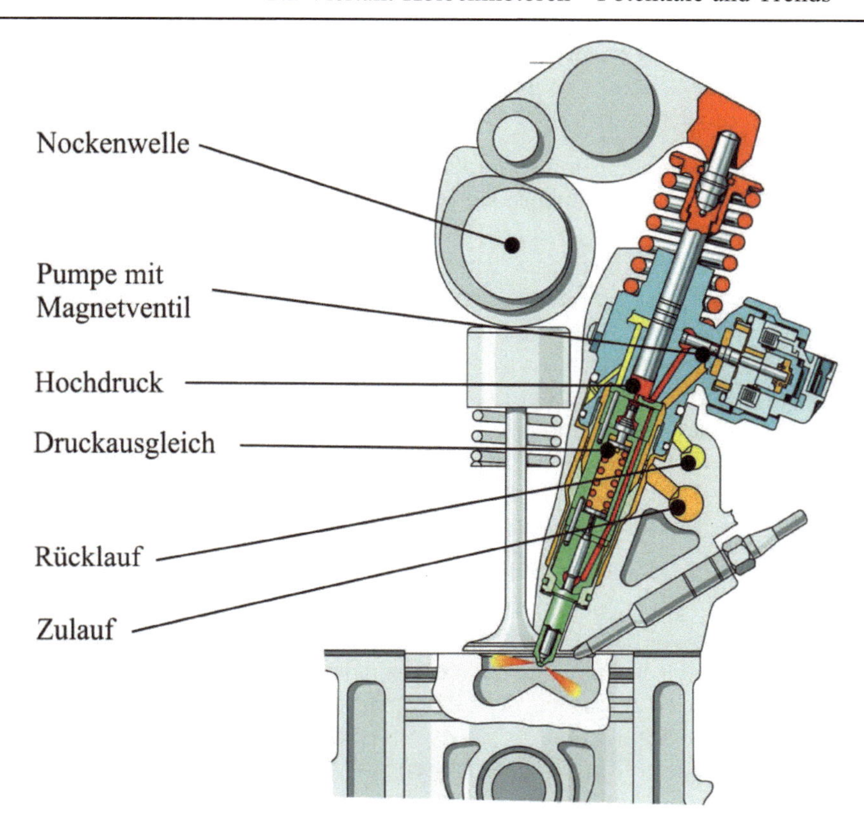

Bild 91 Pumpe-Düse-Einheit mit elektronischer Steuerung

Mehr Druck bedeutet allerdings auch geringere Spiele und dadurch eine aufwendigere Bearbeitung als im Falle eines Common Rail Systems. Ein Pumpe-Düse Element je Zylinder lässt auch einen Kostenvergleich als eher weniger vorteilhaft erscheinen. Der damals noch höhere Kraftstoffdruck im Brennraum hatte andererseits eindeutige Vorteile in Bezug auf die Kraftstoffzerstäubung und -verdampfung und somit prinzipiell auf Verbrauch und Emissionen. Eine Modulation des Einspritzverlaufs nach Last und Drehzahl – beispielsweise mit zwei Vor-, eine Haupt- und zwei Nachspritzungen, wie beim Einsatz von Common Rail Systemen – war allerdings wegen der Hochdruckgestaltung mittels eines festen Nockenprofils nicht möglich. Die Einhaltung bevorstehender Schadstoffemissionsgrenzen erfordert jedoch eine genaue Steuerung des Verbrennungsablaufs anhand Einspritzmodulation. Das führte zum Ersatz der Pumpe-Düse-Systeme in Automobil-Dieselmotoren mit Common Rail Anlagen.

Die Anpassung des momentanen Kraftstoff-/ Luft- Verhältnisses an Lastwechselvorgänge – kann die Qualität der Gemischbildung und Verbrennung wesentlich verbessern:

- Bei Ottomotoren mit Saugrohreinspritzung ist ein plötzlich erforderlicher Lastwechsel durch das entsprechend schnelle Öffnen der Drosselklappe umzusetzen. Die Dichteunterschiede zwischen Benzin und Luft – etwa 600 zu 1 – und die Aerodynamik der Kraftstofftropfen bzw. der Luftanteile bewirken bei einem plötzlich geänderten Druckunterschied zwischen Ansaugrohr und Zylinder zum Teil unterschiedliche Strömungsbeschleunigungen von Kraftstoff und Luft, wobei sich ihr Mischungsverhältnis ändert.
  Die Folge ist eine Beeinträchtigung des Verbrennungsvorganges während der vorgenommenen Laständerung, was sich in Verbrauch und Emissionen widerspiegelt. In solchen Fällen ist ein variables Verhältnis zwischen Drosselklappenwinkel und Kraftstoff- Einspritzmasse – auf Basis von Simulations- oder Versuchsergebnissen unter dynamischen Bedingungen – von Vorteil.
- Bei Dieselmotoren und zum Teil bei neu entwickelten Ottomotoren mit Direkteinspritzung liegt bei einer betrachteten Drehzahl die gleiche Luftmenge unabhängig von der Last vor. Eine plötzliche Laständerung durch proportionale Zunahme der Kraftstoffmenge von einem Arbeitsspiel zum anderen – die Änderung kann 10 zu 1 oder mehr betragen – kann jedoch den Verbrennungsverlauf stören – ähnlich einem Verdauungsvorgang bei plötzlichem Mengenwechsel. Öfter zugeführte kleinere Mengen werden allgemein besser verdaut als eine plötzlich eingebrachte große Menge. Bei Dieselmotoren werden nach diesem Prinzip derzeit 5 und mehr Einspritzungen je Arbeitsspiel realisiert - beispielsweise zwei kleinere Mengen an Anfang und Ende und eine Hauptmenge dazwischen.

Das Verhältnis zwischen den eingespritzten Massen, ihre Dauer und die Dauer zwischen ihnen bildet ein Optimierungsproblem, in dem die Dynamik der Laständerung, das Geräusch, die Abgasemission, die Drehzahl und der thermische Zustand des Motors eine Rolle spielen.

Die Abgasrückführung – wird sowohl bei Otto-, als auch Dieselmotoren – in einem Verhältnis von 5 % bis 70 % zu der Frischladungsmenge – angewandt. Generell sind die Abgasrückführmengen bei Dieselmotoren größer. Eine während des Ladungswechsels verbleibende oder zugeführte Menge an bereits verbranntem Gemisch neben dem frischen, zu verbrennenden Kraftstoff-/ Luft- Gemisch hat Vorteile in folgenden Richtungen:

- In Ottomotoren, bei denen für den Teillastbetrieb die angesaugte Menge an Luft und Kraftstoff gedrosselt werden muss, um zündfähige Gemischverhältnisse zu behalten – das ist der Fall bei der Saugrohreinspritzung – kompensiert eine Abgasmenge im Zylinder den durch die Drosselung entstehenden Unterdruck. Durch diese Anhebung des Zylinderdruckes während des Ansaugens sinkt die negative Ladungswechselarbeit, was den thermischen Wirkungsgrad bei Teillast verbessert. Diesen Vorteil eines prinzipiell günstigen Wirkungsgrades in der Teillast hatten generell die schlitzgesteuerten Zweitaktmotoren, bei denen eine Abgasmenge auf natürliche Weise im Zylinder blieb, infolge des Druckunterschiedes zur gedrosselten Frischladung – bei der gegebenen Überschneidung der Öffnung der Ein- und Auslassschlitze.
- Eine Abgasmenge im Brennraum hemmt teilweise – bei Diesel-, neuerdings auch bei Ottomotoren mit innerer Gemischbildung – die Flammenentwicklung, wodurch die maximale Verbrennungstemperatur in besonders aktiven exothermen Zentren teilweise unter die Dissoziationsgrenze des Stickstoffs zu NO bzw. NO_2 sinkt.
- Abgasbereiche mit hoher Temperatur in Brennräumen von Otto- und Dieselmotoren führen andererseits zu einer kontrollierten Selbstzündung; sie aktivieren also potentielle exotherme Zentren, wodurch wiederum die Schadstoffemission – und insbesondere die NO, NO_2- Anteile - sinken. Der entsprechende Mechanismus wird im nächsten Abschnitt zu Selbstzündverfahren behandelt.

Die Abgasrückführung erfolgt extern – durch Rückführventile und Beimischung zu der Frischladung in der Ansaugleitung – oder intern durch bestimmte Kombinationen der Öffnungsphasen der Ein- und Auslassventile; beispielsweise durch partielle Überschneidung, ähnlich wie bei Zweitaktmotoren mittels Schlitze, jedoch über geringere Winkel.

Eine akurate Abstimmung der Parameter kann selbst im Falle dieser bereits konventionellen Maßnahmen sehr wirkungsvoll hinsichtlich Verbrauch und Emissionen werden.

Kontrolle des Verbrennungsprozesses bei Otto- und Dieselmotoren durch Selbstzündverfahren

Die Steuerung der Verbrennung durch Selbstzündung zeigt Vorteile bezüglich der Erhöhung des thermischen Wirkungsgrades, der Senkung der NO_X Emission und der Prozessstabilität, sowohl bei Otto- als auch bei Dieselmotoren [7].

Als Hauptstadium der Energieumwandlung spielt die Verbrennung bzw. ihre Steuerung eine entscheidende Rolle in der Verkettung der bisher analysierten

Prozessabschnitte. Sowohl in Otto- als auch in Dieselmotoren werden die konventionellen Formen der Einleitung und Fortpflanzung der Verbrennung zunehmend durch neue Selbstzündverfahren ersetzt. Bild 92 stellt eine Übersicht unterschiedlicher Verfahren dar.

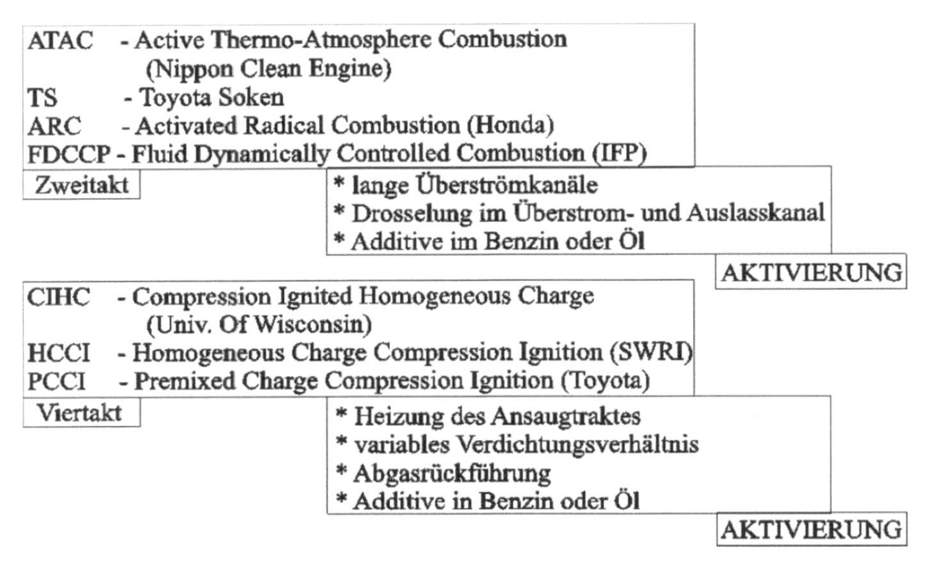

Bild 92 Kontrollierte Selbstzündung – meist angewandte Verfahren

Unterschiedliche Selbstzündverfahren – auf Basis von Abgasrückführung, Kraftstoffzusätzen oder beheizten Ansaugleitungen – wurden in der letzten Zeit in Teillastbereichen erfolgreich getestet. Die Quantifizierung der Wirkung und der Kontrollmöglichkeiten unterschiedlicher Selbstzündverfahren erfordert die thermodynamische Analyse der Verbrennungssteuerung durch Selbstzündung. Die Bestätigung der thermodynamischen Betrachtungen durch eingehende experimentelle Untersuchungen sowie durch Motorversuche ist eine gute Basis für die Weiterentwicklung dieses vielversprechenden Konzeptes.
Der Einleitung der Verbrennung im Ottomotor durch eine fremde Energiequelle – wie die Zündkerze – folgt eine kettenförmige Verzweigung und Fortpflanzung der Reaktion in das Kraftstoff/Luft-Gemisch, welches mehr oder weniger stöchiometrisch und isotrop vorkommt. Jeder Fortpflanzungsvorgang von einem einzelnen Einleitungszentrum in ein Medium mit homogenen Eigenschaften erfolgt als ausbreitende Front – im Falle der Verbrennung als Flammenfront. Die hohe Dichte an exothermen Zentren in dieser dünnen Front – wie im Bild 93 schematisch dargestellt – hemmt die Wärmeübertragung in ihrer gleich warmen Umgebung – außer in Richtung des frischen Gemisches, wodurch eine steile Temperaturzunahme in der Flammenfront verursacht wird. Die dementsprechende hohe innere Energie – als Ausdruck der kinetischen Energie der Moleküle – führt

gelegentlich zur Spaltung der aus der Verbrennungsreaktion resultierenden Moleküle von Endprodukten in Dissoziationsradikale, die zur Bildung neuer Moleküle – wie NO oder NO_2 – beitragen.

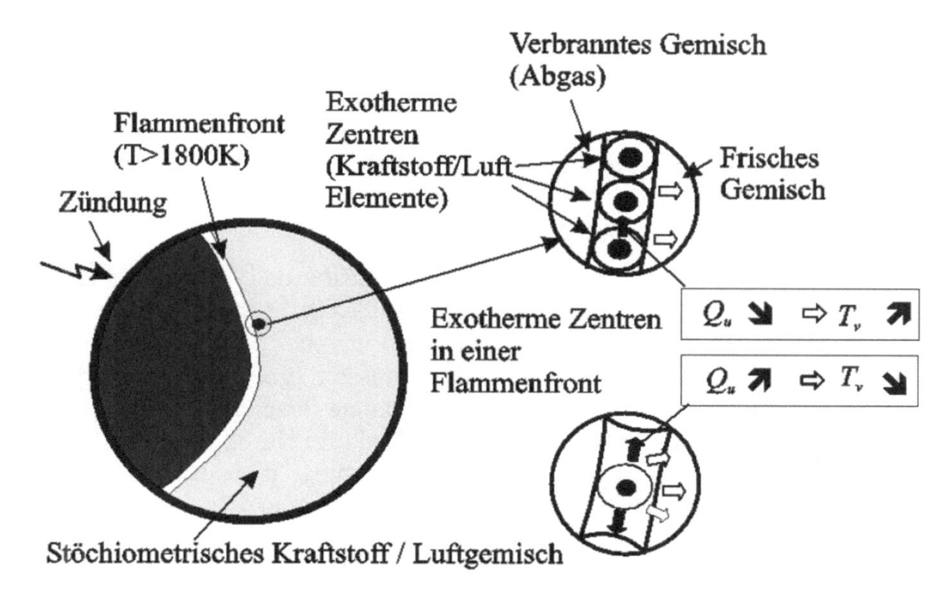

Q_u - Wärmeübertragung von einem exothermen Zentrum in seine unmittelbare Umgebung

T_v - Temperatur in exothermen Zentren infolge der Verbrennung

Bild 93 Flammenfortpflanzung in ein isotropes, stöchiometrisches Kraftstoff/Luft-Gemisch – schematisch

Demzufolge ist eine gewisse Distanz zwischen den exothermen Zentren, die von stöchiometrischen Kraftstoff/Luft-Einheiten gebildet werden – wie im Bild 93 ebenfalls schematisch dargestellt – vorteilhaft im Sinne der Wärmeübertragung von jedem Zentrum in seine unmittelbare Umgebung. Die in solch gelockerter Front entstehende Temperatur kann unter der Dissoziationsgrenze bleiben. Jedes gelöste Problem verursacht allerdings in den meisten Fällen ein neues: Die innere Energie in einer Flammenfront, die teilweise zur Dissoziation führt, ist andererseits die Quelle der Reaktionseinleitung in weiteren exothermen Zentren, als Übertragungsform der Zündenergie. Eine zunehmende Distanz zwischen den exothermen Zentren verringert die Übertragungsintensität der Wärme von einem Zentrum zum anderen – auf Grund der niedrigen Temperatur des Mediums zwischen den Zentren selbst. Demzufolge ist eine ideale Unterstützung des Verbrennungsvorganges dann gegeben, wenn die Temperatur des Mediums zwischen den exothermen Zentren hoch genug zur Übertragung der Reaktion von einem

Zentrum zum anderen, aber niedrig genug zur Vermeidung der Dissoziation ist. Offensichtlich ist die untere Grenze für einen solchen Vorgang im Falle der Nutzung eines sensibilisierten Kraftstoffs oder eines Additivs erreicht. In diesem Zusammenhang erscheint der Begriff Selbstzündung als berechtigt.

Ansonsten werden – wie im Bild 94 aufgeführt – homogen verteilte Reaktionsübertragungsmedien erforderlich. Eine erste Möglichkeit besteht in der Füllung der Räume zwischen den exothermen Zentren mit bereits verbranntem Gemisch (Abgas), bei einer Temperatur, die der kettenförmigen Reaktionsverzweigung genügt – meist über *1.000* [*K*]. Solche Verfahren wurden – wie im Bild 92 aufgeführt – unter verschiedenen Bezeichnungen entwickelt.

Die Verbrennung durch Selbstzündung ohne Diffusion und ohne Fortpflanzung der Flammenfront basiert zwar auf den gleichen physikalischen und chemischen Vorgängen, aber in eindeutig unterschiedlichen Druck- und Temperaturbereichen. Der Begriff HCCI (Homogeneous Charge Compression Ignition) – Verdichtungszündung homogener Ladung – ist als meist verbreitete Bezeichnung eines solchen Prozesses gerade bei Dieselmotoren nicht sehr exakt im Hinblick auf das Verfahren selbst. Es handelt sich dabei mehr um die Verteilung von exothermen Zentren in einer Masse von Abgas als um eine homogene Ladung im ursprünglichen Sinne; darüber hinaus ist eine Verdichtungszündung nicht offensichtlich im Sinne eines Vorgangs. Eine bessere Beschreibung wäre dafür „Zündung von isotrop verteilten exothermen Zentren durch warmes Abgas“, was aus der schematischen Darstellung im Bild 94 ableitbar ist. Eine solche Bezeichnung ist allerdings nicht nur zu umständlich, sondern auch restriktiv – in dem sie nur die Nutzung von Abgas als Energieübertragungsmittel voraussetzt.

Die Bezeichnung „Verbrennungssteuerung durch Selbstzündung“ berücksichtigt mehrere Möglichkeiten der Prozessgestaltung. Allgemein ist die Zündung zufällig verteilter exothermer Zentren (idealerweise isotrop) mit Hilfe von Abgas sowohl im Otto- als auch im Dieselprozess möglich. Ein alternatives Verfahren zur Zündung der verteilten exothermen Zentren ist die Einspritzung einer geringen Masse leicht flammbaren Kraftstoffs in das verdichtete Kraftstoff/Luft-Gemisch – anstatt der Nutzung von Abgas [8].

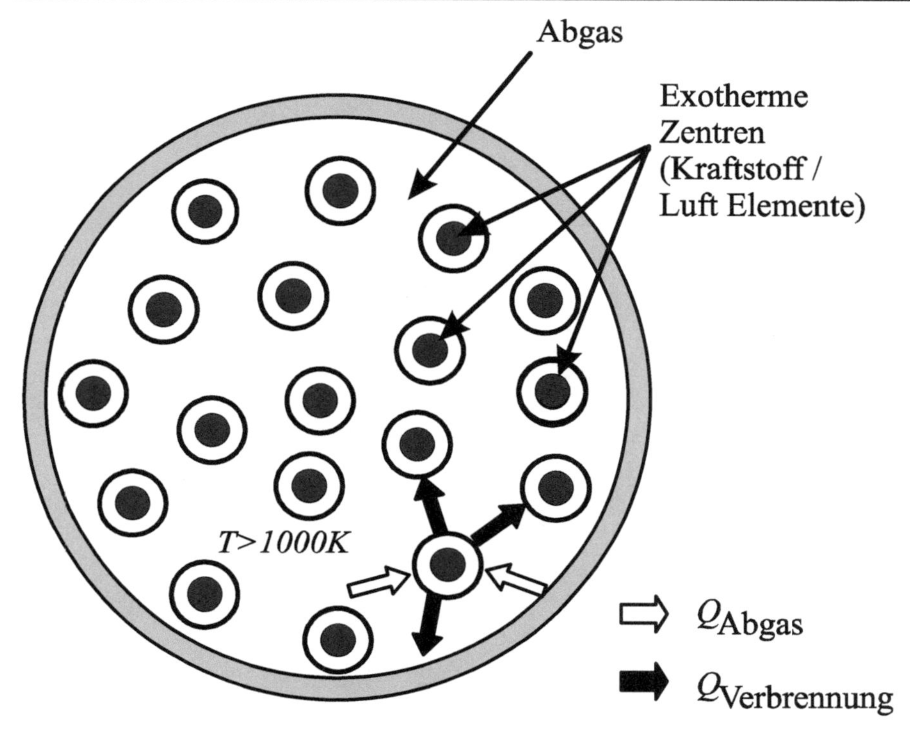

Bild 94 Verbrennungssteuerung durch Selbstzündung in exothermen Zentren, die isotrop in einem Abgasvolumen verteilt sind – schematisch

Dieses Verfahren wird gelegentlich als Piloteinspritzung bezeichnet – beispielsweise im Falle der Einspritzung einer geringen Menge an Dieselkraftstoff in ein Gemisch von gasförmigem Kraftstoff und Luft, wie im Bild 95 dargestellt. Dieses Verfahren bestätigt die Vorteile der Verbrennungssteuerung durch Selbstzündung durch eine bemerkenswerte Senkung der NO_X Emission.

Piloteinspritzverfahren im Dieselprozess wurden von Wärtsila, in einem Viertaktmotor und von B&W/MAN, in einem Zweitaktmotor – beide mit Hochdruckeinspritzung von Methanol als Hauptkraftstoff und Diesel als Pilotmenge, realisiert. Beide Motorenserien werden in Schiffen benutzt.

Heiße Oberflächen des Brennraumes – geschaffen durch Rauigkeit, Brennraumgestaltung oder Werkstoffkombinationen – bilden ebenfalls großflächige Zündquellen. Ausgehend von der gleichen Temperatur der Verbrennungseinleitung als Vergleichsbasis ist jedoch eine räumliche Verteilung der Zündquelle um die exothermen Zentren – wie im Falle von Abgas und Piloteinspritzung – wirkungsvoller als die Flächenverteilung, die nur einen peripheren Kontakt mit den exothermen Zentren gewährt. Eine Kombination beider Formen erscheint dennoch als günstig.

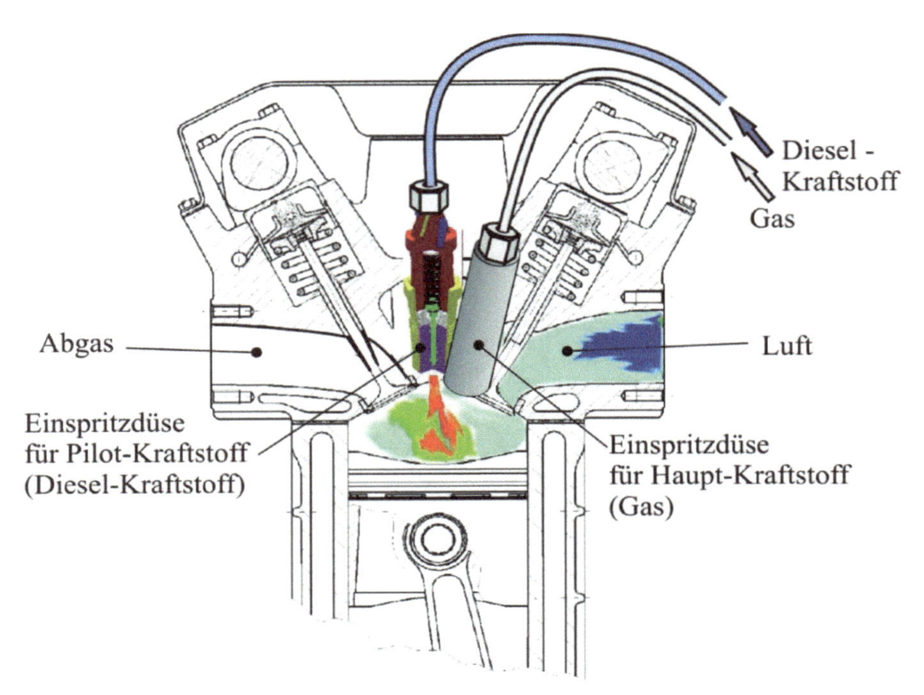

Bild 95 Piloteinspritzung von Dieselkraftstoff in ein Gemisch von gasförmigem Kraftstoff und Luft

Die klassische Möglichkeit der Selbstzündung ist das Einschließen exothermer Zentren in heißer Frischluft, die beispielsweise bei der Verdichtung in Dieselmotoren vorkommt. Die niedrigere Lufttemperatur im Vergleich zur Temperatur des alternativ verwendbaren Abgases führt jedoch zu einer Beeinträchtigung des Verbrennungsvorgangs, was sich in Ruß- oder HC-Emission widerspiegeln kann. Andererseits ist die Nutzung heißen Frischgases bei Ottomotoren durch die Klopfgrenze eingeschränkt. In all den erwähnten Formen ist eine starke Turbulenz des jeweiligen Mediums um die exothermen Zentren – ohne Beeinträchtigung von deren isotropen räumlichen Verteilung – vorteilhaft für den Brennverlauf. Im Bezug auf den Brennverlauf selbst erscheint die Selbstzündung in exothermen Zentren – zumindest im Ottoverfahren – zunächst als nachteilig im Vergleich zur Flammenfortpflanzung von einer Zündquelle aus, wie im Bild 96 dargestellt ist.

Die Verbrennungseinleitung in exothermen Zentren durch Wärmeübertragung, beispielsweise vom umgebenden Abgas, erfolgt bei niedrigerer Temperatur im Vergleich zu der einer fremden Zündquelle, was zu einer niedrigeren

Geschwindigkeit der thermochemischen Reaktion führt. Unterschiedliche Vorgänge im Otto- und im klassischen Dieselprozess sind dafür ein Beispiel:

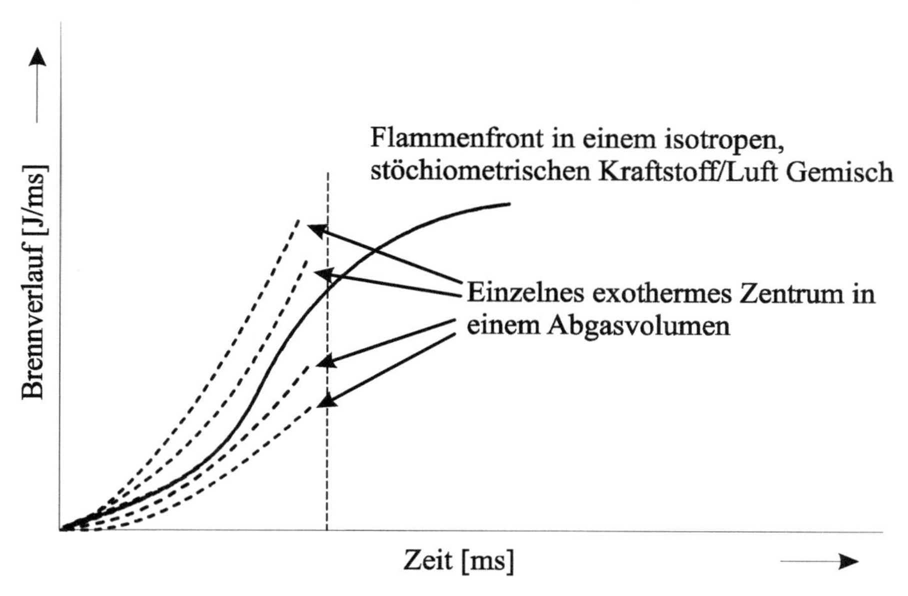

Bild 96 Vergleich der Brennverläufe zwischen den Verbrennungsvorgängen mit Flammenfrontfortpflanzung und mit Selbstzündung in exothermen Zentren – schematisch

Ein langsamerer Brennverlauf bewirkt die Verschiebung der jeweiligen thermodynamischen Zustandsänderung von isochor in Richtung isobar – als absolute Grenzen. Der Effekt dieser Verschiebung ist unter vergleichbaren Bedingungen – wie Umgebungszustand, Verdichtungsverhältnis und Motordrehzahl – eine Senkung des thermischen Wirkungsgrades. Andererseits, wenn die Aktivierungsenergie gleichzeitig in jedem exothermen Zentrum wirkt, ist die globale Zustandsänderung verschieden von jener, die in jedem Zentrum vorkommt: Die Reaktionsgeschwindigkeit in jedem einzelnen Zentrum ist gewiss niedriger als in einer Flammenfront – die Reaktion erfolgt allerdings gleichzeitig in allen Zentren, wie in Bild 94 dargestellt.

Dadurch ist der Verbrennungsverlauf in jedem Zentrum vergleichsweise kurz. Die Überlagerung all solcher kurzen Verbrennungsabläufe führt zu einem anderen Effekt als von einem einzelnen Zentrum: die globale Zustandsänderung ist mehr in Richtung einer Isochore gerichtet, während jede in jedem einzelnen Zentrum eher zu einer Isobaren tendiert.

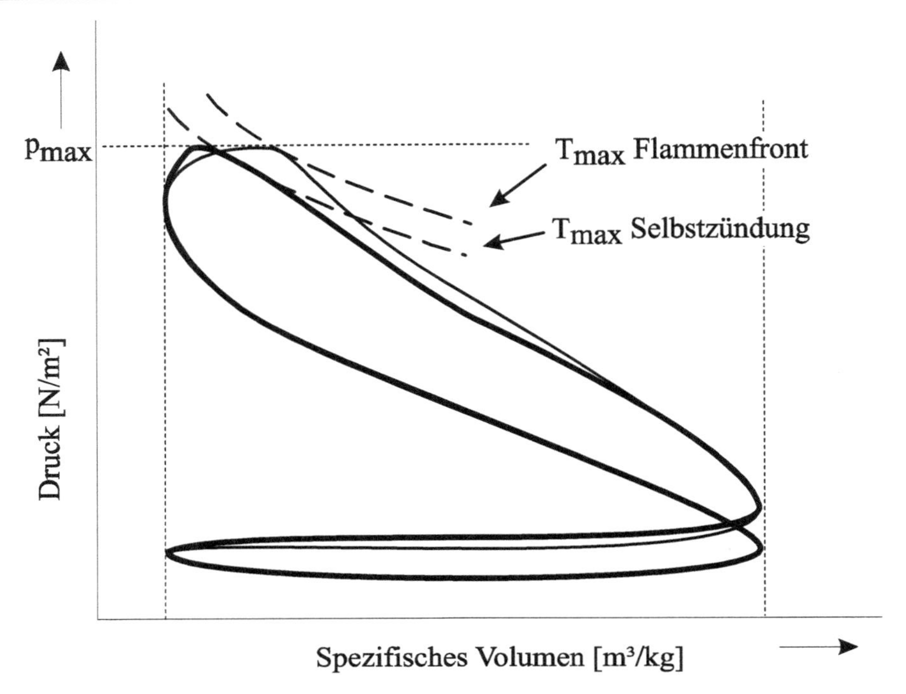

Bild 97 Vergleich der thermodynamischen Vorgänge in einem Verbrennungsmotor bei Verbrennung mit Flammenfront bzw. mit Selbstzündung

Der thermische Wirkungsgrad ist im Falle der gleichzeitigen Verbrennung in allen exothermen Zentren höher als infolge einer konventionellen Flammenausbreitung. Darüber hinaus führt die größere Distanz zwischen den exothermen Zentren, die durch das umgebende, wärmeübertragende Medium (beispielsweise Abgas) zustande kommt, zu einer gewissen Wärmeübertragung von jedem exothermen Zentrum in seine Umgebung während der Verbrennung, was eine Dämpfung des Temperaturanstiegs durch Verbrennung bewirkt. Durch Kombination zwischen hoher Reaktionsgeschwindigkeit und Temperaturdämpfung entsteht mindestens der gleiche Maximaldruck wie bei einer Verbrennung mit Flammenfrontfortpflanzung zu einem geringeren spezifischen Volumen, wie im Bild 97 dargestellt.
Die praktisch gleiche spezifische Arbeit kann demzufolge bei einer Verbrennungstemperatur unter der Dissoziationsgrenze erzeugt werden. Die Verbrennungssteuerung durch Selbstzündung schränkt nicht nur die Dissoziation ein, sondern auch die zyklischen Schwankungen durch die höhere Wahrscheinlichkeit des Kontaktes mit einem umgebenden Wärmeübertragungsmedium als mit einer Zündquelle; die letztere Form kann durch die Änderung der Ladungswechselströmung bei unterschiedlichen Last- und Drehzahlkombinationen beeinträchtigt werden. Für die Benzindirekteinspritzung ist das Selbstzündverfahren insbesondere in Teillast von Vorteil: Die Selbstzündung einer Kraftstoffmenge beim Kontakt

mit einem Luftanteil ist weniger komplex als die zusätzliche Bewegung beider Anteile durch Abgaskerne auf der Suche nach einem winzigen Zündfunken an einer weiten Brennraumwand.

Eine Grenze der Selbstzündung durch Abgas erscheint beim Übergang von Teillast zu Volllast, der die Zunahme der Frischladungsmasse im Zylinder erfordert. Dadurch wird das Einschließen von exothermen Zentren im Abgas bzw. in heißer Luft immer geringer. Der Nullpunkt ist bei Volllast erreicht, die der maximalen Frischladungsmasse im Zylinder entspricht. In diesem Fall bleibt jedoch die Möglichkeit der Piloteinspritzung eines zusätzlichen Kraftstoffs bei entsprechendem Druck, wodurch die Verbrennung in einem Volumenanteil des Brennraumes eingeleitet wird, welches zahlreiche exotherme Zentren einschließt. Die Umsetzung der Selbstzündung mit Hilfe von Abgas bei Teillast kann im Vergleich mit einem konventionellen Vorgang in einem Ottomotor, anhand der schematischen Darstellung in Bild 98 exemplifiziert werden.

Im klassischen Fall bewirkt die Drosselung des zum Zylinder geleiteten frischen Gemisches die Senkung dessen Dichte. Das homogen und stöchiometrisch bleibende Kraftstoff/Luft-Gemisch ist dabei durch längere Distanzen zwischen den exothermen Zentren gekennzeichnet, wie in Bild 98a schematisch dargestellt – wodurch der Brennverlauf beeinträchtigt wird. Dieser Umstand wird bei der Drosselung der Abgasströmung im Auslasskanal geändert: Durch das Einbehalten einer Abgasmenge im Zylinder nimmt die Dichte der Frischladung zu, was eine bessere Fortpflanzung der Verbrennungsreaktion bewirkt – wie im Bild 98b dargestellt. Eine Selbstzündung erscheint zumindest an der Front zwischen Frischladung und Abgas. Der Selbstzündprozess kann wesentlich erweitert werden, wenn die Front zwischen Frischladungsmasse und Abgas vergrößert wird. Eine Unterstützung dafür bietet theoretisch eine starke Turbulenz – wenn sie erreichbar und kontrollierbar wird.

Eine interessante Alternative ist die Ansaugung der Frischladung durch die Einlassventile in Form von Spuren oder Strähnen, die in gleichmäßig verteiltem Abgas im Zylinder eindringen; diese Form führt zu einer maximalen Kontaktfläche zwischen Frischladung und Abgas, wie im Bild 98c dargestellt. Diese Konfiguration zeugt in experimentellen Untersuchungen ein hohes Optimierungspotential.

Sauerstoffangereicherte Kraftstoffe wie Dimethyl-Ether (DME) und Alkohole (Methanol, Ethanol) führten zur Erweiterung der Selbstzündvorgänge in niedrigeren Teillastbereichen verglichen mit dem Einsatz von Benzin. Bezüglich motorischer Einflussgrößen wurde festgestellt, dass ein erhöhtes Verdichtungsverhältnis die Selbstzündung begünstigt, was die Erhöhung des thermischen Wirkungsgrades umso mehr bewirkt.

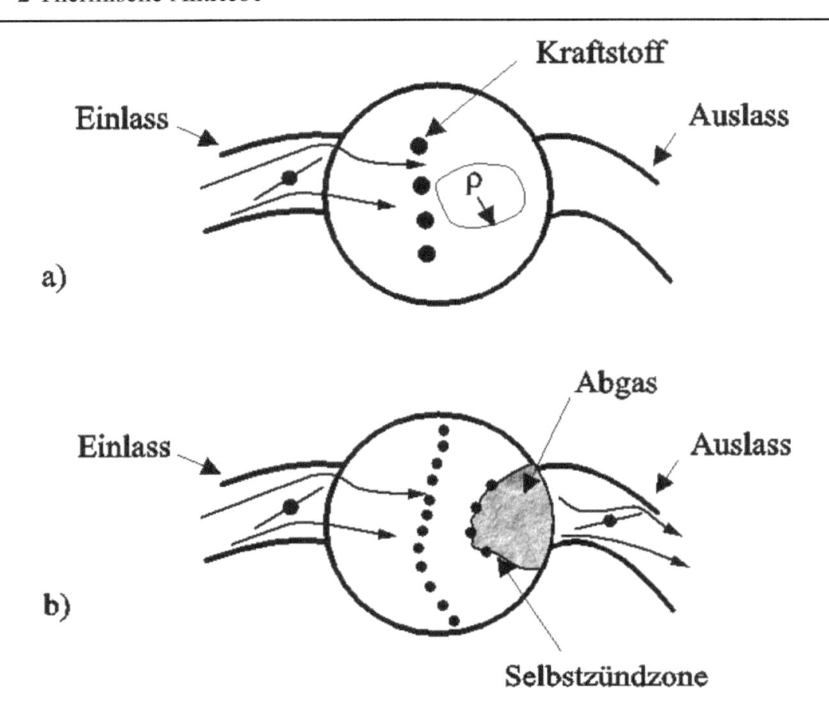

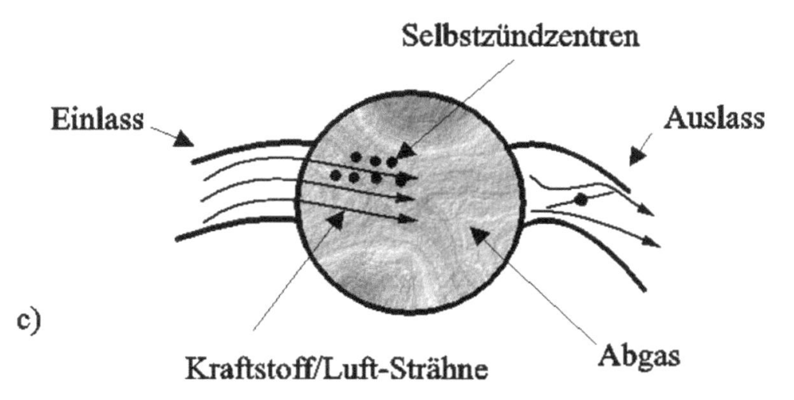

Bild 98 Gemischbildung bei Teillast:
(a) Drosselung der Frischladung
(b) Abgasrückführung durch Drosselung im Auslasskanal
(c) Eindringen von Frischladungssträhnen in ein Abgasvolumen

Höhere Motordrehzahlen begünstigen ebenfalls die Selbstzündung wegen der geminderten Wärmeübertragung an Brennraumwände infolge kürzerer Übertragungsdauer. Die Wirkung des Abgases auf die Selbstzündung ist Gegenstand numerischer und experimenteller Analysen. Aus der numerischen Simulation der Reaktionskinetik auf Basis von Referenzkraftstoffen wie Wasserstoff, Erdgas, Heptan, Iso-Oktan oder Ethanol werden folgende wesentliche Einflussfaktoren auf die Selbstzündung abgeleitet: Temperatur der angesaugten Frischladung, Kraftstoff/Luft-Verhältnis, AGR Rate und Kraftstoffstruktur [9].

Die Verbrennungskontrolle durch Selbstzündung trägt demzufolge wesentlich zur Verbesserung des thermodynamischen Prozesses in Otto- und Dieselmotoren bei, was durch die Erhöhung des thermischen Wirkungsgrades im Zusammenwirken mit der Senkung der NO_X Emission ausgedrückt wird.

Erhöhung des Verdichtungsverhältnisses

Die Vorteile der Erhöhung des Verdichtungsverhältnisses, insbesondere bei Ottomotoren wurde aus thermodynamischer Sicht im Kap. 2.1 demonstriert; die Wege ihrer Umsetzung, begünstigt durch die innere Gemischbildung mittels Kraftstoffdirekteinspritzung wurden im Kap. 2.2 dargestellt. Andererseits wurde gezeigt, dass durch die tendenzielle Zunahme der Motordrehzahl die Hub/Bohrungsverhältnisse unterquadratisch werden, was die Zunahme des Verdichtungsverhältnisses einschränkt. Was die Teillastbereiche anbetrifft ist das Dieselverfahren ohnehin im Vorteil. Bei Ottomotoren wird gelegentlich versucht, das Verdichtungsverhältnis in der Teillast zu erhöhen, um die Verbrennungsbeeinträchtigung infolge der geringeren Gemischdichte durch Drosselung zu kompensieren.

Eine solche Lösung ist im Bild 99 dargestellt: Durch eine Kippvorrichtung wird der Motorblock samt Zylinderkopf gegenüber dem Kurbeltrieb geneigt, wodurch bei gleichem Kolbenweg – und dadurch bei gleichem Hubvolumen – die Höhe jedes Brennraums und damit die Brennraumvolumina variabel werden. Die dafür erforderliche Kippvorrichtung, die im Bild 100 dargestellt ist, zeigt wie umständlich eine solche Lösung ist.

Andere Varianten gehen umgekehrt vor – fester Motorblock und Änderung der Kurbeltriebposition durch horizontale Verschiebung der Hauptlager der Kurbelwelle, was als nicht weniger umständlich erscheint.

Um die Dichte einer für Teillast reduzierten Frischladungsmasse zu erhöhen genügt lediglich die Zunahme der Restabgasmenge im Zylinder. Das ist durch das bereits dargestellte Management des Ladungswechsels als Nebeneffekt erreichbar – ohne zusätzliche, aufwendige Konstruktionen.

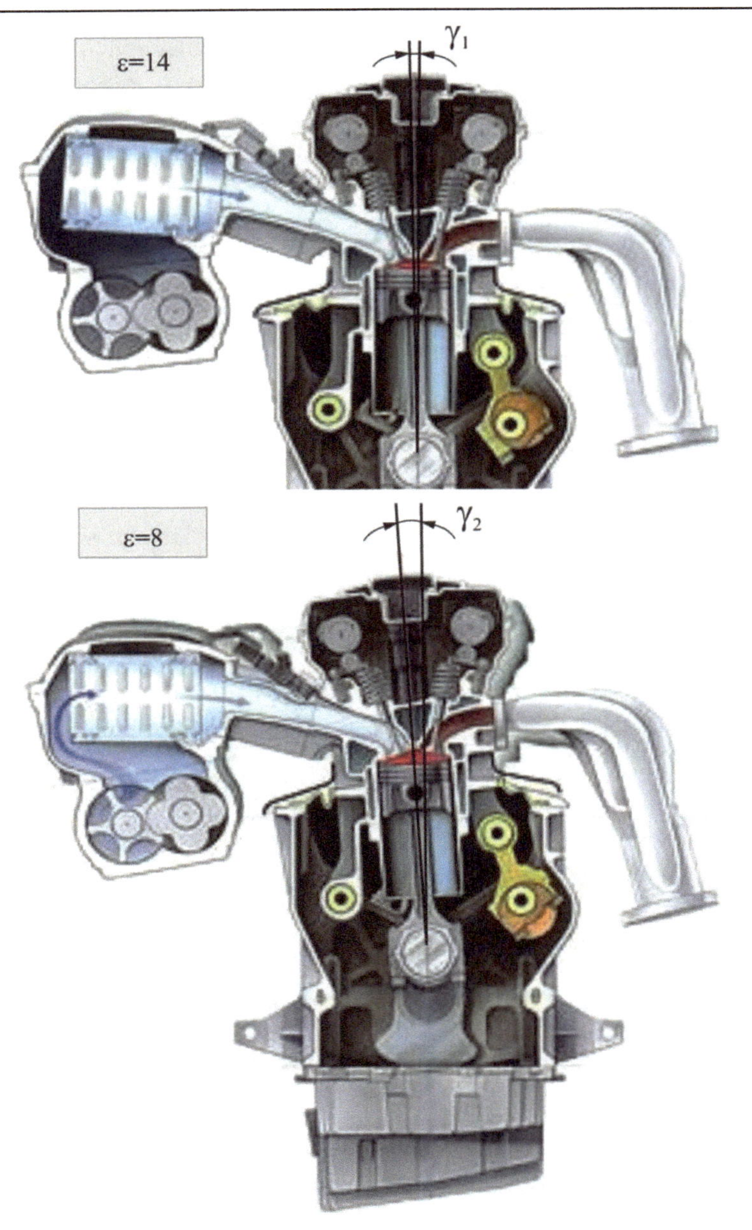

Bild 99 Variables Verdichtungsverhältnis SVC (Saab Variable Compression)

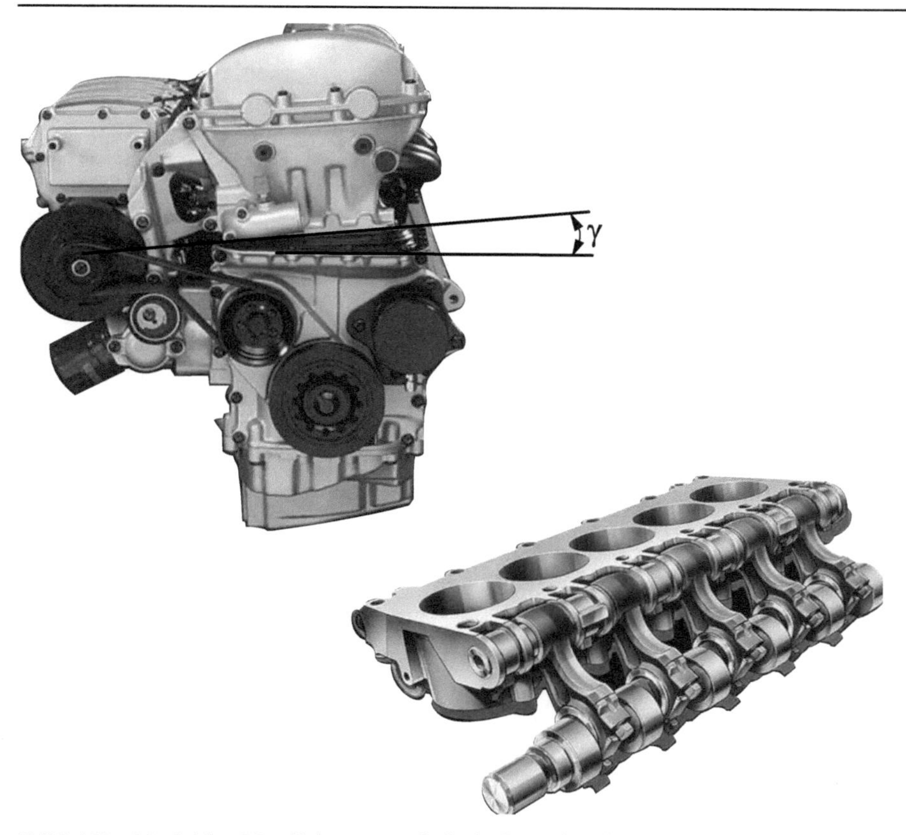

Bild 100 Variables Verdichtungsverhältnis SVC (Saab Variable Compression)

Management der Wärmeübertragung

Aus der einem Kolbenmotor zugeführten Wärme wird nach den allgemein üblichen und meist zutreffenden Darstellungen ein Drittel in Arbeit umgesetzt, ein weiteres Drittel über das Abgas abgestoßen und das Letzte über das Kühlwasser, als Wärmeabgabe an die Umgebung abgeführt. Die bisher analysierten Maßnahmen betreffen die bessere Effizienz im ersten Drittel, zum Teil auch im zweiten, durch Nutzung der Abgasenthalpie in Turbinen. Das letzte Drittel wurde bislang allgemein als Verlust – über den Wasserkühler an die Umgebung – ohne weitere Konsequenzen in Kauf genommen. Die derzeitigen Forschungsvorhaben zur effektiven Umwandlung von Wärme in Arbeit, die Verfahren zur Nutzung der in der Regel verlorenen Abgasenthalpie und die weitgehende Vernachlässigung der Wärmeverluste durch Kühlung erscheint als unverhältnismäßig und nicht mehr zeitgemäß. Anzeichen eines gewissen Managements zwischen Motor und Kühlwasser erscheinen zum Teil sogar in umgekehrter Richtung und zielen auf die Schonung des Motors ab: durch externe Verbrennung wird neuerdings das Wasser im Kühlsystem beim Motorstart rasch erwärmt, um die Motorbetriebstemperatur so schnell wie möglich zu erreichen – was in Bezug auf Drehmoment, Kraftstoffverbrauch und Schadstoffemissionen, zusätzlich zu der Verschleißminderung gewiss von großem Vorteil ist. Nach dem Erreichen der Betriebstemperatur besteht bisher das weitere Wärmemanagement in der Abgabe eines Drittels der zugeführten Energie an die Umwelt über einen Kühler.

Ein einfaches Rechenbeispiel belegt die Tragweite dieses Verlustes. Bei einer Wasserpumpe mit einem Fördervolumen von $60\left[\frac{l}{\min}\right]$ mit einer Wasserdichte von rund $1\left[\frac{kg}{l}\right]$ bedeutet eine Temperatursenkung über den Kühler von $\Delta T = 10\,[°C]$, bei der spezifischen Wärmekapazität des Wassers von $c_p = 4{,}19\left[\frac{kJ}{kgK}\right]$:

$$
\begin{aligned}
P \quad &= \dot{V} \cdot \rho \cdot c_p \cdot \Delta T = \frac{60}{60} \cdot 1 \cdot 4{,}19 \cdot 10 \\
[KW] \quad &\left[\frac{l}{s}\right]\left[\frac{kg}{l}\right]\left[\frac{kJ}{kgK}\right] \quad [K] \\
P &= 41{,}9\,[kW]
\end{aligned}
\tag{2.19}
$$

Ein wesentliches Problem besteht dabei im Antrieb der Wasserpumpe über den Motor selbst und somit in Abhängigkeit der Motordrehzahl. Dadurch entstehen Volumenströme des Kühlmediums, die stark drehzahlabhängig sind, jedoch lastabhängig nur zum geringen Teil korrigierbar sind. Die eindeutig bessere Alternative besteht in dem elektrischen Antrieb der Wasserpumpe, mit Kennfeldsteuerung der elektrischen Kenngrößen. Solche Ansätze finden zunehmend Aufmerksamkeit in der Automobilindustrie. In den letzten Jahren gingen entsprechende Lösungen in Serie für Vier- und Sechszylinder-Motoren. Die Aufnahmeleistung der Wasserpumpen beträgt dabei *200-400* [*W*]. Unabhängig von der Senkung der Wärmeabgabe des Motors selbst, ist der bedarfsgerechte Antrieb der Wasserpumpe mittels kennfeldgesteuerten Elektromotors mit einer Senkung der Antriebsleistung der Pumpe um bis zu 90 % verbunden.

Andererseits kann die Nutzung einer derartigen Leistung bzw. Wärmestroms innerhalb eines Wärmerekuperators in einem sekundären Kreisprozess den

Gesamtwirkungsgrad der Wärmekraftmaschine wesentlich verbessern und stellt daher eine alternative Optimierungsrichtung dar.

Durch die dargestellten Maßnahmen zur Optimierung der thermodynamischen Prozessabschnitte in Otto- und Dieselmotoren und dadurch deren Anpassung an variable Last-/Drehzahlkombinationen wird für die nächsten 10 Jahre eine Senkung des Kraftstoffverbrauchs um 30…50 % erwartet.

2.2.2 Konvergenz der Prozesse in Otto- und Dieselmotoren

Die gemeinsamen Entwicklungsziele von Otto- und Dieselmotoren – stets steigende hubraumbezogene Leistung bei abrupt sinkenden Verbrauchs- und Emissionswerten – begründen nicht a priori ihre Konvergenz: Der vorteilhaften Drehzahlcharakteristik des Ottomotors stellt ein moderner Dieselmotor einen vorzüglichen Drehmomentenverlauf entgegen – als eigenen Weg zum gleichen Leistungsziel; die Laufruhe steht gegen den Kraftstoffverbrauch, die Kohlenwasserstoffemission gegen Partikelemission. Solche prägenden Merkmale begründen die Polarisierung ihrer Akzeptanz. Andererseits wird jede motortechnische Innovation erfahrungsgemäß mit oder ohne wissenschaftlichen Vorwand zwischen den Gattungen ausgetauscht: Aufladesysteme, Kraftstoffdirekteinspritzung, Abgasrückführung oder Selbstzündverfahren stellen nur einige Beispiele dar. In dieser Weise werden nicht nur Abschnitte des jeweiligen thermodynamischen Prozesses beeinflusst, vielmehr entstehen zusammenwirkende Vorgänge, die den gesamten Prozess qualitativ ändern [10]. In Anbetracht der Innovationsdynamik technischer Lösungen und Verfahren ist die Analyse ihrer möglichen Wirkung in Otto- und Dieselmotoren nach thermodynamischen Kriterien empfehlenswert. Solche Kriterien ergeben sich aus den gemeinsamen Prozessabschnitten – vom Ladungswechsel und Kraftstoffzufuhr bis hin zur Gemischbildung und Verbrennung. Einige zukunftsträchtige Funktionen innerhalb dieser Prozessabschnitte sind im Bild 101 dargestellt. Ein aufschlussreiches Beispiel übertragbarer Funktionen zwischen Otto- und Dieselprozess dank zusammenwirkender Vorgänge besteht bei der Ankopplung von Aufladung und Direkteinspritzung: Eine Komponente des Ladungswechsels, die bei Dieselmotoren zum Stand der Technik gehört – die Turboaufladung – wird nach früheren, nur teilweise erfolgreichen Versuchen nunmehr als deutliche Entwicklungstendenz für Ottomotoren betrachtet. Ein Hauptgrund dafür ist die Vermeidung der Drosselung der Ansaugluft, die wiederum ohne Ladungsschichtung innerhalb der inneren Gemischbildung mittels Direkteinspritzung nicht möglich wäre.

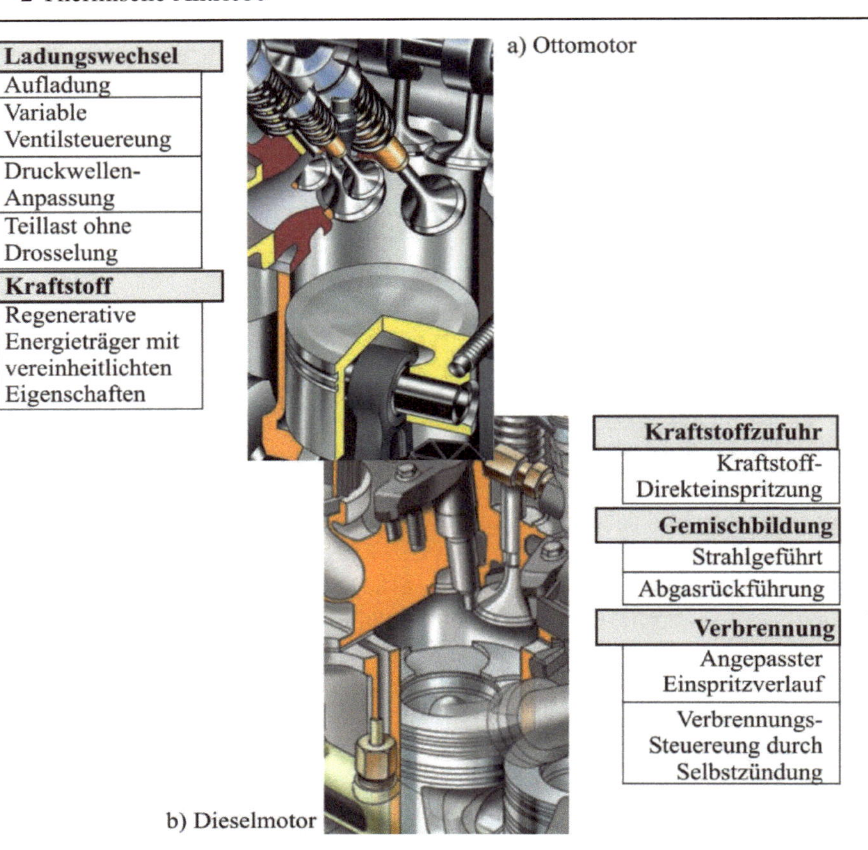

Bild 101 Kriterien zur Konvergenz der Otto- und Dieselprozesse

Die Auswirkung solcher Maßnahmen in kausaler Verkettung besteht zunehmend in einer Annäherung der thermodynamischen Vorgänge beider Motorengattungen, welche interessante Entwicklungspotentiale erwarten lassen.

Ein Vergleich der idealen Kreisprozesse in einem Ottoverfahren mit einem Verdichtungsverhältnis von 13,8 bzw. im Dieselverfahren mit einem Verdichtungsverhältnis von 22 zeigte in Kap.2.1 eine Angleichung der thermischen Wirkungsgrade.

Zukunftsträchtige Konzepte zur Gemischbildung und Verbrennung bei Ottomotoren – innere Gemischbildung mit Ladungsschichtung sowie Verbrennungssteuerung durch Selbstzündung erlauben diese wesentliche Zunahme der Verdichtungsverhältnisse.

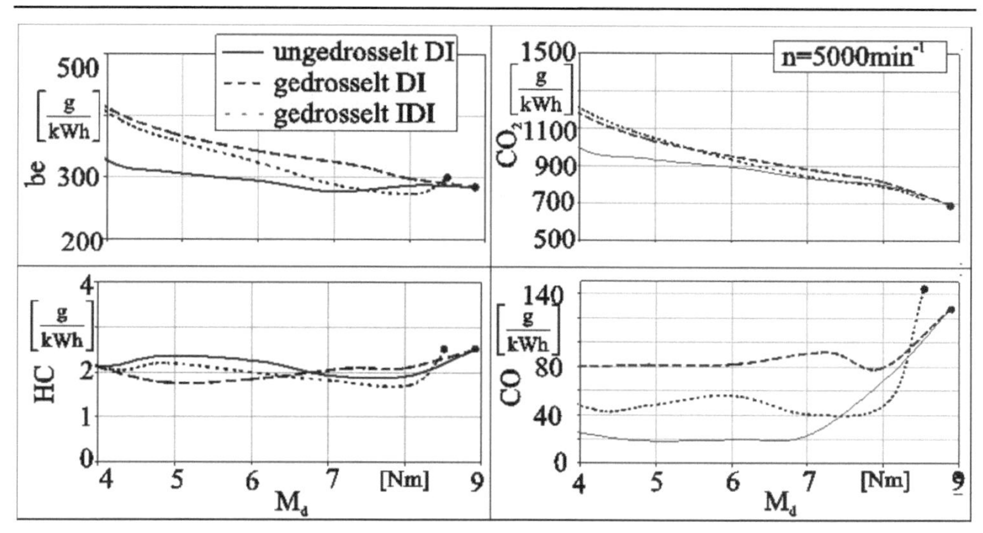

Bild 102 Spezifischer Kraftstoffverbrauch sowie CO_2, CO und HC Emission in Abhängigkeit der Last (konstante Drehzahl) für einen Ottomotor, bei einem Verdichtungsverhältnis von 15,4 mit Benzin-Direkteinspritzung (DI) bzw. von 11,5 mit Saugrohreinspritzung (IDI)

Bild 102 zeigt den spezifischen Kraftstoffverbrauch, als Ausdruck des thermischen Wirkungsgrades sowie die CO_2, CO und HC-Emission – in einem Ottomotor mit Saugrohreinspritzung bzw. mit Benzindirekteinspritzung innerhalb eines strahlgeführten Gemischbildungsverfahrens, welches eine weitreichende Ladungsschichtung ermöglicht [10]. Auf dieser Basis konnte ein Verdichtungsverhältnis von 15,4 anstatt 11,5 realisiert werden. Bei der Anhebung des Verdichtungsverhältnisses eines Ottomotors in einem solchen Bereich wird in Bezug auf den thermischen Wirkungsgrad die verbleibende Differenz zum Verdichtungsverhältnis eines modernen Dieselmotors von dem isochoren Verlauf der Wärmezufuhr im Ottoprozess kompensiert. Die Direkteinspritzung im Ottomotor ändert gewiss die idealisierte isochore Wärmezufuhr in Richtung einer Isobare, also zum Dieselvorgang hin. Die Konvergenztendenzen der Wirkungsgrade sind dennoch deutlich, was die spezifischen Kraftstoffverbräuche moderner Otto- und Dieselmotoren mit Direkteinspritzung beweisen. Darüber hinaus begünstigt die derzeit erforschte Verbrennungssteuerung durch Selbstzündung insbesondere im Ottoverfahren den Brennverlauf, wodurch die Wärmezufuhr wiederum in Richtung einer Isochore gerichtet wird.

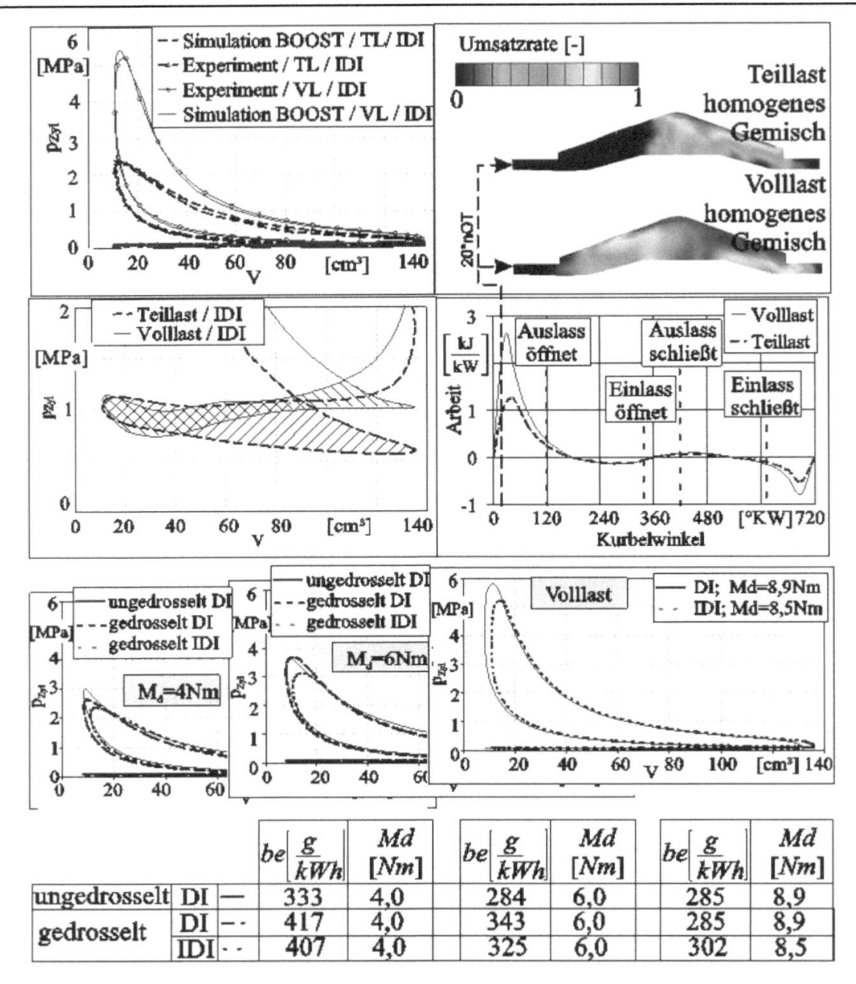

			$be\left[\frac{g}{kWh}\right]$	Md [Nm]	$be\left[\frac{g}{kWh}\right]$	Md [Nm]	$be\left[\frac{g}{kWh}\right]$	Md [Nm]
ungedrosselt	DI	—	333	4,0	284	6,0	285	8,9
gedrosselt	DI	- -	417	4,0	343	6,0	285	8,9
	IDI	- -	407	4,0	325	6,0	302	8,5

Bild 103 Beeinträchtigung des thermischen Wirkungsgrades eines Ottomotors infolge der Drosselung von Voll- zur Teillast durch Brennverlauf und Ladungswechselarbeit (5000 [min^{-1}] Saugrohreinspritzung)

Ein bisher wesentlicher Nachteil im Prozessverlauf eines Ottomotors ist die Drosselung der angesaugten Ladung im Teillastbetrieb: Sie erhöht einerseits die Ladungswechselarbeit und verschlechtert andererseits durch die sinkende Gemischdichte im Brennraum die Verbrennungsbedingungen, wodurch die idealerweise isochore Wärmezufuhr zunehmend flacher wird. Die Beeinflussung der Ladungswechselarbeit und des Brennverlaufs durch die Drosselung sind als Beispiel im Bild 103 im Falle der äußeren, homogenen Gemischbildung durch Saugrohreinspritzung dargestellt. Die Beeinträchtigung des thermischen Wirkungsgrades durch Drosselung ist dabei mehr von dem Brennverlauf in dem Gemisch mit geringer Dichte als von der erhöhten Ladungswechselarbeit bestimmt, wie im Bild 103 angedeutet: In dem vergrößerten Abschnitt des Druck/Volumendiagramms, welches dem Ladungswechsel entspricht ist zwar eine Zunahme der Ladungswechselarbeit von Voll- zur Teillast als Fläche feststellbar; andererseits zeigt aber die Darstellung der Arbeit über den Kurbelwinkel den relativ geringen Einfluss dieses Prozessabschnittes im Vergleich zur Form der Umsetzung der Wärme in Arbeit – bei *20-30* [*°KW*] nach OT – bei der Laständerung. Die Verbrennungssequenz bei *20* [*°KW*] nach OT bei Voll- bzw. Teillast im Bild 103 zeigt als Ursache eine verlangsamte Fortpflanzung der Verbrennung in dem Gemisch mit geringerer Dichte, was im Arbeit-/ Kurbelwinkeldiagramm in dem flacheren Verlauf erkennbar ist. Die Drosselung der Ansaugluft in der Teillast beeinträchtigt die Motorkenngrößen auch bei innerer Gemischbildung durch Benzindirekteinspritzung, wie die Ergebnisse im Bild 103 zeigen. Dafür ist das genaue Treffen der Luft- und Kraftstoffanteile in einem homogenen Gemisch und nicht eine geringere Dichte des Gemisches maßgebend. Andererseits ist die Drosselung nachteilig für die Drehmomentcharakteristik, insbesondere bei Beschleunigungsvorgängen: Einem schlagartig erhöhten Massenstrombedarf – entsprechend dem gewünschten Wechsel von Teil- zu Volllast – kann nur mittels der geringfügigen Druckdifferenz zwischen Ansaugrohr und Zylinder entsprochen werden, was erst nach mehreren Arbeitsspielen geschieht. Die Zunahme der Drehzahl, die bei Lasterhöhung häufig vorkommt erfordert gleichermaßen eine Erhöhung des Frischladungsmassenstroms, die aufgrund der gegebenen Druckdifferenz zwischen Ansaugrohr und Zylinder ebenfalls – sowohl im Otto- als auch im Dieselverfahren – verzögert wird. Die Überlagerung einer ursprünglichen Drosselung – wie im Ottoverfahren – beeinträchtigt diesen Prozess zusätzlich. Das erklärt auch die schwierigere Anpassung einer Turboaufladung an einem Ottomotor mit Drosselung der Frischladungsmasse als an einem Dieselmotor: Die verzögert eintreffende Lasterhöhung im Brennraum kann die erforderliche Turbinenarbeit und als Rückkopplung die Verdichterwirkung nur schleppend absichern. Das Vorhandensein der maximalen Luftmenge im Brennraum, unabhängig von der momentanen Last, führt zu einer wesentlichen Verkürzung dieser Verzögerung: Die Menge des in diesem Fall direkt in den Brennraum eingespritzten Kraftstoffs kann auf Grund des üblichen Druckunterschiedes zwischen dem Kraftstoff in der Direkteinspritzanlage und der Luft im Brennraum während der Verdichtung praktisch von einem Arbeitspiel zum nächsten vollkommen angepasst werden. In dieser Weise kann im Ottoverfahren unter der Voraussetzung einer Ladungsschichtung bei Kraftstoffdirekteinspritzung die Drosselung der Ansaugluft umgangen werden – was, wie beim Dieselmotor, die Voraussetzung für eine wirkungsvolle Abgasturboladung darstellt. Bild 102 stellt beispielhaft Ergebnisse des vollständig drosselfreien Betriebs eines Ottomotors mit Benzindirekteinspritzung nach einem neuartigen Gemischbildungsverfahren mit Ladungsschichtung – entsprechend dem Bild 73 –dar. Die Abgasturboaufladung als Grundstufe des Down-Sizing bedeutet andererseits für beide Verfahren eine zusätzliche Erhöhung des thermischen Wirkungsgrades und ist auf einer einheitlichen Technik aufgebaut. Angesichts des exakten Managements des Ladungswechsels der bei intensiveren Zylinderströmungen infolge einer Turboaufladung erforderlich wird, ist die variable bzw. drehzahlabhängige Ventilsteuerung für beide Verfahren zunehmend gefragt. Auch in dieser Hinsicht deutet die in Entwicklung befindliche Steuerungstechnik auf eine mögliche Konvergenz hin.

Ungeachtet des Niveaus des Kraftstoffdrucks zeigen sowohl die Direkteinspritzkonzepte als auch die Direkteinspritztechnik für Otto- und Dieselmotoren zahlreiche Konvergenzmerkmale, wie im Kap. 2.2.1 bereits erwähnt:

Bei der Erzeugung eines konstanten Maximaldruckes, der für alle Zylinder in einem gemeinsamen Speicher verfügbar wird (Common Rail – Bild 77) ist die Steuerung der Einspritzmenge nur über die Einspritzdauer möglich. Das erfordert die druckunabhängige Steuerung der Einspritzdüsen – die allgemein entweder elektromagnetisch oder piezoelektrisch erfolgt. Unabhängig von den derzeit stark unterschiedlichen Größenordnungen des Kraftstoffdrucks in Benzin- und Diesel-Common-Rails – von *10* [*MPa*] zu *250* [*MPa*] – sind die Bauelemente, die Aktuatoren, die Sensoren und die Steuerung ähnlich für beide Anwendungsgebiete.

Bei der Erzeugung einer Kraftstoff-Hochdruckwelle, deren Verlauf unabhängig von der Motordrehzahl ist (Hochdruckmodulation – Bild 78, Bild 79), bleibt die Dauer der Druckwelle allgemein konstant. Die Steuerung der Einspritzmenge erfolgt in diesem Fall über die Höhe des Maximaldrucks. Als die Zerstäubung des Kraftstoffs weitgehend von dem Druckanstieg selbst und weniger vom absoluten Maximalwert abhängt, ist diese Änderung der Druckamplitude kaum nachteilig für die Einspritzstrahlcharakteristika. In Anbetracht der Gemischbildungsbedingungen ist andererseits eine unveränderte Einspritzdauer bei Zunahme der Einspritzmenge von Vorteil. Die Steuerung der Einspritzdüsen kann in diesem Fall von der Druckwelle selbst übernommen werden – was elektromagnetische oder piezoelektrische Module erübrigt. Bauelemente, Aktuatoren, Sensoren und Steuerung sind auch in diesem Fall für beide Motorgattungen ähnlich.

Die beispielhafte Wirkung der Diesel-Direkteinspritzverfahren bei der Entwicklung der Benzin-Direkteinspritzverfahren in den letzten 5-10 Jahren war nicht zu übersehen. Die klare Tendenz zur überwiegend strahlunterstützten inneren Gemischbildung stellt auch in dieser Hinsicht ein Konvergenzkriterium dar, das durch Synergiewirkung bei Modellierung und experimenteller Analyse deutliche Fortschritte erwarten lässt.

Der Verbrennungsprozess im Dieselverfahren wird hauptsächlich zwischen dem thermischen Wirkungsgrad und der NO_X Emission bzw. dem Geräuschniveau optimiert. Wirkungsvolle Maßnahmen sind dafür die Modulation des Einspritzverlaufs sowie die Anpassung der Abgasrückfuhrrate im jeweiligen Last-

/Drehzahlbereich. Nach Einführung der Direkteinspritzung bei Ottomotoren gelten beide Maßnahmen auch als Potentiale dieses Verfahrens. Umgekehrt wurde die Verbrennungssteuerung durch Selbstzündung von Ottomotoren insbesondere zur weiteren Senkung der NO_X Emission relativ schnell als HCCI Verfahren auf den Dieselprozess transferiert. Der Grundsatz der Entflammung eines exothermen Zentrums – bestehend aus Kraftstoff und Luft in stöchiometrischem Verhältnis infolge des peripheren Kontaktes mit einem heißen Gas (sei es auch nur komprimierte Luft) stammt jedoch ursprünglich vom Dieselverfahren. Die Tatsache, dass in dieser Weise das globale Luftverhältnis im Brennraum weitaus größer als das Luftverhältnis in exothermen Zentren selbst sein kann, erleichtert insbesondere die Entwicklung der Benzindirekteinspritzverfahren: Einerseits kann in dieser Weise die schwer zu realisierende Ladungsschichtung zum Teil umgangen werden; andererseits ist die Entflammung nicht mehr an die Bedingung gebunden, dass eine in sich geschlossene, stöchiometrische Ladungsschicht bei jeder Last und Drehzahl einen Kontakt mit der Zündkerze erreichen soll.

Die Entflammung exothermer Zentren im Brennraum auf Basis der Restgasenthalpie führt zumindest bei Teillast zu folgenden drei Konvergenzpunkten des Otto- und Dieselverfahrens:

- Verbrennungseinleitung ohne Fremdenergie in Form einer Funkverbindung (eine Glühzündung ist für beide Verfahren durchaus nicht auszuschließen).
- Ähnlicher Brennverlauf aufgrund des vergleichbaren Einspritzverlaufs und der Verbrennungsreaktionen in exothermen Zentren, ohne Flammenfront.
- Steuerung der zugeführten Wärme nur durch die Kraftstoffmenge (Qualitätsregulierung) ohne Drosselung der Luftansaugmenge, unabhängig von der Last.

Bei Volllast ist für beide Verfahren eine Einleitung der Verbrennung durch die Einspritzung und Verbrennung eines zusätzlichen, leicht entflammbaren Kraftstoffs – wie die Piloteinspritzung von Dieselkraftstoff in Gasmotoren – sowohl zur Beschleunigung des Brennverlaufs als auch zur Senkung der NO_X Emission von Vorteil.

Unabhängig von Siedetemperatur, Viskosität und Dichte ist die chemische Struktur der Kohlenwasserstoffe, die als Kraftstoffe für Otto- und Dieselmotoren eingesetzt werden, ähnlich. Die erwähnten neuen Verfahren der Gemischbildung und Verbrennung in beiden Gattungen verlangen nach einer grundsätzlich neuen Betrachtung der Zündwilligkeit und der Klopffestigkeit. Anders als in dem Destillerieprozess in Raffinerien – wo die Art der entstehenden Kraftstoffmoleküle von der Struktur des fossilen Energieträgers und von Druck- und Temperaturbedingungen beim Erhitzen und Kondensieren abhängen, können synthetische Kraftstoffe in ihrer molekularen Struktur gezielt gestaltet werden. Dadurch können die Kraftstoffeigenschaften – Heizwert, Zündwilligkeit, Klopffestigkeit bzw. Dichte,

Viskosität und Siedetemperatur – auf angestrebten Wertebereichen gebracht werden.

Eine erste Stufe in diesem Prozess ist die Herstellung synthetischer Kraftstoffe (Synfuel) aus Erdgas, auf Basis der GtL (Gas-to-Liquid) Technologie. Fahrversuche mit einer solchen Kraftstoffart zeigen eine drastische Senkung der HC-, CO- bzw. der Partikelemission im Vergleich zu Nutzung klassischer Kraftstoffe. Die weitere Stufe ist die Gestaltung synthetischer Kraftstoffe aus regenerativen Energieträgern und aus Abfallprodukten wie Holz- und Papierabfällen (Sunfuel). Der Zwischenschritt der Umwandlung solcher Energieträger in Kraftstoff ist die Gewinnung eines Synthesegases, welches anschließend in einem Reaktor zu der gewünschten molekularen Struktur gebracht wird.

Dieser Entwicklungsweg der Kraftstoffe zeichnet sich immer deutlicher ab und ist ein weiteres Argument der Konvergenztendenzen der Otto- und Dieselverfahren.

Die Anforderungen an zukünftige Kraftfahrzeugverbrennungsmotoren – von der hohen hubraumbezogenen Leistung, über deutlich gesenkten Kraftstoffverbrauch bis hin zu einer drastisch reduzierten Schadstoffemission – leiten zur Betrachtung der Otto- und Dieselverfahren aus einer Sicht der Vereinigung ihrer Vorteile. Die Konstruktion der Hauptkomponenten und die Funktion von Zusatzmodulen wie Aufladung, variable Ventilsteuerung, Kraftstoffdirekteinspritzung oder Abgasrückfuhrtechnik unterstützen ohnehin eine solche Richtung.

Eine Vereinheitlichung zu einem universellen Kolbenmotor für alle Automobilarten und -klassen ist in den nächsten Jahren dennoch nicht zu erwarten – es bestehen noch zu große Unterschiede in Bezug auf Drehmomentcharakteristik, Preis und Verbrauch im Einsatz. Dieselmotoren für Automobile kosteten im letzten Jahrzehnt rund das Doppelte im Vergleich mit Ottomotoren in der gleichen Leistungsklasse, ungeachtet ähnlicher Entwicklungsstufen für beide Gattungen. Das Drehmoment eines Dieselmotors erreicht das Maximum bei weitaus geringeren Drehzahlen als jenes eines Ottomotors – im Großen und Ganzen stehen *2.000* [min^{-1}] gegen *4.000* [min^{-1}]. Der teurere, schwerere Dieselmotor mit hohem Drehmoment unmittelbar nach dem Leerlauf, eignet sich eindeutig für schwere und nicht preiswerte Automobile: die gute Beschleunigung ist bei Stadt- und Landfahrten mit häufiger Geschwindigkeitsänderung von einem günstigen Streckenverbrauch begleitet. Der dadurch verursachte überzeugende Einzug des Dieselmotors in der Oberklasse, wäre vor 20 Jahren – als Diesel mit Traktor assoziiert war – nicht denkbar gewesen. Auf einer anderen Ebene, für leichte, preiswerte Automobile sind kompakte, leichte, preiswerte Ottomotoren empfehlenswert, der Weg zum hohen Drehmoment über die Drehzahl ist bei geringerer beschleunigter Masse kein Nachteil. Für eine Motorenplattform, welche die Vorteile von Otto- und Dieselmotoren vereinigt, bleibt dennoch viel Raum in der Mittelklasse.

Die beschriebenen Argumente und Tendenzen können in einem möglichen Zukunftsszenario wie folgt quantifiziert werden:

- für Oberklasse-Automobile: Dieselmotoren mit 2,5-3 Liter Hubraum, 4-6 Zylinder
- für Mittelklasse-Automobile: vereinheitlichte Diesel-/ Ottomotoren mit 1,5-2,0 Liter Hubraum, 3-4 Zylinder
- für preiswerte bzw. für kompakte Automobile: Ottomotoren mit 0,8-1 Liter Hubraum, 2-3 Zylinder

2.3 Alternative Wärmekraftmaschinen

2.3.1 Zweitaktmotoren

Die Erhöhung der hubraumbezogenen Leistung eines Kolbenmotors kann zwar über die Energiedichte und Drehzahl, prinzipiell jedoch auch durch die Zunahme der Arbeitstakte im Zylinder erfolgen.

Es gilt:

$$\frac{P_e}{V_H} = w_e \cdot n \cdot \frac{T_U}{T_A} \qquad \begin{aligned} &-\textit{bei Zweitaktmotoren}\ \frac{T_U}{T_A} = \frac{2}{2} \\ &-\textit{bei Viertaktmotoren}\ \frac{T_U}{T_A} = \frac{2}{4} \end{aligned} \tag{2.9}$$

Theoretisch würde der Übergang vom Viertakt- zum Zweitaktverfahren zur Verdoppelung der hubraumbezogenen Leistung bei gleicher Energiedichte und Drehzahl führen.

Ein Vergleich zwischen 201 Viertaktmotoren und 99 Zweitaktmotoren für Serien-Zweiradfahrzeuge der letzten 25 Jahre zeigte deutliche Tendenzen in Bezug auf Energiedichte und Drehzahl:

- Die Drehzahlbereiche für Vier- und Zweitaktmotoren bzw. die Drehzahlen, die dem maximalen Drehmoment und der maximalen Leistung entsprechen sind weitgehend gleich.

- Die Energiedichte ist bei Zweitaktmotoren für diesen Anwendungsbereich (der am nächsten einem Einsatz in Automobilen steht) sowohl bei maximalem Drehmoment, als auch bei maximaler Leistung um 20 % bis 30 % geringer.

Aus dem Vergleich

$$\left(\frac{P_e}{V_H}\right)_{2T} = (0{,}7 \ldots 0{,}8) w_{e4T} \cdot n \qquad \left(\frac{P_e}{V_H}\right)_{4T} = (0{,}5) w_{e4T} \cdot n \tag{2.19}$$

resultiert:

$$\left(\frac{P_e}{V_H}\right)_{2T} = (1{,}4 \ldots 1{,}6) \left(\frac{P_e}{V_H}\right)_{4T} \tag{2.20}$$

Der Vorteil einer 40 % bis 60 % höherer hubraumbezogenen Leistung der Zweitaktmotoren im Vergleich zu den Viertaktmotoren war auch der Grund ihres verbreiteten Einsatzes in Motorrädern, Mopeds, Außenbord-Motoren und handgeführten Geräten wie zum Beispiel Kettensägen.

Der wesentliche Nachteil der Zweitaktmotoren in diesem Anwendungsbereich – langsamlaufende, große Dieselzweitaktmotoren für Schiffe oder für stationären Betrieb kommen in diesem Zusammenhang nicht in Betracht – besteht in wesentlich größeren Spülverlusten während des Ladungswechsels als bei Viertaktmotoren, was auch die niedrigere Energiedichte erklärt.

Bei Motoren mit der Bildung des Kraftstoff/Luftgemisches im Saugrohr – mittels Vergaser oder Saugrohreinspritzung – enthalten die Spülverluste auch unverbrannten Kraftstoff, was zu einer derzeit nicht mehr vertretbaren Schadstoffemission führt. Eine grundsätzliche Vermeidung dieses Nachteils besteht in der Gemischbildung nach dem Ladungswechsel, durch Kraftstoffdirekteinspritzung – in diesem Fall enthalten die Spülverluste nur Luft. Der Ladungswechsel, bei Zweitaktmotoren, oft als Zylinderspülung bezeichnet – das heißt der partielle oder vollständige Ersatz des Abgases im Zylinder durch die Frischladungsmasse – erfolgt im Wesentlichen nach drei Verfahren [11], [12]:

- Die Längsspülung, entlang der Zylinderachse, je nach Ausführung mit Einlassventilen im Zylinderkopf und Auslassschlitzen im Zylinder, zum unteren Totpunkt hin oder umgekehrt mit Einlass über Schlitze und Auslassventile im Zylinderkopf. Eine Variante der Längsspülung mit Ein- und Auslassschlitzen besteht bei Gegenkolbenmotoren.

- Die Querspülung, ebenfalls als weitgehend eindimensionale Strömung, allerdings quer zur Zylinderachse, was allgemein Ein- und Auslassschlitze erfordert.
- Die Umkehrspülung oder Schnürle-Umkehrspülung, nach dem Namen ihres Erfinders, welche im Bild 104 dargestellt ist. Aufgrund der überwiegenden Verwendung dieses Spülverfahrens in Zweitaktmotoren für Zweiradfahrzeuge und Außerbord-Motoren – die für einen alternativen Einsatz im Automobil in Betracht kämen – wird an dieser Stelle näher darauf eingegangen.

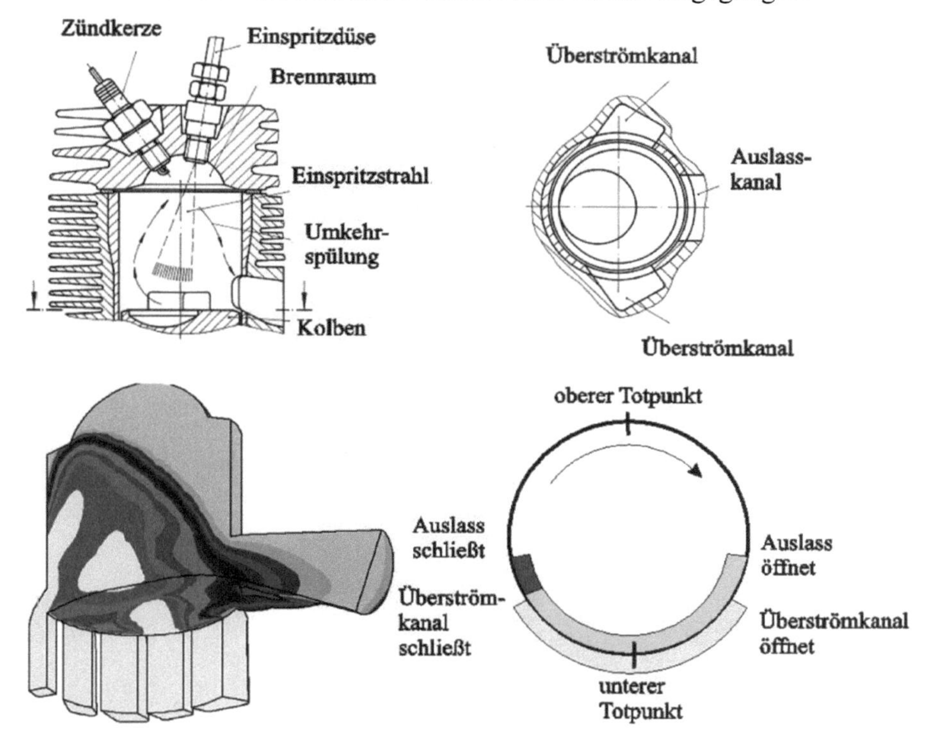

Bild 104 Funktionsweise der Umkehrspülung bei schlitzgesteuerten Zweitaktmotoren und Ladungswechsel-Steuerdiagramm

Wie im Bild 104 ersichtlich, gelangt die Frischladungsmasse in den Zylinder über seitlich angeordnete Überstromkanäle. Die fehlenden Ladungswechseltakte vom Viertaktverfahren – Ausstoßen von Abgas, dann Ansaugen von Frischladungsmasse – wird durch zwei Maßnahmen kompensiert:

- Entsprechend dem Ladungswechselsteuerdiagramm im Bild 104 öffnet der Auslasskanal vor den Überstromkanälen, wodurch zunächst ein Druckabbau im Abgas erfolgt

- Die Frischladungsmasse muss jedoch das Abgas aus dem Zylinder verdrängen, wofür auch ein entsprechender Druck erforderlich ist. Dieser Druck kann prinzipiell außerhalb des Zylinders über einen Verdichter erzeugt werden, was jedoch bei den meisten Zweitaktmotoren im erwähnten Anwendungsbereich aufgrund des Aufwandes nicht umgesetzt wird. Stattdessen wird das Volumen unter dem Kolben bzw. im Kurbelgehäuse als so genannte Kurbelkastenpumpe verwendet.

Bild 105 Zweitaktottomotor mit Umkehrspülung - Schnitt

Im Schnitt durch einen klassischen Zweitaktmotorradmotor im Bild 105 ist der Weg der Frischladung – vom Ansaugkanal über den Einlassschlitz auf der unteren Seite des Kolbens zum Kurbelkasten bis hin zu den Überstromkanälen, die nur auf der Brennraumseite, oberhalb des Kolbens öffnen können – entsprechend der im Bild 104 dargestellten Steuerzeiten dargestellt. Mit dem in dieser Weise erreichten Druck verdrängt die Frischladungsmasse das Abgas vom Zylinder; durch den steilen Winkel der Überstromkanäle vom Kurbelkasten zum Zylinder (Bild 104 und Bild 105) erfolgt die Verdrängung des Abgases auf einer Umkehrbahn: zunächst steigt die Frischladungsströmung bis zum Zylinderkopf, wo sie umkehrt und dann das Abgas zum Auslassschlitz hin verdrängt (Bild 104 unten). Einerseits gelangt dadurch die Frischladung zum Brennraum, andererseits wird dadurch versucht eine direkte Kurzschlussströmung von den Überstromkanälen zum Auslass zu vermeiden. Bei Teillast wird durch Drosselung im Ansaugkanal weniger Frischladungsmasse zum Zylinder geschickt; das führt aber auch dazu, dass weniger Abgas aus dem Zylinder verdrängt wird. Diese natürliche Abgasrückführung kann vorteilhaft in den beschriebenen Selbstzündverfahren genützt werden, hat aber auch den grundsätzlichen Vorteil eines besseren Wirkungsgrades als in einem Viertaktmotor bei Teillast – dadurch, dass der Kolben keine Ansaug-Unterdruckphase erfährt.

Ein wesentlicher Nachteil der Schlitzsteuerung bei der Umkehrspülung ist das daraus resultierende symmetrische Steuerdiagramm, wie im Bild 104 ersichtlich. Der Bereich zwischen Einlass schließt und Auslass schließt bleibt dadurch während eines Teils der Verdichtung offen, was die Spülverluste hauptsächlich verursacht. Allgemein wird diese Öffnung zum Teil durch positiv rücklaufende Wellen im Auspuff gedämpft, in ähnlicher Weise wie im Kap. 2.2.1 / Bild 50 im Falle der Ansaugströmung erklärt wurde. Wünschenswert wären mechanische Blenden, die während jeder Umdrehung diese Öffnung zwischen Einlass schließt und Auslass schließt sperrt – entsprechende Versuche während der Zweitaktmotorenentwicklung sind aus unterschiedlichen Gründen gescheitert.

Dieser Nachteil wird dennoch zum Teil kompensiert, und zwar bei niedrigen Drehzahlen, bei denen dieser Öffnungswinkel eine längere Zeit wirkt und somit mehr Strömungsverluste verursacht. Bild 106 zeigt als eine der dafür angewandten Lösungen einen Zweitaktmotor mit einem Flachschieber, der gerade in diesem Öffnungsbereich wirkt. Im Bild 106 ist zusätzlich eine Einlassmembran ersichtlich, mit deren Hilfe eine Rückströmung der Frischladungsmasse während ihrer Verdichtung im Kurbelkasten vermieden wird. Durch solche Maßnahmen zur Verbesserung des Ladungswechsels, jedoch grundsätzlich durch die Gemischbildung nach dem Ladungswechsel mittels Kraftstoffdirekteinspritzung erreichten Zweitaktmotoren mit Umkehrspülung in dem erwähnten Anwendungsbereich Verbräuche und Emissionen wie Viertaktmotoren für ähnlichen Einsatz – mit Beibehaltung des grundsätzlichen Vorteils der wesentlich höheren hubraumbezogenen Leistung. Dabei werden sowohl Direkteinspritzverfahren mit partiell gebildetem Gemisch als auch Direkteinspritzung von flüssigem Kraftstoff angewendet, wie im Kap. 2.2.1 /Bild 76 und Bild 79 dargestellt.

Bild 107 zeigt die Anordnung eines Direkteinspritzverfahrens mit partiell gebildetem Gemisch (Orbital Verfahren), an einem Zweitaktmotor. Diese Lösung wurde in den neunziger Jahren von Ford an Zweitakt-Dreizylindermotoren für Automobile in einem beachtlichen Flottenversuch mit Erfolg getestet.

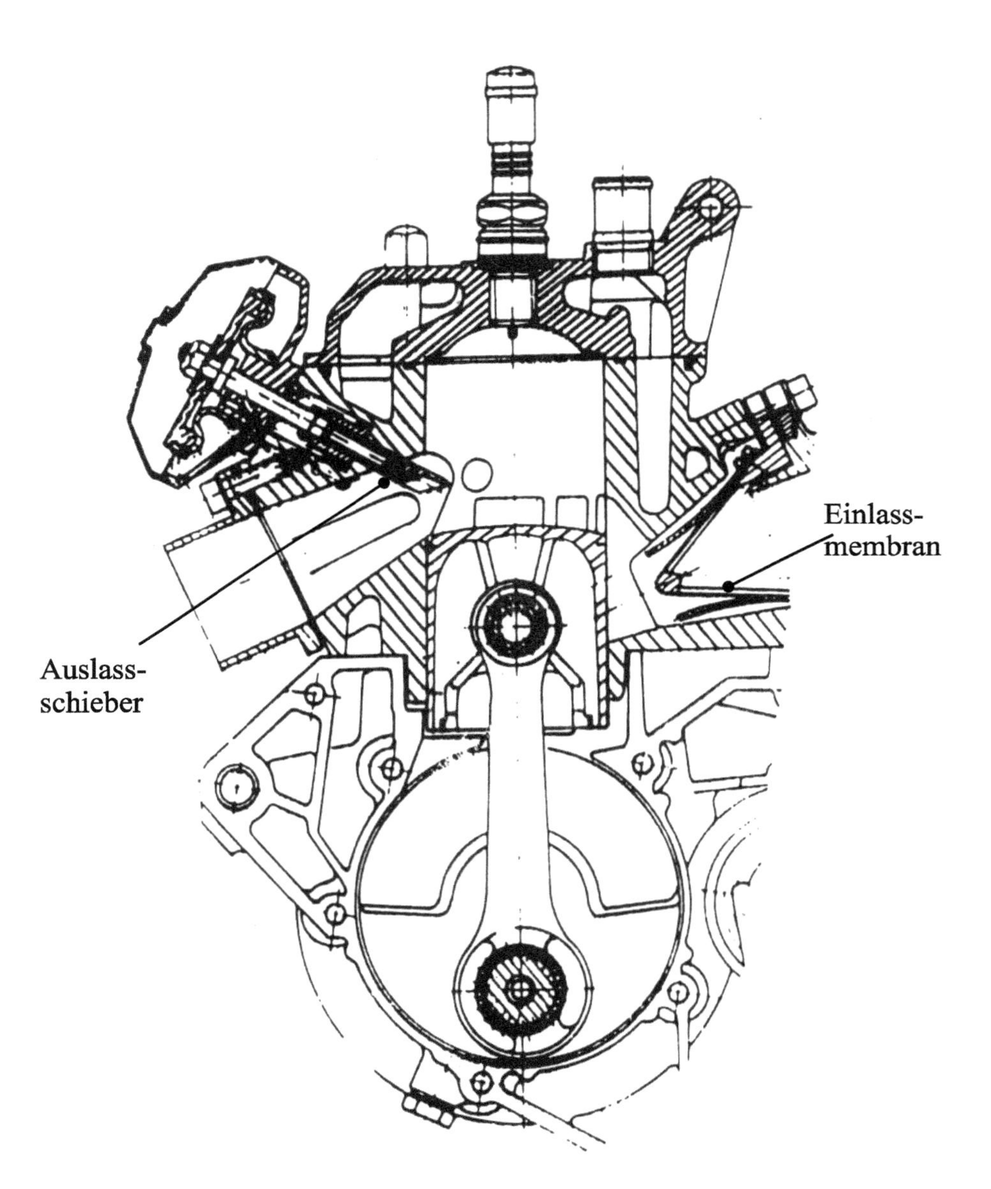

Bild 106 Zweitaktottomotor mit Umkehrspülung, Einlassmembran und Auslassschieber

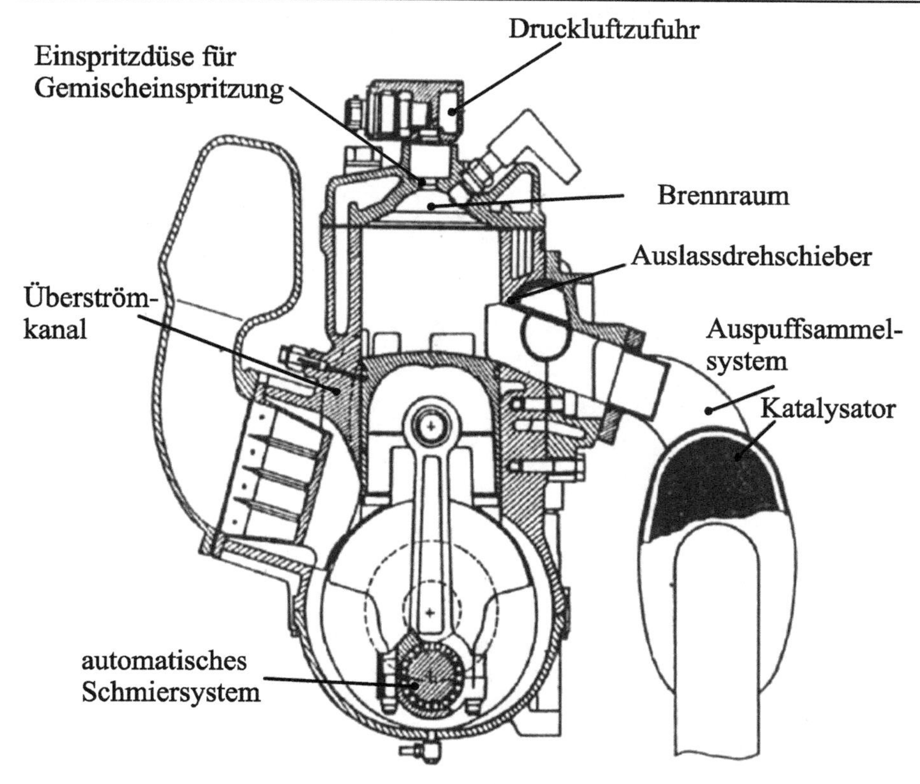

Bild 107 Zweitaktottomotor mit Direkteinspritzung eines partiell gebildeten Kraftstoff/Luft-Gemisches (Orbital Verfahren)

Im Bild 108 ist ein Scooter-Zweitaktmotor mit Benzindirekteinspritzung entsprechend Bild 79 – mit Kraftstoffhochdruckmodulation (Zwickau Hochdruckmodulation-Verfahren) dargestellt. Diese für Peugeot Motocycles entwickelte Lösung erreichte beachtliche Werte im Vergleich mit dem *50* [*cm³*] Basis-Zweitaktmotor mit Vergaser: Das Drehmoment stieg um 10 %, der spezifische Kraftstoffverbrauch sank im Bereich 35 % bis 45 %, die Kohlenwasserstoffrohemission sank um 94 %, die Kohlenmonoxidrohemission sank um bis zu 90 %. In absoluten Werten ausgedrückt lag der minimale spezifische Kraftstoffverbrauch bei *308* [*g/kWh*] und die minimalen Werte von HC- und CO-Emission bei *13* [*g/kWh*] bzw. *10* [*g/kWh*], was unter den Werten eines modernen *50* [*cm³*] Viertaktmotor für die gleiche Anwendung lag, allerdings bei 60 % mehr Leistung!

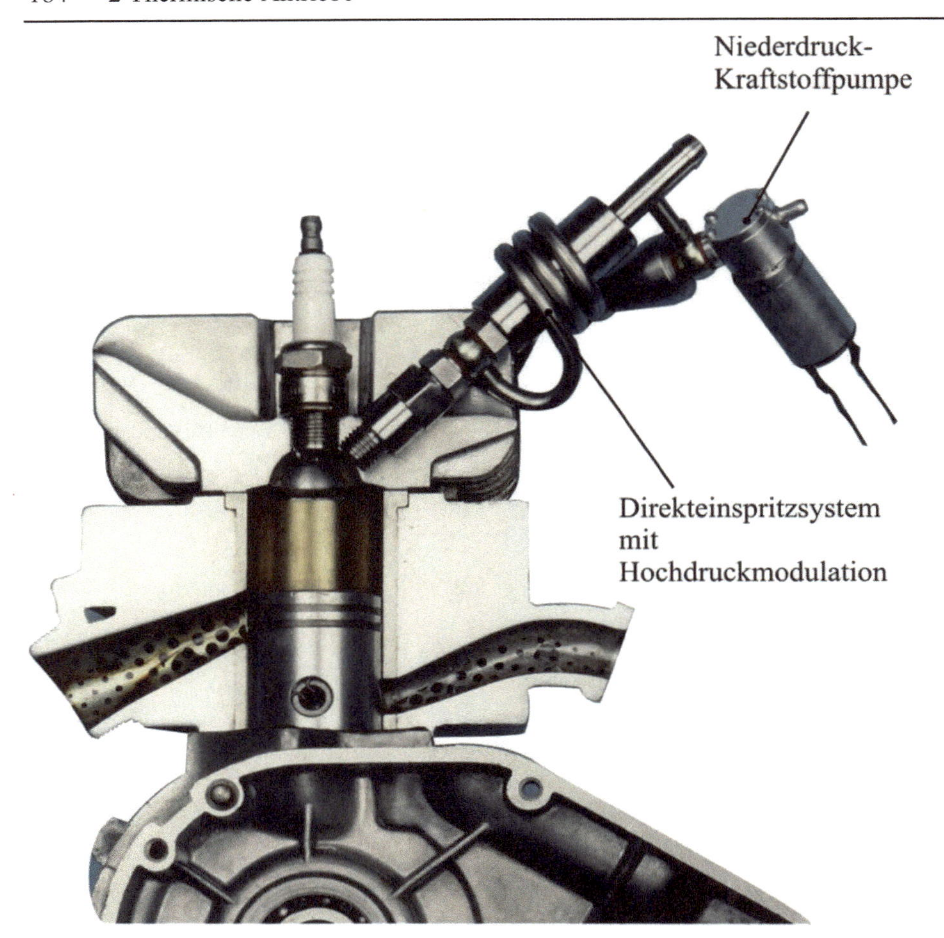

Bild 108 Zweitaktottomotor mit Kraftstoffdirekteinspritzung (Zwickau Hochdruckmodulation-Verfahren)

Mit einem ähnlichen Direkteinspritzsystem mit Hochdruckmodulation wurde ein Zweitakt-Boxermotor mit *200* [*cm³*] zur Anwendung im Hybridantrieb eines Automobils ausgerüstet. Die Ergebnisse werden bei der Analyse der Hybridkonzepte im Kap. 5 dargestellt. Trotz solcher Ergebnisse, die bei Motorrad- und Außerbord-Motoren in verschiedenen Ausführungen der Direkteinspritzsysteme und der Motoren generell bestätigt sind, werden Zweitaktmotoren derzeit nicht im Automobilbau eingesetzt, sie werden sogar im Zweirad- und Außerbord-Bereich immer seltener. Die Gründe dafür sind vielfältiger Art:

- Durch Direkteinspritzung und Ladungswechselkompensationsmaßnahmen wird der technische Aufwand vergleichbar mit jenem, der für Viertaktmotoren erforderlich ist.

- Die Einlass- und Auslassschlitze in der Zylinderbuchse verursachen eine ungleichmäßige thermische Belastung, die zur Zylinderverformung führt; andererseits fahren die Kolbenringe stets über die Kanten dieser Schlitze. Beides führt zu einer schlechteren Zuverlässigkeit und zu einer kürzeren Lebensdauer als im Falle von Viertaktmotoren.
- Die Zufuhr der Frischladungsmasse (bei Kraftstoffdirekteinspritzung nur Luft) über den Kurbelkasten lässt eine Sumpf- oder Druckumlaufschmierung wie bei modernen Viertaktmotoren nicht zu. Das Öl wird über Düsen auf die Lager gerichtet, aber zum Teil durch die strömende Luft abgelenkt. Eine solche Schmierung reicht für Gleitlager nicht aus, deswegen wurden bei diesen Motor- Ausführungen relativ einfache Wälzlager bzw. Nadellager eingesetzt, die unter anderen Nachteilen eine erhebliche, zweitaktmotorentypische Geräuschemission verursachten.

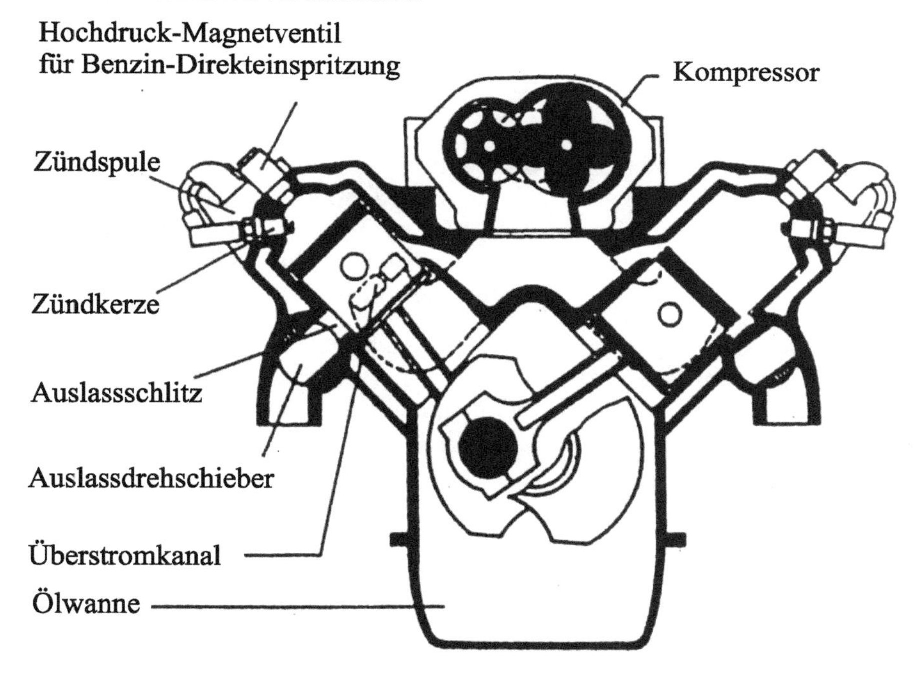

Bild 109 Zweitaktottomotor mit Zylinderspülung mittels eines separaten Kompressors

Der letztere Nachteil kann durch den Ausschluss der Luft aus dem Kurbelkasten umgangen werden, in dem für deren Verdichtung ein zusätzlicher Kompressor vorgesehen wird, wie im Bild 109 dargestellt.

In diesem Fall können die Schmierung und dadurch auch die Lagerung der technischen Lösungen von modernen Viertaktmotoren entsprechen. Ein Schritt weiter

ist der Ersatz der Ein- und Auslassschlitze durch Ein- und Auslassventile, wodurch nicht nur die Zuverlässigkeit und die Lebensdauer steigen, sondern auch eine unsymmetrische und sogar eine vollvariable Steuerung des Ladungswechsels – wie im Kap. 2.2.1 dargestellt – möglich werden.
Eine derartige Lösung ist im Bild 110 dargestellt.

Die Kurbelkastenspülung ist dabei ebenfalls durch einen Kompressor ersetzt, die Schlitze durch Ventile. Die Konstruktion dieses Motors unterscheidet sich in keiner Weise von jener eines modernen Viertaktmotors, der einzige Unterschied besteht in der Form und Zuordnung der Ein- und Auslassnocken, die für die zweitakttypische Überschneidung der Ein- und Auslassöffnung sorgen. Die Ladungswechselphasen sind im Bild 111 ersichtlich.
Anvisiert war mit dieser Anordnung eine Umkehrspülung in umgekehrter Richtung, mit der Umkehrung auf dem Kolben anstatt im Zylinderkopf. Es entsteht dabei jedoch mehr eine Kurzschlussspülung zwischen den gleichzeitig geöffneten Ein- und Auslassventilen als eine Umkehrspülung, wodurch die Frischladungsmasse im Zylinder so stark sinkt, dass der Leistungsvorteil des Zweitaktverfahrens in Gefahr gerät.

Eine Längsspülung mit Kombination von Schlitzen und Ventilen in die eine oder andere Richtung kann auch diesen Nachteil vermeiden. Eine weitere Alternative bieten Gegenkolbenmotoren: Schmierung wie im Viertaktmotor, unsymmetrisches Steuerdiagramm, Möglichkeiten der Drallerzeugung im Zylinder durch tangentiale Ein-/Auslasskanäle. Eine solche Lösung ist im Bild 112 dargestellt.

In wieweit solche Lösungsansätze für den Direktantrieb im Automobil von Interesse sein werden, kann nur aufgrund technischer Argumente nicht vorhergesagt werden. Ihr Einsatz in Hybridkonfigurationen, beispielsweise als stationär arbeitende Stromgeneratoren, kann jedoch aufgrund des beachtlichen Vorteils einer höheren hubraumbezogenen Leistung als bei Viertaktmotoren nur zu empfehlen sein.

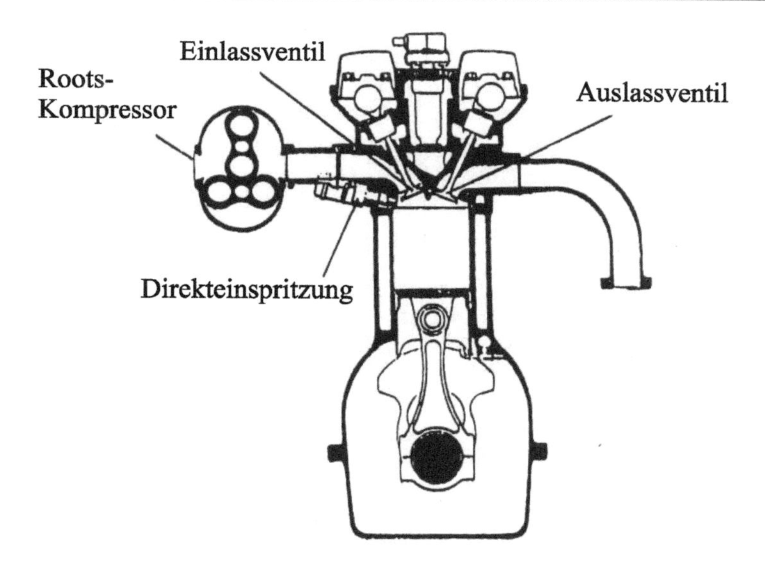

Bild 110 Zweitaktottomotor mit separatem Kompressor und Ladungswechselsteuerung mittels Ventilen

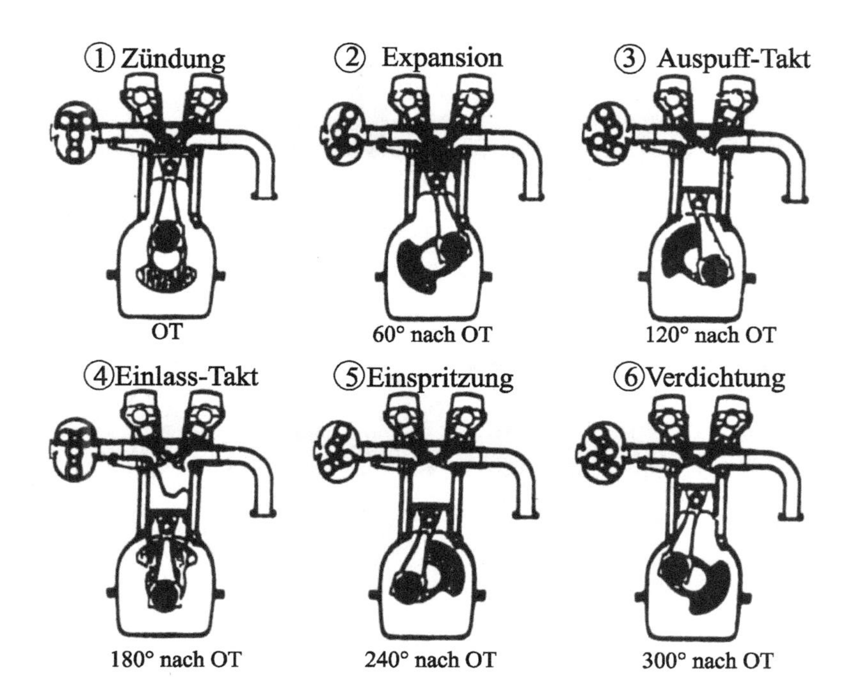

Bild 111 Prozessabschnitte des Zweitaktottomotors im Bild 110

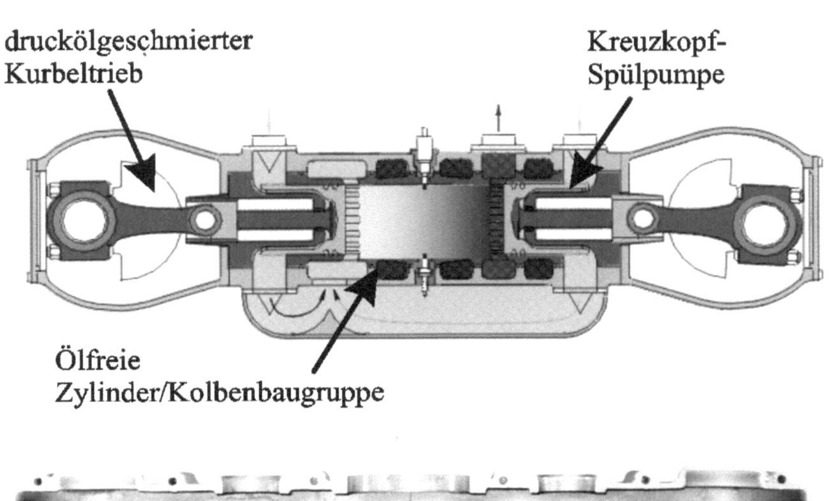

Bild 112 Golle-Gegenkolbenmotor, 2-Zylinder, 1000 cm³

2.3.2 Wankelmotoren

Wankelmotoren hatten vor mehr als einem halben Jahrzehnt einen verheißungsvollen Einzug in den Automobilbau: Der NSU Mittelklassewagen Ro 80 (1967) war mit einem Zweifach-Kreiskolbenmotor (2x 497cm³) mit *115* [*PS*] bei *5.500* [min^{-1}] ausgerüstet. Der Motor ist im Bild 113 dargestellt.

Bild 113 NSU Ro 80 Wankelmotor (Zweifach-Kreiskolben) 1967

Die Entwicklung ähnlicher Konzepte für weitere Automobile und Motorräder wurde jedoch nach wenigen Jahren gestoppt. Derzeit ist der Wankelmotoreinsatz im Automobilbereich auf einen einzigen Hersteller – Mazda – begrenzt, der seine Weiterentwicklung konsequent bis zur neusten RX-Variante verfolgt hat. Das Arbeitsprinzip eines Wankelmotors ist im Bild 114 dargestellt.

Der exzentrisch laufende Rotationskolben schafft durch seine Form, in Kombination mit der Innenkontur des Gehäuses drei getrennte Volumina, die ihre Größe und Lage infolge der Rotation verändern. Dadurch können grundsätzlich gleichzeitig mehrere Zustandsänderungen durchgeführt werden, was eine kompakte Bauweise zur Folge hat.

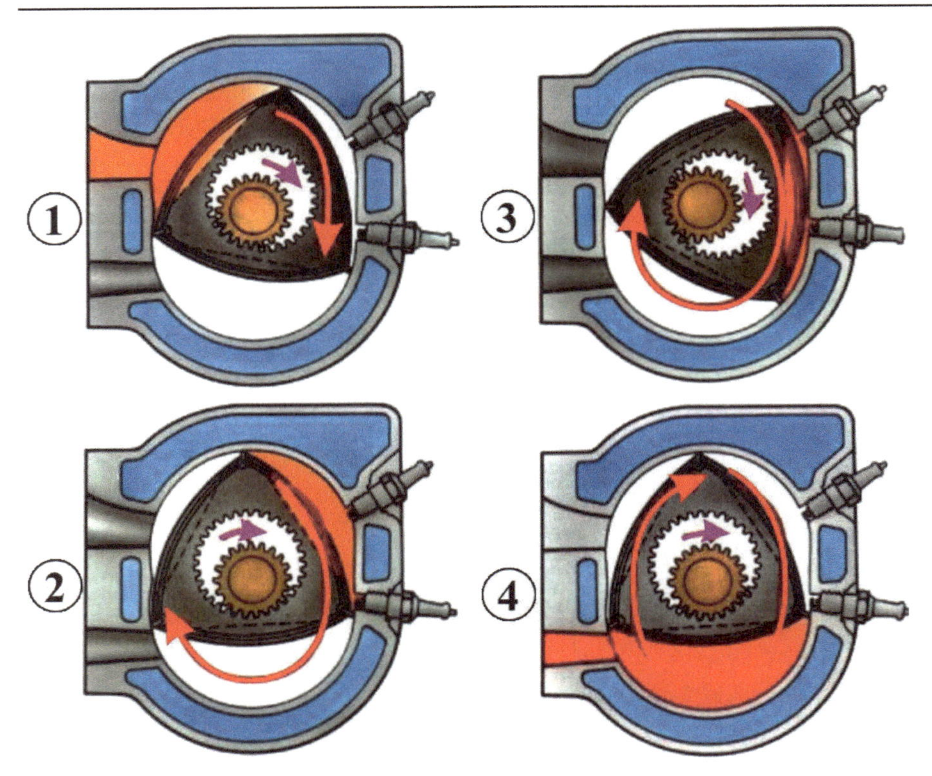

Bild 114 Prozessabschnitte in einem Wankelottomotor: 1) Einlass, 2) Verdichtung, 3) Verbrennung, 4) Entlastung und Auslass

Die Frischladungsmasse gelangt über Einlasskanäle bzw. -schlitze in einem ersten Volumen und wird durch seine Verkleinerung infolge der Rotation komprimiert. Für die Position, die dem minimalen Volumen also – der maximalen Kompression – entspricht, sind im Gehäuse eine oder meist zwei Zündkerzen vorgesehen; das Gemisch wird in dieser Zone verbrannt. Bei der weiteren Rotation wird das verbrannte Gemisch entlastet, wobei das Volumen der Kammer wieder zunimmt. Es folgt der Kontakt mit einem Auslassschlitz bzw. -kanal zum Ausschieben des Abgasvolumens. Beim wiederholten Erreichen des Einlassschlitzes durch eine der drei Kanten des Rotationskolbens beginnt ein neues Arbeitsspiel.

Eine bessere Variante des Ladungswechsels besteht in der seitlichen Anbringung der Ein- und Auslasskanäle – wie im Bild 115 im Falle des Motors im Mazda RX8, Motorbezeichnung 16X RENESIS, dargestellt – anstatt auf dem Gehäuseumfang.

Bild 115 Wankel-Motor mit seitlich angeordneten Ein- und Auslassschlitzen *(Quelle: Mazda)*

Diese Variante ist nicht nur strömungsgünstiger durch die Freiheitsgrade bei der Gestaltung der Kanäle und der Schlitzform, sie umgeht auch den Kontakt der Dichtheitselemente des Rotationskolbens mit den Schlitzen – wie zwischen Kolbenringen und Schlitzen bei Zweitaktmotoren. Neben dem Vorteil der Kompaktheit infolge simultaner Zustandsänderungen, ist die reine Rotation – ohne alle Umsetzungsmechanismen einer Kolbenhubbewegung in Umdrehungen, wie bei Vier- und Zweitaktmotoren – ein eindeutiger konstruktiver Vorteil, mit Auswirkungen auf Massenausgleich, Lagerungen, Drehzahlbereich und Trägheitsmomente insbesondere bei Lastwechselvorgängen. Ein wesentlicher konstruktiver Nachteil bestand lange Zeit in der Abdichtung zwischen den Kammern, in den Ecken des Rotationskolbens. Das hat gewiss die Weiterentwicklung des Wankelmotors mit beeinflusst. Das Problem scheint derzeit weitgehend gelöst zu sein.

Die klaren Vorteile der Konstruktion werden allerdings von einigen Nachteilen in der Funktion überschattet, die das Entwicklungspotential des Wankelverfahrens beeinflussen. Wie im Bild 114 bzw. Bild 115 ersichtlich, erfolgt der Ladungswechsel – wie bei Zweitaktmotoren – über Ein- und Auslassschlitze. Durch ihre feste Position und Winkel können die Vorteile der im Kap. 2.2 dargestellten Formen der vollvariablen Ventilsteuerung - und dadurch eine optimale Anpassung des Ladungswechsels an die erforderlichen Last/Drehzahlkombinationen - nicht umgesetzt werden. Ein weiterer Nachteil ist die Form des Brennraums, die weder eine verbrennungsgünstige Gemischturbulenz noch eine Kraftstoffdirekteinspritzung mit all ihren Vorzügen zulässt. Das Oberflächen/Volumenverhältnis eines solchen Brennraums ist – geometrisch bedingt – relativ groß, was zur unvollständigen Verbrennung an kalten Brennraumwänden führen kann. Diese funktionellen Nachteile lassen im Vergleich zu den Kolbenmotoren keine wesentlichen Weiterentwicklungspotentiale – wie im Kap. 2.2 beschrieben – erwarten. Das empfindlichste Problem ist dabei die Senkung der Schadstoffemission. Wie im Fall der Zweitaktmotoren ist dennoch der Einsatz von Wankelmotoren als Stromgeneratoren im Rahmen eines Hybridantriebs eine Lösung, die vorteilhaft werden kann: Bei stationärem Betrieb haben sowohl der Ladungswechsel als auch die Verbrennung noch Optimierungspotential. Mazda hat im Jahr 2010 eine solche Konfiguration präsentiert. Diese besteht aus einem Wankelmotor (RX8, Bild 115) im Stationärbetrieb mit Wasserstoff, der in der Kompressionsphase eingespritzt und somit in der nächsten Phase, im Brennraum vollständig verdampft und mit Luft vermischt vorliegt.

2.3.3 Strömungsmaschinen (Gasturbinen)

Die Gasturbinen haben – wie die Wankelmotoren – gegenüber den Kolbenmotoren den konstruktiven Vorteil einer reinen Rotationsbewegung – in diesem Fall auch ohne die Exzentrizität eines Wankelrotationskolbens. Darüber hinaus besteht ein grundsätzlicher funktioneller Vorteil: Alle Zustandsänderungen – Verdichtung, Verbrennung, Entlastung, Ladungswechsel – finden gleichzeitig statt (soweit wie beim Wankelmotor), aber jede Zustandsänderung findet in einem eigens dafür entwickelten und optimierten Funktionsmodul statt: Verdichter, Brennraum, Turbine, Ansaugdiffusor und Abgasdüse haben dafür eigene, spezifische Entwicklungspotentiale.

Dagegen wirkt die Kolben/Zylindereinheit eines Kolbenmotors einmal als Verdichter, dann als Brennraum, als Entlastungsmodul und als Ladungswechselanlage – die Kompromisse sind dabei vorprogrammiert.

Die grundsätzliche Funktion einer Strömungsmaschine für solche Anwendungen basiert auf dem idealen Joule-Kreisprozess. Im Bild 116 und Bild 117 ist die Umsetzung eines solchen Prozesses in einer Maschine mit axialem Verdichter und

Turbine, bzw. im Bild 118 und Bild 119 in einer Maschine mit radialem Verdichter und Turbine dargestellt. Die axialen Verdichter/Turbinenmodule finden generell im Flugzeugmotorenbau Anwendung (Strahltriebwerke), während die radiale Kombination Verdichter/Turbine wegen ihrer bereits breiten Anwendung als Turbolader für Kolbenmotoren durch die Ergänzung mit einer Brennkammer eine effizientere Umsetzung im Automobilbau finden könnte.

Das Funktionsprinzip beider Formen ist ähnlich.

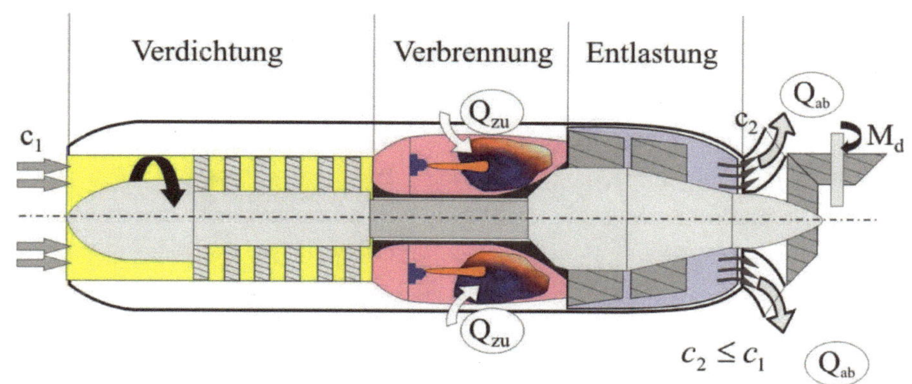

Bild 116 Strömungsmaschine (Gasturbine) mit axialer Verdichter- und Turbineneinheit – schematisch

Bild 117 Strömungsmaschine (Gasturbine) mit axialer Verdichter- und Turbineneinheit - Schnitt

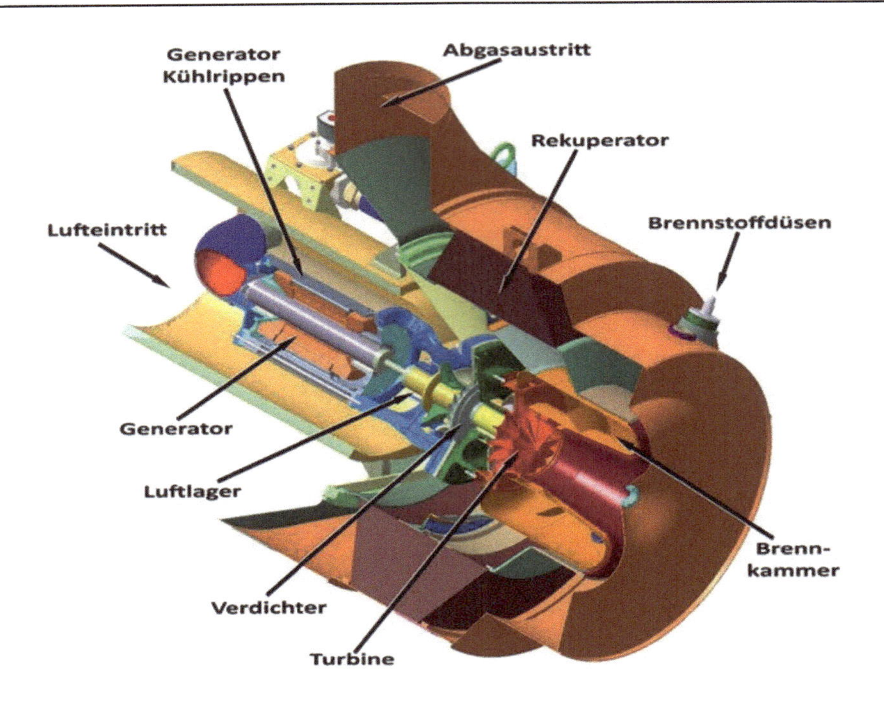

Bild 118 Strömungsmaschine (Gasturbine) mit radialer Verdichter- und Turbineneinheit – schematisch *(Quelle: Capstone)*

Bild 119 Strömungsmaschine (Gasturbine) mit axialer Verdichter- und Turbineneinheit – Schnitt *(Quelle: Capstone)*

Die Verdichtung wird mittels der axialen Verdichterausführung im Bild 116 üblicherweise über mehrere Verdichterstufen – bestehend aus Rotor und Stator – vorgenommen und kann bei der entsprechenden Ummantelung des Verdichters zunächst als isentrop – entsprechend dem Joule- Kreisprozess – betrachtet werden. Die Verbrennung findet infolge des kontinuierlichen Massenstroms von Luft und Kraftstoff isobar statt. Die Vorteile der Gestaltung der Gemischbildung und Verbrennung gegenüber jener im Brennraum eines Kolbenmotors sind eindeutig und lassen eine weitgehende Prozessoptimierung zu: Infolge der kontinuierlichen Massenströme während der Maschinenfunktion ist die Einspritzdüse stets offen – benötigt also keine kontrollierte Schließnadelbewegung; meistens wird durch tangentialen Kraftstoffeinlass, kombiniert mit spiralförmiger Wand und sinkendem Querschnitt der durchströmten Fläche sowohl eine gute Zerstäubung des Kraftstoffs, als auch seine kontrollierte Drallbewegung erreicht. Die Eindringtiefe des Strahls und seine Ausbreitungswinkel spielen ohnehin keine große Rolle – der geometrischen Gestaltung des Brennraumes sind kaum Grenzen gesetzt. Die Kontaktfläche mit der ummantelnden Luft kann dadurch optimiert werden. Meistens ist der weitgehend zylindrische Mantel des Brennraumes an seiner Außenseite von einer Sekundärluftströmung, die vom gleichen Verdichter abgeleitet ist, umhüllt. Das entschärft einerseits die thermische Belastung des Brennraumes und dämpft seitliche Wärmeverluste; andererseits können in Zonen des Brennraumes, an denen die Flammentemperatur Dissoziationsgrenzen erreichen könnte, - und dadurch einen Anstieg der NO_x- Emission verursachen – Bohrungen in den Brennraummantel vorgenommen werden; das Ansaugen eines Teils der Sekundärluftströmung durch solche Bohrungen führt zur lokalen Senkung der Temperaturen im gefährdeten Bereich.

Die Entlastung erfolgt über eine allgemein mehrstufige Turbine: Die erste Turbinenstufe oder –stufen dienen der Absicherung der Verdichterarbeit, die über eine axiale Welle diesem übertragen wird. Die zweite Turbinenstufe oder –stufen – setzt die restliche Enthalpie des Arbeitsmediums in die eigentliche Nutzarbeit um und entspricht der Kreisprozessarbeit im vergleichbaren Joule- Kreisprozess. Diese Arbeit kann mittels eines Getriebes für den Direktantrieb eines Fahrzeuges oder zur Stromerzeugung in einem Generator wie in Bild 120 genutzt werden.

Das Abgas wird in dieser Weise bis zum Umgebungsdruck entlastet, hat aber – entsprechend dem Joule- Kreisprozess – eine höhere Temperatur als jene der Umgebung. Die Differenz zwischen dem Abgasausstoß bei dieser Temperatur und des Frischluftansaugens bei Umgebungstemperatur wird im idealen Kreisprozess als Wärmeabfuhr des Arbeitsmediums bei gleichem Druck betrachtet. Diese Wärme kann über einen Wärmetauscher, wie im Bild 120 ersichtlich, aufgefangen und wieder verwendet werden, wie des Weiteren anhand der Bilder 123 und 124 erklärt wird.

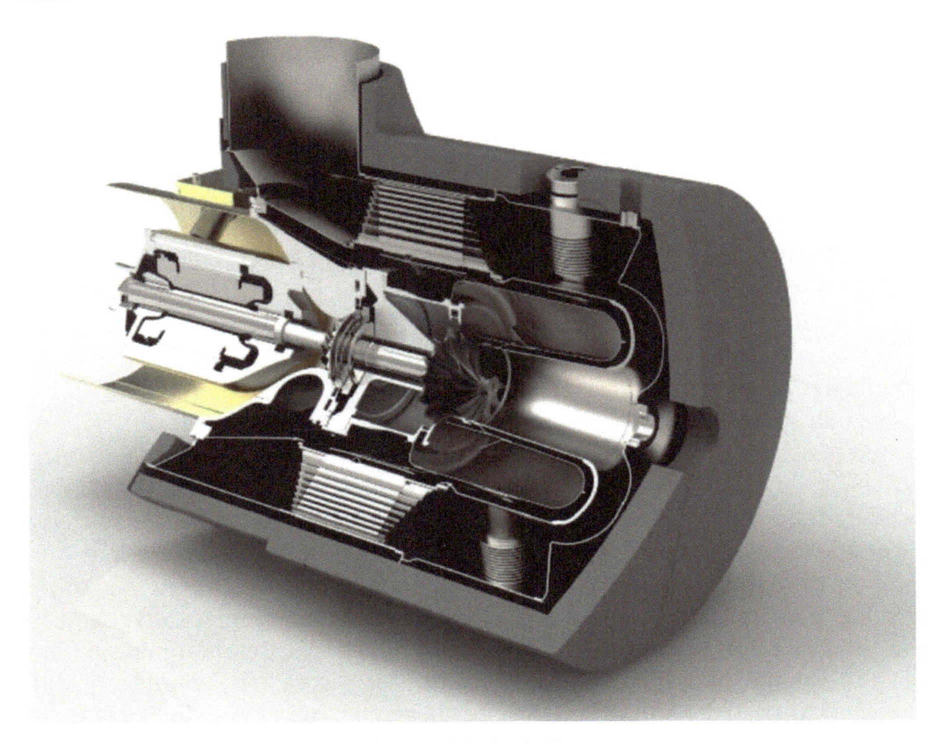

Bild 120 Strömungsmaschine (Gasturbine) als Stromgenerator *(Quelle: Capstone)*

Die Strömungsmaschine im Bild 118 arbeitet nach dem gleichen Funktionsprinzip, auf Grundlage des idealen Joule- Kreisprozesses. Der Unterschied besteht lediglich in der radialen anstatt der axialen Ausführung des Verdichters bzw. der Turbine. Beiden Formen liegt das gleiche Prinzip der Energieumsetzung und ähnliche Umsetzungsmodule zu Grunde.
Entsprechend der Energiebilanz für offene Systeme (Erster Hauptsatz der Thermodynamik) gilt:

$$q_{12} - w_{12} = h_2^* - h_1^* \tag{2.21}$$

$q_{12}\left[\frac{kJ}{kg}\right]$	*spezifische Wärme*
$w_{12}\left[\frac{kJ}{kg}\right]$	*spezifische Arbeit*
$h^*\left[\frac{kJ}{kg}\right]$	*spezifische Ruheenthalpie*

Bei der Verdichtung ohne Wärmeaustausch (isentrop) gilt dabei $q_{12} = 0$.

Die Enthalpieerhöhung der Luft durch den Verdichter erfordert also Arbeit. Es gilt:

$$h_2^* > h_1^* \qquad \text{für } w_{12} < 0.$$

Ausgehend von dem Ausdruck der Ruheenthalpie

$$h^* = u + \frac{p}{\rho} + \frac{c^2}{2} \tag{2.22}$$

$u\left[\frac{kJ}{kg}\right]$	*spezifische innere Energie*
$p\left[\frac{N}{m^2}\right]$	*Druck*
$\rho\left[\frac{kg}{m^3}\right]$	*Dichte*
$\frac{c^2}{2}\left[\frac{kJ}{kg}\right]$	*spezifische kinetische Energie*
$c\left[\frac{m}{s}\right]$	*Strömungsgeschwindigkeit*

wird die Funktion beider Verdichterformen wie folgt erklärt: Die Enthalpieerhöhung (h^*) erfolgt zunächst in einer Rotorstufe durch Erhöhung der spezifischen kinetischen Energie $(\frac{c^2}{2})$. In der nachgeschalteten Statorstufe bleibt die Ruheenthalpie dann grundsätzlich unverändert – es findet dort kein Austausch von Wärme oder Arbeit statt. Aus der Gleichung (2.21) resultiert:

$$h_3^* = h_2^* \qquad \text{für } q_{23} = 0, \;\; w_{23} = 0 .$$

Durch die Form des durchströmten Querschnitts im Stator – bei Unterschallgeschwindigkeiten durch Erweiterung – wird der im Rotor gewonnene Energieanteil

$\frac{c^2}{2}$ in der Gleichung (2.22) dem Term $\frac{p}{\rho}$ übertragen.

- Bei axialen Verdichtern erfolgt die Zunahme der Geschwindigkeit (c) durch die Änderung der Richtung der relativen Strömungsgeschwindigkeit (w) zwischen den Verdichterschaufeln anhand deren Form. Unter Berücksichtigung der Umlaufgeschwindigkeit des Verdichterrotors $(\vec{u})$ erfolgt die Addition der Geschwindigkeitsvektoren:

  $\vec{c} = \vec{w} + \vec{u}$

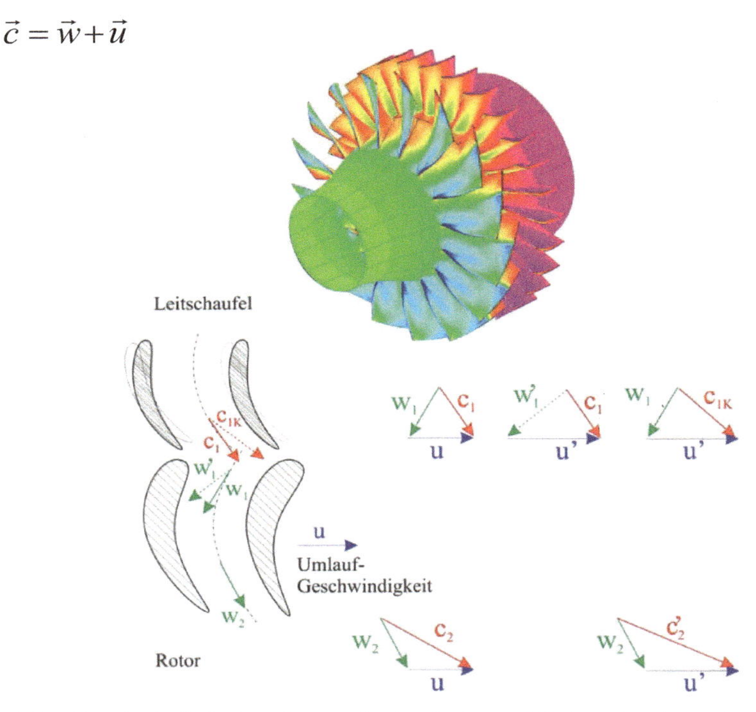

Bild 121 Geschwindigkeitsvektoren in den Leit- und Rotorschaufeln eines Axialverdichters und Möglichkeit der Kompensation einer variablen Umlaufgeschwindigkeit u durch die Position der Leitschaufel

Eine Änderung der Richtung des Vektors $\vec{w}$ beeinflusst somit die Projektion und damit den Wert des Vektors $\vec{c}$, wie im Bild 121 prinzipiell dargestellt. In jeder Stufe – bestehend aus Rotor und Stator – eines Axialverdichters entsteht somit eine Druckerhöhung, die üblicherweise im Bereich

$$\frac{p_{Ausgang}}{p_{Eingang}} = 1{,}15 \ldots 1{,}35$$

liegt. Durch Nachschaltung mehrerer Stufen wird das gewünschte Gesamtdruckverhältnis erreicht.

- Bei Radialverdichtern erfolgt eine radiale Umlenkung der Strömung, die im Rotor eine Fliehkraft verursacht. Es gilt grundsätzlich:

$$dF = dm \cdot r \cdot \omega^2$$

mit $dm = \ldots \cdot dA \cdot dr$

$$c = r\omega$$

$F\,[N]$ *Zentrifugalkraft*

$m\,[kg]$ *Masse*

$r\,[m]$ *Radius*

$\omega\,[s^{-1}]$ *Winkelgeschwindigkeit*

$A\,[m^2]$ *Fläche des durchströmten Querschnitts*

$c\,\left[\frac{m}{s}\right]$ *Geschwindigkeit*

Durch die somit gewonnene Umfangsgeschwindigkeit steigt die Ruheenthalpie im Rotor; im Stator findet in ähnlicher Form wie beim Axialverdichter eine Umsetzung der Energieanteile in der Form

$$\frac{c^2}{2} \rightarrow \frac{p}{\rho}$$

statt. Die Druckerhöhung in einer Rotor- Stator- Stufe eines Radialverdichters kann höhere Werte als bei den Axialverdichter- Einheiten erreichen. Es gilt allgemein:

$$\frac{p_{Ausgang}}{p_{Eingang}} = 4{,}5 \ldots 4{,}8$$

Auch in diesem Fall können mehrere Stufen zur Erhöhung des Druckverhältnisses hintereinander vorgesehen werden.

Die in diesem Rahmen vorgenommene Betrachtung betrifft die grundsätzliche Anwendbarkeit der Strömungsmaschinen in Antriebssystemen für Automobile – als Direktantriebe oder aus Stromgeneratoren – daher wird an dieser Stelle die

Berechnung der Schaufelprofile in Rotoren und Statoren von axialen und radialen Verdichtern und Turbinen nicht weiter ausgeführt. Der prinzipielle Zusammenhang zwischen den Geschwindigkeitsvektoren hat jedoch einen wesentlichen Einfluss auf die Einsatzform einer solchen Maschine und wird deswegen anhand eines einfachen Beispiels – in der Rotorstufe eines Axialverdichters dargestellt. Bild 121 zeigt den Strömungsverlauf zwischen zwei Schaufeln in einer Rotorstufe, anhand der Relativgeschwindigkeit $\vec{w}$, die durch die Schaufelform in ihrer Richtung geändert wird: Bei angepasstem Winkel der Leit- und Rotorschaufel für eine Umlaufgeschwindigkeit $\vec{u}$, die einer Drehzahl entspricht, ergibt die Kombination der Geschwindigkeiten $\vec{u}, \vec{c}_1$ eine Relativgeschwindigkeit $\vec{w}_1$ der Strömung, die genau die Mittellinie zwischen den Schaufeln verfolgt. Durch ihre Umlenkung erfolgt die Winkeländerung zu $\vec{w}_2$, wodurch am Schaufelausgang die absolute Geschwindigkeit $\vec{c}_2$ eine längere Projektion und damit einen größeren Wert erhält.

Eine Zunahme der Rotordrehzahl bewirkt jedoch

$$\vec{u}' > \vec{u}$$

Dadurch wird die Richtung der Relativgeschwindigkeit $\vec{w}_1$ zu $\vec{w}'_1$ stark von der Mittellinie abgelenkt. Die Strömung kann dadurch auf die Oberfläche einer Schaufel treffen, was zu hin- und rücklaufenden Druckwellen führt, welche die Funktion der Maschine beeinträchtigen. Die Kompensation dieses Nachteils kann beispielsweise durch Anpassung des Leitschaufelwinkels erfolgen. Dadurch wird die absolute Geschwindigkeit am Eintritt im Rotor korrigiert:

$$\vec{c}_1 \rightarrow \vec{c}_{1K}$$

Im Zusammenhang mit der größeren Umlaufgeschwindigkeit $\vec{u}'$ wird dadurch die Relativgeschwindigkeit bis zum ursprünglichen Wert $\vec{w}_1$ kompensiert und kann über die mittlere Strömungslinie bis zur gleichen Richtung $\vec{w}_2$ wie ursprünglich geändert werden. Das Problem ist dann, dass die Addition

$$\vec{w}_2 + \vec{u}' = \vec{c}_2' \text{zu } \vec{c}_2' > \vec{c}_2$$

führt. Der Einleitwinkel dieser neuen absoluten Geschwindigkeit sollte in der folgenden Statorstufe durch deren Winkeländerung erneut kompensiert werden, und so in den weiteren Stufen, wodurch der Aufwand unangemessen würde. Bei Rotationsverdichtern und –turbinen gilt dieser Zusammenhang in ähnlicher Form. Das heißt, selbst bei Verdichtern und Turbinen mit anpassbarem Winkel der ersten Stufe der Leitschaufel ist die Effizienz der Maschine stark drehzahlabhängig.

Die energetische Umsetzung in axialen und radialen Turbinen erfolgt in umgekehrter Weise im Vergleich zu den Verdichtern. Im Stator ist der Vorgang isentrop und die Ruheenthalpie bleibt insgesamt konstant.

$$h^* = u + \frac{p}{\rho} + \frac{c^2}{2} \tag{2.22}$$

Durch Änderung des durchströmten Querschnitts zwischen den Schaufeln ändern sich jedoch die Enthalpieanteile in Richtung

$$\frac{p}{\rho} \rightarrow \frac{c^2}{2}$$

Die erhöhte Geschwindigkeit dient der Entlastung im Rotor, durch den Strömungsverlauf in umgekehrter Weise als im Falle des Verdichters.

Durch die Senkung der absoluten Geschwindigkeit im Rotor wird

$h_2^* < h_1^*$ was entsprechend der Energiebilanz

$$q_{12} - w_{12} = h_2^* - h_1^*$$

bei $q_{12} = 0$ (isentrop) zu $w_{12} > 0$ führt.

Durch zusätzliche Querschnittsänderung zwischen den Rotorschaufeln kann auch dort eine Druckminderung erfolgen, wodurch die Geschwindigkeitsänderung größer wird. Turbinen mit konstantem Druck im Rotor werden oft als Gleichdruckturbinen, Turbinen mit Drucksenkung im Rotor als Überdruckturbinen bezeichnet.

Der Zusammenhang zwischen absoluter, relativer und Umfanggeschwindigkeit bleibt prinzipiell wie bei den Verdichtern, die Kompensationserfordernisse sind daher auch ähnlich.

Durch die zu realisierenden Strömungsprofile, für die Maßnahmen zur Kompensation variabler Drehzahlen, und durch das relativ hohe Drehzahlniveau, welches einen entsprechenden technischen Aufwand erfordert, wären Gasturbinen als Antriebssysteme für Automobile derzeit noch deutlich teurer als Kolbenmotoren.
Ein stationärer Antrieb als Stromgenerator innerhalb eines Hybridsystems, aber auch funktionelle Vereinfachungen können diesen Stand relativ schnell ändern: Die im Bild 122 dargestellte Gasturbine mit einer Leistung von *70* [*kW*] wurde zur Stromerzeugung im Automobil-Prototyp Jaguar C-X75 eingesetzt.

Bild 122 Gasturbine zur Stromerzeugung in einem Hybridsystem mit elektrischem Antrieb *(Quelle: Bladon Jets)*

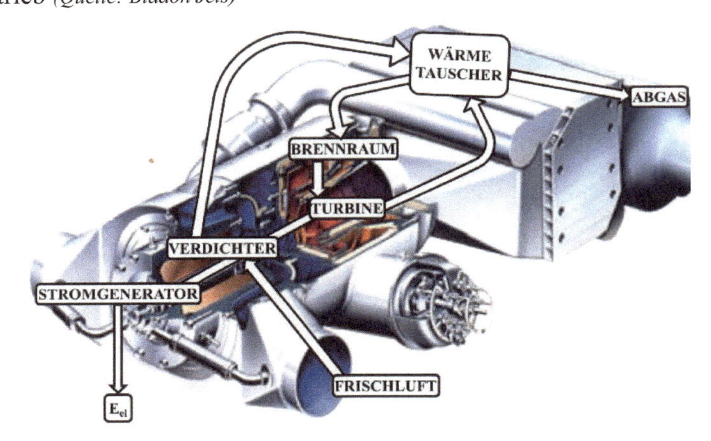

Bild 123 Gasturbine zur Stromerzeugung in einem Hybridsystem mit elektrischem Antrieb

Eine Variante von Gasturbine als Stromgenerator für Hybridantriebe mit geringem technischem Aufwand ist in den Bildern 123 und 124 dargestellt.

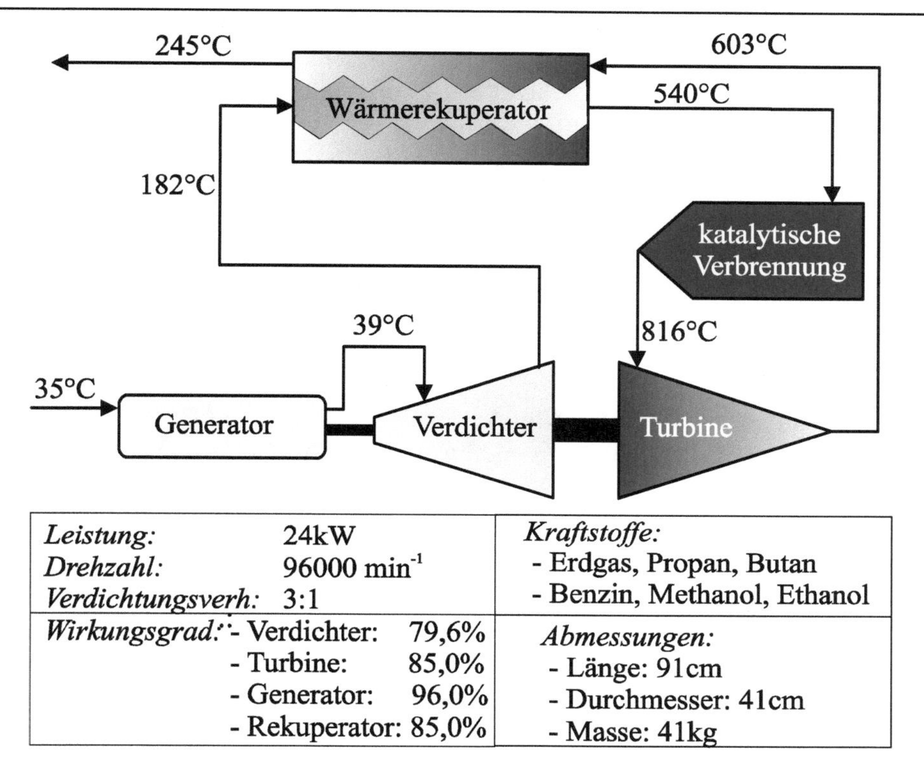

Leistung:	24kW	*Kraftstoffe:*
Drehzahl:	96000 min^{-1}	- Erdgas, Propan, Butan
Verdichtungsverh:	3:1	- Benzin, Methanol, Ethanol
Wirkungsgrad: - Verdichter:	79,6%	*Abmessungen:*
- Turbine:	85,0%	- Länge: 91cm
- Generator:	96,0%	- Durchmesser: 41cm
- Rekuperator:	85,0%	- Masse: 41kg

Bild 124 Wirkungsweise der NoMac-Strömungsmaschine

Infolge des Druckverhältnisses nach der Verdichtung (3:1) steigt die Lufttemperatur von *39* [*°C*] auf *182* [*°C*]. Ab diesem Niveau erfolgt bereits ein Teil der isobaren Wärmezufuhr von einem Wärmerekuperator bis zu einer Temperatur von *540* [*°C*]; der weitere Anteil der isobaren Wärmezufuhr erfolgt durch katalytische Verbrennung in einem Niedrigtemperatur- Brennraum, bis *816* [*°C*]. Bei diesem Temperaturniveau ist zwar der thermische Wirkungsgrad nicht besonders hoch, aber der technische Aufwand bleibt relativ gering und eine NO_x- Emission kann kaum zustande kommen. Das Abgas wird in der Turbine bis *603* [*°C*] entlastet, diese Wärme wird über dem Wärmerekuperator für die erste Phase der isobaren Wärmezufuhr der frischen Luftströmung vor dem Brennraum zugeführt. Das Abgas verlässt somit die Maschine mit einer beachtlich niedrigen Temperatur von *245* [*°C*]. Die Maschine leistet in dieser Weise *24* [*kW*] bei *96.000* [*min-1*] und kann mit vielfältigen Kraftstoffen, von Erdgas oder Propan bis Benzin oder Methanol betrieben werden. Bei den kompakten Abmessungen und mit einer Masse von *41* [*kg*] stellt dieses Konzept eine beachtliche Alternative für zukünftige Hybridantriebe dar.

2.3.4 Stirling- Motoren

Der Stirling- Kreisprozess, bestehend aus zwei isochoren und zwei isothermen Zustandsänderungen, wobei auf jeweils einer isochoren/ isothermen Paarung Wärme zugeführt bzw. abgeführt wird, ist allgemein durch äußere Wärmequellen und nicht durch innere Verbrennung gekennzeichnet. Dadurch bleibt das Arbeitsmedium chemisch unverändert und kann in einem geschlossenen System – also ohne Ladungswechsel – wirken. Die Wärmequelle kann durch stationäre, äußere Verbrennung gestaltet werden, was ähnliche Vorteile bezüglich Brennraumgestaltung, Prozesseffizienz und Kraftstoffarten wie eine Gasturbine hat. Zwischen 1960 und 1970 wurden Stirling- Motoren für Direktantrieb von Bussen bei General Motors entwickelt, einige Prototypen mit Stirling- Motor- Antrieb mit *125* [*kW*] wurden später von Ford für Automobile entwickelt [13]. Als Arbeitsmedium diente Wasserstoff, die maximale Leistung betrug *127* [*kW*] bei *4.000* [min^{-1}], bei einer Erhitzertemperatur (warme Quelle) von *750* [*°C*] und einer Kühlertemperatur (kalte Quelle) von *64* [*°C*]. Der Wirkungsgrad betrug 38 %.

Philips und DAF entwickelten und untersuchten zwischen 1971 – 1976 den Prototyp eines DAF Omnibuses – SB 200 – angetrieben von einem Philips 4-235 Stirlingmotor im Zusammenwirken mit einem automatischen Getriebe. Der gleiche Stirling-Motortyp Philips 4-235 wurde auch für den Antrieb eines MAN-MWM 4-658 Busses angepasst. Die Nenndrehzahl lag bei *1.550* [min^{-1}], die maximale Leistung betrug *147* [*kW*] bei *2.400*[min^{-1}].

Diese Programme wurden in Bezug auf einen Direktantrieb nicht weiter verfolgt. Ein prinzipieller Nachteil der äußeren Wärmezufuhr durch Wärmeaustausch gegenüber einer inneren Verbrennung ist die relativ große Fläche für den Wärmeaustausch und die verhältnismäßig lange Dauer dieses Austausches – was hohe Drehzahlen oder Drehzahländerungen nicht zulässt. Beim Antrieb mit konstanter Last und Drehzahl, als Stromgenerator wirken solche Nachteile weitaus weniger. Bei General Motors wurde im Jahre 1967 ein Opel Kadett mit einem GM Stirlingmotor GPU3 als Stromgenerator in einem seriellen Hybridsystem ausgerüstet. Als Arbeitsmedium im Stirling-Kreisprozess wurde Helium eingesetzt. Die erreichte Leistung lag bei etwa *7* [*kW*]. Allgemein gibt es drei Konfigurationen von Stirling-Motoren, die mit α, β, γ bezeichnet werden – wie im Bild 125 dargestellt. Die wesentlichen Module sind dabei gleich:

KR Kompressionsraum

ER Expansionsraum, zur Umsetzung der Wärme in Arbeit, die dem Kolben *K* übertragen wird

H Modul zur Wärmezufuhr (warme Quelle)

C	Modul zur Wärmeabfuhr (kalte Quelle)
R	Wärmerekuperator
K	Kolben
KK	Koaxial- Kolben in den Ausführungen β und γ

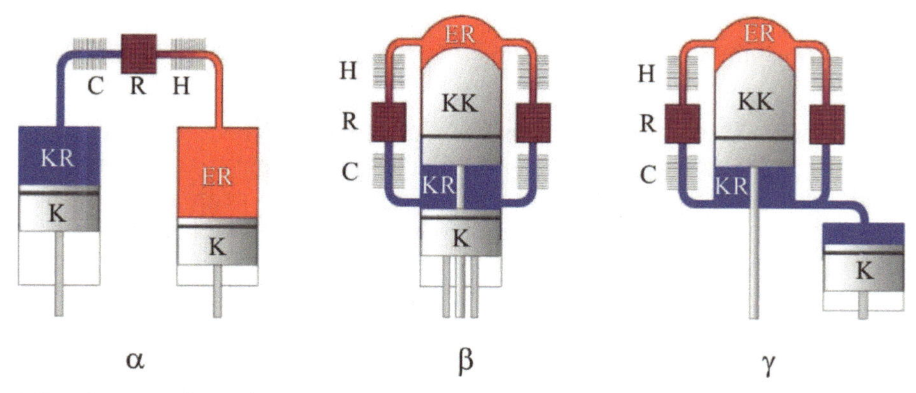

Bild 125 Konfigurationen von Stirling-Motoren

Unabhängig von der Bauausführung gelten ähnliche Prozessabschnitte (vgl. mit idealem Kreisprozess im Bild 30)

- isotherme Verdichtung mit Wärmeabfuhr: Bei großem Volumen des Kompressionsraumes KR auf der Seite der kalten Quelle C und kleinem Volumen des Expansionsraumes ER auf der Seite der warmen Quelle H beginnt die Verdichtung – dabei sinkt das Volumen von KR, während das Volumen von ER noch konstant, klein gehalten wird. (DA im Bild 30)
- isochore Wärmezufuhr: Das Arbeitsmedium wird während der weiteren Volumenverringerung KR über den Wärmerekuperator R von der kalten Seite C zur warmen Seite H verschoben, dabei wird jedoch der Expansionsraum ER mittels seines Kolbentriebs derart vergrößert, dass das gesamte Volumen des Arbeitsmediums zwischen dem sinkenden Volumen KR und dem zunehmenden Volumen ER konstant bleibt (AB im Bild 30)
- isotherme Entlastung mit Wärmezufuhr: Das beheizte Arbeitsmedium auf der Seite der warmen Quelle expandiert im weiter zunehmenden Volumen ER, während das Volumen KR konstant gehalten wird (BC im Bild 30).
- isochore Wärmeabfuhr: Das entlastete Arbeitsmedium wird von der warmen zur kalten Seite über den Wärmerekuperator R verschoben; dafür werden die

Kolben derart bewegt, dass das Volumen *ER* sinkt und das Volumen *KR* zunimmt, derart, dass dabei das Arbeitsmedium ein konstantes Volumen behält (CD im Bild 30).

Die Volumenverhältnisse während der 4 Zustandsänderungen werden in allen drei Ausführungsformen von Stirling-Motoren – α, β, γ – durch die jeweiligen Kolbenführungen mit entsprechender Kinematik des einen Kurbeltriebs realisiert. Die Temperatur der warmen Quelle beträgt bei den meisten Stirling- Motoren etwa *800* [*°C*], ein Stirlingmotor kann aber auch bei einer Differenz zwischen warmer und kalter Quelle von nur *0,5* [*°C*] arbeiten [14]!

Ein Potential von *70-80* [*°C*] zwischen der warmen und der kalten Quelle erscheint in diesem Bereich als durchaus brauchbar: Es entspricht der mittleren Differenz zwischen der Temperatur des Kühlwassers eines Kolbenmotors und der Umgebungstemperatur vor dem Kühler, durch welchen diese Energie bei den klassischen Kolbenmotoren verloren geht! Ein kompakter, stationär arbeitender Stirling- Motor könnte die im Kap. 2.2 berechneten *41,9* [*kW*] Leistungsverlust durch Kühlwasser beispielsweise zur Stromerzeugung an Bord nutzen. Die Kühlwirkung des Wassers wird durch die Wärmezufuhr in den Stirling- Prozess noch in effektiverer Form als über den Kühler realisiert.

Im Bild 126 ist ein serienmäßiger Stirling Motor in einer Kraft-Wärme-Anlage dargestellt.

Die unzähligen Kombinationen von thermodynamischen Prozessabschnitten und Maschinenmodulen, die mit höchstens gleichem Aufwand wie für einen gewöhnlichen Kolbenmotor umsetzbar sind, stellt ernsthaft das Problem eines weitaus effektiveren Energie- Managements in den thermischen Maschinen der Zukunft.

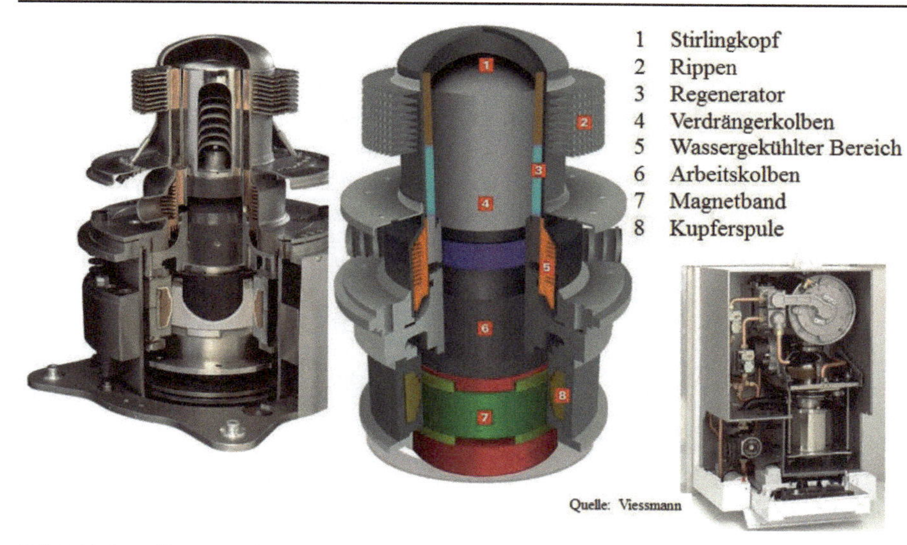

Bild 126 Mikro Kraft-Wärme-Kopplung von Viessmann.

Ein aufschlussreiches Beispiel der Kreativität bei der Ankopplung zwischen Prozess und Maschine ist im Bild 127 dargestellt.

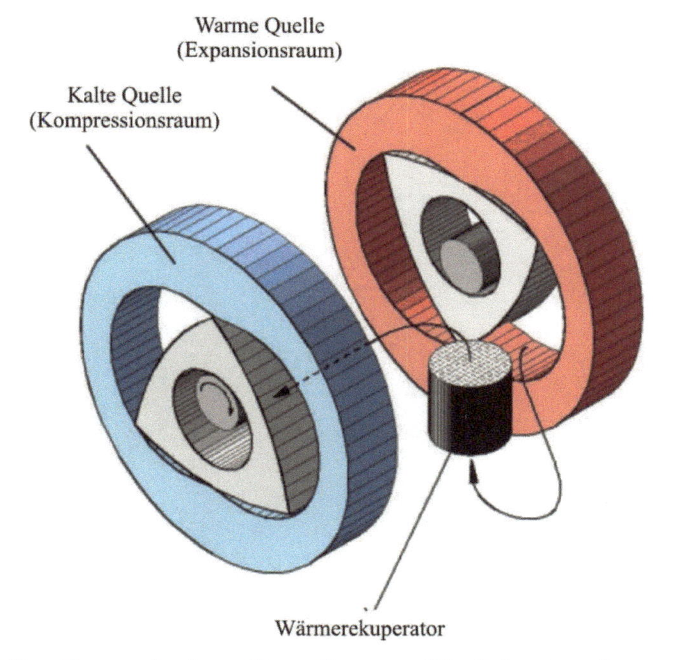

Bild 127 Stirling-Prozess in einem Doppelkammer-Wankelmotor mit versetzten Rotationskolben und Wärmerekuperator

Ein Stirling- Kreisprozess wird dabei in einem Doppelkammer- Wankelmotor mit versetzten Rotationskolben und Wärmerekuperator realisiert.

Die allgemeine Tendenz ist aus all diesen Entwicklungen klar ableitbar: Etwa hundertzehn Jahre lang hat die Konstruktion der Maschine den darin ablaufenden Prozess bestimmt. Die beachtlichen Potentiale, die in der Prozessgestaltung und -kombination liegen, wird zunehmend die Maschinengestaltung prägen.

3 Alternative Kraftstoffe

3.1 Energieträger: Ressourcen, Potentiale, Eigenschaften

Die Umwandlung der chemischen Energie jedes verfügbaren Brennstoffes bzw. Kraftstoffes des Typs $C_mH_nO_p$ kann grundsätzlich in zwei Formen erfolgen:

- In Wärme und dadurch in Arbeit für die direkte Nutzung in Wärmekraftmaschinen für Antrieb oder Stromerzeugung an Bord; nach der gleichen Umwandlungskette chemische Energie-Wärme-Arbeit wird Strom in stationären Kraftwerken erzeugt, der für elektrische Antriebe in Automobilen mittels Batterien gespeichert werden kann.
- In elektrischer Energie durch einen Protonenaustausch von Wasserstoff zum Sauerstoff in einer Brennstoffzelle. Der Wasserstoff an Bord kann grundsätzlich von jedem verfügbaren Brennstoff des Typs $C_mH_nO_p$ innerhalb einer vorgeschalteten chemischen Reaktion gewonnen werden.

Daraus ist ableitbar, dass jeder Kombination von Antriebsformen, Energiespeicher und Energiewandler an Bord eines Automobils – entsprechend Kap. 1.3 / Bild 26 – grundsätzlich die gleichen Energieträger zur Verfügung stehen. (Auf direkte Umwandlungsformen der Sonnenstrahlung und der Windgeschwindigkeit in Energieformen für automobilen Antrieb wird in diesem Rahmen nicht eingegangen.)

Bild 128 stellt eine Übersicht der wichtigsten Energieträger, der daraus umgewandelten Energieformen, die an Bord eines Automobils speicherbar sind sowie der Umwandlungsverfahren dar. Auf der unteren Seite des Bildes 113 sind die fossilen Energieträger, auf der oberen Seite die regenerativen Formen ersichtlich.

C. Stan, *Alternative Antriebe für Automobile*,
https://doi.org/10.1007/978-3-662-61758-8_3

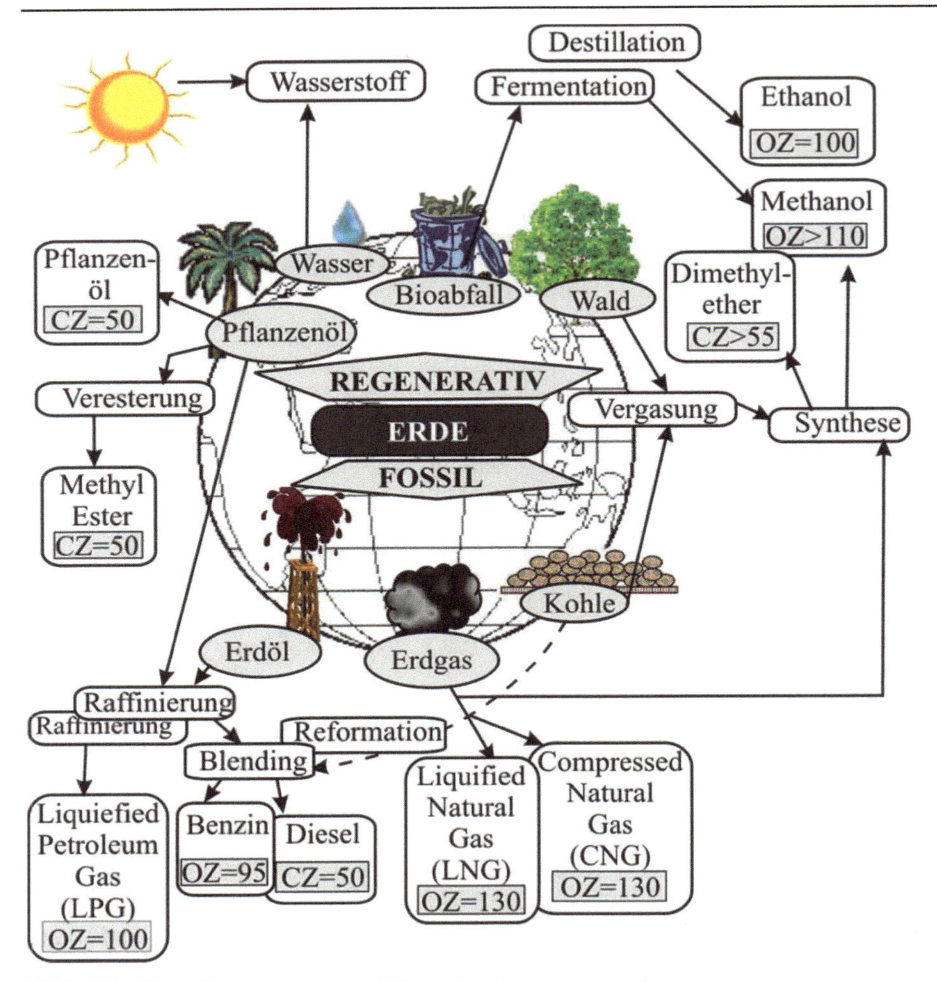

Bild 128 Energieressourcen und Energieträger

Sobald in der molekularen Struktur eines Energieträgers – fossil oder regenerativ – Kohlenstoff enthalten ist, entsteht bei jeder Form der beschriebenen Energieumwandlung, in Wärme oder in elektrischer Energie, Kohlendioxid. Der grundsätzliche Unterschied zwischen fossilen und regenerativen Energieträgern besteht allerdings in dem partiellen Recycling des aus regenerativen Energieträgern entstandenen Kohlendioxids: Innerhalb des photosynthetischen Pflanzenernährungszyklus wird Kohlendioxid aus der Atmosphäre absorbiert. Die grundsätzliche chemische Reaktion ist

$$6CO_2 + 6H_2O \xrightarrow{LICHT} C_6H_{12}O_6 + 6O_2 \quad (3.1)$$

Die Photosynthese erfolgt allerdings als komplexe Verkettung von Zwischenreaktionen, wobei es zwei Hauptstufen gibt:

- In der Lichtreaktionsphase wird das Chlorophyll in der Pflanze durch Lichtabsorption aktiviert, in dem Adenosine-Triphosphat (ATP) und eine Form von Triphosphopyridine-Nukleotide (TPN) entstehen, wobei Wasser gespalten wird, um den für den Prozess erforderlichen Wasserstoff frei zu setzen.

- In der „dunklen" Reaktionsphase stellen die ATP- und TPN-Anteile die Energie für die Absorption des Kohlendioxids zur Verfügung. Dadurch entstehen Kohlenhydrate bzw. verschiedene Zuckerformen, zur Ernährung der Pflanze.

Auch wenn die durch die Pflanze absorbierte und im Energieträger gespeicherte CO_2-Menge derzeit geringer ist als die durch Aufbereitung und Verbrennung des Energieträgers entstehende CO_2-Menge – vom Zuckerrohranbau in Brasilien bis zur Ethanolverbrennung im Motor eines Fahrzeugs wird ein Rücklauf von rund 60 % angegeben – besteht dadurch ein bedeutender Vorteil gegenüber fossilen Energieträgern. Der recyclebare CO_2-Anteil kann weit über 60 % steigen, wenn die im Gesamtprozess der Pflanzenkultur und -verarbeitung erforderlichen Landmaschinen und die Chemie-/Destillationsanlagen auf regenerative Energieträger umgestellt werden. Der weitere, wesentliche Vorteil ist die praktisch unbegrenzte zeitliche Verfügbarkeit der Ressourcen, die von der Menge her auch für den steigenden Bedarf in der Zukunft die gesamten Mobilitätsanforderungen decken kann. Laut FAO Prognosen (Food and Agriculture Organization of the United Nations) wird im Jahr 2030 der Gesamtenergieverbrauch in der Welt 720 Exajoule/Jahr betragen (im Jahr 2000 waren es 430 Exajoules); die Agrarfläche wird andererseits auf 580 Millionen Hektar zur Produktion von Bioenergie – von Zuckerrüben und Raps bis Rüben – wachsen und eine Gesamtenergie von 1031 Exajoule/Jahr erbringen. Gelegentliche Thesen in einigen Fachstudien, wonach zum Beispiel Ethanol für Deutschland uninteressant ist, weil die mit Energieträgern bepflanzbaren Flächen im Lande bei weitem ungenügend sind, ignorieren die komplexen Aspekte der Realität: Nach dieser Sichtweise sollten in Deutschland auch keine Wärmekraftmaschinen auf Erdölbasis betrieben werden – die Abhängigkeit vom Import beträgt dabei nahezu 100 %. Der Übergang von fossilen auf regenerative Energieträger wird von komplexen Aspekten gekennzeichnet. Im Folgenden werden einige davon dargestellt:

- Eine verstärkte Einführung von Ölen und Alkoholen aus Pflanzen, Biomasse oder aus Abfällen der Holz-, Papier- und Zelluloseindustrie wird unabhängig von der Verknappung der Erdöl- und Erdgasreserven erwartet. Im Mai 2011 hat beispielsweise der US Congress ein diesbezügliches Gesetz erlassen – the Open Fuel Standard Act (OFS) mit den Maßgaben 50 % der im Jahr 2014 in den USA produzierten Automobile auf Kraftstoffe einzustellen, die nicht aus Erdöl hergestellt werden – Alkohole, Erdgas, Wasserstoff, Biodiesel. Im Jahr 2016 sollen 80 % bzw. 2017 sogar 95 % der Automobile für solche Kraftstoffe produziert werden. Weltweit gab es im Jahr 2017 bereits 50 Millionen Fahrzeuge – davon 29 Millionen in Brasilien und 18 Millionen in den USA - die mit variablen Gemischen von Ethanol und Benzin (FlexFuel) betrieben werden, die meisten davon in Brasilen und USA.
- Die meisten Prognosen zeigen eindeutig, dass die Wärmekraftmaschinen mit Kraftstoffen aus regenerativen Energieträgern zukünftige Entwicklungen viel stärker als andere Szenarien – wie beispielsweise Elektroantrieb – prägen werden, wie aus dem. Bild 129 abgeleitet werden kann.

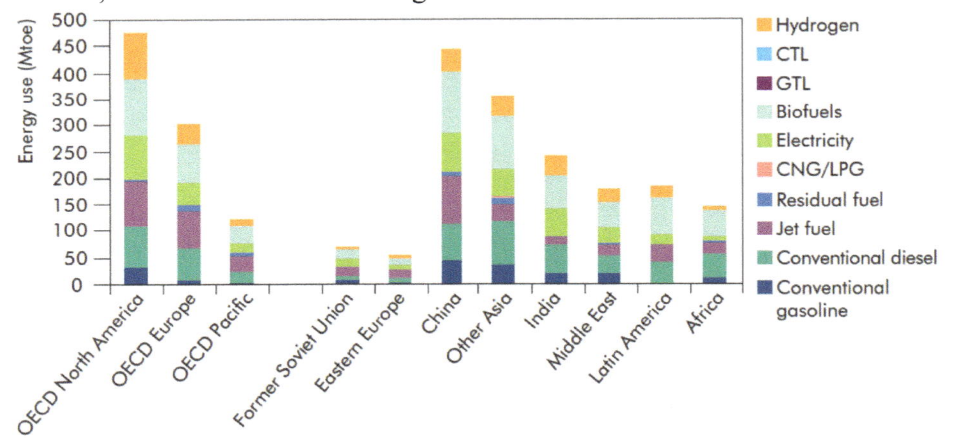

Bild 129 Anteile alternativer Energieträger in allen Verkehrsmitteln - Prognose für 2050 *(Quelle: IEA)*

Die Nutzung vom Kohlendioxid zur Herstellung eines Alkohols als Kraftstoff ist nicht nur durch Pflanzen-Regeneration mittels Photosynthese, sondern auch durch Recycling von industriellem Kohlendioxid-Ausstoß, wie neue Großprojekte zeigen.

Die Bundesrepublik Deutschland hat mit 800 Millionen Tonnen pro Jahr (2019) die höchste Kohlendioxidemission im Vergleich zu allen europäischen Ländern. Davon entstammen 300 Millionen Tonnen dem Energiesektor und 133 Millionen Tonnen der Heizung von großen Gebäuden und Einzelhäusern. Zwei weitere

Emissionsquellen sind absolut vergleichbar: 160 Millionen Tonnen entstehen in der Industrie und auch 160 Millionen Tonnen im Straßenverkehr (PKW und NKW). Und daher auch der Ansatz: der Straßenverkehr soll die Kohlendioxidemission der Industrie schlucken! Die Bilanz kann wegen der Wirkungsgrade in der Gesamtkette Herstellung von Wasserstoff, Absorption von Kohlendioxid in Filtern und anschließende Synthese des Methanols nicht vollkommen aufgehen, das Recycling ist dennoch beachtlich. Dieses Szenario ist sehr realistisch und wird bereits umgesetzt: ThyssenKrupp produziert in Duisburg 15 Millionen Tonnen Stahl jährlich, mit einer Kohlendioxidemission von 8 Millionen Tonnen, was 1% der gesamten Kohlendioxidmission in Deutschland bedeutet! Im September 2018 wurde durch ThyssenKrupp, zusammen mit 17 weiteren Partnern und mit der Unterstützung der Bundesregierung ein entsprechendes Projekt ins Leben gerufen.

Das Carbon2Chem Programm sieht das Auffangen und die Umsetzung von 20 Millionen Tonnen Kohlendioxid pro Jahr. Der für die Synthese in Methanol erforderliche Wasserstoff wird elektrolytisch generiert. Für die Elektrolyse wiederum ist Elektroenergie erforderlich, die im Rahmen des Projektes durch Windkraft- und durch photovoltaische Anlagen abgesichert wird. Diese beiden Formen der Elektroenergieherstellung sind, anders als im Falle von Kohlekraft- oder Atomkraftwerken, durch eine starke zeitliche Fluktuation der Energiegewinnung gekennzeichnet. Die entsprechend diskontinuierliche Methanol Produktion stellt jedoch kein Problem dar, Methanol kann in flüssiger Phase bei Umgebungsdruck und -temperatur gespeichert werden.

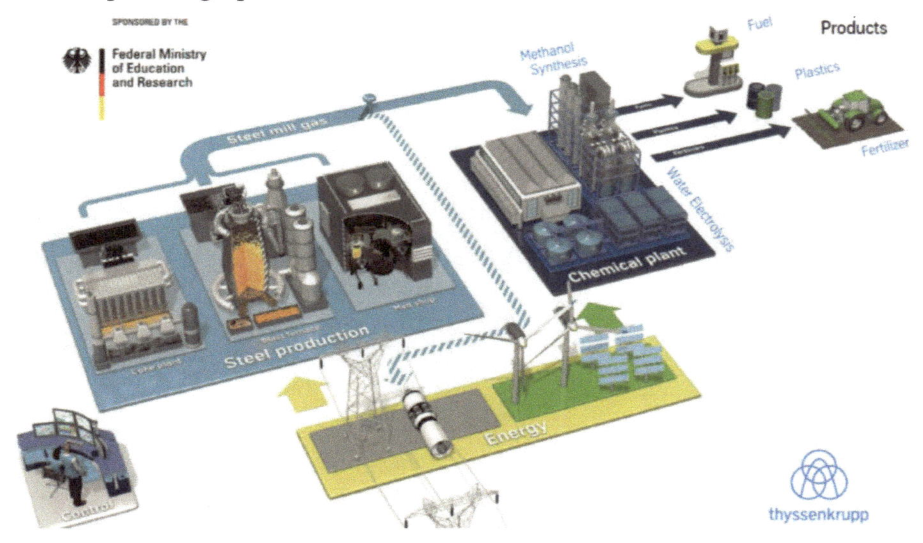

Bild 130 Carbon2Chem Anlage zur Synthese von Methanol aus Industrie Kohlendioxid und Wasserstoff aus Elektrolyse *(Quelle: thyssenkrupp, BMBF)*

Das Konzept Carbon2Chem kann durchaus von den Fabriken auf die größeren Emittenten erweitert werden – das sind die Kraftwerke auf Kohle- und Gas Basis, neben denen auch Windkraft- und photovoltaische Anlagen für die Wasserstoffelektrolyse installiert werden können.

Die weitere brauchbare Quelle von Kohlendioxid ist der Müll: Jeder Europäer produziert, im Durchschnitt, 475 [kg] Müll pro Jahr. Als Beispiel, eine der zwei großen Müllverbrennungsanlagen von München wird in einem Modul mit 800.000 Tonnen Kohle und die anderen 2 Module mit 650.000 Tonnen Hausmüll jährlich angespeißt. Durch ihre Verbrennung werden 900 [MW] Wärme und 411 [MW] Elektroenergie generiert. Dazu kommt eine entsprechende Kohlendioxidemission, die für Methanol Herstellung nutzbar wäre. Große Müllverbrennungsanlagen gibt es neben jeder europäischen Metropole, eine Absicherung des Methanols als Kraftstoff, sowohl für Otto- als auch für Dieselmotoren, dort wo die größte Fahrzeugdichte gegeben ist, würde auch einen logistischen Vorteil erbringen.

Die Elektromobilität bekommt in dieser Weise eine gesunde Konkurrenz. In Asien wird zwar der größte Verkauf von Elektroautos – 2 Millionen – aber auch der größte Verkauf von Automobilen mit Verbrennungsmotoren – 32,6 Millionen – erwartet. In Europa ist das Verhältnis 0.7: 22,4. Der Bestand der Automobile in Deutschland am 1. Januar 2020 (Quelle: KBA/Statistik) zeigt folgende Aufteilung der Antriebsarten (Angaben in Millionen Fahrzeugen):

Benzin	**Diesel**	**LPG (bivalent)**	**CNG (bivalent)**	**Elektro**	**Hybrid/ Plug In**	**Gesamt**
31,4	15,1	0,37	0,08	0,137	0,539/ 0,102	47,7

Eine Prognose für den jährlichen Automobilverkauf in den USA im Jahr 2040 zeigt, dass diese Verhältnisse sich nicht wesentlich ändern werden:

	Benzin	**Diesel**	**Ethanol**	**LPG (bivalent)**	**CNG (bivalent)**	**Elektro**
2015	83 %	2 %	13 %	1 %	1 %	3 %
2040	78 %	4 %	11 %	1 %	1 %	6 %

Eine Studie der internationalen Energieagentur (IEA) stellt ein wahrscheinliches Szenario für die Anteile alternativer Energieträger in allen Verkehrsmitteln nach Weltregionen für das Jahr 2050 dar. Es ist bemerkenswert, dass dabei der energetische Anteil der Biokraftstoffe dominiert – wobei der gesamte Verkehr betrachtet wurde, auf Erden, in der Luft und zu Wasser.

- Wie im Falle der Erdölergänzung durch Erdgas, werden aufgrund der noch aufzubauenden Infrastruktur erst Mischlösungen in bivalenten Verbrennungsmotoren Anwendung finden. Bei der Anwendung von CNG (Compressed Natural Gas) und LPG (Liquified Petroleum Gas) bevorzugen die meisten Fahrzeughersteller bivalente Lösungen - CNG/Benzin, LPG/Benzin – mit separaten Tanks und Einspritzanlagen. Für Alkohole und Öle sind bei einer Mischung mit Benzin oder Dieselkraftstoff solche Maßnahmen nicht erforderlich. Methanol und Ethanol haben ähnliche Speichereigenschaften wie Benzin, können also im gleichen Tank gelagert werden. Der Betrieb eines Verbrennungsmotors mit variablen Gemischen von Benzin/Methanol/Ethanol stellt technisch kein Problem mehr dar. Prinzipiell haben Pflanzenöle und Dieselkraftstoff auch ähnliche Speichereigenschaften – die Öle müssen jedoch allgemein aufgrund von Schleim- und Pilzbildungen im Tanksystem sowie von Verkokungen während der Verbrennung zunächst umgeestert werden. Es wird daher die Tendenz deutlich, die Mischung von Dieselkraftstoff mit Pflanzenölen vom Fahrzeug zum Herstellungsort, also zur Raffinerie zu verlagern: Die Mischung von Erdöl und Pflanzenölen in einer Anlage zur Herstellung flüssiger Kohlenwasserstoffe mit einheitlicher molekularer Struktur ist technisch auch kein Problem.

Die Nutzung alternativer Kraftstoffe hängt außer von ihren Ressourcen, der Umweltaspekte und der technischen und technologischen Basis ihrer Herstellung auch, in besonderem Maße, von ihren Eigenschaften an Bord eines Fahrzeuges ab. In der Tabelle 4 sind die jeweiligen Eigenschaften der erwähnten Kraftstoffe dargestellt, welche die Motor- oder Fahrzeugkenngrößen direkt beeinflussen. Die wichtigsten Zusammenhänge zwischen Kraftstoffeigenschaften und Motor- bzw. Fahrzeugkenngrößen werden wie folgt dargestellt:

- *Molekulare Struktur des Kraftstoffes ($C_mH_nO_p$):* Sie beeinflusst direkt, infolge der Massenanteile von Kohlenstoff und Wasserstoff in der Verbrennungsreaktion die Struktur und die Konzentrationen der Abgaskomponenten.

  Je Kilogramm Kraftstoff ergibt beispielsweise die Verbrennung von Kohlenstoff ($C_1H_0O_0$) die maximale CO_2 Konzentration; dagegen ergibt die Verbrennung von Wasserstoff ($C_0H_1O_0$) kein Kohlendioxid, sondern nur Wasser.

- *Dichte des Kraftstoffs:* Davon hängt das Volumen, aber auch die Masse des Gesamtsystems Kraftstoff-Tank an Bord des Fahrzeugs ab.

  Wie in der Tabelle 4 ersichtlich, haben Benzin, Diesel, Methanol, Ethanol und die Ölestere weitgehend eine ähnliche Dichte bei Umgebungsdruck und -temperatur; dafür sind die bereits vorhandenen Tanksysteme ohne wesentliche Änderungen geeignet.

Autogas kommt bei einem vertretbaren Druck (*0,5 – 1,0* [*MPa*]) als flüssige Phase in die Nähe dieser Dichte.

Erdgas hat bei Umgebungsdruck und -temperatur eine Dichte, die einen Einsatz im Fahrzeug kaum möglich macht. Bei einem beachtlichen Druck von *20* [*MPa*] ist seine Dichte etwa ein Fünftel deren von Benzin. Erst bei sehr niedrigen Speichertemperaturen (*150* [*°C*]/*0,1* [*MPa*]) erreicht es gerade mehr als die Hälfte der Benzindichte.

Wasserstoff stellt in Bezug auf Speicherfähigkeit, aufgrund seiner molekularen Struktur ein beachtliches Problem für die Anwendung in Fahrzeugen dar.

Es gilt:

$$pV = mRT \rightarrow m = \frac{pV}{RT} \tag{3.2}$$

dabei gilt $R = \frac{\overline{R}}{\overline{M}} \rightarrow R = \frac{8314}{2} = 4157\left[\frac{J}{kgK}\right]$ (3.3)

im Vergleich gilt für Luft: $R = 287{,}04\left[\frac{J}{kgK}\right]$

m	$[kg]$	Masse
p	$\left[\frac{N}{m^2}\right]$	Druck
V	$[m^3]$	Volumen
R	$\left[\frac{J}{kgK}\right]$	spez. Gaskonstante
$\bar{R}$	$\left[\frac{J}{kmolK}\right]$	univ. Gaskonstante
$\bar{M}$	$\left[\frac{kg}{kmol}\right]$	Masse eines Kilomols

Tabelle 4 Eigenschaften konventioneller und alternativer Kraftstoffe für Automobile

KRAFTSTOFF	STRUKTUR	DICHTE	VISKOSITÄT (KIN.)	HEIZWERT (UNT.)	STÖCH. LUFT-BEDARF	GEMISCH-HEIZWERT	OKTAN-ZAHL/ CETAN-ZAHL	VERDAMPFUNGS-ENTHALPIE
		[kg / dm³]	*[cSt]* (20°C/0.1 MPa)	*[MJ/kg]*	*[kgL/kgKst]*	*[MJ /m³ Gem]*		*[kJ/kg]* (25°C/0.1 MPa-Flüss.) (ts/0.1MPa-GAS)
KOHLENWASSERSTOFFE								
BENZIN	C_mH_n ($<C_8H_{18}$)	0.72 - 0.78	0.6 - 0.75	44	14.6-14.7	3.9	91 - 99	350
DIESEL	C_mH_n ($<C_8H_{18}$)	0.78 - 0.84	3.5 - 3.9	43.2	14.5	3.8	50 - 54	270
ERDGAS (85-95% METHAN)	CH_4	0.141 (0°C/20MPa) 0.409 (-150°C/0.1MPa) 0.00079 (0°C/0.1MPa)	-	45	14.5	4.0	ca. 120	0.51 (GAS)
AUTOGAS 50% PROPAN; *50% BUTAN*	C_3H_8/C_4H_{10}	0.00235 (GAS) (0°C/0.1MPa) approx. 0.5 ((FLÜSSIG) (0°C/0.5–1.0MPa)	-	46	15.5	3.8	98	386
ALCOHOLS METHANOL	CH_3-OH	0.792	0.75	20	6.47	3.5	106	1103
ETHANOL	C_2H_5-OH	0.785	1.5	26	9.00	3.5	107	840
WASSERSTOFF	H_2	0.009 (GAS) (-200°C/0.1MPa) 0.071 ((FLÜSSIG) (-253°C/0.1MPa)	-	120	34.3	3.0	-	436
ÖLE RAPSÖL	$C_mH_nO_pR_i$	0.92	68 - 75	35 - 39	12.4	3.5	38 - 44	-
RAPSÖL-METHYLESTHER	$C_mH_nO_pR_i$	0.86 - 0.9	6 - 8	37.2	12.5	3.5	51 - 58	-
DIMETHYLÄTHER	CH_3OCH_3	0.00197 (GAS) (15°C/0.1MPa) 0.67 ((FLÜSSIG) (20°C/0.5MPa)	0.12 - 0.15 (20°C/0.5MPa)	28 (GAS) 27 (FLÜSSIG)	9.0	3.5	55 - 60	400 (GAS)
OXYMETHYLESTHER OME3	$C_4H_{10}O_3$	1,035	0,87	19,72	6,44	3,26	73	-
Einfluss auf:	**Abgas-komponenten**	**Speicherung an Bord**	**Schmierung Verkokung**	**Reichweite**	**Kraftstoff-dosierung**	**Drehmoment**	**Klopfneigung / Zündwilligkeit**	**Kaltstart / Innenkühlung / Ladungsmasse**

Unter gleichen Druck- und Temperaturbedingungen kann also rund 14,5mal weniger Wasserstoffmasse als Luftmasse im gleichen Tankvolumen gespeichert werden! Entsprechend der aufgeführten Zustandsgleichung kann die gespeicherte Masse nur dann in einem gegebenen Volumen erhöht werden, wenn einerseits der Druck erhöht, andererseits die Temperatur gesenkt wird. In der Tabelle 4 ist als Beispiel eins dieser Konzepte aufgeführt, die kryogene Wasserstoffspeicherung bei *-253* [*°C*]/*0,1* [*MPa*]; selbst wenn bei dieser beachtlichen Temperatur der Wasserstoff flüssig wird, beträgt seine Dichte gerade ein Zehntel der Benzindichte! Die Druckerhöhung ist andererseits nur anhand besonderer Technologien und Werkstoffe möglich: Der Wasserstoff kann als kleinstes Molekül bei einem gegebenen Druckunterschied zwischen Tank und Umgebung eine konventionelle Werkstoffstruktur leicht durchdringen, ein unvertretbarer Schwund ist die Folge.

- *Viskosität des Kraftstoffes:* Sie beeinflusst im Wesentlichen die Parameter im Kraftstoffdosiersystem – durch die Schmiereigenschaften, aber auch den Verbrennungsvorgang. Beispielsweise sind Einspritzdrücke im Bereich des Dieselkraftstoffes mittels konventioneller Plungerelemente – wie in Common Rail oder Pumpe-Düse-Systemen – mit Benzin, aufgrund der Schmiereigenschaften überhaupt nicht erreichbar. Wiederum zeigen nach diesem Kriterium Benzin, Methanol und Ethanol ähnliche Eigenschaften, was für die gleiche Kraftstoffeinspritztechnik spricht. Öle erreichen in der Viskosität den zwanzigfachen Wert im Vergleich zum Dieselkraftstoff, was ihre direkte Nutzung praktisch nur in seltenen Fällen erlauben kann. Selbst die Umesterung – die Kürzung der Moleküle – ist mit einer doppelten Viskosität als beim Dieselkraftstoff verbunden. Unabhängig von der Schmierung im Einspritzsystem selbst beeinträchtigt die Viskosität – als Ausdruck langer, verzweigter Moleküle – die Verbrennung, durch lokalen Sauerstoffmangel. Das erklärt die Verkokungserscheinungen beim Einsatz reiner Pflanzenöle in Dieselmotoren.

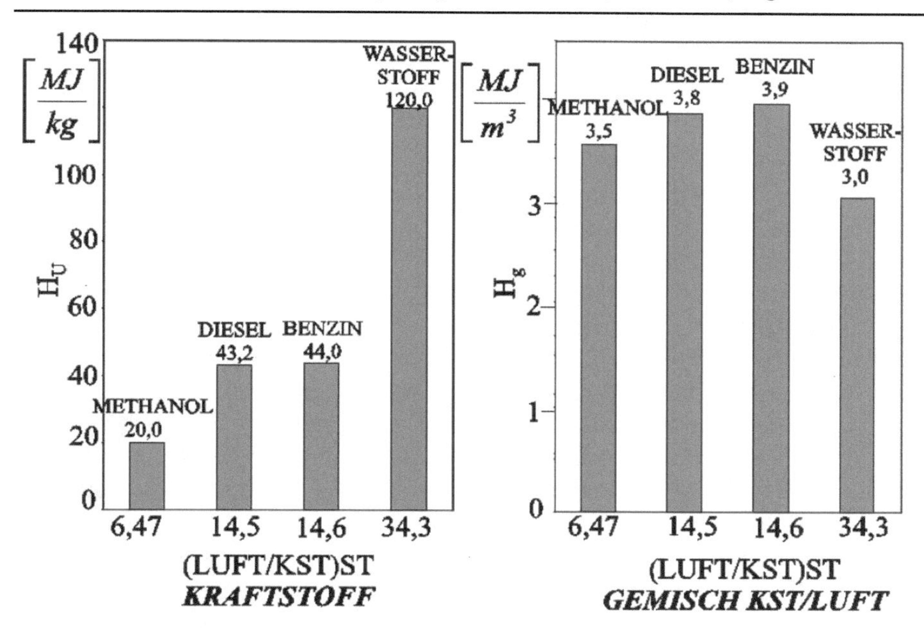

Bild 131 Vergleich unterer Heizwert – volumenbezogener Gemischheizwert

- *Heizwert des Kraftstoffes:* Die Wärme, die infolge der exothermen chemischen Reaktion eines Kilogramms Kraftstoff gewinnbar ist, hängt von dessen elementarer Struktur, das heißt, von den Massenanteilen an Kohlenstoff, Wasserstoff und Sauerstoff in seinem Molekül ab. Je höher der Heizwert, desto weniger Kraftstoffmasse für eine vergleichbare Energie – die bei Fahrzeugen als Leistungsprofil über eine Dauer ausgedrückt werden kann. Bei einem gleichen Tankinhalt (als Kraftstoffmasse) und einem gleichen Leistungsprofil ergibt der Heizwert des Kraftstoffs die Reichweite des Fahrzeugs. Die Tabelle 4 wird an dieser Stelle für eine bessere Übersicht mit dem Bild 131 ergänzt. Bei gleicher getankter Kraftstoffmasse wäre die Reichweite eines gleichen Fahrzeugs mit gleichem Verbrennungsmotor der dem gleichen Leistungsbedarf entspricht etwa dreimal so groß mit Wasserstoff als beim Einsatz von Benzin. Wiederum beim Übergang von Benzin auf Methanol würde sich bei gleichem Tankinhalt die Reichweite zur Hälfte reduzieren. Der letztere Fall entspricht weitgehend realer Verhältnisse, aufgrund der vergleichbaren Dichte von Benzin und Methanol unter gleichen Speicherbedingungen (Umgebungszustand) Ansonsten muss eher von einem vergleichbaren Tankvolumen – auf Grund der Platzverhältnisse im Fahrzeug – als von einer vergleichbaren gespeicherten Masse an Kraftstoff ausgegangen werden. Aus dieser Sicht ändert sich der Vorteil des Wasserstoffs in Bezug auf Reichweite in einem Nachteil: Der dreifache Heizwert gegenüber Benzin steht gegen ein Zehntel der Dichte (in flüssiger Phase). Bei gleichem Tankvolumen (bei Wasserstoff mit dem angegebenen Speicherdruck oder -temperaturwerten) bleibt dadurch die Reichweite eines Fahrzeugs bei Umstellung von Benzin auf Wasserstoff bei etwa einem Drittel des Wertes bei Benzinbetrieb.

- *Stöchiometrischer Luftbedarf des Kraftstoffs:* Der Luftbedarf hängt, wie der Heizwert, von der elementaren Struktur des Kraftstoffes ab. Wasserstoff benötigt die größte Luftmasse für eine stöchiometrische (chemisch exakte) Reaktion. Alkohole beinhalten bereits einen Anteil an Sauerstoff, beziehen deswegen weniger Sauerstoff aus der Umgebungsluft in die Verbrennung ein als Benzin. Bei Verbrennungen in stationären Anlagen kann der Kraftstoffmassenstrom eines bestimmten Kraftstoffes mittels der jeweiligen Dosieranlage eingestellt werden – der Luftmassenstrom wird dann proportional dem Luftbedarf durch eine entsprechende Strömungsanlage angepasst. Bei Kolbenmotoren ist der Zylinderraum als Summe des Hubraums und der Brennkammer aller n Zylinder ($V=n(V_h+V_b)$) limitiert, kann also aus der Umgebung nur eine bestimmte Luftmasse einbeziehen. Es gilt:

$$m_L = \frac{pV}{RT_L} \tag{3.2}$$

Im Fall einer Aufladung wird von gleichem Aufladedruck p ausgegangen. Bei gleicher Luftmenge in einem Motor ändert der stöchiometrische Luftbedarf die bei chemisch exakten Verhältnissen zuführbare Kraftstoffmenge in umgekehrter Weise: Je größer der Luftbedarf desto weniger Kraftstoff wird bei gleicher Luftmenge zugeführt. Bei Umstellung von Benzin auf Methanol im gleichen Motor steigt die zugeführte Methanolmenge $[kg]$ um das 2,2fache gegenüber der Benzinmenge, was durch die Parameter der Einspritzanlage (Kraftstoffdruck, Öffnungszeit der Düsen, Durchflussquerschnitte) zu berücksichtigen ist. Wiederum, bei der Umstellung von Benzin auf Wasserstoff wird die Kraftstoffmenge um den Faktor 0,42 reduziert.

- *Heizwert des Kraftstoff/Luftgemisches:* Die Verringerung der zugeführten Menge eines Kraftstoffes mit hohem Heizwert infolge des stöchiometrischen Luftbedarfs bei gleicher Luftmenge beeinträchtigt seinen energetischen Vorteil. Die genauen Werte sind in Tabelle 4 bzw. im Bild 131 ersichtlich. Obwohl der Heizwert des Wasserstoffs in sich - $H_U \left[\frac{MJ}{kg}\right]$ die Heizwerte aller anderen Kraftstoffe übertrifft – was theoretisch mehr zugeführte Wärme und dadurch mehr hubraumbezogene Leistung erwarten lässt – schmälert der hohe Luftbedarf diesen Vorteil erheblich: Der Gemischheizwert des Wasserstoff-

Luft-Gemisches $H_G \left[\frac{MJ}{m^3}\right]$ ist niedriger als jener eines Benzin-Luft-Gemisches, was im Bild 131 deutlich erscheint. Bei diesem Vergleich wurde der Wirkungsgrad der Verbrennung gleich $(\eta_{Verbr.} = 1)$ gehalten. Bei dem realen Vorgang ist aufgrund der Verdampfungseigenschaften des Wasserstoffs und seiner Molekülgröße eine effizientere Verbrennung möglich, was den Nachteil gegenüber Benzin-Luft-Gemischen kompensiert oder zum Teil auch umkehrt. Ein durchschnittlicher Gemischheizwert um den Wert $3 \left[\frac{kJ}{m^3}\right]$ erscheint für alle aufgeführten Kraftstoff-Luft-Gemische als weitgehend realistisch. Das bedeutet, dass die Umstellung von einem klassischen auf einen alternativen Kraftstoff in einem Kolbenmotor keine spektakuläre Änderung der spezifischen Arbeit, d. h. des Drehmomentes oder bei gleicher Drehzahl, der hubraumbezogenen Leistung erwarten lässt.

- *Oktanzahl, Cetanzahl:* Die Klopffestigkeit in Ottomotoren – ausgedrückt durch die Oktanzahl – bzw. die Zündwilligkeit in Dieselmotoren – ausgedrückt durch die Cetanzahl – ist infolge der molekularen Struktur, aber auch dem Verdampfungsverhalten der betrachteten Kraftstoffe von merklichen Unterschieden geprägt. Aus dieser Sicht erscheinen Erdgas und Alkohole vorteilhafter als Benzin: Die Anhebung der Klopfgrenze bei höherer Oktanzahl erlaubt die Erhöhung des Verdichtungsverhältnisses, was eine Verbesserung des thermischen Wirkungsgrades zur Folge hat. Dadurch sinkt der spezifische Kraftstoffverbrauch. Im Dieselverfahren ist die Zündwilligkeit des Dimethylethers – hervorgerufen von seinen Verdampfungseigenschaften, aber auch vom Sauerstoff in der Molekülstruktur - bemerkenswert. Dagegen sind reine, nicht veresterte Öle weniger zündwillig, aufgrund langer, verzweigter Moleküle; das Ergebnis der Umesterung in Bezug auf diese Eigenschaft – in der Tabelle 4 – ist in dieser Hinsicht überzeugend.

- *Verdampfungsenthalpie des Kraftstoffes:* Sowohl bei Saugrohreinspritzung als – umso mehr – bei Direkteinspritzverfahren ist die Kraftstoffverdampfung ein Hauptkriterium der Gemischbildungsqualität und dadurch der Verbrennung; je kleiner die Kraftstofftropfen und je mehr sie von flüssiger zu gasförmiger Phase übergehen, desto günstiger sind die Voraussetzungen einer effizienten und vollständigen Verbrennung. Die Verdampfungsenthalpie wird bei einem üblicherweise adiabaten Gemischbildungsvorgang der umgebenden Luft entzogen, wodurch deren innere Energie und damit die Temperatur sinken. Bei kalter Luft ist wenig Potential vorhanden, deswegen haben Kraftstoffe mit hoher erforderlicher Verdampfungsenthalpie – insbesondere Methanol – relativ schlechte Kaltstarteigenschaften im Falle einer

Gemischbildung im Saugrohr. Die innere Gemischbildung durch Kraftstoff-Direkteinspritzung ändert den Verdampfungsvorgang in bemerkenswerter Weise: Die Einspritzung im Zylinder erfolgt auf deutlich wärmere Luft – zum Teil durch die Kompression, zum Teil durch die Wärmestrahlung von den Brennraumwänden. Diese Temperaturdifferenz zwischen dem kalt eingespritzten Kraftstoff und der bereits erwärmten Luft intensiviert den Verdampfungsprozess. Durch den höheren Wärmestrom wird nicht nur die Kraftstoffverdampfung begünstigt, sondern auch eine deutlichere Senkung der Lufttemperatur erreicht, was wiederum einer Erhöhung des Verdichtungsverhältnisses bei Direkteinspritzung entgegenkommt.

Durch ihre hohe Verdampfungsenthalpie, kombiniert mit der verhältnismäßig schnellen Verdampfung, erscheinen Ethanol und Methanol als ideale Kraftstoffe für die Direkteinspritzung.
Bei der Saugrohreinspritzung ist zwar die Temperaturdifferenz geringer als bei der Direkteinspritzung, der Vorteil liegt allerdings in längerer Vermischungsdauer und Vermischungsflächen. Durch die Senkung der Lufttemperatur im Saugrohr infolge der übertragenen Verdampfungsenthalpie nimmt bei unveränderten Ansaugverhältnissen die Masse der angesaugten Luft in den Zylinder zu.

Das erlaubt eine proportionale Zunahme der zugeführten Kraftstoffmenge, wodurch die hubraumbezogene Leistung steigt. Dieser Effekt ist insbesondere bei Hochleistungsmotoren von besonderer Bedeutung – daher spielt die Kraftstoffzusammensetzung eine wichtige Rolle. Dieser Effekt kann dennoch durch Direkteinspritzung verstärkt werden: Einerseits gilt die größere Temperaturdifferenz (mindestens aufgrund der Wärmestrahlung von den Zylinderwänden) und damit der wirkungsvollere Wärmestrom, was die Temperatursenkung der Luft noch begünstigt; andererseits beginnt die Direkteinspritzung gerade bei Hochleistungsmotoren zum Teil während des Ladungswechsels. Die kältere Luft im gleichen Zylindervolumen führt zur Senkung seines Druckes; dadurch wird die Ansaugdruck- Differenz größer und der Massenstrom intensiver – was die bessere Zylinderfüllung bewirkt.

Diese Zusammenhänge zeigen deutlich, dass die physikalischen Eigenschaften der alternativen Kraftstoffe für automobilen Einsatz einerseits die Kenngrößen eines Verbrennungsmotors direkt beeinflussen, andererseits mit Hilfe besonderer Prozessgestaltungsformen in vorteilhafter Form umgelenkt werden können.

3.2 Methan (Erdgas, Biogas)

Herstellung

Erdgas muss als natürlicher, fossiler Rohstoff nicht hergestellt, sondern nur gefördert werden. Es besteht zu 85% bis 95% aus Methan. Trotz der weltweit vorhandenen Reserven, die bei den jetzigen Schätzungen und bei dem gegenwärtigen Verbrauch für die nächsten 53 Jahren ausreichend wären, ist dessen weitere Verwendung auf Grund der kumulativen Kohlendioxidemission in der Atmosphäre infolge seiner Verbrennung in Frage gestellt.
Das Biogas enthält 50% bis 75% Methan aus organischen Rohstoffen, und ist ein regenerativer Ersatz für das Erdgas. Biogas und Erdgas können, bis zu einem kompletten Ersatz des Erdgases, in beliebigen Verhältnissen gemischt werden, dafür ist die gleiche Infrastruktur und die gleiche Speicher- und Motortechnik verwendbar. Die vergärbare Biomasse ist sehr vielfältig, von Klärschlamm, Bioabfall, Speisereste, Gülle, Mist, Pflanzenreste, bis zu den unterschiedlichen Energiepflanzen.
Als Beispiel, in einer kleinen Biogasanlage in einer ländlichen europäischen Region werden täglich aus 55 Tonnen Kuhmist aus einer benachbarten Farm 370 [kWh] Elektroenergie gewonnen. Diese Energie würde zum einen reichen, um die 32,3 [kWh] Batterien von 11 VW eUp vollständig zu laden. Zum anderen könnte das darin enthaltene Methan zum Betrieb von Ottomotoren in Automobilen verwendet werden.

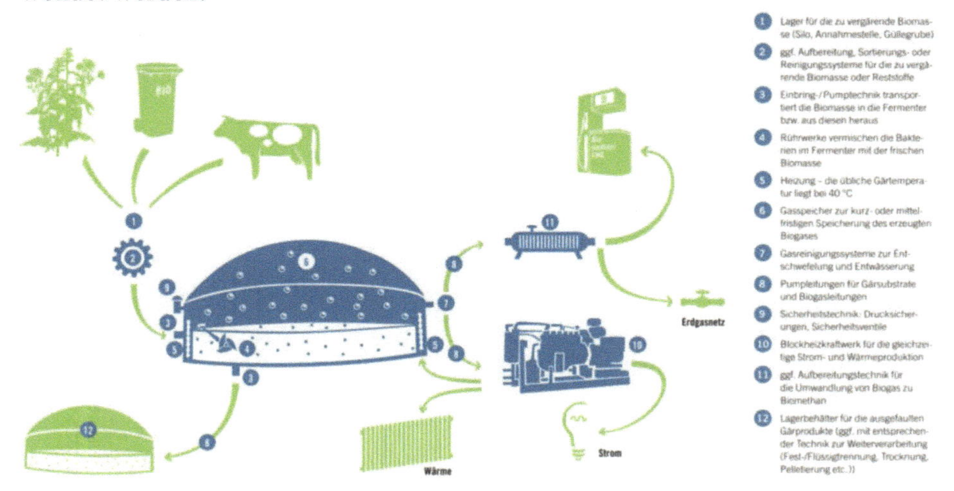

Bild 132 Herstellungskette Biomasse – Biogas – Methan *(Quelle: zukunft-erdgas)*

Eigenschaften

Aufgrund der ähnlichen Werte von Heizwert, Luftbedarf und somit Gemischheizwert, wie im Falle des Benzins, ist eine Umstellung von Fahrzeugen mit Ottomotoren von Benzin- auf Methanbetrieb weitgehend unproblematisch. Eine solche Umstellung wird von der hohen Oktanzahl des Methans besonders begünstigt. Motoren, die auf alleinigen Methanbetrieb eingestellt sind, haben dadurch allgemein höhere Verdichtungsverhältnisse($\varepsilon = 12 - 14$). Allgemein üblich ist jedoch aufgrund der noch in Entwicklung befindlichen Infrastruktur für Erdgasfahrzeuge eine bivalente Nutzung von Methan und Benzin mit gleichen Motoren.

Speicherung

Die Speicherung ist der wesentliche Nachteil des Erdgasbetriebes im Falle der Automobile, die stets leichter und kompakter werden sollen. Tabelle 4 zeigt die Dichte bei unterschiedlichen Kombinationen von Speicherdruck und -temperatur. Die bisher übliche Form ist die Speicherung unter Druck (*20* [*MPa*]) bei dennoch geringer Dichte, wodurch die Masse und das Volumen des Speichers erheblich zunehmen, wie im Bild 17 gezeigt.
Außer der gasförmigen Speicherung unter Druck – bekannt als CNG (Compressed Natural Gas) wird auch die LNG (Liquefied Natural Gas)- Form verwendet: Bei -*161°C* bis *minus 164* [*°C*] und *0,1* [*MPa*] ist das Erdgas flüssig; die Dichte ist dann rund drei Mal höher, aber das erfordert eine Erhöhung des technischen Aufwandes durch die notwendige kryogene Speichertechnik.
Eine zukunftsträchtige Technik – ANG (Adsorbed Natural Gas) – besteht in der Adsorption des Erdgases in einer Aktivkohlematrix bei Drücken von *4-7* [*MPa*].
Im Bild 133 ist die Anzahl der Erdgasfahrzeuge (2015) in dafür repräsentativen Ländern ersichtlich.

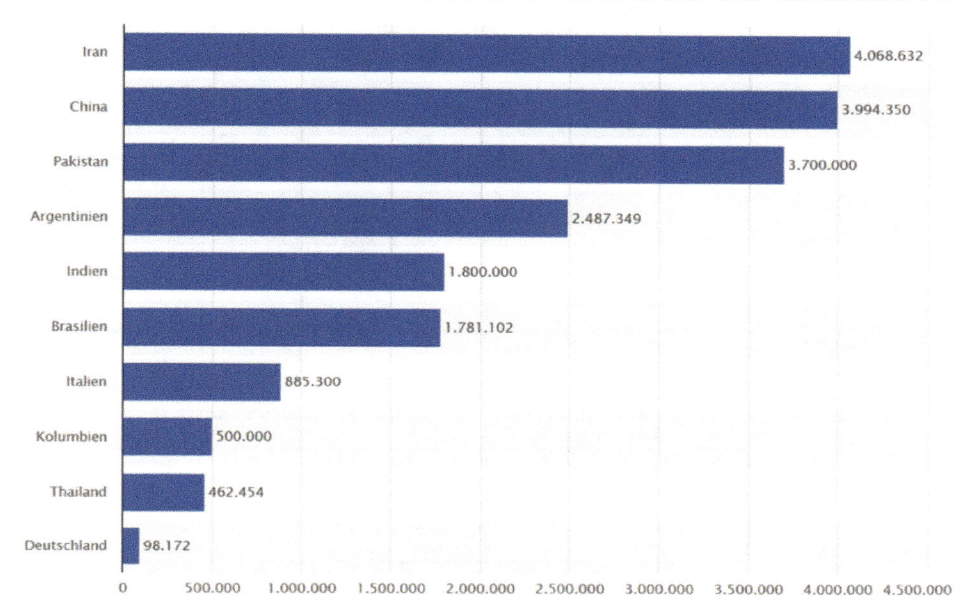

Bild 133 Anzahl der Erdgasfahrzeuge in Industrie- und Schwellenländern
(Quelle: www.statista.com)

Ein Vergleich der Kenngrößen und der Wirtschaftlichkeit zwischen Benzin-, Diesel- und CNG- Betrieb in einem gleichen Fahrzeug ist in der Tabelle 5 dargestellt.

Tabelle 5 Kenngrößen und Kostenvergleich zwischen Erdgas-, Benzin- und Diesel-betriebenen Fahrzeugen von gleichen Modellreihen

Fahrzeug	Kraftstoffart	Leistung [kW]	Verbrauch [l/100km]	Reichweite [km]	Grundpreis [EUR]
Fiat					
Fiorino Kastenwagen 1.4 8V SX	Benzin	57	7,2	625	15458
Fiorino Kastenwagen 1.3 Multijet 16V SX	Diesel	59	5,2	865	17564
Fiorino Kastenwagen 1.4 8V Nat. Power SX	Erdgas	51	4,8	275	17957
Fiorino Kastenwagen 1.4 8V Nat. Power SX	Benzin	57	7,4	608	17957
Fiorino Kombi 1.4 8V SX	Benzin	57	7,3	616	13340
Fiorino Kombi 1.3 Multijet 16V SX	Diesel	59	4,7	957	16070
Fiorino Kombi 1.4 8V Natural Power SX	Erdgas	51	5,0	264	15480
Fiorino Kombi 1.4 8V Natural Power SX	Benzin	57	7,5	600	15480
Doblò Cargo Kastenwagen 1.4 T-Jet SX	Benzin	88	7,2	833	22705
Doblò Cargo Kastenwagen 1.6 Multijet Start&Stopp SX	Diesel	88	4,5	1333	25597
Doblò Cargo Kastenw. 1.4 T-Jet Nat. Power SX (Erdg)	Erdgas	88	4,9	330	25680
Doblò Cargo Kastenw. 1.4 T-Jet Nat. Power SX (Benz)	Benzin	88	8,6	256	25680
Doblò Cargo Kastenwagen Maxi 1.4 T-Jet SX	Benzin	88	7,2	833	23669
Doblò Cargo Kastenw. Maxi 1.6 Multijet Start&St. SX	Diesel	88	4,6	1304	26668
Doblò Cargo Kast. Maxi 1.4 T-Jet Nat.Power SX (Erdg)	Erdgas	88	4,9	330	26751
Doblò Cargo Kast. Maxi 1.4 T-Jet Nat.Power SX (Benz)	Benzin	88	7,4	297	26751
Seat					
Ibiza 1.0 TSI Style	Benzin	70	4,6	870	18070
Ibiza 1.6 TDI Style	Diesel	70	3,9	7026	20705
Ibiza 1.0 TGI Style	Erdgas	66	3,3	418	19070
Leon 1.5 TSI Style	Benzin	96	4,8	1042	22600
Leon 1.6 TDI Style	Diesel	85	4,2	1190	25120
Leon 1.5 TGI Style	Erdgas	96	3,6	481	23990
Leon ST 1.5 TSI Style	Benzin	96	4,8	1042	23800
Leon ST 1.6 TDI Style	Diesel	85	4,2	1190	26320
Leon ST 1.5 TGI Style	Erdgas	96	3,6	481	25190

Fortsetzung Tabelle 5 Kenngrößen und Kostenvergleich zwischen Erdgas-, Benzin- und Diesel-betriebenen Fahrzeugen von gleichen Modellreihen

Fahrzeug	Kraftstoffart	Leistung [kW]	Verbrauch [l/100km]	Reichweite [km]	Grundpreis [EUR]
Skoda					
Octavia Combi 1.0 TSI Ambition	Benzin	85	4,7	1064	23680
Octavia Combi 1.6 TDI Ambition	Diesel	85	4,2	1190	26680
Octavia Combi 1.5 TSI G-TEC Ambition DSG	Erdgas	96	5,4	328	28720
Octavia Combi 1.5 TSI ACT Ambition	Benzin	110	4,8	1042	26020
Octavia Combi 2.0 TDI Ambition	Diesel	110	4,3	1163	28440
Octavia Combi 1.5 TSI G-TEC Ambition DSG	Erdgas	96	5,4	328	28720
Volkswagen					
Polo 1.0 TSI OPF Comfortline	Benzin	70	4,6	870	18265
Polo 1.6 TDI SCR Comfortline	Diesel	70	3,8	1053	20965
Polo 1.0 TGI Comfortline	Erdgas	66	3,3	430	20825
Golf VII 1.5 TSI OPF ACT Comfortline DSG	Benzin	110	5,1	980	28675
Golf VII 2.0 TDI SCR Comfortline DSG	Diesel	110	4,4	1136	31365
Golf VII 1.5 TGI BlueMotion Comfortline DSG	Erdgas	96	3,5	429	30655
Golf Variant 1.5 TSI OPF ACT Comfortline DSG	Benzin	110	5,1	980	29885
Golf Variant 2.0 TDI SCR Comfortline DSG	Diesel	110	4,4	1136	32975
Golf Variant 1.5 TGI BlueMotion Comfortline DSG	Erdgas	96	3,6	481	31865

(Quelle: ADAC)

Die Reichweite der Erdgasfahrzeuge ist innerhalb einer Modelreihe wesentlich geringer als bei Benzin- und bei Dieselfahrzeugen, in den meisten Fällen sogar unter die Hälfte. Die Gesamtbetriebskosten sind, für Fahrstrecken von 10.000 bis 30.000 [km] im Jahr fast in allen Fällen günstiger bei Erdgasbetrieb, zumindest in Deutschland (2020).

Gemischbildung

Die Kraftstoffzufuhr verfolgt offensichtlich bei Erdgasbetrieb die Geschichte der Benzinzufuhr: Vom Vergaser über kontinuierliche Saugrohr- Einspritzung, Multipoint- bzw. sequentielle Saugrohreinspritzung zu der Direkteinspritzung. Im Bild 134 ist eine schematische Darstellung der aktuellen Saugrohreinspritzverfahren für CNG sowie für bivalente Fahrzeuge ersichtlich.

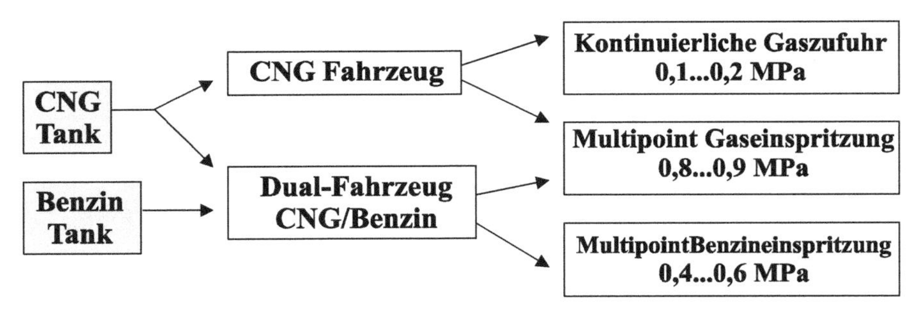

Bild 134 Erdgas - Gemischbildungsverfahren

Entsprechend der Dichteunterschiede erfolgt die Multipoint- Saugrohr- Gaseinspritzung bei generell höheren Drücken als die Saugrohreinspritzung von Benzin. Ansonsten ist sowohl die Einspritztechnik, als auch die Sensorik und Aktorik für beide Kraftstoffe ähnlich – wie die Bilder 135 und 136 zeigen – was die Umstellung von einem Kraftstoff zum anderen, aber auch den bivalenten Betrieb wesentlich vereinfacht.

Nach dem erfolgten Einzug in Benzin- Ottomotoren ist die Direkteinspritzung von Erdgas – wie im Bild 137 dargestellt – Gegenstand intensiver Entwicklungsarbeiten [15].

Die Vorteile sind vergleichbar; das Potential eines noch höheren Verdichtungsverhältnisses infolge der hohen Oktanzahl lässt noch eindeutigere Vorteile erwarten: Es wird bereits mit einem spezifischen Kraftstoffverbrauch wie bei fortschrittlichen Dieselmotoren, jedoch mit Einhaltung der gegenwärtigen Euro Abgasnorm, gerechnet. Die Verbrennung findet dabei ohne Drosselung in Teillast und mit Glühkerze statt. Der erste Schritt der Konvergenz von Otto- und Dieselmotoren wird mittels Erdgas zur Realität.

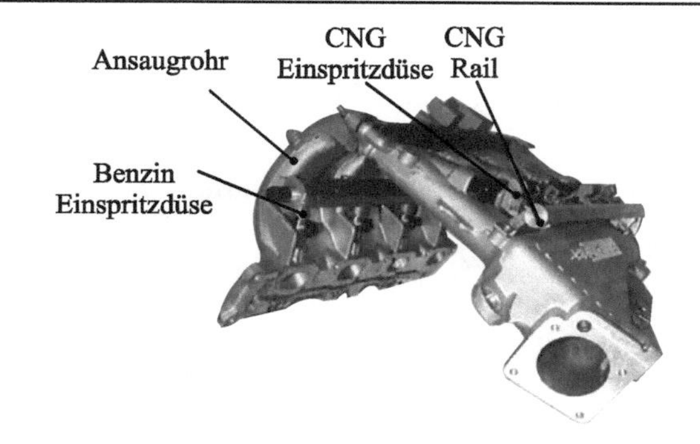

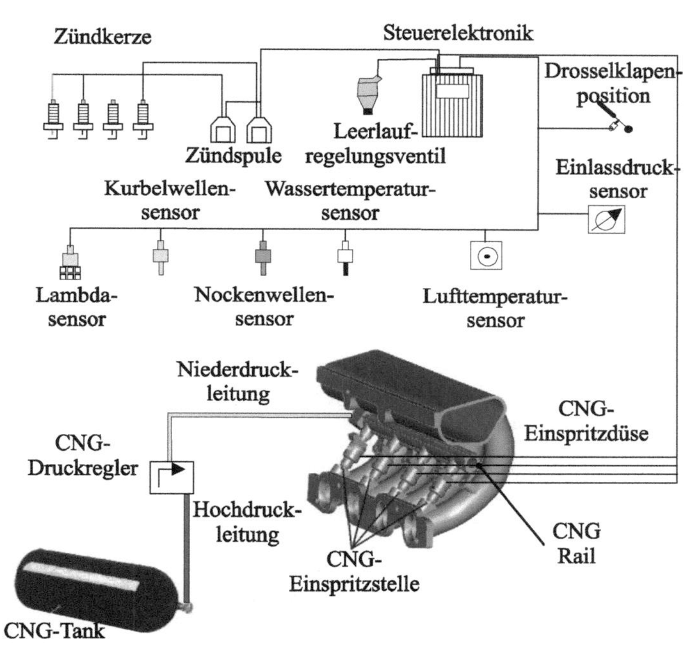

Bild 135 Erdgas - Gemischbildungssystem

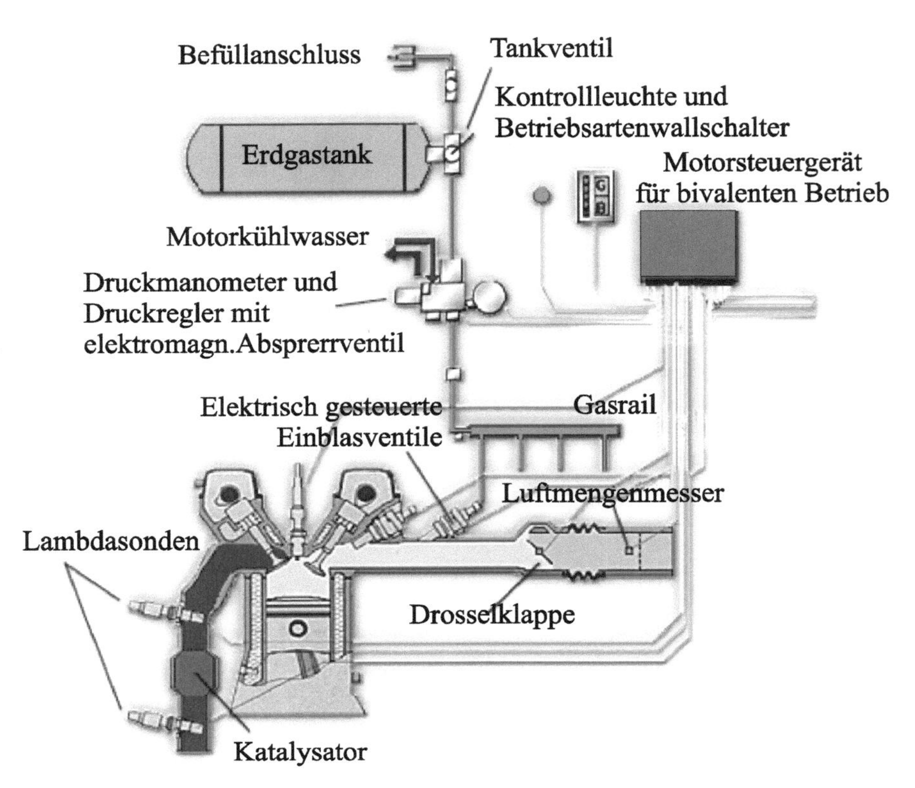

Bild 136 Erdgas – Gemischbildung: Hauptkomponenten des Systems

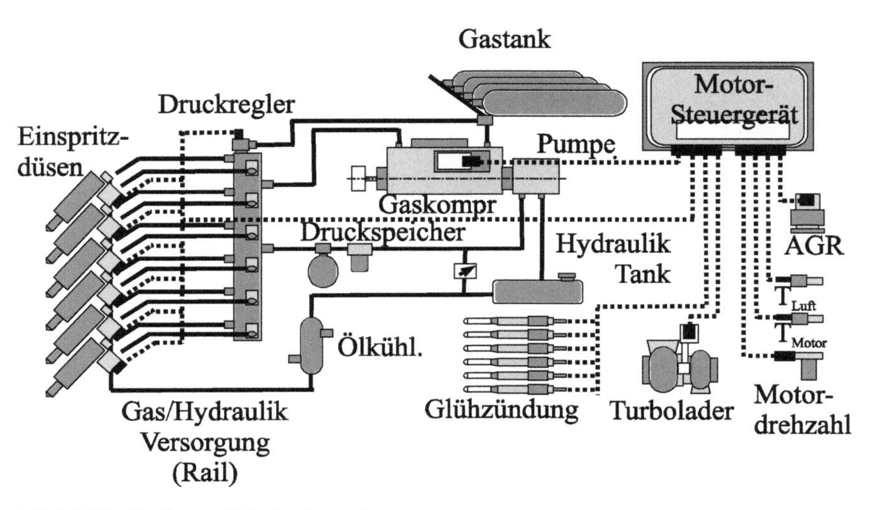

Bild 137 Erdgas - Direkteinspritzung

Die Direkteinspritzsysteme für Erdgas haben gemeinsame Elemente mit jenen von der Benzin- Direkteinspritzung – mit dem Unterschied, dass der Druck nicht im System erzeugt wird, sondern von außen eingeleitet und im System nur gespeichert wird – wie im Bild 137 angedeutet. Als Kompensation des Druckabbaus infolge der Einspritzung zunehmender Gasmengen ist das System mit einem Gaskompressor vorgesehen.

Die Einspritzdüsen können mit ähnlichen Aktuatoren – elektromagnetisch oder piezoelektrisch – wie bei Benzin- Direkteinspritzung gesteuert werden.

Einsatz- und Ergebnisbeispiele

Bild 138 zeigt einen Brennraumquerschnitt durch einen auf monovalenten Erdgasbetrieb umgerüsteten Dieselmotor für Buseinsatz sowie den Ergebnisvergleich zwischen Diesel- und Erdgas-Ottoverfahren.

Die Unterschiede – insbesondere der höhere spezifische Kraftstoffverbrauch bei Erdgasbetrieb – bei gleichem Heizwert und bei besserer Verbrennung mit Erdgas – sind in dem viel niedrigeren Verdichtungsverhältnis begründet. Dafür ist die Umrüstung von einem Dieselmotor sehr einfach – wie im Brennraumquerschnitt ersichtlich, wird dafür lediglich ein Kolben mit tieferer Mulde eingesetzt und eine Zündkerze anstatt der Einspritzdüse. Bei den gegenwärtig höheren Verdichtungsverhältnissen sind die 10 % Unterschiede im spezifischen Kraftstoffverbrauch stark verringert worden.

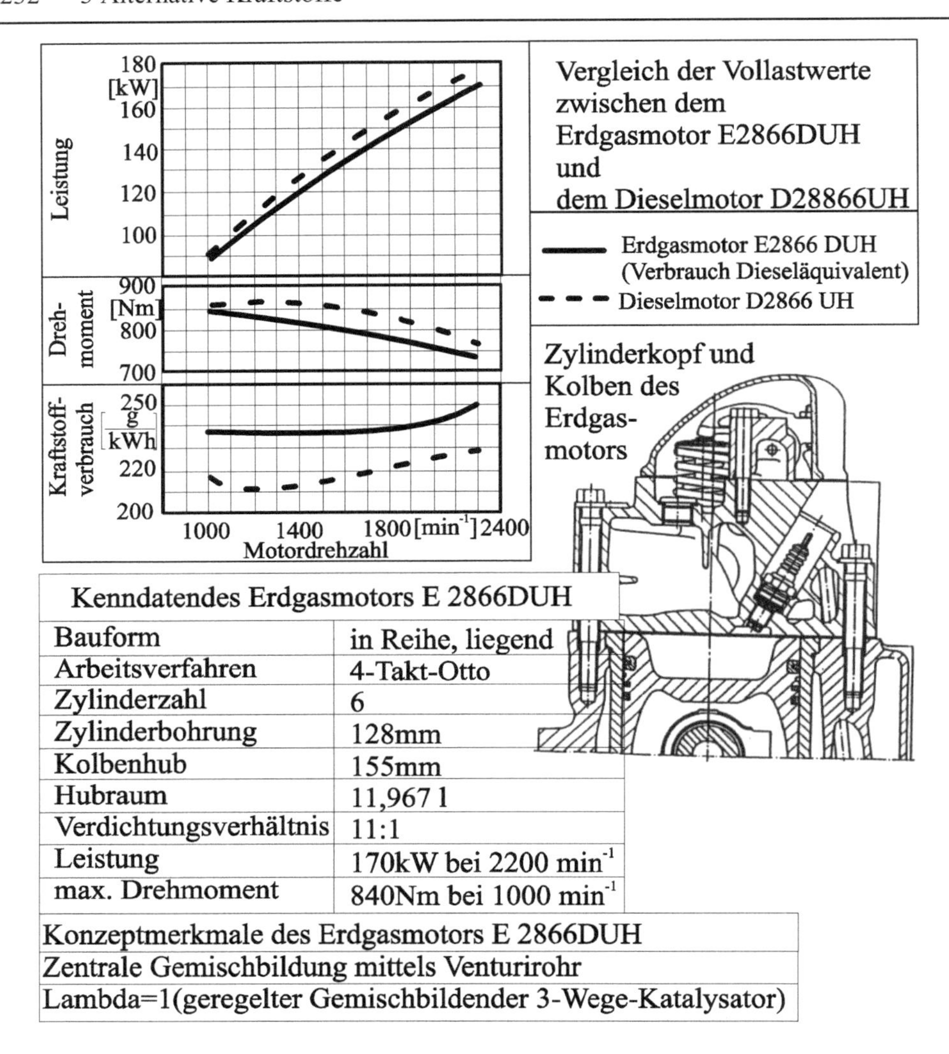

Kenndatendes Erdgasmotors E 2866DUH	
Bauform	in Reihe, liegend
Arbeitsverfahren	4-Takt-Otto
Zylinderzahl	6
Zylinderbohrung	128mm
Kolbenhub	155mm
Hubraum	11,967 l
Verdichtungsverhältnis	11:1
Leistung	170kW bei 2200 min^{-1}
max. Drehmoment	840Nm bei 1000 min^{-1}

Konzeptmerkmale des Erdgasmotors E 2866DUH
Zentrale Gemischbildung mittels Venturirohr
Lambda=1(geregelter Gemischbildender 3-Wege-Katalysator)

Bild 138 Vergleich der Ergebnisse beim Betrieb eines Ottomotors mit Erdgas und seiner Basis-Dieselausführung beim Betrieb mit Dieselkraftstoff

Einige Beispiele von Automobilen mit CNG-Betrieb (2020) sind:

- Skoda Skala G-Tec (66kW);
- Audi A3 Sportback 30-g-tron, (96 kW), 3,5 kg CNG/100 km, CO_2 95 g/km, VW Golf mit gleichem Motor;
- Fiat Panda 0,9 8V, TwinAir Natural Power, (52 kW), 3,6 kg CNG/100 km, CO_2 97 g/km;
- Seat Ibiza 1,0 TGI (66kW), 3,3 kg CNG/100 km, CO_2 92 g/km,

- Seat Arona mit gleichem Motor
  – all diese Modelle entsprechend Euro 6d TEMP-EVAP.

Bild 139 zeigt die Konfiguration der CNG-Tanks in einem sehr kompakten Fahrzeug

Bild 139 Konfiguration der CNG-Tanks in einem sehr kompakten Fahrzeug: VW Up (Quelle: VW)

In Bild 140 und Bild 141 sind zwei weitere Varianten, mit der Anordnung des Gasspeichers im Kofferraum anstatt im Fahrzeugunterboden – wie im Bild 139 – dargestellt.

Bild 140 Bivalentes Fahrzeug – Skoda Octavia *(Quelle: Skoda)*

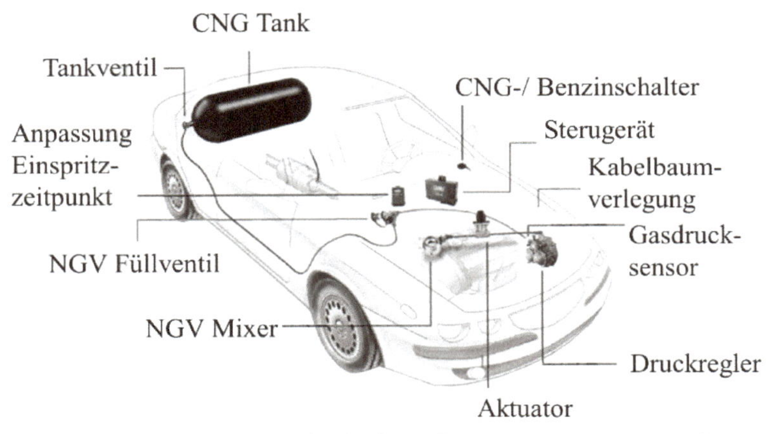

Bild 141 Zusätzliche Systemkomponenten bei bivalentem Betrieb Erdgas-Benzin

Eine vielversprechende Alternative zu Einsatz von komprimiertem Methan (CNG) als Kraftstoff für Verbrennungsmotoren, ist die Nutzung von verflüssigtem Methan, derzeit als Erdgas (LNG – Liquefied Natural Gas), später als Gemisch mit Biogas, dann ausschließlich als Biogas. Diese Form wird zunehmend in Schiffsantrieben eingesetzt. Durch Kühlung bei -161°C bis – 164°C bei

Umgebungsdruck wird eine Phasenänderung von Gas zu Flüssigkeit erreicht, wodurch das Methanvolumen auf 6% der ursprünglichen, gasflüssigen Phase reduziert wird. Im Vergleich mit einer Druckerhöhung auf 20[MPa], bei atmosphärischer Temperatur, wie beim Einsatz in Automobilen, ist das Volumen 3-mal geringer, was eine effizientere Speicherung gewährt. Diese Lösung wird in erster Linie bei LNG-Tanker verwendet, die ohnehin das flüssige Gas transportieren. Diese Lösung hat allerdings durch ihre Effizienz auch andere Sparten überzeugt. Im Jahre 2019 gab es insgesamt 321 Schiffe mit LNG Antrieb (dazu 501 neue Bestellungen), davon 224 LNG-Tanker, 44 sonstige Tanker, 12 LPG-Tanker, 22 Offshore-Schiffe 8 Container-Schiffe, 2 Autotransporter.
In Straßenfahrzeugen ist LNG auf Grund der kostenintensiven kryogenen Speicherung nur bei Nutzfahrzeugen angewendet. Scania hat im Jahre 2019 ein solches Fahrzeug mit einem LNG- Motor mit 302 [kW]/2.000[Nm] in Serie eingeführt. Die Basis bildete ein Serien-Dieselmotor, der auf Fernzündung, bei einer niedrigeren Verdichtung umgestaltet wurde. Die Reichweite, nur für die Zugmaschine, beträgt 1.000[km]. IVECO hat eine ähnliche Konfiguration mit einem Motor mit 339[kW], bei gleicher Reichweite wie Scania, in Serie gebracht. Die Bio-LNG-Euronet bietet für Scania und IVECO eine Flüssig-Biogas-Anlage, die zahlreiche Tankstellen in ganz Europa versorgt. Eine besondere LNG-Motor Variante wurde von Volvo entwickelt: der Motor funktioniert im Diesel-Verfahren und ist abgeleitet von dem bewährten Serien-Dieselmotor der Firma, um somit den hohen thermischen Wirkungsgrad des Selbstzünders zu nutztten. Die Selbstzündung wird in diesem Fall durch die Piloteinspritzung einer geringen Menge von Dieselkraftstoff abgesichert, wie im Kapitel 2.2 / Bild 95 bereits dargestellt.

3.3 Autogas

Herstellung

Autogas- LPG (Liquefied Petroleum Gas) ist ein Gemisch von Propan und Butan in gleichen Anteilen und entsteht bei dem Raffinerieprozess des Erdöls, aber auch bei Aufbereitung von Erdgas.
In den Niederlanden wird seit den fünfziger Jahren Autogas für den mobilen Einsatz gewonnen. Gegenwärtig werden in dem Raffinerieprozess des Erdöls in den Niederlanden 63 % Benzin, 23 % Dieselkraftstoff und 14 % Autogas gewonnen; jedoch besteht das Ziel in der nahen Zukunft in der Herstellung gleicher Anteile von Benzin, Dieselkraftstoff und Autogas aus einer Masse Erdöl.

Eigenschaften

Das Autogas unterscheidet sich in den Eigenschaften – bis auf die Dichte – kaum vom Benzin: Heizwert, Luftbedarf, Gemischheizwert, Oktanzahl und selbst Verdampfungsenthalpie bleiben im gleichen Wertebereich. Das lässt vergleichbare Motorkennwerte erwarten.

Speicherung

Als Gas bei Umgebungsdruck und –temperatur ist das Autogas praktisch ungeeignet für den mobilen Einsatz, aufgrund einer viel zu geringen Dichte – wie in Tabelle 4 dargestellt. Die flüssige Phase wird allerdings unter relativ günstigen Temperatur- und Druckbedingungen erreicht *-0* [*°C*]/ *0,5-1,0* [*MPa*]. Die Dichte erreicht dabei 68 % der Benzindichte, was bei gleichem Tankvolumen für eine akzeptable Reichweite ausreicht. Allgemein wird jedoch aufgrund der Akzeptanz umgekehrt verfahren – das Volumen und die Masse eines LPG- Tanks sind üblicherweise 1,6 bis 1,7mal höher als die Benzintanks für gleiche Fahrzeuge, was zur gleichen Reichweite führt.

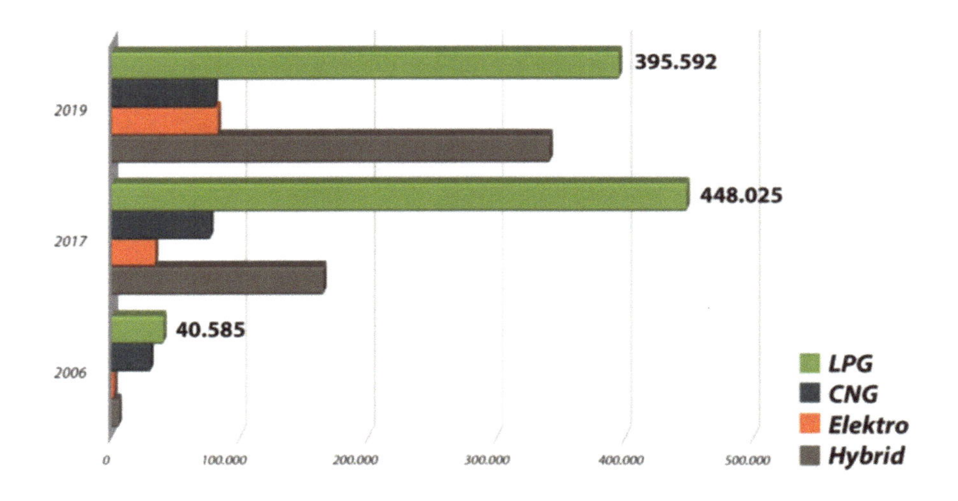

Bild 142 Anteile der Autogas-, Erdgas-, Elektro- und Hybridfahrzeuge auf dem deutschen Markt zwischen 2006 und 2019 (Quelle: KBA)

Für das Jahr 2020 wird ein weltweiter Verkauf von 1,4 Millionen Fahrzeugen mit Autogas erwartet.

Gemischbildung

Im Bild 143 ist das Schema eines Gemischbildungssystems für LPG ersichtlich. Es handelt sich dabei um ein Single-Point-Saugrohr-einspritzsystem. Mit Hilfe einer Zusatzpumpe wird dabei das LPG stets bei *0,5* [*MPa*] über den aktuellen Tankdruck gehalten, um eine Verdampfung vor der Einspritzdüse zu vermeiden. Das LPG wird über zwei Einspritzdüsen in das Saugrohr eingespritzt.

Die Dosierung erfolgt über die Öffnungsdauer der Einspritzdüsen, die von der Steuerelektronik eingestellt wird.

Eine weitere Variante – ein Multi- Point- Einspritzsystem - ist im Bild 144 dargestellt. Auffallend sind dabei die Maßnahmen zur Vermeidung und Abscheidung der bei LPG schnell erreichbaren Dampfphase, die den Betrieb der Einspritzanlage beeinträchtigen würde.

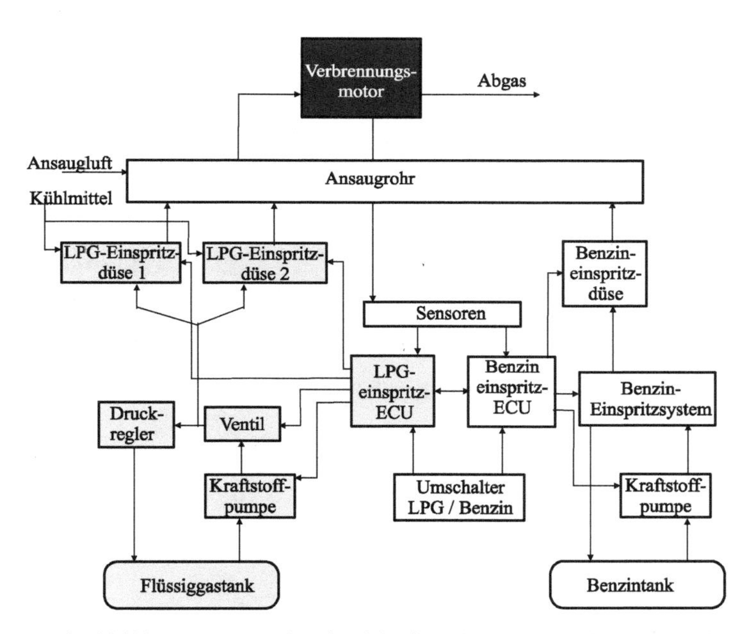

Bild 143 Gemischbildungssystem für den bivalenten Betrieb mit Autogas bzw. mit Benzin

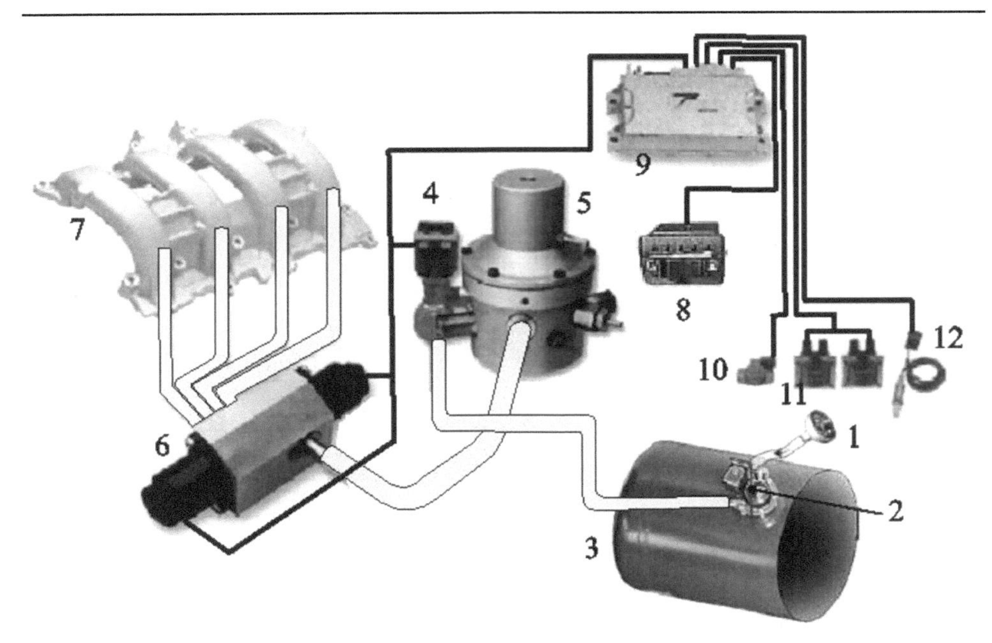

Bild 144 Multipoint-Einspritzsystem für LPG

Einsatz- und Ergebnisbeispiele

Die Leistung eines LPG- betriebenen Motors bleibt allgemein um 5 % unter jener, die beim Benzinbetrieb erreicht wird. Die Abgasemissionen – CO, HC, NO_x – bleiben in etwa vergleichbar.

Die CO_2 Emission ist allerdings um etwa 10 % geringer auf Grund des niedrigeren Kohlenstoff-/ Wasserstoff- Verhältnisses in Propan- und Butan- Molekülen im Vergleich mit den Oktan-/ Heptan- Molekülen im Benzin. Im Bild 145 ist ein Fahrzeug mit bivalentem Betrieb Benzin/LPG dargestellt.

Bild 145 Polo Bifuel: mit bivalentem Betrieb Benzin / LPG *(Quelle: VW)*

3.4 Alkohole: Methanol und Ethanol

Herstellung

Nikolaus August Otto verwendete bereits 1860 Ethanol in seinen Motoren-Prototypen, Henry Ford nutzte Bioethanol zwischen 1908 und 1927 in Serienfahrzeugen und bezeichnete ihn als Treibstoff der Zukunft.

Ethanol und Methanol werden aus zwei Gruppen von Rohstoffen gewonnen:

- Stärke und Zucker – aus Pflanzen bzw. Pflanzenresten. Dafür wird in Lateinamerika, insbesondere in Brasilien Zuckerrohr-Melasse, in Nordamerika Mais, in Europa Zuckerrüben und teilweise Weizen, in Asien Maniok (Cassava) verwendet.
- Eine neuerkundete, weltweit vorhandene Rohstoffbasis für Ethanol besteht aus Algen, Cellulose – aus Reststoffen der Papier- oder Holzverarbeitenden Industrie, aus pflanzlichen Abfällen und aus Pflanzen, die für die menschliche Ernährung ungeeignet sind.

Die Verfügbarkeit derartiger Rohstoffe und ihr Einfluss auf die menschliche und natürliche Umgebung bei einer systematischen Nutzung als Energieträger für die Mobilität kann mit folgenden Fakten und Beispielen dargestellt werden:

- In Brasilien wird Zuckerrohr seit 1532 angebaut. Ethanol aus Zuckerrohr wurde dort als Kraftstoff für Automobile bereits zwischen 1925-1935 verwendet. Seit 1975, nach der 1. weltweiten Erdölkrise, wird durch die brasilianische Regierung das nationale Alkoholprogramm ProAlcool zum Ersatz fossiler Treibstoffe durch Alkohol konsequent verfolgt. Das erste serienmäßige Automobil betrieben mit 100 % Ethanol seit der Einführung des ProAlcool Programms war der Fiat 147 (1979); zehn Jahre später fuhren in Brasilien 4 Millionen Fahrzeuge mit 100 % Ethanol. Die Umkehrung dieser Tendenz in den nachfolgenden Jahren zu mehr Abhängigkeit von Erdöl hatte in erster Linie landüberschreitende wirtschaftspolitische Ursachen. Diese Situation wurde aber relativ schnell überwunden. Ab 2003 wurde der Brasilian VW Gol 1,6 Total Flex auf dem Markt eingeführt, ein Auto für variable Gemische (0-100 %) von Benzin und Ethanol (Flex Fuel). Sieben Jahre später waren Chevrolet, Fiat, Ford, Peugeot, Renault, Volkswagen, Honda, Mitsubishi, Toyota, Citroen, Nissan und Kia mit Flex Fuel Autos auf dem brasilianischen Markt zu finden, die 94 % aller Neuzulassungen ausmachten.
  Derzeit fahren in Brasilien 29 Millionen Flex Fuel-Fahrzeuge (2017). Diese intensive Verwendung von Ethanol aus Zuckerrohr führt gewiss zum Problem der Rohstoffverfügbarkeit. Brasilien verfügt über 355 Millionen Hektar von beackerbarem Land, wovon derzeit 72 Millionen Hektar beackert sind. Zuckerrohr wird nur auf 2 % des beackerbaren Landes gepflanzt, wovon 55 % zur Ethanolgewinnung dient. Brasilianische Wissenschaftler gehen davon aus, dass der Rohrzuckeranbau auf das 30fache erhöht werden kann, ohne die Umwelt zu beeinträchtigen und auch ohne Gefahr für die Lebensmittelproduktion. Die Produktivität beträgt bis zu 8.000 Liter Ethanol pro Hektar (2008) bei einem Preis von 22 US Cent/Liter. Es wird dabei zehnmal mehr Energie – in Form von Ethanolkraftstoff – gewonnen, als die Energie, die im gesamten Prozess zwischen Zuckerrohranbau und Gewinnung der entsprechenden Ethanolmenge verwendet wurde.
  99,7 % der Zuckerrohrplantagen befinden sich auf Ebenen in der südöstlichen Region Sao Paolo, also mindestens *2.000* [*km*] von Amazonen-Tropenwald entfernt, wo das Klima für Zuckerrohr eher ungeeignet ist.
- in den USA wird Ethanol hauptsächlich aus Korn und Mais hergestellt. Dafür sind 10 Millionen Hektar erforderlich, das sind 3,7 % des beackerbaren Landes. Die Produktivität beträgt bis zu 4000 Liter Ethanol pro Hektar (2008), also die Hälfte im Vergleich zu Gewinnung aus Zuckerrohr in Brasilien. Die Energiebilanz zwischen Ethanol als Kraftstoff und

Ethanolgewinnung beträgt nur 1,3 bis 1,6 – gering im Vergleich mit dem Wert 10 bei Zuckerrohr. Der Herstellungspreis ist mit 35 US Cent/Liter höher als bei der Verwendung von Zuckerrohr (22 Cent). Ford, Chrysler und GM bauen Flex Fuel-Antriebe in ihrer ganzen Fahrzeugpalette – von Limousinen und SUV's bis hin zu Geländewagen. In den USA fahren derzeit 10 Millionen Flex Fuel Fahrzeuge.
Ein aktuelles US-Regierungsprogramm sieht für die nächsten Jahre die verstärkte Gewinnung von Cellulose-Ethanol aus landwirtschaftlichen Restprodukten, aus Resten aus der Papierindustrie sowie aus Hausmüll vor.

Neben Zuckerrohr, Korn, Mais, Zuckerrüben und Maniok stellen die Algen ein bedeutendes Rohstoff-Potential zur Herstellung von Alkohol dar. Algen sind im Wasser lebende Wesen, die sich auf Basis von Photosynthese ernähren. Der Ertrag pro Fläche – allerdings bei Kultivierung in Algenreaktoren – ist deutlich höher als bei der Produktion von Biomasse in der Landwirtschaft – gegenüber Raps 15fach bzw. gegenüber Mais 10fach. Die Forschung ist auf diesem Gebiet derzeit sehr aktiv – zwei Unternehmen sind in diesem Zusammenhang bezeichnend: Boeing und Exxon.

Alkohol kann durch zwei Methoden hergestellt werden:

- Destillation gegärter Biomasse
- Synthese, über Vergasung und Reaktion mittels Cyanobakterien und Enzymen

Alkohol wurde bereits im Jahre 925 vom persischen Arzt Abu al-Razi aus Wein destilliert. Die natürliche Entstehung von Alkohol bei der Vergärung zuckerhaltiger Früchte wurde jedoch viel früher von den Menschen festgestellt, wie in alten ägyptischen und mesopotanischen Schriften, aber auch in der Bibel erwähnt wird. Die Herstellung von Alkohol aus Biomasse ist ähnlich jener, die für die Gewinnung von Obstler, Rum, Whisky, Wodka oder Sake – als Vertreter aller Kontinente – aus Obst oder Gemüse angewandt wird. In Japan wurde Sake aus vergorenem Reis bereits im 3. Jahrhundert v. Chr. gewonnen. Im 10. Jahrhundert war in Anatolien (Kleinasien) die Destillation von Wein aus Litschi und Pflaumen zur Herstellung von hochprozentigem Brandwein verbreitet. Die Überproduktion an Getreide Mitte des 18. Jahrhunderts führte in England zu einer Großproduktion von Gin.
Im Bild 146 ist eine klassische Destillerie-Anlage dargestellt.

Bild 146 Kleindestillerie (Füllinhalt 0,5l)

Die einfachste Form der Destillation besteht im Kochen von Obst, welches innerhalb einiger Wochen bei freier Lagerung gärte, gefolgt vom Kondensieren des entstehenden Dampfes mittels äußerer Kühlung des Dampfrohres – beispielsweise mit einer Strömung kalten Wassers – und Zuleitung des entstehenden flüssigen Alkohols zu einem Gefäß. Diese einfache Darstellung soll nur betonen, dass eine solche Technologie leicht und gut beherrschbar ist und dass sie überall auf der Welt in Großanlagen oder dezentral anwendbar ist. Industriell wird die zuckerhaltige Maische aus dem fermentierten Rohstoff, die bereits um 10 % Alkoholgehalt hat, durch Destillation/Rektifikation bis zu einer Konzentration von mehr als 99 % gebracht.

Eine besonders interessante Alternative bildet die Herstellung von Ethanol aus Abfällen die Kohlenwasserstoffe beinhalten – wie alte Reifen oder Plastebehälter sowie Bioabfälle. Das von der Firma Coskata entwickelte Verfahren ist im Bild 147 dargestellt.

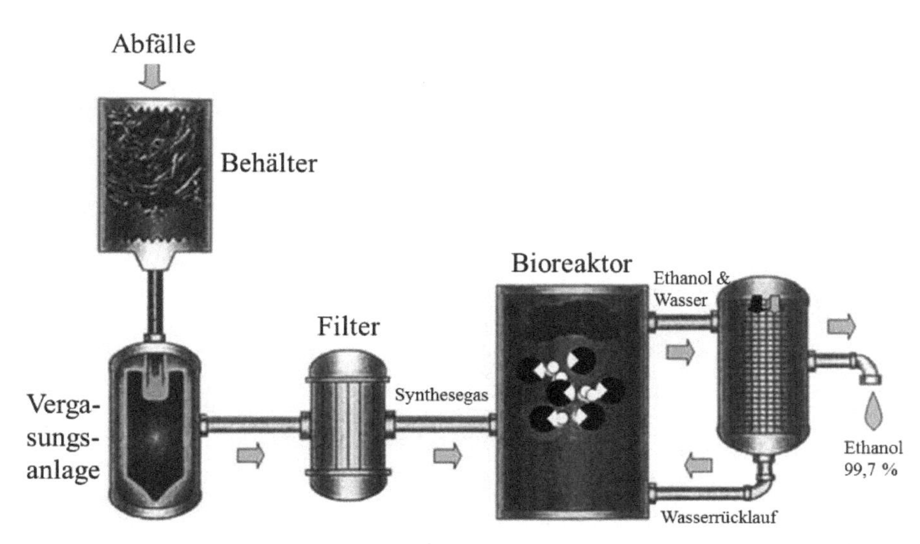

Bild 147 Verfahren zur Ethanolherstellung aus Abfällen - schematisch

Die Kohlenwasserstoffstrukturen im Abfall werden durch Cracking in ein Synthesegas umgewandelt. Die chemische Energie in den beinhalteten Anteilen an Kohlendioxid und Wasserstoff wird dann in einem Bioreaktor von Mikroorganismen genützt, um daraus Ethanol herzustellen. Die Mikroorganismen zeigen eine erhöhte Toleranz an Verunreinigungen, die eine klassische chemische Umwandlung hemmen würden. Nach Angaben von General Motors als Projektträger, bleiben die Herstellungskosten des Ethanols nach diesem Verfahren unter einem US Dollar je Gallone – und damit etwa unter der Hälfte der Herstellungskosten für Benzin. Zur Herstellung eines Gallons von Ethanol nach diesem Verfahren ist jeweils ein Gallon Wasser erforderlich, was ein Drittel der erforderlichen Wassermenge bei der Produktion üblicher Biokraftstoffe bedeutet.
Für 2011 war die Herstellung von 50 bis 100 Millionen Gallonen Ethanol pro Jahr in einer ersten kommerziellen Großanlage der Firma Coskata geplant. Im Jahre 2020 könnten 18 % des Erdölbedarfs in USA durch den nach diesem Verfahren produzierten Ethanol ersetzt werden. Die Effizienzkette zwischen Energieträger und angetriebenem Rad eines Fahrzeugs würde zu einer Senkung der CO_2 Emission, durch diese Recycling Form um 84 % gegenüber der Nutzung von Benzin, führen.

Neuerdings wird, wie im Kapitel 3.1 dargestellt, die Synthese von Methanol aus dem durch die Industrie verursachten Kohlendioxid und aus dem klimaneutral erzeugten Wasserstoff in großen Mengen realisiert.

Eigenschaften

Methanol und Ethanol haben jeweils niedrigere Heizwerte als Benzin (Tabelle 4, Bild 131), was die Reichweite bei gleicher gespeicherter Menge entsprechend verringert. Durch den ebenfalls niedrigeren Luftbedarf sind jedoch die Gemischheizwerte von Benzin, Methanol und Ethanol grundsätzlich vergleichbar.

Die Oktanzahlen sind deutlich höher, was eine Erhöhung des Verdichtungsverhältnisses bei monovalentem Betrieb zulässt. Die Verdampfungsenthalpie ist 2,4mal (bei Methanol) bzw. 3,1mal (bei Ethanol) höher, was bei Saugrohreinspritzung Kaltstartprobleme bereiten kann. Bei Direkteinspritzung wird diese hohe Verdampfungsenthalpie in Verbindung mit der kurzen Verdampfungsdauer zu einem wesentlichen Vorteil durch die erhebliche Senkung der Lufttemperatur im Zylinder – hervorgerufen durch den Enthalpieentzug – während der Einspritzung.

Speicherung

Bei Umgebungsbedingungen haben Methanol und Ethanol die Dichte von Dieselkraftstoff, was für eine genauso einfache Speichertechnik spricht.

Gemischbildung und Verbrennung

Umstellungen von Benzin- auf Methanol- und Ethanolbetrieb mittels Saugrohreinspritzung gab es bereits in den siebziger Jahren, mit ausgezeichnetem Erfolg.

Porsche setzte beispielsweise bei der Umstellung von Benzin- auf M85-Betrieb (85 % Methanol / 15 % Benzin) zwei Kraftstoffpumpen anstatt einer, Einspritzdüsen mit erhöhtem Durchsatz und Methanol-resistente Werkstoffe bei allen kraftstoff-führenden Bauteilen ein. Hinzu kamen ein anpassungsfähiges Motormanagement und ein adequates Motoröl. Diese Umstellung bewirkte die Zunahme der maximalen effektiven Energiedichte um 13 % - von *1,08* [*MPa*] auf *1,22* [*MPa*] – bei *5.000* [min^{-1}], aber auch einen Anstieg des maximalen effektiven Wirkungsgrades um 5,6 % bei *2.400* [min^{-1}]. Bei *5.000* [min^{-1}] betrug die Wirkungsgradzunahme 17,7 %.

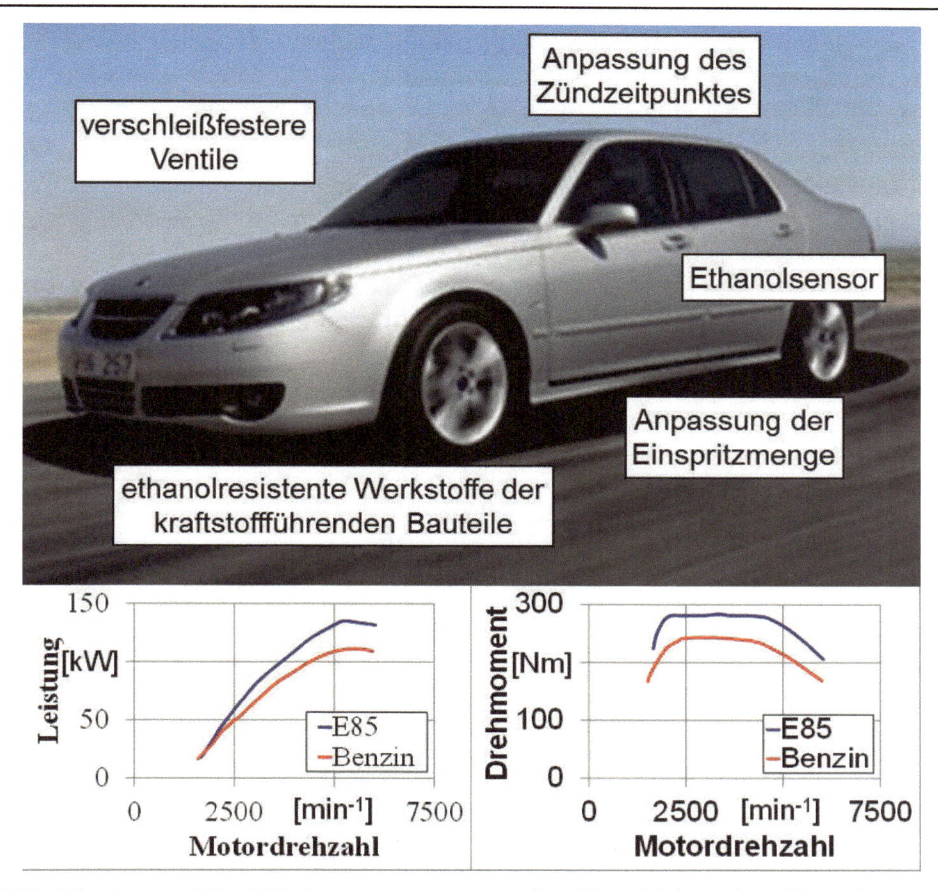

Bild 148 Automobil mitVerbrennungsmotor Kraftstoff: variables Ethanol/Benzin-Gemisch (Flex Fuel)

Bild 148 zeigt als Beispiel ein gegenwärtiges Flex Fuel Automobil mit den wesentlichen Maßnahmen für die Anpassung auf variable Ethanolanteile und die Vorteile bezüglich Drehmoments und Leistung bei Verwendung eines Kraftstoffgemisches mit hohem Ethanolanteil (E85 – bestehend aus 85 % Ethanol und 15 % Benzin) anstatt 100 % Benzin. Der Drehmomentanstieg beträgt in diesem Fall 14 %, die Leistung nimmt entsprechend zu. Alle Automobilhersteller, die diese Technik erprobt oder in Serie eingeführt haben, bestätigen einen Drehmomentanstieg von 10 % bis 15 % bei der Umstellung von 100 % Benzin auf 100 % Ethanol. Die Begründung liegt einerseits in der Erhöhung der spezifischen Kreisprozessarbeit infolge der nahezu isochor verlaufenden Verbrennung – als Effekt der besseren und schnelleren Verdampfung des Ethanols, aber auch des Sauerstoffgehaltes in seinem Molekül. Andererseits führt bei der Saugrohreinspritzung die deutlich höhere Verdampfungsenthalpie des Ethanols im Vergleich zu jener des Benzins (Tabelle 3) zur Senkung der Lufttemperatur und dadurch zur Erhöhung der Luftdichte im Ansaugrohr, was eine Erhöhung der Ladungsmasse bewirkt.

Aufgrund des geringeren Heizwertes des Ethanols im Vergleich zu Benzin - *26* [*MJ/kg*] anstatt *44* [*MJ/kg*], wie in Tab. 3 dargestellt – im Zusammenspiel mit dem geringeren stöchiometrischen Luftbedarf – 9 anstatt 14,7 – muss bei gleicher Luftmenge in einem Motor die Ethanolmenge erhöht werden. Bei stöchiometrischen Verhältnissen mit Berücksichtigung der jeweiligen Dichte von Benzin bzw. Ethanol ist 1 Liter Benzin mit *1,568* [*l*] Ethanol zu ersetzen. Die Anpassung der Kraftstoffmenge kann im Einspritzsystem durch 3 Maßnahmen vorgenommen werden: die Öffnungsdauer der Einspritzdüsen, der effektive Durchflußquerschnitt der Einspritzdüsen (um den maximalen Durchfluss bei Verwendung von 100 % Ethanol abzusichern, werden solche Einspritzsystem meist mit der doppelten Anzahl von Einspritzdüsen im Vergleich zum reinen Benzinbetrieb ausgerüstet) bzw. der Kraftstoffdruck (wie im Falle des Durchflussquerschnitts werden dafür sinngemäß 2 Kraftstoffpumpen oder eine Pumpe mit größerem Durchfluss verwendet).

Der Zusammenhang dieser Maßnahmen ist in der Gleichung (3.4) dargestellt:

$$V_{Einspr.} = \int_{t_{Ö}}^{t_S} \mu A \cdot \sqrt{\frac{2}{\rho_{Kst}} \left(p_{Einspr.} - p_{Luft}\right)} \cdot dt \qquad \text{(Gl. 3.4)}$$

$V_{Einspr.}$	$[mm^3]$	Kraftstoffeinspritzvolumen
$t_s - t_{Ö}$	$[ms]$	Einspritzdauer als Differenz zwischen Öffnungs- und Schließzeitpunkt der Ein spritzdüse
μA	$[mm^2]$	effektiver Durchflussquerschnitt
ρ_{Kst}	$\left[\frac{kg}{m^3}\right]$	Kraftstoffdichte
$p_{Einspr.}$	$\left[\frac{N}{m^2}\right]$	momentaner Einspritzdruck
p_{Luft}	$\left[\frac{N}{m^2}\right]$	Luftgegendruck: bei Saugrohreinspritzung Druck im Ansaugrohr, bei Direkteinspritzung momentaner Kompressionsdruck
t	$[s]$	Zeit

Infolge des erwähnten steileren Brennverlaufs bei Verwendung von Ethanol im Vergleich zu Benzin steigt nicht nur die spezifische Kreisprozessarbeit, sondern auch der thermische Wirkungsgrad, wodurch der spezifische Kraftstoffverbrauch sinkt. Dadurch wird das Mengenverhältnis Ethanol/Benzin bis zu etwa 10 % gegenüber einer stöchiometrischen Verbrennung bei gleichem Wirkungsgrad kompensiert – anstatt *1,568* [*l*] Ethanol wären es dann *1,4* [*l*] Ethanol als Ersatz für *1* [*l*] Benzin.

Durch die unterschiedliche molekulare Struktur von Benzin und Ethanol ist bei einer stöchiometrischen, vollständigen Verbrennung mit einer gleichen Luftmenge folgende Bilanz der Abgasanteile ableitbar:

	Ethanol	Benzin
	1,568 [l]	1 [l]
CO_2	2,356 [kg]	2,285 [kg]
H_2O	1,44 [kg]	1,013 [kg]
N_2	8,452 [kg]	8,45 [kg]

Trotz der erhöhten Ethanolmenge (*1,568* [*l*]/*1*[*l*]) ist der CO_2-Ausstoß annähernd gleich, was durch das niedrigere C/H-Verhältnis im Ethanolmolekül erklärbar ist. Andererseits steigt dafür der Wasserdampfgehalt im Abgas, wie aus der Bilanz ersichtlich.

Aus den Vor- und Nachteilen der Gemischbildungsformen und der möglichen Energieträger resultiert ein interessantes Konzept: Die Direkteinspritzung von Benzin-Ethanol-Methanol-Gemischen in Anteilen, die von der momentanen oder lokalen Verfügbarkeit abhängen.

Die etwas unterschiedlichen Gemischheizwerte und vielmehr der Mindestluftbedarf für Benzin, Ethanol und Methanol zwingen allerdings zu einer beachtlichen Anpassung der Einspritzmenge bei gleichem Lastpunkt, je nach Gemischzusammensetzung.

Daraus resultieren zwei Problemkomplexe:

- Die Anpassungsfähigkeit bzw. die Steuerbarkeit des verwendeten Direkteinspritzsystems bei Anwendung eines Kraftstoffgemisches mit variablen Anteilen.
- Die Anpassungsfähigkeit des Gemischbildungs- bzw. Brennverfahrens an den variablen Einspritzverlauf und Strahleigenschaften, die ein Kraftstoffgemisch mit variablen Anteilen charakterisieren. Die Komplexität dieses Problems nimmt offensichtlich von wandgeführten zu strahlgeführten Brennverfahren zu. Andererseits besteht noch die Anforderung, sowohl homogene Gemische für Volllast, als auch eine Ladungsschichtung in der Teillast zu realisieren.

In Anbetracht der Tatsache, dass bei gleicher Luftmenge im Zylinder die Umstellung von Benzin zu reinem Methanol eine 2,2fache bzw. zu reinem Ethanol eine 1,6fache massenbezogene Erhöhung der Einspritzmenge bei stöchiometrischen Verhältnissen bedingt, sind die erwähnten Problemkomplexe grundsätzlicher Art.

Die Umsetzung eines solchen Konzeptes wurde daher nach folgenden Kriterien bewertet und durchgeführt [16], [17], [18]:

Technische Umsetzbarkeit und Motorkenngrößen

Die technische Umsetzbarkeit von Flexible Fuel Konzepten – von der Erkennung der momentanen Kraftstoffzusammensetzung bis zur Einstellung von Einspritzmenge und Zündwinkel – wurde für verschiedene Motoren mit Saugrohreinspritzung wie erwähnt bereits nachgewiesen. Eine Verschiebung des Gemischbildungsortes – vom Saugrohr zum Brennraum – kann weder die technische Umsetzbarkeit noch die Brennverlaufvorteile grundsätzlich beeinträchtigen.

Anpassung des Einspritzsystems

Die Anpassungsfähigkeit eines Direkteinspritzsystems an Kraftstoffgemischen mit variablen Komponenten kann nach zwei Kriterien bewertet werden:

- Einfluss unterschiedlicher Eigenschaften der Kraftstoffkomponenten – wie Dichte, Viskosität, Elastizitätsmodul, Dampfgrenze – auf Vorgänge im Einspritzsystem wie Druckverlauf, Druckwellen-Dämpfung und Einspritzverlauf. Für eine derartige Bewertung wird die Wirkung jeder Kraftstoffart bzw. verschiedener Gemischzusammensetzungen bei unveränderter Einstellung des Einspritzsystems analysiert.
- Optimale Parameterkombination im Einspritzsystem zur Anpassung auf eine bestimmte Kraftstoffzusammensetzung. Die Anpassung betrifft insbesondere die Einspritzmenge und den Einspritzverlauf.

Anpassung der Gemischbildung

Der Einspritzverlauf ist grundsätzlich, über die anzupassende Einspritzmenge, von den Anteilen im Kraftstoffgemisch abhängig. Andererseits sind die Eigenschaften des Einspritzstrahls von den Kenngrößen jeder Gemischkomponente abhängig.

Allgemein führt ein zunehmender Alkoholanteil, wie erwähnt, zur Erhöhung der Einspritzmenge. Dies bedingt die Anpassung des Einspritzverlaufs entweder über eine verlängerte Einspritzdauer oder über eine höhere Einspritzrate, die mittels Druckerhöhung erfolgt, wie mit der Gleichung 3.3 beschrieben. Der längeren Einspritzdauer sind bei den üblichen Drehzahlen eines Automobilmotors Grenzen gesetzt: Ihre Verdoppelung beispielsweise, beim Übergang von Benzin- auf Methanolbetrieb, erscheint als kaum praktikabel. Andererseits kann bei gleicher

Einspritzdauer die Mengenerhöhung über die Zunahme des Druckes am Eingang der Einspritzdüse erfolgen. Das ruft jedoch eine erhöhte Strahlgeschwindigkeit hervor. Die dadurch verursachte Zunahme der Strahllänge wird bei Einspritzung eines höheren Alkoholanteils durch die bessere Verdampfung zum Teil kompensiert. Für eine ausreichende Anpassung der Gemischbildung bei homogenem Betrieb und bei Ladungsschichtung ist eine Optimierung zwischen Einspritzdauer und Kraftstoffdruckamplitude bei anteilsabhängigen Einspritzmengen unerlässlich. Dafür ist die kombinierte Strahlanalyse – numerisch und experimentell – besonders effektiv.

Einsatz- und Ergebnisbeispiele

Bild 149 stellt einen solchen Zusammenhang anhand der Geschwindigkeits- und Druckverläufe in der Beschleunigungsleitung eines Direkteinspritzsystems mit Hochdruckmodulation dar. Die Druckverläufe für Benzin, Ethanol und Methanol entsprechen den Referenz-Einstellungen bzw. den Vergleichs-Einspritzmengen. Das Öffnen eines Ventils bei einem Vordruck von *0,8* [*MPa*] bewirkt für jeden Kraftstoff die schlagartige Drucksenkung bzw. die Zunahme der Kraftstoffgeschwindigkeit. Das erneute Schließen des Ventils beim Erreichen einer bestimmten Geschwindigkeit – in diesem Beispiel ca. *7* [*m/s*] – bewirkt die schlagartige Druckzunahme auf Werte um *4* [*MPa*]. Um eine größere Einspritzmenge zu erreichen kann der Vordruck – wie bei Ethanol und Methanol dargestellt – erhöht werden – in diesem Beispiel auf *1,15* [*MPa*] bzw. auf *1,5* [*MPa*]. Bei gleicher Öffnungsdauer des Ventils wird die Geschwindigkeit höher: *10,7* [*m/s*] bzw. *12,6* [*m/s*]. Das bewirkt eine anschließende Erhöhung der Druckamplitude auf *5,4* [*MPa*] bzw. auf *5,8* [*MPa*], wobei die Dauer der Druckwelle kaum verändert wird. Das ruft eine Zunahme der Einspritzmenge hervor. Die Ergebnisse der Simulation wurden am Funktionsprüfstand des Einspritzsystems experimentell nachgeprüft. In Bild 150 sind die experimentell ermittelten Druckverläufe in der Beschleunigungsleitung des Systems dargestellt.

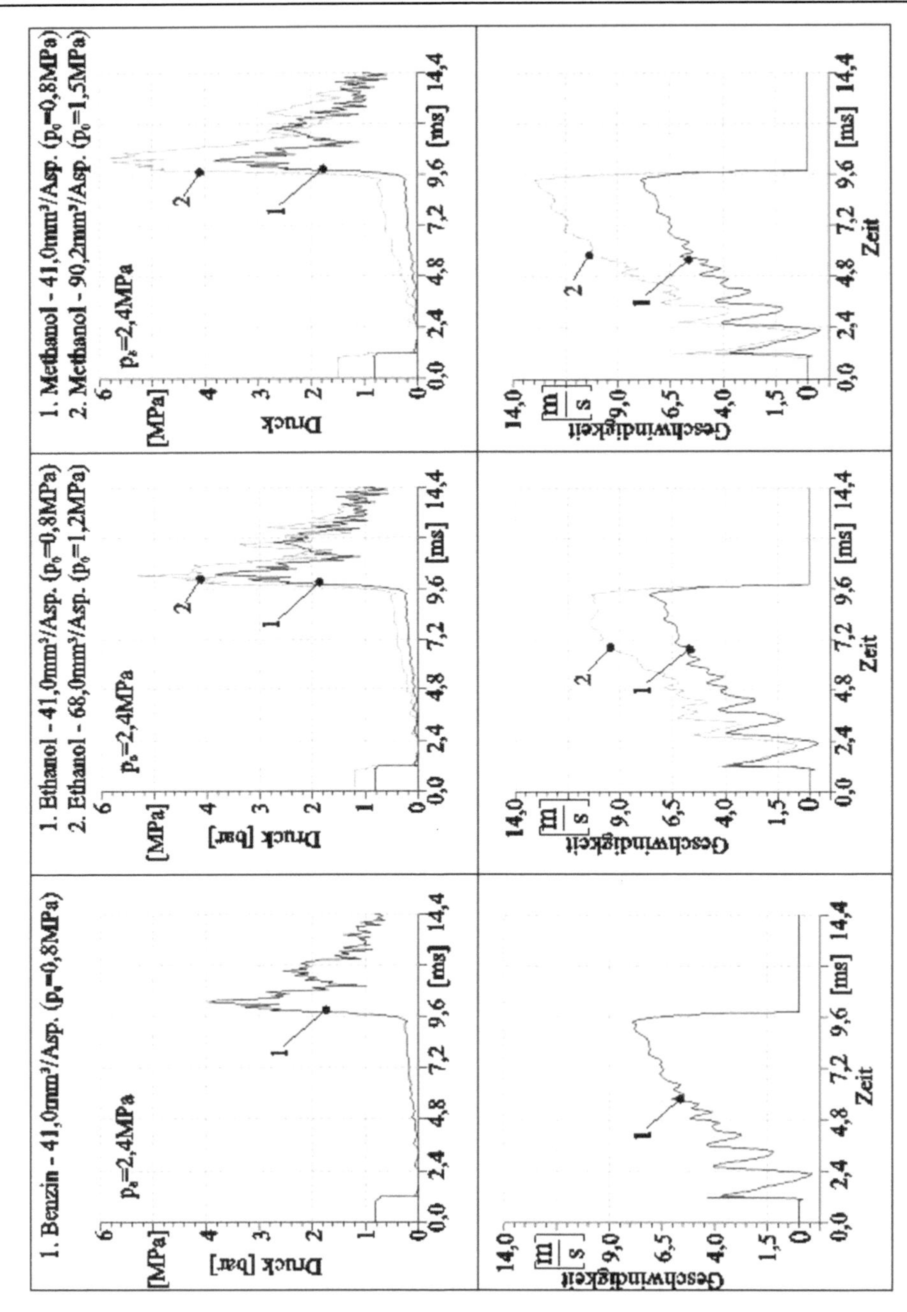

Bild 149 Druckverläufe und Geschwindigkeit bei Direkteinspritzung von Benzin, Ethanol und Methanol mittels eines Systems mit Hochdruckmodulation– Simulation

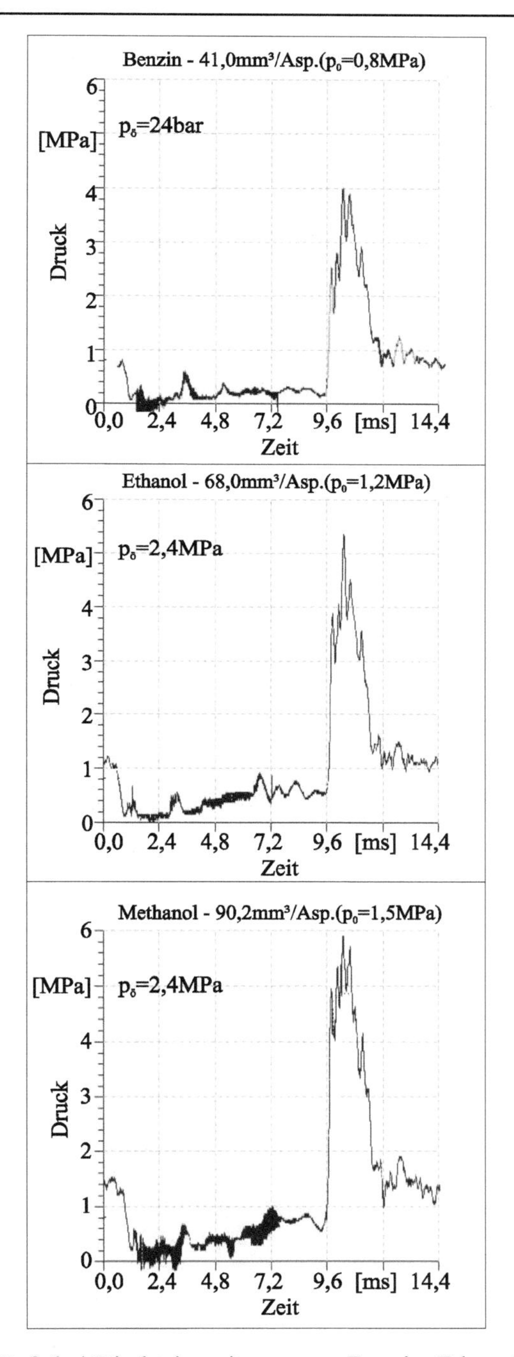

Bild 150 Druckverläufe bei Direkteinspritzung von Benzin, Ethanol und Methanol – Experiment

Ausgehend von den Ergebnissen wurde das Direkteinspritzsystem für die gewählte Systemkonfiguration auf eine Basiseinspritzmenge von *22 [mm³/Asp]* für Benzin eingestellt. Die Basiseinspritzmengen für Ethanol und Methanol bei stöchiometrischen Verhältnissen für eine gleiche Luftmenge wurden in gleicher Weise durch Vordruckanpassung auf *0,76 [MPa]* (Ethanol) bzw. *0,91 [MPa]* (Methanol) eingestellt. In Bild 151 sind die berechneten und gemessenen Einspritzvolumina für Benzin, Ethanol und Methanol in Abhängigkeit der Beschleunigungsdauer des Kraftstoffs im Einspritzsystem dargestellt.

Die Kennlinien zeigen eine gute Proportionalität von kleinen bis zu großen Einspritzvolumina. Wie aus dem Bild 149 ableitbar, könnte eine Mengenerhöhung bei Ethanol und Methanol gegenüber Benzin auch über die Beschleunigungsdauer der Kraftstoffströmung vorgenommen werden, die durch die Öffnungsdauer des elektromagnetischen Ventils einstellbar ist. Die Mengenerhöhung über die Vordruckeinstellung hat allerdings einen Vorteil:

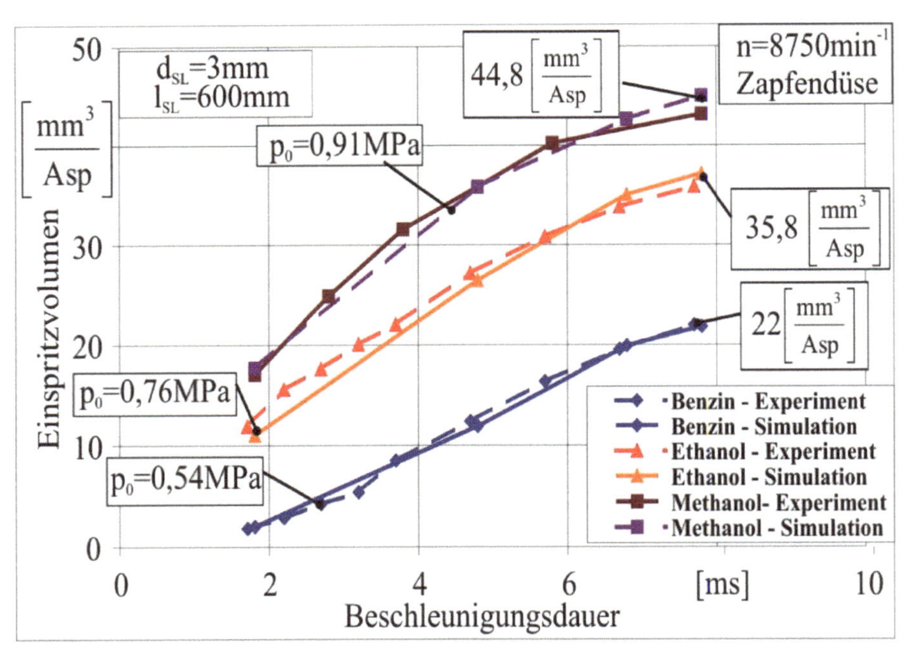

Bild 151 Einspritzmenge in Abhängigkeit von Vordruck und Beschleunigungsdauer – Benzin, Ethanol und Methanol – Vergleich Simulation – Experiment

Die proportionale Mengenerhöhung bei der Umstellung von Benzin auf Ethanol bzw. auf Methanol ist bei gleicher bzw. etwa gleicher Öffnungsdauer des

Magnetventils möglich – wodurch die Anpassung der Mengenkennfelder nach Last- und Drehzahl für jeden Kraftstoff bzw. Kraftstoffgemisch einfacher wird. Die Mengenkennlinien für Gemische mit verschiedenen Anteilen von Benzin, Ethanol und Methanol, entsprechend der Darstellung in Bild 151, können als Kurvenschar zwischen der unteren Kennlinie (Benzin) und der oberen Kennlinie (Methanol) eingetragen werden. Die in Bild 151 dargestellte Mengenkennlinie für Ethanol entspricht beispielsweise auch einem Gemisch mit gleichen Anteilen der drei Kraftstoffe.

Die Zunahme der erforderlichen Einspritzmenge mit dem Alkoholanteil im Kraftstoff wird bei einem Einspritzsystem mit Hochdruckmodulation durch Erhöhung des Maximaldruckes realisiert. Wie in Bild 149 und Bild 150 dargestellt, bleibt dabei die Dauer der Druckwelle unverändert. Eine derartige Änderung des Druckverlaufs am Eingang einer federbelasteten Einspritzdüse hat folgende Wirkung: Bei unverändertem Düsennadelhub – und damit gleichem maximalen Durchflussquerschnitt – nimmt mit der Druckamplitude auch die Austrittsgeschwindigkeit zu, während die Einspritzdauer nahezu unverändert bleibt. Die Zunahme der Austrittsgeschwindigkeit des Kraftstoffs aus der Düse bei gleichem Durchflussquerschnitt bewirkt eine Zunahme der Strahleindringtiefe – auch wenn sie zum Teil durch eine Verringerung der Tropfengröße kompensiert wird. Andererseits hat die bessere Verdampfung der Alkoholanteile eine Gegenwirkung zur Strahleindringtiefe. Die Kenntnis über die zeitliche und räumliche Änderung der Einspritzstrahlcharakteristika infolge des Alkoholanteils im Kraftstoff ist demzufolge für die Optimierung der Gemischbildung von entscheidender Bedeutung. Die experimentelle Analyse der Strahlcharakteristika von Einspritzsystemen mit Hochdruckmodulation wurde anhand von Laser Doppler Anemometrie (LDA), Laser Sheet Verfahren (LS) sowie mittels CCD Kamera, bei Strahlbeleuchtung mittels Stroboskop durchgeführt. Die LDA Methode ergibt dabei die umfangreicheren Informationen über die Verteilung der Tropfengröße und -geschwindigkeit im Strahl bzw. über ihre zeitliche Änderung, ist allerdings auch aufwendiger. Die LS Methode erlaubt eine qualitative Analyse der Tropfenzerstäubung und -verteilung in jedem Querschnitt eines Strahles sowie die Ermittlung der zeitabhängigen Strahleindringtiefe.

Mittels eines Nd-Yag-Lasers mit einer Pulsdauer von $5\ [ns]$ wird ein dünner Schnitt durch den zu untersuchenden Querschnitt in den Strahl gelegt. Der pulsierende Laserstrahl ist mit einer CCD Kamera bzw. mit der Einspritzfrequenz des Einspritzsystems synchronisiert. Mittels binärer Erfassung der flüssigen Tropfen wird bei ca. 1300 Messungen pro Punkt die Wahrscheinlichkeit der Tropfenverteilung berechnet. Die Strahlfront wird an der Stelle definiert, an der in 10 aufeinander folgenden vertikalen Linien 9mal der binäre Wert 1 vorkommt. In dieser Weise werden kleine, isolierte Tropfen von der Bestimmung der Strahlfront ausgeschlossen.

Aus den gewonnenen Bildern für jeden Punkt wird ein Wahrscheinlichkeitsmodell der Tropfenverteilung – bei mindestens 20 wiederholten Messungen – aufgebaut. Obgleich die Tropfengröße und -geschwindigkeit an jeder Stelle im Strahl nicht messbar sind, liefert diese Methode eine gute qualitative Auskunft über die Verteilung der flüssigen Anteile in jedem Strahlquerschnitt, sowie über die Geschwindigkeit der Strahlfront. Mittels LS Analyse konnte die bessere Verdampfung des Kraftstoffgemisches in Längs- und Querschnitten im Strahl bei Zunahme des Alkoholanteils während des gesamten Einspritzvorgangs festgestellt werden.

Zur Feststellung der Auswirkung eines erhöhten Anteils von Ethanol bzw. Methanol im Gemisch auf die Strahleindringtiefe in jedem Zeitschritt während der Einspritzung ist allerdings auch eine seitliche Ansicht des kompletten Strahls – anstatt eines Längsschnitts – ausreichend. Derartige Untersuchungen wurden mittels eines getriggerten Stroboskops (Beleuchtungszeit $2,5$ $[\mu s]$) und einer CCD Kamera durchgeführt. Daraus wurden die grundlegenden Tendenzen in überschaubaren Zusammenhängen abgeleitet. Die interessanten Konfigurationen wurden für die LS Analyse vorbereitet. Ihre weitere Optimierung wird mittels LDA vorgenommen. Diese Verkettung von zahlreichen qualitativen Untersuchungen mit geringem Aufwand bis hin zu einzelnen quantitativen Untersuchungen mit hohem Aufwand, erweist sich als sehr effektiv. Zur Ableitung der grundsätzlichen Zusammenhänge werden in den Bildern die Strahlansichten in verschiedenen Zeitschnitten dargestellt.

Im Bild 152 ist die zeitliche Strahlentwicklung bei Benzineinspritzung durch eine Zweilochdüse bzw. durch eine Zapfendüse bei gleichen Parametern (Einspritzmenge, Düsenöffnungsdruck) dargestellt. Durch die Kraftstoffverteilung auf einer Fläche um den Nadelzapfen wird der Strahl aus der Zapfendüse sowohl homogener als auch kürzer.
Ein Vergleich der Strahlen bei Einspritzung von Benzin, Ethanol und Methanol und Gemisch gleicher Anteile bei unveränderten Systemparametern (Zapfendüse, Düsenöffnungsdruck, Einspritzmenge) ist im Bild 153 ersichtlich. Bild 152b und Bild 153a sind dabei identisch – als Vergleichsbasis für Düsenarten und Kraftstoffarten.

Unterschiede in Kraftstoffverteilung und -verdampfung sind mit diesem Verfahren – bis auf die deutliche Flüssigkeitskonzentration bei der Benzineinspritzung – kaum ableitbar. Dagegen erscheint als interessantes Ergebnis, dass die zeitabhängige Strahleindringtiefe bei gleicher Einspritzmenge nahezu unabhängig von der Kraftstoffart bleibt.

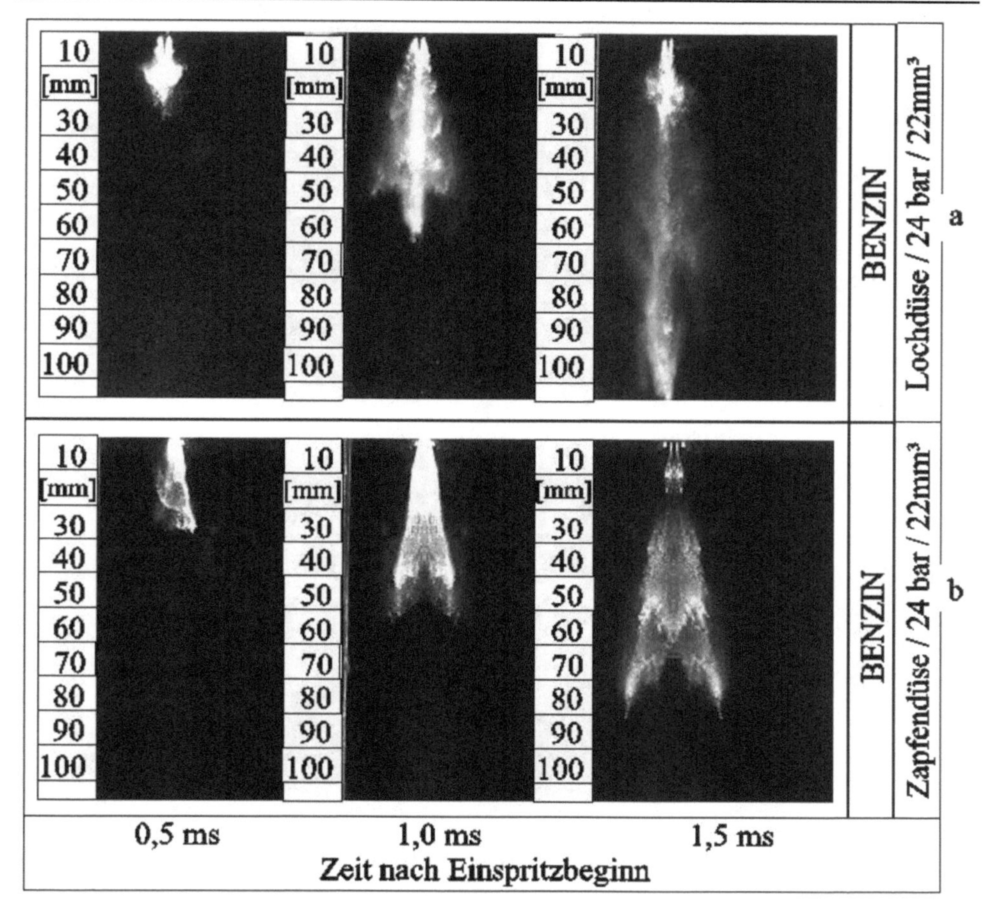

Bild 152 Zeitliche Strahlentwicklung bei Benzineinspritzung durch eine Zweilochdüse bzw. durch eine Zapfendüse

Im Bild 154 sind die Vorgänge entsprechend Bild 153 bei angepassten Einspritzmengen (1,63fach für Ethanol, 2,2fach für Methanol) dargestellt. In diesem Fall sind Tendenzen bezüglich der Flüssigkeitskonzentration deutlich erkennbar: Bei *1* [*ms*] nach Beginn der Einspritzung erscheint beispielsweise die Konzentration flüssiger Anteile im Ethanolstrahl trotz der erhöhten Einspritzmenge geringer als im Benzinstrahl, was auf die bessere Verdampfung hindeutet. Für die gleiche Zeitsequenz ist die Konzentration im Benzin- und Methanolstrahl ähnlich: In diesem Fall erscheint eine Kompensation zwischen Verdampfung und erhöhter Einspritzmenge. Durch die Gegenwirkung von Verdampfungsneigung und Einspritzmengenzuwachs mit dem Alkoholanteil wird die Strahleindringtiefe deutlich gedämpft.

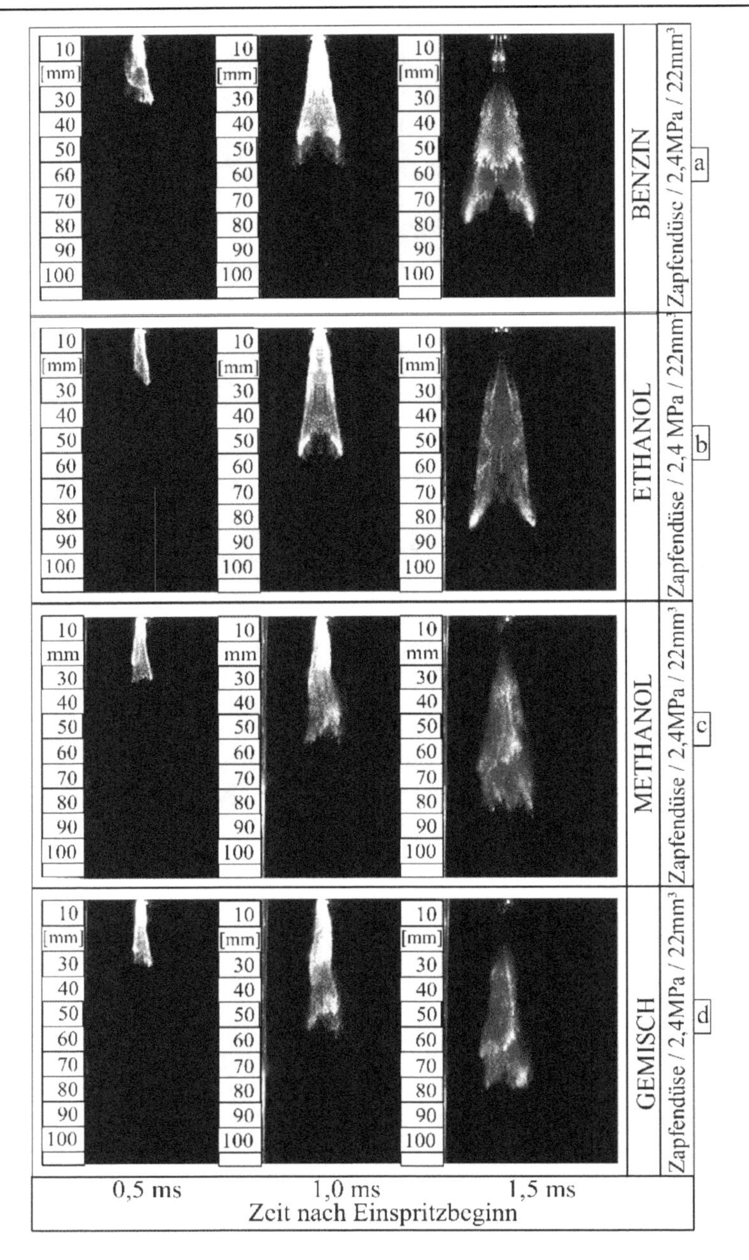

Bild 153 Zeitliche Strahlentwicklung bei Einspritzung von Benzin, Ethanol, Methanol, Gemisch durch eine Zapfendüse – gleiche Einspritzmenge

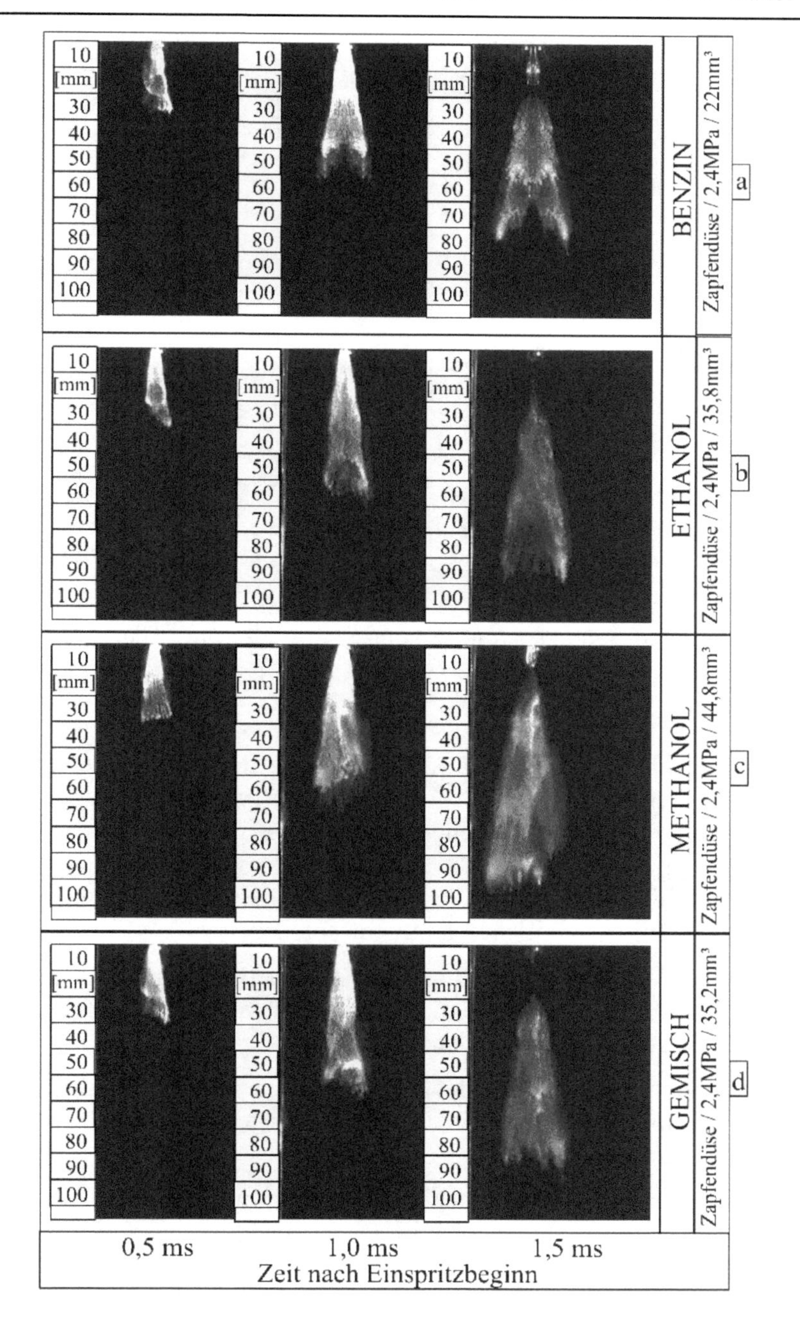

Bild 154 Zeitliche Strahlentwicklung bei Einspritzung von Benzin, Ethanol, Methanol, Gemisch durch eine Zapfendüse – stöchiometrische Einspritzmenge

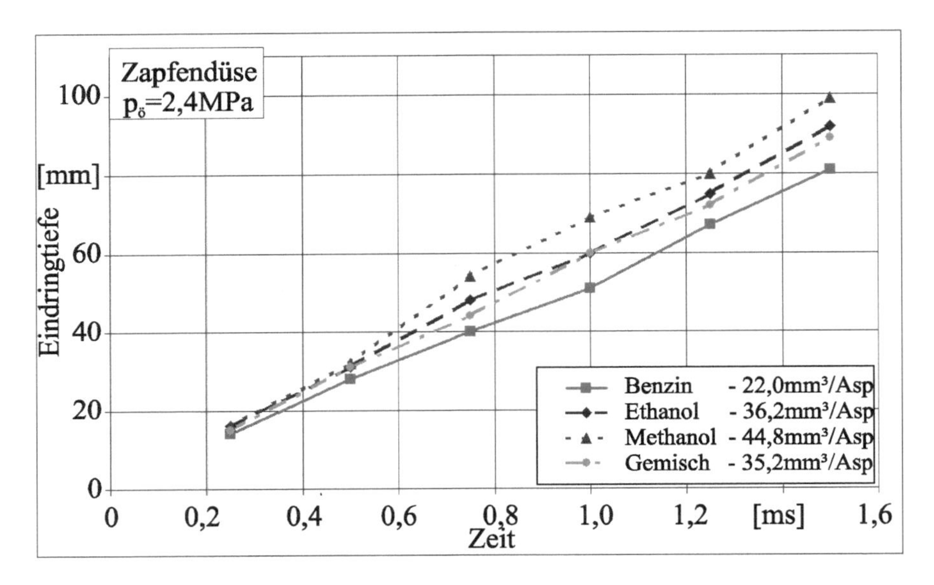

Bild 155 Zeitabhängige Strahleindringtiefe für Benzin, Ethanol, Methanol und Gemisch – Zapfendüse, $p_{ö} = 2{,}4\,[MPa]$, stöchiometrische Einspritzmenge

Dieser Zusammenhang ist im Bild 155 ersichtlich: die Änderung der Strahleindringtiefe von Benzin (*80* [*mm*]) zu Ethanol (*95* [*mm*]) bis hin zu Methanol (*100* [*mm*]) entspricht nicht der Mengenzunahme bei gleicher Einspritzdauer von Benzin (*22* [mm^3]) zu Ethanol (*36,8* [mm^3]) bzw. Methanol (*44,8* [mm^3]). Dieser Effekt erleichtert die Bedingungen für eine innere Gemischbildung durch Direkteinspritzung bei unterschiedlichen Kraftstoffanteilen.

Die Wirkung der Verdampfung während der Einspritzung kann in verschiedenen Formen auch als numerische Simulation dargestellt werden. Zwei der aufschlussreichen Methoden sind die Folgenden [17]:

- Berechnung und Darstellung der Kraftstoffkonzentration als Masse des flüssigen Kraftstoffs im Verhältnis zur Masse der gesamten gasförmigen Phase – Luft und Kraftstoffdampf.
- Berechnung und Darstellung der Kraftstoffkonzentration als Masse des flüssigen Kraftstoffs zur Masse der Luft. Der Ausschluss des gasförmigen Kraftstoffanteils ist offensichtlich für die weitere Prozessberechnung – während der Verbrennung – nicht zulässig. Für diesen Fall ist die erste Form vorhanden. Die zweite Form hat jedoch den Vorteil, dass die Konzentration des flüssigen Kraftstoffes in Bezug auf einen Nenner, der nicht mit dem

Kraftstoffanteil zunimmt, viel ausgeprägter erscheint. Zur Analyse der Gemischbildungsvoraussetzungen ist eine solche Darstellung von Vorteil.

Trotz der zunehmenden Einspritzmassen von Ethanol und Methanol im Vergleich zu Benzin ist für beide Alkohole zu jeder Zeit eine niedrigere Konzentration flüssigen Kraftstoffs und eine bessere Verteilung in der Luft zu verzeichnen. Ähnliche Effekte wurden für unterschiedliche Kombinationen von Einspritzmenge, Drehzahl und Einspritzbeginn festgestellt. Dieses Ergebnis verdeutlicht, dass die Direkteinspritzung variabler Gemische von Benzin-Ethanol-Methanol und die damit verbundene Änderung der Einspritzmenge für einen Lastpunkt die Bedingungen der inneren Gemischbildung gegenüber der Benzin-Direkteinspritzung nicht beeinträchtigt.

Zur Bestätigung der dargestellten Simulationsergebnisse wurde in einer ersten Stufe ein Vergleich zwischen der Direkteinspritzung von reinem Benzin und reinem Ethanol im gleichen Motor vorgenommen. Die Versuche am Motorprüfstand erfolgten an einem Vierventil-Viertakt-Einzylindermotor, der auch als Simulationsbasis betrachtet wurde.

Im Hinblick auf zukünftige Entwicklungstendenzen wurden besonders strenge Bedingungen der inneren Gemischbildung gewählt:

- Der Motor hat ein Hubvolumen von *125* $[cm^3]$ bei einem Verdichtungsverhältnis von 11:1, woraus ein sehr kompakter Brennraum resultiert. Der Einfluss des Strahlaufpralls auf eine Brennraumwand ist in diesem Fall besonders gravierend.
- Die maximale Motorleistung wird bei *9.500* $[min^{-1}]$ erreicht. Das bedeutet nicht nur eine extreme Einschränkung der Einspritz- und Gemischbildungszeit: Eine hohe Drehzahl zwingt bei einer annehmbaren mittleren Kolbengeschwindigkeit zur Senkung des Hub-Bohrungsverhältnisses – in diesem Fall auf 0,73.

Aus den drei erwähnten Faktoren – geringer Hubraum, hohes Verdichtungsverhältnis und niedriges Hub-Bohrungsverhältnis – resultiert ein Brennraum mit verhältnismäßig großem Durchmesser bei einem sehr geringem Spaltmaß zwischen Kolben und Zylinderkopf. In einem solchen Fall sind Kolbenmulden, zur Unterstützung der Gemischbildung, im Rahmen eines wandgeführten Brennverfahrens kaum möglich.

In dem vorgenommen Motorversuch wurde die Zapfendüse vom Kopf zum Kolben hin orientiert. Die Kraftstoffmantelfläche um den Düsenzapfen herum ist so ausgelegt, dass die Kraftstoffverteilung in dem vorhandenen Brennraum möglichst groß wird. Durch einen Drall um den Zapfen wird der Kraftstoffaufprall auf den Kolben zum Teil gedämpft.

Ein Vergleich von Ergebnissen bei der Direkteinspritzung von Benzin und Ethanol bei *8.750* [min^{-1}] – entsprechend dem maximalen Drehmoment – ist in der Tabelle 6 ersichtlich.

Die Energiedichte ist bei der Ethanoleinspritzung um 16 % geringer. Zwischen dem besseren Brennverlauf und dem etwas niedrigeren Gemischheizwert erscheint dieses Ergebnis als verbesserungsfähig – wofür eine bessere Anpassung zwischen Einspritz- und Zündbeginn erforderlich wird. Die Zunahme des spezifischen Kraftstoffverbrauchs um 77 % widerspiegelt sowohl die erreichte, um 16 % niedrigere Energiedichte, als auch den niedrigeren Heizwert von Ethanol.

Die HC- und CO-Konzentrationen sind gleich bzw. niedriger als bei Benzin-Direkteinspritzung. In Anbetracht der Verdampfungsneigung und der C/H/O-Molekularverhältnisse der Alkohole liegt in dieser Hinsicht noch ein beachtliches Potential vor.

Tabelle 6 Kenngrößenvergleich des Motors bei stöchiometrischen Verhältnissen $m_{Eth} / m_{Benzin} = 1{,}63$ – experimentelle Untersuchung

Kenngröße \ **Kraftstoff**		**Benzin**	**Ethanol**	
Spezifische Arbeit	$\left[\frac{kJ}{m^3}\right]$	900	750	-16 %
Spezifischer Kraftstoffverbrauch	$\left[\frac{g}{kWh}\right]$	450	800	+77 %
HC-Emission	$[ppm]$	7000	7000	–
CO-Emission	$[\%]$	6	3,9	-35 %

Einsatz und Perspektiven

Weltweit fahren 50 Millionen (2017) Flex Fuel Fahrzeuge, davon, wie bereits erwähnt, über 29 Millionen in Brasilien und über 18 Millionen in den USA, gefolgt von Kanada mit 600.000 und Schweden mit 230.000 Fahrzeugen.

Die Übersicht der jährlichen Produktion von Flex Fuel Fahrzeugen in Brasilien (2010) nach Herstellern (in Tabelle 7) zeigt die Perspektiven dieses Konzeptes.

Tabelle 7 Jährliche Produktion von Flex Fuel Fahrzeugen in Brasilien nach Herstellern (2010)

Hersteller	Flex Fuel Fahrzeuge Jahresproduktion
VW	46.393
Fiat	41.581
GM	39.177
Ford	22.135
Renault	11.813
Honda	8.136
Toyota	4.536
PSA	3.982

Die rasche Zunahme der Flex Fuel Fahrzeuge in Brasilien ist von folgenden Zahlen (siehe Tabelle 8) belegt:

Tabelle 8 Produzierte Flex Fuel Fahrzeuge in Brasilien

Jahr	Anzahl produzierter Flex Fuel Fahrzeuge	Prozentualer Anteil von gesamter Automobilprodukion im jeweiligen Jahr
2003	49.264	2,9 %
2006	1.392.055	56,4 %
2012	2.701.781	83,4 %

	Drehmonent [Nm]	Leistung [kW]	0-100 km/h [s]	v_{max} [km/h]
Benzin (100 %)	97	53	13,5	165
Ethanol (100 %)	106	56	13	165,4

Bild 156 Flex Fuel Fahrzeug VW Gol 1.0 *(Quelle: Volkswagen)*

Im Bild 156 ist als Beispiel ein Flex Fuel Gol 1,0 mit Drehmoment- und Leistungsangaben beim Betrieb mit reinem Benzin und mit reinem Ethanol dargestellt. Wie erwartet, beim Ethanolbetrieb steigt das Drehmoment um etwa 10 %, was eine Leistungszunahme bewirkt.

In den USA wurden im Jahr 1998 rund 216.000 Flex Fuel Fahrzeuge produziert, im Jahr 2012 mehr als die 10fache Anzahl (2,47 Millionen), die derzeitige Zahl von 15,11 Millionen belegt über die jeweiligen Regierungsprogramme hinaus auch die Akzeptanz dieses Konzeptes bei den Kunden.

Der Einsatz von Methanol in Otto- und in Dieselmotoren ist ebenfalls vielversprechend.
Ottomotoren mit Methanol-Saugrohreinspritzung werden in China in großem Maßstab eingesetzt: in der Metropole Xi´an (12 Millionen Einwohner/2017) fahren 80% von den 10.000 Taxis mit Ottomotoren mit 100% Methanol.
Groß-Dieselmotoren nach dem Viertaktverfahren, mit 100% Methanol-Direkteinspritzung, wurden für den Einsatz in Schiffen von Wärtsila entwickelt und in Serie

geführt. Für den Schiffseinsatz hat auch B&W/MAN Dieselmotoren mit Methanol-Direkteinspritzung realisiert. In diesem Fall handelt es sich aber um Zweitaktmotoren, welche die im Kapitel 2.3 erwähnten Vorteile bezüglich Masse/Leistungs-Verhältnis und hubraumbezogene Leistung gegenüber dem Viertaktverfahren haben.
Sowohl bei den Viertaktmotoren von Wärtsila, als auch bei den Zweitaktmotoren von B&W/MAN wird nicht mehr die klassische Diesel-Selbstzündung, sondern die Pilot-Direkteinspritzung einer kleinen Menge von Dieselkraftstoff angewendet, auch weil Methanol eine Cetanzahl von nur 3 hat (Diesel: 50 bis 60).
Die Wärtsila Viertakt-Methanol-Dieselmotoren mit Piloteinspritzung sind auf der Stena Germanica (2015) zu finden, während die Zweitakt-Methanol-Dieselmotoren mit Piloteinspritzung auf dem Schiff Lindager 10.320 [kW] Leistung absichern.

Die Anwendung von Mischungen aus Benzin und Alkoholen aus Pflanzen und Biomasse zur Direkteinspritzung in Ottomotoren bietet ein beachtliches Potential mit relativ geringem Aufwand für zukünftige Entwicklungen. Die Vorteile eines solchen Konzeptes erscheinen als überzeugend: Jährlich erneuerbare Energieträger, Rezirkulation des Kohlendioxids im Pflanzenzyklus, Senkung des spezifischen Kraftstoffverbrauchs durch Direkteinspritzung, Nutzung bestehender Infrastruktur durch variable Kraftstoffanteile je nach Verfügbarkeit.

Auf längere Sicht erscheint die Verwendung von Alkoholen – ohne Benzinanteile – wobei selbst in ihrem Herstellungszyklus auch Alkohol als Energieträger verwendet wird, genauso umweltfreundlich wie die Nutzung von elektrolytisch gewonnenem Wasserstoff.

Die Hauptenergiequelle und die Prozessverkettung sind ähnlich, nur die energietragende Komponente ist unterschiedlich:

- Die Energie der Sonnenstrahlung wird auf dem einen Weg für den Antrieb mittels des Kohlendioxids genutzt, der in der Verbrennung gebildet und in der Pflanze – als natürlicher Reaktor – wieder gespalten wird. Das Kohlendioxid in der Natur wird als Träger der Energieumwandlung genützt.

- Die Energie der Sonnenstrahlung wird auf dem anderen Weg für den Antrieb mittels des Wassers genutzt, das in der Verbrennung gebildet und elektrolytisch – in einer industriellen Anlage – wieder gespalten wird. Das Wasser in der Natur wird in diesem Fall – alternativ zum Kohlendioxid – als Träger der Energieumwandlung genützt.

Der einzige wesentliche Unterschied zwischen beiden Kreisläufen ist die Anlage zur Spaltung des jeweiligen Moleküls – CO_2 bzw. H_2O – in einen Energieträger. Die Spaltungsanlage für Kohlendioxid bietet die Natur selbst.

3.5 Wasserstoff

Herstellung

Der Wasserstoff ist Gegenstand der meisten idealen Szenarien für die Antriebe der Zukunft:

- Seine Herstellung ist theoretisch auf Basis der Sonnenenergie möglich bzw. durch Elektrolyse aus Wasser, wobei keine schädlichen Nebenprodukte entstehen.
- Seine Nutzung – entweder durch Verbrennung in einer Wärmekraftmaschine oder durch Protonenaustausch und dadurch Stromerzeugung in einer Brennstoffzelle – führt wieder zu dem ursprünglichen Wasser – soweit durch Dissoziation bei hohen Verbrennungstemperaturen in Wärmekraftmaschinen kein NO_X anhand des Stickstoffs in der beteiligten Luft entsteht.

Die Spaltung des Wassers an einem festen Ort, in einer dafür effizient ausgeführten Anlage und seine Wiederherstellung in einem Antrieb erscheint als ideale Form einer Energieübertragung durch Speicherung eines Zwischenprodukts als Energieträger, in diesem Fall des Wasserstoffs. Das Problem ist allerdings die Speicherung selbst, die durch die Gaskonstante des Wasserstoffs – die Größte aller Elemente – für eine Speichermasse entweder hohen Druck oder extrem niedrige Temperatur erfordert.

Es gilt:

$$pV = mRT \qquad \text{bzw.} \qquad m = \frac{pV}{RT} \tag{3.5}$$

p	$\left[\frac{N}{m^2}\right]$	Druck im gespeicherten Medium (in diesem Fall Wasserstoff)
V	$[m^3]$	Volumen des gespeicherten Mediums im Tank
m	$[kg]$	Masse des gespeicherten Mediums im Tank
R	$\left[\frac{J}{kgK}\right]$	Gaskonstante des gespeicherten Mediums
T	$[K]$	Temperatur des gespeicherten Mediums

In einem Tank mit gegebenem Volumen *V*, bei den betrachteten Bedingungen bezüglich Speicherdruck *p* und -temperatur *T* (zum Beispiel Umgebungsbedingungen) ist die Masse *m* des gespeicherten Mediums von seiner Gaskonstante *R* abhängig.

Für die Gaskonstante eines Mediums (eines Stoffes) gilt:

$$R = \frac{\bar{R}}{\bar{M}}$$

$\bar{R}$	$\left[\frac{J}{kmol\ K}\right]$	universelle Gaskontante
$\bar{M}$	$\left[\frac{kg}{kmol}\right]$	molare Masse eines Stoffes
R	$\left[\frac{J}{kg\ K}\right]$	Gaskonstante eines Stoffes

wobei $\bar{R} = 8314\ \left[\frac{J}{kmol\ K}\right]$ und $\bar{M}_{H_2} = 2 \cdot 1{,}00794 \left[\frac{kg\ H_2}{kmol}\right]$
woraus $R = 4124{,}25\ \left[\frac{J}{kg\ K}\right]$ resultiert.

Bei Umgebungsbedingungen, zum Beispiel $p = 1 \cdot 10^5 \left[\frac{N}{m^2}\right]$ und $T = (273{,}15 + 20)[K]$ wäre in einem 80 Liter Tank ($V = 0{,}08\ [m^3]$) eine Masse von

$$m = \frac{pV}{RT} \rightarrow m = \frac{1 \cdot 10^5 \cdot 0{,}08}{4124{,}25 \cdot (273{,}15+20)} \rightarrow m = 6{,}6\ Gramm\ H_2$$

Luft hat eine spezifische Gaskontante von *287,04* [J/*kgK*] – 14,4-mal geringer als Wasserstoff, demzufolge wären in gleichem Tank bei gleichem Druck- und Temperaturbedingungen 95 Gramm Luft vorhanden. Wiederum in einem 80 Liter Benzintank – beispielsweise in einem Automobil mit Ottomotor, der wahlweise mit Wasserstoff und Benzin betrieben werden soll – würde bei einer Benzindichte von *0,75* [*kg/Liter*] eine Masse von *60* [*kg*] Benzin Platz haben. Bei einem Verhältnis der unteren Heizwerte von Wasserstoff und Benzin von 120/44, entsprechend den Angaben in Tabelle 4, würden *22* [*kg*] Wasserstoff die gleiche Energie wie *60* [*kg*] Benzin beinhalten – bei gleichen Druck- und Temperaturbedingungen sind aber im gleichen Tank nur 7 Gramm Wasserstoff vorhanden. Das erzwingt die Speicherung von Wasserstoff entweder im flüssigen Zustand, bei minus *253* [*°C*] oder die gasförmige Speicherung unter hohem Druck – derzeit um *90* [*MPa*].

Dieser thermodynamische Zusammenhang bleibt unabhängig von dem technischen Fortschritt bei der Speicherung. Darüber hinaus erfolgt die Herstellung des Wasserstoffs praktisch nicht nach dem idealen, sauberen Szenario Wasserspaltung – Wasserstoffspeicherung: Derzeit wird in dieser Form weltweit nur unter 1% des Wasserstoffs hergestellt – elektrolytisch, anhand von Sonnen, Wasser- und Windenergie. Der überwiegende Teil – über 99% der jährlich produzierten 500 Milliarden Norm-Kubikmeter – werden aus fossilen Brennstoffen gewonnen; dabei entsteht Kohlendioxid oder Kohlenstoff:

- durch Steamreforming entsteht beispielsweise beim Einsatz von Erdgas folgende Reaktion:

$$CH_4 + 2H_2O \rightarrow CO_2 + 4H_2 \tag{3.6}$$

- durch Cracking entsteht beispielsweise beim Einsatz von Erdgas:

$$CH_4 \rightarrow C + 2H_2 \tag{3.7}$$

Die Herstellung der weltweit jährlich produzierten 500 Milliarden Norm-Kubikmeter Wasserstoff erfolgt auf Basis der Energieträger, die in Tabelle 9 aufgelistet sind:

Tabelle 9 Energieträger zur Wasserstoffherstellung

Energieträger	Prozentualer Anteil
Erdgas:	38 %
Schweröl:	24 %
Benzin:	18 %
Ethylen:	6,6 %
andere Produkte der chemischen Industrie:	1,4 %
Chlor-Alkali Elektrolyse:	2 %
Kohle (Koksgas):	10 %

Der in dieser Form gewonnene Wasserstoff wird seit Jahrzehnten in der Industrie zur Herstellung von Düngemitteln, Farben, Lösemittel und Kunststoff sowie in der Mineralölindustrie zur Verbesserung der Kraftstoffstruktur verwendet.

Eigenschaften

Eines der wesentlichen Probleme bei der Nutzung von Wasserstoff in Automobilen ist seine Speicherung an Bord, die selbst in flüssiger Phase (bei einer

Temperatur von *-253* [*°C*]) nur bei einem Zehntel der Benzindichte möglich ist, wie in der Tabelle 3 ersichtlich. Die Verflüssigung selbst erfordert ein Drittel der in der jeweiligen Wasserstoffmenge gespeicherten Energie. Die alternative Möglichkeit - hoher Druck statt niedriger Temperatur – wird ebenfalls angewandt, bei Druckwerten zwischen *35-90* [*MPa*], wobei der Wasserstoff in gasförmiger Phase bleibt. Dabei ist allerdings zu beachten, dass die Differenz zu dem Umgebungsdruck ein Ausströmungspotential schafft: Das Wasserstoffmolekül ist das kleinste aller Elemente und kann aus diesem Grund die meisten Materialstrukturen leicht durchdringen. Das erfordert eine mehrschichtige, komplexe Bauweise eines Wasserstofftanks, der darüber hinaus die entsprechende Festigkeit bei dem hohen Druck aufzuweisen hat. Dennoch ist ein Wasserstoffschwund durch die Tankwände unvermeidbar. Derzeit wird von ca. 1 % Schwund pro Tag berichtet. Selbst wenn diese Menge nicht groß erscheint, verbirgt sie eine andere Gefahr: Der entweichende Wasserstoff bleibt dann drucklos in geschlossenen Räumen der Automobilkarosserie – Holme, Säulen, Räume zwischen Außen- und Innenverkleidung. Innerhalb der sehr breiten Zündfähigkeit, von 4 % Vol. bis 77 % Vol. Wasserstoffkonzentration in der Luft, bei einer vergleichsweise hohen Geschwindigkeit der Flammenfront bei Wasserstoffverbrennung (wobei die Flamme zudem unsichtbar ist) kann es zu gefährlichen Detonationen kommen. Die gelegentlich angewendete Absorption dieser Wasserstoffansammlungen in der Karosserie durch Pumpen erhöht den technischen Aufwand. Die geringe Speicherdichte wird teilweise von dem hohen Heizwert des Wasserstoffs kompensiert, die Reichweite bleibt jedoch bei gleichem Tankvolumen weit unter jener die mit Benzin erreichbar ist – wie die Werte in der Tabelle 3 es belegen. Andererseits schmälert der hohe Luftbedarf den erheblichen Vorteil des größten Heizwertes des Wasserstoffs im Vergleich mit allen anderen Kraftstoffen. Der resultierende volumenbezogene Gemischheizwert ist – wie in der Tabelle 3 und Bild 131 angegeben – niedriger als bei Benzin/Luftgemischen, was bei gleichem Hubvolumen zu niedriger spezifischen Arbeit bzw. bei gleicher Drehzahl zu niedriger Leistung führt.

Speicherung

Im Zusammenhang mit den dargestellten Eigenschaften wird die Speicherung meist in flüssiger Form, in kryogenen Tanks, bei *-253* [*°C*] vorgenommen, bei Tankvolumina, die in Anbetracht der Reichweite erheblich größer als übliche Benzintanks gestaltet werden. Die zu erreichende Temperatur erfordert eine besonders wirkungsvolle Isolation: Die geringste Wärmeleitfähigkeit haben Gase bzw. Vakuum. Eine Isolation mittels Gas erfordert jedoch eine derart dünne Schicht, dass keine Gasbewegung in der Schicht entsteht, dadurch würde sich die Wärmeleitung in Konvektion umwandeln, wodurch der entstehende Wärmestrom um Größenordnungen zunehmen würde. Der ideale Wasserstofftank sollte demnach aus mehreren festen Behälterwänden bestehen, die ineinander, bei sehr geringen Abständen schweben – denn jedes feste Verbindungselement würde die

Wärmeleitung intensivieren (vgl. die Wärmeleitfähigkeit eines Gases von $0{,}01 - 0{,}02 \left[\frac{W}{m \cdot K}\right]$ mit jener von Stahl, von $50 \left[\frac{W}{m \cdot K}\right]$). In manchen Ausführungen wird das Schweben der Tankschichten ineinander durch Magnetkräfte realisiert.

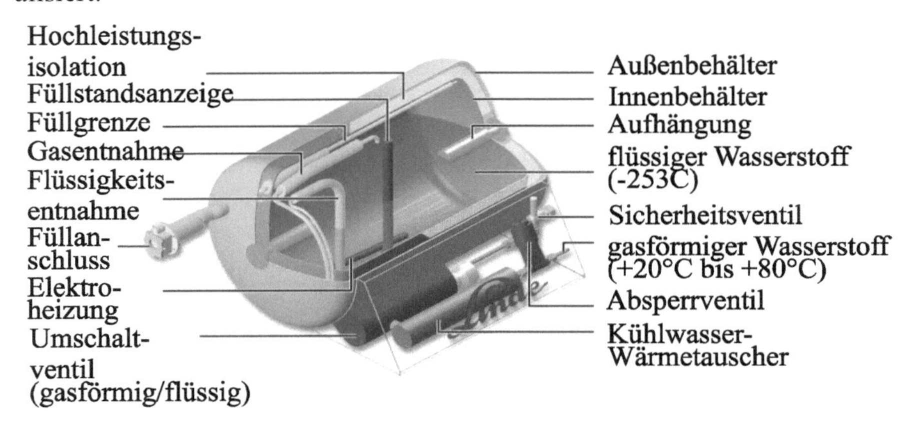

Bild 157 Kryogener Wasserstofftank an Bord eines Automobils

Im Bild 157 ist der Wasserstofftank eines in Serie eingeführten Automobils mit bivalenten Betrieb – Wasserstoff/Benzin – dargestellt. Zwei Tankschichten sind von einer Gasschicht getrennt, der gasförmige Wasserstoff wird angesammelt, die kryogene Speicherung erfordert einen Kühlkreislauf mit entsprechendem Wärmetauscher.

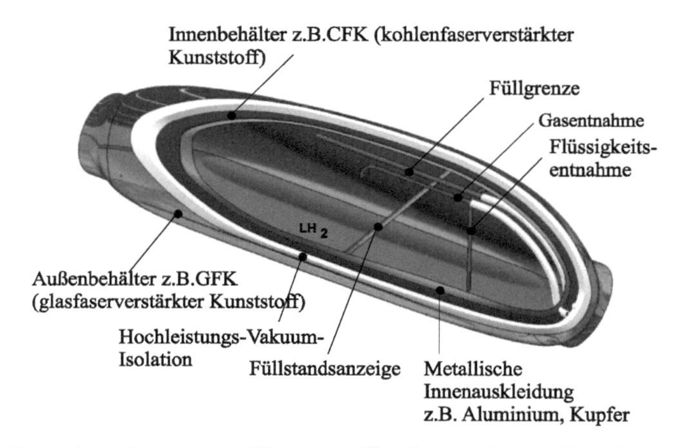

Bild 158 Aufbau eines kryogenen Wasserstofftanks zur Anwendung im Automobil

Bild 158 zeigt weitere Details dieser Speichertechnik, insbesondere die Werkstoffe der Tankwandschichten.

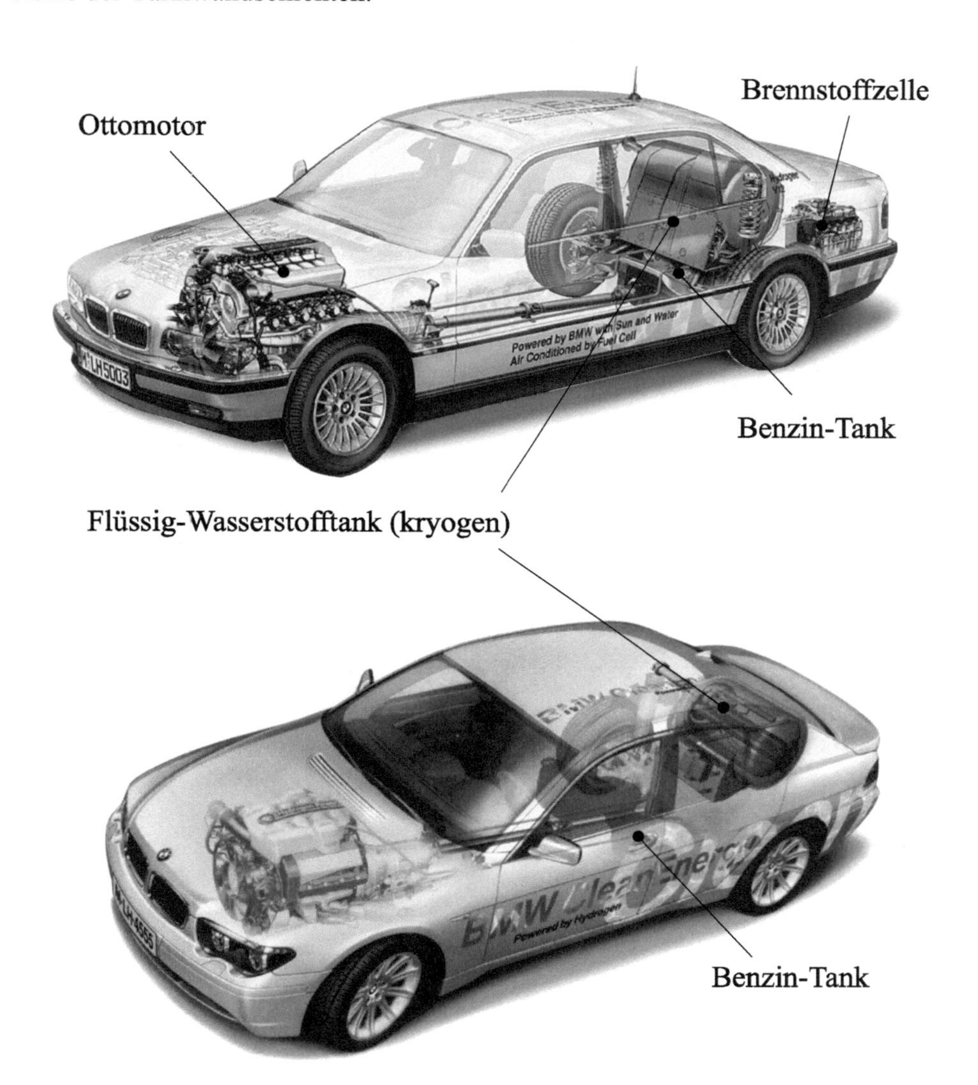

Bild 159 Ausführungen von Automobilen mit wasserstoffbetriebenem Ottomotor *(Quelle: BMW)*

Im Bild 159 sind der Wasserstoff- und der Benzintank im Vergleich in zwei Automobilmodellen mit bivalenten Betrieb – Wasserstoff/Benzin – ersichtlich [19]. Die stationäre Speicherung, in der Tankstelle und das Betanken selbst erfordern ebenfalls besondere technische Maßnahmen – obwohl die Herstellung und der

Transport an sich, aufgrund der langen Tradition der Wasserstoffnutzung in der Industrie, keine Probleme bereiten.

Bild 160 Wasserstofftankstelle für Automobile *(Quelle: BMW)*

Bild 160 zeigt eine Wasserstofftankstelle für Automobile.

Gemischbildung

Beim Betrieb von Ottomotoren mit Wasserstoff werden sowohl die äußere Gemischbildung, durch Einspritzung ins Ansaugrohr, als auch die innere Gemischbildung durch Direkteinspritzung angewendet [28]; eine interessante Variante besteht in der Kombination beider Konzepte, durch Einspritzung von Anteilen sowohl ins Ansaugrohr aus auch direkt in den Brennraum.

Bild 161 stellt beide Grundkonzepte dar.

Die äußere Gemischbildung erfolgt ähnlich der Erdgaszufuhr ins Saugrohr eines Ottomotors – Kap. 3.2./ Bild 135. Bei der kryogenen Wasserstoffspeicherung muss das gesamte Speicher- und Einspritzsystem, vom Tank über Leitungen bis zu den Einspritzdüsen thermisch isoliert werden, um eine Phasenänderung von Flüssigkeit zu Gas zu vermeiden. Um der Phasenänderung entgegenzuwirken wird eine Druckerhöhung im System realisiert. Die äußere Gemischbildung gewährt – wie bei der Saugrohreinspritzung von Benzin oder Erdgas – eine gute Gemischhomogenisierung in Anbetracht der größeren Gemischbildungsstrecke und -dauer als bei einer Direkteinspritzung in den Brennraum. Ein besonderes Problem bei der Saugrohreinspritzung von Wasserstoff entsteht allerdings wegen seiner sehr geringen Dichte von $0{,}071\left[\frac{kg}{dm^3}\right]$ im Vergleich zu Erdgas - $0{,}141\left[\frac{kg}{dm^3}\right]$ - oder Benzin - $0{,}736\left[\frac{kg}{dm^3}\right]$. Im Vergleich zu Benzin sollte bei gleicher Einspritzmasse mehr als das zehnfache Volumen (0,736:0,071) eingespritzt werden. Andererseits ist der untere Heizwert von Wasserstoff höher als jener von Benzin ($120\left[\frac{MJ}{kg}\right]$ im Vergleich zu $44\left[\frac{MJ}{kg}\right]$), so auch der stöchiometrische Luftbedarf ($34{,}3\left[\frac{kg_{Luft}}{kg_{H_2}}\right]$ anstatt $14{,}7\left[\frac{kg_{Luft}}{kg_{Benzin}}\right]$), was eine Senkung der Einspritzmasse bei stöchiometrischer, vollständiger Verbrennung auf den Faktor 14,7: 34,3 = 0,429 erfordert. Bei einem Zehntel der Dichte resultiert insgesamt eine Erhöhung des Wasserstoff-Einspritzvolumens um mehr als das Vierfache gegenüber Benzin. Die Luftdichte im Ansaugrohr nimmt andererseits – beispielsweise ohne Aufladung und Ladeluftkühlung, bei *1* [*bar*], *20* [*°C*] – Werte um $0{,}0012\left[\frac{kg}{dm^3}\right]$ ein. Der ins Saugrohr eingespritzte, flüssige Wasserstoffstrahl wechselt unter dem dort herrschenden Druck und Temperatur der Ansaugluft in gasförmiger Phase über. Bei gleichem Druck und gleicher Temperatur ist die Dichte des Wasserstoffs um 13,4mal niedriger als die Dichte der Luft, entsprechend dem Verhältnis ihrer Gaskonstanten ($3851{,}21\left[\frac{J}{kgK}\right]$ für Wasserstoff bzw. $287{,}04\left[\frac{J}{kgK}\right]$ für Luft). Auch wenn das Erreichen der Druck- und Temperaturwerte der Luft infolge der relativ kurzen Gemischbildungsdauer nicht anzunehmen ist, bewirkt die geringere Dichte des Wasserstoffs in der Ansaugluft –

viel mehr als bei einer Erdgaseinspritzung – eine entsprechende Verringerung des zum Zylinder strömenden Luftvolumens, mit dem Volumen, welches von der stöchiometrisch erforderlichen Wasserstoffmenge in Anspruch genommen wird. Dadurch wird die im Zylinder angesaugte Luftmasse geringer – was wiederum eine Anpassung der Wasserstoffmenge in dem erwähnten Verhältnis 1:34,3 erfordert. Der Gemischheizwert der angesaugten Ladung und dadurch das zu erwartende Drehmoment sinken demzufolge entsprechend der geringeren Luft- und Kraftstoffmasse im Zylinder. Eine kompensatorische Maßnahme besteht in der Aufladung und Ladeluftkühlung, wie im Bild 161 / Variante A ersichtlich. Einerseits nimmt dadurch die Luftmasse zu, andererseits dämpft die niedrigere Temperatur die rasche Phasenänderung des Wasserstoffs von Flüssigkeit zu Gas.

Die bessere Alternative ist prinzipiell die Direkteinspritzung des Wasserstoffs in den Brennraum, nach der vollständigen Zylinderfüllung mit Luft. Die entstehende Gemischturbulenz und die Modulation des Einspritzverlaufs zur Steuerung des Verbrennungsvorgangs sind – wie im Kap. 2.2.2. dargestellt – zusätzliche Vorteile. Im Falle der Wasserstoffdirekteinspritzung entstehen jedoch gegenüber Benzindirekteinspritzung zwei grundsätzliche Probleme:

- die Einspritzung eines vierfachen Volumens von Wasserstoff gegenüber Benzin erfordert entweder eine bemerkenswerte Zunahme des Einspritzdrucks oder eine deutliche Verlängerung der Einspritzdauer. Der Spielraum ist in beiden Richtungen relativ begrenzt.
- der Kontakt der Einspritzdüse mit dem Brennraum erfordert eine weitaus wirksamere thermische Isolation als bei der Saugrohreinspritzung. Der Mantel des Düsenkörpers kommt dabei mit einer Temperatur um *200 [°C]* anstatt *15-20 [°C]* bei der Saugrohreinspritzung in Kontakt. Die Erhaltung einer Wasserstofftemperatur von *-253 [°C]* bis zum Austritt aus der Einspritzdüse, um die flüssige Phase abzusichern, wird dabei zum Problem.

Eine Kompromisslösung besteht – wie im Bild 161/ Variante B dargestellt – in der Kombination einer Direkteinspritzung (mit Pufferspeicher im Einspritzsystem) mit der Saugrohreinspritzung.

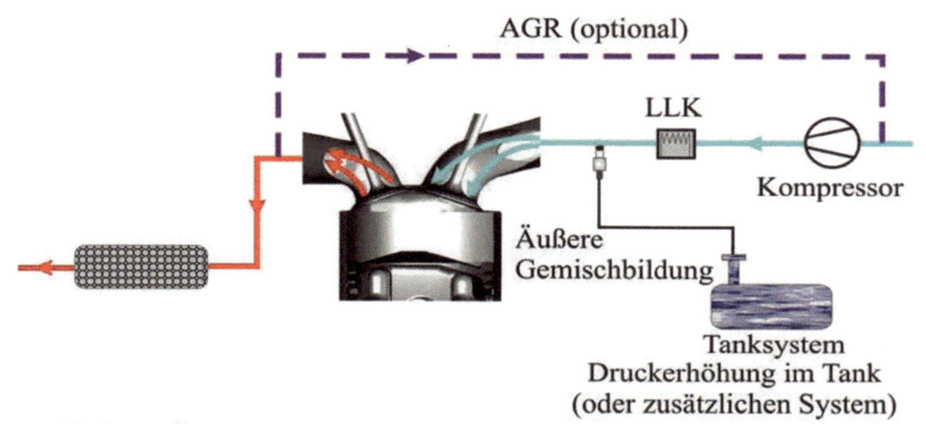

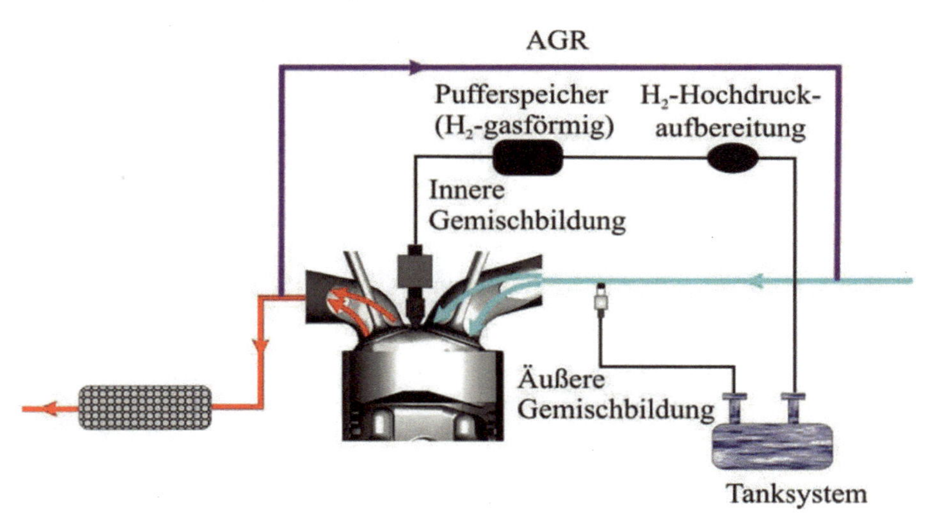

Bild 161 Gemischbildungsvarianten für wasserstoffbetriebene Ottomotoren *(Quelle: BMW)*

Einsatz- und Ergebnisbeispiele

Derzeit sind weltweit etwa 600 wasserstoffbetriebene Automobile im Einsatz. Die absolute Pionierarbeit von der Erforschung der Potentiale bis zum serienmäßigen Einsatz im Automobil ist BMW zu verdanken [19]. Das erste Wasserstoffauto lief bei BMW bereits im Jahre 1979, mit einem 4-Zylindermotor, der eine Leistung von *60* [*kW*] erreichte. Parallel zur Entwicklung der Wasserstoffautos beschäftigte sich BMW im Rahmen von Partnerschaften – wie Solar-Wasserstoff-Bayern GmbH – mit der Herstellung des Wasserstoffs mittels Sonnenenergie bzw. Wasserelektrolyse. Wie im Kap. 1 / Bild 26 dargestellt, bieten sich gerade bei Anwendung von Wasserstoff Kombinationen zwischen Antrieb und Stromerzeugung an Bord auf Basis des gleichen Kraftstoffes an. BMW nutzte für die Stromerzeugung eine kompakte Brennstoffzelle – wie im Bild 162 ersichtlich – die eine elektrische Leistung von *5* [*kW*] bei einer Spannung von *42* [*V*] herstellt.

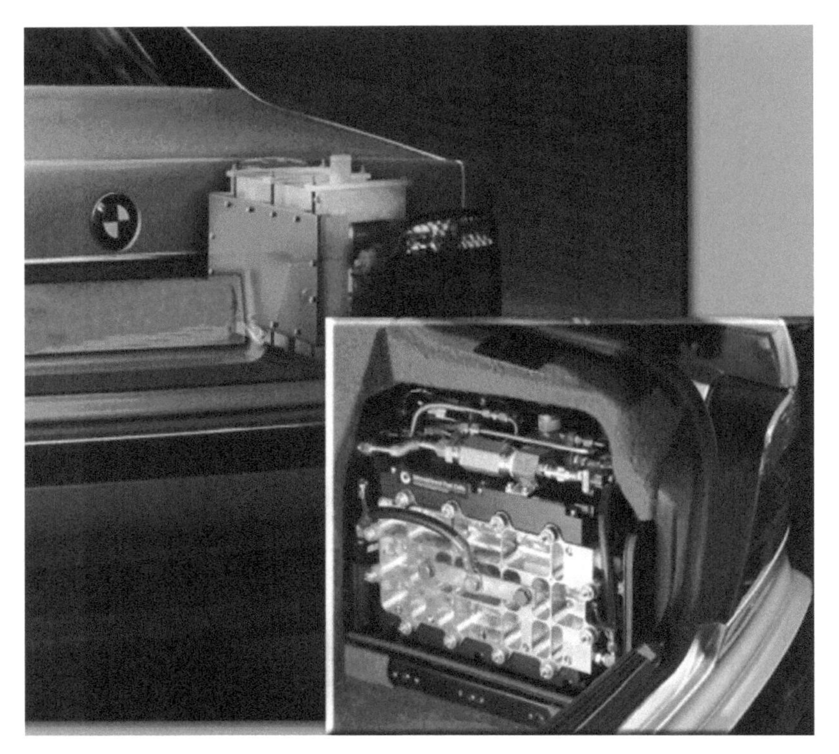

Bild 162 Wasserstoffbetriebene Brennstoffzelle zur Stromerzeugung an Bord eines Automobils mit Wasserstoff-Ottomotorantrieb *(Quelle: BMW)*

Motor		BMW 12 Zylinder Ottomotor Super ROZ 95	BMW 12 Zylinder Ottomotor Super ROZ 95/ Wasserstoff
Hubraum	[cm^3]	5379	5379
Hub/ Bohrung	[mm]	85/ 79	85/ 79
Verdichtungsverhältnis	[-]	10:1	10:1
Leistung bei Drehzahl	[kW] [min^{-1}]	240 5000	150[1)] 5800[1)]
Drehmoment bei Drehzahl	[Nm] [min^{-1}]	490 3900	300[1)] 3000[1)]

[1)]beim Betrieb mit Wasserstoff

Bild 163 Motorkenngrößen beim Betrieb mit Benzin bzw. mit Wasserstoff *(Quelle: BMW)*

Im Bild 163 sind die Motorkenngrößen – für einen gleichen Basismotor mit 12 Zylindern, *5,38* [dm^3] Zylindervolumen und ein Verdichtungsverhältnis von $\varepsilon = 10$ - bei monovalenten Betrieb mit Benzin bzw. bei bivalenten Wasserstoff- oder Benzinbetrieb. Erwartungsgemäß – entsprechend des niedrigen volumenbezogenen Heizwertes des Wasserstoff/Luftgemisches – sinkt das Drehmoment von *490* [*Nm*] (mit Benzin) auf 300 [Nm] (mit Wasserstoff). Die Leistungsverringerung wird zum Teil durch eine höhere Drehzahl kompensiert: *240* [*kW*]/*5.000* [min^{-1}] (mit Benzin) bzw. *150* [*kW*]/*5.800* [min^{-1}] (mit Wasserstoff).

Über die Anwendung des Wasserstoffs in Brennstoffzellen für Antriebe oder für Stromerzeugung an Bord werden Einsatzergebnisse und Beispiele im Kap. 4 dargestellt.
In der Annahme, dass der Stand der Technik bei der Herstellung und bei der Speicherung des Wasserstoffs in der Zukunft Fortschritte machen wird, ist der Ansatz

Wasser als Energieträger und Verbrennungsprodukt zugleich, um Antriebsleistung – bei bereits beachtlichen Werten – zu produzieren – eine der idealen Formen der Energieumwandlung; die Alternative bleibt, wie bereits erwähnt, einen solchen Zyklus auf Basis des Kohlendioxids aus der Natur – Energieträger in Form von Pflanzenabfall und Verbrennungsprodukte, die von Pflanzen wieder aufgenommen werden– zu schaffen.

Die Herstellung der Alkohole aus Pflanzen und ihre unaufwendige Speicherung schaffen eine Konkurrenz zwischen den zwei natürlichen Trägern der Energieumwandlung – Kohlendioxid und Wasserstoff – von der die Technik der Mobilität nur gewinnen kann.

3.6 Pflanzenöle

Herstellung

Die Vielfalt der Pflanzen aus denen Öle als Kraftstoffe gewonnen werden können sichert ein beachtliches Anwendungspotential ab. Darunter zählen: Raps, Rüben, Sonnenblumen, Flachs (in gemäßigten Klimazonen) jedoch vielmehr Olivenbäume, Öl- und Kokospalme, Erdnuss, Sojabohne, Rizinus, Kakao und sogar Baumwolle (in heißen oder tropischen Klimazonen).
Die Gewinnung von Pflanzenölen mittels mechanischer Pressen ist weit verbreitet und relativ unaufwendig. Allgemein wird eine gestufte Raffination auch vorgenommen, um Fettbegleitstoffe zu entfernen, die bei der Verwendung der Öle störend wirken. Durch eine anschließende Entschleimung werden Phosphatide sowie Schleim- und Trübstoffe entfernt. Bei der nachfolgenden Entsäuerung werden freie Fettsäuren entfernt, die gegenüber metallischen Flächen korrosiv wirken.

Wie in der Tabelle 4 ersichtlich, erschwert eine der Öleigenschaften – die Viskosität – den Einsatz solcher in klassischer Form gewonnen Ölen erheblich: Die langen verzweigten Ölmoleküle, die zu dieser Viskosität führen, beeinträchtigen insbesondere den Verbrennungsprozess, indem das Durchdringen von Sauerstoffmolekülen bis zum Kohlenstoff erschwert wird. Das führt zu Verkokungen an Einspritzdüsen, Ventilen, Kolbenringen und Brennraumwänden, die den Motorlauf bis zur Beschädigung beeinträchtigen können. Eine grundsätzliche Lösung dieses Problems besteht in der Kürzung der verzweigten Ölmoleküle. Das Verfahren ist als Umesterung bekannt und wird im Bild 164 schematisch dargestellt.

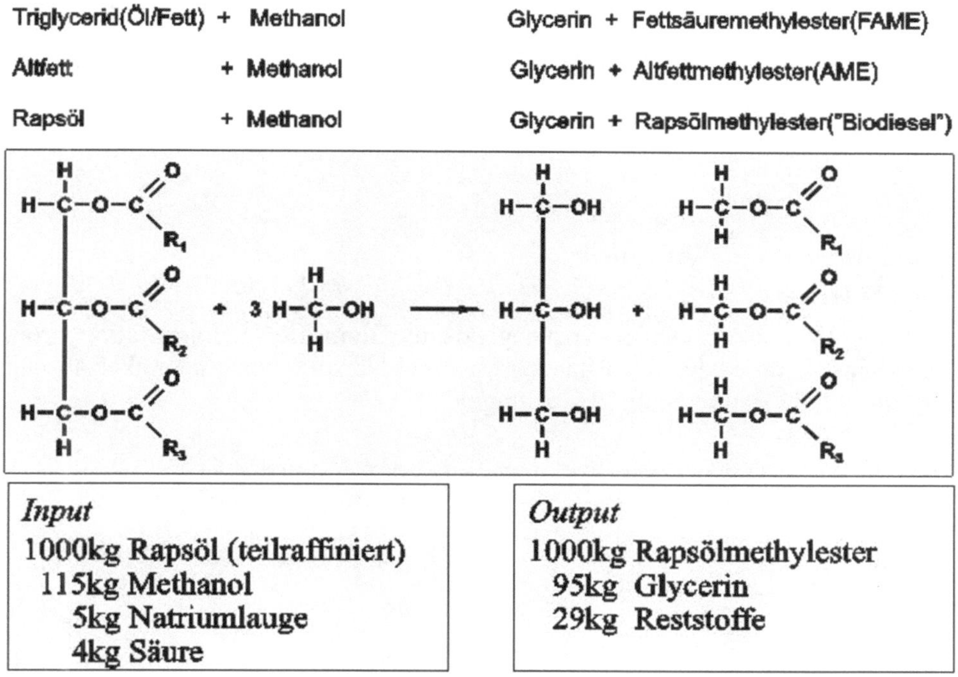

Triglycerid(Öl/Fett) + Methanol → Glycerin + Fettsäuremethylester(FAME)

Altfett + Methanol → Glycerin + Altfettmethylester(AME)

Rapsöl + Methanol → Glycerin + Rapsölmethylester("Biodiesel")

Input	*Output*
1000kg Rapsöl (teilraffiniert)	**1000kg Rapsölmethylester**
115kg Methanol	**95kg Glycerin**
5kg Natriumlauge	**29kg Reststoffe**
4kg Säure	

Bild 164 Umesterung von Ölen

Die Umesterung erfolgt als chemische Reaktion des Öls mit Methanol, woraus ein Methylester des jeweiligen Öls sowie Glycerin entstehen. Wie aus Tabelle 4 ersichtlich, wird dadurch die Viskosität um eine Größenordnung reduziert und erreicht damit fast die Viskositätswerte von Dieselkraftstoffen; andererseits steigt die Zündwilligkeit, ausgedrückt durch die Cetanzahl. Der verfahrenstechnische Aufwand für die Umesterung ist allerdings beachtlich – die Kosten pro Liter Ester sind mit dem Preis eines Liters frisch gepressten Öls oder eines Liters Dieselkraftstoff vergleichbar. Weiterhin ist der Energiebedarf für die Umesterung mit $360\left[\frac{kJ}{l}\right]$ erheblich.

Biokraftstoffe der 1. Generation

Ein derartiger Kraftstoff, der in Deutschland aus 80 % Rapsöl und 20 % Sojaöl hergestellt wird, ist unter der Bezeichnung FAME (Fettsäuremethylester) bekannt und genormt entsprechend DIN EN 14214. Die Hauptkenngrößen sind:

– Dichte $\rho \; = 0{,}88 \left[\frac{kg}{dm^3} \right]$

– unterer Heizwert $H_U = 37{,}1 \left[\frac{MJ}{kg} \right]$

– Cetanzahl $CZ = 54 - 58\,[-]$

Biokraftstoffe der 2. Generation:
Biomass-to-Liquid (BtL), Next-Generation Biomass-to-Liquid (NexBtL)

Derartige Kraftstoffe werden vorwiegend aus Biomasse – Holzabfälle, Stroh, pflanzliche Abfälle bzw. aus Pflanzenresten bei Nutzung der Frucht als Nahrung hergestellt. Die Hauptkenngrößen betragen:

– Dichte $\rho \; = 0{,}76 - 0{,}79 \left[\frac{kg}{dm^3} \right]$

– unterer Heizwert $H_U = 43{,}9 \left[\frac{MJ}{kg} \right]$

– Cetanzahl $CZ > 70\,[-]$

Die Herstellung erfolgt nach dem Carbo-V/Fischer-Tropsch-Verfahren nach Hydrierverfahren oder nach Pyrolyseverfahren:

– nach dem Carbo-V/Fischer-Tropsch-Verfahren (BtL) wird in einer ersten Stufe die Biomasse in einem Reaktor bei Zufuhr von Wärme und bei einem gegebenen Druck unter Beteiligung von Sauerstoff vergast. Der Prozess besteht aus drei Stufen:
  - Niedertemperaturvergasung bei der die Biomasse mit einem Wassergehalt von 15-20 % durch partielle Oxidation mit Luft oder Sauerstoff bei Temperaturen im Bereich von *400-500* [*°C*] karbonisiert wird, wobei ein teerhaltiges Gas und fester Kohlenstoff (Biokoks) entstehen.
  - unterstöchiometrische Oxidierung des teerhaltigen Gases oberhalb des Ascheschmelzpunktes in einer Brennkammer.
  - Einblasung des zu Staub gemahlenen Biokoks in das heiße Vergasungsmittel, wobei in dem Vergasungsreaktor innerhalb einer endothermen Reaktion das Syntheserohgas entsteht.

  Das Synthesegas besteht hauptsächlich aus CO_2, CO, H_2. In der nachfolgenden Fischer-Tropsch-Synthese entstehen aus den reaktiven Bestandteilen des Synthesegases (CO, H_2) in einem Katalysator - auf Basis von Eisen, Magnesiumoxid, Thoriumoxid oder Cobalt - Kohlenwasserstoffketten die vollkommen einem Dieselkraftstoff entsprechen (SunDiesel). Der Energiegehalt pro Anbaufläche ist etwa dreimal so groß als bei der Gewinnung eines Biodiesels der ersten Generation aus Raps. Ein Automobil mit modernem Dieselmotor kommt bei einem Durchschnittsverbrauch von *6,1* [*l/100km*] auf etwa *64.000* [*km*] mit der Menge an SunDiesel die von einem Hektar Anbaufläche gewonnen wird.

– nach dem Hydrierverfahren (NexBtL) wird Pflanzenöl nach Vorbehandlung mit Phosphorsäure und Natronlauge (H_3PO_4, NaOH) in einem Temperaturbereich von 320-360 [°C] und bei einem Druck von *80* [*bar*] mit Wasserstoff versetzt (hydriert). Ein solches Hydrierverfahren kann in einer klassischen Raffinerie realisiert werden, der resultierende Kraftstoff – wie nach dem Fischer-Tropsch-Verfahren - unterscheidet sich nicht von einem üblichen Dieselkraftstoff – bis auf die bessere Zündwilligkeit (Cetanzahl CZ=84-99).

– nach dem Pyrolyseverfahren wird die Biomasse auf *475* [*°C*] unter Sauerstoffausschluss erhitzt. Die Pyrolyseprodukte werden infolge der anschließenden Kühlung kondensiert. Der untere Heizwert entspricht etwa der Hälfte des Heizwertes eines konventionellen Dieselkraftstoffs.

Eigenschaften

Die Biokraftstoffe der zweiten Generation – BtL, NexBtL – entsprechen grundsätzlich dem klassischen Dieselkraftstoff. Umgeesterte Öle (Biokraftstoffe der ersten Generation) haben Eigenschaften, die zum Teil von jenen des Dieselkraftstoffes abweichen. Aufgrund des Sauerstoffgehalts im Öl- bzw. Ölestermolekül ist sowohl der Heizwert, als auch der Luftbedarf der Öle bzw. Ölestere niedriger als beim Dieselkraftstoff, wie in der Tabelle 4 aufgeführt. Ein niedriger Kraftstoffheizwert wird in Bezug auf den Gemischheizwert durch einen ebenfalls niedrigeren Luftbedarf allgemein kompensiert; dennoch erreichen Öl/Luftgemische nur annähernd den Gemischheizwert eines Dieselkraftstoff/Luftgemisches. Das äußert sich oft in einer Verringerung der spezifischen Arbeit infolge der Verbrennung und dadurch in einer Verringerung des Drehmomentes beim Einsatz in einen gleichen Dieselmotor, wie im Bild 165 als Beispiel ersichtlich ist.

Bei Rapsöl bzw. Rapsölester wird jedoch in den meisten Fällen das Drehmoment bzw. die Leistung eines mit Dieselkraftstoff betriebenen Motors annähernd erreicht.

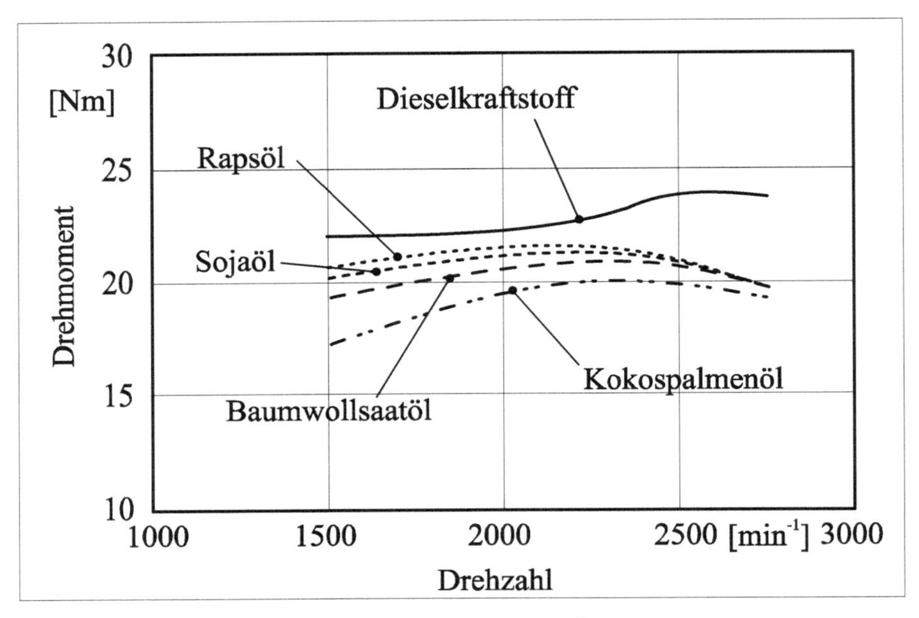

Bild 165 Drehmomentvergleich Dieselkraftstoff – Öle

Das liegt zum Teil am Verbrennungsverhalten des Rapsölesters: Nach einem ursprünglich langsamen Verbrennungsabschnitt infolge der schlechteren Verdampfung des Rapsölesters tragen die Sauerstoffatome in reinem Molekül zu einer hohen Konzentration an freien OH Radikale, wodurch die Verbrennung beschleunigt wird.

Speicherung

Aufgrund ihrer Dichte können Öle und ihre Ester genau wie der Dieselkraftstoff gespeichert werden. Bei nicht umgeesterten Ölen kann die Funktion bei niedriger Temperatur aufgrund steigender Viskosität beeinträchtigt werden. In manchen Ausführungen wird das Öl im Tank bzw. im gesamten Kraftstoffversorgungssystem beheizt, wodurch die Viskosität insgesamt sinkt. Ein weiteres Problem beim Einsatz von nicht umgeesterten Ölen besteht in der Bildung von Pilzen und Schleimen im Tank, die sich dann im gesamten Kraftstoffversorgungssystem dabei auch in den Filtern ausbreiten. Selbst bei Mischungen von Dieselkraftstoff mit nur 15 % Rapsöl wurden solche Erscheinungen festgestellt. Dagegen ist die Speicherung von Ölesteren praktisch identisch mit jener des Dieselkraftstoffs.

Gemischbildung

Kolbenmotoren im Dieselverfahren wurden mit Ölen und Ölesteren in allen bekannten Gemischbildungsverfahren und Hubraumklassen eingesetzt oder zumindest wissenschaftlichen Untersuchungen unterzogen.

Motoren mit Vor- und Wirbelkammer sowie mit Direkteinspritzung wurden mit Turboaufladung und Ladeluftkühlung bzw. ohne Aufladung bei Hubvolumina zwischen *1,6* und *12* [dm^3] eingesetzt oder untersucht. Demzufolge kamen alle von Dieselmotoren bekannten Gemischbildungssysteme zum Einsatz.

In Anbetracht der Erkenntnis, dass die einzige tragfähige Alternative für die Zukunft die Direkteinspritzung ist, wie im Kap. 2.2 dargestellt, hat der Einsatz reiner Öle in Dieselmotoren keine Perspektive:

- Einerseits erfordern die üblichen Drücke von *180-220* [*MPa*] in Common Rail bzw. Pumpe-Düse-Systemen extrem geringe Spiele der Plunger in den Pumpelementen, die bei der hohen Viskosität eines Öls Störungen in der Hubbewegung bzw. zu ihrer Unterbrechung führen würde.
- Andererseits ist die geringste Verkokung in der Bohrung einer modernen Einspritzdüse für Direkteinspritzung – bei Durchmessern um *0,08* [*mm*] – mit der Gefährdung der Einspritzung und somit der Verbrennung verbunden. Im Bild 166 sind die Ablagerungen um die Bohrungen einer solchen Einspritzdüse nach einem Dauerlauf mit Rapsöl dargestellt.
  Aufgrund solcher Erscheinungen im Einspritzsystem lehnen einige Hersteller von Automobildieselmotoren mit Direkteinspritzung sogar den Betrieb mit Ölestern (Biodiesel) ab.

  Bei der Produktion von Ölestern werden noch Schwankungen in der Kraftstoffzusammensetzung festgestellt, welche die Viskosität bzw. die Neigung zur Verkokung beeinflussen und damit die Motorfunktion beeinträchtigen können.

Bild 166 Verkokung der Einspritzdüse eines Dieselmotors mit Direkteinspritzung beim Betrieb mit Rapsöl

Einsatz- und Ergebnisbeispiele

Allgemein ist das Leistungs- und Verbrauchsverhalten mit reinem Rapsöl bei allen erwähnten Arten und Größen von Dieselmotoren vergleichbar mit dem Betrieb beim Einsatz von Dieselkraftstoff. Allerdings ist ein zufrieden stellendes Langzeitverhalten beim Betrieb mit reinem Rapsöl nur bei großvolumigen Wirbelkammermotoren möglich. Für Direkteinspritzung, umso mehr bei kleinvolumigen Dieselmotoren für den Einsatz in Automobilen, ist ein Betrieb mit reinen Ölen ungeeignet. Das Abgasverhalten ist beim Betrieb mit reinen Ölen tendenziell ungünstiger, insbesondere bei der Direkteinspritzung. Der Betrieb mit einem Ester – beispielsweise Rapsölmethylester (RME) – zeigt gegenüber dem Betrieb mit Dieselkraftstoff geringfügige Leistungsverluste, wie aus dem Beispiel eines Motors mit 1,6 [dm^3] im Bild 167 abgeleitet werden kann.

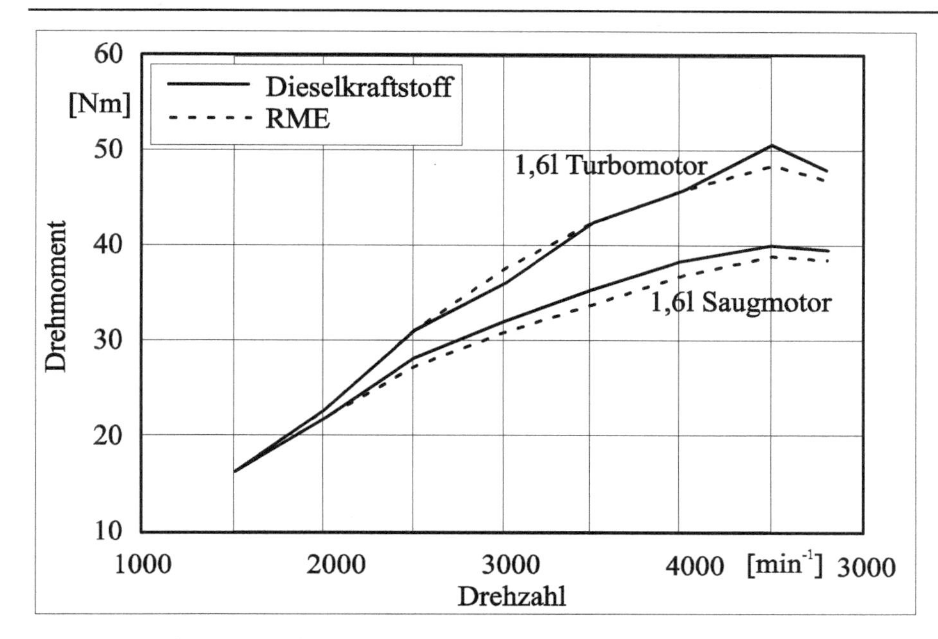

Bild 167 Leistungsvergleich Dieselkraftstoff - Rapsölmethylester

Das ist einerseits durch den etwas geringeren Gemischheizwert des Rapsölmethylester/Luftgemisches erklärbar. Die Zunahme dieser Differenz bei höherer Drehzahl ist andererseits durch die Beeinträchtigung der Einspritzmenge infolge der Viskositätswirkung auf den Hubverlauf der Plunger in der Einspritzpumpe erklärbar.

Das Abgasverhalten beim Betrieb eines Dieselmotors mit Rapsölmethylester zeigt tendenziell einige Unterschiede zum Betrieb mit Dieselkraftstoff:

- Allgemein ist die Ruß- bzw. Partikelemission geringer aufgrund des Sauerstoffgehaltes in dem Molekül des Ölesters, was eine effizientere Verbrennung des Kohlenstoffes erlaubt; die Aromatenemission ist ebenfalls aufgrund der molekularen Struktur geringer.
- Emissionen an Schwefeldioxid sind mit Ölesteren praktisch nicht vorhanden.
- Organische Bindungen im Abgas haben eine andere Struktur als bei der Verbrennung von Dieselkraftstoff und haben allgemein einen höheren Anteil im Abgas.
- Die NO_X Emission ist allgemein etwas höher.

Die Nutzung von Ölestern in Dieselmotoren für Automobile ist in Bezug auf die Motorkenngrößen vertretbar, allerdings von dem Preis der Umesterung – wobei auch der Einsatz von Methanol zu berücksichtigen ist – auf breiter Basis bzw. auf langer Sicht eher fragwürdig. Interessant erscheint die Alternative, in dem

Raffinerieprozess dem Erdöl frische Pflanzenöle beizumischen. Die resultierende molekulare Struktur unterscheidet sich kaum von jener des Dieselkraftstoffs.

3.7 Dimethylether

Herstellung

Dimethylether ist eine interessante Alternative zum Dieselkraftstoff. Er kann aus Erdgas oder Kohle gewonnen werden, zukunftsträchtig erscheint allerdings seine Herstellung aus Holzabfällen, wobei der Herstellungsprozess dem von Methanol ähnlich ist – Vergasung und anschließend Synthese. Die Verfügbarkeit des Energieträgers und der CO_2-Kreislauf, ähnlich dem Alkoholeinsatz, wird beim Einsatz des Dimethylethers in Dieselverfahren von weiteren Vorteilen ergänzt:

- Der hohe Sauerstoffgehalt von etwa 35 % (Masse) lässt, entsprechend dem Verbrennungsverhalten von Ölestern, eine bessere Verbrennung des Kohlenstoffs und eine dadurch reduzierte Ruß- und Partikelemission erwarten.
- Seine niedrige Selbstzündtemperatur von 235 [°C], ausgedrückt auch als hohe Cetanzahl in Tabelle 4, hat den Vorteil eines günstigeren Verbrennungsablaufs und dadurch eines höheren thermischen Wirkungsgrades als beim Einsatz von Dieselkraftstoff.

Eigenschaften

Entsprechend der Angaben in der Tabelle 3 erreicht Dimethylether in flüssiger Phase eine Dichte, die etwa 15 % niedriger als jene des Dieselkraftstoffs ist. Ein solcher Wert ist im Vergleich mit den anderen aufgeführten Alternativen durchaus vertretbar. Die Viskosität liegt weit unter den Werten für Dieselkraftstoff und bereitet dadurch ähnliche Probleme wie pflanzliche Öle und Ölestere, nur von der anderen Seite: Die Schmierung der Plunger in einer Kraftstoffpumpe wird mit diesem Kraftstoff praktisch nicht möglich – das erfordert Kompensationsmaßnahmen. Aufgrund der ähnlichen Verhältnisse von Kohlenstoff-, Wasserstoff- und Sauerstoffanteilen im Molekül wie im Ethanol sind Heizwert, Luftbedarf und Gemischheizwert von Dimethylether und Ethanol nahezu identisch. Der Gemischheizwert liegt somit etwas unter dem Wert jenes von Dieselkraftstoff/ Luftgemisch, kann aber durch die bessere Verdampfung und Verbrennung bezüglich der erreichbaren spezifischen Arbeit kompensiert werden.

Speicherung

Flüssiger Dimethylether kann bei *20* [*°C*] unter einem relativ geringen Druck von *0,5* [*MPa*] gespeichert werden. Flüssiggase sind durch eine relativ hohe

Kompressibilität gekennzeichnet, andererseits, wenn der Dampfdruck unterschritten wird, besteht die Gefahr der Gasblasenbildung, wodurch die Funktion des Einspritzsystems gefährdet wird. Deswegen ist im Tank eines solchen Systems eine Pumpe erforderlich, die den Druck stets über den Dampfdruck hält. Darüber hinaus entstehen im Einspritzsystem funktionsbedingt Leckagen, die im Rücklauf unter dem Dampfdruck gelangen. Damit wechselt der Kraftstoff nach der Leckagestelle die Phase von Flüssigkeit zu Gas. Das Gas muss in einem separaten Tank (Purge-Tank) gesammelt werden und mittels einer Pumpe wieder über den Dampfdruck gepumpt und dann in den Haupttank übergeleitet werden. Eine solche Anordnung ist im Bild 168 dargestellt.

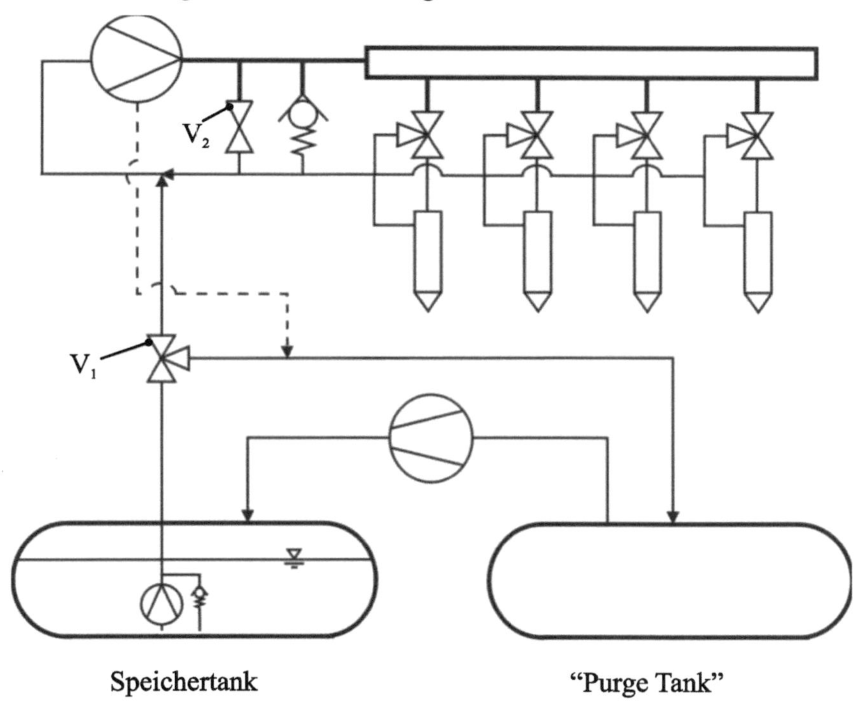

Bild 168 Konzept eines DI-Einspritzsystem für Flüssiggase

Gemischbildung

Wegen der Kompressibilität des flüssigen Dimethylethers sind Systeme zur Erhöhung des Druckes nur auf die Dauer der Einspritzung – wie Einzelpumpen oder Pumpe-Düse-Systeme – kaum für diese Anwendung geeignet. Die Speicherung des Maximaldrucks nach dem Common-Rail-Prinzip erscheint in diesem Fall als die einzig praktikable Lösung [2]. Das System unterscheidet sich allerdings von den üblichen Common-Rail-Systemen für Dieselmotoren. Die Pumpe im Tank bringt den Kraftstoff über den Dampfdruck in flüssiger Form und leitet ihn in die Hochdruckpumpe über, die wegen der Kompressions- bzw. Leckagengefahr eine relativ starke Rezirkulationsströmung gewähren muss. Die Schmierfähigkeit des Kraftstoffs in der Hochdruckpumpe wird durch Additive abgesichert. Die Erhaltung des Kraftstoffs in flüssiger Phase kann durch eine zusätzliche Kühlung ergänzt werden, wie am Beispiel des Direkteinspritzsystems für Dimethylether im Bild 169 ersichtlich ist.

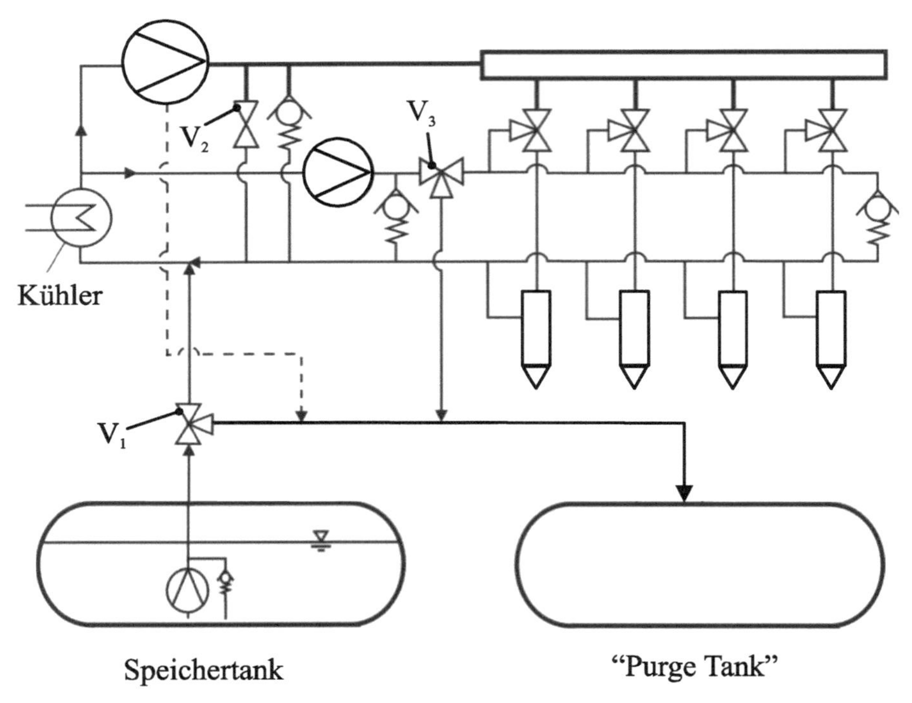

Bild 169 DI-Einspritzsystem mit gesondertem Niederdruckkreislauf für die Einspritzdüsen

Einsatz- und Ergebnisbeispiele

Versuche mit Dimethylether in Dieselmotoren mit *1* bzw. *2* [dm^3] je Zylinder, aber auch mit Pkw-Dieselmotoren, zeigen ausgezeichnete motorische Ergebnisse: Die ULEV Abgasnorm kann bei den größeren Zylinderhubvolumina ohne Abgasnachbehandlung bzw. bei den Pkw-Motoren mit einem einfachen Oxidationskatalysator erreicht werden [2]. Die thermischen Wirkungsgrade unterscheiden sich nicht beim Betrieb mit Dimethylether bzw. mit Dieselkraftstoff, die Geräuschemission kann dagegen beim Einsatz von Dimethylether drastisch reduziert werden. Neben Alkoholen, Wasserstoff und Ölestere stellt Dimethylether eine weitere zukunftsträchtige Alternative als umweltverträglicher und regenerativer Energieträger für den automobilen Antrieb dar.

3.8 Synthetische Kraftstoffe

Synfuel oder Designerkraftstoff wird zunehmend zum Ausdruck eines neuen Trends in der Forschung und Entwicklung von Energieträgern, deren molekulare Struktur gezielt konstruiert werden kann. Lange und umfangreiche Erfahrungen in der Verfahrenstechnik – von der Raffinerie und Destillerie bis zur Gassynthese, Umesterung, Pyrolyse, Elektrolyse oder andere thermochemische bzw. elektrochemische Prozesse – führen zu neuen, effektiven Kombinationsmöglichkeiten, welche den Weg zum kontrollierten Aufbau molekularer Strukturen eröffnet.

Aus der Notwendigkeit einer Speicherung an Bord des Fahrzeuges bei möglichst großer Energiedichte des Energieträgers bei Umgebungsbedingungen werden derzeit synthetische Kraftstoffe in folgenden Formen entwickelt:

- Biomass to Liquid (BtL)
- Gas to Liquid (GtL),
- Power-to-Fuel (*Strom zu Treibstoff*) über Power-to-Gas- und Power-to-Liquid-Pfade, wobei elektrische Energie in Wind- und Solar-Anlagen dafür genutzt wird, um entweder Brenngase oder flüssige Treibstoffe zu erzeugen.

Wesentliche Kriterien bei der Gestaltung eines synthetischen Kraftstoffs sind:

- Die Gewinnung aus erneuerbaren, unerschöpflichen Ressourcen in der Natur wie Pflanzen, die nicht für Nahrung geeignet sind, sowie aus Abfällen von Holz, Pflanzen, Nahrungsmitteln bzw. aus der entsprechenden verarbeitenden Industrie – durch eine effiziente Recycling-Logistik.
- Die Gewinnung aus dem von Feuerungsanlagen in Industrie- und Kraftwerken.
- Die Verarbeitung mit niedrigem energetischem und verfahrenstechnischem Aufwand, dadurch bei niedrigen Kosten, oder mit Elektroenergie aus Wind- und photovoltaischen Anlagen vor Ort.
- Die Gestaltung der Eigenschaften nach den Erfordernissen des Anwenders, Wärmekraftmaschine oder Brennstoffzelle.
- Die Reaktion zu Endprodukten die umweltverträglich sind.

Exotherme Reaktionen zur Nutzung in Wärmekraftmaschinen können allgemein aus molekularen Strukturen des Typs $C_mH_nO_p$ abgeleitet werden. Verbindungen des erweiterten Typs $C_mH_nO_pN_r$, die grundsätzlich mit Luft reagieren können – beispielsweise Hydrazin (H_2N-NH_2) – sind weniger empfehlenswert: Bei den üblichen Reaktionstemperaturen während der Verbrennung bildet der Stickstoff umweltschädliche Verbindungen wie NO und NO_2, die Reaktion wird dabei endotherm. Ein idealer Kraftstoff des Typs $C_mH_nO_p$ sollte für den Einsatz in Wärmekraftmaschinen einiger bereits erwähnten Anforderungen entsprechen:

- Das Verhältnis der Elemente C/H im Molekül sollte möglichst in Richtung des maximalen Wasserstoffanteils gestaltet werden; dadurch entsteht infolge der vollständigen Verbrennung mehr Wasser und weniger Kohlendioxid.
- Soweit Kohlenstoff im Molekül aufgrund des verwendeten Rohstoffs vorhanden ist, sollten unmittelbar an die Kohlenstoffatome zum Teil Sauerstoffatome gebunden sein, um eine rasche und vollständige Verbrennung des Kohlenstoffs zu ermöglichen. Oft findet der Sauerstoff aus Luft nicht den Weg oder den Platz zu den Kohlenstoffatomen in einem stark verzweigten Molekül, das führt zur unvollständigen Verbrennung und somit zu Ruß- bzw. Partikelemission.
- Die molekulare Struktur soll zu einer flüssigen Phase mit größtmöglicher Dichte im Bereich der Benzin-/Dieseldichte bei üblichen Umgebungstemperaturen und -drücke führen. Damit wäre die Speicherung an Bord bei großer Energiedichte, mit unaufwendiger Speichertechnik möglich; diese flüssige Phase sollte sich nicht in der Nähe der Verdampfungsgrenze befinden, um somit Dampfbildung und Kompression im Einspritzsystem zur vermeiden. Andererseits sollten die Oberflächenspannung der Kraftstofftropfen und die Viskosität möglichst gering sein, um eine extrem schnelle Verdampfung bei der Umwandlung der potentiellen in kinetischer Energie infolge der Einspritzung zu erreichen. Die geringe Viskosität kann durch entsprechende Additive kompensiert werden, um die Schmierung in Plunger der Pumpelemente, Magnetventile bzw. Nadel von Einspritzdüsen zu gewähren.
- Der Heizwert $H_u\left[\frac{MJ}{kgKst}\right]$ entspricht dem Verhältnis der Elemente C/H/O im Molekül, umso mehr ist ein maximaler Wasserstoffanteil erstrebenswert.
- Der stöchiometrische Luftbedarf $\left(\frac{L}{K}\right)_{st}\left[\frac{kgLuft}{kgKst}\right]$ ist ebenfalls vom Verhältnis der Elemente C/H/O abhängig. Ideal für den Heizwert des Kraftstoff/Luftgemisches $H_g\left[\frac{MJ}{m^3}\right]$ wäre ein möglichst geringer Luftbedarf. Bei der Direkteinspritzung des Kraftstoffs in einem bereits mit Luft gefüllten Zylinder gilt:

$$H_g = \frac{H_u}{\lambda \left(\frac{L}{K} \right)_{st}} \cdot \rho_{LUFT} \tag{3.8}$$

$\lambda\,[-]$		*Luft – Kraftstoff – Verhältnis*
ρ_{LUFT}	$\left[\frac{kg}{m^3}\right]$	*Luftdichte im Zylinder*

Allerdings erhöht der sonst wünschenswerte Wasserstoffanteil den stöchiometrischen Luftbedarf [1]. Es gilt:

$$\left(\frac{L}{K} \right)_{st} = 4{,}31(2{,}664c + 7{,}937h - o)\left[\frac{kgLuft}{kgKst}\right] \tag{3.9}$$

c	$\left[\frac{kgC}{kgKst}\right]$	*Kohlenstoffanteil*
h	$\left[\frac{kgH_2}{kgKst}\right]$	*Wasserstoffanteil*
o	$\left[\frac{kgO_2}{kgKst}\right]$	*Sauerstoffanteil*

Die Luftbedarfzunahme mit dem Wasserstoffanteil kann durch Erhöhung des Sauerstoffanteils zum Teil kompensiert werden. Das vermindert andererseits den Heizwert des Kraftstoffs H_u. Die Gestaltung des Gemischheizwertes mittels der Elementenverhältnisse im Molekül wird somit zum Optimierungsproblem.

- Der optimale Verbrennungsablauf erfordert weitere gezielte Eigenschaften des Kraftstoffs:

  - Die Zündwilligkeit (Cetanzahl) soll möglichst hoch sein, zwecks einer kontrollierbaren Selbstzündung (bei der erwarteten Konvergenz der Otto- und Dieselprozesse) infolge der Temperatur der komprimierten Luft bzw. der Temperatur von Abgasanteilen, welche die exothermen Zentren von Kraftstoff und Luft umhüllen.

  - Die Klopffestigkeit soll ebenfalls möglichst hoch sein, um eine Erhöhung des Verdichtungsverhältnisses ohne Gefahr unkontrollierter Verbrennungsreaktionen zu gewähren.

- Bei der bereits erwähnten schnellen Verdampfungsfähigkeit soll dennoch die Verdampfungsenthalpie möglichst hoch sein, um innere Energie aus der Luft im Zylinder während der Direkteinspritzung zu entziehen. Durch die gesenkte Gemischtemperatur kann dann bei der Wärmezufuhr infolge der Verbrennung die maximale Prozesstemperatur unter der Dissoziationsgrenze gehalten werden, was insbesondere die Bildung von NO_X während der Verbrennung hämmt.

Von allen bisher aufgeführten, nicht synthetischen Kraftstoffen erfüllen Ethanol und Dimethylether diese Kriterien am besten. Das Recycling des resultierenden Kohlendioxids in der Natur, ohne weiteren Aufwand erhöht ihren Wert als alternative Kraftstoffe.

Synthetische Kraftstoffe nach den aufgeführten Kriterien werden derzeit hauptsächlich durch die Synthese von Kohlendioxid und Wasserstoff mit dem Zwischenprodukt Methanol hergestellt. Es handelt sich dabei um Polyoxymethylendimethylether (OME) mit verschiedenen Kettenlängen, mit der allgemein zitierten Formel

$H_3C\text{-}O\text{-}(CH_2O)_n\text{-}CH_3$ mit $n \geq 2$, oder, besser ausgedrückt:

$C_n H_{2n+2} O_{n-1}$

Die hergestellten und verwendeten Formen sind im allgemeinen OME1, OME2, OME3, OME4, OME5, OME6.

Die Struktur eines OME2 als Beispiel der Trennung der Kohlenstoffatome durch Sauerstoffatome, wodurch eine rußfreie Verbrennung und eine Dieselprozess favorisierende Selbstzündtemperatur unter 240 [°C] möglich ist:

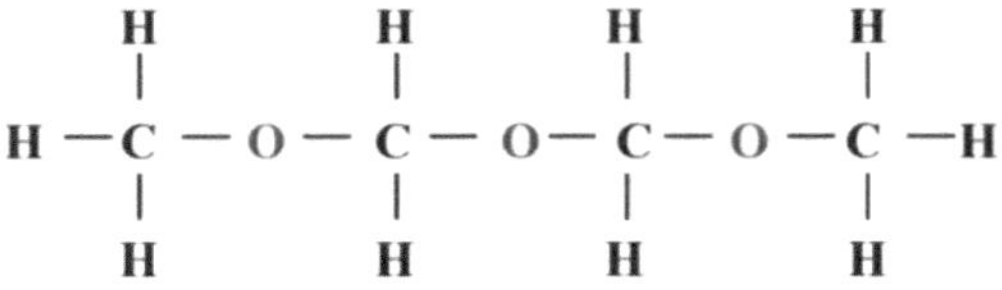

```
     H         H         H         H
     |         |         |         |
H —  C — O —   C — O —   C — O —   C — H
     |         |         |         |
     H         H         H         H
```

Als Vergleich, sieht eine Ethanol Struktur wie folgt aus:

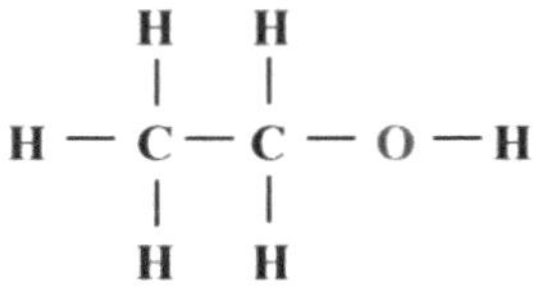

```
     H    H
     |    |
H —  C —  C — O — H
     |    |
     H    H
```

Wie bei Ethanol, Methanol oder Dimethylether im Vergleich zu Kohlenwasserstoffen wie Benzin und Diesel, bewirkt eine Anwesenheit oder eine Zunahme des Massenanteils von Sauerstoff im Molekül einer OME Variante die Senkung des stöchiometrischen Sauerstoff-, bzw. Luftbedarfs.

In einen Motor mit gegebenen Hubvolumen muss demzufolge bei Senkung des Luftbedarfs die eingespritzte Menge des jeweiligen Kraftstoffes, aus Gründen der chemischen Bilanz zunehmen. Die Zunahme der eingespritzten Kraftstoffmenge hat in so einem Fall nichts mit einem Kraftstoffmehrverbrauch infolge einer schlechteren Verbrennung zu tun.

Die Kriterien für die Gestaltung und Nutzung eines idealen synthetischen Kraftstoffs in Brennstoffzellen sind allgemein ähnlich als für die Nutzung in Verbrennungsmotoren. In diesem Fall zählt allerdings in erster Linie die schnelle und unaufwendige Freisetzung des Wasserstoffs vor der Fläche an der der Protonenaustausch mit dem Sauerstoff stattfindet (die Erklärung des Funktionsprinzips der Brennstoffzelle erfolgt im Kap. 4.3).
Eine molekulare Struktur des Typs $C_mH_nO_p$ erscheint in diesem Fall nicht als optimal. Der Wasserstoff sollte vielmehr in eine Matrix-Struktur in flüssiger Phase eingeschlossen werden, wobei am Reaktionsort entlang der Protonenaustauschfläche die Matrix-Elemente unter gegebenen Druck- und Temperaturbedingungen den Wasserstoff rasch freisetzen sollten, jedoch sich chemisch neutral verhalten. Eine Analogie mit dem Prozess des Kohlenhydrate- bzw. Glukose-Transportes von Blut zu den Muskeln mittels Insulins in Körpern lebender Wesen kann zu neuen Verfahren führen.

Im Kap. 2.1 wurden thermische Kreisprozesse und im Kap. 2.2 und 2.3 dafür geeignete Maschinen analysiert, die für einen stationären Einsatz, als Stromgeneratoren in Hybridsystemen einen hohen thermischen Wirkungsgrad bei ausgezeichneter hubraumbezogenen Leistungen erweisen.

Ein Beispiel, welches weitere, interessante Energieträger impliziert ist dafür besonders interessant:

Ein stationär arbeitender Stirling-Motor benötigt eine warme Quelle, die durch äußere Verbrennung, bei gleichbleibenden thermodynamischen und strömungsmechanischen Bedingungen abläuft. Ähnlich kann der Prozess in einer Strömungsmaschine (Gasturbine) im stationären Betrieb gestaltet werden, wenn die Brennkammer mit einem Wärmetauscher, in Verbindung mit einer äußeren Verbrennung, ersetzt wird. Aus dieser Perspektive wird ein Potential eröffnet, welches auf der einen Seite eine hohe Energiedichte bei der Speicherung, auf der anderen Seite hohe Verbrennungstemperaturen aufweist: Die Verbrennung von Metallpulvern. Die Verbrennung von Aluminiumpulver bei sehr hohen Temperaturen ist von der Schweißtechnik bekannt. Die Entzündung von Magnesium in der Luft ab *500* [*°C*] hat lange Zeit das Gießen von Magnesiumteilen verhindert, in dieser Richtung wird seine Nutzung – als Magnesiumpulver – vom Nachteil zum Vorteil. Ähnlich reagiert Eisenpulver mit dem Sauerstoff in der Luft. Mischungen solcher festen Brennstoffe, wobei insbesondere Anteile von Aluminiumpulver vorkommen, werden aufgrund ihrer ausgezeichneten Energiedichte in der modernen Raketentechnik verwendet. Mischungen von Metallpulvern in definierten Anteilen sind auch als synthetische Kraftstoffe zu betrachten. Sie sind allerdings unaufwendiger als flüssige Moleküle gestaltbar. Auch aus dieser Perspektive erscheinen alternative Wärmekraftmaschinen mit äußerer Verbrennung als Stromgeneratoren an Bord eines Hybridfahrzeugs als realistisch und zukunftsträchtig.

4 Elektrische Antriebe

4.1 Elektromobilität

Die Elektromobilität ist im Zusammenhang mit Verkehrsfluss, Treibhausgas-, Schadstoff- und Geräuschemissionen die bisher konkurrenzlose Alternative für die Mobilität in urbanen Ansiedlungen. Wie im Kapitel 1 dargestellt, sind jedoch diese Alleinstellungsmerkmale von deutlichen Nachteilen bezüglich Herkunft der Elektroenergie (Bild 4) und ihrer Speicherung an Bord (Bild 17) beeinträchtigt. Allgemein wird davon ausgegangen, dass der technische Fortschritt und seine sequenzielle Polarisierung auf gezielte Richtungen zur Lösung derartiger Probleme führen kann. Die Entwicklung der Elektromobilität befindet sich derzeit in einer dritten Phase. Die ersten zwei Phasen sind im Bild 170 durch einige Stationen dargestellt.

erste Phase:

1851	Lokomotive mit Elektromotor (USA)
1860	Bleibatterie für Fahrzeuge (USA)
1881	Automobil mit Elektromotor 12 km/h (USA)
1899	Automobil mit Elektromotoren an Rädern / Porsche – Lohner
1900	Mobilität in den USA
	38 % Elektrofahrzeuge
	40 % Dampfmaschinen
	22 % Fahrzeuge mit Benzinmotoren

zweite Phase:

1992-2005	Serienfahrzeuge mit Elektromotor-Antrieb
	1992-1996 VW-City Stromer (120 Fahrzeuge)
	1995-2005 PSA- Peugeot, Citroen (10.000 Fahrzeuge)
	1996-1999 GM – EV1 (1100 Fahrzeuge)

Bild 170 Entwicklung der Elektromobilität- die ersten zwei Phasen

C. Stan, *Alternative Antriebe für Automobile*,
https://doi.org/10.1007/978-3-662-61758-8_4

Interessant ist dabei die Tatsache, dass nach der Einführung von Elektrolokomotiven (1851) und Batterien (1860), die Mobilität in den USA von Elektrofahrzeugen und Dampfmaschinen dominiert war, obwohl die Fahrzeuge mit Verbrennungsmotoren in dem gleichen Zeitabschnitt, mit der gleichen Intensität, entwickelt wurden. In den USA waren im Jahr 1900 rund 34.000 Elektrofahrzeuge registriert. Ihre Reichweite betrug etwa 100 Kilometer. In Deutschland gab es bereits 1882 elektrisch betriebene Stadtfahrzeuge, bei denen die Energiespeicherung an Bord kein Problem darstellte, wie im Bild 171 illustriert.

Bild 171 Erster Trolleybus (Elektromote), Werner von Siemens, Berlin-Kurfürstendamm (1882)

Einige Jahre später gab es in Deutschland bereits serienmäßige Automobile mit elektrischem Antrieb, wie im Bild 172 dargestellt.

Bild 172 Elektrowagen der NAG – Neue Automobilgesellschaft mbH (1903)

Die erfolgreiche Weiterentwicklung der Verbrennungsmotoren, der niedrige Preis des Erdöls und seine einfache und effiziente Umwandlung und Nutzung als Kraftstoff für Mobilität, führte zur vorläufigen Einstellung des elektrisch angetriebenen Automobils mit seinem ungelösten Problem der geringfügigen Energiespeicherung an Bord.

Nach dem die erste Erdölkrise (1973) die Industrienationen zur erstmaligen ernsthaften Neuorientierung der Energiewirtschaft in Richtung alternativer Energieträger zwang und die zweite Erdölkrise (1979) dieser Entwicklung Nachdruck gab, kam es 1990 zum zweiten Golfkrieg, in dem Irak Kuwait annektierte. Dieser Krieg, in dem zwei der größten Erdölexporteure der Welt verwickelt waren, ließ allgemein eine 3. Erdölkrise erwarten, die zwar in einer solchen Form nicht kam, jedoch auf die Energiewirtschaft erneut wirkte. Das war der Auslöser der zweiten Phase der Elektromobilität (1992-2005). Die wesentlichen Automobile, die in dieser Zeit in Serie produziert wurden, sind im Bild 170 samt Produktionszahlen zu sehen. In Frankreich wurden die Elektroautomobile größtenteils staatlichen Behörden zugeteilt, was die größere Stückzahl erklärt. Die Akzeptanz war dennoch sehr gering, verursacht durch die geringe Reichweite.

Die gegenwärtige dritte Phase der Entwicklung elektrischer Automobile wurde hauptsächlich durch die strenge Limitierung der Kohlendioxidemission in der

Atmosphäre, im Zusammenhang mit dem Treibhauseffekt ausgelöst. Die Entwicklung ist dabei auf die Elektromotoren selbst, auf die Energiespeicherung an Bord in Batterien und auf die Energieumwandlung an Bord in Brennstoffzellen fokussiert.

4.2 Elektromotoren

Elektromotoren haben als Antriebe für Automobile bemerkenswerte Vorteile:

- Die Drehmomentcharakteristik ist nahezu ideal, bereits ab der Drehzahl Null kann das maximale Drehmoment erreicht werden. Die Beschleunigung des Fahrzeugs vom Stillstand übertrifft dadurch Werte, die mittels moderner Dieselmotoren, Ottomotoren mit mechanischem Lader oder generell Kolbenmotoren mit höherer Leistung erreichbar sind.
- Getriebe und dadurch auch Kupplung sind bei der vorhandenen Drehmomentcharakteristik in der Regel nicht erforderlich. Der Elektromotor ersetzt mittels eigener Charakteristik ein aufwendiges Automatikgetriebe, welches bei Kolbenmotoren für die gleiche Funktion eingesetzt werden muss.
- Radantriebe mit integriertem Elektromotor oder Elektromotoren auf Vorder- und Hinterachse erlauben eine wahlweise Zu- und Abschaltung nach vielfältigen Kriterien: Vier- oder Zweiradantrieb (Vorderachse oder Hinterachse), Einschaltung paarweise in Abhängigkeit von Lastanforderung, elektronisch steuerbare Stabilisierung der Fahrdynamik, ähnlich einem ESP System in effizienterer Form; Radantriebe lassen darüber hinaus mehr Raum für die Gestaltung der anderen Funktionsmodule in der Karosserie zu.

Die Anforderungen an Elektromotoren als Antriebe entsprechen jener von Wärmekraftmaschinen: Hohe volumen- und massenbezogene Leistung, hoher Wirkungsgrad, geringer technischer Aufwand bzw. niedrige Herstellungskosten.

Alle Arten von Elektromotoren funktionieren auf Basis elektrisch generierter elektromagnetischer Felder, die infolge einer Induktion magnetische Kräfte hervorrufen. Ein magnetisches Feld kann dabei in der gleichen Lage bleiben (bei Gleichstrommotoren) oder sich drehen (bei Drehstrommotoren). In Abhängigkeit der erreichbaren Leistung und Drehzahl einerseits und des Wirkungsgrades andererseits wurden bei den bisher entwickelten und in Serie eingesetzten Elektromotoren für automobile Antriebe unterschiedliche Varianten eingesetzt. Die Beispiele in der Tabelle 10 sind repräsentativ für die gegenwärtige Entwicklung.

Tabelle 10 Elektromotoren für automobile Antriebe

Fahrzeug	**Leistung [kW]**	**Drehmoment [Nm]**
***Gleichstrommotoren* (n ≤ 7000U/min)**		
Jinan Baoya Vehicle BY5000EV-1A	7	100
***Drehstrom-Asynchronmotoren* (n ≤ 14.000 U/min)**		
Mercedes Benz EQC	300	760
Drehstrom – Synchronmotoren		
BMW i3	125	250
Mitsubishi i-MiEV	35	180
Nissan Leaf	110	320
Renault Kangoo Z.E.	44	226
Volkswagen e Up	60	210
Porsche Taycan Turbo S	560	1050
Reluktanzmotoren		
Prototyp der Univ. der Bundeswehr München	30	- 110 Nm bei 0-2600 U/min - 180 Nm bei 2600-9600Umin

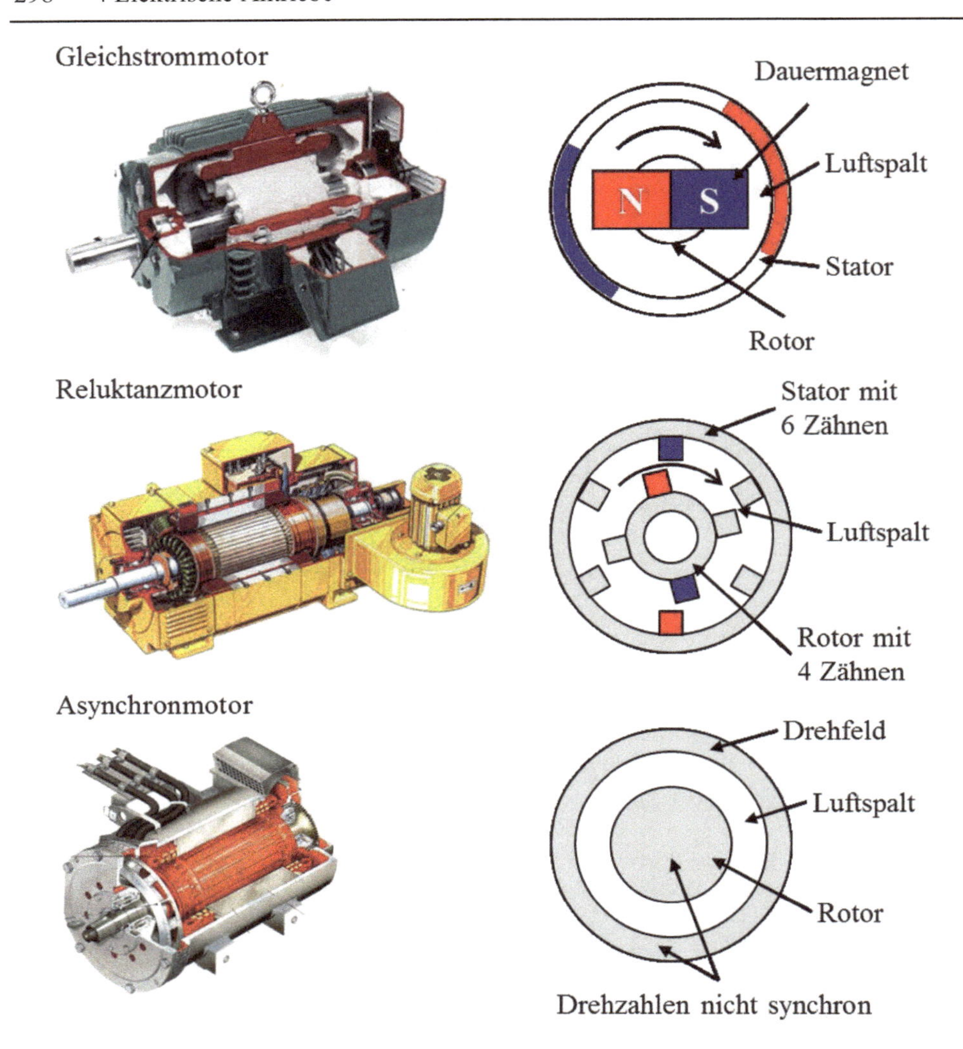

Bild 173 Arten von Elektromotoren für Automobil-Antriebe

Die Darstellung der Funktionsmerkmale dieser Elektromotorarten im Bild 173 dient in erster Linie der besseren Übersicht und nicht der Analyse ihrer Entwicklungspotentiale.

Im Bild 174 sind die Arten der Gleichstrommotoren und ihre Anwendungsbereiche im Fahrzeug dargestellt.

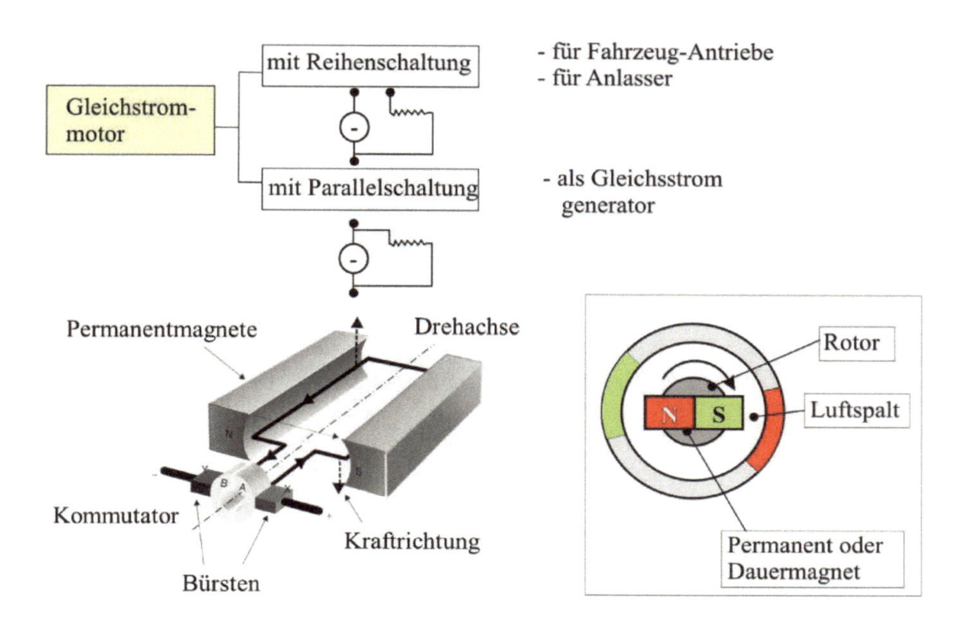

Bild 174 Gleichstrom-Motoren

Die Schaltung des Ankerleiters zur Anpassung der Stromrichtung an die Feldrichtung erfolgt bei Gleichstrommotoren mittels Kollektoren [20]. Die Kollektoren haben einen mechanischen Kontakt mit dem Ankerleiter über Bürsten. Der Verschleiß der Bürsten ist bei dem gegenwärtigen Stand der Technik kein Nachteil mehr, er entspricht der gesamten Lebensdauer des Motors. Dieses Funktionsprinzip der Kollektoren begrenzt allerdings die Drehzahl der Gleichstrommotoren auf etwa 7.000 $[min^{-1}]$. Der Stator eines Gleichstrommotors ist durch das Polsystem – bestehend aus Erreger- und Wendepolen – aufwendig und trägt zum relativ großen Volumen und Gewicht des Motors wesentlich bei [20]. Permanent erregte Drehfeldmotoren haben Vielphasenwicklungen im Stator und werden mittels elektronischer Schalter an das speisende Netz geschaltet – daher werden sie auch als elektronische kommutierte bzw. bürstenlose Gleichstrommotoren bezeichnet. Der Vorteil der fehlenden Erregerwicklung wird allerdings von den relativ hohen Kosten des hochpermeablen Dauermagnetwerkstoffs zum Teil relativiert.

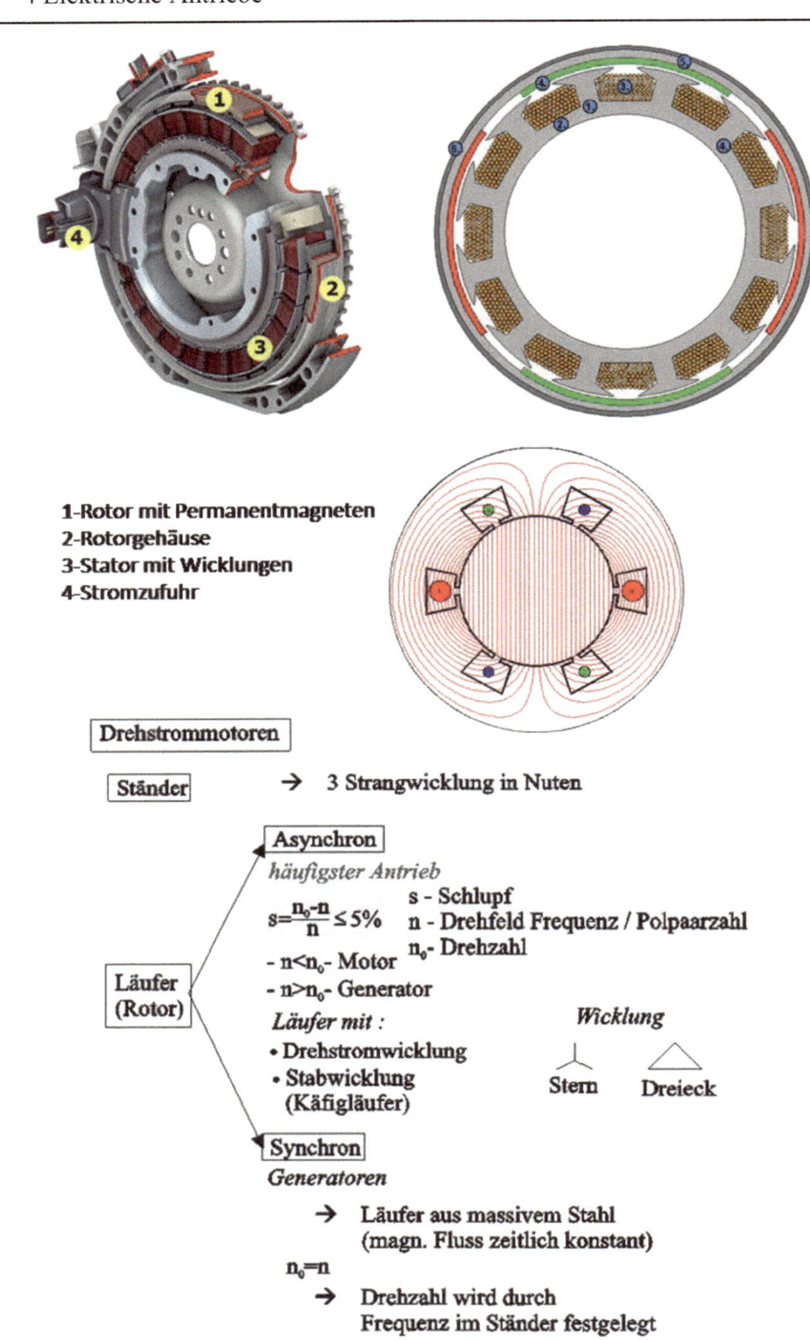

Bild 175 Drehstrom-Motoren

Im Bild 175 ist die Funktion von Drehstrommotoren und einige Funktionsmerkmale des Synchron- und Asynchronausführungen schematisch dargestellt. Drehstromasynchronmotoren sind relativ unaufwendig und dadurch preisgünstig herstellbar. Ihre Läuferbauart erlaubt, als wesentlicher Vorteil gegenüber Gleichstrommotoren, viel höhere Drehzahlen – wie in der Tabelle 10 aufgeführt, bis etwa *14.000* [min^{-1}]. Synchronmotoren sind wegen der notwendigen elektrischen Erregung aufwendiger als Asynchronmotoren aufgebaut, haben allerdings durch die synchrone Phase von Strom und Spannung einen höheren Wirkungsgrad. Im Bild 176 ist der Synchron-Antriebsmotor des Nissan Leaf mit einer Leistung von *80* [*kW*] und einem Drehmoment von *280* [*Nm*] dargestellt.

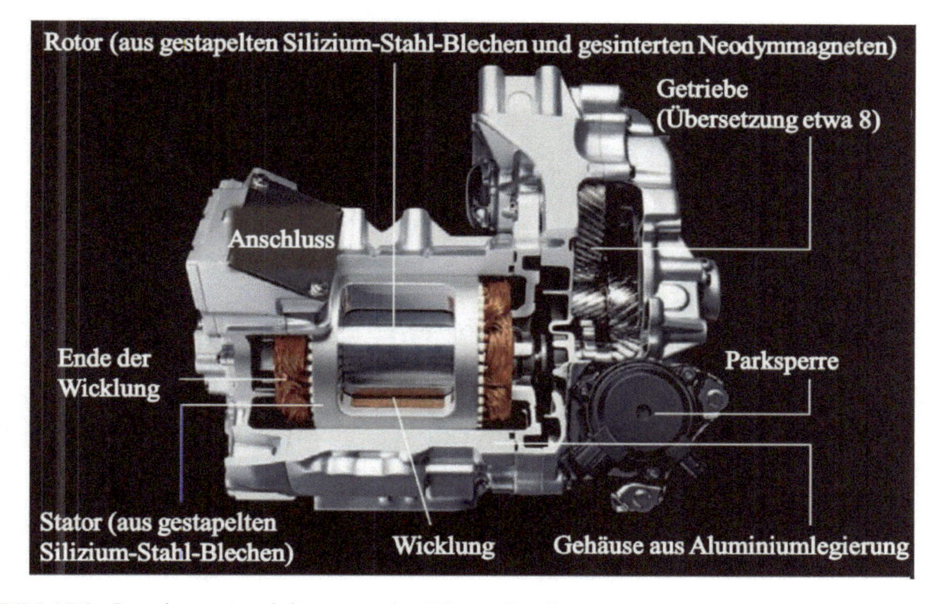

Bild 176 Synchron-Antriebsmotor des Nissan Leaf *(Quelle: Nissan)*

Ein Motor mit diskontinuierlichem Magnetfeld ist der Reluktanzmotor; seine Wirkungsweise ist im Bild 177 schematisch dargestellt. Der wesentliche Vorteil dieser Funktionsweise ist ein hoher Wirkungsgrad über breite Funktionsbereiche.

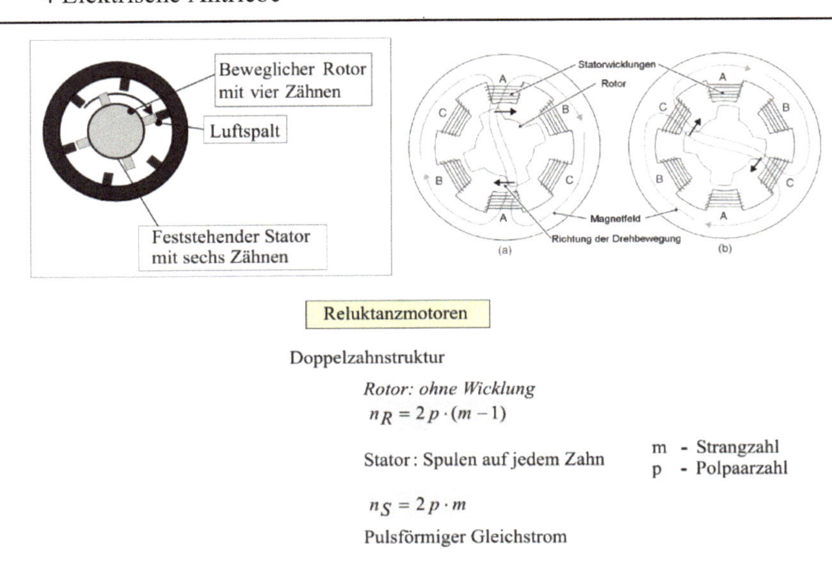

Bild 177 Reluktanz-Motoren

4.3 Elektroenergiespeicher: Batterien

Die Speicherung von Elektroenergie an Bord eines Automobils mittels Batterien war und bleibt der Grund aus dem der Elektroantrieb bislang keinen Durchbruch erreicht.

Tabelle 11 Hauptkenngrößen elektrischer Energiespeicher (Batterien)

System	$Pb\text{-}PbO_2$	Ni-Cd	Ni-MH	$Zn\text{-}Br_2$	$Na\text{-}NiCl_2$	Na-S	Li-Ion
Betriebs-temperatur [°C]	0...45	-20...50	-40...50	20...40	300...350	300...350	-40...60
Energiedichte 2h Entl. [Wh/kg]	20...30	40...55	50...80	50...70	80...100	90...120	90...140
Zellspann. U_0 [V]	2,1	1,35	1,35	1,79	2,58	2,08	3,6

In der Tabelle 11 sind die wesentlichen, funktionsentscheidenden Merkmale einiger klassischer und moderner Batterien – Betriebstemperatur, Energiedichte bei Entladung in maximal 2 Stunden und die Zellspannung - dargestellt. Nach der Betriebstemperatur werden zwei Funktionsarten unterschieden – kalte Batterien bzw. Batterien mit flüssigen Elektrolyten, welche eine hohe Temperatur erfordern. Die Hochtemperaturbatterien finden allerdings aus Sicherheitsgründen bisher keine nennenswerte Anwendung im Automobilbau. Der entscheidende Nachteil der Batterien als Energiespeicher gegenüber flüssigen Kraftstoffen ist die geringe Energiedichte. Die theoretischen Werte bei einer langsamen Entladung übertreffen bei allen Ausführungen um ein Vielfaches die Werte im Falle einer Entladung innerhalb von 2 Stunden. Realistisch ist jedoch nur der letztere Fall. Ein Beispiel ist dafür bezeichnend:

Moderne LiIon-Batterien, die in Fahrzeugen wie BMW i3, Citroen c-zero, Mitsubishi i-MiEV, Ford Focus Electric, Mercedes Vito E-Cell, Nissan Leaf oder Renault Zoe eingesetzt werden, haben mit rund 100 bis 120 $\left[\frac{Wh}{kg}\right]$ die fünf- bis sechsfache Energiedichte einer gewöhnlichen Blei-Batterie. Das hat auch einen entsprechenden Preis: bis zu *750* [*Euro/kWh*] gegenüber *150* [*Euro/kWh*] für Bleibatterien. Die 100 $\left[\frac{Wh}{kg}\right]$ führen bei einer Fahrt mit einer durchschnittlichen Leistung von *20* [*kW*] während einer Stunde zu folgender Batteriemasse [*kg*]:

$$m = \frac{20[kW] \cdot 1[h]}{100\left[\frac{kWh}{10^3 kg}\right]} = 0{,}2 \cdot 10^3[kg] \tag{4.1}$$

Das sind also 200 [kg] Batterie für eine Stunde Fahrt bei einer mäßigen Leistung von 20 [kW] – was insgesamt eine Reichweite von 100 bis 150 [km] erwarten lässt.

Für den gleichen Einsatz würde eine Bleibatterie eine Tonne wiegen, etwa wie das Fahrzeug selbst. Lithium-Ionen-Batterien erreichen eine höhere Energiedichte als die anderen Varianten, wie in der Tabelle 11 angegeben, sind jedoch mit den gleichen Kosten wie Metallhydrid-Batterien verbunden – *500* bis *750* [*Euro/kWh*].

Im Bild 178 ist der Aufbau einer modernen LiIon Batterie für den Einsatz in Automobilen mit elektrischem Antrieb dargestellt.

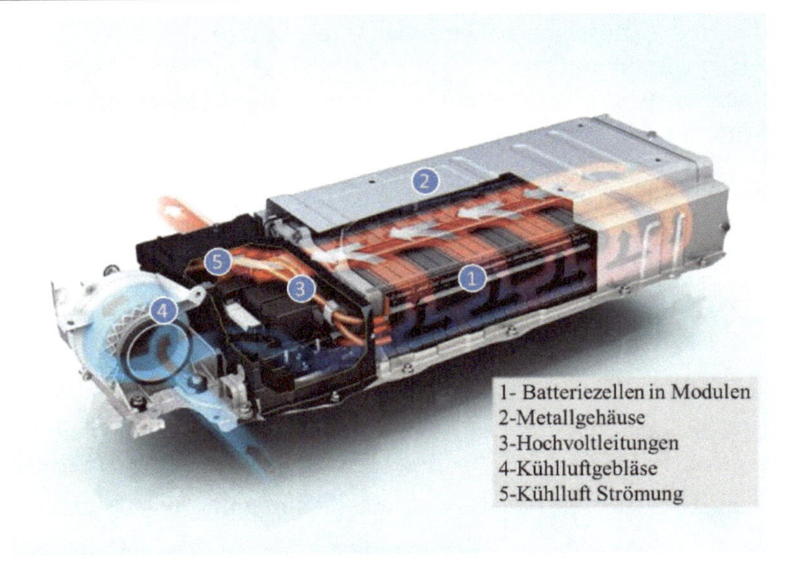

Bild 178 Moderne LiIon Batterie mit Kühlsystem für Elektrofahrzeuge

Im Bild 179 ist eine LiIon Batterie für ein Serien-Automobil mit elektrischem Antrieb dargestellt.

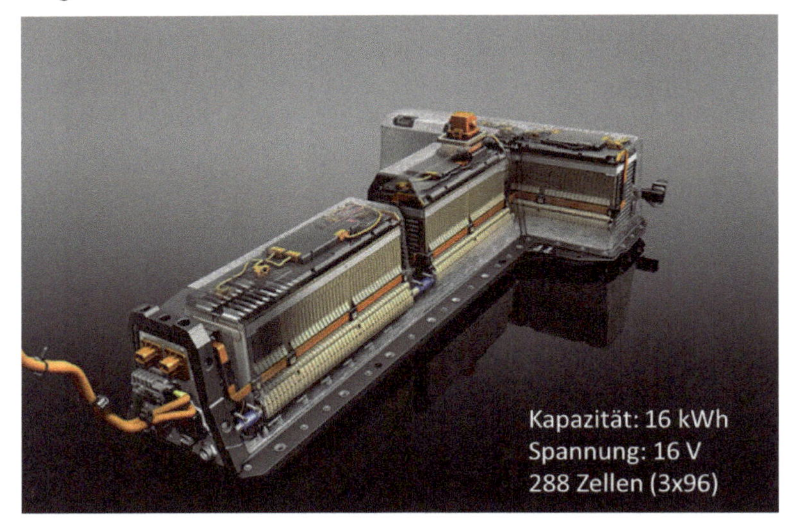

Bild 179 LiIon Batterie für Automobile mit elektrischem Antrieb *(Quelle: Audi)*

Viel Hoffnung erwecken neuere Entwicklungen wie Lithium-Metall-Polymer-Batterien (insbesondere Lithium-Kobaltdioxid) sowie Zink-Sauerstoff bzw. Zink-Luft- und Lithium-Luft-Batterien.

Es werden in der Perspektive Energiedichten um $200\left[\frac{Wh}{kg}\right]$ erwartet, bei Kosten, die im Falle einer Serienproduktion, vergleichbar mit jenen von Bleibatterien sein könnten. Das Funktionsprinzip einer Zink-Luft-Batterie und die wesentlichen chemischen Reaktionen, die zur Spannungsentstehung führen, sind im Bild 180 dargestellt. Die Anode besteht aus Zinkpulver. Die Kathode besteht aus Sauerstoff aus einer zugeführten Luftströmung. Als Elektrolyt wird Kalilauge und als Katalysator Graphit - als Stab, Pulver oder Gitter verwendet. Die Luft wird durch kleine Bohrungen zugeführt, wodurch die Oxydation des Zinks entsprechend der Reaktion im Bild 180 erfolgt.

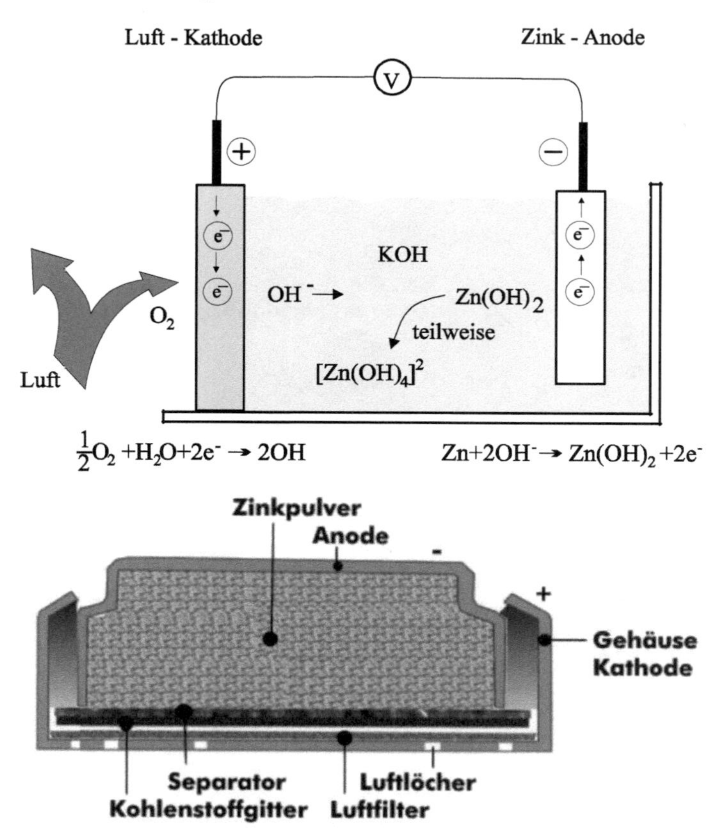

Bild 180 Zink-Luft-Batterie – Prinzipdarstellung des Entladevorganges

Für das vorher zitierte Beispiel einer Fahrt mit *20* [*kW*] während einer Stunde wäre dann nur noch eine Batterie von *100* [*kg*] erforderlich. Der Vergleich mit einem gewöhnlichen Automobil mit Dieselmotor bzw. Dieselkraftstoff wirkt in diesem

Zusammenhang dennoch sehr ernüchternd: Bei einer Dichte des Dieselkraftstoffes gemäß Tabelle 4 bedeuten *100* [*kg*] etwa *125* [l]. Bei dem Durchschnittsverbrauch eines eher schweren Fahrzeugs – Mercedes Benz E Klasse 250 CDI – von etwa *7* [*Liter/100 km*], bei einer durchschnittlichen Leistung, die weit über *20* [*kW*] liegt, beträgt die Reichweite nicht *80* [*km*] sondern *1785* [*km*]! Ein solcher Vergleich zeigt, dass die Batterie – selbst bei einer intensiven Weiterentwicklung – keine Alternative als Energiespeicher für Fahrzeugantriebe bei üblichen Reichweiten bietet. Ihre Rolle als Energiepuffer in einem Hybridsystem, zwischen dem Stromgenerator und dem elektrischen Antrieb oder als Energiespeicher für kompakte Stadtfahrzeuge bleibt allerdings unbestritten, deswegen können weitere Entwicklungen nur von Vorteil sein.

In den Bildern 181 und 182 sind Beispiele für die Konfiguration der Batterie und des elektrischen Antriebsmotors in einem kompakten Fahrzeug und in einem Transporter mit Fahrzeugrahmen dargestellt.

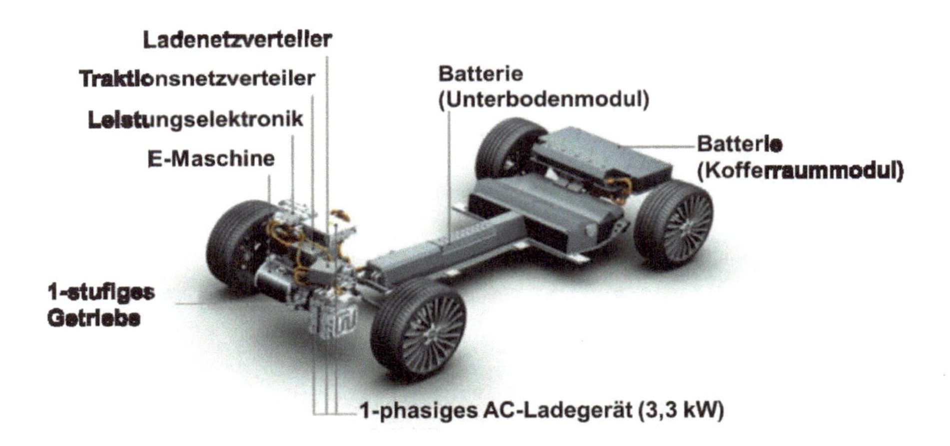

Bild 181 Konfiguration der Batterie und des elektrischen Antriebsmotors in einem Fahrzeug *(Quelle: Audi)*

Bild 182 Konfiguration der Batterie und des elektrischen Antriebsmotors in einem Transporter *(Quelle: Daimler)*

Ein interessantes Szenario beim Einsatz von Batterien als Energiespeicher mit begrenzter Kapazität ergibt sich für den städtischen Verkehr und wurde in Frankreich unter dem Projektnamen Tulip erprobt. Das Prinzip ist im Bild 183 dargestellt. Auf Parkflächen, die gleichzeitig als Ladestationen dienen, werden kompakte Stadtfahrzeuge induktiv – ohne direkten Kontakt – geladen. Solche Areale können in allen Parkhäusern und vielmehr in allen Mietwagenstationen geschaffen werden. Die Reichweite einer täglichen Stadtfahrt übersteigt statistisch kaum 50 [km]. In einem Vermietungssystem wird das Konzept besonders interessant: Die Mietwagenstationen der jeweiligen Stadt können per GPS vom Fahrzeug aus lokalisiert werden, sie können gleichzeitig zum Parken und Laden benutzt werden, die Abrechnung erfolgt per Karte oder – wie beim modernen Fahrradverleihsystem – per SMS. Ein Fahrzeug- oder Fahrzeug- und Parkhauswechsel innerhalb der Stadt, je nach Tagesprogramm, ist besonders einfach. Das Problem bleibt die Form der Versorgung mit Elektroenergie für die Ladestationen selbst. In Frankreich wird die Elektroenergie vorwiegend in Kernkraftwerken produziert, dadurch entsteht im gesamten energetischen Prozess kein Kohlendioxid bzw. kein Schadstoff. Im Kap. 1.3 / Bild 26 wurde bereits analysiert mit welchen Energieträgern Elektroenergie in stationären Anlagen mit welchen Vor- und Nachteilen herstellbar ist.

Selbst wenn die kontaktlose, induktive Ladung in Parkhäusern aufgrund des technischen und finanziellen Aufwandes sich nur langsam oder mäßig durchsetzen wird, ebnet dieses Konzept den Weg zu einem einfachen und rentablen Car-Sharing in Städten.

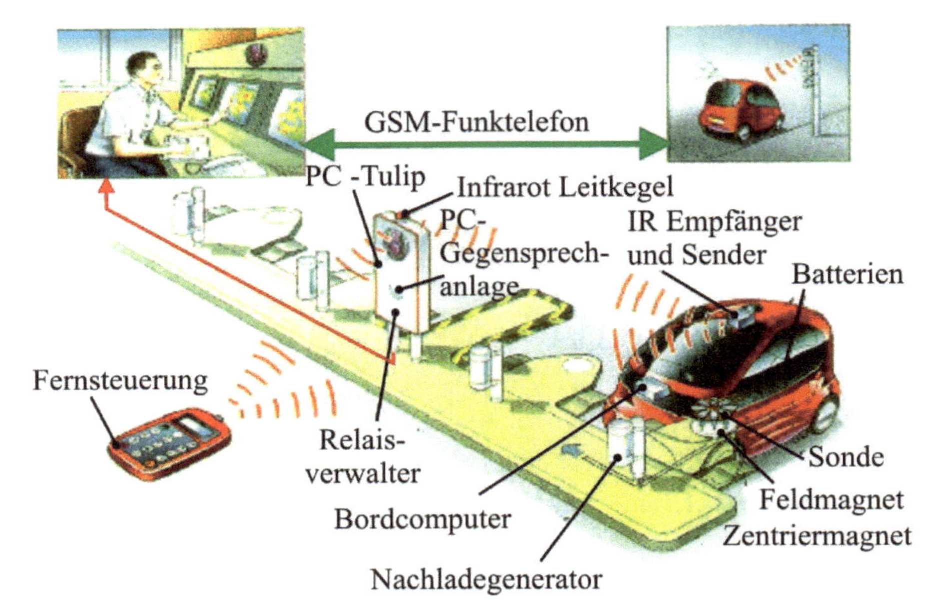

Bild 183 „Tulip" Park-and-Charge System für Automobile mit elektrischem Antrieb

Wenn die Anzahl der Fahrzeuge entsprechend Nachfrage und vorhandene Parkfläche optimiert wird, ist es belanglos ob eine Anzahl von Fahrzeugen (tagsüber) oder fast alle Fahrzeuge (nachts) an konventionellen Steckdosen gebunden bleiben.

In gleicher Art und Weise sind für ländliche Gebiete Car-Sharing-Stationen neben den klassischen Tankstellen empfehlenswert.

Vor einiger Zeit wurde für Israel und für Dänemark – Länder mit kurzen Wegen, mit einfachen Fahrprofilen und mit Möglichkeit der Nutzung von Sonnen- bzw. Windenergie für Stromerzeugung – ein weiteres Konzept aufgebaut: um die erwünschte Reichweite zu erreichen, werden dafür Batterie-Austauschstationen hergerichtet. Die Batterien werden dabei von einer Grube aus in den Fahrzeugboden in wenigen Minuten eingebaut. Der technische und finanzielle Aufwand, die Gewährung der Fahrzeugsteifigkeit, Fahrkinematik und -dynamik und das Verhalten bei Vibrationen und Umgebungsbedingungen waren beachtliche Nachteile, die eine Einführung dieses Konzeptes hinderten. Ein Wagentausch erscheint zunächst als einfacher und effektiver als ein Batterietausch.

4.4 Elektroenergiewandler an Bord: Brennstoffzellen

Die Speicherung von Elektroenergie an Bord eines Automobils mittels Batterien kann durch unmittelbare Umwandlung anderer Energieformen – aus Energieträgern, die günstiger gespeichert werden können, in Elektroenergie, umgangen werden. Diese Form der Energieumwandlung wurde bereits 1839 vom britischen Physiker Sir William Robert Grove als „umgekehrte Elektrolyse" erfolgreich erprobt. Die Elektroden dieses Ur-Hybrids zwischen Batterie und Brennstoffzelle bestanden aus Platinstreifen, die ursprünglich in angesäuertem Wasser, lagen und waren vom Wasserstoff bzw. vom Sauerstoff umgeben, wie aus dem Bild 184 erkennbar.

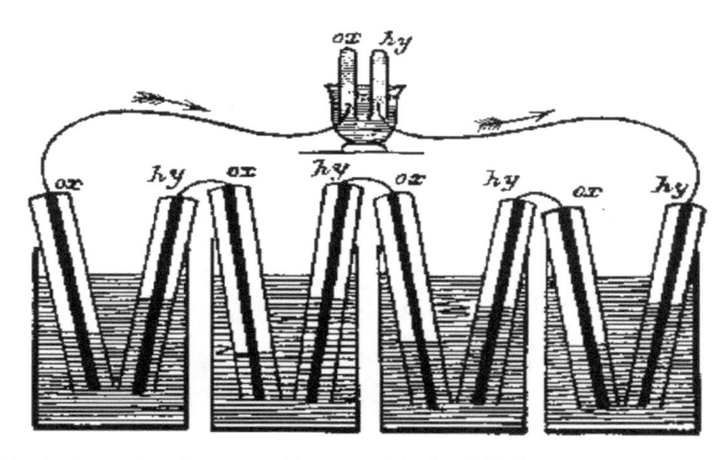

Bild 184 Funktionsweise der ersten Brennstoffzelle (1839)

In einer weiteren Ausführung wurde von Grove Schwefelsäure als Elektrolyt verwendet, die Wasserstoffversorgung durch die Reaktion der Säure auf Zink realisiert und der Sauerstoff mittels einer Luftströmung zugeführt.
Die daraus ableitbare Analogie mit den modernsten Luft-Zink-Batterien einerseits und mit den zukunftsweisenden Brennstoffzellen andererseits zeigen einen Entwicklungsweg, der die Technik in vielen Fällen prägt: Neuste Konzepte haben sehr oft bereits physikalisch erprobten Vorfahren, darüber hinaus ist eine technische Entwicklung eher stetig als sprunghaft und revolutionär, auch wenn eine neue Qualität erreicht wird. Die Zink-Luft-Batterie ist in diesem letzten Zusammenhang ein funktionelles Bindeglied zwischen Batterien – mit reiner Speicherung von Komponenten – und Brennstoffzellen – mit kontinuierlicher Komponentenzufuhr als Massenströmungen. Der Durchbruch der Brennstoffzelle auf Basis reiner Wasserstoff-/Sauerstoffströmungen über leichte Katalysatorelektroden in alkalisch-wässrigen Elektrolyten gelang in den fünfziger Jahren, forciert von besonderen Anforderungen bei der Stromerzeugung für die Raumfahrt.
Das Funktionsprinzip einer Brennstoffzelle ist im Bild 185 dargestellt.

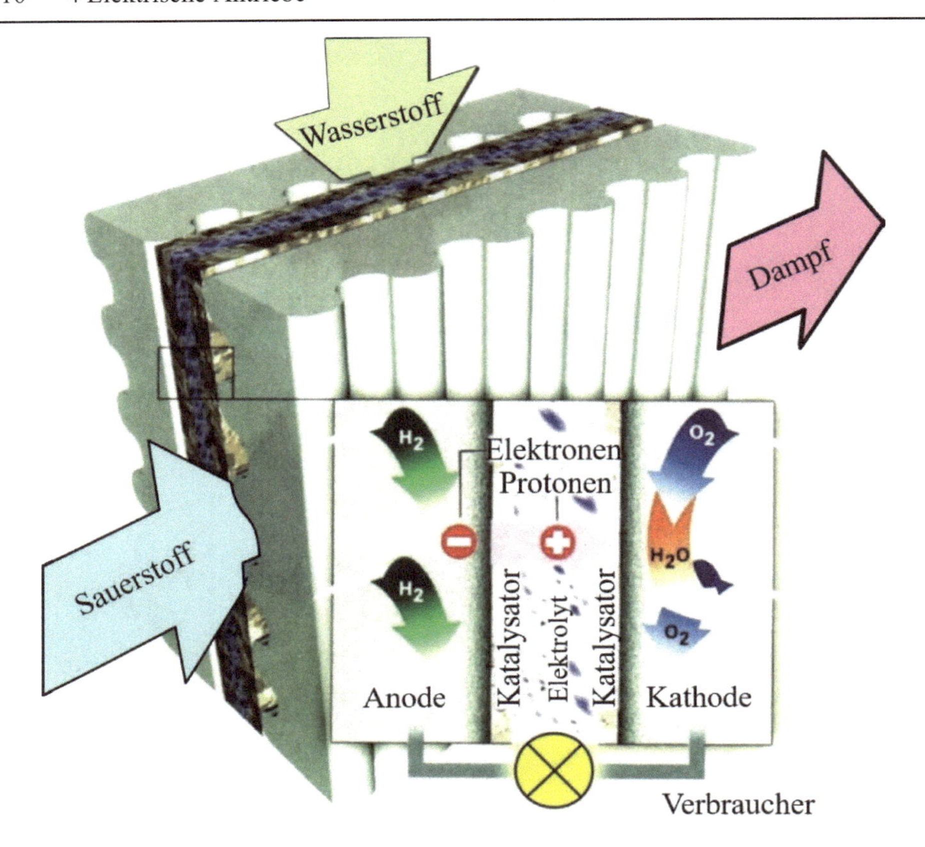

Bild 185 Energieumwandlung in einer Brennstoffzelle

Die Strömungen von Wasserstoff und Sauerstoff werden von Elektrolyten getrennt, der im Zusammenwirken mit einem Katalysator einen Protonenaustausch von Wasserstoff zum Sauerstoff bewirkt. Folgende Reaktionen kommen dadurch zustande:

Anode: $$H_2 \rightleftarrows 2H^+ + 2e^- \tag{4.2}$$

Kathode: $$2H^+ + \frac{1}{2}O_2 + 2e^- \rightleftarrows H_2O \tag{4.3}$$

Gesamtreaktion: $$H_2 + \frac{1}{2}O_2 \rightleftarrows H_2O \tag{4.4}$$

In der Tabelle 12 sind die bisher realisierten oder untersuchten Arten von Brennstoffzellen sowie ihre Charakteristika und Einsatzgebiete dargestellt.

Tabelle 12 Elektrolyten für Brennstoffzellen und ihre Anwendungsgebiete

TYP	ELEKTROLYT	ARBEITSTEMP	BESONDERHEITEN	ANWENDUNGEN
AFC Alkaline Fuel Cell	wässrige Kalilauge	60 bis 120°C	hoher Wirkungsgrad, geeignet nur für reinen Sauerstoff und Wasserstoff	Raumfahrt, Verteidigungstechnik
DMFC Direkt-Menthol Fuel Cell	Protonenleitende Membran	50 bis 120°C	direkter Betrieb mit Methanol	kleine Fahrzeuge, Gabelstapler, Militärische Anwendung
HT-PEMFC Hochtemperatur Proton Exchange Membran Fuel Cell	Protonenleitende Membran	120°C bis 200°C	Entfall des komplexen Wassermanagements	Hausenergieversorgung
NT-PEMFC Niedertemperatur Proton Exchange Membran Fuel Cell	Protonenleitende Membran	20 bis 120°C	sehr flexibles Betriebsverhalten, hohe Leistungsdichte	Fahrzeuge, dezentrale Stromerzeugung, BHKW (kleinere Anl.)
PAFC Phosphoric Acid Fuel Cell	Phosphorsäure	160 bis 220°C	Begrenzter Wirkungsgrad, Korrosionsprobleme	dezentrale Stromerzeugung, Strom-Wärme-Kopplung
MCFC Molten Carbonate	Geschmolzene Karbonate	600 bis 650°C	Komplexe Prozessführung, Korrosionsprobleme	zentrale und dezentrale Stromerzeugung, Strom-Wärme-Kopplung
SOFC Solid Oxide Fuel Cell	Festes Zirkonoxyd	850 bis 1000°C	Elektrische Energie direkt aus Erdgas, Keramiktechnologie	zentrale und dezentrale Stromerzeugung, Strom-Wärme-Kopplung

- **Alkaline Brennstoffzellen – AFC (Alkaline Fuel Cells)** nutzen als Elektrolyt Kalilauge und haben den Vorteil des höchsten Wirkungsgrades aller Ausführungsformen. Bedingt durch die Kalilauge ist nur ein Betrieb mit reinem Wasserstoff und Sauerstoff möglich, was ihre bevorzugte Nutzung in der Raumfahrttechnik begründet.

- **Direkt-Methanol-Brennstoffzellen (DMFC)** können direkt mit Methanol betrieben werden. Somit entfällt der aufwendige Zwischenschritt der Wasserstoffgewinnung aus dem mitgeführten Methanol, wie es derzeit in verschiedenen Ausführungen umgesetzt ist. Der Arbeitstemperaturbereich von *50* [*°C*] bis *120* [*°C*] entspricht dem konventionellen Verbrennungsmotoren, womit dem Einsatz der DMFC im Automobilbereich nichts entgegensteht.
- **Hochtemperatur-Protonenleitende Polymembran Brennstoffzellen (HT-PEMFC)** können ohne zusätzliches Wasser in der Brennstoffzelle betrieben werden. Die neuentwickelte Polybenzimidazol-Membran erlaubt den direkten Einsatz von Phosphorsäure als Ladungsträger, welche den Protonenaustausch gewährleistet.
- **Niedertemperatur Protonenleitende Polymermembran Brennstoffzellen PEM (Proton Exchange Membrane Fuel Cell)** haben den Vorteil einer sehr hohen Leistungsdichte bei Arbeitstemperaturen von *20* [*°C*] bis *120* [*°C*]. Ihr flexibles Betriebsverhalten und die Möglichkeit, den Sauerstoff aus einer Luftströmung zu nutzen, kommt einer Nutzung im Fahrzeug am nächsten von allen Arten.
- **Phosphorsäure Brennstoffzellen – PAFC (Phosphoric Acid Fuel Cell)** arbeiten bei höheren Temperaturen als die AFC und PEM Ausführungen (*180* [*°C*] bis *220* [*°C*]) mit einem eher begrenzten Wirkungsgrad und sind teilweise korrosionsbehaftet. Sie finden vor allem in dezentralen Strom-Wärme-Kopplungsanlagen im Leistungsbereich um *200* [*kW*] Anwendung.
- **Brennstoffzellen mit geschmolzenen Karbonaten MCFC (Molten Carbonate Fuel Cell)** arbeiten bei vergleichsweise hohen Temperaturen, um *650* [*°C*] und werden trotz der komplexen Prozessführung und der Korrosionsempfindlichkeit intensiv für die dezentrale Energieversorgung – auf Grund ihrer Eignung für die Arbeit mit Kohlegas – weiterentwickelt.
- **Fest-Oxid Brennstoffzellen – SOFC (Solid Oxide Fuel Cells)** arbeiten bei den höchsten Temperaturen unter allen Arten von Brennstoffzellen (*850* [*°C*] bis *1000* [*°C*]) auf Basis eines festen Elektrolyten, bestehend aus Zirkonoxid. Der erwartete hohe Wirkungsgrad, bei der Gewinnung elektrischer Energie direkt aus Erdgas begründet ihre zügige Entwicklung für zentrale und dezentrale Strom-Wärme-Kopplungsanlagen.

Die Reaktion zwischen Wasserstoff und Sauerstoff führt neben der elektrischen Polarisierung zur Bildung neuer Moleküle – beim Betrieb mit reinem Wasserstoff und Sauerstoff entsteht Wasser – was auch einen Energieaustausch in Form von

Wärme impliziert. Die Ähnlichkeit mit der Kinetik der Verbrennungsprozesse [1] wird dabei sehr deutlich. Für jede beteiligte Komponente gilt grundsätzlich:

$$\overline{G} = \overline{H} - T\overline{S} \tag{4.5}$$

$\overline{G}\left[\frac{kJ}{kmol}\right]$	molare freie Reaktionsenthalpie der jeweiligen Komponente
$\overline{H}\left[\frac{kJ}{kmol}\right]$	molare Enthalpie der jeweiligen Komponente
$T\,[K]$	Temperatur der Reaktion
$\overline{S}\left[\frac{kJ}{kmolK}\right]$	molare Entropie

Die freie Reaktionsenthalpien der Komponenten $\overline{G}_{H_2}$, $\overline{G}_{O_2}$, $\overline{G}_{H_2O}$ sowie weiterer Komponenten bei Beteiligung anderer Stoffe sind temperaturabhängig. Ihre Werte können aus thermodynamischen Tabellen in Abhängigkeit vom Stoff und seiner Temperatur ermittelt werden. Für die Gesamtreaktion gilt als gesamte freie Enthalpie $(\Delta\overline{G}_R)$ bei Reaktion von Wasserstoff und Sauerstoff zu Wasser:

$$\Delta\overline{G}_R = \overline{G}_{H_2O} - \left(\overline{G}_{H_2} + \frac{1}{2}\overline{G}_{O_2}\right) \tag{4.6}$$

entsprechend der chemischen Reaktion

$$H_2O \rightleftarrows H_2 + \frac{1}{2}O_2 \tag{4.7}$$

Unter Annahme eines idealen, reversiblen Prozesses gilt dann:

$$\Delta\overline{G}_R = -n \cdot U_{rev} \cdot F \tag{4.8}$$

$$n \quad [-] \quad Anzahl\,der\,ausgetauschten\,Elektronen$$
$$U_{rev} \, [V] \quad reversible\,Zellspannung\,(in\,der\,Brennstoffzelle)$$
$$F \quad \left[\frac{C}{kmol}\right] Faraday-Konstante \; F = 96{,}5\left[\frac{C}{kmol}\right]$$

Bei einer Reaktion ohne Wärmeaustausch (kalte Reaktion) könnte die gesamte freie Enthalpie in elektrische Spannung umgewandelt werden. Bei 25 [°C] würde die Zellspannung $U_K = 1{,}23\,[V]$ betragen. Eine Reaktion mit Wärmeaustausch führt zur Änderung der tatsächlichen Zellspannung (U_z).

Es gilt:

$$\dot{q} = (U_K - U_Z) \cdot \frac{I}{A} \tag{4.9}$$

$$\dot{q} \quad \left[\frac{W}{m^2}\right] \quad -Wärmestromdichte$$
$$I \quad [A] \quad -Strom$$
$$A \quad [m^2] \quad -stromdurchquerte\,Fläche$$

Dieser Betrag wird – ähnlich dem Heizwert bei der Verbrennung – mit der Verdampfungsenthalpie des verdampften Massenanteils des Wassers noch gemindert.

$$\dot{q} = (U_K - U_Z - \dot{m}h_{H_2O}) \cdot \frac{I}{A} \tag{4.10}$$

$$\dot{m} \quad \left[\frac{kg}{s}\right] \quad -Wasserdampfstrom$$
$$h_{H_2O} \left[\frac{W}{kg}\right] \quad -spez.\,Verdampfungsenthalpie\,des\,Wassers$$

Ähnlich der im Kap. 2.2 analysierten Verbrennungsprozesse in Wärmekraftmaschinen ist nicht nur die Reaktion des Wasserstoffs mit Sauerstoff aus der Luft, sondern – anstatt Wasserstoff – ein Kohlenwasserstoff (Benzin, Dieselkraftstoff) oder ein Alkohol (Methanol, Ethanol) als Träger von Wasserstoff möglich. Ab dieser Stelle ist ein direkter Vergleich der Reaktionen und Prozesse in der Brennkammer einer Wärmekraftmaschine bzw. entlang der Membrane einer

Brennstoffzelle für automobile Anwendung möglich. Die Ähnlichkeiten und Unterschiede zwischen den zwei Prozessformen sind im Bild 186 zusammengefasst.

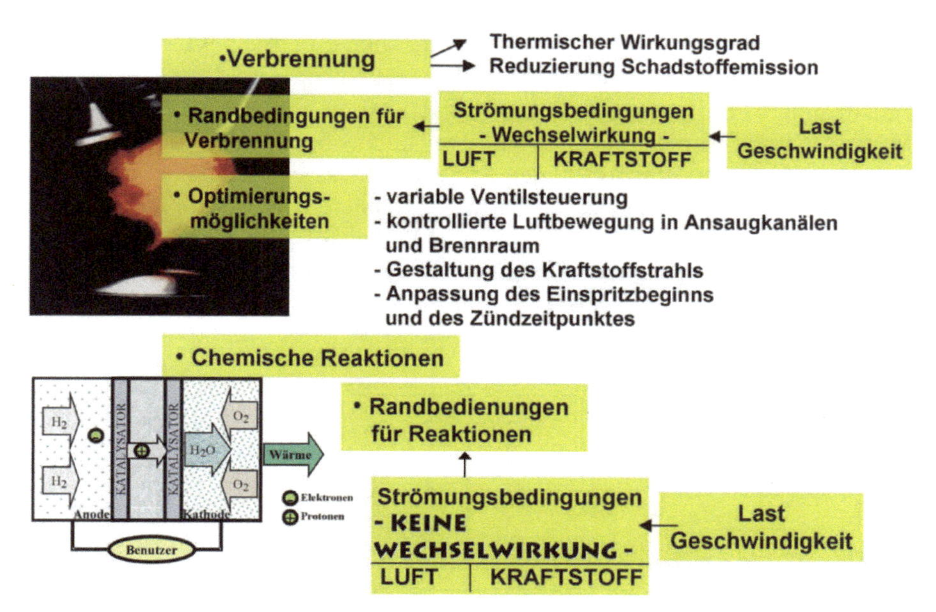

Bild 186 Prozessdifferenzen zwischen der Verbrennung in einem Kolbenmotor und der Reaktion in einer Brennstoffzelle

Bei der ersten Betrachtung scheint der Prozess in der Brennstoffzelle bessere Voraussetzungen für einen effizienten Ablauf zu haben, die einen höheren Wirkungsgrad bei der Umwandlung der zugeführten Energie erwarten lassen. Eine grundsätzliche Bedingung der Verbrennung ist die Mischung der Komponenten Luft und Kraftstoff und darüber hinaus eine starke Turbulenz. Die stöchiometrische, gleichmäßige Verteilung der Komponenten im Brennraum und ihre kontrollierte Bewegung kann nur unter exakt definierten Strömungsbedingungen mehr oder weniger gelingen. Änderungen von Last, Drehzahl oder lokaler thermodynamischer Zustandsgrößen können diese Prozesssteuerung erheblich stören. Einige Kompensations- und Optimierungsmöglichkeiten des Verbrennungsvorgangs – von der variablen Ventilsteuerung bis zur Anpassung des Einspritzbeginns und des Zündzeitpunktes – wurden im Kap. 2.2 analysiert und sind im Bild 186 als Beispiele aufgeführt. Wie im Bild 186 auch dargestellt, hat der Prozess in einer Brennstoffzelle weitaus bessere Voraussetzungen für einen steuerbaren, optimierbaren Ablauf. Die Reaktionskomponenten sind grundsätzlich voneinander getrennt, was eine bessere Gestaltung und Kontrolle ihrer Massenströme entlang der Membrane erlaubt. Die Strömungen sind prinzipiell eindimensional, was die Steuerung des Austausches weiter vereinfacht. Allerdings muss die Austauschfläche dann vergrößert werden, wenn die Leistungsanforderung steigt. Bei einer begrenzten Fläche der Anlage führt das zur Bildung mehrerer Lagen, in Sandwich-Bauweise, und weiter zur Bildung labyrinthartigen Flächen, die in einem kompakten Volumen unerlässlich werden. Die Analogie zwischen elektrischem Strom in der Brennstoffzelle und Wärmestrom in einem Wärmetauscher wird dabei offensichtlich. Die Strömungsumkehrungen führen jedoch oft zu Turbulenz, Pulsationen und lokalen Kavitationserscheinungen. Darüber hinaus beeinträchtigt eine rasche Beschleunigung oder Verzögerung der Strömungen – entsprechend der vom elektrischen Antrieb momentan geforderten Leistung – diesen Strömungsablauf erheblich mehr. Ein höherer Wirkungsgrad im Brennstoffzellenprozess im Vergleich zum Verbrennungsprozess kann demzufolge im stationären Betrieb und bei relativ geringen Leistungen erwartet werden, die eine günstige Gestaltung der Strömungsbedingungen erlauben.

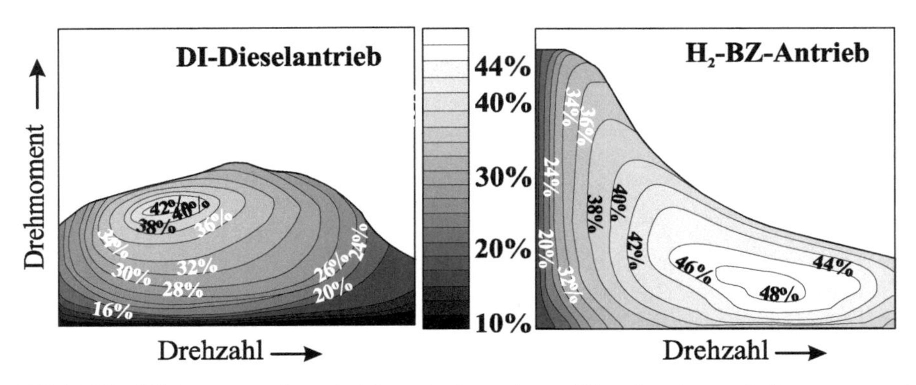

Bild 187 Wirkungsgradvergleich zwischen einem Dieselmotor und einer wasserstoffbetriebenen Brennstoffzelle für automobilen Antrieb

Im Bild 187 ist ein Vergleich der Wirkungsgrade zwischen einem Dieselmotor und einer Brennstoffzelle auf Wasserstoffbasis dargestellt, welcher den Vorteil der Brennstoffzelle, in Verbindung mit einem elektrischen Antrieb, bei kleiner Last bestätigt. Dieser Vergleich zwischen beiden Varianten zeigt keine spektakulären Vorteile der Brennstoffzelle in Bezug auf den Wirkungsgrad. Die Angaben im Bild 187 stammen übrigens nicht von Dieselmotorenbauern, sondern von Brennstoffzellenentwicklern.

Der Aufbau einer Brennstoffzelleneinheit (Stack) mit protonenleitender Polymermembrane (PEM), die auf Basis zugeführter Wasserstoff- und Luftmassenströme funktioniert und für automobilen Einsatz entwickelt wurde, ist im Bild 188 dargestellt.

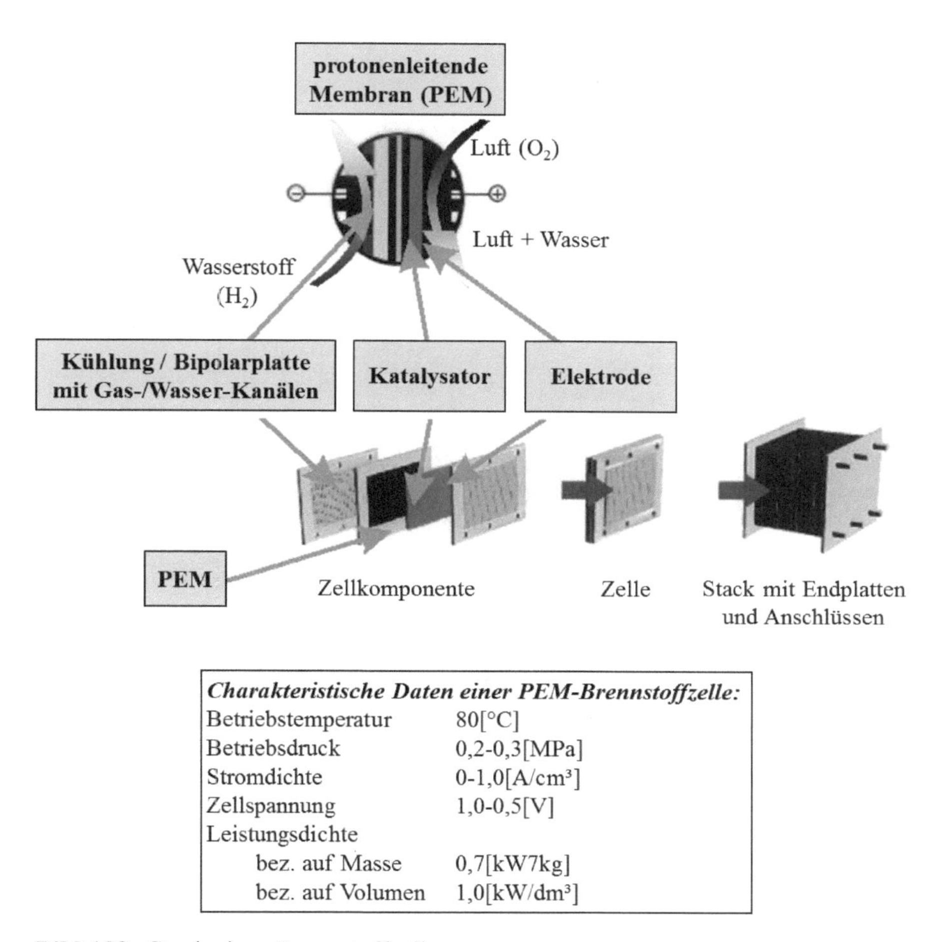

Charakteristische Daten einer PEM-Brennstoffzelle:	
Betriebstemperatur	80[°C]
Betriebsdruck	0,2-0,3[MPa]
Stromdichte	0-1,0[A/cm³]
Zellspannung	1,0-0,5[V]
Leistungsdichte	
bez. auf Masse	0,7[kW7kg]
bez. auf Volumen	1,0[kW/dm³]

Bild 188 Stack einer Brennstoffzelle

Der Betriebsdruck von *0,2* bis *0,3* [*MPa*] wird mittels Kompressor abgesichert. Die Stromdichte pro Einheit beträgt bis zu *1* [*A/cm²*], die Zellspannung *0,5* bis *1* [*V*]. Die angegebene Leistungsdichte zeigt eindeutig eine andere Größenordnung als bei der Speicherung der Elektroenergie in Batterien. Die Anordnung der Brennstoffzellenstacks und der übrigen Komponenten eines Brennstoffzellensystems in einem Kompaktauto sind im Bild 189 ersichtlich.

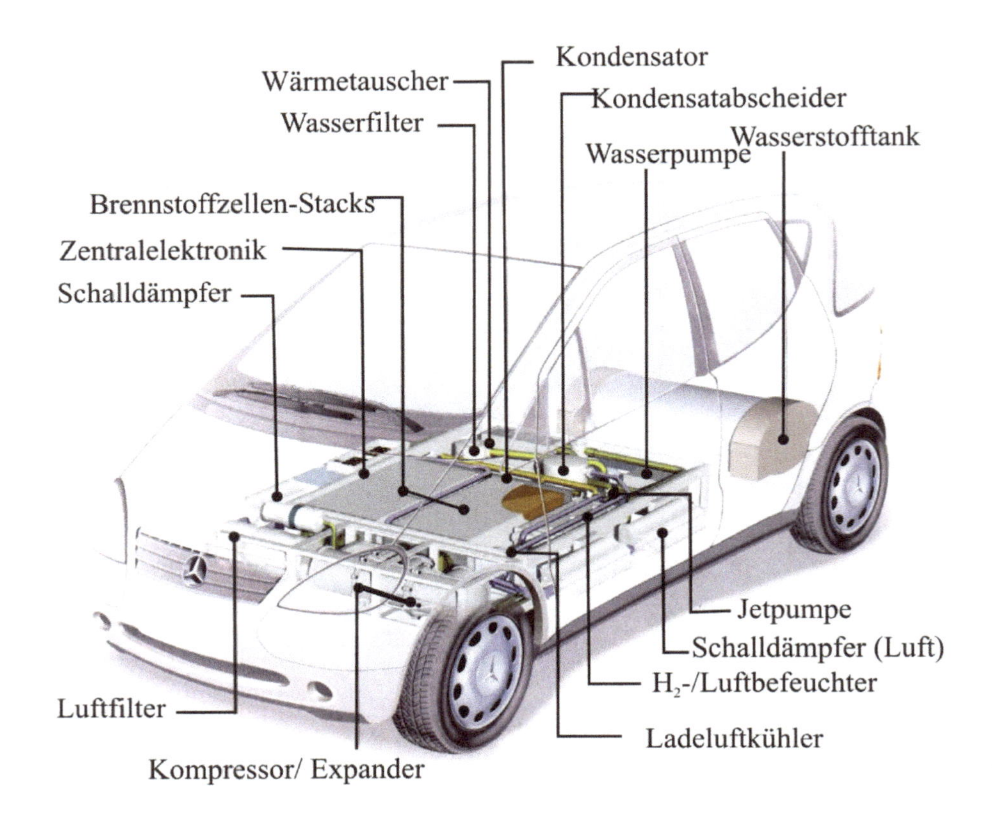

Bild 189 Anordnung der Funktionsmodule einer wasserstoffbetriebenen Brennstoffzelle in einem Automobil *(Quelle: Daimler)*

Die Funktionsgruppen werden in modularer Bauweise auf einer Plattform aufgebaut. Wie im Kap. 3.5 / Bild 159 im Falle der Funktion eines Ottomotors mit Wasserstoff, ist auch bei der Brennstoffzelle auf Wasserstoffbasis die Speicherung des Energieträgers eines der wesentlichen Entwicklungsprobleme. Der Wasserstofftank braucht für das Brennstoffzellenauto – wie aus dem Bild 189 und Bild 190 ersichtlich – ein ähnliches Volumen, es beruht auch auf der gleichen, komplexen Speichertechnik.

Bild 190 Automobil mit Elektromotorantrieb auf Basis einer wasserstoffbetriebenen Brennstoffzelle *(Quelle: Toyota)*

Ein Rollentausch entsprechend der möglichen Pfade im Bild 26 wird in diesem Zusammenhang nahe liegend. Wenn der Ottomotor mit dem klassischen Energieträger der Brennstoffzelle – Wasserstoff – effizient funktioniert, so können auch die konventionellen oder alternativen Kraftstoffe für Otto- und Dieselmotoren – Kohlenwasserstoffe und Alkohole – in Brennstoffzellen eingesetzt werden. Voraussetzung für eine solche Funktion ist, dass in einer vorgeschalteten Reaktion aus den Molekülen des jeweiligen Energieträgers – des Typs C_mH_n oder $C_mH_nO_p$ – der Wasserstoff entzogen wird, um dann entlang der protonenleitenden Membrane geleitet zu werden. Der Vorteil ist die einfache Speicherung des Energieträgers, bei hoher Energiedichte, unter Umgebungsbedingungen. Ein Nachteil ist in technischer Hinsicht die Integration eines neuen Moduls, des Reaktors zur Gewinnung des Wasserstoffs. Eine Konsequenz mit größerer Tragweite bei der Gewinnung des Wasserstoffs an Bord aus Kohlenwasserstoffen oder Alkoholen ist die von den beteiligten Elementen bedingte Bildung von Kohlendioxid. Selbst im Falle ideal ablaufender Reaktionen – die mehr oder weniger mit ähnlicher

Wahrscheinlichkeit wie im Brennraum von Kolbenmotoren vorkommen – gilt grundsätzlich:

- Für die Bildung von Wasserstoff aus einem Alkohol – beispielsweise aus Methanol:

$$CH_3OH + H_2O \rightleftarrows CO_2 + 3H_2 \tag{4.11}$$

  Das Wasser wird dabei als Dampf, üblicherweise bei etwa 300 [°C] der Reaktion zugeführt.

- Für die Bildung von Wasserstoff aus einem Kohlenwasserstoff – Otto- oder Dieselkraftstoff – beispielsweise Oktan:

$$2C_8H_{18} + 17O_2 \rightleftarrows 16CO + 18H_2O \tag{4.12}$$

$$16CO + 16H_2O \rightleftarrows 16H_2 + 16CO_2 \tag{4.13}$$

  Das Wasser wird bei der Umsetzung des Kohlenmonoxids in Kohlendioxid als Dampf, bei einer Temperatur bis zu 900 [°C] der Reaktion zugeführt.

Der Vergleich zwischen Kolbenmotoren und Brennstoffzellen zeigt, dass bei Nutzung gleicher Energieträger grundsätzlich auch gleiche Reaktionsprodukte entstehen:

- bei Wasserstoff/Luft → Wasser
- bei Benzin/Luft

  Dieselkraftstoff/Luft

  Ethanol/Luft

  Methanol/Luft → Wasser und Kohlendioxid

  (bei Brennstoffzellen wird im zweiten Fall zusätzlich Wasserdampf zugeführt).

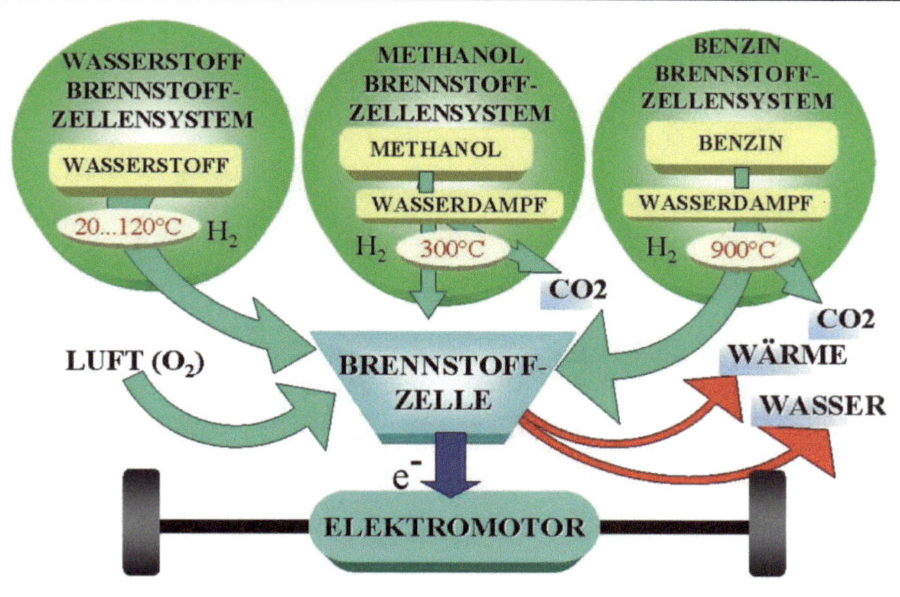

Bild 191 Reaktionsprodukte aus Brennstoffzellen beim Betrieb mit gleichen Energieträgern wie bei Verbrennungsmotoren

Diese Zusammenhänge sind im Bild 191 dargestellt. Außer der Reaktionsprodukte entsteht in der Brennstoffzelle auch Wärme, wie bereits erwähnt, die den Wirkungsgrad bei der Umsetzung der zugeführten chemischen Energie in Elektroenergie reduziert. Die Bildung von Schadstoffen, bei Reaktionen, die nicht ideal verlaufen, ist bei Brennstoffzellen wie bei Kolbenmotoren möglich – wie in einem weiteren Beispiel dargestellt wird.
So ist die Umsetzung von Methanol und Wasser in Wasserstoff und Kohlendioxid in der beschriebenen Form

$$CH_3OH + H_2O \rightleftarrows CO_2 + 3H_2 \qquad (4.14)$$

eher als ideal zu betrachten.

Unter realen Prozessbedingungen wird häufig folgender Ablauf festgestellt:

$$CH_3OH \rightleftarrows CO + 2H_2 \quad (exotherm) \qquad (4.15)$$

$$CO + H_2O \rightleftarrows CO_2 + H_2 \quad (endotherm) \qquad (4.16)$$

Die exotherme Reaktion der Methanolspaltung ist dabei prozessbestimmend. Nach anderen Analysen kommt auch eine partielle Oxidation des Methanols vor:

$$CH_3OH + \frac{1}{2}O_2 \rightleftarrows CO_2 + 2H_2 \quad (endotherm) \tag{4.17}$$

als Ergebnis der Teilreaktionen

$$CH_3OH \rightleftarrows \frac{1}{2}O_2 \leftrightarrow CO + 2H_2 + H_2O \tag{4.18}$$

$$CO + H_2O \rightleftarrows CO_2 + H_2 \tag{4.19}$$

Die Reaktionsbedingungen im Reaktor, sowie die Dauer des Prozesses bestimmen – wie bei der Dissoziation während der Verbrennung in Brennräumen von Verbrennungsmotoren – die Bildung von Zwischenprodukten, die oftmals Schadstoffe sind. Folgende Beispiele sind dafür bezeichnend:

$$CO + 3H_2 \rightleftarrows CH_4 + H_2O \quad \text{(endotherm)} \tag{4.20}$$

$$CO_2 + 4H_2 \rightleftarrows CH_4 + 2H_2O \quad \text{(endotherm)} \tag{4.21}$$

$$2CO \rightleftarrows C^{1)} + CO_2 \quad \text{(endotherm)} \tag{4.22}$$

$$CO + H_2 \rightleftarrows C^{1)} + H_2O \quad \text{(endotherm)} \tag{4.23}$$

$$CH_4 \rightleftarrows C^{1)} + 2H_2 \quad \text{(exotherm)} \tag{4.24}$$

$$CH_3OH \rightleftarrows CH_2O^{2)} + H_2 \quad \text{(exotherm)} \tag{4.25}$$

$$CH_2O + H_2O \rightleftarrows CHO_2H^{3)} + H_2 \quad \text{(exotherm)} \tag{4.26}$$

$$2CH_3OH \rightleftarrows CH_3OCH_3^{4)} + H_2O \quad \text{(exotherm)} \tag{4.27}$$

$$CH_3OH + H_2O \rightleftarrows CH_3O_2H^{5)} + H_2 \quad \text{(exotherm)} \tag{4.28}$$

Dabei sind:
1) – Kohlenstoff in fester Phase (Ruß)
2) - Formaldehyd
3) - Ameisensäure
4) - Dimethylether
5) - Methylformiat

Unerwünschte Produkte können gewiss mittels Steuerung der Reaktionstemperaturen und -drücke zum großen Teil vermindert werden. Eine bemerkenswerte Analogie mit den Prozessen im Brennraum eines Kolbenmotors ist dennoch feststellbar. Bei einer unvollständigen Verbrennungsreaktion – bei Einfrieren der Flammenfront, Reaktionen an der kalten Brennraumwand oder flüssigen Kraftstoffkernen – gilt beispielsweise, auch bei stöchiometrischem Kraftstoff/Luftverhältnis:

$$2C_8H_{18} + 25O_2 \rightleftarrows 16CO + 18H_2O + 8O_2 \tag{4.29}$$

Die gleichen Gründe, insbesondere flüssige Kraftstoffkerne können zu Rußbildung führen. Bei Verbrennungstemperaturen im üblichen Temperaturbereich, insbesondere über 1500 [°C] nimmt die Wahrscheinlichkeit einer Wassergasreaktion nach dem gleichen Muster wie bei der Umsetzung von Methanol in Wasserstoff (4.16):

$$CO + H_2O \rightleftarrows CO_2 + H_2 \quad (endotherm) \tag{4.30}$$

stark zu.

Weitere Dissoziationsreaktionen mit hoher Wahrscheinlichkeit sind bei der Verbrennung in Kolbenmotoren [1]:

$$\begin{aligned} &CO + \frac{1}{2}O_2 \rightleftarrows CO_2 &\qquad &H + H \rightleftarrows \frac{1}{2}H_2 \\ &OH + \frac{1}{2}H_2 \rightleftarrows H_2O &\qquad &O + O \rightleftarrows \frac{1}{2}O_2 \\ &H_2 + \frac{1}{2}O_2 \rightleftarrows H_2O &\qquad &NO \rightleftarrows \frac{1}{2}N_2 + \frac{1}{2}O_2 \end{aligned} \tag{4.31}$$

Das Gleichgewicht bei der Bildung von End- oder Anfangsprodukten in diesen Reaktionen wird von der freien Reaktionsenthalpie, in Abhängigkeit der Reaktionstemperatur, bestimmt.

Diese Ähnlichkeit der Zusammenhänge während der chemischen Reaktionen zeigt eindeutig, dass die Brennstoffzelle keine prinzipiellen, prozessbedingten Vorteile gegenüber der Verbrennung in einer Wärmekraftmaschine hat. Vielmehr geht es um die Schaffung solcher thermodynamischen Bedingungen in der einen oder der anderen Variante, die zu einem hohen Wirkungsgrad und zu einer niedrigen Schadstoff- und Kohlendioxidemission führen. Die technische Komplexität der jeweiligen Maschine, die erzielbare Leistungsdichte und nicht zuletzt der Preis entscheiden zusammen mit den erwähnten Kriterien über die effektivere Alternative.

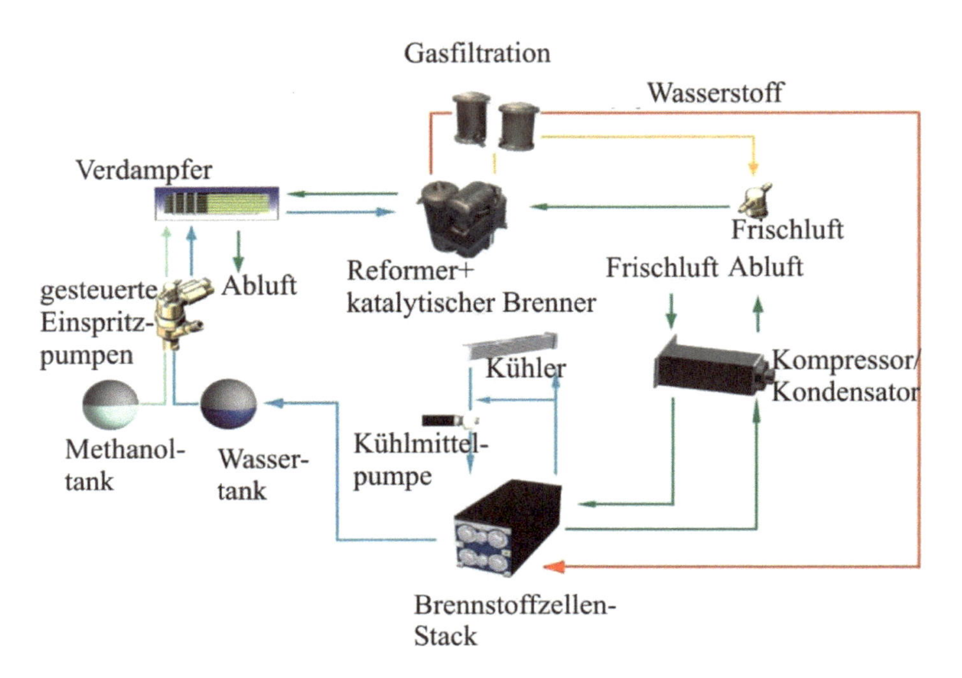

Bild 192 Konfiguration einer Brennstoffzelle mit Methanol-Betrieb

Um die technische Komplexität bei der Verwendung von Methanol als Energieträger in einer Brennstoffzelle zu dokumentieren, sind im Bild 192 die Funktionsmodule einer entsprechenden Brennstoffzelle dargestellt. Diese Funktionsmodule erinnern stark an einen aufgeladenen Ottomotor mit Direkteinspritzung von Methanol. Selbst die Methanoldosierung basiert auf Direkteinspritztechnik von Ottomotoren.

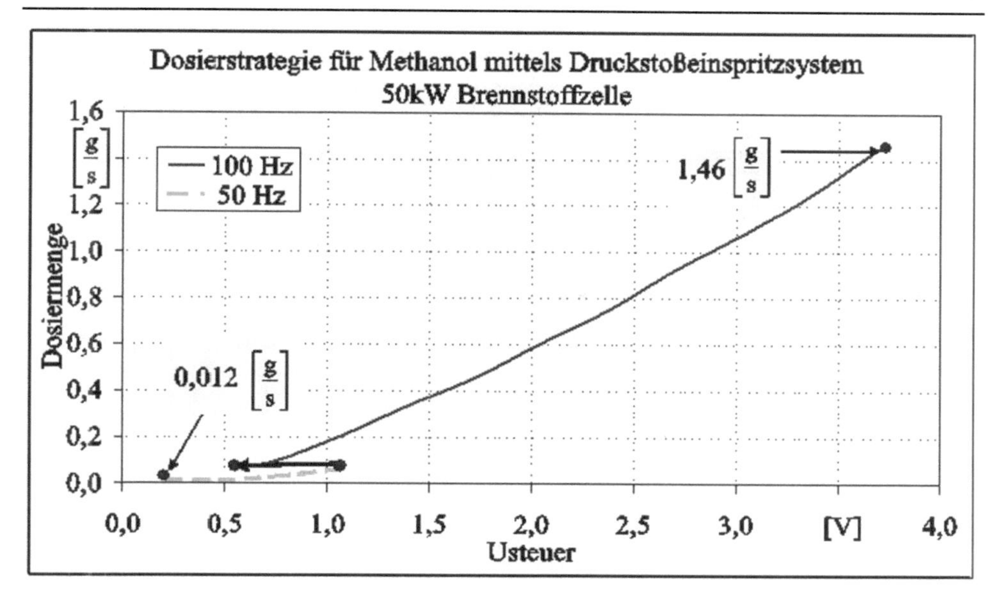

Bild 193 Mengenkennlinie bei der Dosierung vom Methanol in einer Brennstoffzelle mittels eines Einspritzsystems mit Hochdruckmodulation (Zwickau Pressure Pulse)

Im Bild 193 ist die Mengenkennlinie bei der Dosierung von Methanol in einer Brennstoffzelle mittels eines Einspritzsystems mit Hochdruckmodulation (Zwickau Pressure Pulse) – gemäß Bild 78 und Bild 79 – dargestellt.

Im Bild 194 sind die Funktionsmodule einer Methanol-Brennstoffzelle auf der Plattform für die Nutzung in einem Automobil ersichtlich. Es wurden bereits mehrere Konsortien gebildet, die für die teilnehmenden Automobilhersteller intensive Forschungs- und Entwicklungsaktivitäten zur Einführung von Brennstoffzellen auf Wasserstoffbasis, aber auch auf Methanolbasis, seit mehreren Jahren durchführen. Darunter zählen:

- Ballard Power Systems
  (Daimler Chrysler, Ford, Honda, Mazda)
- General Motors Hydrogenics
- United Technologies Fuel Cells
  (Renault, Nissan, Hyundai)
- Toyota

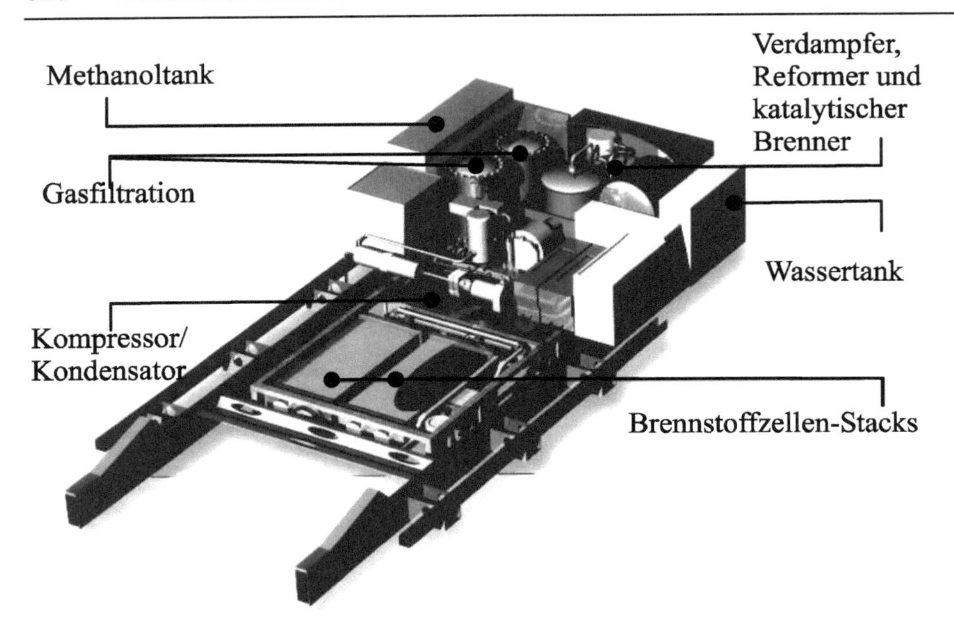

Bild 194 Funktionsmodule einer Methanol-Brennstoffzelle an Bord eines Automobils

Toyota FCHV (Fuel Cell Hybrid Vehicle) verwendet beispielsweise eine Brennstoffzelle auf Basis von Wasserstoff, der unter einem Druck von *34,5* [*MPa*] gespeichert wird. Sie liefert in Kombination mit einer Nickel-Metall-Hydrid-Batterie mit *274* [*V*] – deswegen die Bezeichnung Hybrid – Strom an den dreiphasen Drehstromantriebsmotor mit einer Leistung von *80* [*kW*] und einem Drehmoment von *260* [*Nm*]. Die Anordnung der Funktionsmodule im Fahrzeug ist im Bild 195 ersichtlich. Das Fahrzeug hat eine gesamte Masse von *1.860* [*kg*] und eine Reichweite von *300* [*km*], die bei einer solchen Kombination der Energiequellen – Brennstoffzelle und Batterie – den üblichen Werten entspricht. Ford FCEV (Fuel Cell Electric Vehicle) basiert auf einem ähnlichen Konzept. In einem Wasserstofftank von *178* [*l*] sind unter einem Druck von *35* [*MPa*] *4* [*kg*] Wasserstoff gespeichert. Eine Ballard-Brennstoffzelle liefert in Kombination mit einer Nickel-Metall-Hydrid –Batterie mit *216* [*V*] Strom an den Drehstrom-Nebenschlussantriebsmotor, welcher eine Leistung von *68* [*kW*] und ein Drehmoment von *230* [*Nm*] hat. Diese Kombination macht eine Begrenzung der Höchstgeschwindigkeit auf *128* [*km/h*] erforderlich um die Reichweite von *300* [*km*] zu erreichen.

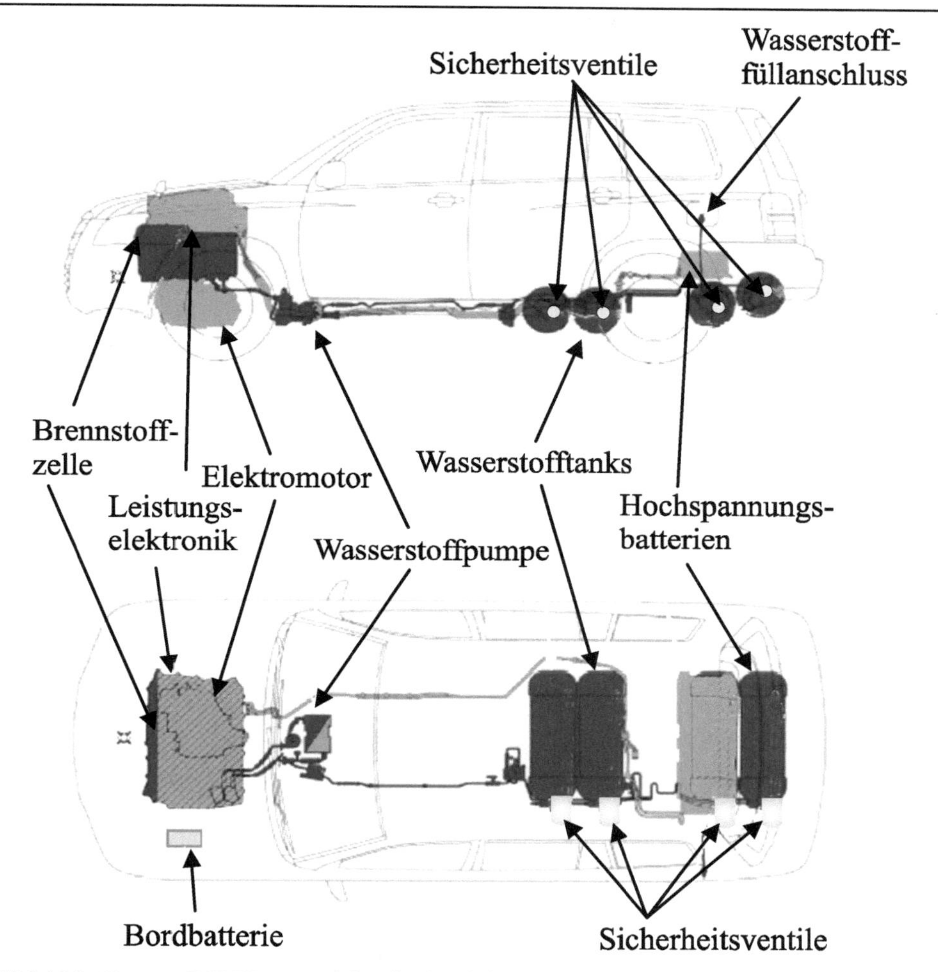

Bild 195 Toyota FCHV – Antrieb mittels Elektromotor, Absicherung der Elektroenergie durch Kombination von Umwandlung (Brennstoffzelle) und Speicherung (Batterie) *(Quelle: Toyota)*

Im Bild 196 sind stellvertretend für eine Vielfalt realisierter Automobile mit Brennstoffzellen einige Ausführungen von Daimler aufgeführt. Die erreichten Leistungen sind bereits zufriedenstellend, die Reichweite ist noch verbesserungswürdig, was einerseits durch die Wasserstoffspeicherung, andererseits aber von dem bisher erreichten Wirkungsgrad verursacht wird. Der Preis ist derzeit zu hoch für den Einsatz von Brennstoffzellen als Energiequellen für den Antrieb serienmäßiger Automobile.

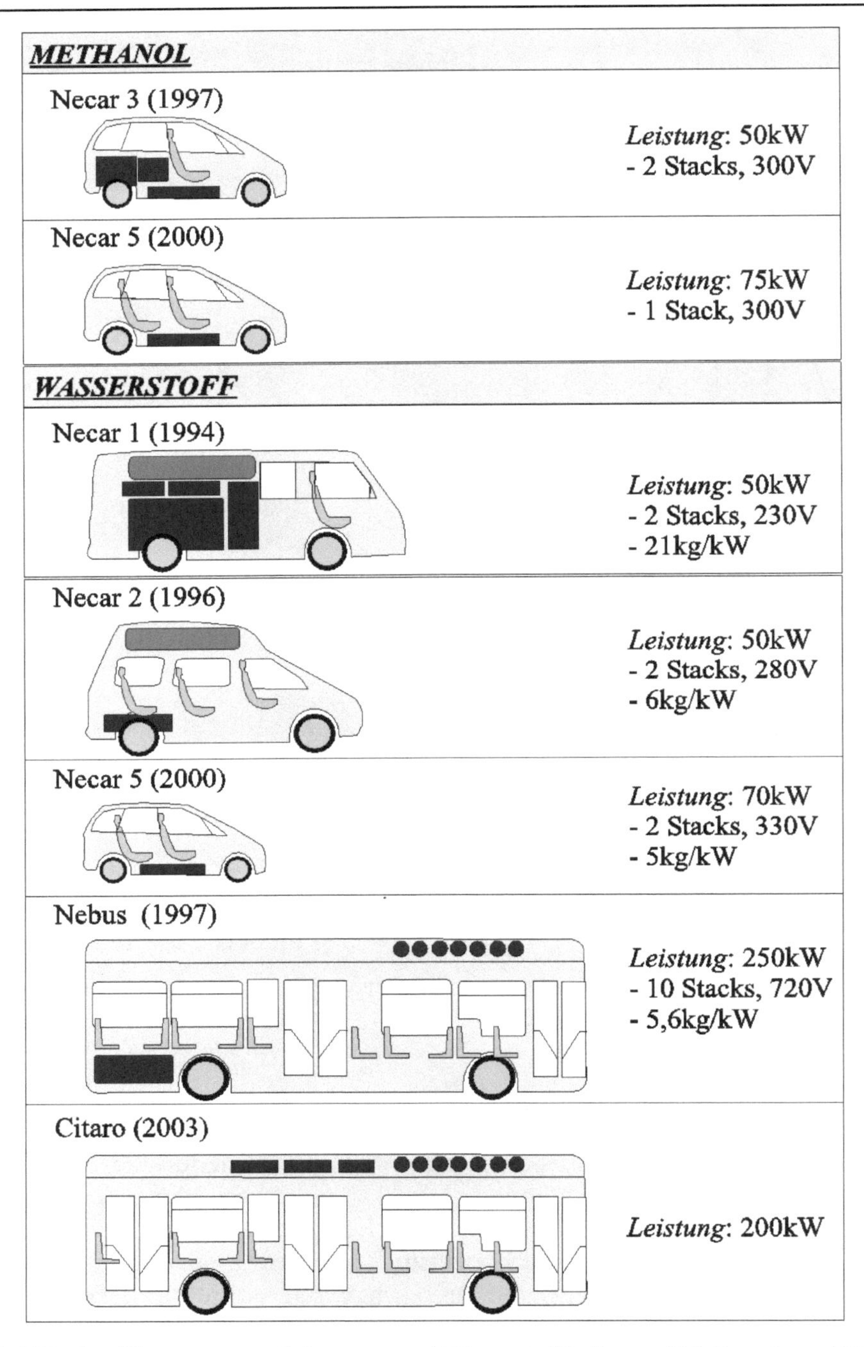

Bild 196 Ausführungen von Fahrzeugen mit Brennstoffzellen auf Methanol- und Wasserstoffbasis für den elektrischen Antrieb *(Quelle: Daimler)*

Ausgehend von den Vorteilen der Brennstoffzellen bei relativ geringem Leistungsbedarf und vor allem im stationären Betrieb ergibt sich allerdings ein Einsatzbereich im Automobil, der ein beachtliches Entwicklungspotential erweist: Unabhängig vom Antrieb selbst, nimmt der Leistungsbedarf für die zusätzlichen Funktionen an Bord eines Automobils – von der Beleuchtung bis zur Klimatisierung, Telematikfunktionen oder Sitzheizung und -positionierung – stets zu. Es wird derzeit von *4* [*kW*] für Fahrzeuge der Oberklasse ausgegangen, eine Zunahme bis zu *10* [*kW*] wird für die nächsten Jahre erwartet. Die Bereitstellung einer solchen elektrischen Leistung an Bord durch Batterien oder durch Lichtmaschinentechnik erscheint als kaum noch lösbar. Für eine solche Rolle kann eine kompakte, preiswerte Brennstoffzelle im stationären Betrieb hervorragend sein. Im Kap. 3.5 / Bild 159 wurde ein solches Energiemanagementkonzept auf Wasserstoffbasis bereits dargestellt: Antrieb durch Ottomotor mittels Wasserstoff, Energieversorgung an Bord durch eine Brennstoffzelle ebenfalls mittels Wasserstoff, aus einem gemeinsamen Tank.

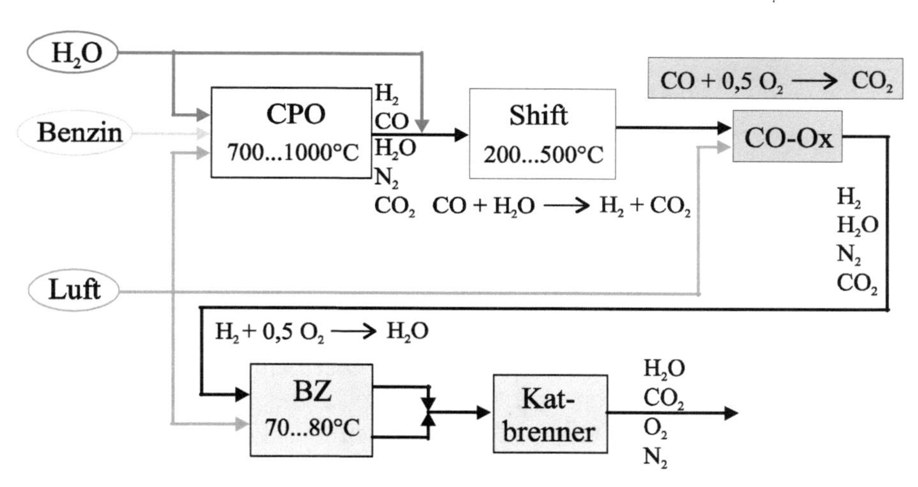

Bild 197 Funktionsmodule einer Benzin- Brennstoffzelle

Die Tatsache, dass eine Brennstoffzelle auch mit Kohlenwasserstoffen (Benzin oder Dieselkraftstoff) oder mit Alkoholen (Methanol, Ethanol) betrieben werden kann, erweitert dieses Szenario auf die Fahrzeuge, deren Antrieb durch besonders effiziente Otto- oder Dieselmotoren erfolgt. Ein Automobil mit zukunftsträchtigem Dieselmotor, der mit Dieselkraftstoff betrieben wird, kann sinnvollerweise mit einer Brennstoffzelle auf Basis des gleichen Dieselkraftstoffs versehen werden, um die erforderliche Stromversorgung an Bord abzusichern [21]. Das Gleiche kann auf Basis von Benzin als Energieträger erfolgen – ein Teil für den Antrieb mittels Ottomotor, ein Teil für die Stromversorgung mittels Brennstoffzelle.

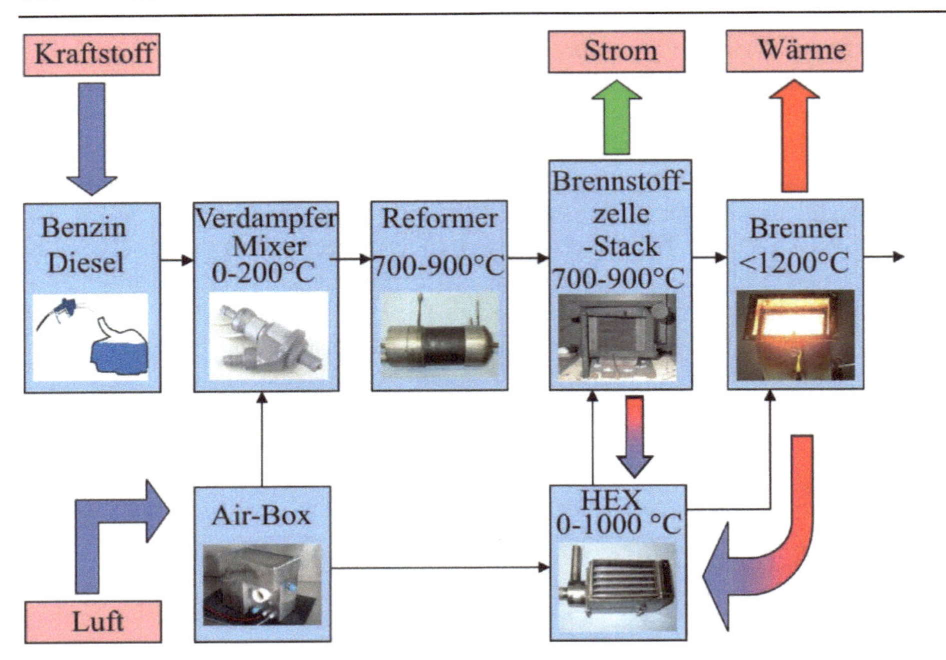

Bild 198 Brennstoffzelle mit Benzin- oder Dieselkraftstoff als Stromerzeuger an Bord eines Automobils [21]

Im Bild 197 sind der Ablauf der Reaktionen und die wesentlichen Funktionsmodule in einer Benzinbrennstoffzelle dargestellt. Bild 198 zeigt die Prozessabschnitte in einer Brennstoffzelle für Benzin- oder Dieselkraftstoffbetrieb, sowie die erforderlichen Temperaturen. Die Kraftstoffdosierung in dem Mixer kann auch in diesem Fall bei hoher Genauigkeit und optimaler Gemischbildung zwischen Kraftstoff und Luft mit bewährten Dieseleinspritzsystemen von der Kolbenmotorentechnik vorgenommen werden.

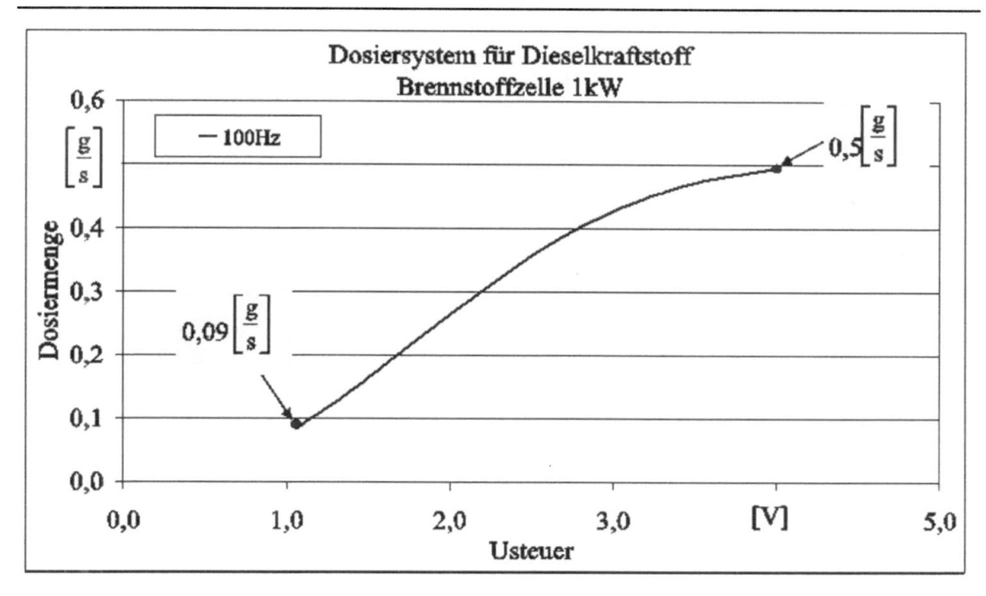

Bild 199 Mengenkennlinie bei der Dosierung von Dieselkraftstoff in einer Brennstoffzelle mittels eines Einspritzsystems mit Hochdruckmodulation (Zwickau Pressure Pulse)

Bild 199 zeigt die Kraftstoffmengenkennlinie beim Einsatz eines Direkteinspritzsystems mit Hochdruckmodulation (Zwickau Pressure Pulse) zur Dosierung von Dieselkraftstoff in einer Brennstoffzelle zur Stromerzeugung an Bord eines Automobils.

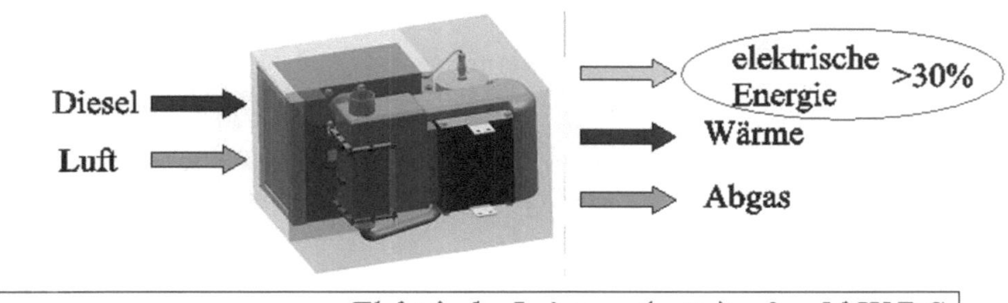

Ziele zum Markteintritt:	Elektrische Leistung (netto):	2 .. 5 kW DC
	Volumen:	< 50 l
	Masse:	< 50 kg

Bild 200 Brennstoffzelle mit Dieselkraftstoff entsprechend dem Funktionsschema im Bild 198 [21]

Eine solche Anlage wird besonders kompakt, wie im Bild 200 ersichtlich. Diese Form des Energiemanagements im Automobil – Antrieb mittels Verbrennungsmotor, Stromversorgung an Bord mittels Brennstoffzelle – auf Basis eines einzigen Energieträgers, gibt der Brennstoffzelle mehr Entwicklungschancen für die Zukunft, als eine Fokussierung auf den elektrischen Antrieb selbst.

Die Speicherung von Elektroenergie an Bord in Batterien (Kap. 4.3) und die Umwandlung von Stoffenergie in elektrische Energie an Bord mittels Brennstoffzellen (Kap. 4.4) sind wichtige Elemente in Energiemanagement-Szenarien an Bord von Automobilen, ein Verbrennungsvorgang erreicht dennoch eine höhere Energiedichte. Bild 201 stellt einen Vergleich der 3 Prozessarten – entsprechend der Bilder 180, 185, 85 – und die charakteristischen Prozessmerkmale dar.

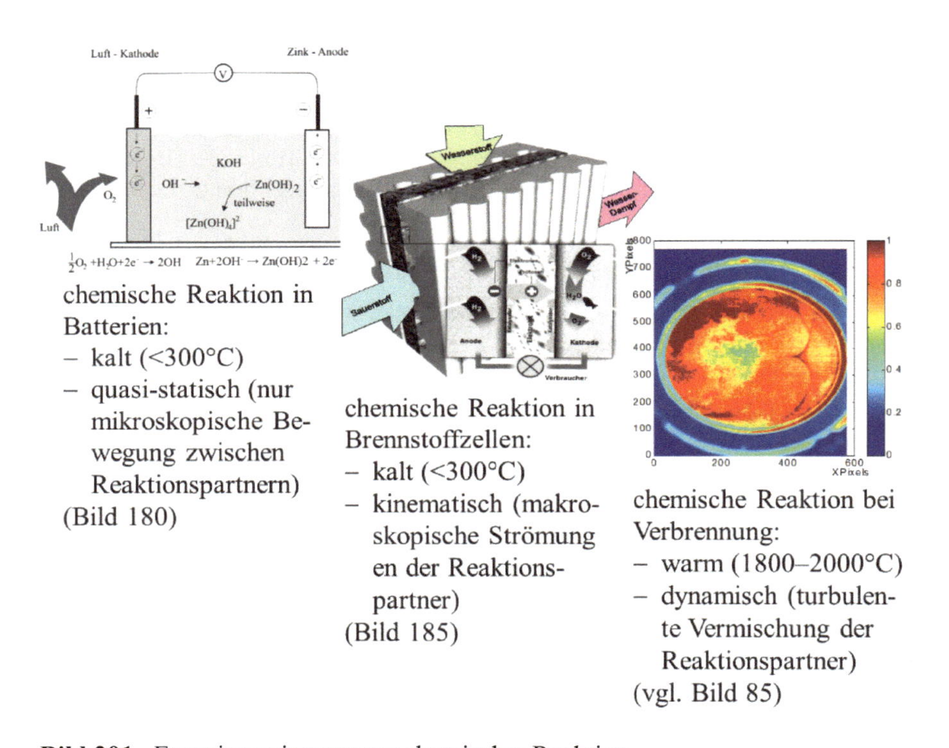

Bild 201 Energiegewinnung aus chemischer Reaktion

4.5 Automobile mit elektrischem Antrieb

Eine Auswahl von gegenwärtigen serienmäßigen Automobilen mit elektrischem Antrieb und Energie aus Batterien ist in der Tabelle 13 dargestellt. Aus den Fahrzeugkenngrößen wurden 4 Kategorien gebildet:

- Masse des Fahrzeugs samt Batterien
- Antriebscharakteristika: Motorart, Leistung, Drehmoment
- Energiespeicherung: Batterieart, Energieinhalt
- Fahrleistungen: Reichweite, maximale Fahrgeschwindigkeit

In der zweiten Phase der Antriebselektrifizierung (1992-2005) waren mehrheitlich Asynchron-Motoren im Einsatz, in der gegenwärtigen, dritten Phase werden fast nur noch Synchron-Motoren verwendet, die einen höheren Wirkungsgrad haben. Wie im Kap. 1.1/Bild 5 dargestellt, bestimmt die an Bord speicherbare elektrische Energie nicht nur über Leistung und Drehmoment, sondern auch über die Fahrzeugmasse insgesamt. Mit einer gespeicherten Energie von *7* [*kWh*] – Renault Twizy Urban/Tabelle 13 – ist eine moderate Leistung von *15* [*kW*] und ein niedrigeres Drehmoment von *33* [*Nm*] begründbar, das Fahrzeug kann bei einer anvisierten Reichweite von *100* [*km*] nicht schwerer als *450* [*kg*] sein, was Sicherheits- und Komfortfunktionen praktisch ausschließt. Diese Konfiguration ist jedoch für ein Stadtfahrzeug allgemein ausreichend. Die an Bord gespeicherte Energie liegt bei den Fahrzeugen, die in der Tabelle 13 aufgeführt sind, im Durchschnitt bei *25* [*kWh*] – d.h. für eine Stunde stünden *25* [*kW*] zur Verfügung – mit der Ausnahme eines chinesischen Buses – BYDK9 – mit *324* [*kW*]. Die Fahrzeugmasse beträgt dabei *14.300* [*kg*]. Das Drehmoment beträgt *550* [*Nm*] bei90 [*kW*]. Hohes Drehmoment bei relativ niedriger Leistung deutet auf niedrige Drehzahl hin, was für einen Busbetrieb im Stadtzyklus ausreicht. Die Reichweite der in Tabelle 13 dargestellten Fahrzeuge liegt im Durchschnitt bei *120-150* [*km*].Aus den Daten, die in der Tabelle 13 zusammengefasst sind, wurde ein Zusammenhang zwischen Drehmoment, Leistung, Fahrzeugmasse und gespeicherter Elektroenergie an Bord der präsentierten Fahrzeuge erstellt, der in Bild 185 dargestellt wird. Die Mehrheit der aufgeführten elektrischen Antriebe weist Drehmomente zwischen 150-300[Nm] auf. Die Leistung erscheint dabei etwas heterogen, wie das Bild 202 zeigt, wobei sich ein Mittelwert im Bereich 50-60[kW] kristallisiert. Dieser Unterschied zwischen Drehmoment- und Leistungsverlauf ist in der Drehzahl begründet. Fahrzeuge im Stadtbetrieb oder mit Elektromotoren, die eine Übersetzungsstufe haben, ist die relativ geringe Leistung bei hohem Drehmoment kein Nachteil. Die Fahrzeugmasse zwischen *1.000-2.000* [*kg*] entspricht jener der klassischen Fahrzeuggattungen mit Verbrennungsmotoren.

Tabelle 13 Auswahl elektrischer Fahrzeuge und deren Kenngrößen

Fahrzeug		Verfügbarkeit	Antrieb			Energiespeicher		Fahrleistungen		
Modell	Masse	-	Motorart	Leistung	Drehmoment	Batterie	Energie	Reichweite	Verbrauch	v_{max}
	[kg]	-	-	[kW]	[Nm]	-	[kWh]	[km]	[kWh/100km]	[km/h]
Aiways U5	1750	Konzept	-	140	315	Li-Ion	63	335	18,8	150
Aixam e-city	690	Serie	-	4	50	-	-	110	-	45
Aptera 2e	816	Serie	Synchron	82	314	LiFePO4	20	160	-	144
Alvarez Eco-E	549	Serie	-	3,1	-	AGM	3,1	48-64	4.8-6.4	40
Artega SE	1450	Serie		279,5	-	Li-Ion	37	200	-	205
Audi e-tron 55 Quattro	2490	Serie	Synchron	300	664	Li-Ion	83,6	360	23,2	200
Audi e-tron GT	2200	Serie	Synchron	434	900	Li-Ion	83,6	425	19,7	240
Audi e-tron S Sportback 55 quattro	2550	Konzept	Synchron	370	973	Li-Ion	86,5	370	23,4	210
Audi R8 e-tron	1841	Serie	Synchron	340	920	Li-Ion	90	450	-	249
Audi Q4 e-tron	1900	Serie	Synchron	225	460	Li-Ion	83	425	19,5	180
BAIC C71 EV	1880	Serie	Synchron	63	160	LiFePO4	22	150	14,67	160
BAIC EU5	1975	Serie	Synchron	163	300	-	53,6	416	13	155
BAIC C30 EV	1000	Serie	-	47	82	Li-Poly	31	200	15,5	160
Baoya Vehicle Bhc-BY01-1	790-880	Serie	-	10	-	Bei-Gel	-	130-160	-	70-95
Beijing Auto E150 EV	1370	Serie	Synchron	45	144	Li-Ion	22	120-150	14.6-18.3	125
Bellier e-Jade	690	Serie	-	-	-	Li-Poly	-	200	-	75
BMW Mini E	1360	Serie	Synchron	135	270	Li-Ion	32,6	130-280	15,5	150
BMW i3	1220	Serie	Synchron	125	250	Li-Ion	42,2	260	14,7	150
BMW i4	1900	Serie	Synchron	390	-	Li-Ion	80	450	17,8	200
BMW iX3	2100	Konzept	Synchron	200	500	Li-Ion	75	350	21,4	200
Bomobil	1000	Serie	Synchron	10	300	-	27	150	18	130
Brabus Ultimate E	1085	Serie	Synchron	68	180	Li-Ion	17,6	125	-	130
BYD e6	2370	Serie	Synchron	90	450	LiFePO4	61	300	21,5	140
BYD K9	13800	Serie	Synchron	110	450	LiFePO4	288	250	120	100
Byton M-Byte 95	2500	Konzept	-	300	700	Li-Ion	95	400	23,8	400

Fortsetzung Tabelle 13 Auswahl elektrischer Fahrzeuge und deren Kenngrößen

Fahrzeug		Verfügbarkeit	Antrieb		Energiespeicher			Fahrleistungen		
Modell	Masse	-	Motorart	Leistung	Drehmoment	Batterie	Energie	Reichweite	Verbrauch	v_{max}
	[kg]	-	-	[kW]	[Nm]	-	[kWh]	[km]	[kWh/100km]	[km/h]
Centric AutoMotive ThoRR	755	Serie	Induktion	200	450	Li-Poly	29	200	14,5	180
Chang'an E30 EV	1610	Serie	-	85	280	LiFePO4	29,1	166	16	125
Chery QQ3 EV	1050	Serie	Synchron	12	70	LiFePO4	9	120	10	60
Chery S18	1060	Serie	Synchron	40	-	LiFePO4	10,4	120	10	120
Chevrolet Spark EV	1365	Serie	Synchron	97	542	Li-Ion	21,3	132	16	145
Citroen E-Berlingo Multispace	1604	Serie	Synchron	49	200	Li-Ion	20,5	75-165	18,6	110
Citroen C-Zero	1100	Serie	Synchron	47	196	Li-Ion	16	60-140	16,1	130
CT&T e-Zone Plus	806	Serie	-	-	90	Li-Poly	-	100	-	68
Detroit Electric SP.01	1068	Serie	-	150	225	Li-Poly	37	290	-	249
Dodge ZEO	-	Konzept	-	200	-	Li-Ion	64	402	15,9	96
DS 3 Crossback E-Tense	1500	Konzept	-	100	260	Li-Ion	47,5	280	17	150
Electric Cars Europe Qbee (Geely-GlobalEagle-EK-2-Umbau)	-	Serie	-	-	-	LiFePO4	-	180	-	150
Electro Vehicles Europe StartLab Open Electrica	490	Serie	-	4	-	Bei-Gel/Li	7	50-80	14	65-75
Estrima Biro	330	Serie	-	4	-	Bei-Gel	7,5	50	15,2	45
e-Twen	930	Serie	-	5	-	Bei-Gel	15	100-125	12.1-15.1	70
e-Wolf Alpha 2	-	Serie	Synchron	275	800	Li-Ion	30-40	297	-	228
Fiat 500e	1351	Serie	Synchron	82,7	200	Li-Ion	24	134	-	140
Fiat 500e Convertible	1500	Konzept	Synchron	88	-	Li-Ion	42	250	16,8	150
Fine Mobile Twike Easy	250	Serie	Asynchron	5	-	Li-Ion	-	200	-	85
Ford Focus Electric	1644	Serie	-	107	250	Li-Ion	19,6	162	17,3	135
Ford Mustang Mach-E ER AWD	2250	Konzept	Synchron	248	565	Li-Ion	90	430	20,9	180
Foton Midi EV	-	Serie	-	35	216	LiFePO4	24	170	-	140
Fribest FC6500E	960	Serie	Asynchron	6.5-8.5	-	Blei-Vlies	-	80	-	80

Fortsetzung Tabelle 13 Auswahl elektrischer Fahrzeuge und deren Kenngrößen

Fahrzeug		Verfügbarkeit	Antrieb		Energiespeicher Fahrleistungen					
Modell	Masse	-	Motorart	Leistung	Drehmoment	Batterie	Energie	Reichweite	Verbrauch	v_{max}
	[kg]	-	-	[kW]	[Nm]	-	[kWh]	[km]	[kWh/100km]	[km/h]
Fuxing Fulaiwo C1	875	Serie	-	-	-	Blei-Gel	-	150	-	45-60
German E-cars Stromos (Suzuki-Splash/Opel-Agila-Umbau)	1300	Serie	-	56	140	Li-Ion	15-20	70-100	20-21.4	120
GM EV1	1321	Serie	Induktion	102	150	NiMH	26,4	105	25,1	113
Great Wall Haval M3 EV	1196	Serie	Synchron	56	150	LiFePO4	19,2	160	12	130
Great Wall Voleex C20 EV	-	Serie	-	56	150	Li-Ion	19,2	160	12	130
GreenGo Tek Cozmo NEV	500	Serie	-	20	-	Blei-Vlies	-	90	-	40
GreenWheel Jimma GW 12-A06L38-01	1055	Serie	Asynchron	7,5	80	Li-Ion	10,8	160-200	5.4-6.75	110
Hainan Mazd/Freema EV	1549	Serie	-	40	-	LiFePO4	-	160	-	90
Honda e	1525	Konzept	-	100	315	Li-Ion	32	200	16	145
Hyundai Kona Electric	1685	Serie	-	150	395	Li-Ion	64	400	16	167
Hyundai IONIQ Electric	1420	Serie	-	100	395	Li-Ion	38,3	265	14,5	165
Impact SAM EV II	500	Serie	Synchron	28	78	Li-Poly	8	80	10	95
Infiniti LE Concept	-	Konzept	-	100	325	Li-Ion	24	-	-	-
Innovech MyCar	710	Serie	Gleichstrom	5	-	Blei-Gel	9,6	115	8,35	66
JAC Tojoy EV	1200	Serie	Synchron	27	200	LiFePO4	15	150	10	95
Jaguar I-Pace	2133	Serie	-	294	696	Li-Ion	84,7	370	22,9	200
Jetcar 2.5 Elektro	1150	Serie	Synchron	60	-	Li-Ion	31,2	200-250	12.4-15.6	160
Jinan Baoya BY5000EV-1A	750	Serie	Gleichstrom	5	100	Blei-Gel	-	100	-	65
Kandi KD-5010	980	Serie	-	7,5	-	Blei-Gel	86,4	80	10,8	70
KIA e-Niro	1737	Serie	-	150	395	Li-Ion	64	375	17,1	167
KIA e-Soul	1657	Konzept	-	150	395	Li-Ion	64	370	17,3	167
KIA Ray EV	1185	Serie	-	50	167	Li-Poly	16,4	140	11,7	130
Land Rover Electric Defender	2055-2162	Konzept	-	-	330	Li-Ion	27	80	33,75	-
Lexus UX 300e	1850	Konzept	Synchron	150	300	Li-Ion	52	270	19,3	160

Fortsetzung Tabelle 13 Auswahl elektrischer Fahrzeuge und deren Kenngrößen

Fahrzeug		Verfügbarkeit	Antrieb			Energiespeicher		Fahrleistungen		
Modell	Masse	-	Motorart	Leistung	Drehmoment	Batterie	Energie	Reichweite	Verbrauch	v_{max}
	[kg]	-	-	[kW]	[Nm]	-	[kWh]	[km]	[kWh/100km]	[km/h]
Lifan 620 EV	1350	Serie	Synchron	30-60	-	LiFePO4	24	150-320	7.5-16	120
Lightyear One	1300	Konzept	-	100	1200	Li-Ion	60	580	10,3	150
Little Little4 Base Vintage	-	Serie	-	-	-	Blei-Gel	-	100	-	50
Longwise EVL050V	1280	Serie	Gleichstrom	8,5	-	Li-Ion	14,4	160	9	78
Lucid Air	2100	Serie	-	300	600	Li-Ion	75	350	21,4	225
LUIS 4U green	1830	Serie	Synchron	27,5	240	LiFePO4	35	150-200	17.5-23.3	95
Luxgen 7 MPV EV+	-	Serie	Synchron	176	265	Li-Ion	40	350	11,4	145
Luxgen Neora EV	1600	Konzept	Induktion	180	245	Li-Ion	48	400	12	150
Mahindra e2o	830	Serie	Induktion	16	-	Li-Ion	-	120	-	90
Mazda e-TPV	-	Konzept	-	102	235	Li-Ion	35,5	200	-	-
Mazda MX-30	1657	Konzept	Synchron	105	265	Li-Ion	32	180	17,8	150
Mercedes-Benz B Class Electric	2170	Serie	Synchron	132	340	Li-Ion	28	157	-	160
Mercedes-Benz EQA	1600	Serie	-	200	500	Li-Ion	60	350	17,1	200
Mercedes-Benz EQC 400 4MATIC	2495	Serie	Asynchron	300	760	Li-Ion	80	360	22,2	180
Mercedes-Benz EQV	3500	Serie	Asynchron	150	362	Li-Ion	100	405	27	160
Mercedes-Benz EQS	-	Konzept	-	342	760	Li-Ion	-	700	-	200
MG ZS EV	1502	Serie	-	105	353	Li-Ion	44,5	230	19,3	140
MI C7-e Roadster	-	Serie	-	-	-	LiFePO4	-	150-170	-	135
Microcar M.Go electric	540	Serie	-	7,5	-	LiFePO4	-	80-140	-	60
Mitsuoka LIKE	306-328	Serie	-	5,6	36	Li-Ion	-	150	-	130
Mitsubishi i-MiEV	1185	Serie	Synchron	35	180	Li-Ion	16	150	10,67	130
Movitron Teener	830	Serie	Gleichstrom	4	-	Blei-Gel	-	70	-	45
MEV Daytona	-	Serie	Gleichstrom	-	-	Blei-Gel	-	60	-	40
Myers Motors NmG	612	Serie	Gleichstrom	20	-	-	-	50	-	122
Nissan e-NV200 Evalia	1689	Serie	-	80	254	Li-Ion	38	190	20	123

Fortsetzung Tabelle 13 Auswahl elektrischer Fahrzeuge und deren Kenngrößen

Fahrzeug		Verfügbarkeit	Antrieb		Energiespeicher			Fahrleistungen		
Modell	Masse	-	Motorart	Leistung	Drehmoment	Batterie	Energie	Reichweite	Verbrauch	v_{max}
	[kg]	-	-	[kW]	[Nm]	-	[kWh]	[km]	[kWh/100km]	[km/h]
Nissan Leaf	1580	Serie	Synchron	110	320	Li-Ion	36	220	16,4	144
Opel Ampera e	1591	Serie	-	150	360	Li-Ion	58	345	16,8	150
Opel Corsa e	1455	Serie	-	100	260	Li-Ion	47,5	290	16,4	150
Oka NEV ZEV (VAZ-1111-Oka-Umbau)	698	Serie	-	-	-	Blei-Gel	-	32	-	40-56
Peugeot e-208	1455	Serie	-	100	260	Li-Ion	47,5	295	16,1	150
Peugeot e-2008 SUV	1548	Serie	-	100	260	Li-Ion	47,5	275	17,3	250
Peugeot iOn	1100	Serie	-	47	196	Li-Ion	14,5	90	16,1	130
PG Elektrus	860	Serie	-	200	350	Li-Ion	-	350	-	300
PMMC Greenrunner EP 1500	-	Serie	-	-	-	LiFePO4	-	80-140	-	60
Polestar 2	1900	Konzept	-	300	660	Li-Ion	75	450	16,7	250
Porsche-911-Umbau eRuf Roadster	-	Serie	Synchron	250	-	Li-Ion	37	200	18,5	250
Porsche Taycan 4S Plus	2220	Serie	Synchron	420	650	Li-Ion	83,7	430	19,5	250
Porsche Taycan Turbo S	2295	Serie	Synchron	560	1050	Li-Ion	83,7	390	21,5	260
Porsche Taycan Cross Turismo	2300	Konzept	Synchron	440	900	Li-Ion	83,7	385	21,7	250
Pure Mobility Buddy	650	Serie	-	13	-	NiMH	14,4	60-100	14-24	80
Quadix e-Buggy	-	Serie	-	25	-	Li-Poly	6,5	90	7,22	100
Renault Fluence Z.E.	1610	Serie	Synchron	70	226	Li-Ion	22	185	11,8	135
Renault Kangoo Maxi ZE 33	1530	Serie	Synchron	44	225	Li-Ion	31	165	18,8	130
Renault Zoe ZE 50	1502	Serie	-	80	225	Li-Ion	52	325	16	135
Renault Twizy Urban	450	Serie	-	15	33	Li-Ion	7	100	7	80
Renault Twingo ZE	1112	Konzept	-	60	160	Li-Ion	21,3	130	16,4	135
Roewe E50	1080	Serie	Synchron	47	155	Li-Ion	18	180	10	130
Saab 9-3 ePower	-	Serie	-	135	-	Li-Ion	35,5	200	17,7	150
SAIC Roewe 350 EV	-	Serie	Synchron	75	190	LiFePO4	25	200	12,5	150
SAIC Roewe E1	1040	Serie	Synchron	47	-	LiFePO4	16	135	11,8	120

Fortsetzung Tabelle 13 Auswahl elektrischer Fahrzeuge und deren Kenngrößen

Fahrzeug		**Verfügbarkeit**	**Antrieb**		**Energiespeicher Fahrleistungen**					
Modell	Masse	-	Motorart	Leistung	Drehmoment	Batterie	Energie	Reichweite	Verbrauch	v_{max}
	[kg]	-	-	[kW]	[Nm]	-	[kWh]	[km]	[kWh/100km]	[km/h]
Sanifer Mini-Car L7e	-	Serie	-	15	-	Li-Poly	-	120	-	100
Seat el-Born	1600	Konzept	-	150	310	Li-Ion	58	340	17,1	180
Seat Mii Electric	1160	Konzept	-	61	212	Li-Ion	32,3	200	16,2	130
Shandong Huoyun HY-B22120	960	Serie	Synchron	8,5	-	Blei-Vlies	-	80	-	80
Shandong Jindalu FL5000K-1	-	Serie	-	5	71,4	Blei-Gel	18	100-125	14.4-18	70
Shanghai-GM Sail Springo EV	1385	Serie	Synchron	85	510	Li-Ion	21,4	130	16,5	130
Shelby Ultimate Aero EV	-	Konzept	-	735	1083	-	-	250-320	-	332
Skoda ENYAQ - Vision iV	1950	Konzept	Synchron	225	460	Li-Ion	77	400	19,3	180
Skoda Vision IV	1800	Serie	-	225	460	Li-Ion	83	450	18,4	180
SkodaCITIGOe IV	1160	Konzept	-	61	212	Li-Ion	32,3	200	16,2	130
Smart EQ Forfour	1100	Serie	-	60	160	Li-Ion	16,7	90	18,6	130
Smart EQ Fortwo Coupe	985	Serie	Synchron	60	160	Li-Ion	16,7	105	15,9	130
Sono Sion	1400	Konzept	-	120	290	Li-Ion	35	225	15,6	140
Stevens ZeCar	-	Serie	Induktion	52,2	217	LiFePO4	-	160	-	90
Takayanagi Miluria Retro EV	-	Serie	Asynchron	3,5	-	Blei-Gel	5	35	14,3	60
Tara Tiny EV	850	Serie	-	3	-	Blei-Gel	12	120	10	50
Tazzari Zero	542	Serie	-	15	150	Li-Ion	12,3	140	8,8	100
Tesla Cybertruck Tri Motor	3000	Serie	Induktion	600	1400	Li-Ion	200	750	26,7	210
Tesla Model 3	1611	Serie	Induktion	150	350	Li-Ion	46	310	14,8	210
Tesla Roadster	2000	Konzept	Induktion	1000	1200	Li-Ion	200	970	20,6	410
Tesla Model S P100d	2241	Serie	Induktion	415	931	Li-Ion	95	480	19,8	250
Tesla Model X	2459	Serie	Induktion	350	750	Li-Ion	95	460	20,7	250
Tesla Model Y	1700	Konzept	Induktion	150	350	Li-Ion	50	300	16,7	200
TGMY EV Himiko	1640	Serie	-	25	140	Li-Poly	62,4	550	13,87	160
TGS Xtreme Buggy EV	620	Serie	Asynchron	10,5	-	Li-Ion	16	145	11	75

Fortsetzung Tabelle 13 Auswahl elektrischer Fahrzeuge und deren Kenngrößen

Fahrzeug		Verfügbarkeit	Antrieb		Energiespeicher		Fahrleistungen			
Modell	Masse	-	Motorart	Leistung	Drehmoment	Batterie	Energie	Reichweite	Verbrauch	v_{max}
	[kg]	-	-	[kW]	[Nm]	-	[kWh]	[km]	[kWh/100km]	[km/h]
Think City	1038	Serie	Induktion	47	90	Li-Ion	23	180	12,8	100
Tommy Kaira ZZ EV	850	Konzept	Gleichstrom	225	415	Li-Ion	-	120	-	150
Toyota COMS	420	Serie	-	5	250	Li-Ion	3,7	50	7,6	60
Toyota RA V4 EV	1564	Serie	-	50	226	Li-Ion	27,4	203	13,5	127
Toyota TMG EV P001	970	Konzept	-	280	800	LiCe	41,5	-	-	260
Town Life Helektra	600	Serie	-	4	-	Blei-Gel	8,6	90	9,5	80
Venturi Fetish Roadster	1225	Serie	-	220	380	Li-Ion	54	350	15,4	250
Volteis X4 VS2	740	Serie	Synchron	8	-	Blei-Gel	11,5	60	19,2	70
Volvo C30 DRIVe Electric	1600	Serie	-	82	240	Li-Ion	24	150	16	130
Volvo XC40 Electric	2000	Konzept	-	250	600	Li-Ion	75	400	18,8	200
Volvo XC40P8 AWD Recharge	2120	Konzept	-	300	660	Li-Ion	75	375	20	180
Volkswagen E-up!	1129	Serie	Synchron	60	210	Li-Ion	16	95	16,8	130
Volkswagen e-Golf	1540	Serie	-	100	290	Li-Ion	32	190	16,8	150
Volkswagen ID.4	1900	Serie	-	150	310	Li-Ion	77	425	18,1	160
Volkswagen ID.3 Long Range	1825	Serie	-	200	400	Li-Ion	77	450	17,1	180
Vromos kiwi	3500	Serie	Gleichstrom	10	-	Blei-Gel	9,6	150	6,4	85
Wheego Whip LiFe	1282	Serie	Induktion	14,7	128,8	LiFePO4	30	100	30	113
Yogomo MA4 EV	550	Serie	-	5	-	Blei-Gel	9,7	100	15,3	60
Zenn Electric Car	635	Serie	Synchron	22,4	57	Blei-Gel	-	56	-	40
Zotye Lerio EV	1350	Serie	Synchron	11	200	LiFePO4	32	160	22	110
Zotye M300 EV	1705	Serie	Synchron	30	250	LiFePO4	35,2	160	22	120
Zytel Gorila EV	-	Serie	Gleichstrom	30	-	Blei-Gel	10	80	12,5	8

Quellen: Angaben der jeweiligen Automobilhersteller

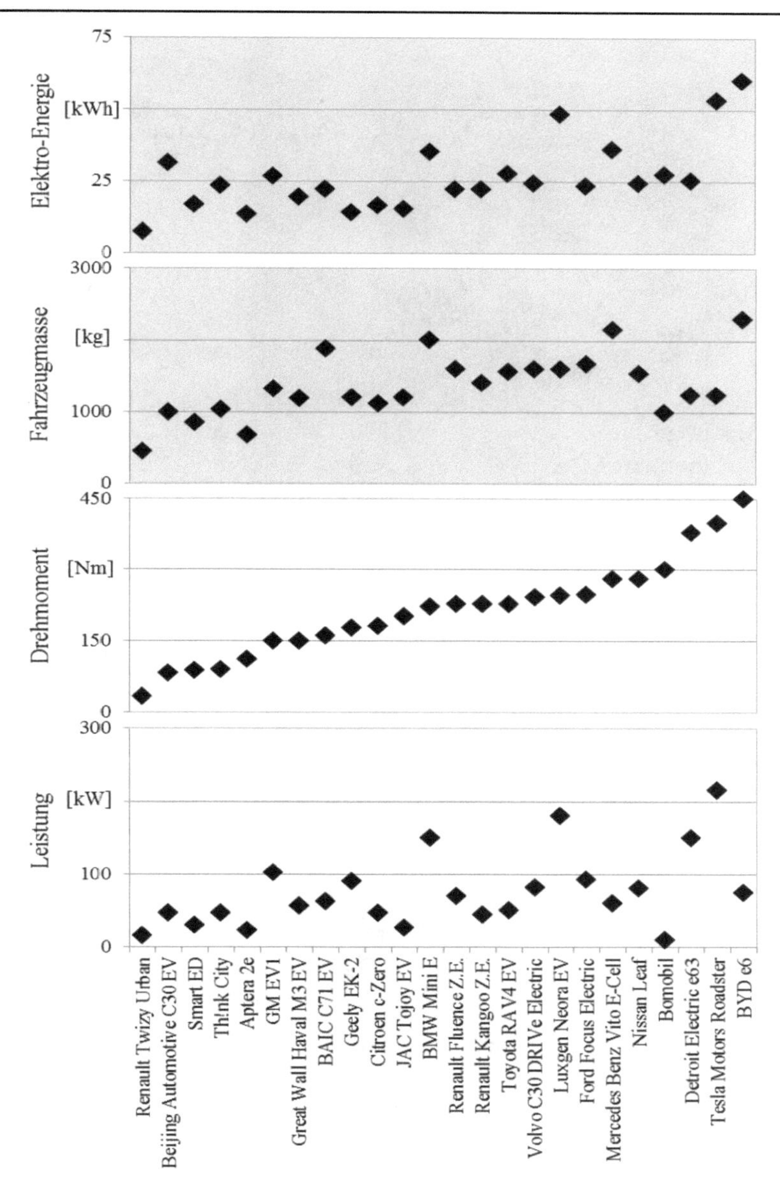

Bild 202 Zusammenhang zwischen Drehmoment, Fahrzeugmasse, Elektro-Energie an Bord für ausgewählte Elektrofahrzeuge

In den Bildern 203 bis 207 werden einige Beispiele von Automobilen mit Antrieb durch Elektromotoren und Energiespeicherung in Batterien gezeigt. Die Konfigurationen der Funktionsmodule der verschiedenen Ausführungen sind vielfältig.

Leistung:	110	[kW]
Drehmoment:	320	[Nm]
Fahrzeugmasse:	1580	[kg]
Energie in der Batterie:	36	[kWh]
Energieverbrauch:	16,4	[kWh/100km]
Reichweite:	220	[km]

Bild 203 Elektrofahrzeug – Nissan Leaf *(Quelle: Nissan)*

Leistung:	125	[kW]
Drehmoment:	250	[Nm]
Fahrzeugmasse:	1220	[kg]
Energie in der Batterie:	42,2	[kWh]
Energieverbrauch:	14,7	[kWh/100km]
Reichweite:	260	[km]

Bild 204 Elektrofahrzeug – BMW i3 *(Quelle: BMW)*

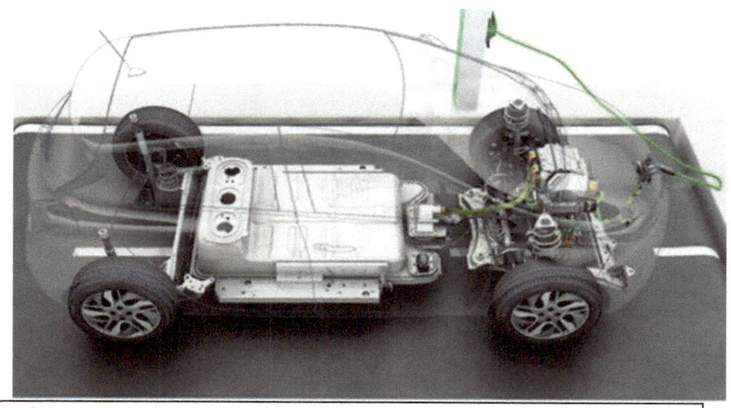

Leistung:	80	[kW]
Drehmoment:	225	[Nm]
Fahrzeugmasse:	1502	[kg]
Energie in der Batterie:	52	[kWh]
Energieverbrauch:	16	[kWh/100km]
Reichweite:	325	[km]

Bild 205 Elektrofahrzeug Renault Zoe *(Quelle: Renault)*

Leistung:	35	[kW]
Drehmoment:	180	[Nm]
Fahrzeugmasse:	1185	[kg]
Energie in der Batterie:	16	[kWh]
Energieverbrauch:	11	[kWh/100km]
Reichweite:	150	[km]

Bild 206 Elektrofahrzeug – Mitsubishi i-MiEV *(Quelle: Mitsubishi)*

Leistung:	60	[kW]
Drehmoment:	280	[Nm]
Fahrzeugmasse:	2150	[kg]
Energie in der Batterie:	36	[kWh]
Energieverbrauch:	25	[kWh/100km]
Reichweite:	150	[km]

Bild 207 Elektrofahrzeug – Mercedes Vito E-Cell *(Quelle: Mercedes)*

Nissan Leaf, BMW i3 und Renault Zoe sind als Fahrzeuge der Kompaktklasse zu betrachten. Ein Vergleich der Leistung und des Drehmoments zwischen Nissan und BMW zeigt mehr Leistung für BMW, aber mehr Drehmoment für Nissan. Das deutet auf die anvisierten Fahrprofile hin – für Nissan vorwiegend Stadtfahrten, mit frequenten Start-Anteilen, für BMW Stadtfahrten mit Autobahnanteilen. Der angegebene Energieverbrauch je hundert Kilometer zeigt deutliche Vorteile für BMW, was in der viel geringeren Fahrzeugmasse – dank der Kohlefaser Karosserie – begründet ist. Die unterschiedliche Fahrzeugmasse ist auch bei einem Vergleich zwischen BMW i3 und Renault Zoe der Grund für den unterschiedlichen Energieverbrauch der beiden Fahrzeuge.

In der Kleinwagenklasse genügt, wie bei Mitsubishi i-MiEV eine deutlich geringere Leistung (*35* [*kW*]) als in der Kompaktklasse (*65 - 125* [*kW*]). Das Drehmoment ist allerdings nahezu vergleichbar (*180* [*Nm*] gegenüber *220 - 280* [*Nm*]), was den überwiegenden Beschleunigungsvorgängen im Stadtzyklus zu Gute kommt. Die Fahrzeugmasse ist vergleichbar mit jener vom BMW i3 aus der Kompaktklasse.

Mercedes Vito E-Cell hat als Kleintransporter eine deutlich höhere Masse im Vergleich zu BMW i3 und i-MiEV. Das Drehmoment ist vergleichbar mit jenem der Fahrzeuge in der Mittelklasse, die Leistung ist allerdings geringer, was dem

Fahrprofil eines Kleintransporters entspricht. Aufgrund der höheren Fahrzeugmasse aber auch der Platzverhältnisse wird auch mehr Elektroenergie – jedoch mit mehr Masse und Volumen der Batterie – gespeichert.

Eine zentrale Frage im Zusammenhang mit Elektrofahrzeugen ist die Kohlendioxidemission „well-to-wheel" im Vergleich zu Fahrzeugen mit Verbrennungsmotoren. In einer besonders intensiv und extensiv angelegten Studie an der Technischen Universität Wien [35] wurden vier Elektrofahrzeuge:

- Nissan Leaf
- Mitsubishi i-MiEV
- Smart ForTwo Electric Drive
- Mercedes Benz A-Klasse E-Cell

mit einem Diesel PKW:

- Volkswagen Polo Blue Motion

in Bezug auf die Kohlendioxidemissionen analysiert und bewertet. Die Kenngrößen der Elektrofahrzeuge wurden zum Teil bereits aufgeführt und zum anderen Teil in der Tabelle 13 angegeben.

Der Volkswagen Polo Blue Motion mit einer Fahrzeugmasse von *1150* [*kg*] (vergleichbar mit BMW i3 und Mitsubishi i-MiEV) hat einen Dieselmotor mit *55* [*kW*] bei einem Hubraum von *1,2* [dm^3].

Um den realen Energiebedarf und die realen Treibhausemissionen zu vergleichen wurden die Temperaturverläufe in Österreich und in der Europäischen Union über ein Jahr berücksichtigt, was den Betrieb der Heiz- und Klimaanlagen im Temperaturbereich von *-20* [*°C*] *bis +30* [*°C*] einschließt. Fahrsituationen (Innerorts, Außerorts, Stop-and-Go, Autobahn), Fahrbahnneigungen (*-2 %* bis *+2 %*) und die Art der Energiebereitstellung (Kraftstoff und elektrische Energie) wurden in die Betrachtungen einbezogen.

An dieser Stelle werden einige für die EU repräsentative Ergebnisse zitiert.

- Durchschnittlicher Energiebedarf OHNE/MIT Energiebereitstellung in [*kWh/100km*]

	Stadt	**Landstraße**
Diesel-Autos	42,8 / 48,8	42,0 / 47,5
Elektroautos	22,8 / 64,2	24,2 / 68,1

Die entsprechende Kohlendioxidemission zur Bereitstellung der Elektroenergie ergibt sich aus den dafür in der EU verwendeten Energieträgern (Kohle, Erdgas, Wind, Wasser, Kern), wie im Bild 4 in Kapitel 1 dargestellt.

Das ergibt für die betrachteten Fahrzeuge folgende Bilanz in Gramm CO_2 Equivalent je *100km*

	Stadt	Landstraße
Diesel-Autos	132	129
Elektroautos	109	116

In dieser Betrachtung ist die Klimatisierung des Fahrzeugs über das Jahr einbezogen. Im Bild 208 ist der Einfluss der Klimatisierung auf *22 [°C]* Innenraumtemperatur, ausgehend von einer Außentemperatur im Bereich von (*-20 [°C] bis +30 [°C]*) auf die Reichweite eines Elektrofahrzeuges (Durchschnitt für die vier betrachteten Fahrzeuge) dargestellt. Die Senkung der Reichweite auf *54 %* bei -*20 [°C]* ist beachtlich.

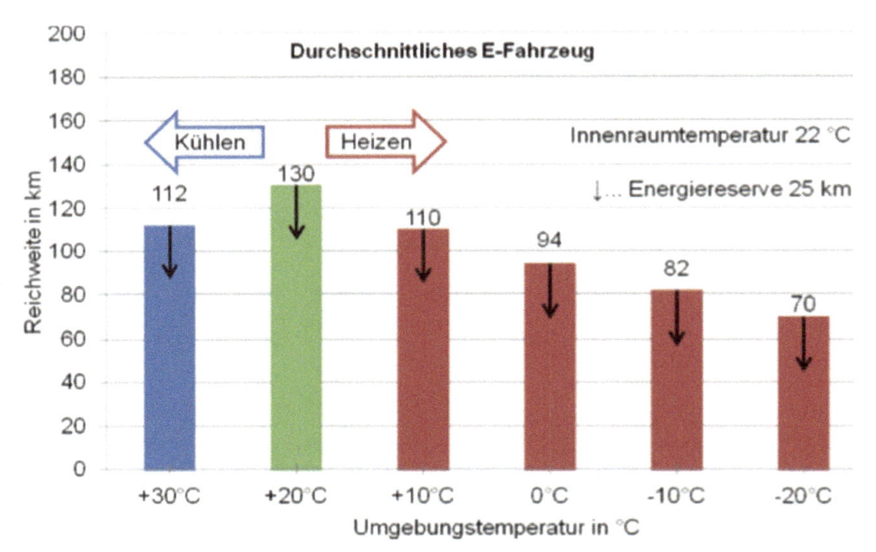

Bild 208 Reichweite des durchschnittlichen E-Fahrzeuges in Abhängigkeit von der Umgebungstemperatur im Eco-Test bei einer Fahrbahnneigung von +/-2% [35]

Unter Berücksichtigung aller Energieverbraucher an Bord und der dargestellten Fahrsituationen wurde der jährliche Energiebedarf (Bild 209) und die jährliche CO_2 Emission (Bild 210) bei Stadtfahrten und auf Landstraßen ermittelt.

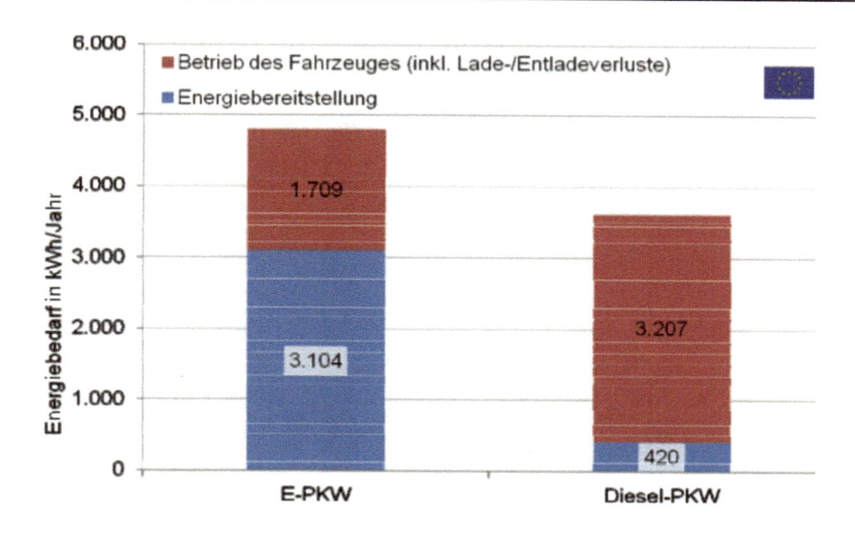

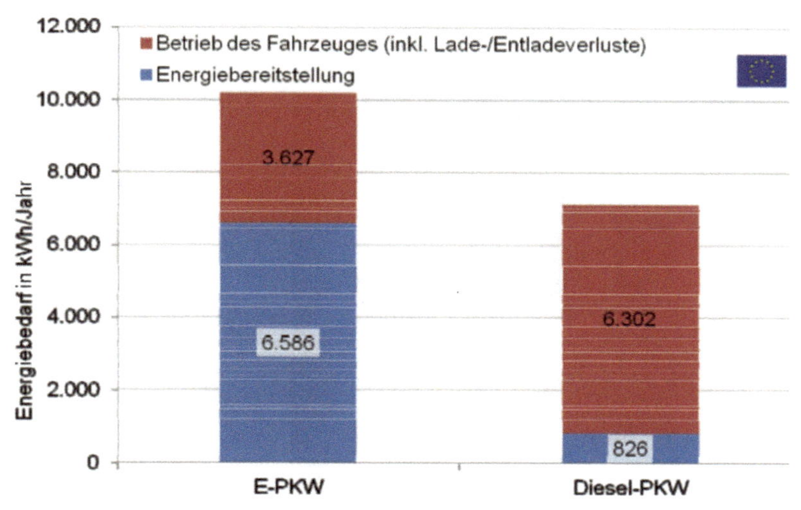

Bild 209 jährlicher Energiebedarf für Stadtfahrten und auf Landstraßen [35]

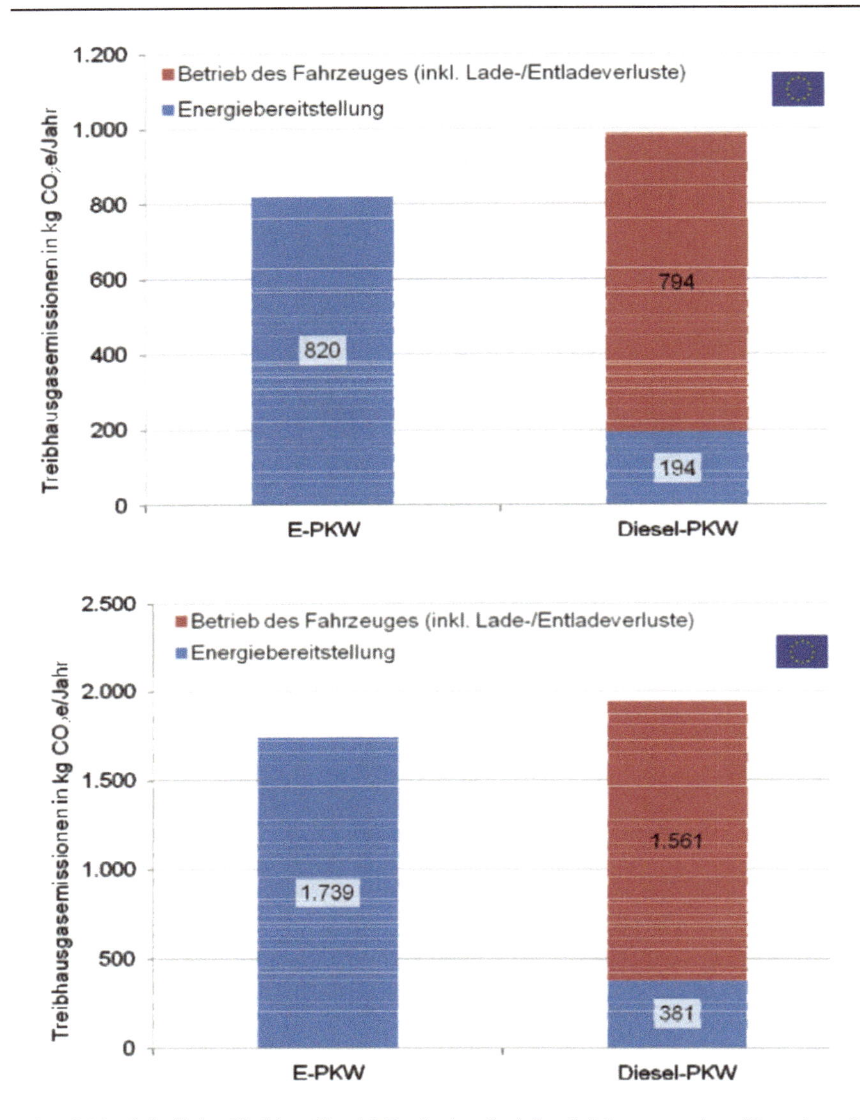

Bild 210 jährliche Kohlendioxid Emission bei Stadtfahrten und auf Landstraßen [35]

Wie im Bild 209 ersichtlich, ist der Energiebedarf der Elektrofahrzeuge sowohl bei Stadtverkehr (*7500* [km/Jahr]) als auch auf Landstraßen (*15000* [km/Jahr]) höher, was nicht durch die vom Fahrzeug benötigte Energie verursacht wird. Das widerspiegelt sich nicht in der CO_2 Emission, die bei den Elektrofahrzeugen etwas – auch wenn nicht viel – geringer ist. Grund dafür ist die Art der Bereitstellung der Elektroenergie in Europa – in Frankreich 76 % in Kernkraftwerken, in

Norwegen 98,5 % aus Wasserenergie. Weltweit bleiben allerdings die Kohle (38 % -2017) und das Erdgas (23,1% -2017) mit insgesamt 61,1% die Hauptenergieträger für Elektroenergie.

Laden der Batterien elektrisch angetriebener Automobile

Der internationale Ladestandard für elektrisch angetriebene Fahrzeuge mit Speicherung der Elektroenergie in Batterien sieht eine Kombination von Gleichstrom- und Wechselstrompfaden über ein gleiches, standardisiertes Steckersystem CCS (Combined Charging System) als Combo 1 in Nordamerika und Combo 2 in Europa, beziehungsweise CHAdeMo in Japan vor.

- beim einphasigen Wechselstromladen in Nordamerika – bedingt durch die dortige Stromnetzinfrastruktur – werden Ladeleistungen von 2,3 bis 3 [kW] und, mit einer neuen Steckerart, bis 7,2 [kW] erreicht.
  Mittels einphasigem Wechselstrom, mit dem europäischen System Combo 2, kann ein CCS-Elektroauto direkt über eine Haushalts-Schukosteckdose bei Ladeleistungen von 2,3 bis 3 [kW] gespeist werden. Bei der Nutzung von „blauen" 16-A-CEE-Steckdosen können dauerhaft 3,6 [kW] bis 7,2 [kW] übertragen werden. Das eigentliche Ladegerät, das den Wechselstrom gleichrichtet und die Ladung steuert befindet sich im Fahrzeug. Je nach Fahrzeug und Ausstattungspaket können einige Modelle nur mit maximal 3,6 kW laden.

- beim dreiphasigen Wechselstromladen in Europa, üblicherweise bei einer Spannung von 230 [V], in manchen Anlagen auch von 400 [V], gibt es im Wesentlichen zwei Varianten: Ladeleistungen bis 11 [kW] mit einer Stromstärke von 16 [A] und bis 22[kW] mit 32 [A].

- beim Gleichstromladen fließt der Gleichstrom von der Ladestation direkt in die Batterie, derzeit, mit wenigen Ausnahmen bei einer Spannung von 400 bis 500 [V]. In modernen Ladestationen fließen Ströme von bis zu 125 [A], was bei der erwähnten Spannung eine Ladeleistung bis zu 50 [kW] gewährt. In manchen Ladestationen werden Stromstärken bis zu 200 [A] erreicht wodurch Ladeleistungen bis 80 [kW] möglich werden. Die neusten Ladestationen für gegenwärtige Elektroautos können Ladeleistungen zwischen 100 und 150 [kW] bei Spannungen von 400 -500 [V] erreichen.

  Tesla benutzt Supercharger Systeme mit einer maximalen Ladeleistung von 250 [W]. Porsche hat durch die Erhöhung der Spannung auf 800 [V] einen Durchbruch erreicht, indem die Ladeleistung für den Taycan ein Maximum von 270 [kW] erreichte.

Tabelle 14 Ladeleistungen für Batterien gegenwärtig repräsentativer Elektroautos

Elektroauto Typ	Ladeleistung		
	Mit Gleichstrom (max) (DC) [kW]	Pmax bis Ladezustand [%]	Mit Wechselstrom (AC) [kW]
Porsche Taycan	270	45	11 (22)
Audi e-tron	150	70	11 (22)
Tesla Model 3	143 - 150	20	11
Tesla Model S	143 - 150	50	16
Tesla Model X	143 - 150	50	16
Mercedes ECQ	110	40	7,4
Jaguar I-Pace	100	30	7
Hyundai Kova	104	40	4,6 - 11
Kia e-Niro	100	40	11
VW ID.3	50 - 125	52	11

Für die ausreichende Kühlung der Batterie, beziehungsweise zum Schutz der Batteriezellen wird die Ladeleistung mit keinem der beschriebenen Systeme auf dem maximalen Wert während der Batterieladung bis zu 100% gehalten. Bei Porsche Taycan bleibt die Ladeleistung auf dem Maximalwert bis etwa 45% der Ladung, wonach sie stätig sinkt. Bei Tesla Model 3 sinkt die maximale Ladeleistung bereits nach 20% Ladung. Bei den übrigen modernen Systemen von Ladestationen / Elektrofahrzeugen kippt die maximale Ladeleistung etwa ab der Hälfte der Batterieladung.

Bei Porsche Taycan ist die Ladekurve so gelegt, dass in 20 Minuten die Elektroenergie für eine Strecke von etwa 200 [km] bei üblichem Fahrprofil geladen wird.

Fazit

Kompakte Batterie-elektrische Fahrzeuge sind unerlässlich - trotz der vergleichsweise geringen Speicherfähigkeit und langen Ladedauer der Batterien - für den Verkehr in Ballungsgebieten, in denen zeit- und zonenabhängig radikale

Einschränkungen bis auf null Emissionen von Stoffen und Geräuschen unvermeidbar sind. Die Klimatisierung des Fahrzeugs – Heizen im Winter und Kühlen im Sommer – kann für solche relativ kurzen Strecken im ausreichenden Maße bereits vor der Fahrt, während der Verbindung mit der Batterieladestation vorgenommen werden.

Für das individuelle Fahren in Ballungsgebieten sind leichte, kompakte Fahrzeuge, mit geringem Elektroenergieverbrauch besonders vorteilhaft. Solche Stadtfahrzeuge zielen jedoch auf ein bestimmtes Kundenprofil und gehören nicht der unteren Preisklasse an.

Andererseits ebnen diese Eigenschaften neue Wege für Car Rent, Car Sharing und Car Leasing Modelle.

5 Kombinationen von Antriebssystemen, Energieträgern, -wandlern und -speichern

5.1 Antriebskonfigurationen

Die Bewertung der Antriebssysteme für Automobile nach Energiebedarf und -ressourcen, sowie nach ökologischen, technischen und wirtschaftlichen Kriterien führt zu der Schlussfolgerung, dass eine universell einsetzbare Konfiguration als optimale Form nicht realistisch ist. Vielmehr sprechen spezifische Vorteile für anpassungsfähige Kombinationen, auf Basis kompatibler Funktionsmodule. Die Entwicklungstrends lassen folgende Merkmale erkennen:

- Die Emissionen von Schadstoffen sowie von Kohlendioxid werden weiter drastisch limitiert; „Null-Emission" Fahrzeuge in Ballungsgebieten sowie in Naturschutzregionen werden in der nahen Zukunft unerlässlich sein.
- Der Anspruch nach Komfort, – dazu gehört auch die Klimatisierung im Sommer und im Winter – Leistung und Elastizität des Antriebs wird auch die zukünftige Akzeptanz prägen.
- Die starke Entwicklung elektronischer Systeme empfiehlt die Integration der Antriebssteuerung in das Gesamtsystem von Antriebsmanagement bis hin zur Verkehrssteuerung.

Ausgehend von diesen Merkmalen und in Anlehnung an die Kombinationsbeispiele, die im Kap. 1 / Bild 26 und Bild 27 dargestellt wurden, sind folgende Antriebskonfigurationen Gegenstand aktueller Entwicklung:

- Antriebselektromotor mit Energieumwandlung an Bord in einer Wärmekraftmaschine (Kolbenmotor, Wankelmotor, Gasturbine, aber auch Stirling-Motor) mit flüssigem oder gasförmigem Kraftstoff im begrenzten Funktionsbereich als Stromgenerator, in Kombination mit Stromspeicher (Batterie)
- Antriebselektromotor mit Energieumwandlung an Bord mit flüssigem oder gasförmigem Kraftstoff in einer Brennstoffzelleneinheit, in Kombination mit einem Stromspeicher (Batterie).

C. Stan, *Alternative Antriebe für Automobile*,
https://doi.org/10.1007/978-3-662-61758-8_5

- Antriebselektromotor mit Stromspeicher (Batterie)
- Antrieb durch Wärmekraftmaschine (allgemein Kolbenmotor in Otto-, Diesel- oder kombiniertem Verfahren) mit flüssigem oder gasförmigem Kraftstoff als Antriebsmodul im Zusammenwirken mit einem oder mehreren Elektromotoren in Kombination mit einem Stromspeicher (Batterie) – als paralleler Hybrid.
- Antriebsmodule bestehend aus separaten Wärmekraftmaschinen oder Zylinderreihen (allgemein Kolbenmotoren in Otto- oder Dieselverfahren) mit flüssigem oder gasförmigem Kraftstoff und Elektromotoren, die bei Bedarf zuschaltbar sind.
- Antriebskolbenmotor in Otto- oder Dieselverfahren mit flüssigem oder gasförmigem Kraftstoff, welcher parallel einer weitgehend stationär arbeitenden Brennstoffzelle zur Stromversorgung an Bord zugeführt wird.

Derartige Konzepte sind – genau wie die Automobile mit elektrischem Antrieb, die Radnabenmotoren oder die Brennstoffzellen – keineswegs neu. Im Jahr 1900 baute Henri Pieper in Belgien ein Fahrzeug mit einem benzinbetriebenen Kolbenmotor unter der Haube und einem elektrischen Motor unter dem Fahrersitz. Diese Konfiguration, die 1905 als Patent angemeldet wurde, ist im Bild 211 dargestellt.

Der Verbrennungsmotor wurde bei konstanter Reisegeschwindigkeit und Last als Stromgenerator zum Laden der Batterie für den elektrischen Antrieb verwendet. Bei Beschleunigungen oder Steigungen arbeitete er zusammen mit dem Elektromotor, als Antriebseinheit. Die belgische Firma Auto-Mixte baute Fahrzeuge mit dieser Antriebskonfiguration in Serie, zwischen 1906-1912.

Die Wahl einer anwendungsoptimierten Konfiguration hängt in der Gegenwart außer von den technischen und wirtschaftlichen Aspekten von der Möglichkeit einer breiten Anwendung und nicht zuletzt von der Akzeptanz ab.

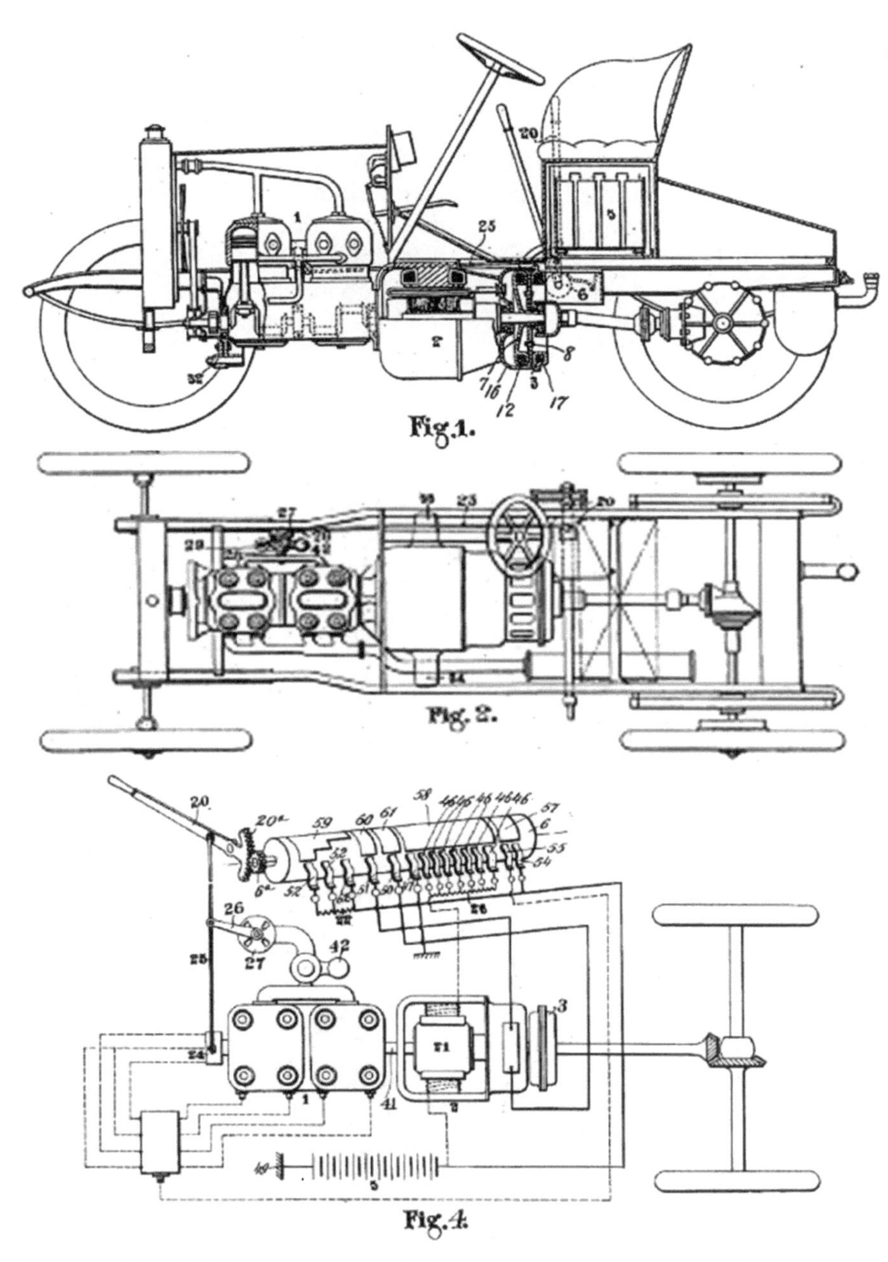

Bild 211 Hybridfahrzeug von Henri Pieper – aus Patentantrag von 1905

5.2 Antrieb mittels Elektromotor, Wärmekraftmaschine als Stromgenerator (serielle Hybride)

Zwischen den Antrieben eines Fahrzeuges mittels Elektromotor bzw. mittels Kolbenmotor besteht wie im Kapitel 1.2 dargestellt ein grundsätzlicher Unterschied bezüglich des Drehmomentenverlaufes: während beim Elektromotor das maximale Drehmoment praktisch von der Drehzahl null an vorliegt und im niedrigen Drehzahlbereich auch auf dem Maximalwert bleibt, entfaltet sich das Drehmoment bei Kolbenmotoren erst im mittleren Drehzahlbereich (Diesel) bzw. bei höheren Drehzahlen (Otto), was durch die erforderliche Luftströmung für Ladungswechsel und Gemischbildung bedingt ist.

Der Antrieb mittels Elektromotor erscheint daher als besonders günstig im Stadtzyklus wegen des zügigen Anfahrens und des praktisch schaltungsfreiem Betrieb. Diese Antriebsform, die bereits von Ferdinand Porsche intensiv untersucht wurde, hat bislang, wie im Kap. 4 dargestellt, den grundsätzlichen Nachteil der unzureichenden Absicherung der Elektroenergie an Bord mittels Batterien. Andererseits sind Brennstoffzellen bei der unverhältnismäßigen technischen Komplexität, welche auch den Preis bestimmt bzw. bei der noch sehr begrenzten Reichweite keine klare Alternative für eine breite Serienanwendung.

Der Antrieb durch Elektromotor bzw. durch Elektromotoren wird jedoch durch neuste Antriebskonzepte besonders vorteilhaft in Bezug auf Fahrdynamik, Fahrstabilität und Freitheitsgrade der Bewegung schlechthin: nach den üblichen Elektromotoren, die auf die jeweiligen Antriebsachsen eines Fahrzeuges platziert werden (Kap. 4.2, Tabelle 9) werden nunmehr auch Radnabenmotoren entwickelt.

Solche Ausführungen sind im Bild 212 dargestellt.

Bild 212 Radnabenmotoren für Fahrzeugantrieb: Mitsubishi (links), Michelin (Mitte), Honda (rechts) (Quellen: Mitsubishi, Michelin, Honda)

Ein Radnabenmotor dieser Ausführung erreicht in der Regel *20 [kW]/200 [Nm]*. Soweit die Elektroenergie an Bord vorhanden ist, kann jedes Rad mit einem Motor versehen werden. Die klassischen Antriebsachsen sind nicht mehr grundsätzlich erforderlich, wodurch die Freiheitsgrade der Kinematik jedes Rades bedeutend zunehmen. Darüber hinaus sind diese Freiheitsgrade an jedem Rad prinzipiell unabhängig von jenen der anderen Räder.

Die Vorteile in Bezug auf Kinematik und Dynamik des Fahrzeugs sind bemerkenswert, was durch einige Beispiele belegt werden kann:

- je nach Fahrsituation kann nur durch Steuerung von Stromkreisen zwischen Allrad-, Vorderrad- oder Hinterradantrieb umgeschaltet werden. Funktionen wie ESP, ASR oder ABS sind durch diese Steuermöglichkeit besser und in einer neuen Qualität umsetzbar.
- Park- und Wendemanöver werden extrem erleichtert – vom seitlichen Einfahren in eine Parklücke bis zum Drehen um eine Achse bei engem Wendekreis (Bild 3). Gerade für den Stadtverkehr sind solche Funktionen bei der stark zunehmenden Verkehrsdichte unabdingbar.
- die Fahrstabilität in Kurven kann durch die paarweise Lenkung der Vorder- und Hinterräder wesentlich erhöht werden (Bild 3).

Die Kritik an Radnabenmotoren für Fahrzeuge richtet sich hauptsächlich auf die zunehmende ungefederte Masse am Rad, was unkontrollierte Schwingungen und ungenügenden Kontakt mit dem Fahrbahnprofil verursachen kann. Die Antwort auf eine solche Kritik gab bereits das Entwicklungskonzept für Radnabenmotoren „eCorner" von Continental/Siemens VDO [24]. Beim eCorner wird das Rad als intelligentes Fahrerassistenzsystem betrachtet. Der mechatronische Ansatz und der Trend zum autonomen Fahren finden ihre Ursprünge in der Robotertechnik. Wie bei Robotern wird auch bei Automobilen eine Position über die 6 Freiheitsgrade eines Koordinatensystems definiert – das sind die Bewegungen in der Längs-, Quer- und Vertikalachse sowie die Rotation um jede dieser Achsen. Der Daten- bzw. Informationsaustausch erfolgt beim Fahrerassistenzsystem wie beim Roboter über Bussysteme, vorzugsweise mit Echtzeitfähigkeit. Im Automobil finden dafür die Bussysteme CAN, LIN bzw. FlexRay Anwendung. Sensoren, Elektromotoren und mechanische Systeme wie Dämpfer und Bremsen können nicht nur elektronisch vernetzt (by wire) sondern auch über neuronale Netzstrukturen gesteuert und geregelt werden. Die Ähnlichkeit des Antriebs einer Roboter-Gelenkachse mit dem Antrieb eines Fahrzeugrades wird offensichtlich. Der von Continental entwickelte Radroboter (eCorner) sah die Integration von Lenkung und Dämpfung im Radnabenmotor vor. Zunächst wird das Rad mechatronische Komponenten von Dämpfung und elektrischer Bremse mit der jeweiligen Sensorsignalaufbereitung beinhalten, aber auch elektronische Komponenten wie ein direktes Reifendruckkontrolsystem und Subsysteme der Chassis-Control-Einheit. In einem weiteren Schritt wird die elektrische Lenkung in das Radmodul vorgesehen. Ähnliche Radnabenmotoren wurden von Volvo entwickelt und in dem Modell C30 mit seriellem Hybridantrieb eingesetzt.

Auf diesem Wege zum intelligenten Radroboter werden hinsichtlich der Elektroenergieversorgung an Bord – derzeit noch mit Antrieb mittels konventioneller Elektromotoren auf Fahrzeugachsen – bereits Fortschritte gemacht: als Stromgeneratoren sind dafür stationär arbeitende Wärmekraftmaschinen durchaus vorteilhafter als Brennstoffzellen – bei vergleichbarem Wirkungsgrad sind technische Komplexität, Preis und Abmessungen weitaus geringer. Die Kombination eines solchen Elektroenergiewandlers mit einem modernen Elektroenergiespeicher (Nickel-Metall-Hydrid oder Lithium-Ionen-Batterie) kann zu einem vorteilhaften Energiemanagement führen. Derartige Konzepte werden gegenwärtig zunehmend entwickelt.
Im Bild 213 ist ein ursprünglich konzipierter Prototyp von General Motors - Chevrolet E Flex „Volt“- dargestellt.

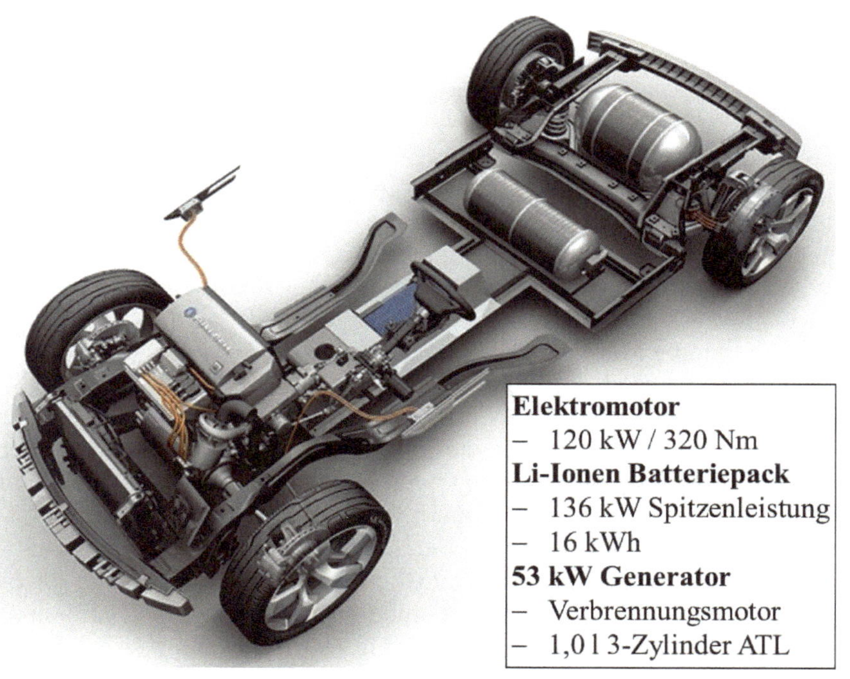

Bild 213 Chevrolet E Flex „Volt“ (General Motors) – Prototyp *(Quelle: GM)*

Der Elektroantriebsmotor dieses Prototyps hat eine Leistung von *120* [*kW*] bei einem maximalen Drehmoment von *320* [*Nm*]. Als Stromgenerator an Bord fungiert ein Dreizylinder-turboaufgeladener Ottomotor mit 1 Liter Hubvolumen, der eine Leistung von *53* [*kW*] generiert. Die Stromerzeugung wird mit einer Speicherung in Lithium-Ionen-Batterien ergänzt, die eine Energie von *16* [*kWh*] aufnehmen und einer maximalen momentanen Leistungsanforderung von *136* [*kW*] entsprechen können.

Dieses Konzept war anfänglich auch für eine Ausführung von Opel Ampera vorgesehen. Für die Serie, die nur eine kurze Zeit am Markt war, wurde dann eine Funktionsänderung vorgenommen, in dem der Verbrennungsmotor (Vierzylinder- anstatt Dreizylindermotor, dafür ohne Turboaufladung) für Fahrten bei höherer Geschwindigkeit, neben dem Elektromotor, auch für den Antrieb arbeitete. Die Konfiguration des Antriebssystems von Opel Ampera ist im Bild 214 ersichtlich.

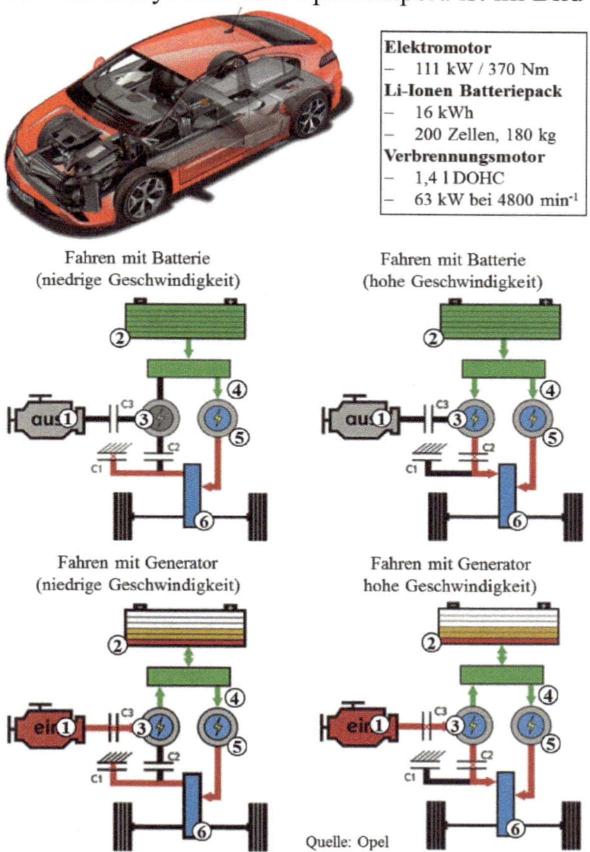

Bild 214 Opel Ampera – Antriebsstrang (oben links), Kenngrößen (oben rechts) und Fahrzustände *(Quelle: Opel)*

Der Hauptantrieb bestand in einem Elektromotor mit *111* [*kW*]/*370* [*Nm*]. Als Stromgenerator wirkte ein 1,4 Liter Viertakt-Vierzylinder-Ottomotor der Opel-Ecotec-Serie mit einem Benzintank von 35 Litern. Die Speicherung von elektrischer Energie erfolgte mittels einer LiIon-Batterie mit einer Kapazität von *16* [*kWh*]. Die Reichweite mit elektrischem Antrieb und Batterie betrug *40* bis *80* [*km*], mit Reichweitenverlängerung wurden es *500* [*km*].

Volvo entwickelte für das Modell C30 einen seriellen Hybridantrieb nach dem gleichen Konzept. Der ursprünglich als Stromgenerator eingesetzte Ottomotor mit einem Hubraum von *1,6* [dm^3] wurde dann mit einem Dieselmotor gleichen Hubraums mit einer Leistung von *80* [*kW*] ersetzt. Der Verbrennungsmotor startet automatisch, wenn 70 % der Batteriekapazität aufgebraucht ist. Es gibt allerdings auch die Option einer manuellen Zuschaltung – beispielsweise vor einer Fahrt in einem Stadtzentrum in dem nur elektrisches Fahren mit Null Emission verlangt wird.

In den vergangenen Jahren erschienen auch Prototypen von seriellen Hybridausführungen mit vergleichbarer Leistung, durch Nutzung von Strömungsmaschinen (Gasturbinen) als Stromgeneratoren. Auch wenn solche Prototypen noch nicht in Serienanwendungen zu finden sind, zeigen sie ein sehr interessantes Entwicklungspotential. Im Bild 215 ist eine Auswahl von Fahrzeug-Prototypen dargestellt, die mit Capstone und Bladon Jets Gasturbinen aus Kapitel 2.3.3 als Stromgenerator ausgestattet sind.

Hersteller	Fahrzeug	Antrieb	
Capstone	CMT-380 (Konzeptfahrzeug)	C30 (30 kW_{el})	
Jaguar	C-X75 (Konzeptfahrzeug)	Bladon Jets (2 x 75 kW_{el})	
LPEngineering	Whisper ECO-Logic (Konzeptfahrzeug)	C30 (30 kW_{el})	
ETVMotors	Toyota Prius Conversion (Konzeptfahrzeg)	Entwicklung (8 kW_{el})	
DesignLine	ECOSaver IV (auf dem Markt)	C65 (65 kW_{el})	
Velozzi	Supercar (Markteinführung 2011)	C65 (65 kW_{el})	
Velozzi	Solo Crossover (Markteinführung 2011)	C30 (30 kW_{el})	

Bild 215 Fahrzeugprototypen mit Gasturbinen als Stromgeneratoren

Einige Ausführungen sind dafür beispielhaft:

- Volvo ECC (Environmental Concept Car)

Bild 216 Volvo ECC (Environmental Concept Car)

Dafür wurde eine Strömungsmaschine mit *41* [*kW*] bei einer Betriebsdrehzahl von *90.000* [min^{-1}] auf der gleichen Achse mit einem Stromgenerator von *39* [*kW*] angeordnet. Das System enthielt zusätzlich eine Nickel-Cadmium-Batterie mit *16,8* [*kWh*]. Durch diese Konfiguration konnte ein Antriebselektromotor mit einer maximalen Leistung von *70* [*kW*] (bei Dauerlast *56* [*kW*]) versorgt werden. Die erreichten Ergebnisse waren ausgezeichnet:

- Maximale Geschwindigkeit: *175* [*km/h*]
- Verbrauch: im Stadtzyklus *6* [*l/100km*]; auf Landstraße *5,2* [*l/100km*]-Dieselkraftstoff
- Schadstoffemission: NO_X: *0,11* [*g/km*], CO: *0,08* [*g/km*]
- Reichweite: *670* [*km*] mit *35* [*l*] Tankinhalt
- Fahrzeugmasse: *1.580* [*kg*]

- Peugeot 406 Hybrid
  Die Anordnung der Funktionsmodule ist ähnlich wie beim Volvo ECC, die Strömungsmaschine hat in diesem Fall eine Leistung von *37* [*kW*] und nutzt ebenfalls Dieselkraftstoff. Der verwendete Drehstromantriebsmotor arbeitet in einem Drehzahlbereich bis *6.500* [min^{-1}] und erreicht eine Leistung von *45* [*kW*] bzw. ein maximales Drehmoment von *260* [*Nm*] im Drehzahlbereich *0-1.600* [min^{-1}].

- Jaguar C-X75
  Das Konzept sieht einen Antriebselektromotor je Rad, mit jeweils *45* [*kW*]/*400* [*Nm*] vor. Als Stromgeneratoren dienen zwei

Strömungsmaschinen mit jeweils *70* [*kW*]. In einem Batteriemodul wird eine elektrische Energie von *19,6* [*kWh*] gespeichert. Bei einer Höchstgeschwindigkeit von *330* [*km/h*] und einer Beschleunigung von *3,4* [*s*] von *0* auf *100* [*km/h*] beträgt der CO_2-Ausstoß *99* [*g/km*].

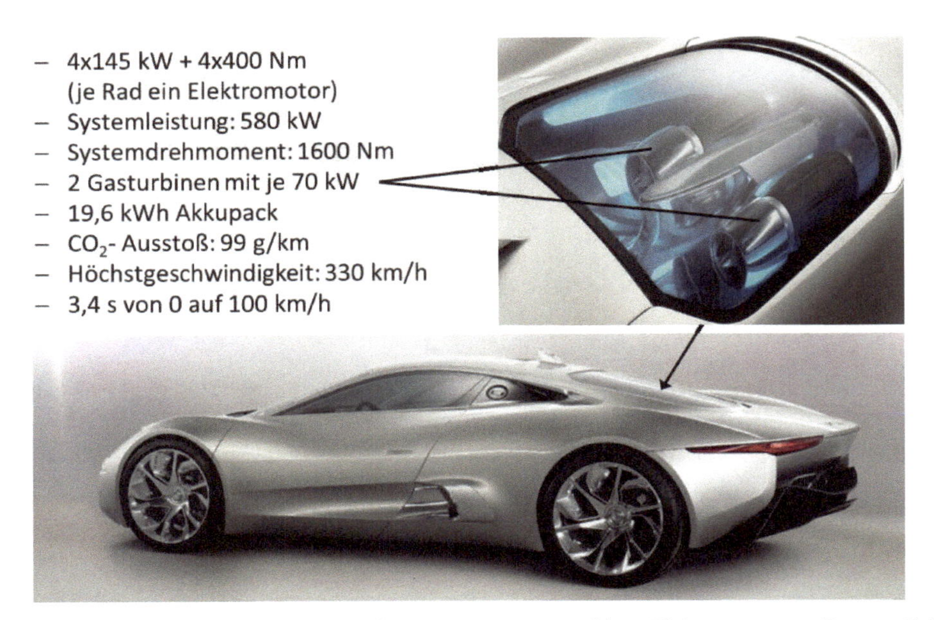

Bild 217 Hybridkonfiguration Strömungsmaschine-Elektromotor – Jaguar C-X75 *(Quelle: Jaguar)*

Die Kompaktheit der entwickelten Gasturbinen bei beachtlicher Leistung und ihre Nutzungsfähigkeit mit vielen Arten von Kraftstoffen empfehlen die weitere Verfolgung solcher Konzepte – die offensichtlich aus Preisgründen – hinter der Anwendung klassischer Ottomotoren in Hybridkonfigurationen bleibt. Das Beispiel von Kap. 2.3, Bild 124 (NoMac – Strömungsmaschine) stellt allerdings eine preiswerte Alternative bei interessantem Wirkungsgrad dar.

Eine effiziente Ausführung mit sehr moderatem Preis wurde in einem Konzeptfahrzeug von PSA (Citroen Saxo) realisiert. Für die Stromerzeugung ist ein Antriebsaggregat mit relativ geringer Leistung, bei minimalem Gewicht und Abmessungen – einschließlich des Energiespeichers an Bord – erforderlich. Für die Funktion als Stromgenerator ist der Betrieb eines Verbrennungsmotors in Kennfeldfenstern Leerlauf – Volllast ausreichend. Das erlaubt die relativ einfache Auslegung eines solchen Motors, der auf minimalen Werten von Verbrauch und Emissionen abgestimmt werden kann.

Bezüglich des Gewichtes und der Abmessungen für eine in Betracht gezogene Leistung haben Zweitaktmotoren entscheidende Vorteile: Die hubraumbezogene Leistung ist – wie im Kap. 2.3.1 / Gl. (2.19 und 2.20) dargestellt – um 40–60 % höher als bei Viertaktmotoren, das Masse-Leistungsverhältnis wird entsprechend geringer. Die Nachteile eines Zweitaktmotors bezüglich Kraftstoffverbrauch und Schadstoffemission sind andererseits von der Art der Gemischbildung bestimmt. Es wurde in der letzten Zeit durch verschiedene Direkteinspritzverfahren nachgewiesen, dass mittels innerer Gemischbildung solche Nachteile wettgemacht werden können [2].

Für die Fenster-Funktion im Rahmen eines seriellen Hybrides kann der Ladungswechsel eines Zweitaktmotors ohnehin besser abgestimmt werden, als für einen breiten Drehzahlbereich.

Für die Anwendung in einem Hybridantrieb sind dafür Direkteinspritzsysteme mit elektronischer Steuerung erforderlich, um eine Integration der Einspritzfunktion in das gesamte Fahrzeug-Management zu gewährleisten.
Ausgehend von einer solchen Konfiguration des Hybridsystems sind folgende Szenarien des Antrieb-Managements von Interesse:

- Einschaltung des Zweitaktmotors bei Fahrzeuggeschwindigkeiten oberhalb der in Ortschaften zulässigen Geschwindigkeit.
- Abschaltung des Zweitaktmotors für gemessene Änderungen der Rad-geschwindigkeit, die auf einen Stadtfahrzyklus hindeuten.
- Einschaltung des Zweitaktmotors bei einer Batteriespannung unter dem erforderlichen Niveau.

Die Priorität zwischen solchen Funktionen kann durch entsprechende Logistikstrukturen in der zentralen Steuerelektronik entschieden werden. Ausgehend von den erwähnten Kriterien wurde folgende Entwicklungsmethodik abgeleitet:

Systemkonfiguration

Stadtfahrzeug mit seriellem Hybridantrieb, bestehend aus Elektromotor und Batterie bzw. aus einer Stromversorgungseinheit, auf Basis eines Zweitakt-Ottomotors mit elektronisch gesteuerter Benzin-Direkteinspritzung.

Systemoptimierung

Basis-Elektromotor und Batteriesatz eines bereits bewährten Serienelektrofahrzeuges für Stadtverkehr, Auswahl des entsprechenden Last- und Drehzahlbereiches des Zweitaktmotors, Motorauslegung, Optimierung des Ladungswechsels,

Anpassung des Direkteinspritzverfahrens, Optimierung des Verbrennungsprozesses, Anpassung des Motors im Fahrzeug.

Das Hybridfahrzeug auf Basis des Serienfahrzeuges Citroen Saxo Electrique [23], war mit einem *20* [*kW*] Gleichstrommotor für einen Drehzahlbereich von *1.600-5.500* [min^{-1}] ausgerüstet und erreichte ein maximales Drehmoment von *127* [*Nm*] bei *1.600* [min^{-1}]. Der Elektromotor inklusive Antrieb wog *72* [*kg*]. Der Batteriesatz bestand aus 20 NiCd Zellen. Das Zusatzmodul – Zweitaktmotor, Lichtmaschine und Benzintank – wurde im Fahrzeug in die Konfiguration integriert, die im Bild 218 dargestellt ist. Die funktionelle Struktur ist im Bild 219 ersichtlich.

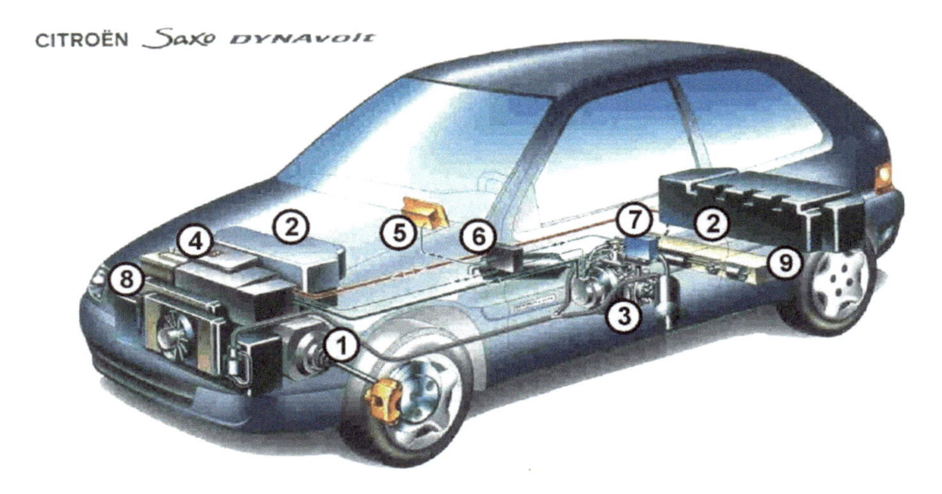

Bild 218 Anordnung der Funktionsmodule (Bezeichnung im Bild 219) in einem seriellen Hybridantrieb für ein Kompaktauto

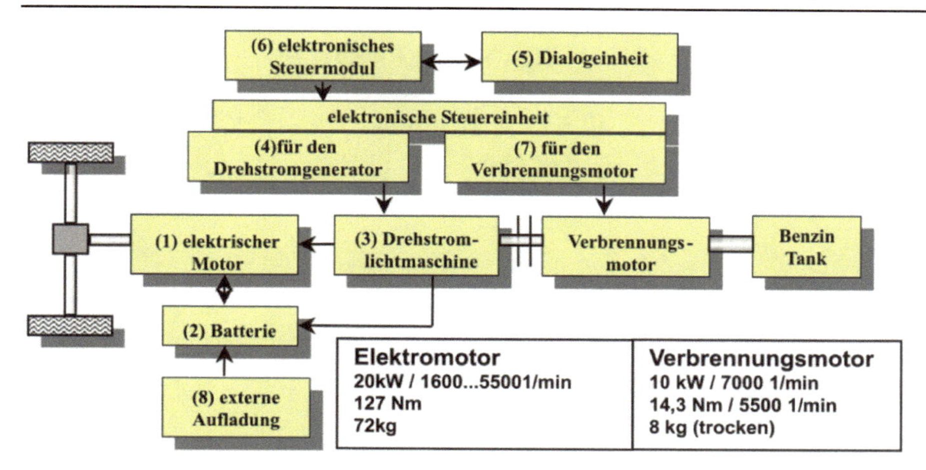

Bild 219 Schaltbild der Funktionsmodule im Bild 218

Der Zweitaktmotor wurde als Zweizylinder–Boxermotor mit einem Gesamthubvolumen von $200\ [cm^3]$ ausgeführt, der bei $8\ [kg]$ Motorgewicht (trocken) und Abmessungen von $0{,}3x0{,}3x0{,}25[m]$, eine mechanische Leistung von $10\ [kW]$ bzw. eine effektive Lichtmaschinenleistung von $6{,}5\ [kW]$ gewährleistete. Der Motor war zusammen mit einem sehr kompakten Benzintank unter dem Rücksitz platziert.

Das Gewicht, die Abmessungen und die Anbringung des Verbrennungsmotors samt Nebenaggregate beeinträchtigen in keiner Weise die Funktionen des Basis-Serienfahrzeuges. Bemerkenswert ist jedoch, dass durch diese Maßnahme die Reichweite des Fahrzeuges auf das Vier- bis Fünffache zunahm.

Das erbrachte die gewünschte Synergie zwischen dem Komfort eines Elektrofahrzeuges im Stadtverkehr bezüglich Beschleunigungsverhalten, Wegfall der Schaltung, Geräusch- und Schadstoffemission auf der einen Seite und der längeren Funktion zwischen 2 Ladungen andererseits, die für ein Fahrzeug mit Verbrennungsmotor charakteristisch ist.

Der Zweizylinder – Zweitaktmotor, der in Bild 220 dargestellt ist, wurde entsprechend der im Kap.2.3.1 erwähnten Einsatzformen mit Umkehrspülung ausgelegt.

Das extrem niedrige Hub-Bohrung-Verhältnis von 0,655 ist in den kompakten Abmessungen sowie in einer vertretbaren mittleren Kolbengeschwindigkeit bei einer hohen Drehzahl begründet: Daraus resultiert eine entsprechend hohe hubraumbezogene Leistung.

2 ZYLINDER BOXERMOTOR
β= 0,655
(0.3 x 0.3 x 0.25) m
8 kg (trocken)

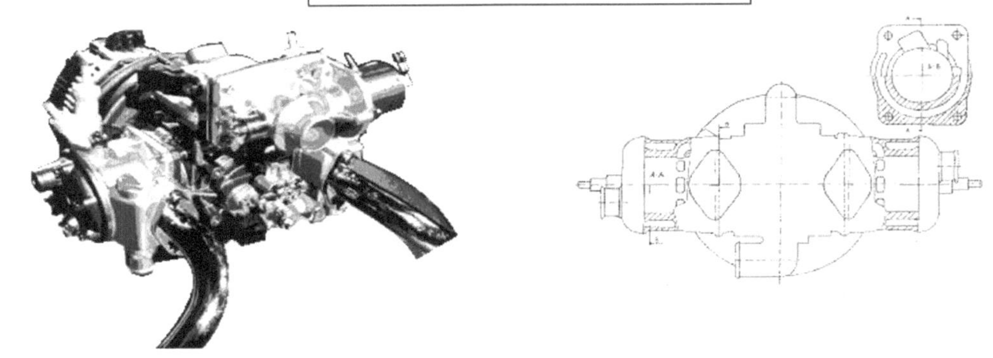

Bild 220 2 Takt 2 Zylinder Motor mit Benzindirekteinspritzung, mit integriertem Drehstromgenerator

Ein kompakter Zweitakt-Ottomotor mit relativ hoher Drehzahl – entsprechend der beschriebenen Anwendung – bedingt weitere Anforderungen am Direkteinspritzverfahren wie im Bild 221 dargestellt:

- Extrem kurze Dauer für Einspritzung und Gemischbildung, aufgrund des kürzeren Abstandes zwischen Ladungswechsel und Zündung als bei einem Viertaktmotor.
- Exakte Kontrolle der Dosierung und Richtung des Einspritzstrahles, mit Möglichkeiten seiner Anpassung an gelegentlich variable Last und Drehzahl. Diese Anforderung resultiert insbesondere aus der Tatsache, dass die Spülströmung eines Zweitaktmotors instabiler und ungünstiger verteilt ist als im Falle eines Viertaktmotors, was die Bildung einer klar abgegrenzten und reproduzierbaren Frischluftzone beeinträchtigt.

Eine ständige Korrelation des Einspritzverlaufs, des Einspritzbeginns und des Zündbeginns erscheint daher als sehr effektiv.

Gegenwärtige Entwicklungen von Direkteinspritzverfahren für Zwei- und Viertakt-Ottomotoren waren – wie im Kap. 2.2 dargestellt – von einer Polarisierung in zwei Kategorien gekennzeichnet: Einspritzung von flüssigem Kraftstoff unter Hochdruck (Bild 77, Bild 78, Bild 79) bzw. Einspritzung einer Kraftstoff-/Luftemulsion bei relativ niedrigen Druck (Bild 76). Für die Anpassung an einen einfachen und kompakten Zweitaktmotor, der als Stromgenerator arbeitet, erschien die Einspritzung flüssigen Kraftstoffs (DE) weniger aufwendig, als die luftunterstützte Einspritzung, die allgemein den Einsatz eines zusätzlichen Kompressors bedingt.

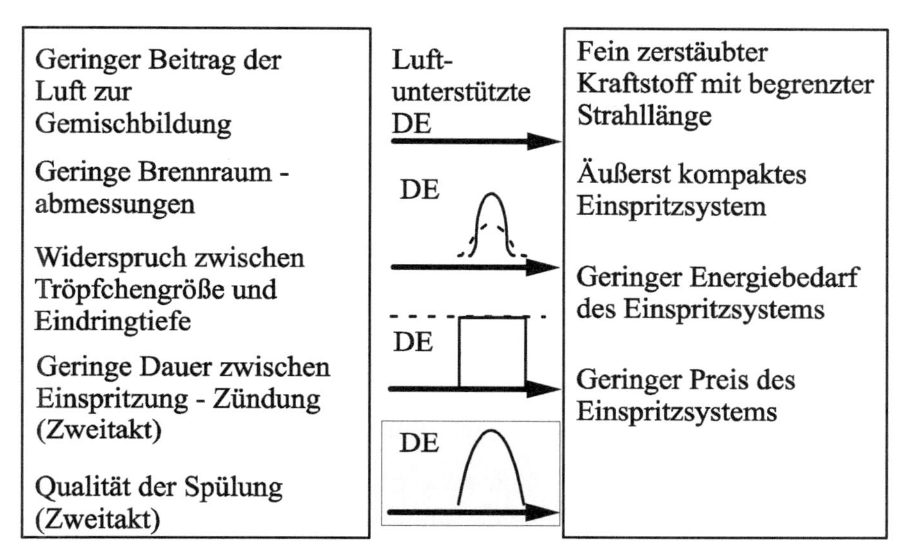

Bild 221 Spezifische Anforderungen an das Direkteinspritzsystem für einen kompakten Zweitaktottomotor mit der Funktion eines Stromgenerators für Hybridsysteme

Andererseits erscheint in der Kategorie der Systeme zur Einspritzung flüssigen Kraftstoffs eine Anlage mit Hochdruckmodulation günstiger für die Anpassung an einen kompakten Brennraum, als ein Common Rail System mit konstantem Hochdruck, welches allgemein auch eine nicht unbeachtliche Leistung in Anspruch nimmt.

Ausgehend von diesen Kriterien wurde für den Einsatz am Zweitaktmotor des Hybridantriebs ein Direkteinspritzsystem mit Hochdruckmodulation nach dem Druckstoßprinzip gewählt. Das System wurde entsprechend den spezifischen Anforderungen für den Einsatz im Zweitaktmotor eines Hybridantriebs nach folgenden Kriterien entwickelt:

- Aufgrund des sehr kompakten Brennraums musste die erforderliche Kraftstoffzerstäubung bei einer sehr geringen Strahllänge realisiert werden.
- Das Hochdruckmodul des Einspritzsystems - bestehend aus Einspritzdüse, elektromagnetisch gesteuertem Absperrventil, Beschleunigungsleitung und Schwingungsdämpfer – wurde in einer Einheit mit minimalen Abmessungen integriert (Bild 79 oben).
- Die zum Betreiben des Einspritzsystems erforderliche Leistung sollte *150* [*kW*] bzw. ca. 2 % der effektiven Motorleistung nicht übersteigen.

- Der Preis des Einspritzsystems bzw. des Motors sollte derart gering sein, dass durch die Umstellung der Serienelektrofahrzeuge auf Hybridantrieb keine spürbare Kostenerhöhung entsteht.

Eine vorteilhafte Eigenschaft der Druckstoßeinspritzsysteme ist die Unabhängigkeit des Hochdruckverlaufs, und damit des Einspritzverlaufs, von der Motordrehzahl. Allgemein wird ein Druckstoßeinspritzsystem auf eine ausreichende Zerstäubung abgestimmt, welche die kurze Gemischbildungsdauer bei maximaler Einspritzmenge - entsprechend hoher Last und Drehzahl – gewährt.

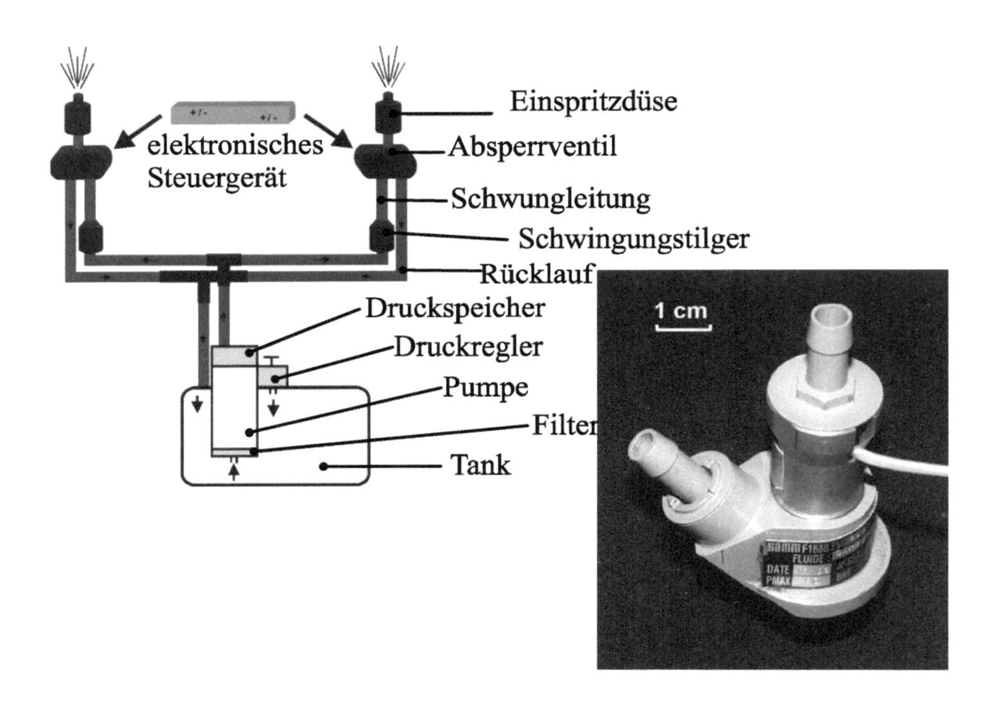

Bild 222 Konfiguration des Direkteinspritzsystems mit Hochdruckmodulation für den Zweitaktmotor und Ausführung des Hochdruckmoduls

Wie in Bild 222 dargestellt, wird die Beschleunigung des Kraftstoffs vor dem Aufprall mittels eines konventionellen Vordrucksystems, bestehend aus Vordruckpumpe, Filter und Druckbegrenzungsventil realisiert, indem ein Kreislauf von und zum Tank bei definierter Druckdifferenz entsteht. Das Vordrucksystem wird als Kompakteinheit am oder im Tank integriert. Der Vordruck ist auf Werte um *0,4-0,5* [*MPa*] eingestellt. Im Hochdruckmodul, bestehend aus den bereits erwähnten Elementen, wird durch das Schließen des Absperrventils die Kreislaufströmung schlagartig unterbrochen, wodurch eine Druckwelle entsteht, die ein Maximum um 10-15 mal höher als der Vordruck für eine Dauer von *0,5-0,8* [*ms*] erreicht. Dieses Drucksignal liegt am Eingang der Einspritzdüse vor und wird entsprechend dem Düsenöffnungsdruck im Bereich von *1,8-2,5* [*MPa*] bei Druckamplituden bis *7,5* [*MPa*] für die Kraftstoffeinspritzung genutzt. Die Einspritzmenge wird mittels der Öffnungsdauer des Absperrventils eingestellt: Dadurch kann bei der definierten Druckdifferenz zwischen Vordrucksystem und Tank die Kraftstoffbeschleunigung an jedem beliebigen Punkt vor dem Erreichen des Maximalwertes unterbrochen werden, wodurch die Amplitude und damit die Einspritzrate kontrollierbar wird. Im Bild 223 ist die Prozessfolge im Einspritzsystem dargestellt.

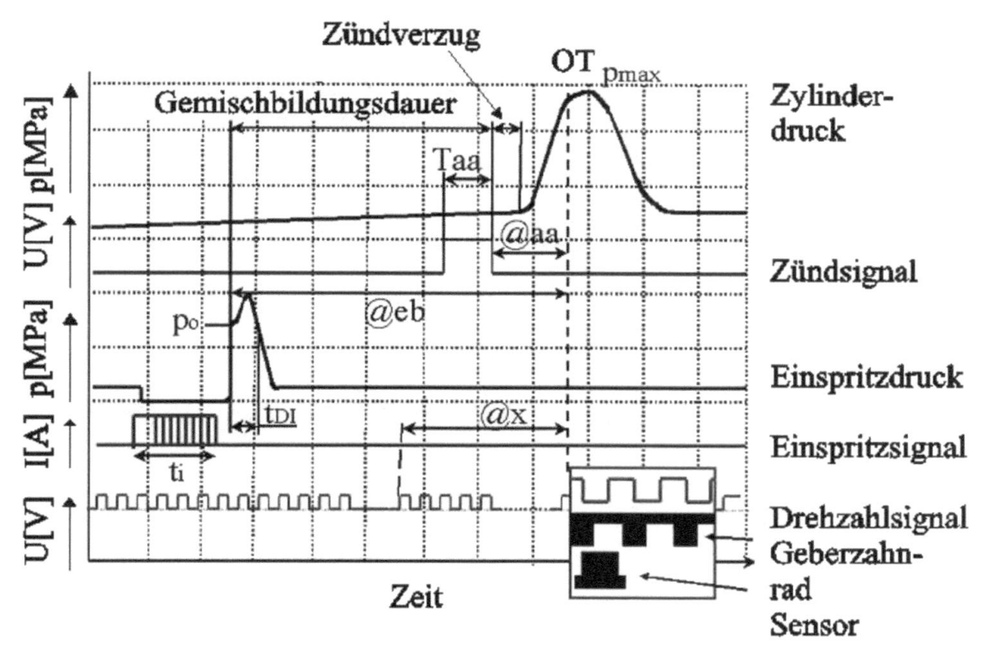

Bild 223 Zeitlicher Ablauf des Einspritz- und des Zündverzuges in einem Direkteinspritzsystem mit Hochdruckmodulation

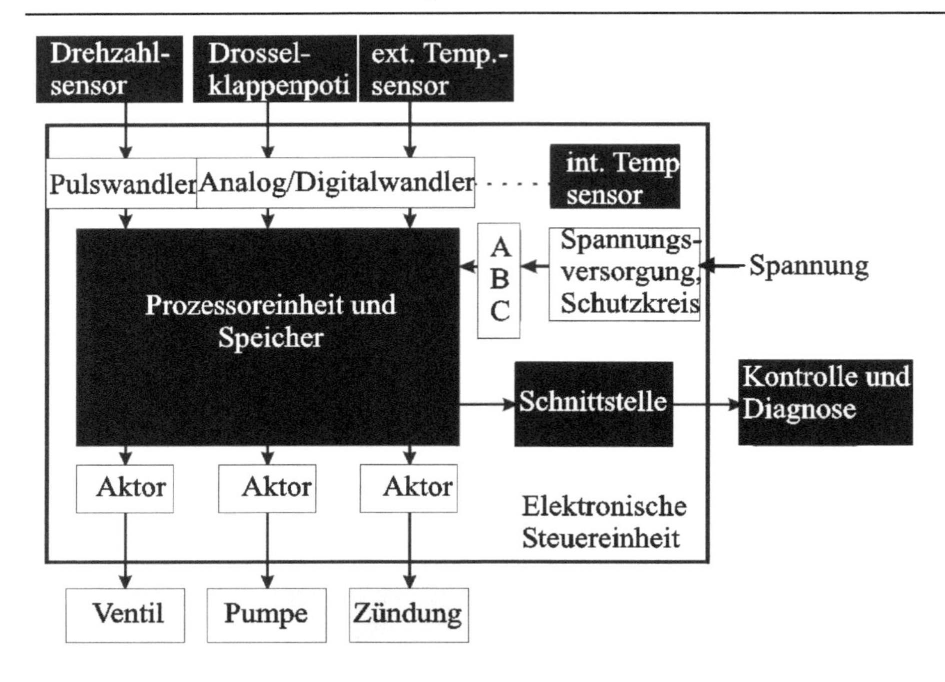

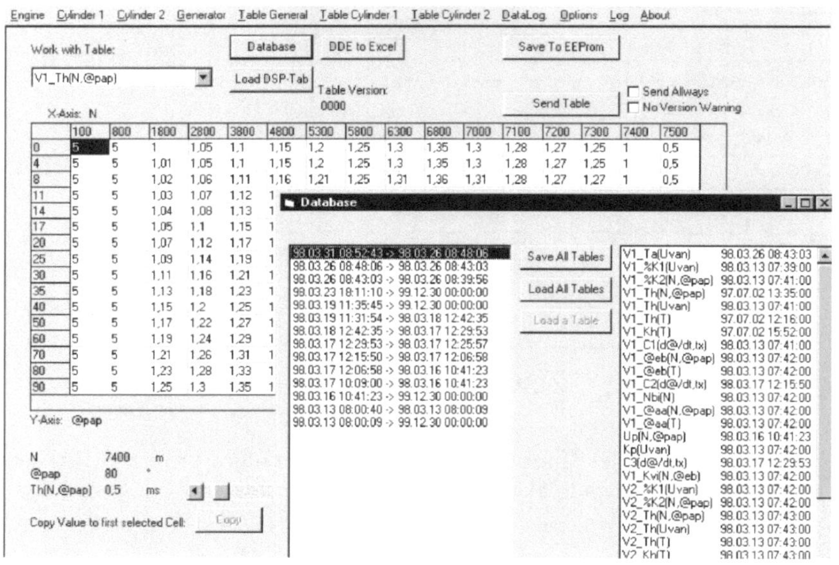

Bild 224 Funktionsschema der Steuerelektronik und Benutzeroberfläche für Datenerfassung für ein Direkteinspritzsystem mit Hochdruckmodulation

Auf der Basis des Spannungssignals U an der Kurbelwelle und der Drosselklappenstellung (im Bild nicht dargestellt) wird in der Steuerelektronik das Signal für das Absperrventil - als Impulsbeginn und Öffnungsdauer des Absperrventils - abgeleitet. Je länger die Öffnungsdauer, desto höher wird die Beschleunigung des Kraftstoffs vor dem Aufprall und dadurch die Druckamplitude p, welche die Einspritzmenge bestimmt.

Nach einer Dauer, die den Gemischbildungsbedingungen bei gegebener Last / Drehzahl und Umgebungsbedingungen entspricht, wird mittels gleicher Elektronikeinheit die Zündspannung Us eingeleitet, was den Druckanstieg p im Zylinder infolge des Verbrennungsprozesses hervorruft.
Die Hauptfunktionen des Elektronikmoduls zur Steuerung der Einspritzung im Zweitaktmotor sind in Bild 224 dargestellt.

Für die bestmögliche Anpassung des Einspritzsystems an den Motor bzw. für einen minimalen Energieverbrauch durch das System selbst wird anhand eines Optimierungsverfahrens sowohl die Öffnungsdauer des Ventils, als auch der Vordruck für jede Parameterkombination eingestellt. Das gemessene Einspritzvolumen für einen Düsenöffnungsdruck von *1,8* [*MPa*], welches in Bild 225 in Abhängigkeit von Öffnungsdauer und Vordruck dargestellt ist, deutet auf die Möglichkeiten einer solchen Kombination hin.

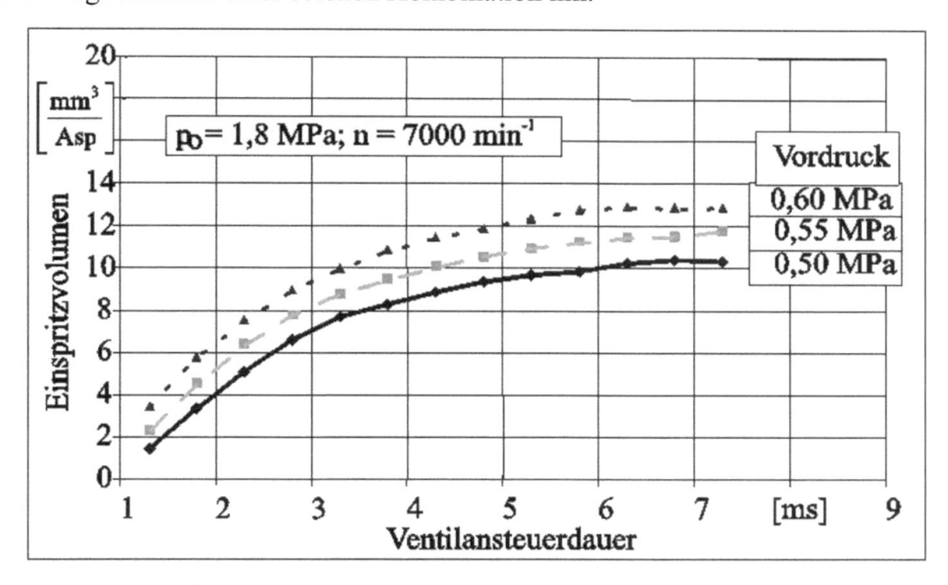

Bild 225 Einspritzvolumen als Funktion der Ventilansteuerdauer und des Kraftstoffvordrucks in einem Direkteinspritzsystem mit Hochdruckmodulation

In Bezug auf die innere Gemischbildung von Kraftstoff und Luft infolge der Direkteinspritzung wurde eine kombinierte Analyse mittels strömungsdynamischer Modellierung und experimenteller Untersuchung als effektive Optimierungsmethode entwickelt. Bild 226 stellt ein diesbezügliches Beispiel dar.

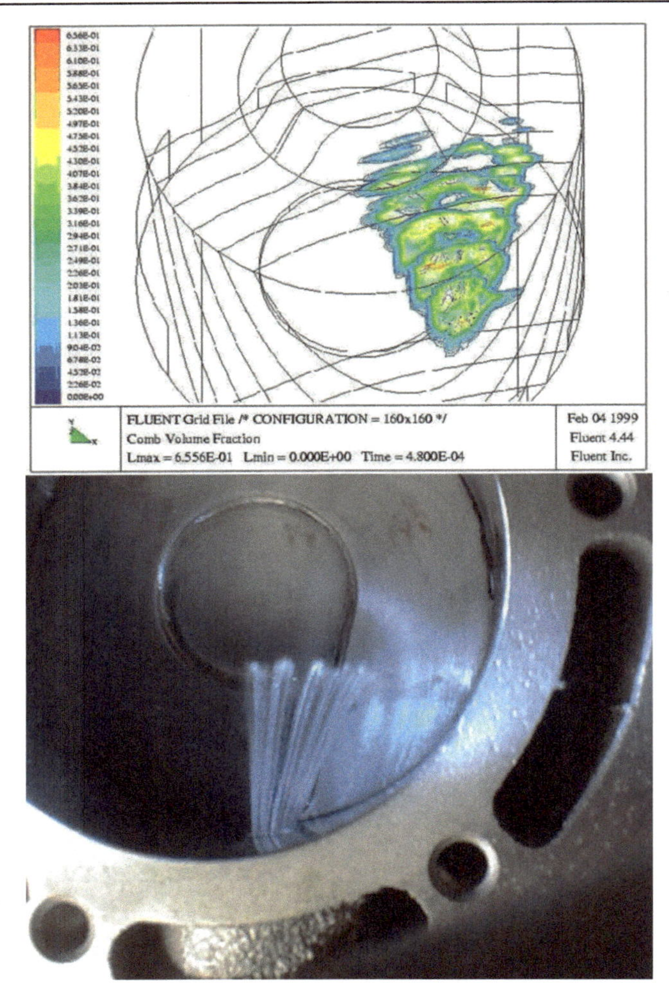

Bild 226 Innere Gemischbildung im Zweitaktmotor bei der Benzindirekteinspritzung – berechnet und gemessen

Zur Bestätigung der Rechenergebnisse, bzw. zur Kalibrierung des Rechenprogramms wurden im Rahmen experimenteller Untersuchungen mittels Laser Doppler Anemometrie (LDA) die Strahlkenngrößen in verschiedenen Querschnitten ermittelt.

Der Vergleich der Strahlgeschwindigkeit und der Tropfengröße in einem Frequenzbereich entsprechend Motordrehzahlen von *1.500-7.000* [min^{-1}] für unterschiedliche Arten der Einspritzdüse bestätigte, dass die Motordrehzahl keinen Einfluss auf die Strahlcharakteristika hat.

Andererseits wurde aus den Untersuchungen abgeleitet, dass die Variation der Einspritzmenge kaum einen Einfluss auf die Tropfengröße im Strahl hat, was auf die für einen Druckstoß typische Druckanstiegsgeschwindigkeit zurückzuführen ist. Das ist sehr vorteilhaft hinsichtlich der Gemischbildungsbedingungen bei niedriger Last. Die Änderung der Einspritzmenge beeinflusst im Wesentlichen die Tropfengeschwindigkeit im Strahl, was eine exakte Abstimmung zwischen Kraftstoff- und Luftgeschwindigkeit im Brennraum – zur Kontrolle der Ladungsschichtung – erfordert. Zu diesem Zweck ist das numerische Modell besonders vorteilhaft.
Mit zunehmendem Öffnungsdruck der Einspritzdüse wird die Zerstäubung erwartungsgemäß günstiger. Um die gleiche Einspritzmenge zu realisieren, muss jedoch in einem solchen Fall die Amplitude des Hochdrucks erhöht werden. Dabei bleibt die Druckwirkdauer aber konstant, entsprechend den Reflexionsbedingungen im ausgeführten Einspritzsystem.

Die höhere Druckamplitude, bei gleicher Druckwirkdauer, führt zum Anstieg der Strahlgeschwindigkeit, wodurch auch die Strahllänge beeinflusst wird. Dieser Zusammenhang empfiehlt eine exakte Abstimmung des Düsenöffnungsdruckes für eine Optimierung zwischen Tropfengröße und Strahllänge.

Auf Basis einer Iterationsmethode zwischen numerischer und experimenteller Analyse wurde die Brennraumform, einschließlich der Position der Einspritzdüse und der Zündkerze, optimiert und am Motorprüfstand getestet. Für jede untersuchte Konfiguration wurden Verdichtungsverhältnis sowie Einspritz- und Zündbeginn in Bezug auf spezifischem Kraftstoffverbrauch und Schadstoffemission optimiert. Dadurch, dass die extrem kurze Dauer zwischen Einspritz- und Zündbeginn die Klopfwahrscheinlichkeit mindert, konnte das Verdichtungsverhältnis von 8,4 (entsprechend äußerer Gemischbildung) auf 12,13 erhöht werden.

Die eingeschränkten Platzverhältnisse für den Zweitaktmotor im Hybridfahrzeug stellten Probleme bezüglich der Unterbringung der Auspuffrohre für die zwei Zylinder dar, die andererseits einen wesentlichen Einfluss auf die Qualität des Ladungswechsels haben. Im Bild 227 sind die Verläufe des Drehmomentes und des spezifischen Kraftstoffverbrauchs für unterschiedliche Konfigurationen des Auspuffrohres dargestellt.

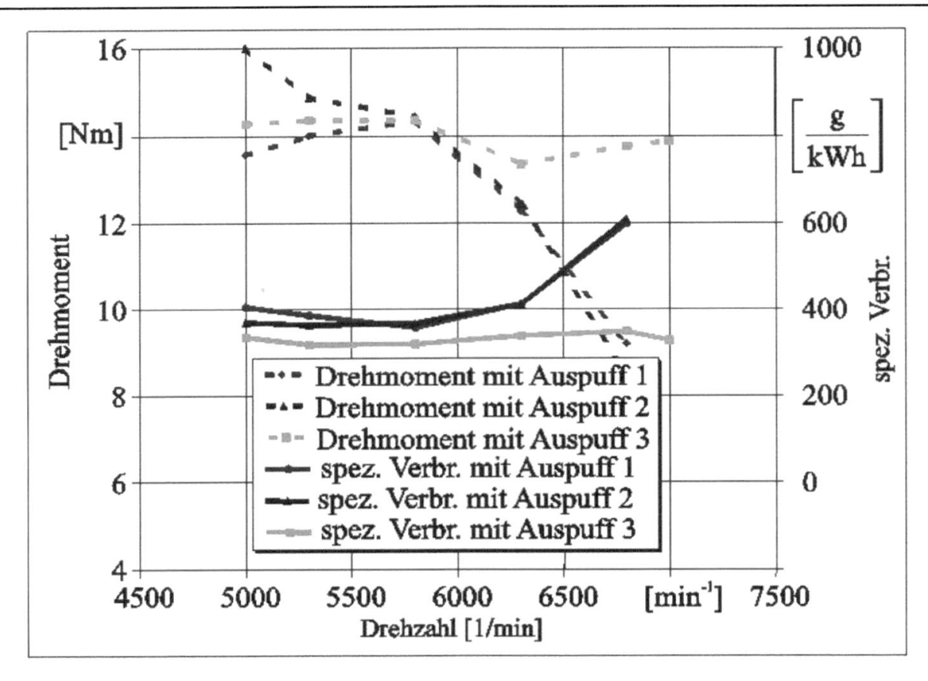

Bild 227 Drehmoment und spezifischer Kraftstoffverbrauch in Abhängigkeit der Motordrehzahl bei Volllast für unterschiedliche Auspuffrohrformen im Zweitaktmotor

Die Platzverhältnisse im Fahrzeug führten jedoch zu einer Bedingung, die für den Ladungswechsel in einem Zweitaktmotor nahezu unzulässig ist – die Verwendung von 2 Rohren mit unterschiedlichen Längen. Das Problem konnte durch die Anpassungsfähigkeit des Druckstoßeinspritzsystems bezüglich Einspritzbeginn und –menge gelöst werden: Die Werte für beide Zylinder wurden in separaten Kennfeldern für alle Last- und Drehzahlkombinationen gespeichert, wodurch die globalen Motorergebnisse optimiert werden konnten.

Eine nicht sehr akademische Methode, eher ein pragmatischer Weg für eine akzeptable Lösung, auf welchem das Einspritzsystem seine Anpassungsfähigkeit bewies.

Ein weiteres Potential, welches aus der beschriebenen Kontrolle der Gemischbildung resultiert, besteht in der Möglichkeit der Qualitätsregulierung, ähnlich wie bei Dieselmotoren. Der Verbrennungsmotor in einem Hybridantrieb bietet dafür den Vorteil einer Fensterfunktion Leerlauf/ Volllast, die Extremsituationen einschränkt.

Die erwähnten Vorteile des Verfahrens bezüglich nahezu unveränderter Charakteristika des Einspritzstrahls mit Last und Drehzahl, sowie die angepasste

Brennraumkonfiguration führten zu einer kontrollierten Ladungsschichtung, deren Effekte in Bild 228 dargestellt sind.

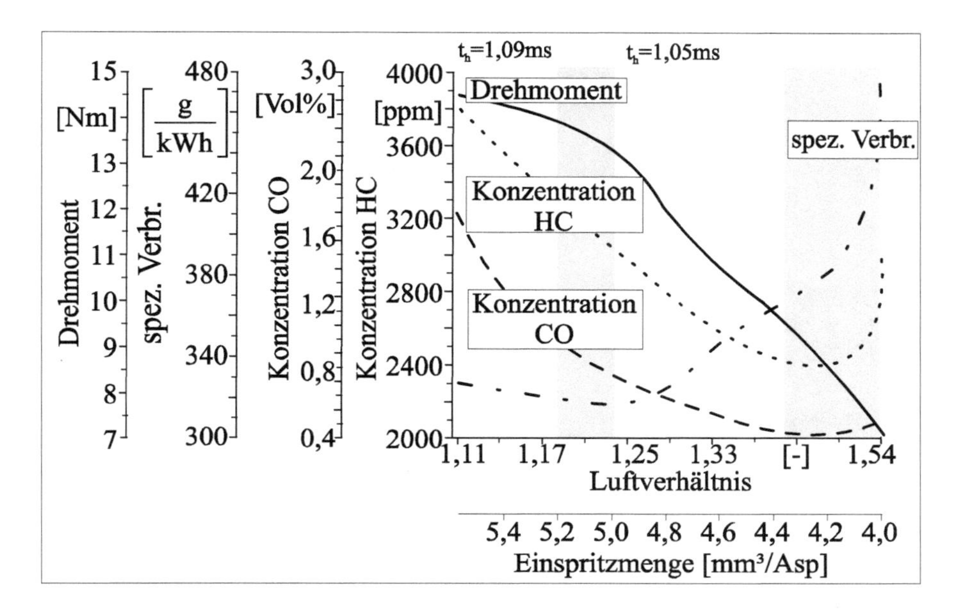

Bild 228 Motorkenngrößen bei der Qualitätsregulierung von Volllast - zum Teillastbetrieb

Dabei wurde im ungedrosselten Motorbetrieb das Einspritzvolumen von *5,6* auf *4,0* [mm^3/Asp] geändert, was einer Änderung des globalen Luftverhältnisses von 1,11 auf 1,54 entspricht und eine Lastreduzierung von *14,4* [*Nm*] auf *7* [*Nm*] bewirkt. Diese Änderung, sowie die entsprechenden HC-/CO-Konzentrationen sind im Bild 228 dargestellt.

Dieses Verhalten ist anhand der zeitlichen Differenz zwischen den optimierten Werten für Einspritz- und Zündbeginn erklärbar, welche im Wesentlichen der Gemischbildungsdauer entspricht.

In Bild 229 ist diese Differenz als optimaler Wert für jede Last-/ Drehzahlkombination dargestellt.

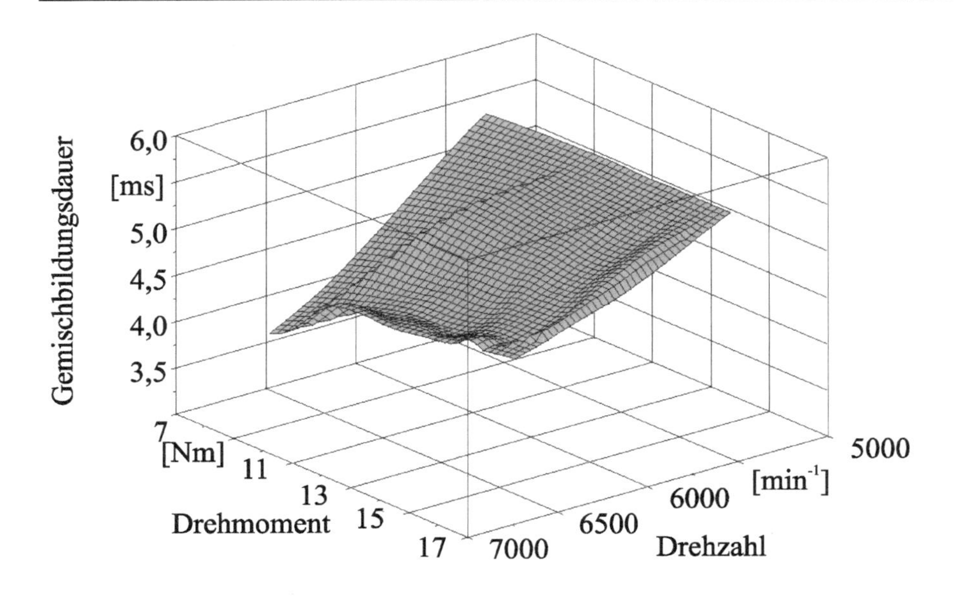

Bild 229 Gemischbildungsdauer in Abhängigkeit von Last und Drehzahl

Daraus kann abgeleitet werden, dass bei der Anwendung der Direkteinspritzung mittels eines Direkteinspritzsystems mit Hochdruckmodulation die Gemischbildungsdauer praktisch nur von der Drehzahl, aber nicht von der Last abhängt. Die Drehzahl beeinflusst wiederum nicht die Strahlkenngrößen. Andererseits steigt die Enthalpie der Luft – als Element der Gemischbildung – mit der Drehzahl, wodurch sich die Gemischbildungsdauer verringert. Dagegen bleibt die Gemischbildungsdauer bei konstanter Drehzahl nahezu unabhängig von der Last, was auf die unveränderte Qualität des Einspritzstrahls hindeutet. Wenn die Strahlrichtung mit dem Beginn der Einspritzung und der Zündung in exakte Korrelation gebracht werden kann, ist eine Schichtung und Zündung der Ladung in einem weiten Lastbereich ohne Luftdrosselung möglich.

Ein Hybridfahrzeug Citroen Saxo Dynavolt wurde in der erwähnten Konfiguration während einer Testfahrt zwischen Clermond Ferrand und Paris auf einer Strecke von ca. *1.000* [*km*] in unterschiedlichen Fahrzyklen – vom Stadtzyklus und Fernfahrt bis zu Proben auf der Rennstrecke von Magny-Cours – getestet [23].

Ohne Beeinträchtigung der Fahrsicherheit wurde dabei das Zusatzgewicht, welches durch den Hybridanteil zum serienmäßigen Elektrofahrzeug hinzukam, durch Maßnahmen an der Karosserie vollständig kompensiert.

Bei einer Fahrzeugmasse von *1.050* [*kg*] konnte eine Maximalgeschwindigkeit von *110* [*km/h*] erreicht werden. Weitaus bedeutender waren jedoch folgende Ergebnisse:

- Die Reichweite des Fahrzeuges wurde von *80* auf *340* [*km*] erhöht.
- Die globale CO_2-Emission wurde auf *60* [*g/km*] reduziert, was eine Senkung auf ein Drittel der Emission eines Citroen Saxo mit serienmäßigem Viertaktmotor mit Saugrohreinspritzung bedeutete. Das entspricht einem durchschnittlichen Kraftstoffverbrauch von *2,4* [*l/100km*].

Diese Ergebnisse bestätigen die Ansicht, dass ein serieller Hybridantrieb sehr vorteilhaft für einen Kompaktwagen im städtischen Verkehr erscheint. Versuche im Großraum Paris zeigten, dass selbst bei einer Antriebsleistung von nur *20* [*kW*] die Anpassung an einem sehr lebhaften Stadtverkehr als problemlos erscheint. Durch die Anwendung eines Zweitaktmotors mit elektronisch gesteuerter Direkteinspritzung als Stromgenerator, können Änderungen im Preis, Gewicht und nutzbaren Volumen des Fahrzeugs auf ein Minimum reduziert werden und andererseits die für moderne Verbrennungsmotoren üblichen Grenzen bezüglich Verbrauch und Schadstoffemissionen eingehalten werden. Diese Antriebskonfiguration bietet somit eine interessante Alternative für die Zukunft. Weitere Formen alternativer Wärmekraftmaschinen, im stationären Betrieb (Stirling oder Wankelmotoren) wie im Kap. 2.3 dargestellt, haben ebenfalls ein beachtliches Potential als Stromgeneratoren für serielle Antriebssysteme.

Im Bild 230 ist eine derartige Konfiguration neueren Datums, auf Basis eines Wankelmotors dargestellt. Bei einer Antriebsleistung mittels Elektromotor von *45* [*kW*], mit einem maximalen Drehmoment von *240* [*Nm*] kommt der *264* [cm^3] Wankelmotor als Stromgenerator mit einem Kraftstoffverbrauch von *1,9* [*l Benzin/100km*] aus. Das System ist von einer Li-Ionen-Batterie mit *12* [*kWh*] ergänzt. Die maximale Reichweite wird mit *200* [*km*] angegeben.

Die Häufigkeit der gefahrenen Last-/Drehzahlkombinationen in den meist üblichen Fahrsituationen – beispielsweise Stadtfahrt, Landfahrt, aber auch Langstrecken mit großen Autobahnanteilen – empfehlen den Einsatz serieller Hybridantriebe in Kompaktfahrzeugen. Umfangreiche praktische Untersuchungen – interessanterweise mit einem parallelen Hybridantrieb (Toyota Prius) durchgeführt, zeigen bemerkenswerte Ergebnisse, die im Bild 231, Bild 232 und Bild 233 gezeigt werden.

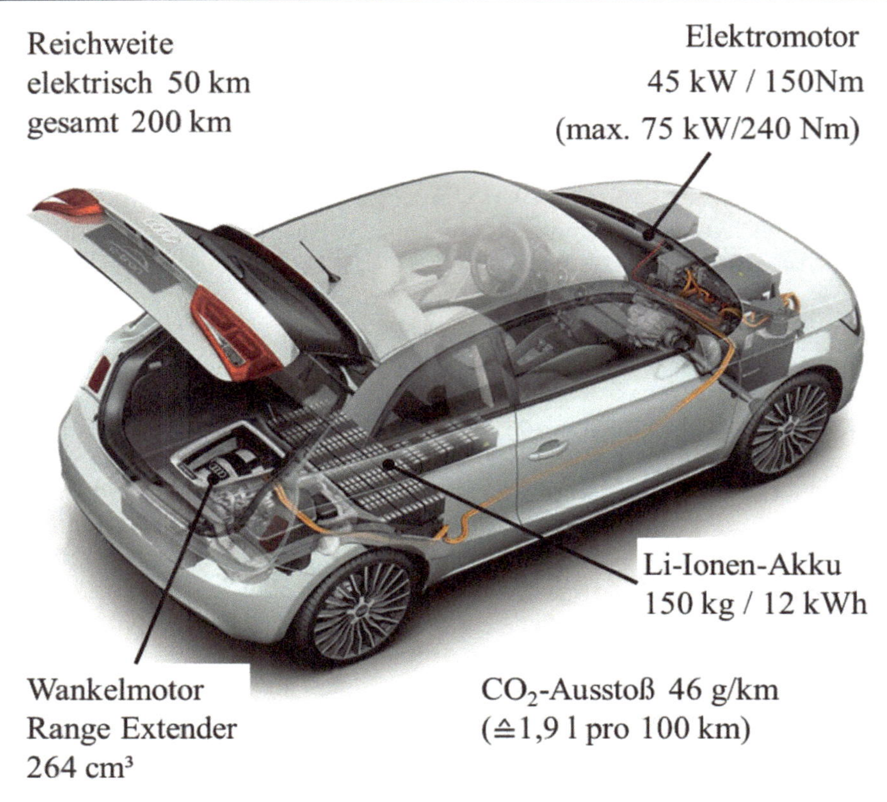

Bild 230 Fahrzeug mit Elektroantrieb und Range-Extender mittels Wankel-Verbrennungsmotor - Audi A1 e-tron *(Quelle: Audi)*

Die häufigsten Fahrzustände werden als Punkte in einem Drehmoment/Drehzahl-Diagramm angegeben. Zu jedem Punkt wurde auch eine Angabe über den spezifischen Kraftstoffverbrauch [*g/kWh*] gemacht. Die Punkte mit dem gleichen Verbrauchswert wurden durch entsprechende Kurven (Höhenlinien) verbunden. Zusätzlich zu den Angaben von Toyota wurden in diesem Buch Hyperbel mit konstanten Leistungswerten zwischen *5* [*kW*] und *50* [*kW*] eingetragen.

Zwischen den Fahrzuständen auf der Landstraße und in der Stadt sind entsprechend Bild 231, Bild 232 und Bild 233 Unterschiede in der Drehzahl festzustellen – die von der Fahrgeschwindigkeit hervorgerufen werden – wodurch sich der Leistungsbedarf in gleichem Drehmomentspektrum ändert.

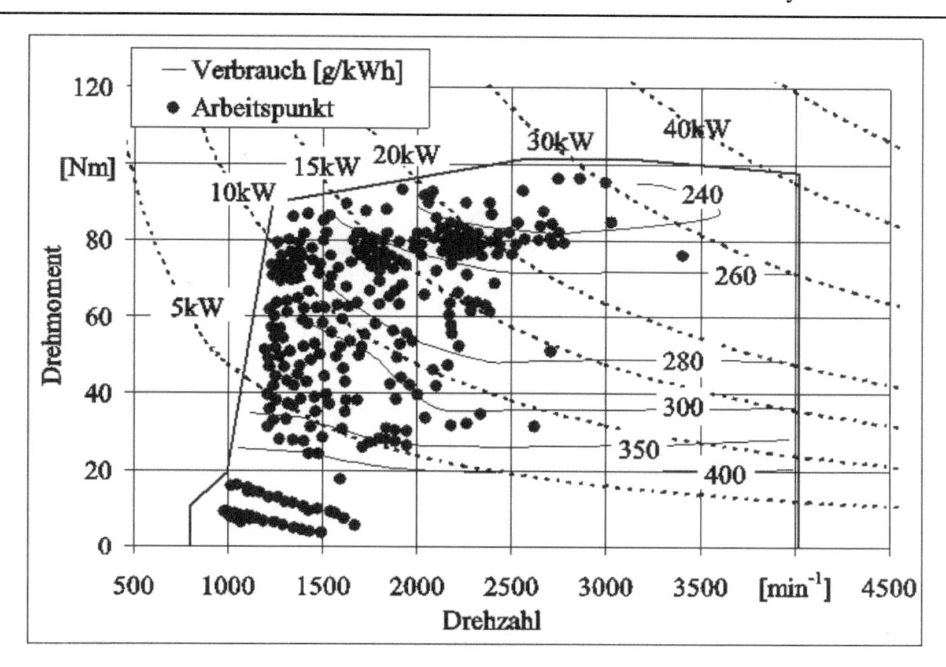

Bild 231 Funktionsbereich auf Landstraße – Toyota Prius

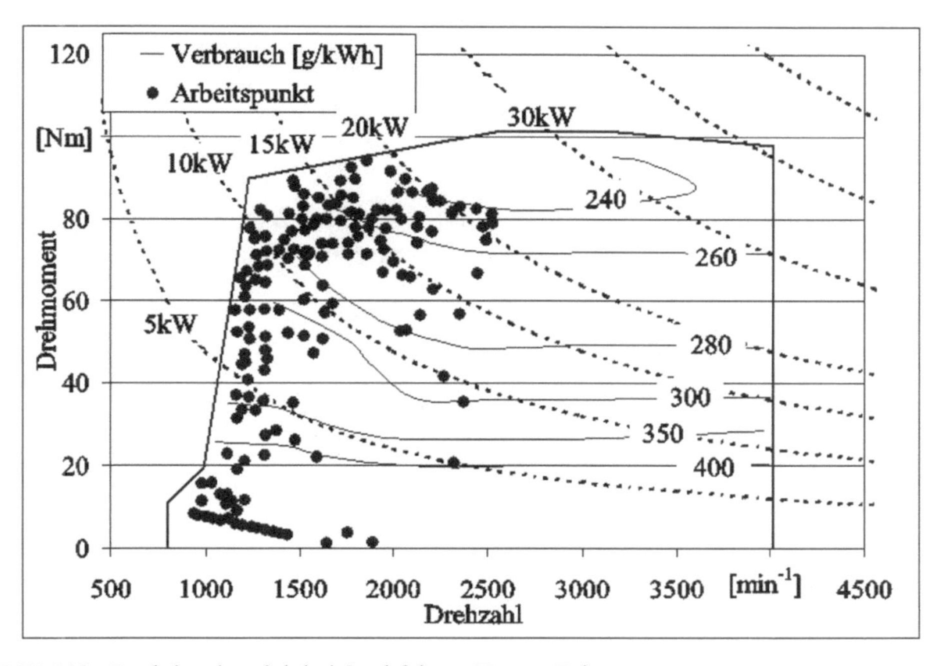

Bild 232 Funktionsbereich bei Stadtfahrt – Toyota Prius

Deutlicher erscheint der Unterschied bei Stadtfahrten bei normalem Verkehrsfluss im Vergleich zu einem zähflüssigen Verkehr.

- Bei Fahrten auf der Landstraße wird, wie im Bild 231 ersichtlich, ein breites Drehzahlspektrum, bei oft hohem Drehmoment gefahren. Der häufigste Leistungsbereich bleibt in den Grenzen zwischen *10-25* [*kW*].

- Bei Stadtfahrten ändert sich die Konfiguration eindeutig zu niedrigeren Leistungsbereichen hin, wie es die Arbeitspunkte im Bild 232 beweisen.

- Die Stadtfahrten im zähflüssigen Verkehr, welcher nahezu alle Städte in Europa oder Mittel- und Südamerika prägt, deuten auf einen sehr engen Last- und Drehzahlbereich hin, wie im Bild 233 dargestellt ist.

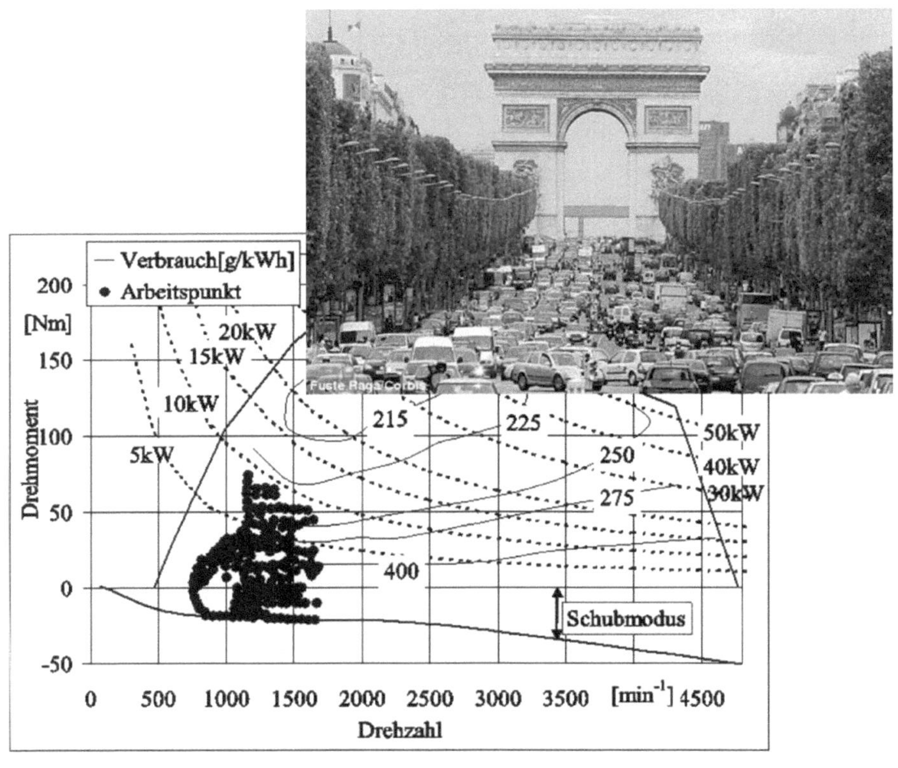

Bild 233 Funktionsbereich bei Stadtfahrt im zähflüssigen Verkehr - Mittelklassefahrzeug mit Verbrennungsmotor

Eine Leistung von *5-10* [*kW*] bei Drehzahlen zwischen *1.000-1.500* [min^{-1}] ist mit gewöhnlichen Elektromotoren mit gutem Wirkungsgrad und bei hohem Drehmoment realisierbar. Dagegen weisen Automobilottomotoren in diesem niedrigen Lastbereich einen sehr schlechten Wirkungsgrad, der sich in hohem spezifischem Kraftstoffverbrauch widerspiegelt.

Die gebräuchliche Einteilung der Automobile – Kompakt-, Mittel- und Oberklasse – sollte im Zusammenhang mit ihrem häufigsten Einsatzbereich auch unterschiedliche Antriebskonfigurationen zur Folge haben.

Die Bevölkerungsstruktur Europas weist beispielsweise einen Anteil von 80 % Stadtbewohnern auf. Davon fahren ca. 50 % mit eigenem Fahrzeug nur Strecken unter 5 km am Tag. Bemerkenswerter ist allerdings die statistische Angabe über eine repräsentative Mehrheit – 80 % der Stadtbewohner, die ihre Fahrzeuge auf Entfernungen unter *50* [*km*] am Tage nutzen. Für solche Zwecke ist ein kompaktes und preiswertes Fahrzeug mit einem Beschleunigungsverhalten, das einem üblichen Stadtzyklus entspricht, die häufigste Erscheinung in allen Städten Frankreichs oder Italiens, zunehmend auch Deutschlands (oft als Zweitwagen). Wenn ein solches Fahrzeug darüber hinaus eine extrem niedrige Schadstoff- und Schallemission im Stadtbereich vorweisen kann, dann erscheint es als besonders zukunftsträchtig. Von der Drehmomentcharakteristik her – sehr hohes Drehmoment vom Stand an – der Leistungsanforderung und der Fahrmöglichkeit ohne Schaltung, bzw. ohne Getriebe und Kupplung, ist für einen solchen Antrieb der Elektromotor optimal. Die Stromerzeugung an Bord kann entweder über Brennstoffzelle oder über eine stationär arbeitende Wärmekraftmaschine – Gasturbine, Stirling-, Wankel- oder Zweitaktmotor – vorgenommen werden, wie im Kap. 2.3 beschrieben. Aufgrund der technischen Komplexität, der Platzverhältnisse und des Preises ist die Brennstoffzelle im Vergleich zu einem einfachen Verbrennungsmotor für den Einsatz in einem kompakten und preiswerten Stadtwagen eher nachteilig. Ein optimales Verhältnis zwischen der Leistung der Ladeeinheit, der Antriebsleistung des Elektromotors, der Batteriekapazität und der möglichen Reichweite ist aus den Anforderungen bezüglich Kosten, Gewicht und Abmessungen des gesamten Fahrzeugs ableitbar. Die Zusammenhänge sind im Bild 234 schematisch dargestellt.

Bei der Wahl der Ladeeinheit ist darüber hinaus die vorhandene Infrastruktur zu beachten.

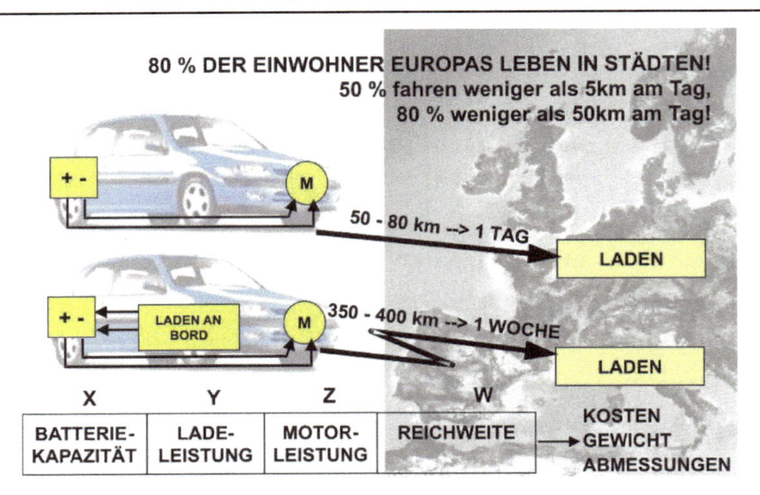

Bild 234 Optimierung der Parameter eines seriellen Hybridantriebs für einen kompakten Stadtwagen im Vergleich mit einem reinen Elektroantrieb mit Energiespeicherung in Batterien

Für Kompaktfahrzeuge ist ein serielles Hybridsystem – mit einem Funktionsmodul für den Fahrzeugantrieb und dem anderen für die Batterieladung – günstiger als ein paralleler Hybrid: Die Alternative einer variablen Leistungsaddition beider Module zum Fahrzeugantrieb, mit partieller Nutzung des nicht-elektrischen Antriebs für die Batterieladung ist eher für mittlere und große Fahrzeuge geeignet. Ein höheres Fahrzeuggewicht und der Fahrkomfort, welche für Langstreckenfahrzeuge charakteristisch sind, begründen den Einsatz des allgemein aufwendigen Getriebes zur Leistungsaddition, als auch die Nutzung eines leistungsfähigen Nebenaggregates, welches sowohl den Zusatzantrieb als auch die Batterieladung absichern kann. Die Leistungsbereiche bei Stadtfahrten – dargestellt im Bild 232 und Bild 233 – sind wiederum ein überzeugendes Argument für den Einsatz serieller Hybridsysteme – wie im Bild 235 schematisch dargestellt – in Kompaktwagen.

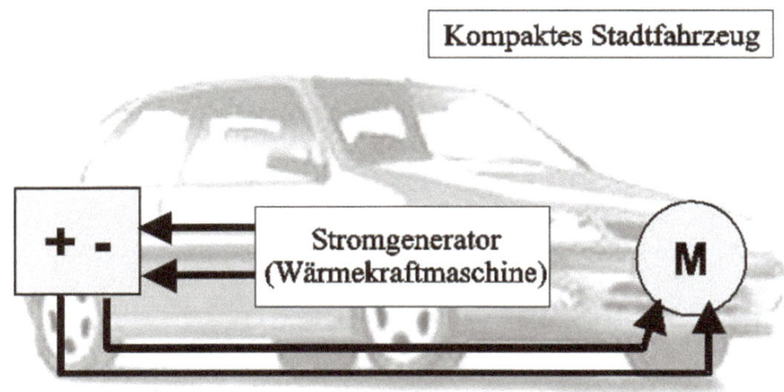

Bild 235 Das Stadtauto der Zukunft – Entwicklungswege

5.3 Antrieb mittels Verbrennungsmotor und/oder Elektromotor (parallele und gemischte Hybride)

5.3.1 Hybridklassen

Die Beteiligung von Verbrennungsmotoren und Elektromotoren am Fahrzeugantrieb ist in zahlreichen Konfigurationen möglich. Die üblichen Klassifizierungen derartiger Hybridkonfigurationen werden nach dem relativen oder nach dem absoluten Anteil der elektrischen Leistung an der gesamten Antriebsleistung definiert. Der relative Anteil entspricht dem Verhältnis:

$$Hr = \frac{Elektrische\ Leistung}{Elektrische\ Leistung + Leistung\ des\ Verbrennungsmotors} \cdot 100\%$$

Aufgrund der einfacheren Zuordnung zu den entsprechenden technischen Konfigurationen und Parameter hat sich allerdings die Klassifizierung nach der absoluten elektrischen Antriebsleistung (P_{EM}) mehr verbreitet. Danach gelten folgende Kategorien paralleler und gemischter Hybride:

Mikro-Hybrid: $P_{EM} < 6$ [kW]

In einer solchen Konfiguration wird der Elektromotor nicht für direkten Antrieb verwendet, sondern zum Starten des Antriebsverbrennungsmotors bei einer entsprechenden Leistungsanforderung durch den Fahrer sowie beim Ausschalten dieses Motors im Leerlauf, nach einer bestimmten Leerlaufdauer (Start/Stop-Funktion). Solche Elektromotoren kommen allgemein mit einer Spannung von 12[V] aus. Diese Zusatzausrüstung zu einem Verbrennungsmotor kostet etwa 300 bis 800 Euro und kann zu einer Senkung des Streckenkraftstoffverbrauchs um 3 bis 6 % beitragen.

Mild-Hybrid: P_{EM} (6-20) [kW]

Ein solcher Elektromotor unterstützt über die Start/Stop-Funktion hinaus den eigentlichen Antriebverbrennungsmotor während dessen Beschleunigung. Er wirkt andererseits auch als Generator um die Bremsenergie in Elektroenergie umzuwandeln, welche dann in der Batterie gespeichert wird. Solche Elektromotoren werden mit einer Spannung von *42* [*V*] oder *144* [*V*] betrieben und kosten, je nach Kenngrößen und Konfiguration im System, zwischen 1000-2000 Euro. Der Streckenkraftstoffverbrauch kann in einer derartigen Konfiguration prinzipiell um 10-20 % sinken.

Voll-Hybrid: $P_{EM} > 40$ [kW]

Bei der Nutzung von Elektromotoren in diesem Leistungsbereich werden allgemein zwei Konzepte verfolgt:

- mit einem einzigen Antriebselektromotor, der zusammen mit dem Antriebsverbrennungsmotor das Drehmoment absichert – als klassische Lösung eines Parallelhybrides
- mit mehr als einem Antriebselektromotor, zusätzlich zum Antriebsverbrennungsmotor, als „Power Split" oder gemischter Hybrid. Ein solcher Elektromotor kann in bestimmten Fahrsituationen den alleinigen Antrieb, bei abgeschaltetem Verbrennungsmotor absichern.

Die Betriebsspannung beträgt in solchen Konfigurationen *250* [*V*], der Mehrpreis gegenüber dem Antrieb mit dem betrachteten Verbrennungsmotor beläuft sich bei 4.000-8.000 Euro, je nach Ausführungsform. Prinzipiell haben solche Lösungen ein Potential zur Senkung des Streckenkraftstoffverbrauchs um 30-40 %.

Das Potential der Mikro-, Mild- und Voll-Hybridsysteme zur Senkung des Streckenkraftstoffverbrauchs ist allerdings stark von dem jeweiligen Fahrzyklus abhängig.

Bild 236 [25] verdeutlicht diesen Zusammenhang.

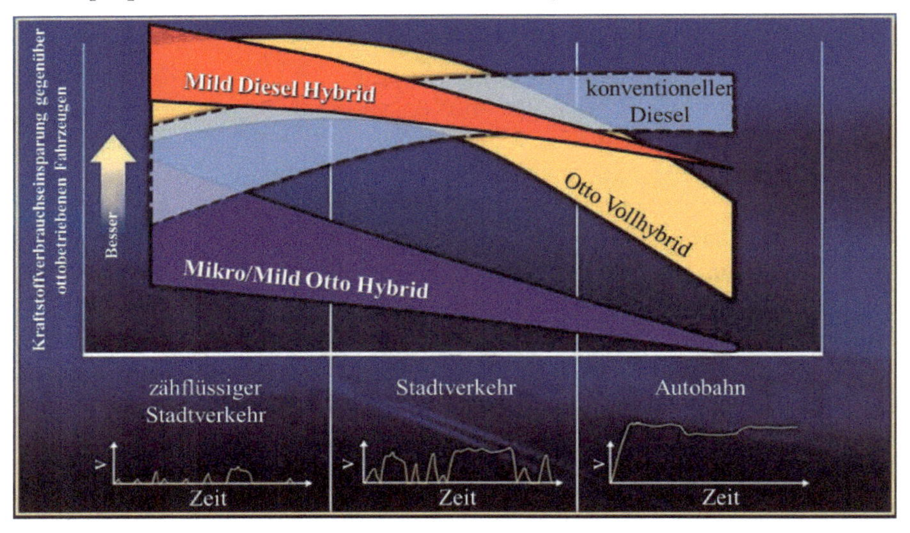

Bild 236 Einfluss des jeweiligen Fahrzyklus auf die Senkung des Streckenverbrauchs beim Einsatz von Mikro-, Mild- und Voll-Hybriden im Vergleich mit dem Dieselmotor

Danach sind Mikro- und Mild-Hybride sehr vorteilhaft im Stadtverkehr und verlieren ihre Wirkung zum Teil auf Fernstraßen und gänzlich auf der Autobahn. Die

Voll-Hybride sind die beste Alternative im Stadtverkehr, sie übertreffen sowohl die anderen Hybridgattungen als auch den Dieselmotor. Dennoch sollte auch in diesem Fall nach spezifischen Stadtzyklen – zum Beispiel in den USA bzw. in Europa – differenziert werden. Ein Voll-Hybrid hat auf Fernstraßen praktisch keinen Vorteil gegenüber einem modernen Dieselmotor, auf Autobahn ist er diesem eindeutig unterlegen.

Auf Basis markanter Konfigurationen und Lösungsansätze werden des Weiteren beispielhafte Kategorien von Vollhybriden dargestellt. Die Beispiele stammen von Prototypen, von Fahrzeugen die bereits in Serie eingeführt wurden oder sich im Konzeptstadium befinden. Die Vielfalt der Marken und die Anzahl der Ausführungen sind bemerkenswert.

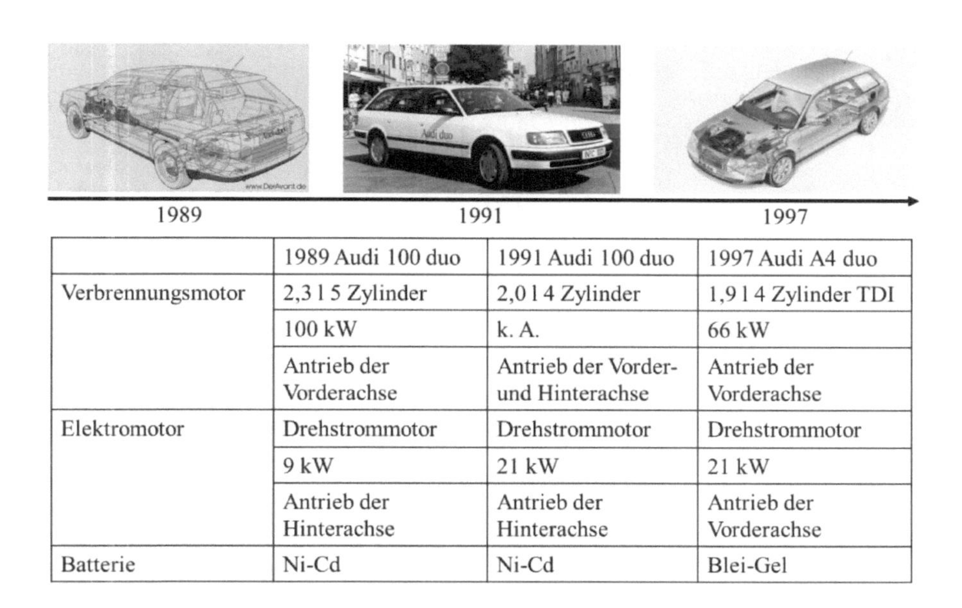

	1989 Audi 100 duo	1991 Audi 100 duo	1997 Audi A4 duo
Verbrennungsmotor	2,3 l 5 Zylinder	2,0 l 4 Zylinder	1,9 l 4 Zylinder TDI
	100 kW	k. A.	66 kW
	Antrieb der Vorderachse	Antrieb der Vorder- und Hinterachse	Antrieb der Vorderachse
Elektromotor	Drehstrommotor	Drehstrommotor	Drehstrommotor
	9 kW	21 kW	21 kW
	Antrieb der Hinterachse	Antrieb der Hinterachse	Antrieb der Vorderachse
Batterie	Ni-Cd	Ni-Cd	Blei-Gel

Bild 237 Vollhybridvarianten von Audi *(Quelle: Audi)*

Audi gilt mit 3 Grundvarianten zwischen 1989 – 1997, die im Bild 237 dargestellt sind, als Pionier der Vollhybridtechnik:

- eine 1. Variante (1989) bestand in dem Antrieb der Vorderachse mit einem 5-Zylinder-Kolbenmotor von *100* [*kW*] und dem separaten Antrieb der Hinterachse mit einem Elektromotor mit viel geringerer Leistung – *9* [*kW*]
- eine 2. Variante (1991) bestand in einem Vierradantrieb mittels Kolbenmotor, mit einem zusätzlichen elektrischen Antrieb der Hinterachse
- eine 3. Variante (1997) bestand in dem kombinierten Antrieb der Vorderachse mittels eines Kolbenmotors (Diesel) mit *66* [*kW*] und eines Elektromotors mit *21* [*kW*]. Aus Preisgründen wurde gegenüber den ersten zwei Varianten die Nickel-Cadmium-Batterie – die zwar wesentlich mehr Energiedichte hatte, aber auch wesentlich teurer war – mit einer Blei-Gel-Batterie ersetzt. Diese 3. Antriebsvariante (Audi A4 duo) wurde 1997 für einige Monate in Serie gebaut – die nur mäßigen Vorteile gegenüber dem Antrieb mit einem Dieselmotor bei empfindlich höherem Preis führten allerdings zur Einstellung der Serienproduktion dieser Ausführung.

5.3.2 Parallel-Voll-Hybrid mit einem Verbrennungsmotor und einem Elektromotor, verbunden über Planetengetriebe (Toyota Prius, Honda Insight)

Der Toyota Prius wurde im Jahre 1997 nach der Einstellung der Serienproduktion des Audi A4 duo auf Basis des gleichen Konzeptes, allerdings mit einem Otto- anstatt eines Dieselmotors in Japan bzw. 2000 in den USA und Europa eingeführt. Ein quer eingebauter Ottomotor ist dabei über einen Planetenradsatz mit einem permanent erregten Drehstrom-Synchron-Elektromotor und einen Generator verbunden.

Die wesentlichen Funktionsmodule sind im Bild 238 schematisch dargestellt. Die Bremsenergie wird zurück gewonnen und mittels eines Energiespeichers zurück ins System geschickt.

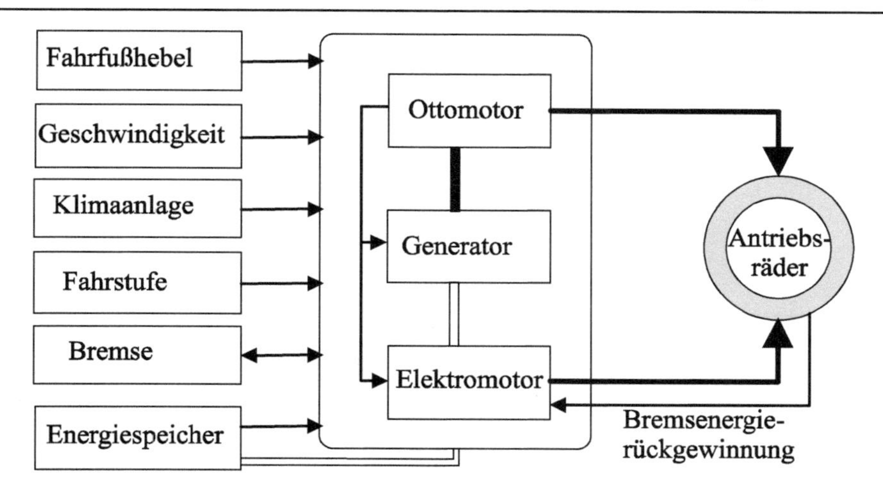

Bild 238 Funktionsmodule eines parallelen Hybridantriebs (Ottomotor - Elektromotor) – Toyota Prius *(Quelle: Toyota)*

Die Anordnung der Funktionsmodule im Fahrzeug ist im Bild 239, am Beispiel des Toyota Prius der zweiten Generation ersichtlich.

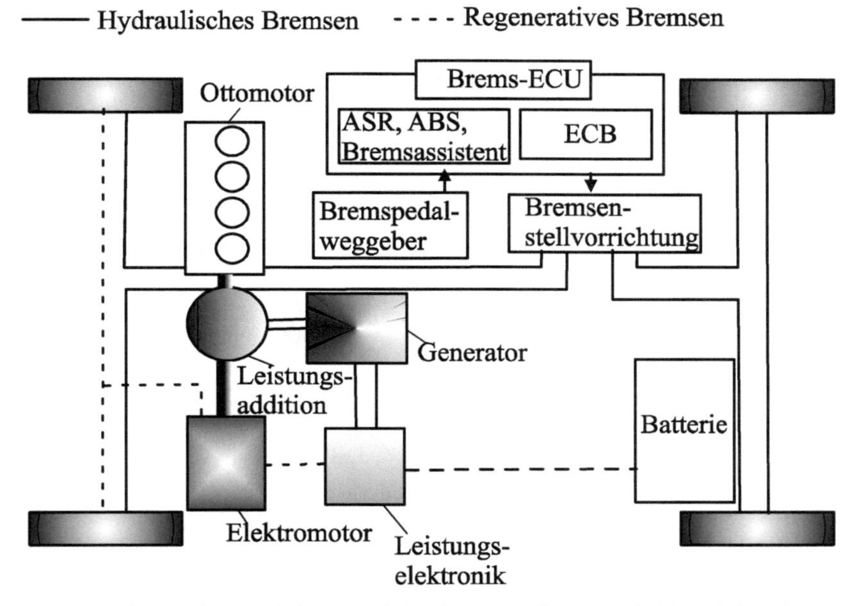

Bild 239 Anordnung der Funktionsmodule eines parallelen Hybridantriebes (Ottomotor – Elektromotor) an Bord eines Automobils (Toyota Prius, 2. Generation) *(Quelle: Toyota)*

Eine zentrale Rolle spielt dabei das Modul zur Leistungsaddition für den Antrieb bzw. zur Leistungszufuhr an den Generator. Ein solches Modul besteht allgemein aus einem Planetengetriebe – wie im Bild 240 dargestellt.

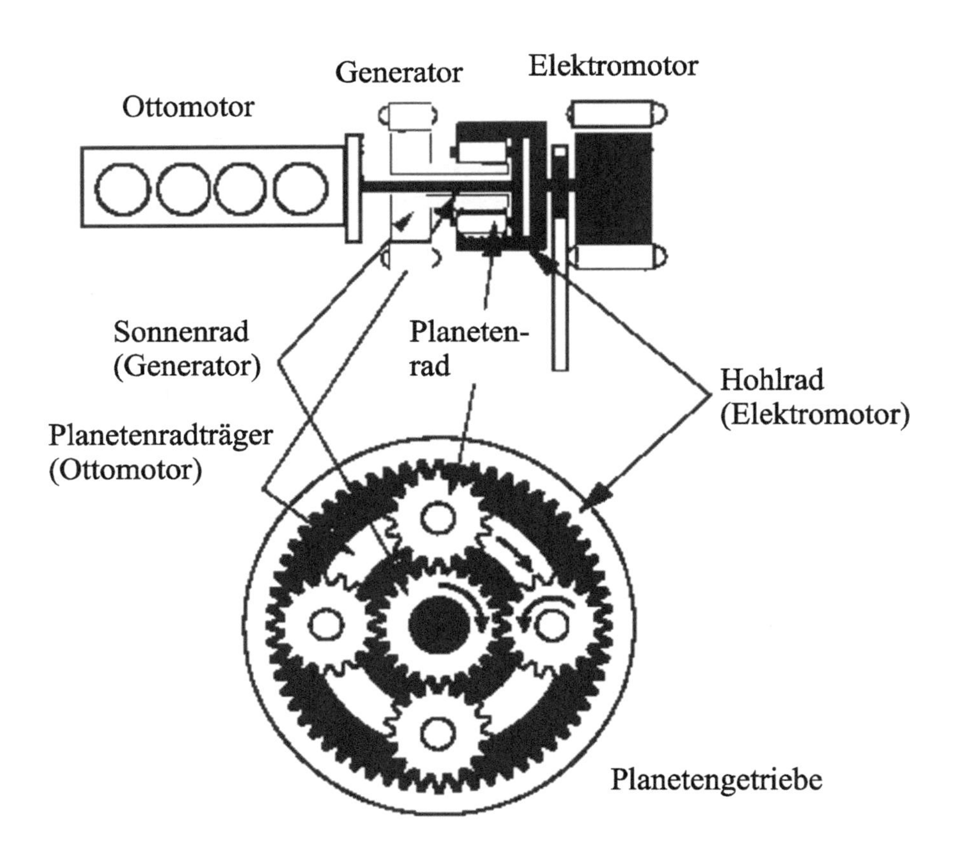

Bild 240 Planetengetriebe zur Leistungsaddition innerhalb eines Hybridantriebs (Ottomotor – Elektromotor) *(Quelle: Toyota)*

Die Funktionen werden im Rahmen eines Energiemanagementprogramms der konkreten Lastanforderungen angepasst. Folgende Beispiele sind dafür aufschlussreich:

- *Start und niedrige bis mittlere Last/Drehzahl:* Der Antrieb erfolgt mittels Elektromotor, um die Gebiete mit niedrigem Wirkungsgrad des Ottomotors zu vermeiden.
- *Mittlere Last/Drehzahl – häufigster Fahrbereich:* Der Antrieb erfolgt durch beide Motoren, ein Teil der Leistung wird direkt dem Generator zugeführt –

der sie wiederum zwischen Elektromotor und Batterie aufteilt – dadurch arbeitet der Ottomotor stets bei relativ hoher Last, mit entsprechendem Wirkungsgrad.

- *Starke Beschleunigung:* Beide Antriebsmotoren arbeiten bei Volllast, der Generator kann dabei keine Energie zugeteilt bekommen, die erforderliche Energie für den Elektromotor wird von der Batterie geliefert.
- *Bremsvorgang:* Der Elektromotor arbeitet als Generator, angetrieben von den Fahrzeugrädern. Die Energie in den Bremsen wird über den Generator umgewandelt und der Batterie zugeführt.

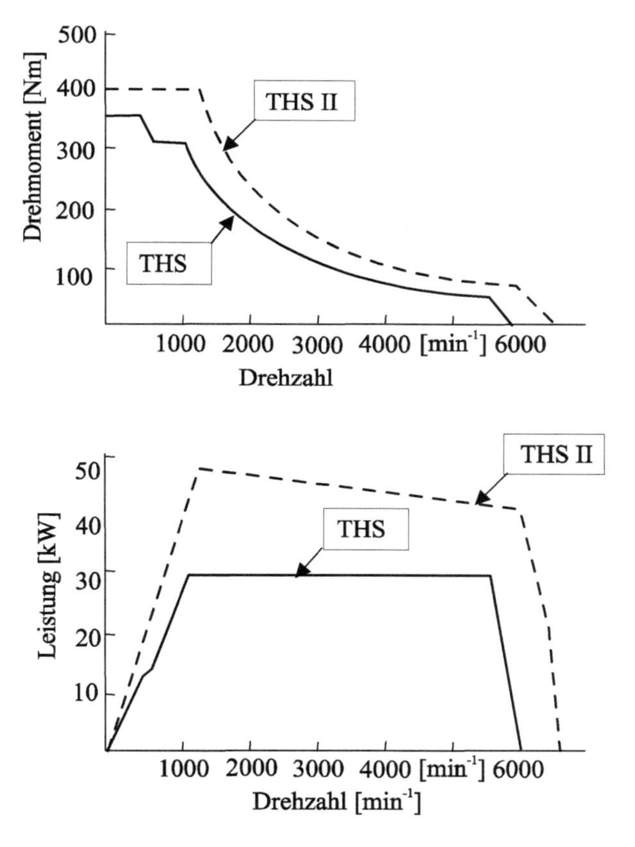

Bild 241 Drehmoment und Leistungscharakteristik des Antriebselektromotors im Hybridsystem (Ottomotor – Elektromotor) – Toyota Prius der ersten und der zweiten Generation *(Quelle: Toyota)*

Der Antriebselektromotor ist ein Drehstrommotor mit Permanentmagneten die v-förmig angeordnet sind, wodurch die Leistungs- und Drehmomentverläufe verbessert werden, wie im Bild 241 – im Vergleich mit den Charakteristika des Elektromotors der ersten Hybridgeneration von Toyota Prius – dargestellt ist.

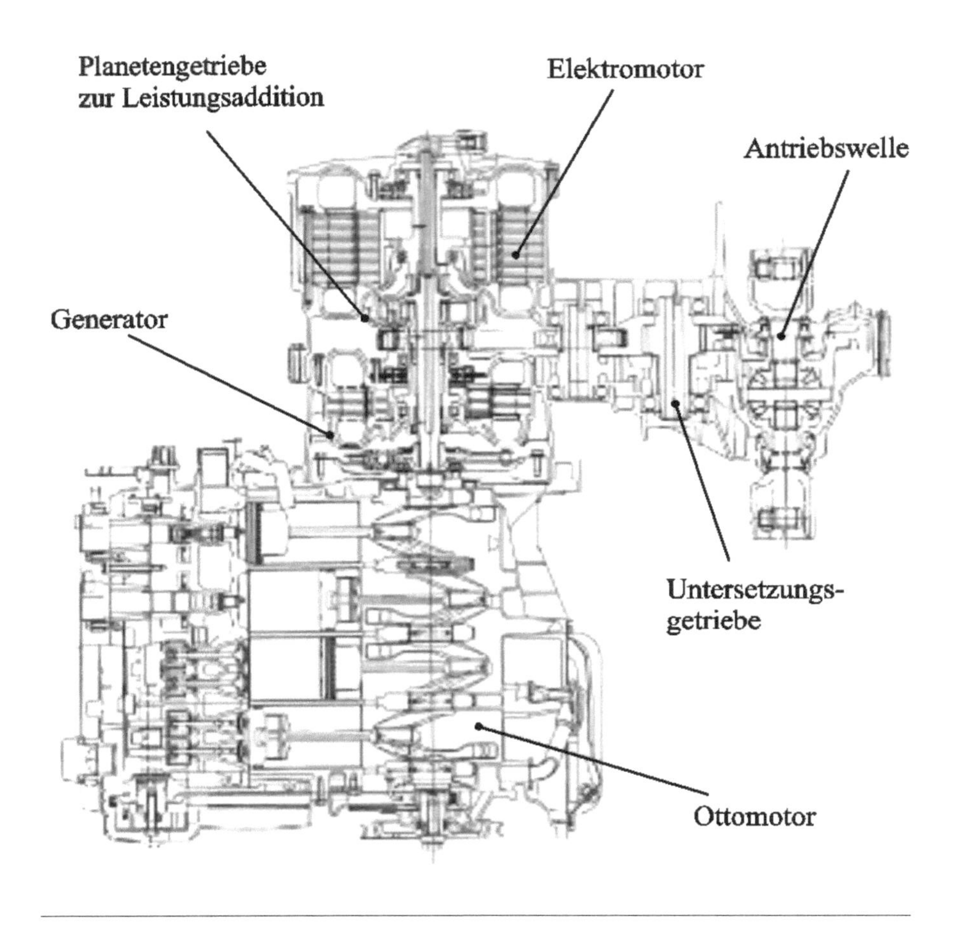

Bild 242 Querschnitt durch das Hybridantriebssystem (Ottomotor - Elektromotor) eines Automobils: Toyota Prius, 2. Generation *(Quelle: Toyota)*

Bild 242 zeigt einen Querschnitt, Bild 243 einen Teilschnitt, durch das gesamte Hybridsystem, bis hin zur Antriebswelle.

Bild 243 Ansicht mit Teilschnitt eines Hybridantriebssystems (Ottomotor – Elektromotor) eines Automobils: Toyota Prius, 2. Generation *(Quelle: Toyota)*

In der Tabelle 15 sind die Hauptkenngrößen der bisherigen 3 Generationen des Toyota Prius zusammengefasst.

Tabelle 15 Dynamik der Entwicklung des Toyota Prius

		1, Generation	**2, Generation**	**3, Generation**
Herstellungsjahre	**-**	1997-1999	2000-2003	2004-
Leistung VM	**[kW]**	43	52	73
Max. Drehzahl VM	**[$\mathbf{min^{-1}}$]**	4000	4500	5000
Leistung EM	**[kW]**	30	33	60
Max. Drehzahl EM	**[$\mathbf{min^{-1}}$]**	225	258	255
0-96 km/h (60 mph)	**[s]**	14,1	12,5	10,1
Batterie-Pack Energie	**[W/kg]**	600	900	1250
Batterie-Pack Gewicht	**[kg]**	57	52	45
System-Spannung	**[V]**	288	273,6	500

Im Bild 244 ist die Antriebskonfiguration in einem Toyota Prius der neusten Generation ersichtlich. Über die Kenngrößen in der Tabelle 15 hinaus sind folgende Charakteristika dieser aktuellen Ausführungen erwähnenswert:

- Maximale Leistung, gesamt: *100* [*kW*] bei *5200* [min^{-1}]
- Höchstgeschwindigkeit: *180* [*km/h*]
- Benzinverbrauch: *3,8, 4, 4* [*l/100km*] (Stadt/Land/Kombiniert)

Bild 244 Toyota Prius HSD (Hybrid Synergy Drive)

Eine andere Form der Addition der Leistungen eine Ottomotors und eines Elektromotors innerhalb eines Hybridsystems wurde in dem Honda Insight realisiert. Die Drehmomenten- bzw. Leistungskurven, die aus diesem Konzept resultieren sind im Bild 245 dargestellt.

Dabei arbeitet über den gesamten Drehzahlbereich der Ottomotor ständig, bis zu seiner Volllast. Die Leistung des Elektromotors wird nur als Zusatz über diesen Bereich hinweg, zur Verfügung gestellt, was insbesondere bei niedrigen Drehzahlen für wesentlich mehr Drehmoment und dadurch für eine verbesserte Beschleunigungscharakteristik sorgt.

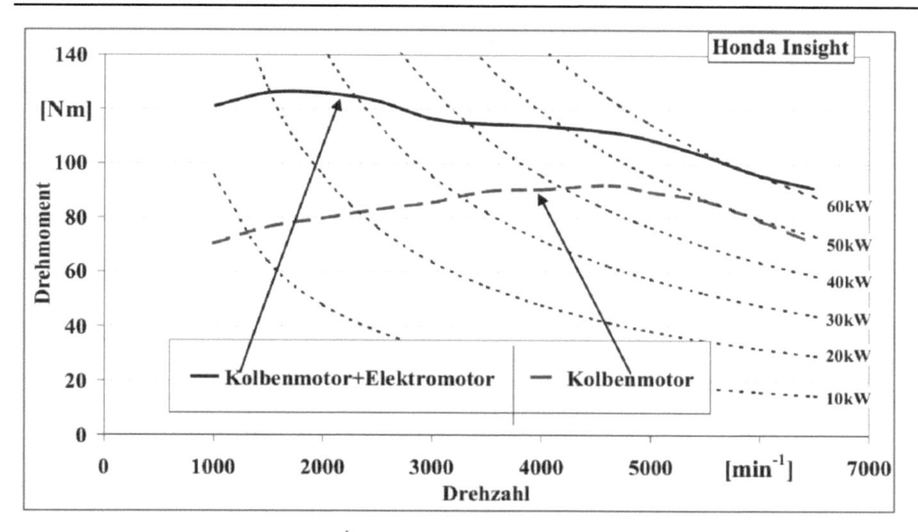

Bild 245 Addition der Antriebsdrehmomente des Kolben- und Elektromotors in einem parallelen Hybridantrieb

5.3.3 Parallel-Voll-Hybrid mit einem Verbrennungsmotor und einem Elektromotor, verbunden über Planetengetriebe, mit zusätzlichem separatem Elektro-Antriebsmotor (Lexus RX 400h)

Für Leistungsstarke SUV (Sport Utility Vehicles), insbesondere für den US-Markt wurde die im Kap. 5.3.2. dargestellte Lösung, die als Frontantrieb eingesetzt ist, mit einem zusätzlichen, separaten Elektromotor für den Heckantrieb erweitert. Zwischen den Front- und Hinterantriebsmodulen besteht keine mechanische Verbindung in Form einer Kardanwelle oder Viskokupplung. Der quer eingebaute V6-Ottomotor hat eine Leistung von *183* [*kW*] bei einem Hubraum von *3,5* [dm^3] und ist mit einem Drehstromsynchronmotor mit *123* [*kW*] und mit einem Generator über ein Planetengetriebe verbunden, wie im Kap. 5.3.2. beschrieben. Der Elektromotor auf der Hinterachse hat eine Leistung von *50* [*kW*] Die Konfiguration der Hauptmodule ist im Bild 246 ersichtlich. Das Antriebsszenario führt zu einer bemerkenswerten Fahrdynamik. Beim Beschleunigen vom Stand wird zuerst der Hinterachse-Elektromotor aktiviert, im weiteren Verlauf der Beschleunigung der vordere Elektromotor, dann als letztes Leistungsmodul der Verbrennungsmotor. Bei der Lastreduzierung erfolgt die Abschaltung der Leistungsmodule in umgekehrter Reihenfolge – zuerst der Verbrennungsmotor, dann der vordere Elektromotor. Die Beschleunigung von *0* auf *100* [*km/h*] in *7,8* [*s*] bei einer Fahrzeugmasse von *2.185* [*kg*], im Zusammenhang mit einem

Streckenkraftstoffverbrauch von *6,3* [*l/100km*] sind eindeutige Vorteile einer solchen Konfiguration für den SUV Bereich.

Im Bild 247 sind die Hauptkenngrößen zusammenfasst.

Bild 246 Konfiguration der Hauptmodule in einem Fahrzeug mit Parallel-Vollhybridantrieb mit zusätzlichem, separatem Elektromotorantrieb

(Quelle: Lexus)

Modell	Lexus RX 450h
Energiefluss	Leistungsverzweigung
Umsetzungstiefe	Voll-Hybrid
Masse	2185 kg
Verbrennungsmotor	3,5 l V6
	183 kW, 317 Nm
Elektromotor Vorderachse	123 kW, 335 Nm
Elektromotor Hinterachse	50 kW, 139 Nm
Verbrauch	6,3 l / 100 km
CO_2-Emission	145 g / km
0-100 km/h	7,8 s
Preis	59950 €

Bild 247 Hauptkenngrößen des Fahrzeugs mit Hybridantrieb entsprechend Bild 246 *(Quelle: Lexus)*

5.3.4 Vollhybrid mit einem Verbrennungsmotor und einem Elektromotor entlang einer Leistungsachse (Porsche)

In Porsche Panamera S Hybrid und Cayenne S Hybrid erfolgt die Leistungsaddition des Verbrennungsmotors und des Elektromotors mittels Kupplung. Diese Konfiguration ist im Bild 248 dargestellt.

Bild 248 Porsche Panamera S Hybrid *(Quelle: Porsche)*

In Bild 249 ist das Hybridmodul mit Trennkupplung und Elektromotor im Detail dargestellt.

Bild 249 Hybridmodul mit Elektromotor und Kupplung *(Quelle: Porsche)*

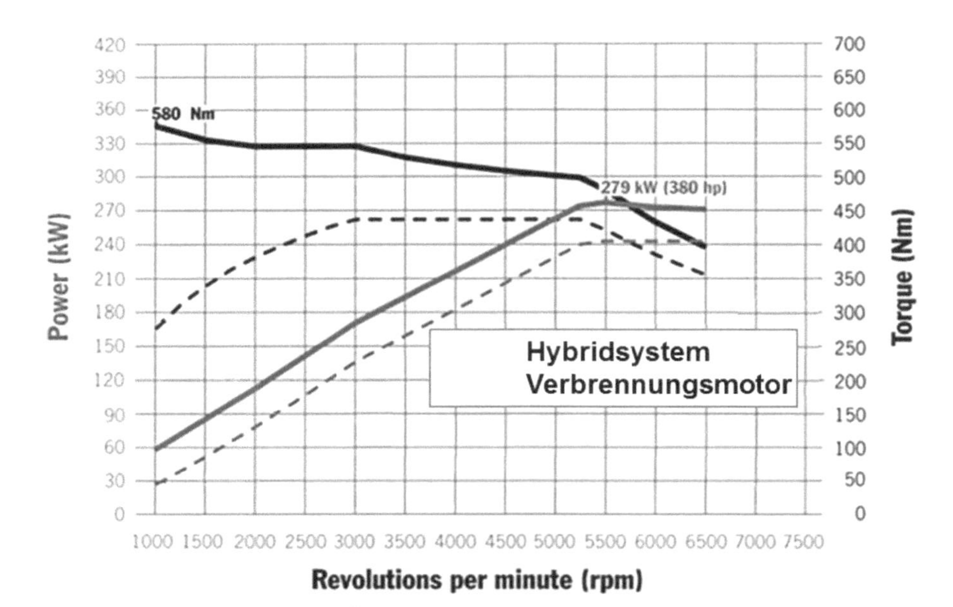

Bild 250 Leistungs- und Drehmomentcharakteristik des Hybridantriebs des Porsche Cayenne S Hybrid

Aus dem Bild 250 wird ersichtlich, dass der zusätzliche elektrische Antrieb hauptsächlich der wesentlichen Drehmomentenerhöhung bei niedrigen Drehzahlen dient. Für die Beschleunigung einer erheblichen Fahrzeugmasse (Cayenne *2240* [*kg*], Panamera *1980* [*kg*]), insbesondere im Stadtzyklus, ist diese Charakteristik besonders vorteilhaft – was auch durch einen extrem geringen Streckenkraftstoffverbrauch für eine solche Fahrzeug- und Leistungsklasse dokumentiert wird: bei Cayenne sind es *8,7* [*l/100km*], bei Panamera *7,6* [*l/100km*].

In den Bildern 251, 252 und 253 sind ähnliche Konzepte von Audi, Honda und Daimler dargestellt.

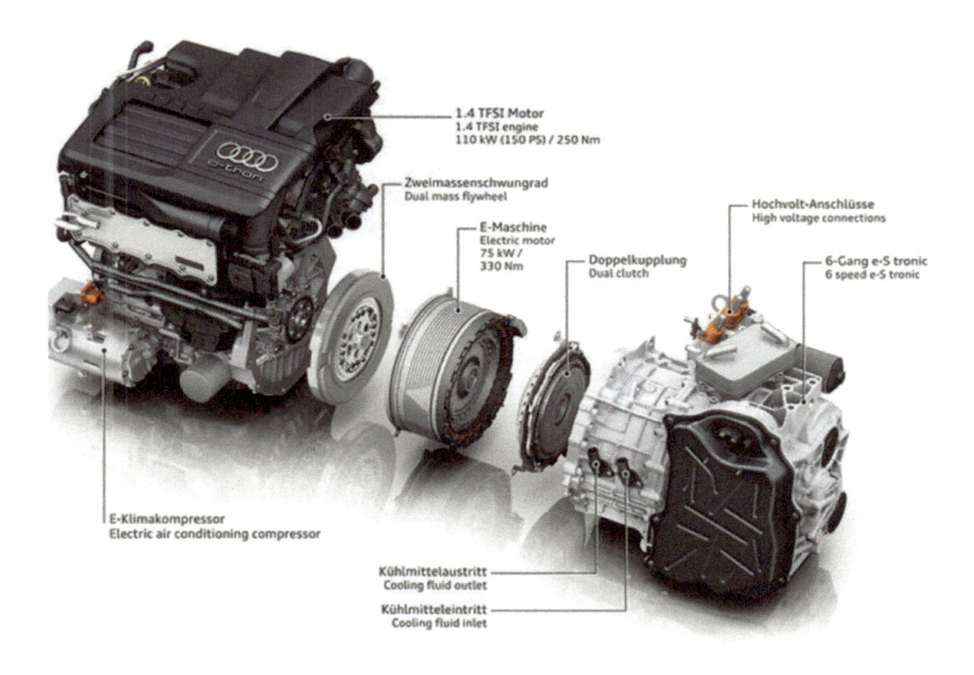

Bild 251 Audi A3 e-tron *(Quelle: Audi)*

Bild 252 Hybridkonzept von Honda *(Quelle: Honda)*

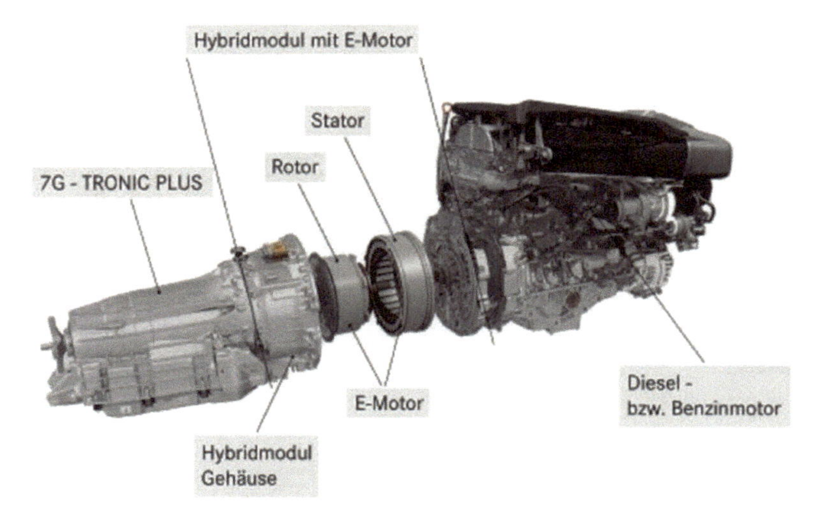

Bild 253 E 300 Blue Tec Hybrid *(Quelle: Daimler)*

5.3.5 Vollhybrid mit einem Verbrennungsmotor und zwei Elektromotoren entlang einer Leistungsachse (Daimler)

Ein anderes Konzept wurde für hohen Leistungsbereich von Daimler realisiert: Für diesen Antrieb wurde ein Achtzylinder-CDI-Dieselmotor mit einer maximalen Leistung von *191* [*kW*] und einem maximalen Drehmoment von *560* [*Nm*] mit zwei Elektromotoren mit einer gesamten Maximalleistung von *50* [*kW*] entsprechend der Darstellung im Bild 254 kombiniert.

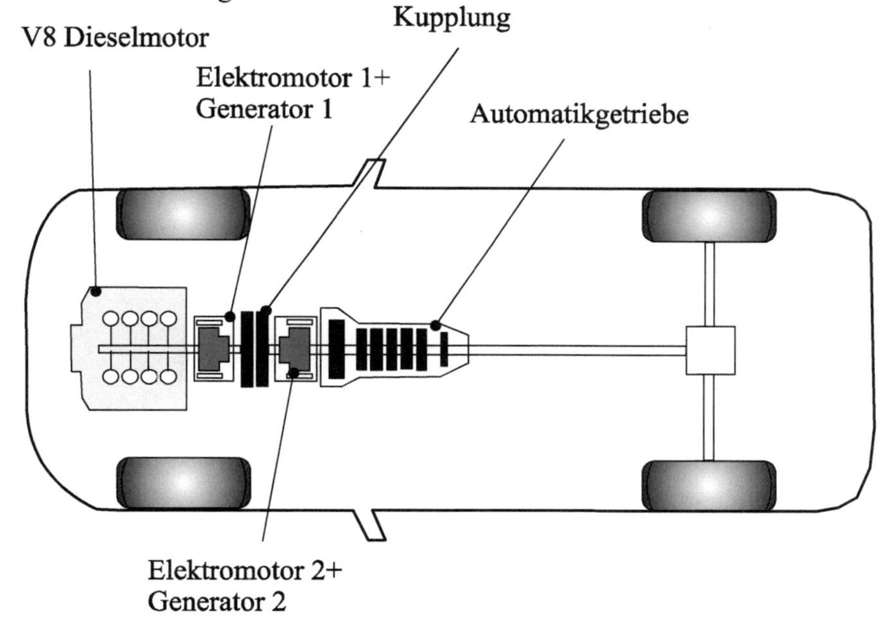

Bild 254 Paralleles Hybridantriebssystem (Dieselmotor-Elektromotor) von DaimlerChrysler für hohe Leistungsdichte

Zu dem System gehört auch eine Nickel-Metallhydrid-Batterie, die eine Kapazität von *1,9* [*kWh*] aufweist. Die Beschleunigung wird von dem Elektroantrieb, infolge der günstigen Drehmomentcharakteristik der Elektromotoren, wesentlich unterstützt. Der Start des Dieselmotors, der vorwiegend in seinem optimalen Betriebsbereich betrieben wird, erfolgt mittels des zweiten Elektromotors. Während der Fahrt wird vom Dieselmotor, je nach Bedarf, auch die Batterie geladen. Eine zusätzliche Ladequelle ist, wie bei anderen Verfahren, die Bremsenergie. Die Antriebsleistung wird über ein siebenstufiges Automatikgetriebe übertragen, indem der herkömmliche Wandler durch hybrid-spezifische Komponenten ersetzt wird. Durch diese Form von Energiemanagement, die insbesondere auf die Funktion des Dieselmotors im optimalen Bereich zielt, wird der Streckenkraftstoffverbrauch je nach Fahrzyklus von 15 % bis 25 % gesenkt. Der durchschnittliche

Streckenkraftstoffverbrauch beträgt *7* [*l/100 km*], was für eine Fahrzeug mit 7,6 Sekunden Beschleunigungsdauer von *0* auf *100* [*km/h*] beachtlich ist.

General Motors entwickelt derzeit Hybridantriebskonzepte mit wesentlich höherer Leistung für die in den USA besonders gefragten Sport-Utility-Vehicles (SUV) mit Allradantrieb [22]. Es wurden dabei vier Varianten der Anordnung der wesentlichen Funktionsmodule analysiert, woraus als optimale Konfiguration – wie in den vorher beschriebenen Konzepten – die Leistungsaddition bleibt. Der verwendete 8-Zylinder-Ottomotor hat dabei eine maximale Leistung von *203* [*kW*] bzw. ein maximales Drehmoment von *427* [*Nm*]. In dem Hybridsystem werden zwei Antriebselektromotoren mit *72,33* [*kW*] bzw. *271* [*Nm*] zusätzlich verwendet. Bei den beachtlichen Werten von Leistung und Drehmoment muss jedoch erwähnt werden, dass das Fahrzeug eine Masse von *2.751* [*kg*] hat. Simulationsergebnisse bescheinigen dieser Konfiguration eine Senkung des Kraftstoffverbrauchs zwischen 19-26 % gegenüber der Serienausführung mit konventionellem Ottomotor.

5.3.6 Vollhybrid mit Elektromotoren, die im Getriebe des Verbrennungsmotors integriert sind – Two-Mode-Hybrid (BMW – Daimler – GM)

Diese Vollhybridkonfiguration ist auf derartige Kombinationen des Antriebs mit Elektromotoren und Verbrennungsmotor angepasst, die eine Optimierung des Gesamtwirkungsgrades entsprechend der jeweiligen Fahrsituation – Stadtzyklus, Stop&Go, Landstraße, Autobahn – gewährt. Grundsätzlich ist dabei der Antrieb nur mit den Elektromotoren, nur mit dem Verbrennungsmotor oder mit allen Antriebsmodulen möglich. Darüber hinaus ist ein einfach leistungsverzweigter sowie ein doppelt leistungsverzweigter Fahrbereich verfügbar [26]. Das Konzept basiert auf einem elektrisch geregelten, stufenlosen Getriebe (EVT – Electrically Assisted Variable Transmission/elektrisch unterstützte, stufenlose Übersetzung), ähnlich einem CVT (Continuously Variable Transmission/stufenlose Übersetzung). Eine bemerkenswerte EVT-Zusatzfunktion ist das gleichmäßige, kontinuierliche regenerative Bremsen, wobei die kinetische Energie des Fahrzeugs während einer Verzögerung in elektrische Energie umgewandelt und in einer Batterie gespeichert wird.

Bei konventionellen Getrieben mit elektrisch unterstützter, stufenloser Übersetzung besteht allgemein der Nachteil, dass ein erheblicher Anteil der Leistung des Verbrennungsmotors in weiten Teilen des Betriebsbereichs über den elektrischen Zweig übertragen wird. Insbesondere bei hohen Geschwindigkeiten, auf

Landstraße oder Autobahn, wird dieser Nachteil, aufgrund der bereits erwähnten Drehmomentcharakteristik von Elektromotoren, gravierend.

Die Vorteile des Two-Mode-Hybrides im Vergleich zu einer solchen Lösung können aus den entsprechenden Entwicklungsstufen – konventionelles Automatikgetriebe, One-Mode-Hybrid mit leistungsverzweigter EVT Bereich bzw. mit Zweistufengetriebe – abgeleitet werden. Ein 6-Gang- bzw. 7-Gang-Automatikgetriebe verfügt über einen hydraulischen Drehmomentenwandler mit Überbrückungskupplung, über mehrere Planetenradsätze sowie über entsprechende, hydraulisch gesteuerte Schaltelemente. Es stehen dabei mehrere feste Übersetzungsverhältnisse zur Verfügung. Die Übergänge zwischen diesen Übersetzungsverhältnissen werden von einem Variator realisiert. Für ein stufenloses Übersetzungsverhältnis zwischen Getriebeeingang und -ausgang kann die Rolle des Variators von Elektromotoren übernommen werden – was beim konventionellen EVT der Fall ist. Dabei gibt es nur eine Leistungsverzweigung, wodurch solche Lösungen auch als One-Mode-EVT bekannt wurden. Die Hauptkomponenten dieses Systems sind im Bild 255 ersichtlich. Derartige Lösungen wurden bereits um 1920 in den USA entwickelt und erprobt.

Bild 255 Hauptkomponenten des elektrisch unterstützten, stufenlosen Getriebes mit einer Leistungsverzweigung (One-Mode-EVT)

Die Hauptkomponenten eines gegenwärtig serienmäßigen Getriebes dieser Art sind ein Planetenansatz und zwei Elektromotoren. Kupplungen sind nicht enthalten. Die Leistung des Verbrennungsmotors wird am Eingang dieses Getriebes auf den Planetenradsatz übertragen und dort auf einen mechanischen sowie auf einen elektrischen Zweig geteilt. Je nach Betriebsbereich wird die Motorleistung zum Teil einem Variator übertragen. Ein Elektromotor fungiert als Generator, wobei der Strom dem zweiten, antreibenden Elektromotor zugeleitet oder in der Batterie gespeichert werden kann. Die Leistung des antreibenden Elektromotors steht dann am Getriebeausgang zur Verfügung. Das Prinzip ist im Bild 256 dargestellt.

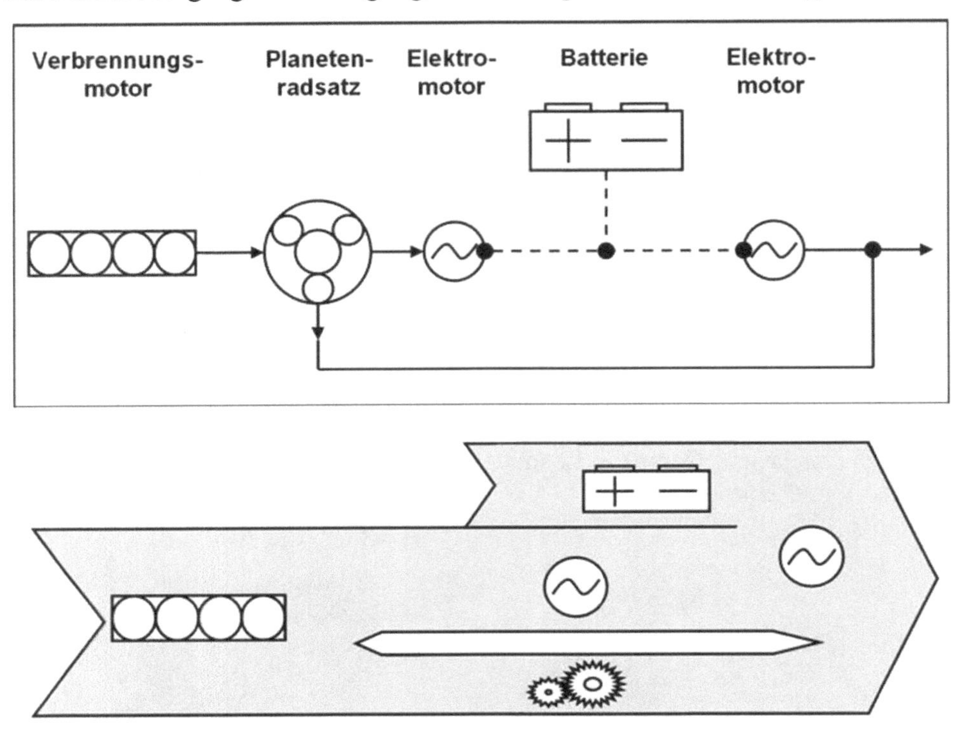

Bild 256 Energiefluss in einem One-Mode-EVT

Das Verhältnis zwischen dem elektrischen und dem mechanischen Energiefluss stellt dabei eine kritische Größe dar, weil der Wirkungsgrad über den elektrischen Zweig (allgemein um 70 %) geringer als über den mechanischen Zweig (allgemein über 90 %) ist. Die über den elektrischen Zweig geleitete Leistung hängt aber von der Drehzahl des Verbrennungsmotors, vom Übersetzungsverhältnis im Planetenansatz und von der Fahrgeschwindigkeit ab. Im Falle eines One-Mode-EVT ist die Leistung über den elektrischen Zweig allgemein groß, was den Einsatz großer Elektromotoren bedingt. Die Gesamtleistung der Elektromotoren übertrifft demzufolge generell die Leistung des Verbrennungsmotors, was zum entscheidenden Nachteil dieses Konzeptes in Bezug auf Gesamtwirkungsgrad, Abmessungen und Kosten wird.

Das nachteilige Leistungsverhältnis zwischen dem elektrischen und dem mechanischen Zweig ist in dem einzig möglichen Übersetzungsverhältnis begründet, bei dem die gesamte Leistung vom Verbrennungsmotor zum Rad geleitet werden kann. Bei diesem Übersetzungsverhältnis – das auch als mechanischer Punkt bezeichnet wird – erreicht die Drehzahl des ersten Elektromotors den Wert Null. Bei allen anderen Übersetzungsverhältnissen wird über den elektrischen Zweig mehr Leistung geleitet und somit der Gesamtwirkungsgrad verschlechtert. Das ist insbesondere bei hoher Last und Drehzahl der Fall. Deswegen ist der Einsatz eines One-Mode-EVT eher bei Kompaktfahrzeugen günstig.

Um die Größe der Elektromotoren zu verringern bzw. um einen Einsatz in größeren Fahrzeugen zu ermöglichen ist mindestens ein zweites Übersetzungsverhältnis erforderlich. Eine entsprechende Lösung stellt das One-Mode-Hybridsystem mit Zweistufengetriebe dar. Wie im Bild 257 ersichtlich, wird dabei der Antriebselektromotor am Getriebeausgang mit einem Zweistufengetriebe versehen, was allerdings den Einsatz eines zusätzlichen Kupplungspaars und eines weiteren Planetenradsatzes erfordert.

Bild 257 Hauptkomponenten eines One-Mode-Hybridsystems mit Zweistufengetriebe

Die Funktionsweise des One-Mode-Hybridsystems wird dadurch nicht geändert – zwischen Verbrennungsmotor und Getriebeausgang bleibt nach wie vor ein einziges Übersetzungsverhältnis. Lediglich das maximale Drehmoment und die maximale Drehzahl des Antriebelektromotors können dadurch gesenkt werden. Die Umschaltung im Zweistufengetriebe erfolgt günstigerweise in der Nähe des mechanischen Punktes, die Drehzahländerung des Elektromotors ist jedoch bei diesem Schaltvorgang relativ abrupt. Das Prinzip ist im Bild 258 dargestellt.

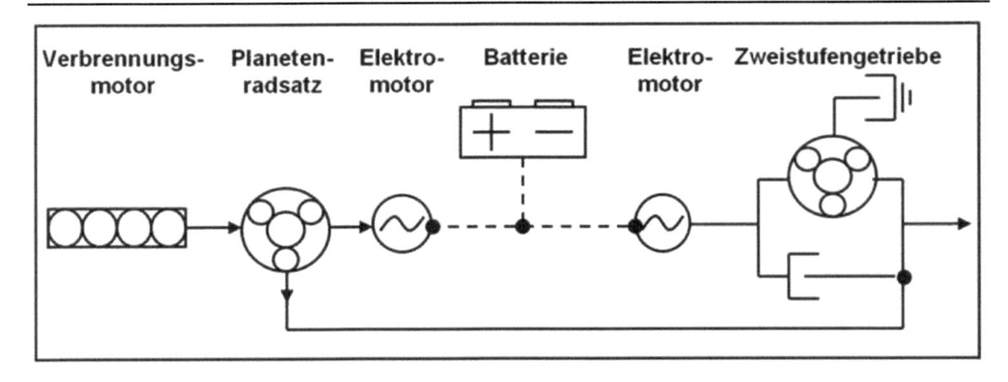

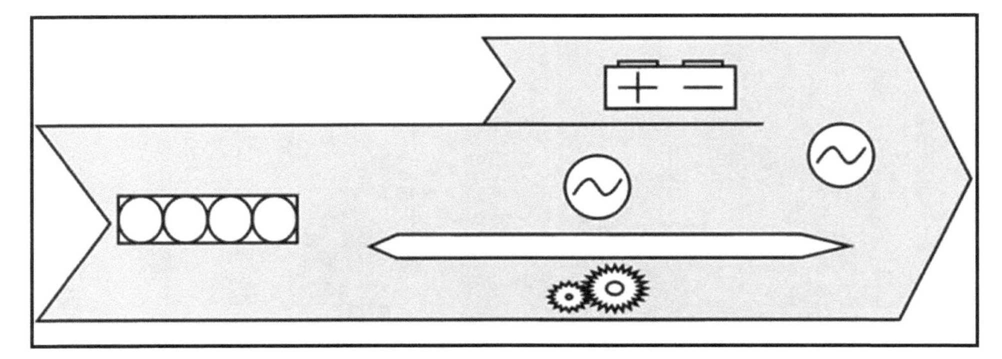

Bild 258 Energiefluss in einem One-Mode-Hybrid mit Zweistufengetriebe

Die dargestellten Nachteile bezüglich des Energieflusses über den elektrischen bzw. über den mechanischen Zweig können im Funktionsbereich eines Antriebssystems für Automobile weitgehend umgangen werden, indem ein weiterer Planetenradsatz ins System gebracht wird. Dadurch wird ein doppelt-verzweigter EVT-Modus möglich. Die Hauptkomponenten des Systems sind im Bild 259 ersichtlich.

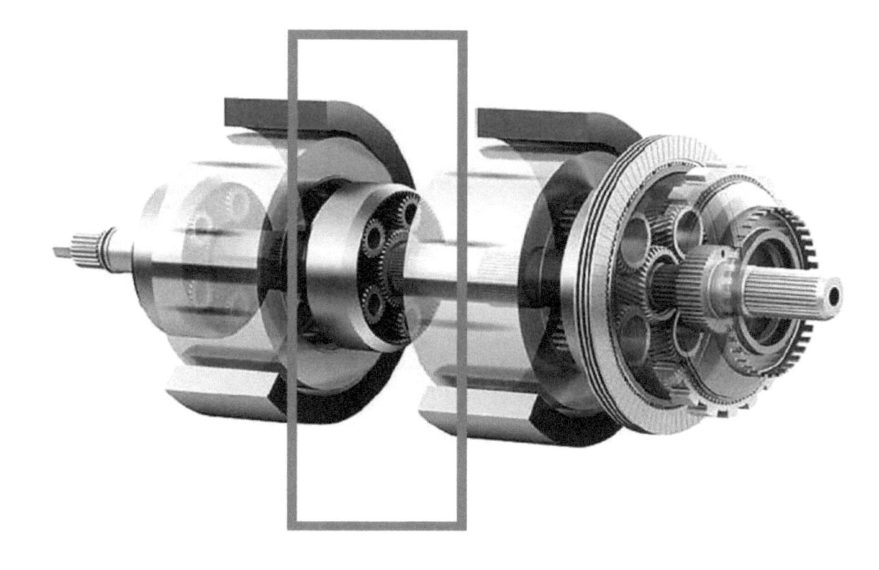

Bild 259 Hauptkomponenten eines Two-Mode-Hybridsystems

Durch zwei Kupplungen im System wird der Energiefluss geändert, was insbesondere den Wirkungsgrad des Elektromotors im niedrigen Drehzahlbereich begünstigt.

Das Schaltschema und der Energiefluss sind im Bild 260 dargestellt.

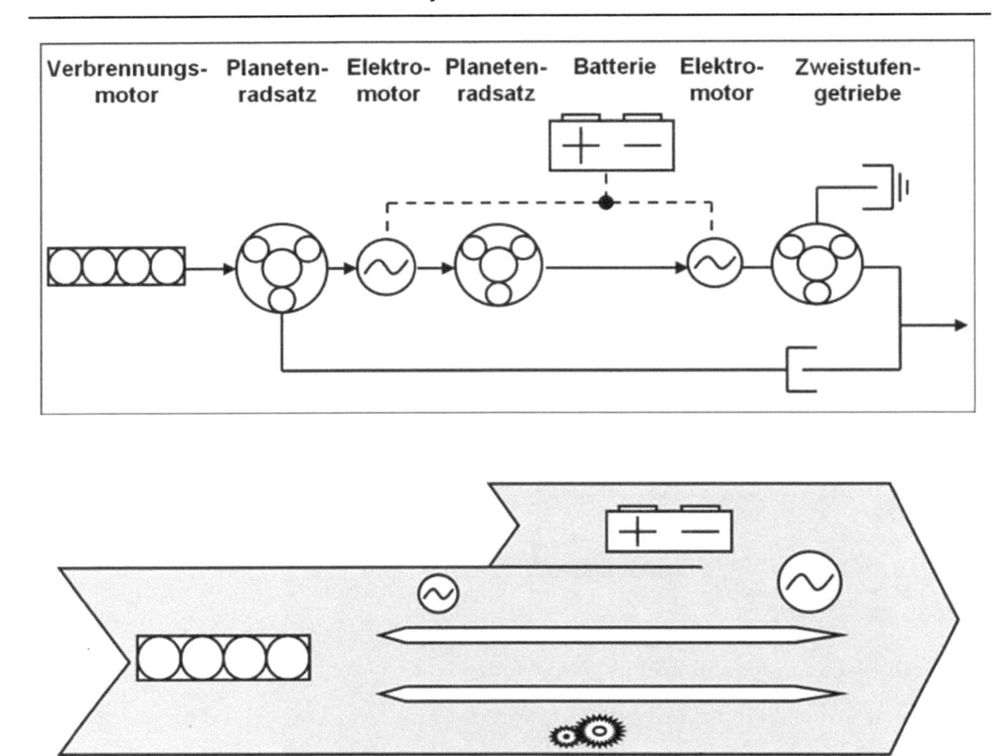

Bild 260 Schaltschema und Energiefluss in einem Two-Mode-Hybridsystem

In dieser Weise kann der Energiefluss über den elektrischen Zweig gegenüber jenem des One-Mode-EVT wesentlich reduziert werden – wie im Bild 260 dargestellt – was dem Gesamtwirkungsgrad, der Abmessungen der Elektromotoren und dem Gesamtpreis zu Gute kommt.

Durch Kombination von zwei Leistungsverzweigungsarten kann ein sehr breiter Bereich von Übersetzungsverhältnissen realisiert werden, wobei der Leistungsanteil über den elektrischen Zweig relativ gering bleiben kann. Die resultierenden 3 mechanischen Punkte können dabei unterschiedlich genützt werden – der erste zur Erhöhung des Beschleunigungsvermögens, die anderen zur Einhaltung eines hohen Wirkungsgrades bei Fahrten über Landstraße bzw. Autobahn.

Eine Erweiterung des Two-Mode-Hybridsystems besteht in einem Getriebemodul mit vier Gängen mit festem Übersetzungsverhältnis, die einen parallelen Hybridbetrieb erlauben. Die Elektromotoren werden dabei während Beschleunigung und Bremsen aktiviert. Dieser parallele Hybridantrieb wird durch den Einsatz von zwei weiteren Kupplungen ermöglicht. Die Hauptkomponenten des Systems sind im Bild 261 dargestellt.

Wenn das System beispielsweise bei hoher Fahrzeuggeschwindigkeit im 4. festen Gang als paralleles Hybridsystem betrieben wird, kann einer der beiden Elektromotoren abgekoppelt werden. Der zweite Elektromotor fungiert als Stromgenerator für die Verbraucher der Elektroenergie an Bord und wandelt darüber hinaus die Bremsenergie bei Verzögerung der Fahrzeuggeschwindigkeit in elektrische Energie um. Beim Umschalten in die anderen festen Gänge werden die Elektromotoren nach günstigen Energieszenarien ein- und abgekoppelt: Beispielsweise funktionieren im 1. und im 3. Gang beide Elektromotoren bis zu ihrer vollen Leistung, im 2. Gang bleibt nur ein Elektromotor in Funktion.

Bild 261 Hauptkomponenten eines Two-Mode-Hybridsystems mit zwei EVT-Bereichen und 4 Gängen mit festem Übersetzungsverhältnis

In dieser Konfiguration sind insgesamt 6 Betriebsarten möglich:

1. EVT mit einer Leistungsverzweigung, stufenlos
2. EVT mit zweifacher Leistungsverzweigung, stufenlos
3. 1. Gang mit festem Übersetzungsverhältnis und zwei aktivierten Elektromotoren (Beschleunigungsunterstützung, Rekuperation der Bremsenergie)
4. 2. Gang mit festen Übersetzungsverhältnis und einem aktivierten Elektromotor (Beschleunigungsunterstützung, Rekuperation der Bremsenergie)

5. 3. Gang mit festem Übersetzungsverhältnis und zwei aktivierten Elektromotoren (Beschleunigungsunterstützung, Rekuperation der Bremsenergie)
6. 4. Gang mit festem Übersetzungsverhältnis und einem aktivierten Elektromotor (Beschleunigungsunterstützung, Rekuperation der Bremsenergie)

Im Bild 262 sind das Schaltschema und der Energiefluss ersichtlich.

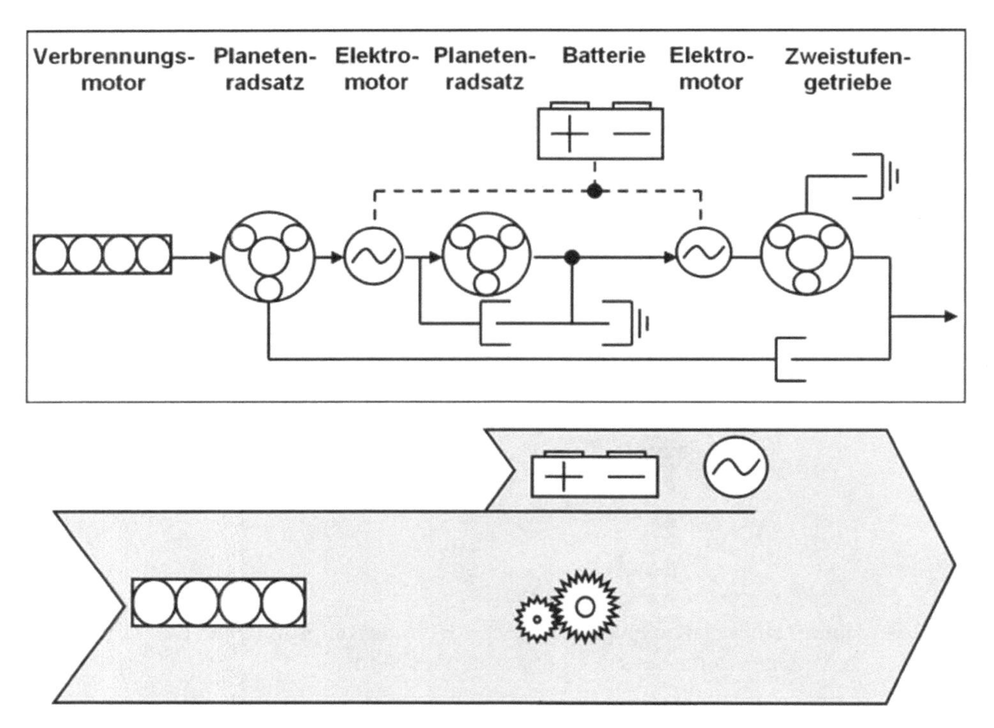

Bild 262 Schaltschema und Energiefluss in einem Two-Mode-Hybridsystem mit zwei EVT-Bereichen und 4 Gängen mit festem Übersetzungsverhältnis

Die zahlreichen Kombinationen der Übersetzungsverhältnisse und die Möglichkeit ein oder zwei Elektromotoren je nach Bedarf zu aktivieren erlaubt eine Funktion des Systems die besonders anpassungsfähig zu allen Drehmoment/Drehzahlkombinationen sowie in instationärem Betrieb – beim Beschleunigen und Bremsen – ist, was sich insbesondere im Gesamtwirkungsgrad widerspiegelt.

Bild 263 zeigt einen Teilschnitt durch ein solches Hybridsystem.

Bild 263 Ansicht mit Teilschnitt durch ein Two-Mode-Hybridsystem *(Quelle: GM)*

Bild 264 und Bild 265 zeigen solche Lösungen, angewandt im BMW Active Hybrid X6 und im Dodge Ram.

Bild 264 Two-Mode Active Hybrid Getriebe – BMW Active Hybrid X6 *(Quelle: BMW)*

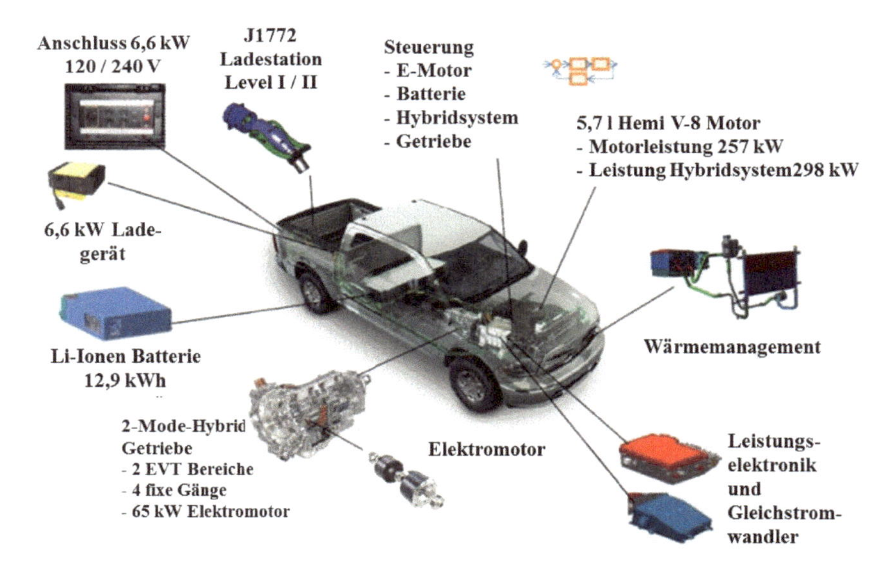

Bild 265 Funktionsmodule eine Vollhybrids – Dodge Ram *(Quelle: GM)*

5.3.7 Hybrid mit Antrieb einer Fahrzeugachse durch Verbrennungsmotor und der zweiten Fahrzeugachse durch Elektromotor – ohne mechanische Verbindung beider Antriebe (Peugeot)

Eine solche Konfiguration entspricht der ersten Vollhybrid-Variante von Audi (Audi 100 duo, 1989), die im Bild 237 dargestellt ist. Im Falle des in Serienproduktion eingeführten Peugeot 3008 Hybrid4 ist die Kolbenmaschine ein Dieselmotor anstatt eines Ottomotors, wie im Falle des Audi 100 duo Prototyps. Das Peugeot-Verfahren gewährt ein rein elektrisches Fahren auf *3* bis *4* [*km*].

1	Elektromotor	5	elektronisch-gesteuertes 6-Gang Getriebe
2	Hochspannungs-Batterie	6	Verbrennungsmotor
3	Steuergerät Hybridantrieb	7	Heck-Achsantrieb
4	Start-Stop Boost	8	Front-Achsantrieb

Bild 266 Hybridfahrzeug- Peugeot 3008 Hybrid *(Quelle: PSA)*

5.3.8 Übersicht der gegenwärtigen parallelen und gemischten Hybridantriebssysteme

Eine Auswahl repräsentativer Hybridantriebssysteme dieser Art ist in der Tabelle 16 ersichtlich.

Aus den vorhandenen Fahrzeug- und Antriebskenngrößen wurden 4 Kategorien gebildet:

- Masse des Fahrzeugs samt Hybridantrieb und Batterien
- Antriebscharakteristika: Motorarten (thermisch und elektrisch), die am Antrieb beteiligt sind, Leistung und Drehmoment (einzelne Motoren und kombiniert)
- Elektroenergiespeicherung: Batterieart, Energieinhalt
- Kraftstoffverbrauch entsprechend dem FTP-Fahrzyklus (Federal Test Procedure, USA)

Die Fahrzeugmasse ist allgemein um 10-12 % höher als bei den Basismodellen mit Verbrennungsmotor, das sind *100-260* [*kg*] mehr. Die Hybridisierung ist zum größten Teil auf Ottomotoren aufgebaut. Ein wesentliches Ziel ist dabei die Senkung des Streckenkraftstoffverbrauchs auf Werte die für Automobile mit Dieselmotoren typisch sind und zwar für Märkte auf denen die Dieselakzeptanz gering ist (USA, Japan, China).

Die Antriebs-Elektromotoren sind wiederum ausnahmslos Synchron-Motoren – wie es auch bei den Automobilen mit rein elektrischem Antrieb der Fall ist (Tabelle 13) – aufgrund ihres hohen Wirkungsgrades.
Die gesamte Antriebsleistung nimmt Werte zwischen *73-360* [*kW*] ein, das maximale Drehmoment verläuft zwischen *167-780* [*Nm*]. Bemerkenswert erscheinen in diesem Fall weniger die Maximalwerte für Gesamtleistung und Drehmoment, die vom Fahrzeugtyp abhängen sondern die Anteile der Verbrennungs- bzw. der Elektromotoren an diesen Werten.

Tabelle 16 Auswahl an Hybridfahrzeugen und deren Kenngrößen

Fahrzeug		Antrieb								Energiespeicher		Verbrauch	
Modell	Masse	Motor		Leistung [kW]			Drehmoment [Nm]			Batterie	E_{el}	innerorts	außerorts
	[kg]	VM	EM	VM	EM	komb.	VM	EM	komb.	-	[kWh]	[l/100km]	[l/100km]
Audi A3 Sportback 8V	1515	Otto	Syn.	110	75	150	250	330	350	-	8,8	2,7	1,6
Audi Q7 60 TFSI e-Tron	2410	Otto	Syn.	213	94	307	420	280	700	Li-Ion	17,3	2,7	2
BMW Activehybrid 7	2175	Otto	Syn.	328	15	342	480	210	-	Li-Ion	0,8	13,9	9,1
BMW Activehybrid X6	2615	Otto	Syn.	300	67	357	600	280	780	Ni-MH	2,4	13,9	12,4
BMW 225xe iPerformance	1660	Otto	Syn.	100	65	165	220	165	385	Li-Ion	8,8	2,5	1,9
BMW 330e	1740	Otto	Syn.	135	50	185	300	120	420	Li-Ion	12	3,4	1,9
BMW 330e G30	1425	Otto	Syn.	135	-	185	300	-	-	Li-Ion	10,3	2,3	1,6
BMW 530e	1770	Otto	Syn.	135	83	218	300	150	450	Li-Ion	12	3	1,6
BMW X5 G05 xDrive 45e	2410	Otto	Syn.	210	83	290	450	-	600	Li-Ion	21,6	2,4	1,7
BMW i8 Coupe	1510	Otto	Syn.	167	103	270	320	250	570	Li-Ion	11,6	4,6	3,4
BYD F3DM	1560	Otto	Syn.	50	50	125	-	-	-	LiFePO	16	-	-
Cadillac Escalade Hybrid	2667	Otto	Syn.	-	60	248	-	320	498	Ni-MH	2,1	11,8	10,2
Chevrolet Malibu	1619	Otto	-	122	3,7	122	216	-	-	Ni-MH	-	9,1	6,9
Chevrolet Silverado	2747	Otto	Syn.	-	-	248	-	-	498	Ni-MH	2,1	11,8	10,2
Chevrolet Tahoe Hybrid	2580	Otto	Syn.	-	-	248	-	-	498	Ni-MH	2,1	11,8	10,2
Chevrolet Volt	1715	Otto	Syn.	60	112	-	122	370	-	Li-Ion	16	2.5/6.7	2.6/5.9
Citroen C5 Aircross Hybrid 225	1755	Otto	Syn.	133	80	165	300	320	320	Li-Ion	13,2	2	1,7
Dodge Durango	2389	Otto	Syn.	257	67	287	515	319	-	Ni-MH	-	12,4	11,8
DS7 Crossback E-Tense 4x4	-	Otto	Syn.	147	90	221	300	-	450	Li-Ion	13,2	3	2,2
Ferrari SF90 Stradale	1600	Otto	Syn.	574	162	735			800	Li-Ion	7,9	-	-
Fisker Karma	1950	Otto	Syn.	194	352	-	353	1300	-	Li-Ion	20	7,1	6,2
Ford Escape Hybrid	1664	Otto	Syn.	116	70	132	-	-	184	Ni-MH	1,8	7,6	6,9

Fortsetzung Tabelle 16 Auswahl an Hybridfahrzeugen und deren Kenngrößen

Fahrzeug		Antrieb									Energiespeicher		Verbrauch	
Modell	Masse	Motor		Leistung [kW]			Drehmoment [Nm]				Batterie	E_{el}	innerorts	außerorts
	[kg]	VM	EM	VM	EM	komb.	VM	EM	komb.		-	[kWh]	[l/100km]	[l/100km]
Ford Fusion Hybrid	1690	Otto	Syn.	116	-	142	184	-	338		Ni-MH	1,3	13,1	8,7
Ford Kuga III 2.5	1751	Otto	Syn.	-	-	165	-	-	200		Li-Ion	14,4	2,3	1,2
GMC Sierra Hybrid	2658	Otto	Syn.	-	60	248	-	320	498		Ni-MH	2,1	11,8	10,2
GMC Yukon Hybrid	2561	Otto	Syn.	-	-	248	-	-	498		Ni-MH	2,1	11,8	10,2
Honda Accord Hybrid	1593	Otto	Syn.	105	133	155	175	315	-		Li-Ion	-	6,1	5
Honda Civic Hybrid	1294	Otto	Syn.	-	17	82	-	106	172		Li-Ion	-	5,4	5,4
Honda CR-Z Hybrid	1196	Otto	Syn.	84	10	91	145	79	167		Ni-MH	-	7,6	6,4
Honda FCX Clarity	1624	H2F Cell	Syn.	100	100	100	-	256	256		Li-Ion	-	1	1
Honda Insight Hybrid	1196	Otto	Syn.	-	10	73	-	79	167		Ni-MH	0,58	5,9	5,5
Honda Jazz/Fit Hybrid	1234	Otto	Syn.	65	10	73	121	78	-		Ni-MH	0,58	6,4	4,4
Hyundai Elantra LPI Hybrid	1335	Otto	-	85	15	99	150	105	-		Li-Pol	-	-	-
Hyundai IONIQ Plug-In	1495	Otto	Syn.	78	32	104	148	169	264		Li-Ion	1,56	-	4,1
Hyundai Sonata Hybrid	1568	Otto	Syn.	123	30	154	209	205	262		Li-Ion	1,4	6,7	5,9
Infinity M35 Hybrid	1882	Otto	Syn.	225	50	268	350	270	-		Li-Ion	1,4	8,7	7,4
Infiniti Q70 Hybrid	1830	Otto	Syn.	222	49	265	350	290	546		Li-Ion	1,4	14,6	13,2
KIA Optima Hybrid	1583	Otto	Syn.	124	30	154	209	205	265		Li-Ion	1,4	6,7	5,9
KIA Niro Plug-In Hybrid	1494	Otto	Syn.	-	-	104	-	-	264		Li-Ion	8,9	-	-
Land Rover Range Rover P400e	2577		Syn.	-	-	297	-	-	640		Li-Ion	12,4	-	-
Lexus CT 200h	1420	Otto	Syn.	73	60	100	182	207	-		Ni-MH	1,6	5,5	5,9
Lexus GS 450h	1875	Otto	Syn.	221	147	254	368	203	-		Ni-MH	1,9	10,7	9,4
Lexus HS 250h	1710	Otto	Syn.	110	105	140	187	270	-		Ni-MH	1,6	6,7	6,9
Lexus LS 600h	2360	Otto	Syn.	291	165	360	382	220	-		Ni-MH	1,9	12,4	10,2

Fortsetzung Tabelle 16 Auswahl an Hybridfahrzeugen und deren Kenngrößen

Fahrzeug		Antrieb								Energiespeicher		Verbrauch	
Modell	Masse	Motor		Leistung [kW]			Drehmoment [Nm]			Batterie	E_{el}	innerorts	außerorts
	[kg]	VM	EM	VM	EM	komb.	VM	EM	komb.	-	[kWh]	[l/100km]	[l/100km]
Lexus RX 450h	2050	Otto	Syn.	182	125	220	317	350	-	Ni-MH	1,9	7,8	8,4
Lincoln MKZ Hybrid	1702	Otto	Syn.	116	70	142	184	225	-	Ni-MH	1,4	5,7	6,5
Mazda Tribute	1656	Otto	Syn.	99	52	116	167	-	-	Ni-MH	-	6,9	7,8
Mercedes A250e W177	1480	Otto	Syn.	118	75	160	230	330	450	Li-Ion	14,8	2,2	1,4
Mercedes C300 de Estate EQ	1880	Diesel	Syn.	143	90	225	400	300	700	Li-MH	13,5	3	1,6
Mercedes CLA 250e Speedshift	-	Otto	Syn.	118	75	160	250	300	450	-	14,7	2,1	1,4
Mercedes E300 e EQ	1930	Otto	Syn.	153	58	211	280	-	700	Li-MH	13,5	-	-
Mercedes E300 de Estate EQ	2065	Diesel	Syn.	143	90	225	400	300	700	Li-MH	13,5	3	1,6
Mercedes GLC 350e 4MATIC	2070	Otto	Syn.	146	58	230	350	310	660	Li-MH	13,5	4,27	4,12
Mercedes GLE 350de 4MATIC	2200	Diesel	Syn.	143	100	235	400	440	700	Li-Ion	31,2	2	1,1
Mercedes ML 450 Hybrid	2381	Otto	Syn.	205	60	246	350	260	517	Ni-MH	2,4	11,2	9,8
Mercedes S400 BlueHybrid	1955	Otto	Syn.	205	15	220	350	160	385	Li-Ion	0,9	10,7	6,3
Mercury Milan Hybrid	1717	Otto	Syn.	116	-	142	184	-	338	Li-MH	1,3	13,1	8,7
Mercury Mariner Hybrid	1660	Otto	Syn.	116	70	132	-	-	184	Ni-MH	1,8	7,8	6,9
Mini Countryman Cooper S E	1635	Otto	Syn.	139	26	165	279	105	385	Li-Ion	7,6	3	1,75
Mitsubishi Outlander PHEV	1880	Otto	Syn.	116	60	176	185	115	300	Li-Ion	12	4,5	3,17
Nissan Altima Hybrid	1584	Otto	Syn.	138	105	148	220	270	-	Ni-MH	-	4,7	4,9
Peugeot 3008 Hybrid4	1701	Diesel	Syn.	120	27	147	300	200	500	Ni-MH	-	3,9	3,7
Porsche Cayenne E Hybrid	2295	Otto	Syn.	250	100	340	450	400	700	Li-Ion	14,1	4,9	5
Porsche Cayenne S Hybrid	2240	Otto	Syn.	245	34	279	440	300	580	Ni-MH	1,7	8,7	7,9
Porsche Panamera 4 E-Hybrid	2170	Otto	Syn.	250	100	340	450	400	700	Ni-MH	1,7	4,7	4,9
Porsche Panamera S Hybrid	1980	Otto	Syn.	245	34	279	440	300	580	Ni-MH	1,7	7,6	6,8

Fortsetzung Tabelle 16 Auswahl an Hybridfahrzeugen und deren Kenngrößen

Fahrzeug		Antrieb								Energiespeicher		Verbrauch	
Modell	Masse	Motor		Leistung [kW]			Drehmoment [Nm]			Batterie	E_{el}	innerorts	außerorts
	[kg]	VM	EM	VM	EM	komb.	VM	EM	komb.	-	[kWh]	[l/100km]	[l/100km]
Porsche Panamera Turbo S E-Hybrid	2385	Otto	Syn.	405	100	500	770	400	850	Li-Ion	14	4,6	3
Saturn Aura Green Line	1601	Otto	-	122	3,7	122	216	-	-	Ni-MH	-	8,4	6,7
Suzuki Twin	703	Otto	Syn.	32	5	-	57	33	-	-	-	-	-
Toyota Auris Hybrid	1455	Otto	Syn.	73	60	10	142	207	-	Ni-MH	1,3	3,8	3,8
Toyota Avalon XX50	1685	Otto	Syn.	131	88	160	221	-	-	-	-	5,3	5,3
Toyota Camry Hybrid	1480	Otto	Syn.	110	105	140	187	270	-	Ni-MH	-	10,7	7,1
Toyota Prius	1530	Otto	Syn.	73	60	100	142	207	-	Ni-MH	-	3,8	4
Volkswagen Golf GTE	1515	Otto	Syn.	75	75	150	240	110	350	Li-Ion	8,7	-	1,5
Volkswagen Passat B8 GTE	1635	Otto	Syn.	115	85	160	250	400	-	Li-Ion	9,9	2,2	1,6
Volkswagen Touareg Hybrid	2329	Otto	Syn.	248	34	290	441	580	576	Ni-MH	1,7	8,7	7,9
Volvo V60 Plug-In Hybrid	2010	Diesel	-	158	52	-	440	200	-	Li-Ion	12	-	-
Volvo V90 2016 T8	1993	Otto	Syn.	223	65	287	400	240	640	Li-Ion	11,6	3	1,9
Volvo XC-60 Polestar	2145	otto	Syn.	145	153	298	420	250	670	Li-Ion	11,6	7,2	6,1

Konzeptfahrzeuge:

- Audi: A6, A8, Q5, Q7
- BMW: Vision EfficientDynamics, X3, X5
- Citröen: C-Cactus, C5 Airscape UrbanHybrid, C-Métisse, C4 Hdi
- Daihatsu: HVS, UFE-III
- Ferrari: 599 HY KERS
- Honda: CR-Z, Small Hybrid Sport Concept
- Jaguar: C-X75
- Kia: Rio Hybrid
- Land Rover: Diesel-Hybrid ERAD, LRX, Land_e
- Lexus: LF-Ch, LF-XH
- Mercedes: F 500 Mind, F 700, F 800 Style, GLK Bluetec Hybrid, S 350 Direct Hybrid
- Nissan: HEV
- Opel: Flextreme, Corsa Hybrid, Astra GTC Diesel Hybrid
- Peugeot: SxC, HR1, RCZ Hybrid4, Prologue HYmotion4
- Porsche: 918 RSR, 918 Spyder
- Seat: IBX, Leon TwinDrive
- Ssangyong: C200 Eco
- Subaru: B5-TPH
- Toyota: FT-CH, 1/X, A-BAT, Hybrid X, FT-HS Concept
- Volkswagen: XL1, L1, Gold TwinDrive, Touran EcoPower II
- Volvo: ReCharge Concept

Im Bild 267 sind die Anteile beider Antriebsarten an die maximale Leistung bzw. an das maximale Drehmoment für einige repräsentative Ausführungen dargestellt. Die elektrische Leistung ist, bis auf einige Ausnahmen, eher gering, im Bereich um *30* [*kW*] – bei Automobilen mit rein elektrischem Antrieb waren es Werte um *90* [*kW*], wie im Bild 202 dargestellt. Dafür ist der Anteil der Leistung der Verbrennungsmotoren in den Hybridkonfigurationen allgemein um *180-220* [*kW*], also mehr als sechsmal höher als der elektrische Anteil. Dagegen sind zwischen beiden Gattungen keine eindeutigen Drehmomentunterschiede feststellbar. In diesem Zusammenhang ist zu vermerken, dass die maximalen Drehmomentwerte bei den Elektromotoren von der Drehzahl null an vorhanden sind und in der Regel bis maximal *2000* [min^{-1}] auf diesem Niveau bleiben, d. h. bis zum Drehzahlbereich ab dem das Drehmoment des Kolbenmotors sich erst entfaltet. Dadurch wird insgesamt in der Hybridkonfiguration ein über das Drehzahlspektrum durchgehend hohes Drehmomentniveau geschaffen. Zwischen Beschleunigung von Stand und Fahrt mit hoher Geschwindigkeit sind dadurch optimale Voraussetzungen vorhanden.

Die Elektroenergiespeicherung wird aus Preisgründen eher in NiMH- als in Li-Ionen-Batterien vorgenommen, wie in der Tabelle 16 ersichtlich.

Während bei Automobilen mit elektrischem Antrieb die an Bord gespeicherte elektrische Energie Werte um *25* [*kWh*] einnahm (Bild 202), beträgt sie in den Hybridantriebsvarianten meistens 10 % davon (Bild 267).

Der Kraftstoffverbrauch kann nur im Zusammenhang mit der Fahrzeugmasse, mit der Leistung und mit der Beschleunigungscharakteristik für einen Referenz-Fahrzyklus bewertet werden. In dieser Hinsicht wurden einige der in der Tabelle 16 dargestellten Hybrid-Ausführungen mit Fahrzeugen des gleichen Typs – ausgerüstet serienmäßig mit Ottomotoren – bei annähernd ähnlichen Kenngrößen – Masse, Leistung, Drehmoment – auf Basis des NEFZ verglichen. Dieser Vergleich ist in der Tabelle 17 dargestellt.

- bei BMW Active Hybrid 7 steigt die Gesamtmasse gegenüber BMW 750i um *100* [*kg*], die Leistung des Verbrennungsmotors ist allerdings um *28* [*kW*] höher, die Gesamtleistung (samt elektrischem Antrieb) um *42* [*kW*] höher. Der Kraftstoffverbrauch sinkt dennoch innerorts von *16,4* auf *12,6* [*l/100km*] um *3,8* [*l/100km*], außerorts aber auch um *0,9* [*l/100km*]
- BMW Active Hybrid X6 hat eine Fahrzeugmasse sogar um *260* [*kg*], höher als X6 Drive 50i mit Ottomotor, bei gleicher Leistung des Verbrennungsmotors aber mit einem Zusatz von *57* [*kW*]

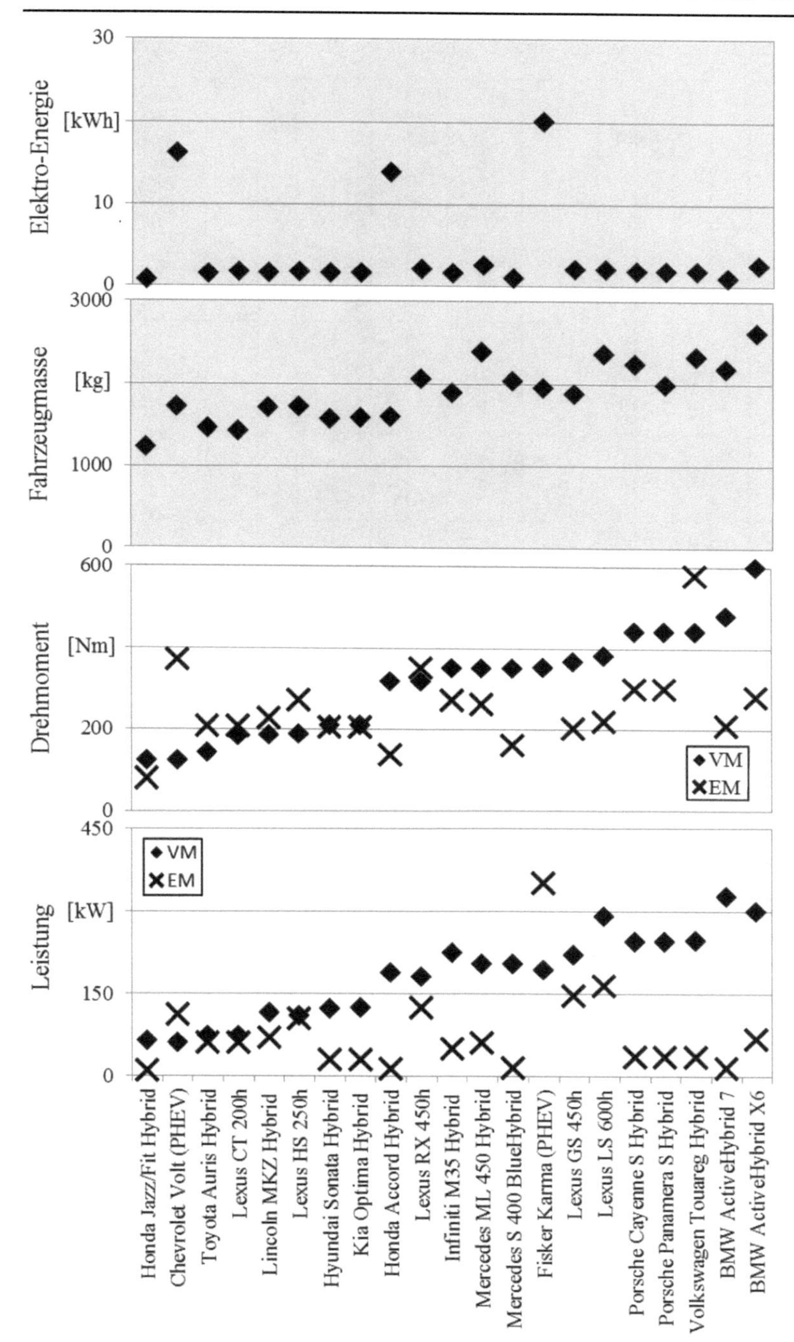

Bild 267 Zusammenhang zwischen Drehmoment, Leistung, Fahrzeugmasse und Elektroenergie an Bord für ausgewählte Hybridfahrzeuge

Tabelle 17 Vergleich zwischen Hybrid- und Ottomotor im gleichen Fahrzeugtyp

Fahrzeug		Antrieb								Verbrauch[1]		
Modell	**Masse**	**Motor**		**Leistung [kW]**			**Drehmoment [Nm]**			**innerorts**	**außerorts**	**kombiniert**
	[kg]	**VM**	**EM**	**VM**	**EM**	**komb.**	**VM**	**EM**	**komb.**	**[l/100km]**	**[l/100km]**	**[l/100km]**
BMW ActiveHybrid 7	2120	Otto	Syn.	328	15	342	480	210	-	12,6	7,6	
BMW 750i	2020	Otto	-	300	-	300	600	-	-	16,4	8,5	
Differenz	+100	-	-	+28	-	+42	-	-	-	-3,8	-0,9	
BMW ActiveHybrid X6	2525	Otto	Syn.	300	67	357	600	280	780	10,8	9,4	
BMW x6 xDrive 50i	2265	Otto	-	300	-	300	600	-	-	17,5	9,6(	
Differenz	+260	-	-	±0	-	+57	-	-	-	-6,7	+0,2	
Mercedes ML 450 Hybrid	2381	Otto	Syn.	205	60	246	350	260	517	11,8	9,8[2]	-
Mercedes ML350 4MATIC	2130	Otto	-	225	-	225	350	-	-	11,8	9,4[2]	-
Differenz	+251	-	-	-20	-	+21	-	-	-	±0	+0,4	-
Mercedes S400 BlueHybrid	1955	Otto	Syn.	205	15	220	350	160	385	10,7	6,3	
Mercedes S350 BLUE Efficency	1910	Otto	-	225	-	225	370	-	-	10,2	6,0	
Differenz	+45	-	-	-20	-	-5	-	-	-	+0,5	+0,3	
Porsche Cayenne S Hybrid	2240	Otto	Syn.	245	34	279	440	300	580	8,7	7,9	
Porsche Cayenne S	2065	Otto	-	294	-	294	500	-	-	14,4	8,2	
Differenz	+175	-	-	-49	-	-15	-	-	-	-5,7	-0,3	

Fortsetzung Tabelle 17: Vergleich zwischen Hybrid- und Ottomotor im gleichen Fahrzeugtyp

Fahrzeug		Antrieb								Verbrauch[1]		
Modell	**Masse**	**Motor**		**Leistung [kW]**			**Drehmoment [Nm]**			**innerorts**	**außerorts**	**kombiniert**
	[kg]	**VM**	**EM**	**VM**	**EM**	**komb.**	**VM**	**EM**	**komb.**	**[l/100km]**	**[l/100km]**	**[l/100km]**
Porsche Panamera S Hybrid	1980	Otto	Syn.	245	34	279	440	300	580	7,6	6,8	
Porsche Panamera S Automatik	1770	Otto	-	294	-	294	500	-	-	15,3	7,8	
Different	+210	-	-	-49	-	-15	-	-	-	-7,7	-1,0	
VW Touareg Hybrid	2329	Otto	Syn,	245	34	290	440	580	576	8,7	7,9	8,2
VW Touareg 3.6 V6	2103	Otto	-	206	-	206	360	-	-	13,2	8,0	9,9
Differenz	+226	-	-	+42	-	+84	-	-	-	-4,5	-0,1	-1,7

(1) Ermittelt nach EU-Norm (NEFZ)
(2) Ermittelt nach EPA-Norm (FTP)

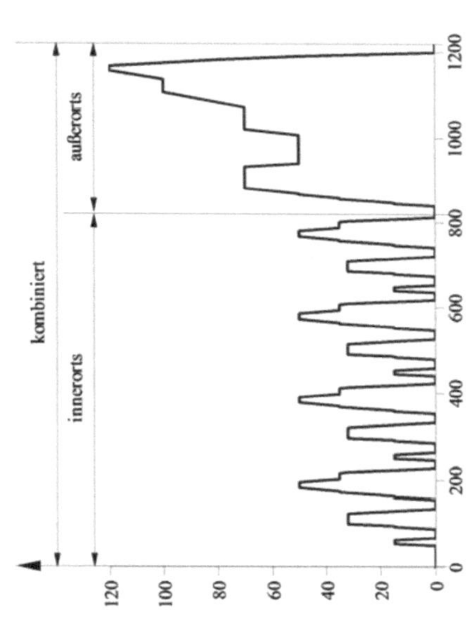

elektrischer Leistung. Diese Hybridkonfiguration erbringt eine Kraftstoffeinsparung von *6,7* [*l/100km*] innerorts, außerorts ist der Verbrauch geringfügig höher.

- bei Porsche Cayenne S Hybrid/Cayenne S, und Porsche Panamera S Hybrid/Panamera S nimmt die Masse im Vergleich ebenfalls zu (*175* [*kg*] bzw. *210* [*kg*]). Die Leistung des Verbrennungsmotors wird um *49* [*kW*] reduziert, mit einem zusätzlichen Elektromotor von *34* [*kW*] bleibt die Gesamtleistung dennoch um *15* [*kW*] unter jener Basisvariante mit Ottomotor. Die Beschleunigungscharakteristik wird dadurch nicht beeinträchtigt, dank dem maximalen Drehmoment des Elektromotors bei niedrigen Drehzahlen. Die Kraftstoffeinsparung beträgt innerorts *5,7* bzw. *7,7* [*l/100km*]. Außerorts bleibt die Hybridvariante immer noch im Vorteil mit *0,3* bzw. *1,0* [*l/100km*].
- VW Touareg Hybrid hat eine Fahrzeugzusatzmasse um *226* [*kg*] höher im Vergleich zum Touareg 3,6V6. Bei den verglichenen Antriebskonfigurationen ist die Leistung des Verbrennungsmotors im Hybridsystem um *42* [*kW*] höher und wird von einer elektrischen Leistung von *34* [*kW*] ergänzt, wodurch die Gesamtleistung um *84* [*kW*] höher als beim Vergleichsfahrzeug mit Ottomotor ist. Die Senkung des Verbrauchs innerorts ist trotz höherer Fahrzeugmasse und Gesamtleistung deutlich, um *4,5* [*l/100km*]. Außerorts ist die Verbrauchsdifferenz eher irrelevant.
- Mercedes ML450 Hybrid wiegt im Vergleich zu ML350 4Matic *25* [*kg*] mehr. Der Vergleich zwischen diesen Motorisierungen des gleichen Fahrzeugtyps ist in der Leistung begründet: der Hybrid hat einen Ottomotor mit *20* [*kW*] weniger Leistung als der ML350 Motor, durch den zusätzlichen Elektromotor ist jedoch die Gesamtleistung um *21* [*kW*] höher. Bezüglich des Streckenkraftstoffverbrauchs sind weder innerorts noch außerorts Differenzen festzustellen.
- Mercedes S400 Blue Hybrid wiegt im Vergleich zu S350 Blue mit Ottomotor nur *45* [*kg*] mehr, hat aber weniger Leistung – sowohl beim Vergleich der Ottomotoren, um *20* [*kW*], als auch insgesamt, um *5* [*kW*]. Der Streckenkraftstoffverbrauch des Hybrids ist innerorts um *0,5* [*l/100km*] und außerorts um *0,3* [*l/100km*] höher.

Bei schweren Automobilen mit Ottomotoren der oberen Leistungsklasse ist, gemäß diesen Vergleichsbeispielen, ein zusätzlicher elektrischer Antrieb besonders vorteilhaft, wenn die Abstimmung der Drehmomentencharakteristika beider Antriebseinheiten mit Bezug auf die anvisierten Einsatzbedingungen erfolgt. Die dadurch verursachte Zunahme von Masse, Volumen und Preis ist in diesem Fahrzeugsegment allgemein nicht maßgebend.

Eine etwas andere Situation ergibt sich in niedrigeren Fahrzeugklassen, in denen der Preis, die Fahrzeugmasse und der Platzbedarf eine entscheidende Rolle spielen und dafür eine ausreichende anstatt einer übermäßigen Leistung der Fahrdynamikanforderungen genügt. Wie bereits erwähnt, ist in USA, Japan und China die Akzeptanz von Automobilen mit Dieselmotoren sehr gering. Parallele Hybridkonfigurationen durch zusätzlichen elektrischen Antrieb können zur Senkung des Streckenkraftstoffverbrauchs im Vergleich zum Ottomotorantrieb durchaus beitragen.

Ein weiter reichender Vergleich mit Fahrzeugen der gleichen Klasse, ausgerüstet mit Dieselmotoren, nach dem Europäischen Fahrzyklus erscheint in diesem Zusammenhang berechtigt.

In der Tabelle 18 sind die Ergebnisse eines solchen Vergleichs zwischen drei europäischen Automobilen mit Dieselmotor – Volkswagen, Citroen, Fiat – und einem sehr erfolgreichen Hybridfahrzeug – Toyota Prius dargestellt:

- gegenüber Citroen C4 HDi 90 wiegt Toyota Prius *100* [*kg*] mehr, gegenüber VW Golf VI 1,6TDI blue motion *66* [*kg*] mehr, er ist aber um *15* [*kg*] leichter als Fiat Bravo 1,6 16V MultiJet.
- die Leistungsunterschiede zwischen den 3 Dieselmotoren und dem Ottomotor im Toyota Prius sind irrelevant (*-4*, *+5* [*kW*]), was ein Kriterium des Vergleichs war. Toyota Prius hat einen zusätzlichen elektrischen Antriebsmotor mit *60* [*kW*], aufgrund der unterschielichen Drehmomentcharakteristika des Verbrennungs- und Elektromotors fällt jedoch die Gesamtleistung mäßiger aus, mit einem Plus von *23* bis *32* [*kW*] gegenüber der 3 Dieselmotoren.
- im NEFZ Zyklus ist innerorts eine Senkung des Streckenkraftstoffverbrauchs des Hybrids um *0,9* bis *2,0* [*l/100km*] gegenüber der Dieselvarianten feststellbar, außerorts wird jedoch der Verbrauch höher, was die Darstellungen im Bild 236 bekräftigt.
- ein Vergleich der Basispreise (Okt. 2010) der 4 Fahrzeugausführungen zeigt Vorteile für die Dieselvarianten VW (22.500 Euro), Citroen (18.840 Euro), Fiat (18.390 Euro) gegenüber dem Hybrid von Toyota (25.750 Euro) – die Differenz beträgt zwischen 3.600 und 7.360 Euro.

Tabelle 18 Vergleich zwischen Toyota Prius (Hybrid) und leistungsgleichen Serien-Dieselfahrzeugen

Fahrzeug		Antrieb								Verbrauch[1]		
Modell	Masse	Motor		Leistung [kW]			Drehmoment [Nm]			innerorts	außerorts	kombiniert
	[kg]	VM	EM	VM	EM	komb.	VM	EM	komb.	[l/100km]	[l/100km]	[l/100km]
Toyota Prius	1380	Otto	Syn,	73	60	100	142	207	-	3,8	4,0	4,0
Citroen C4 HDi 90	1280	Die sel	-	68	-	68	230	-	-	5,2	3,6	4,2
Differenz	+100	-	-	+5	-	+32	-	-	-	-1,4	+0,4	-0,2
Toyota Prius	1380	Otto	Syn,	73	60	100	142	207	-	3,8	4,0	4,0
Fiat Bravo 1.6 16V Multijet	1395	Die-sel	-	77	-	77	290	-	-	5,8	3,8	4,5
Differenz	-15	-	-	-4	-	+23	-	-	-	-2,0	+0,2	-0,5
Toyota Prius	1380	Otto	Syn,	73	60	100	142	207	-	3,8	4,0	4,0
VW Golf 6 1,6 bluemotion	1314	Die-sel	-	77	-	77	250	-	-	4,7	3,4	3,8
Differenz	+66	-	-	-4		+23	-	-	-	-0,9	+0,6	+0,2

(1) Ermittelt nach EU-Norm (NEFZ)

Diese Betrachtung der parallelen und gemischten Hybridantriebssysteme bestätigt, dass die vielfältigen Einsatzbedingungen vielfältige Kombinationen von möglichst einheitlichen Grundmodulen – Verbrennungsmotor, Elektromotor, Batterie – bedingen.

5.4 Plug In Hybrid-Antriebe

Eine Erweiterungsrichtung der Hybrid-Antriebssysteme bildet derzeit das Plug In Konzept. Im Grunde genommen besteht diese Erweiterung in dem zusätzlichen Freiheitsgrad, die Batterie eines Vollhybrid-Antriebs auch extern laden zu können. Dadurch wird eine Reichweitenverlängerung bei dem elektrischen Antrieb erzielt. Das bedingt eine Zunahme der Batteriekapazität auf Werten zwischen jenen von batteriebetriebenen Fahrzeugen mit Elektroantrieb und jenen von Vollhybridsystemen.

Bei Toyota Prius Plug In wird eine Reichweite im rein elektrischen Betrieb von *20* [*km*] erreicht. Der Antrieb besteht aus einem Ottomotor von 1,8 [dm^3] Hubraum, mit einer Leistung von *73* [*kW*] und einem Drehmoment von 142 [Nm] in Kombination mit einem Elektromotor mit *60* [*kW*] / *207* [*Nm*]. Die maximale Gesamtleistung beträgt *100* [*kW*]. Die Kobalt-Lithium-Ionen Batterie hat eine Kapazität von *5,2* [*kWh*] bei *346* [*Volt*] (nutzbar: *3,1* [*kWh*]). Die Mehrkosten dieser Version gegenüber dem Standard – Prius belaufen sich bei 9.750,00 Euro. Im Bild 268 ist die Konfiguration eines solchen Systems mit Ladesäule dargestellt. Eine neue Variante besteht in der Batterieladung mittels elektromagnetischer kontaktloser Systeme, wie im Bild 269 gezeigt.

Bild 268 Toyota Prius Plug In Hybrid *(Quelle: Toyota)*

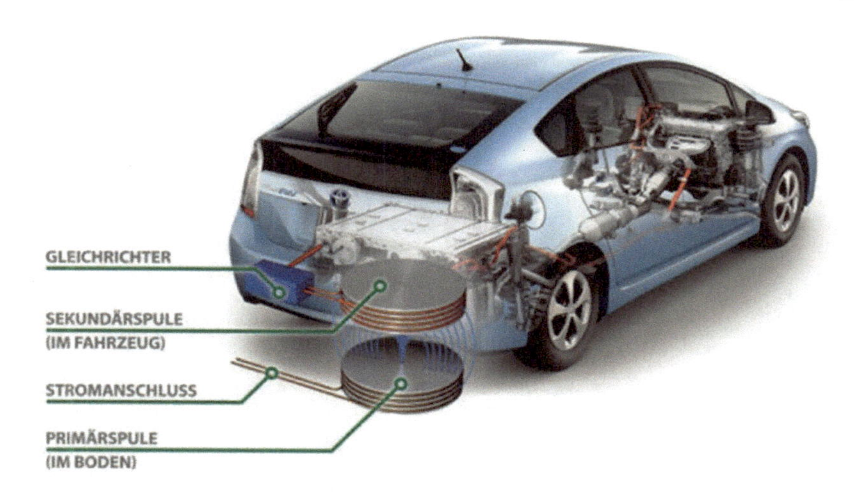

Bild 269 Plug In Hybrid mit kontaktloser, induktiver Batterieladung: Toyota Prius *(Quelle: Toyota)*

Bei dem Audi Q7 e-tron 3.0 TDI quattro [36] wird der Antrieb von einem Dieselmotor mit *3,0* [dm^3] Hubvolumen in Kombination mit einem Synchron-Elektromotor realisiert. Im Bild 270 ist die Gesamtkonfiguration des Systems dargestellt. Im Bild 271 ist der Sechszylinder Dieselmotor ersichtlich.

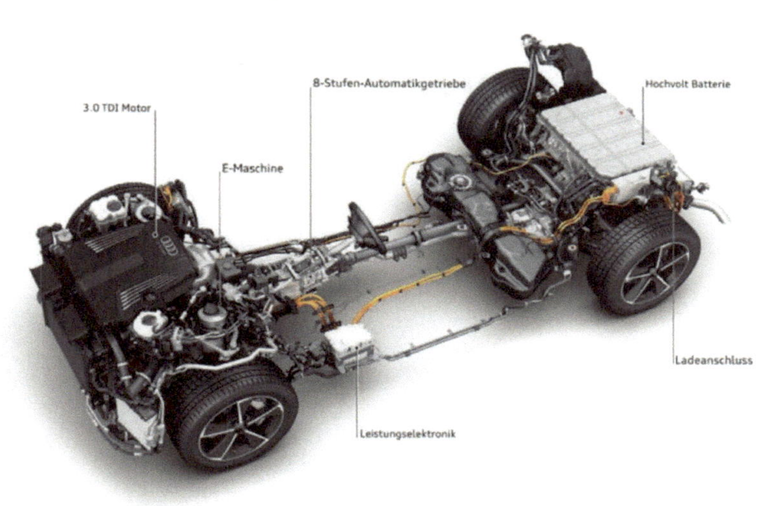

Bild 270 Plug In Hybrid: Audi Q7 e-tron 3.0 TDI quattro *(Quelle: Audi)*

Bild 271 Plug In Hybrid: Audi Q7 e-tron 3.0 TDI quattro – Dieselmotor
(Quelle: Audi)

Die maximale Leistung des Dieselmotors beträgt *190* [*kW*], das maximale Drehmoment erreicht in einem Drehzahlbereich von *1200* bis *3000* [min^{-1}] einen Wert von *600* [*Nm*], wie im Bild 272 zu sehen ist.

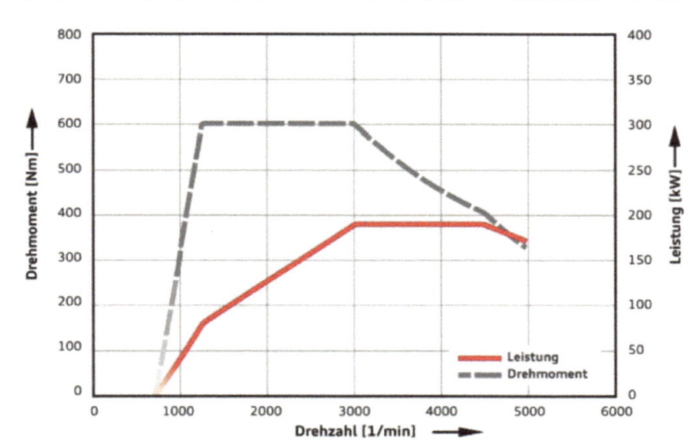

Bild 272 Plug In Hybrid: Audi Q7 e-tron 3.0 TDI quattro – Dieselmotor: Verlauf des Drehmomentes und der Leistung in Abhängigkeit der Drehzahl bei Volllast *(Quelle: Audi)*

Den Elektromotor, der in das Acht-Stufen Tiptronic Getriebe integriert ist, zeigt das Bild 273.

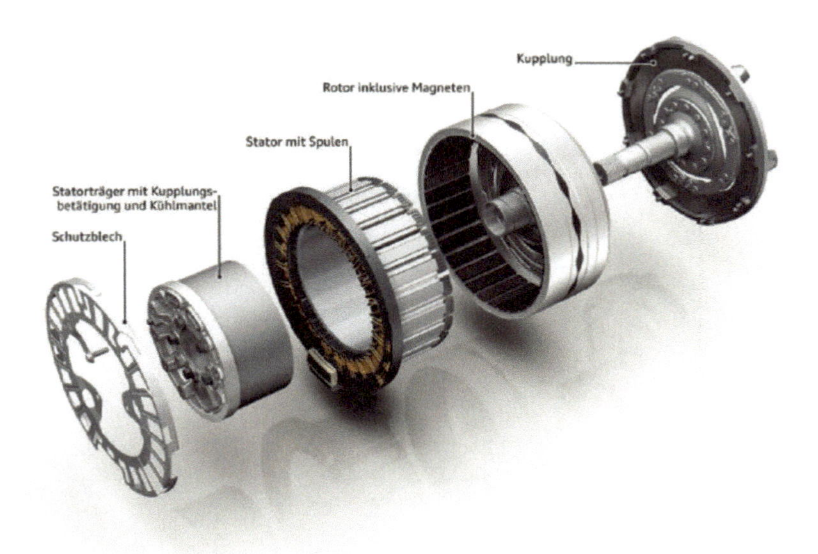

Bild 273 Plug In Hybrid: Audi Q7 e-tron 3.0 TDI quattro – Elektromotor *(Quelle: Audi)*

Der Rotor mit Permanent Magneten umgibt den Stator, auf dem die Spulen angeordnet sind. Die maximale Leistung des Elektromotors beträgt *94* [*kW*], das maximale Drehmoment erreicht in einem Drehzahlbereich von Null bis *2000* [min^{-1}] einen Wert von *348* [*Nm*] wie im Bild 274 ersichtlich ist.

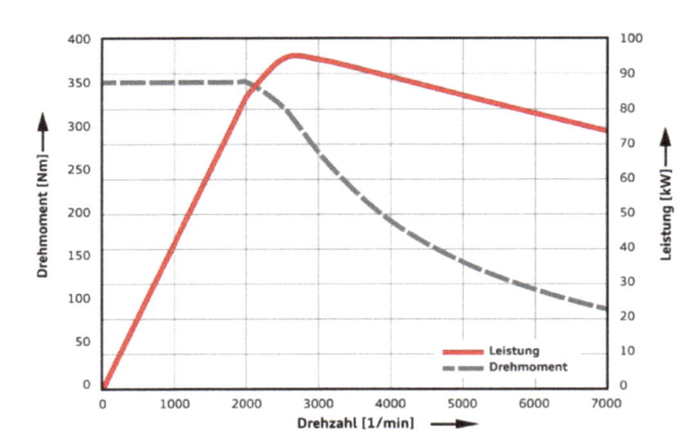

Bild 274 Plug In Hybrid: Audi Q7 e-tron 3.0 TDI quattro – Elektromotor: Verlauf des Drehmomentes und der Leistung in Abhängigkeit der Drehzahl bei Volllast *(Quelle: Audi)*

Die Systemleistung des Hybrid-Antriebs erreicht *275* [*kW*] und das System-Drehmoment *700* [*Nm*] in einem Drehzahlbereich zwischen *1200* und *3800* [min^{-1}], wie im Bild 275 dargestellt ist.

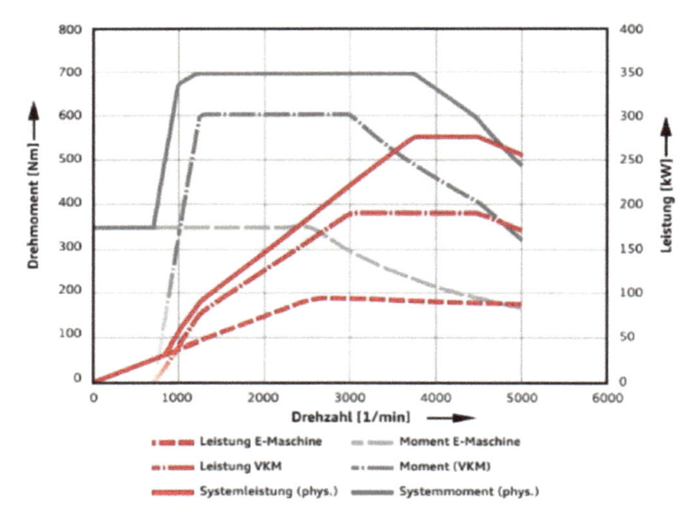

Bild 275 Plug In Hybrid: Audi Q7 e-tron 3.0 TDI quattro – Dieselmotor + Elektromotor: Verlauf des Drehmomentes und der Leistung des gesamten Antriebssystems in Abhängigkeit der Drehzahl bei Volllast *(Quelle: Audi)*

Das System ist für die Speicherung von Elektroenergie mit einer Lithium-Ionen Batterie mit 14 Zellmodulen mit einer Kapazität von *17,3* [*kWh*] vorgesehen. Die Batterie ist im Bild 276 dargestellt.

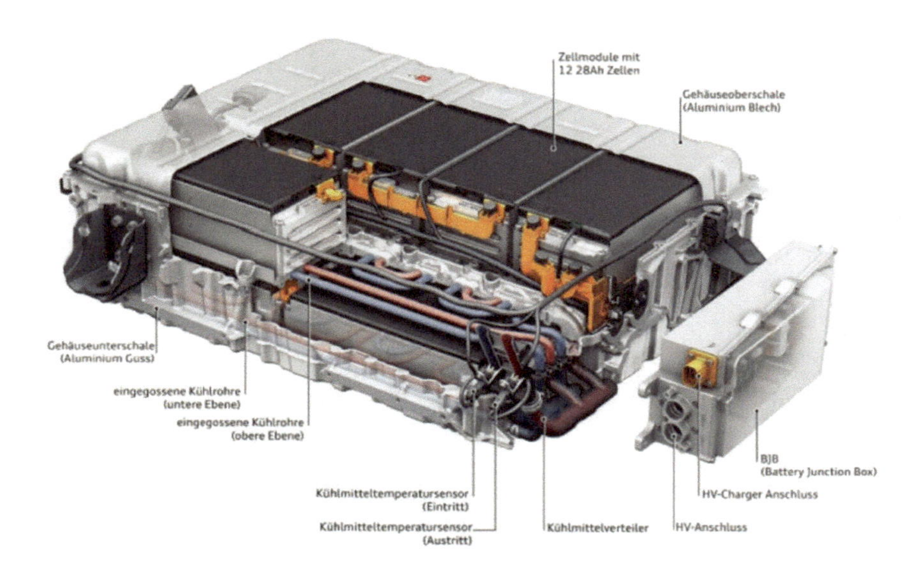

Bild 276 Plug In Hybrid: Audi Q7 e-tron 3.0 TDI quattro – Lithium-Ionen Batterie *(Quelle: Audi)*

Eine Bewertung des Gesamtkonzeptes, in Anbetracht der Mehrkosten und der zusätzlichen Masse, in einer Gegenüberstellung mit dem gleichen Fahrzeug, ausgerüstet nur mit dem Dieselmotor, erscheint als erforderlich, dafür müssen allerdings ausreichende Erfahrungen im Langzeitbetrieb bei Kunden gewonnen werden. An dieser Stelle werden nur zwei Bemerkungen als angebracht erachtet:

- die Zunahme des Drehmomentes durch die Hybridisierung beträgt gegenüber dem Dieselantrieb genau *100* [*Nm*] und zwar von der gleichen Drehzahl an, bei der das maximale Drehmoment auch in Dieselbetrieb erreicht wird – wie im Bild 275 ersichtlich. Der Gewinn von *100* [*Nm*] wird allerdings von der zusätzlichen Masse durch Hybridisierung – mehr als *400* [*kg*] – zum großen Teil reduziert. Dadurch ist kein wesentlicher Vorteil in der Beschleunigung zu erwarten.
- bis zum Erreichen des maximalen Drehmomentes durch den Dieselmotor liefert der Elektromotor sein maximales Drehmoment. Dadurch liegen

vom Stand bereits *348* [*Nm*] an, die zwischen *800* und *1000* [min^{-1}] steil zunehmen, und zwar in einem Bereich in dem der Dieselmotor erst zwischen *100* und *200* [*Nm*] bei Volllast liefern kann. Der Vorteil liegt im niedrigen Kraftstoffverbrauch des Dieselmotors beim Beschleunigen von Stand oder von niedriger Drehzahl aus. In einem Fahrzyklus mit häufiger Änderung der Drehzahl und der Last wird dieser Vorteil umso deutlicher. Für die Plug In Konfiguration im AUDI Q7 wird ein Strecken-Kraftstoffverbrauch von 1,7 Liter Kraftstoff je 100 km , beziehungsweise eine Kohlendioxidemission von *50* [*g/km*] angegeben. [36]

Das Antriebssystem des BMW X5 e Drive Plug In Hybrid ist ähnlich strukturiert. Bild 277 stellt die Gesamtkonfiguration des Systems dar.

Bild 277 BMW X5 e Drive Plug In Hybrid *(Quelle: BMW)*

Als Wärmekraftmaschine ist ein Vierzylinder – Ottomotor mit *180* [*kW*] eingesetzt. Der Elektromotor, der im Achtganggetriebe integriert ist, wie im Bild 278 ersichtlich, leistet *70* [*kW*]. [37]

Bild 278 BMW X5 e Drive Plug In Hybrid – Elektromotor im Acht-Gang-Getriebe *(Quelle: BMW)*

Die Systemleistung des Hybrid-Antriebs erreicht *230* [*kW*] und das System-Drehmoment *450* [*Nm*] in einem Drehzahlbereich zwischen *1200* und *5000* [min^{-1}], wie im Bild 279 dargestellt ist.

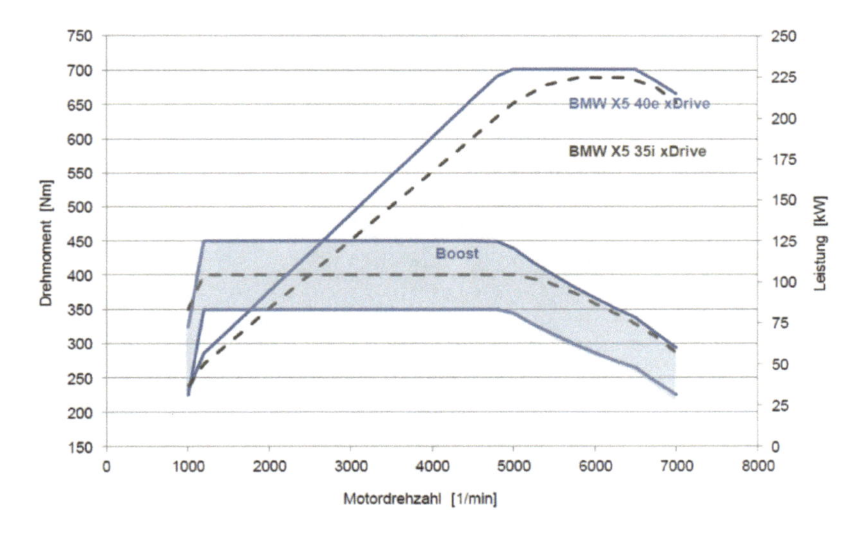

Bild 279 Plug In Hybrid: BMW X5 eDrive – Ottomotor + Elektromotor: Verlauf des Drehmomentes und der Leistung des gesamten Antriebssystems in Abhängigkeit der Drehzahl bei Volllast *(Quelle: BMW)*

Die Batterie, die im Bild 280 ersichtlich ist und aus 6 Zellmodulen mit jeweils 16 prismatischen Zellen besteht, hat eine Kapazität von *9 [kWh]*.

Bild 280 Plug In Hybrid: BMW X5 eDrive – Lithium-Ionen Batterie *(Quelle: BMW)*

Ein weiteres Beispiel für eine Plug In Konfiguration – dargestellt in Bild 281 ist BMW i8, dessen Antrieb aus einem Ottomotor mit *1,5* $[dm^3]$ und *170 [kW] / 320 [Nm]* und einem Elektromotor mit *96 [kW] / 250 [Nm]* besteht. In dieser Konfiguration treibt der Ottomotor die Hinterräder und der Elektromotor die Vorderräder an. Die Systemleistung beträgt *266 [kW]*. Die Lithium-Polymer-Batterie hat eine Kapazität von *5,2 [kWh]*.

Bild 281 BMW i8 Plug In Hybrid *(Quelle: BMW)*

Ein Plug In Konzept welches auf minimalen Kraftstoffverbrauch fokussiert ist, stellt VW XL1 im Bild 282 dar.

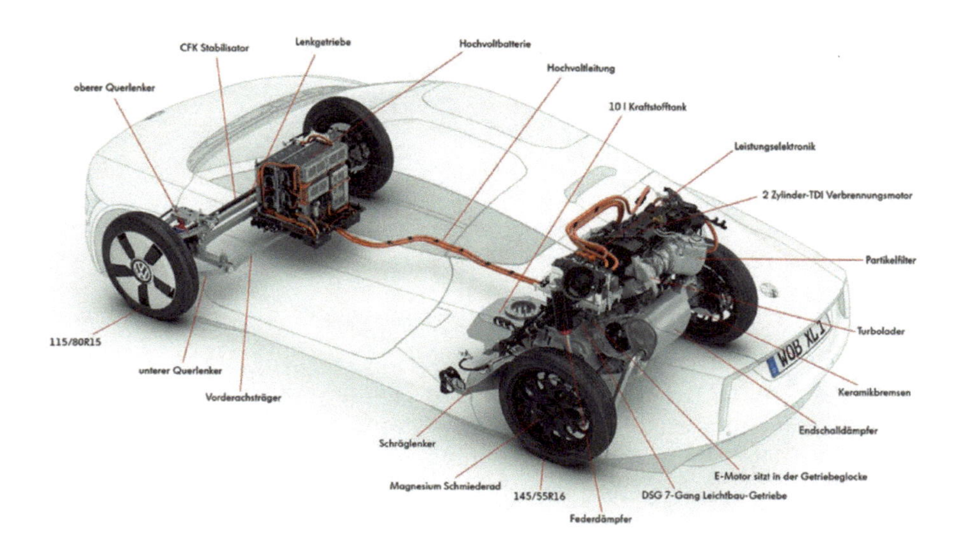

Bild 282 VW XL1 Plug In Hybrid *(Quelle: VW)*

Der Antrieb besteht aus einem *0,8* [dm^3] Dieselmotor mit *35* [*kW*] in Kombination mit einem Elektromotor mit *20* [*kW*]. Das Fahrzeug hat eine Gesamtmasse von *795*[*kg*]. Die Plug In Konzepte zeigen Vielfalt nicht nur im Bezug auf die Motorenart – Otto oder Diesel – sondern auch auf die Art der Drehmomentaddition.

Bild 283 zeigt eine Ausführung mit einem Verbrennungsmotor und zwei Elektromotoren, die jeweils die Vorderachse und die Hinterachse antreiben.

Der Vierzylinder Dieselmotor hat eine Leistung von *140* [*kW*], der Elektromotor auf der Vorderachse *40* [*kW*] / *180* [*Nm*] und jener auf der Hinterachse *85* [*kW*] / *270* [*Nm*].

Die Systemleistung beträgt *224* [*kW*], das System-Drehmoment *700* [*Nm*].

Die Lithium-Ionen Batterie hat eine Kapazität von *9,8* [*kWh*].

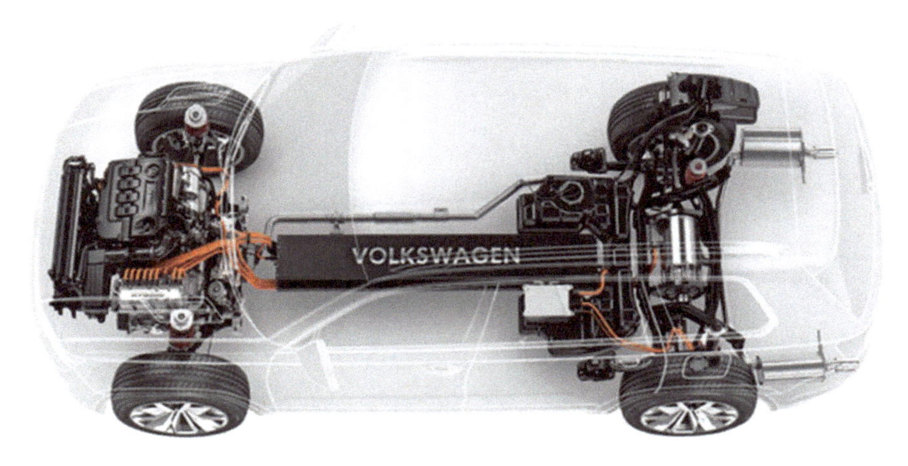

Bild 283 VW Cross Blue Plug In Hybrid *(Quelle: VW)*

Im Mercedes S 500 Plug In Hybrid – im Bild 284 dargestellt – wird der Antrieb durch die Kombination eines Sechs-Zylinder-Ottomotors mit einem Elektromotor realisiert: Der Ottomotor hat eine Leistung von *245* [*kW*], der Elektromotor *85* [*kW*]. Die Systemleistung erreicht *325* [*kW*], das System-Drehmoment *650* [*Nm*]. Die Lithium-Ionen Batterie hat eine Kapazität von *8,7* [*kWh*]. Die Zusatzmasse durch Hybridisierung beträgt *200* [*kg*].

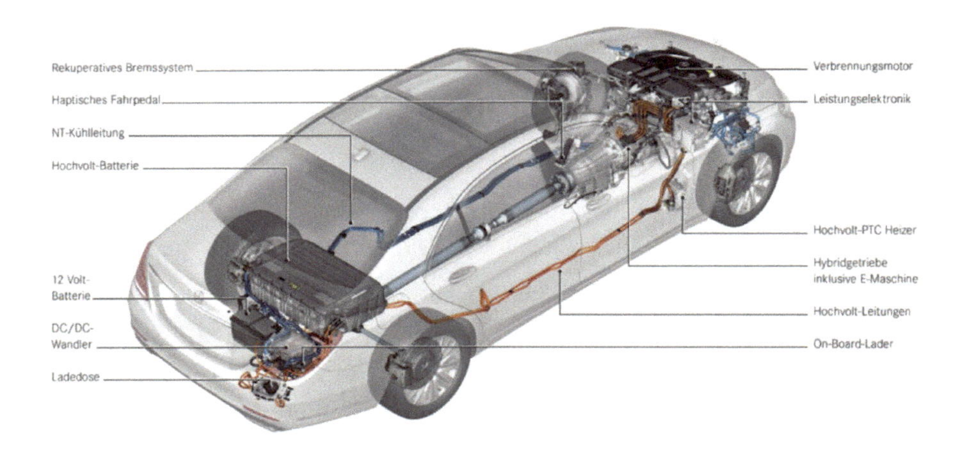

Bild 284 Mercedes S 500 Plug In Hybrid *(Quelle: Daimler)*

Die dargestellten Plug In Konzepte zeigen in Bezug auf die Antriebskonfiguration keine nennenswerten Unterschiede zu den Hybridlösungen die in Kap. 5.3 präsentiert wurden. Wesentlich sind die größere Batteriekapazität und die Möglichkeit, diese extern zu laden. Gegenüber der reinen Hybrid-Konfiguration hat ein Plug In System, dank der größeren Batteriekapazität – die nur durch externe Ladung auch voll genützt werden kann – zwei beachtliche Vorteile:

- die größere Reichweite bei reich elektrischem Antrieb gewährt eine emissionsfreie Fahrt in Umweltzonen, bzw. in Ballungsgebieten, die durch das Navigationssystem detektiert werden können.
- Die größere elektrische Kapazität erlaubt die Aktivierung des Elektroantriebs bei häufigen Steigungen oder Beschleunigungen, was zu einer deutlichen Kraftstoffeinsparung im Verbrennungsmotor führt; andererseits ist die Speicherkapazität günstig für Rekuperation von Elektroenergie bei Gefälle und bei Bremsen.

6 Energiemanagement im Automobil als komplexes System

Die beispielhafte Entwicklung der Antriebssysteme für Automobile zwischen Anforderungen, Limitierungen und Akzeptanzkriterien – von Leistungssteigerung bis zur Schadstoffemissionsbegrenzung – beruht auf einem extrem gestiegenen Innovationspotential. Die Zukunft gehört dem Energiemanagement zwischen Antrieb und Energieversorgung an Bord eines weitgehend einsatzzweck-spezifischen Automobils. Dafür werden Antriebssystemarten, Energieträger, -wandler und -speicher an Bord in vielfältigen Konfigurationen zu kombinieren sein.
Ein universell einsetzbares und akzeptiertes Automobil widerspricht sowohl der bisherigen Entwicklung als auch der natürlichen, wirtschaftlichen, technischen und sozialen Umgebungsbedingungen. Durch die Modularisierung der Funktionskomponenten wird die Diversifizierung der Automobiltypen oder -klassen umso deutlicher. Diese Vielfalt verfolgt zunehmend insbesondere drei Dimensionen, die im Bild 285 illustriert sind:

Bild 285 Dimensionen der automobilen Vielfalt

C. Stan, *Alternative Antriebe für Automobile*,
https://doi.org/10.1007/978-3-662-61758-8_6

1. nach Größe, Leistung, Ausstattung und Preis: Oberklasse, Mittelklasse, Kompaktklasse, Preiswert-Mehrzweckwagen-Klasse
2. nach regionalen geografischen, wirtschaftlichen und ökologischen Bedingungen: vom preiswerten PickUp in ländlichen Gebieten Südamerikas zum Luxus-Elektroauto für Null Emission in Ballungsgebieten von Industrieländern
3. nach objektivem und subjektivem Kundenwunsch: Sport Utility Vehicle (SUV), Coupé, Limousine, Kombi, Cabriolet

Daraus resultieren unzählige Kenngrößenkombinationen für den jeweils geeigneten Antrieb – ein einziges Antriebskonzept oder gar ein universeller Antrieb erscheinen in diesem Zusammenhang als sehr unrealistisch. Eine Polarisierung von Antriebskonzepten insbesondere nach Fahrzeugklassen ist deutlich erkennbar:

Oberklassewagen/SUV:
Für Fahrzeuge der Oberklasse und SUV werden – wie im Bild 286 als Beispiel dargestellt – parallele und gemischte Hybridantriebe mit einem Verbrennungsmotor und eins bis zwei Elektromotoren beziehungsweise Plug In Lösungen immer mehr in Betracht gezogen. Im Zusammenhang mit den dafür erforderlichen Fahreigenschaften und mit den häufigsten Fahrprofilen in dieser Klasse werden solche Lösungen besonders effizient. Der bereits erwähnte Mehraufwand von 4000 bis 8000 Euro gegenüber dem Antrieb mit einem modernen Kolbenmotor wird durch den Fahrzeuggesamtpreis relativiert (bei 80.000 Euro sind es 5-10 %)

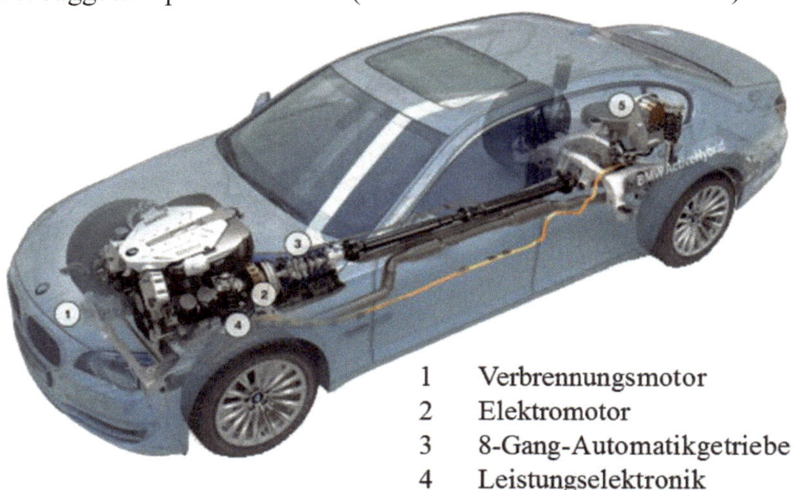

Bild 286 Oberklassewagen/SUV: Vollhybrid – BMWActive Hybrid 7

Mittelklassewagen:

Für Fahrzeuge der Mittelklasse wird der moderne Kolbenmotor – mit vereinigten Vorteilen aus Otto- und Dieselprozess – in den nächsten Jahrzehnten kaum zu ersetzen sein: Durch die akurate Gestaltung der thermodynamischen Prozesse und ihre Anpassung an Drehmoment-/Drehzahlkombinationen, instationäre Bedingungen (Beschleunigung, Verzögerung) und atmosphärische Bedingungen (Temperatur, Druck und Feuchtigkeit der Umgebungsluft) wird der Gesamtwirkungsgrad der Verbrennungsmotoren ein Niveau erreichen, welches von Brennstoffzellen in dem geforderten Leistungsbereich schwer zu überbieten ist. Die thermodynamisch optimierten Verbrennungsmotoren erfordern eine entsprechend komplexe Technik – von doppelter Aufladung über variable Ventilsteuerung, Kraftstoffdirekteinspritzung mit Ladungsschichtung, kontrollierte Selbstzündung mit Hilfe von Abgaskernen im Brennraum, mehrere Katalysatorenstufen. Die erwartete deutliche Senkung des Kraftstoffverbrauchs – damit auch der Kohlendioxidemission sowie der Schadstoffemission beim Einsatz dieser Technik wird allerdings auch zu einer Zunahme der Herstellungskosten führen. Die Brennstoffzelle wird in einem solchen Szenario vom Konkurrenten zum Partner werden: Mit ihrem hohen Wirkungsgrad bei relativ geringer Leistung und im stationären Betrieb, bei Verwendung des gleichen Kraftstoffes an Bord wie der Antriebsverbrennungsmotor, ist eine Brennstoffzelle in der Lage, die gestiegenen Anforderungen an Elektroenergie für die Verbraucher in einem modernen Automobil dieser Klasse – um *5* bis *6* [*kW*] und zukünftig bis zu *10* [*kW*] – sehr effizient abzusichern. Eine solche Kombination ist im Bild 287 dargestellt.

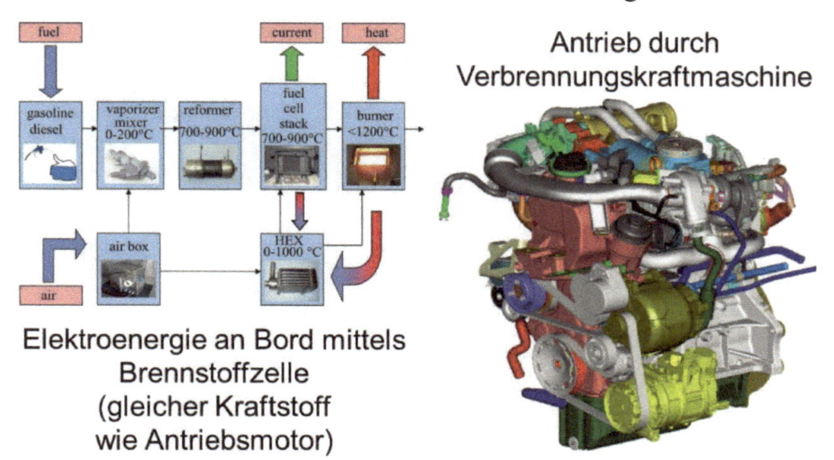

Bild 287 Mittelklassewagen: Antrieb durch Verbrennungsmotor, Elektroenergie an Bord mittels Brennstoffzelle

Ein weiteres Potential zur bemerkenswerten Erhöhung der Effizienz des gesamten Energiesystems Verbrennungsmotor-Brennstoffzelle resultiert aus ihrer

Kopplung: die Elektroenergie aus der stationär arbeitenden Brennstoffzelle kann günstigerweise, außer den Verbrauchern an Bord, zum Teil auch dem Verbrennungsmotor zugeführt werden. Der elektrische, kennfeldgesteuerte Betrieb von Ladern, Ladungswechselorganen, Einspritzsystemen und Kühlmittelpumpen, wie im Bild 37 dargestellt – anstatt ihres Antriebs in direkter Abhängigkeit von der Motordrehzahl – kann zu einer erheblichen Erhöhung des thermischen Wirkungsgrades führen.

Kompaktklasse - Stadtwagen:

Die rasante Zunahme der Mega-Metropolen, wie im Bild 1 dargestellt, erfordert für die nahe Zukunft die Einführung von Umweltzonen die frei von Kohlendioxid-, Schadstoff- und Geräuschemissionen bleiben müssen. Eine Alternative zu den öffentlichen, elektrisch-angetriebenen Verkehrsmitteln, wie Bahnen und Busse, stellt das reine Elektroauto, wie im Bild 288 illustriert, dar. Eine kompakte Wagenausführung ist in Bezug auf die lähmende Verkehrsdichte in Städten von entscheidendem Vorteil. Das Car-Sharing Modell gewinnt in diesem Zusammenhang wesentlich an Bedeutung. Parkhäuser mit Mietwagenstationen bieten die notwendige Infrastruktur für die Ladung von Batterien. Die geringe Reichweite von batterie-betriebenen Fahrzeugen wirkt unter solchen Bedingungen nicht mehr nachteilig.

Bild 288 Szenario für kompakte Stadtwagen – Elektroantrieb, Elektroenergie aus Elektroenergiespeichern an Bord *(Quelle: Daimler)*

Stadtwagen mit Reichweiten-Verlängerung:

Der rein elektrische Betrieb in Umweltzonen mittels kompakter Stadtwagen mit Batterie schließt jedoch die Nutzung solcher Fahrzeuge außerhalb der Umweltzonen, aufgrund der begrenzten Reichweite, aus.
Für die Absicherung der Mobilität nach einem allgemein üblichen Profil – in der Stadt und auf dem Lande, mit Autobahn- und Landstraßenstrecken – mit einem einzigen Fahrzeugtyp ist die Reichweitenverlängerung erforderlich.

Dafür sind zwei Konzepte umsetzbar:

- Umschaltung des Antriebs von elektrisch auf mechanisch – und dadurch von der Batterie auf einen Kraftstoff.

- Beibehaltung des elektrischen Antriebs, Umschaltung der Energiequelle von Batterie auf einen Kraftstoff.

Fahrzeuge, die dem ersten Konzept entsprechen, werden derzeit auf dem Markt eingeführt. (Peugeot 3008 Hybrid – Bild 266 – mit einem Elektromotorantrieb und einem Dieselmotorantrieb, die nicht miteinander verbunden sind). Fahrzeuge, die dem zweiten Konzept entsprechen, befinden sich in einem fortgeschrittenen Entwicklungsstadium (Automobile mit Elektromotorantrieb auf Basis einer wasserstoffbetriebenen Brennstoffzelle – Bild 190).

Der elektrische Antrieb an sich hat einige bemerkenswerte Eigenschaften:

- Die Fahrdynamik – in Anbetracht der besonderen Drehmomentcharakteristik eines Elektromotors, mit einem Maximum im niedrigen Drehzahlbereich von Null bis etwa 2000 [U/min]. Im Zusammenhang mit dem schaltfreien Betrieb ist diese Antriebsform im Stadtzyklus und bei der gegebenen Begrenzung der Maximalgeschwindigkeit eindeutig von Vorteil.

- Die Möglichkeit des emissionsfreien Betriebs in Ballungsgebieten – bei Nutzung der in Batterie und Supercaps gespeicherten Elektroenergie, unabhängig von der möglichen Erzeugung der Elektroenergie an Bord durch Wärmekraftmaschine oder Brennstoffzelle, die während dieser Phase abgeschaltet werden kann.

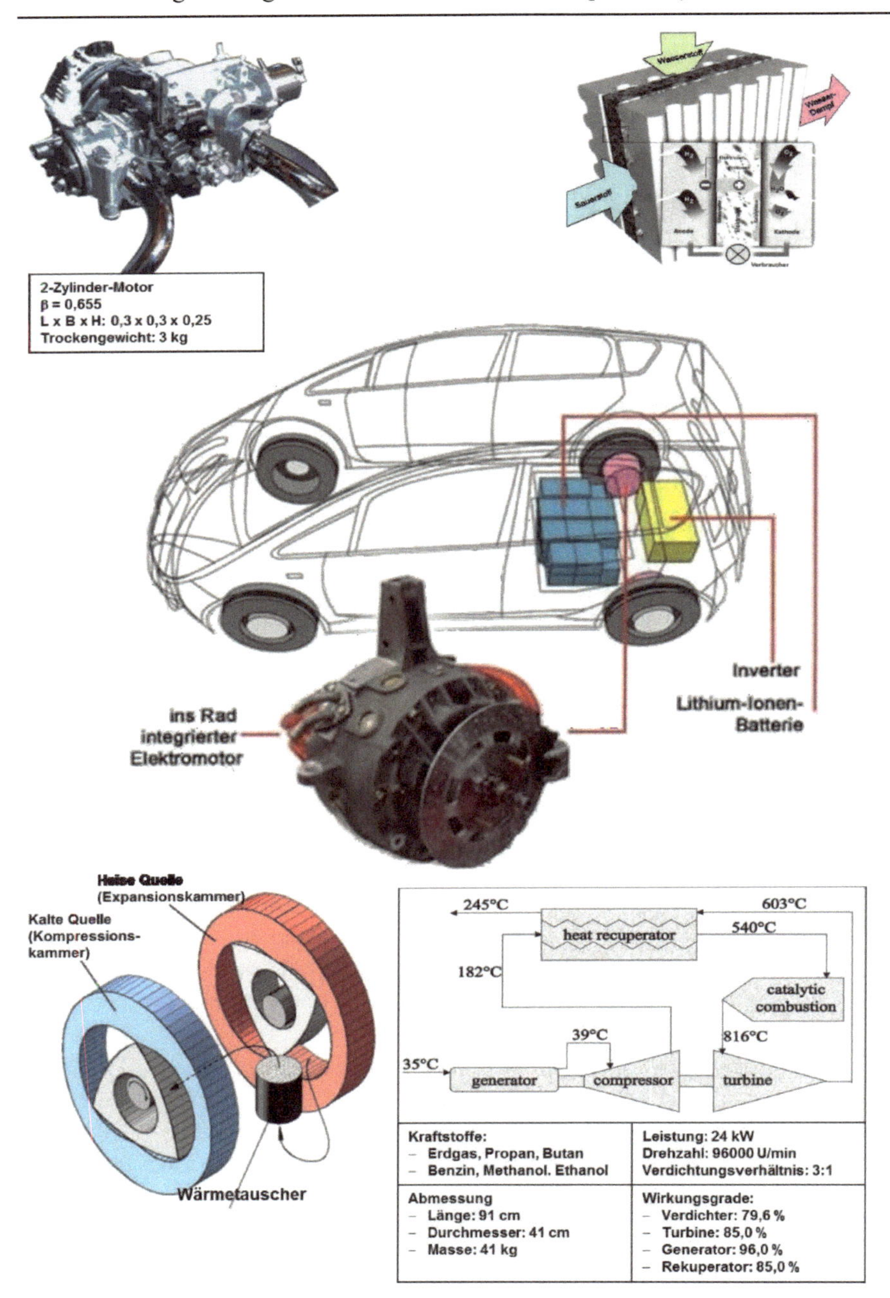

Bild 289 Stadtwagen mit Reichweitenverlängerung: Elektroantrieb, Elektroenergie mittels Brennstoffzelle oder Wärmekraftmaschine (Otto-, Diesel-, Wankel-, Stirling-, Joule-Kreisprozess)

- Die Freiheitsgrade der Radbewegungen – beim Einsatz von Radnabenmotoren als intelligente Fahrerassistenzsysteme. Die Park- und Wendemanöver werden durch die jeweils 6 Freiheitsgrade bei den prinzipiell voneinander unabhängigen Bewegungen jedes Rades wesentlich erleichtert. Die Elektroenergie an Bord kann durch Speicherung in Batterien und Supercaps, durch Erzeugung mittels Wärmekraftmaschinen oder Brennstoffzellen bzw. durch Kombination von Speicherung und Erzeugung abgesichert werden.

- Die Erzeugung der Elektroenergie mittels einer Wärmekraftmaschine im stationären Betrieb mit Zwischenspeicherung in Batterien und Supercaps: Der Stationärbetrieb erlaubt den Einsatz eines unaufwändigen Motors – Zweitaktmotor, Stirling/Wankelmotor oder Strömungsmaschine mit niedriger Verbrennungstemperatur, wie im Bild 289 dargestellt – bei einem bemerkenswert hohen thermischen Wirkungsgrad.

- Die Erzeugung der Elektroenergie mittels Brennstoffzelle mit Zwischenspeicherung in Batterien und Supercaps. Bei Anwendung eines Kohlenwasserstoffs als Energieträger – Benzin, Dieselkraftstoff, Ethanol – erscheint die technische Komplexität bzw. der Preis einer solchen Brennstoffzelle nachteilig im Vergleich zu einer stationär arbeitenden Wärmekraftmaschine bei Betrachtung des gleichen Energieträgers. Wasserstoff erlaubt einen emissionsfreien Betrieb in Ballungsgebieten, unabhängig von der Batterie. Die emissionsfreie regenerative Herstellung von Wasserstoff, die Speicherung an Bord bei ausreichender Energiedichte, der technische Aufwand und die sehr hohe Entflammungsgefahr bleiben dabei noch zu lösende Probleme

Preiswerter Mehrzweckwagen:

Allzu oft wurde und wird unter preiswerten Personenwagen die kompakte Ausführung eines erfolgreichen Massenmodells verstanden, die über die kleineren Maße hinaus bis auf Grundfunktionen abgespeckt wird. In Brasilien, in Indien, selbst in Osteuropa sind nicht kompakte sondern große preiswerte Wagen von Nöten, in denen Eltern mit Kindern und Großeltern, samt Kartoffelkiste und Feuerholz im rauhen Gelände, oft unter extremen atmosphärischen Bedingungen fahren müssen. Im Bild 290 ist eine erfolgreiche Umsetzung eines solchen Konzeptes ersichtlich. Ein Hightech-Antrieb ist für einen solchen Zweck weder vom Preis noch von den Wartungsmöglichkeiten her realistisch. Ein einfacher 2-3 Zylindermotor mit Einspritzung eines Alkohols aus Biomasse ist dafür besser geeignet.

Bild 290 Szenario preiswerter Mehrzweckwagen, preiswerter, konventioneller Antrieb *(Quelle: Dacia)*

Derzeitige Entwicklungstendenzen bestätigen die Konzentration solcher spezifischer Antriebskonzepte nach Fahrzeugklassen und regionalen Besonderheiten. Diese komplexe Struktur des Energiemanagements zwischen Antrieb und Energieversorgung an Bord eines Automobils bekommt zwischen Anforderungen und Voraussetzungen im globalisierten Automobilbau eine neue Dimension.

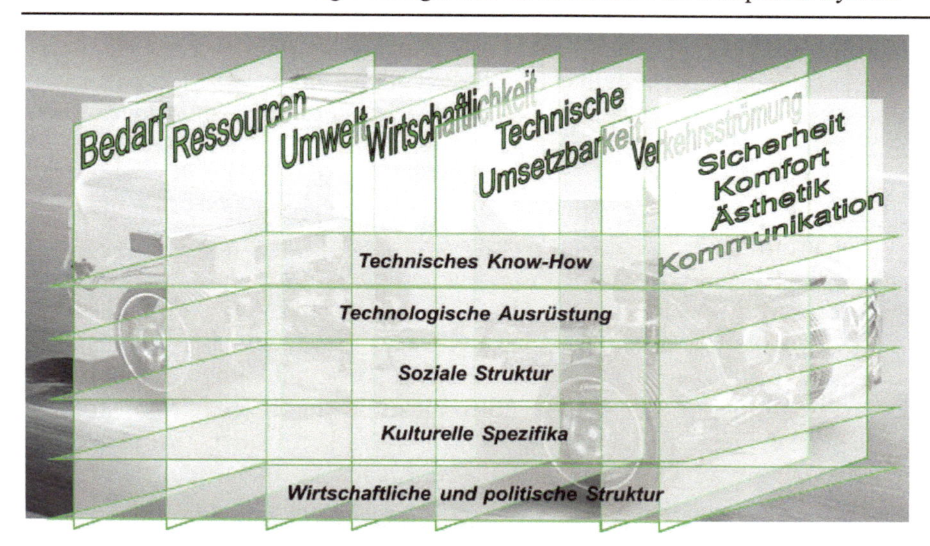

Bild 291 Globalisierter Automobilbau – Anforderungen und Voraussetzungen

Wesentliche Zusammenhänge sind im Bild 291 dargestellt.

Der Bedarf an spezifischen Antrieben für spezifische Fahrzeugklassen und regionale Besonderheiten wird über das Kaufverhalten die erwähnten Entwicklungskonzepte prägen.

Die Ressourcen an Energieträger und Rohstoffe stellen eine weitere unabhängige Entwicklungsbedingung dar. Der Trend zum Übergang von fossilen zu regenerativen Energieträgern ist größer als vor einem Jahrzehnt angenommen, der Trend zum Wasserstoffeinsatz als ideale Lösung erscheint dagegen als viel moderater.

Die Umweltverträglichkeit stellt auch unabhängig von Bedarf oder Ressourcen klare Grenzen für zukünftige Entwicklungen. Die drastische Reduzierung der Kohlendioxidemission oder ihr Recycling in einem natürlichen Kreislauf und der schadstofffreie Betrieb sind Bedingungen die über technische Lösungen bestimmen.

Die Wirtschaftlichkeit erlaubt nicht in jedem Fall, Lösungen die nach den Kriterien Bedarf, Ressourcen und Umweltverträglichkeit als vorteilhaft erscheinen in der Praxis umzusetzen: Ein Kompaktwagen mit wasserstoffbetriebener Brennstoffzelle, bei photovoltaischer Erzeugung des Wasserstoffs, ist gewiss eine beispielhafte technische Leistung, die nach Bedarf, Ressourcen und Umwelt auch als ideale Lösung erscheint. Der offensichtliche Aufwand macht jedoch eine Umsetzung in Großserie nicht möglich. Ein Beispiel in einer kleineren Dimension bestätigt diesen Trend: Vor einiger Zeit wurde in eindrucksvoller Weise demonstriert, dass ein Kompaktauto mit einem Kraftstoffverbrauch unter *3 [l/100km]* serienmäßig herstellbar ist. Wegen seines Preises im Bereich eines Wagens der Luxusklasse wurde jedoch von einer weiteren Serienproduktion abgesehen.

Die technische Umsetzbarkeit stellt eine weitere Anforderung dar: Ein gutes Beispiel ist wiederum der Einsatz von Wasserstoff. Selbst bei emissionsfreier und kostengünstiger Herstellung bleibt die Speicherung ein wesentliches Problem. Aufgrund der geringsten Molekularmasse hat Wasserstoff die größte Gaskonstante aller Elemente in der Natur, dadurch die geringste Dichte bei vergleichbaren Druck- und Temperaturbedingungen in einem vergleichbaren Speichervolumen. Die Durchdringung der Wasserstoffmoleкühle durch jede Wandstruktur beim geringsten Druckpotential und die Entflammbarkeit in der Luft selbst bei einer Konzentration von 4 % sind Probleme physikalischer Art, die selbst bei einem zunehmenden Stand der Technik schwer lösbar bleiben.

Die Verkehrsströmung kann selbst nach Einhaltung aller bisher erwähnten Bedingungen ein Entwicklungskonzept beeinträchtigen. In diesem Zusammenhang erscheint der Standpunkt eines Verkehrsverantwortlichen in einer großen Hauptstadt Europas als sehr aufschlussreich: emissions- und geräuschfreie Automobile für die Stadt sind eine exzellente Lösung – nur auf welche Straßen sollen sie noch fahren?

Sicherheit, Komfort, Ästhetik und Kommunikation sind inzwischen bewährte Funktionen des Automobils, zum Teil gesetzlich vorgeschrieben, zum Teil von der Kundenakzeptanz verlangt. Gewiss kann die Reichweite eines batteriebetriebenen Fahrzeuges durch die drastische Reduzierung der Fahrzeugmasse erweitert werden. Miniaturisierte Fahrzeuge mit einem Leergewicht um *250* bis *300 [kg]* beweisen diesen Zusammenhang. Sicherheit und Komfort sind dadurch begrenzt, deswegen sind solche Konzepte nur für den Stadtverkehr empfehlenswert.

Die Schaffung eines Automobils mit passenden Antriebssystemen nach diesen Anforderungen bedarf – gerade unter den Bedingungen der Modularisierung der Funktionsmodule und der Globalisierung ihrer Entwicklung und Herstellung – besonderer und weitreichender Voraussetzungen, wie im Bild 291 dargestellt: Neben dem technischen KnowHow und der erforderlichen technologischen Ausrüstung, die über das Schicksal eines noch so aussichtsreichen Automobil- bzw. Antriebskonzeptes bestimmen kann, sind Kriterien wie soziale Struktur, kulturelle Spezifika sowie wirtschaftliche und politische Stabilität in dem Entwicklungs- oder Herstellungsland des jeweiligen Funktionsmoduls entscheidend.

Die effiziente Umsetzung eines solchen Potentials in Automobilkomponenten verursacht auch einen Strukturwandel des Automobilunternehmens – vom vollständigen Fahrzeugbauer zum Manager einer räumlichen, modularen Vernetzung – wie im Bild 292 und Bild 293 dargestellt:

Die Innovation pflanzt sich rasch auf horizontalen Globalisierungskanälen fort, sowohl durch die Unterstützung moderner Kommunikation, als auch durch den Zwang zur Wirtschaftlichkeit.

Die vertikale Verkettung ist genauso interaktiv wie die horizontale, auch wenn aus einer anderen Perspektive: Forschung, Entwicklung und Produktion gibt es in allen drei Strukturen – vom Forschungszentrum mit Zulieferer bis zum Hersteller – allerdings mit unterschiedlichen Anteilen.

Vom Forschungszentrum wird eine Polarisierung geeigneter Grundlagen auf das Zielprodukt, meist mit neuen interdisziplinären Verbindungen, verlangt. Die Entwicklung geeigneter experimenteller Anlagen und der Prototypenbau sind ebenfalls Aufgabe des Forschungszentrums.

Vom Zulieferer kommt meistens der Grundsatz des innovativen Moduls, als Hybrid zwischen theoretischem Ansatz und Baumuster, er muss am Ende auch die Serienherstellung tragen.

Dem Hersteller obliegt die Integration im neuen Fahrzeug – wofür eigene Forschungs- und Entwicklungsleistungen erforderlich sind.

Im Bild 292 wird schematisch dargestellt, wie sich die Innovation von Forschung und Entwicklung zur Produktion zwischen Forschungszentrum, Zulieferer und Hersteller bewegt.

Der Automobilbauer bzw. der Motorenbauer wird in diesem Szenario ein Knoten mit horizontalen und vertikalen Freiheitsgraden, deren Inanspruchnahme von seiner Anpassungsfähigkeit abhängt.

Zur Anpassung an die Dynamik in einem innovativen System reichen klassische Tugenden wie Qualität, Termin und Preis jedenfalls nicht mehr aus, Kreativität und Kombinationsfähigkeit sind zusätzlich und zunehmend gefragt.

Die Komplexität des automobilen Systems – und dabei insbesondere der kombinierbaren Antriebskonfiguration – verursacht eine veränderte Rollenverteilung in den Umsetzungsstrukturen, die im Bild 293 beispielhaft dargestellt ist:

Bild 292 Horizontale und vertikale Vernetzung zur Umsetzung von Innovationspotentialen in Automobilkomponenten

- Der Fertigungsanteil des Automobilherstellers selbst sinkt allgemein im Zuge der Flexibilisierung weitgehend auf ein Niveau unter 20 %.

- Das kostengünstige Plattformkonzept wird eindeutig vom innovationsfreudigen Modularkonzept ersetzt. Der Zulieferer steigt über die Stufe Systemlieferant zum Modulhersteller auf.

- Die Rolle des Modulherstellers, zunehmend als Megasupplier, verantwortlich für ein gesamtes Funktionsmodul des Automobils, zwingt ihn zu Allianzen in verschiedenen Richtungen: In Bezug auf Innovation mit den Forschungszentren; im Sinne der effizienten Spezialisierung zu komplementär profilierten Zulieferern; hinsichtlich Kosten zu globalen Partnern. Der Umsatz wird dadurch mehr von Forschung und Entwicklung als von der Produktion selbst bestimmt.

Aus dieser Verkettung resultiert ein klarer Trend zur Verlagerung der Entwicklungskompetenzen vom Automobilhersteller zum Modulhersteller – insbesondere für die Antriebssysteme der Zukunft. Es werden sogar Befürchtungen laut, dass die Automobilhersteller zunehmend zu reinen Produktionsmanagern werden, wodurch die Zusammenstellung des Automobils von Zulieferern mit Kernkompetenzen beeinflussbar wäre, was wiederum unkontrollierbare Entwicklungstendenzen verursachen könnte. Selbst wenn solche Annahmen – die gelegentlich veröffentlicht werden – übertrieben sind, deuten sie mit auf die zunehmende interaktive Partnerschaft hin. Die Verlagerung von Entwicklungskompetenzen vom

Automobilhersteller zum Zulieferer beeinflusst zunehmend dessen wirtschaftliche Basis. Dadurch bekommt die Umsetzung alternativer Konzepte – die insbesondere bei den Antriebssystemen immer notwendiger wird – die erforderliche Dynamik. Die Rollenverteilung im Zeichen des zunehmenden Innovationsflusses hat eigene, prägende Merkmale:

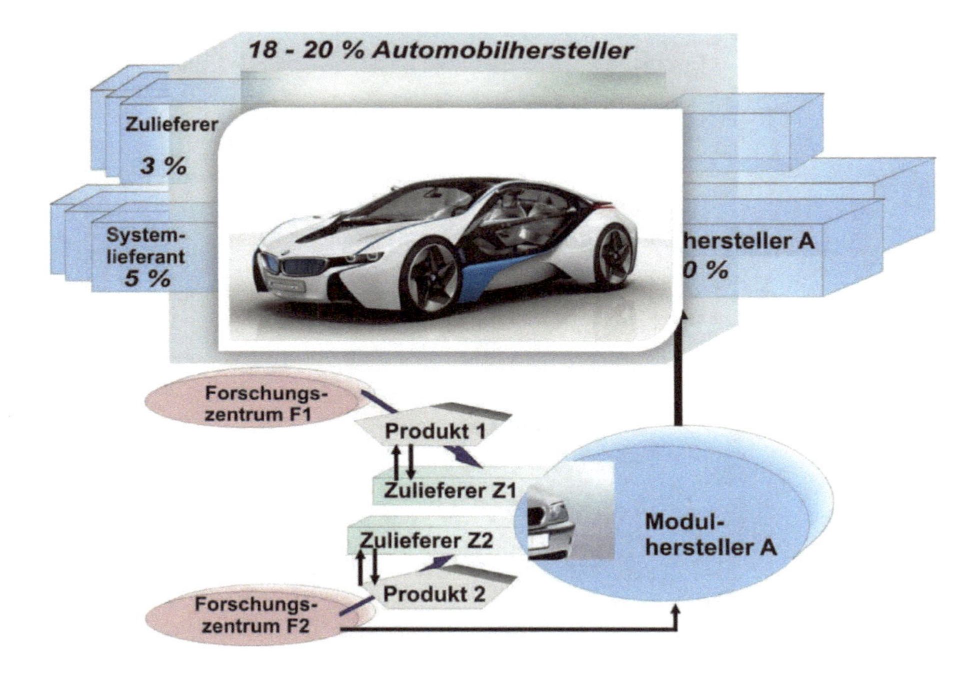

Bild 293 Rollenverteilung bei der Auslegung des modularen Antriebs bzw. des modularen Automobils – von Forschungs- und Produktionspartnern über Zuliefererallianz zum Automobilhersteller

- Innovation ist Idee, das fordert die Bildung und die Konzentration von Kernkompetenzen, das fordert den Megasupplier, der die Kompetenzen zum Teil durch Zukauf kleinerer Unternehmen, zum Teil durch Joint Ventures mit kleinen und mittleren Unternehmen bindet.
- Innovation ist Zeit, das erfordert die schnelle Reaktion. In diesem Zusammenhang sind kleine Unternehmen von Vorteil, sowohl in der direkten Verbindung zum Automobilhersteller, als auch indirekt über den Megasupplier.

Bild 294 Triptolemos, Königssohn beim Getreideanbau, Attische Lekythos, 490-480 v. Chr., Archäologiemuseum Syracusa

Je mehr Freiheitsgrade durch den Antrieb des Automobils ermöglicht werden, desto intensiver wird der Innovationsstrom. Aus Effizienzgründen führt diese Intensivierung zu einer verstärkten Verlagerung der Innovationsarbeit vom Automobilhersteller zum kleinen oder mittelständischen Unternehmer. Dieser ist nicht mehr für einen Teil, sondern für eine ganze Funktion zuständig, die er in modularer Form selbstständig oder in horizontalen Kooperationsebenen realisiert. Die Intensivierung des Innovationsstromes setzt andererseits einen ständigen Kontakt mit den wissenschaftlichen Grundlagen voraus. Der Unternehmer wird dadurch in vertikaler Ebene in die Verkettung Forschung -Entwicklung - Produktion einbezogen. Die Koordinierung der Struktur und der Kontakte in horizontalen und vertikalen Ebenen stellt eine neue Form des Managements dar. Die zu erwartenden, bemerkenswerten Neuerungen im Automobilbau und dabei insbesondere des Energiemanagements innerhalb des Antriebsystems in den nächsten 10-20 Jahren erfordern eine diesbezügliche Anpassung.

Der Königssohn Triptolemos nutzte für den Getreideanbau einen von der Göttin Demeter geschenkten beflügelten Wagen. Über Energieträger, -speicher und -wandler für diese elegante Antriebsform – wie im Bild 294 ersichtlich – wurde uns nichts überliefert. Sie kann bestenfalls als Herausforderung so zahlreicher innovativer Geister auf dem Weg zum Antrieb der Zukunft dienen.

Literatur

[1] Stan, C.: Thermodynamik des Kraftfahrzeugs, Grundlagen und Anwendungen – mit Prozesssimulationen, 3. Auflage
Springer Vieweg Berlin, 2016
ISBN 978-3-662-53721-3

[2] Stan, C.: Direkteinspritzsysteme für Otto- und Dieselmotoren
Springer Verlag Berlin-Heidelberg-New York, 1999
ISBN 3-540-65287-6

[3] Stan, C.; Tröger, R.; Stanciu, A.: Direkteinspritzsysteme für Hochleistungsmotoren – zwischen Rennsport und Serienanwendung
in „Rennsport und Serie“, Expert Verlag Renningen, 2003
ISBN 3-8169-2273-2

[4] Stan, C; Stanciu, A.; Tröger; R.: Influence of Mixture Formation on Injection and Combustion Characteristics in a Compact GDI Engine
SAE Paper 2002-01-0833

[5] Stanciu, A.: Gekoppelter Einsatz von Verfahren zur Berechnung von Einspritzhydraulik, Gemischbildung und Verbrennung von Ottomotoren mit Kraftstoff-Direkteinspritzung
Dissertation, Technische Universität Berlin, 2005

[6] Blair, G. P.: Design and Simulation of Four Stroke Engines
SAE International Inc., Warrendale, 1999
ISBN 0-7680-0440-3

[7] Stan, C.: Verbrennungssteuerung durch Selbstzündung – Thermodynamische Grundlagen
Motortechnische Zeitschrift 1/2004
ISSN 0024-8525

C. Stan, *Alternative Antriebe für Automobile*,
https://doi.org/10.1007/978-3-662-61758-8

[8] Stan, C.; Hilliger, E.: Pilot Injection System for Gas Engines using Electronically Controlled Ram Tuned Diesel Injection
22. CIMAC Congress, Proceedings, Copenhagen, 04/1998

[9] Guibert, P.; Morin, C.; Mokhtari, S.: Verbrennungssteuerung durch Selbstzündung – Experimentelle Analyse
Motortechnische Zeitschrift 2/2004
ISSN 0024-8525

[10] Stan, C.: Aspekte der zukünftigen Konvergenz von Otto- und Dieselmotoren
Motortechnische Zeitschrift 6/2004
ISSN 0024-8525

[11] Sher, E.; Heywood, I.: The Two-Stroke Cycle Engine – Its Development, Operation and Design
Taylor and Francis Publishers, USA 1999
ISBN 1-56032-831-2, SAE Order-No. R-267

[12] Blair, G. P. : Design and Simulation of Two-Stroke Engines
SAE International Inc., Warrendale, USA 1996
ISBN 1-56091-685-0

[13] Stouffs, P.: Stirling Engines – Possibilites of Automotive Applications in "Alternative Automotive Propulsion Systems",
Proceedings H030-10-007-0/Haus der Technik Essen, 2000

[14] Senft, I. R.: An introduction to Low Temperature Differential Stirling Engine
Moriya Press, USA, 1996
ISBN 0-9652455-1-9

[15] van Basshuysen, R. (Hrsg.): Ottomotor mit Direkteinspritzung und Direkteinblasung - Ottokraftstoffe, Erdgas, Methan, Wasserstoff, 4. Auflage, Springer Verlag 2017,
ISBN-13: 978-3658122140

[16] Stan, C.; Tröger, R.; Grimaldi, C. N.; Postrioti, L.: Direct Injection of Variable Gasolina/Methanol Mixtures: Injection and Spray Charakteristics
SAE Paper 2001-01-0966

[17] Stan, C.; Tröger, R.; Günther, S.; Stanciu, A.; Martorano, L.; Tarantino, C.; Lensi, R.: Internal Mixture Formation and Combustion from Gasoline to Ethanol
SAE Paper 2001-01-1207

[18] Stan, C.; Tröger, R.; Lensi, R.; Martorano, L.; Tarantino, C.: Potentialities of Direct Injection in Spark Ignition Engines – from Gasoline to Ethanol
SAE Paper 2000-01-3270

[19] Klell, M.; Eichlseder, H.; Trattner, A.: Wasserstoff in der Fahrzeugtechnik, 4. Auflage, Springer Vieweg Berlin, 2018,
ISBN 978-3-658-20446-4

[20] Schröder, D.: Elektrische Antriebe – Grundlagen, 6. Auflage
Springer Vieweg Berlin, 2017,
ISBN 978-3662554470

[21] Boltze, M.; Wunderlich, C.: Energiemanagement im Fahrzeug mittels Auxiliary Power Unit
in "Entwicklungstendenzen im Automobilbau",
Zschiesche Verlag, Wilkau-Haßlau, 2004
ISBN 3-9808512-1-4

[22] Liao, G. Y.; Weber, T. R.; Pfaff, D. P.: Modelling and Analysis of Powertrain Hybridization on All-Wheel-Drive Sport Utility Vehicles
Journal of Automobile Engineering, Part D, October 2004
Vol 218 No D 10, IMechE, London, UK,
ISSN 0954-4070

[23] Stan, C.; Personnaz, I.: Hybridantriebskonzept für Stadtwagen auf Basis eines kompakten Zweitaktmotors mit Ottodirekteinspritzung
Automobiltechnische Zeitschrift 2/2000
ISSN 0001-2785

[24] Gombert, B.: eCorner: Antrieb durch Radnabenmotoren
in „Alternative Propulsion Systems for Automobiles“,
Expert Verlag Renningen, 2007
ISBN 978-3-8169-2752-5

[25] Cipolla, G.;
Hybrid Automotive Powertrains: the GM Global approach
in „Alternative Propulsion Systems for Automobiles“,
Expert Verlag Renningen, 2007
ISBN 978-3-8169-2752-5

[26] Nitz, L.; Truckenbrodt, A.; Epple, W.: Das neue Two-Mode-Hybridsystem der Global Hybrid Cooperation,
27. Internationales Wiener Motorensymposium,
VDI Verlag 2006,
ISBN 3-18-362212-2

[27] Stan, C.: Process improvement within an advanced car diesel engine in base on the variability of a concentric cam system,
10th International Conference on Engines and Vehicles,
SAE Paper 11ICE-0204

[28] Eichlseder, H.; Klell, M.: Wasserstoff in der Fahrzeugtechnik, Vieweg + Teubner 2010,
ISBN 978-3-8348-1027-4

[29] Stan, C.; Cipolla, G.: Alternative Antriebe für Automobile I,
Expert Verlag Renningen 2007,
ISBN 978-3-8169-2752-5

[30] Stan, C.; Cipolla, G.: Alternative Antriebe für Automobile II,
Expert Verlag Renningen 2009,
ISBN 978-3-

[31] Lenz, H.-P.: 38. Internationales Wiener Motorensymposium (Proceedings), VDI Verlag Düsseldorf, 2017, Reihe 12, Nr. 802
ISBN 978-3-18-380212-8

[32] Geringer, B.; Lenz, H.-P.: 40. Internationales Wiener Motorensymposium (Proceedings),
VDI Verlag Düsseldorf, 2019, Reihe 12, Nr. 811,
ISBN 978-3-18-381112-0

[33] Bargende, M.; Reuss, H.-C.; Wiedemann, J.: 18. Internationales Stuttgarter Symposium – Automobil- und Motorentechnik, Springer Vieweg Berlin, 2018
ISBN 978-3-658-21193-6

[34] Bargende, M.; Reuss, H.-C.; Wagner, A.; Wiedemann, J.: 19. Internationales Stuttgarter Symposium – Automobil- und Motorentechnik, Springer Vieweg, Berlin, 2019, ISBN 978-3-658-25938-9

[35] Geringer,B.; Tober, W.: Batterieelektrische Fahrzeuge in der Praxis – Studie des Österreichischen Vereins für Kraftfahrzeugtechnik, OEKV, Wien, Oktober 2012

[36] Knirsch, S.; Straßer, R.; Schiele, G.; Möhn, S.; Binder, W.; Enzinger, M.: Der Antriebsstrang des neuen AUDI Q7 e-tron 3.0 TDI quattro – 36. Wiener Motorensymposium 2015 – Proceedings

[37] Ardey;Bollig; Jurasek; Klüting; Landerl: Plug and Drive – das neue Plug In System von BMW 36. Wiener Motorensymposium (Proceedings), VDI Verlag Düsseldorf, 2015

[38] Tschöke, H.; Mollenhauer, K.; Maier, R. (Hrsg.): Handbuch Dieselmotoren, 4. Auflage, Springer Vieweg Berlin, 2018, ISBN 978-3-658-07696-2

[39] Maus, W. (Hrsg.) et al.: Zukünftige Kraftstoffe – Energiewende des Transports als ein weltweites Klimaziel Springer Vieweg Berlin, 2019, ISBN 978-3662580059

Weitere Literaturstellen

autocarsnews.info
automagz.net
autos.yahoo.com
chinaautoweb.com
de.wikipedia.org
en.wikipedia.org/
green.autoblog.com
greenbigtruck.com
hybridcarspec.com
newsroom.saab.com
richmond-lexus-vancouver.com
www.7-forum.com
www.allcarselectric.com
www.altfuelprices.com
www.atz-online.de
www.autoblog.com
www.autoblog.com
www.autoexpress.co.uk
www.autogastanken.de
www.autoguide.com
www.automotiveonline.co.za
www.auto-motor-und-sport.de
www.autospectator.com
www.caranddriver.com
www.carnewschina.com
www.chinacartimes.com
www.ecvv.com
www.engadget.com
www.evsroll.com
www.evsroll.com
www.fhwa.dot.gov
www.fiat.de
www.focus.de
www.ford.com
www.gps-data-team.com

C. Stan, *Alternative Antriebe für Automobile*,
https://doi.org/10.1007/978-3-662-61758-8

www.greencarcongress.com
www.greenmotor.co.uk
www.hybrid-autos.info
www.hybridcars.com
www.hyundaiusa.com
www.iac.org.in
www.iangv.org
www.insideline.com
www.insideline.com
www.kia.com
www.lexus.com
www.lincoln.com
www.mazda.com
www.mbusa.com
www.mercedes.com
www.myperfectautomobile.com
www.netcarshow.com
www.nissanusa.com
www.peugeot.de
www.plugincars.com
www.porsche.com
www.roadandtrack.com
www.sueddeutsche.de
www.suyashgupta.com
www.telegraph.co.uk
www.thetorquereport.com
www.toyota.co.th
www.toyota.com
www.toyota.de
www.treehugger.com
www.volkswagen.com
www.volvocars.com
www.welt.de
www.worldcarfans.com
www.worldlpgas.com
www.zercustoms.com
zautos.com

Sachwortverzeichnis

A

B

C. Stan, *Alternative Antriebe für Automobile*,
https://doi.org/10.1007/978-3-662-61758-8

L

M

N

O

P

Q

R

S

W

Z